Pragmatic Big Data Analytics

Statistical Machine Learning
through Data-Driven Programming

大數據分析
與應用實戰

統計機器學習之資料導向程式設計

鄒慶士

臺灣資料科學與商業應用協會
人工智慧與資料科學專家

國家圖書館出版品預行編目資料

大數據分析與應用實戰:統計機器學習之資料導向
程式設計 / 鄒慶士編著,--1版,--臺北市:
鄒慶士出版:臺灣東華總經銷,2019.02
678面:19×26公分
ISBN 978-957-43-6340-7(平裝)

1.資料庫管理系統 2.資料探勘 3.人工智慧

312.7565　　　　　　　　　　108001438

大數據分析與應用實戰:
統計機器學習之資料導向程式設計

編　　著	鄒慶士
指導單位	臺灣資料科學與商業應用協會
發 行 人	鄒慶士
出 版 者	鄒慶士
總 經 銷	臺灣東華書局股份有限公司
地　　址	臺北市重慶南路一段一四七號三樓
電　　話	(02) 2311-4027
傳　　眞	(02) 2311-6615
劃撥帳號	00064813
網　　址	www.tunghua.com.tw
讀者服務	service@tunghua.com.tw
直營門市	臺北市重慶南路一段一四七號一樓
電　　話	(02) 2382-1762
出版日期	2019年4月1版
	2020年8月1版2刷
	2024年7月1版3刷
定　　價	800元　　（平裝）

ISBN　　978-957-43-6340-7

版權所有 · 翻印必究

作者簡介

鄒慶士教授 (B.E., M.E., Ph.D.)

現職：

明志科技大學機械工程系特聘教授兼人工智慧暨資料科學研究中心主任 (2020/8~)

國立臺北商業大學資訊與決策科學研究所教授暨資料科學應用研究中心主任 (2010~)

學歷與專長：

國立臺灣工業技術學院管理學博士主修作業研究 (1990~1994)，中原大學機械工程碩士 (1988~1990)，中原大學工學士 (1984~1988)。專長領域為大數據與資料科學、人工智慧與機器學習、多目標最佳化、進化式計算、賽局模型、等候網路、彈性製造與企業電子化等。曾經獲得國科會1997與1998年甲種研究獎勵，2010到2015年科技部獎勵特殊優秀人才補助，以及擔任多個國際期刊評審 (EJOR, IEEE SMC, IIE, IJPR, C&OR, C&IE, JMS, OMEGA, AMM, ASC, NC&A)。

經歷：

曾任教於國立臺北商業技術學院企業管理系副教授 (2004~2010)、世新大學資訊管理學系所副教授 (2001~2004)、新竹市中華大學企業管理學系所副教授 (1996~2001)，兼任中原、空中、實踐、東吳、中央等大學講師/副教授/教授 (1991~)。並於2012和2013年與同好們一起創立中華R軟體學會，以及臺灣資料科學與商業應用協會，近年來產學合作領域包括氣象、交通、社群網路、電子商務、金融科技、計量化學、智慧養殖、綠能發電、環境輻射、生醫器材等行業的大數據分析，致力於「做中學、學中做」的理論與實務兼備之資料科學人才培育志業。

推薦序

鄒慶士教授是我博士班的同班同學，對我而言，他是亦師又亦友。從以前在讀書時代，共同學習中，他就經常指導我。畢業後，他也累積了豐富的教學經驗，鄒教授教學與做研究十分嚴謹，深受學生歡迎！除了教學之外，這幾年，他也積極地推廣 R 的教學與應用。鄒教授是中華 R 軟體學會及臺灣資料科學與商業應用協會前理事長，他積極投入學協會的運作，令人敬佩！除了學術表現傑出外，他也是許多企業的培訓講師，並接了許多產學合作的計畫，從此可看出，他的實作能力超強，在同時，他也擔任財團法人機構的授課教師，教導 R 與 Python，桃李滿天下！

東吳大學於 104 學年成立巨量資料管理學院，成立學院之初，我們也都是一直與鄒教授請益，對於本校成立學院貢獻極大。在大數據領域，個人亦榮幸與他共同指導研究生，我們更榮幸力邀他教授 Data Mining 與 Machine Learning 等課程，本院學生也從他那學到許多分析技巧，個人對於他的大力支持，甚為感激！

有機會來推薦本書，個人深感榮幸。本書撰寫內容結合了鄒老師二十多年的教學與實務經驗，本書以簡單易懂，簡單直白的敘述，帶領讀者認識資料分析與資料科學程式運作。其中，每個主題都會以案例帶入練習，希望能夠幫助讀者快速建立資料科學的概念。無論您是學生或上班族，只要您對資料科學感到好奇，本書都可以幫助您對資料科學有更一步的認識。

推薦人
許晉雄
東吳大學巨量資料管理學院副院長

序言

本書醞釀已久，走筆至此，不敢說是完熟，但總算告一段落了！大數據分析是一個迷人寬闊的交叉學科領域，至少包括電腦科學、統計學與作業研究，讓我到現在還不知道如何走出來。任何跨領域的新興學科，其實很少人是專家，而我只是其中眾多對大數據充滿興趣的一位。

知識探索的過程有時跟充滿驚奇變化的自助旅行一樣，抓住重要的基本方向，例如大數據分析背後的數學模型與電腦模型，前理論後實踐不斷地相互交叉驗證，其它就順勢而為且戰且走享受意外的收穫了。資料科學工具的採用，我們經歷了 R 因統計機器學習而走紅，Python 因深度學習而揚起，甚至要思考何時擁抱運算效率佳的 Julia。就數據領域而言，氣象、交通、社群網路、電子商務、金融科技、物理化學、製造技術、農漁養殖、綠能發電、環境輻射、生物醫學……等，大數據研究永無可以停歇的角落！

道是本，術是末，因為物有本末，事有終始，知所先後，則近道矣，所以我們「重道輕術」了。但道是靈，術是體，術是道的具體實現，是看得見、摸得著的規律，也算是道的一部分，所以我們得「從術悟道」了。無論如何，筆者建議大數據分析的學習過程避免昨非今是、有我無你的文人相輕式學習。重視與慎選優質靈活工具，不斷地動手探索嘗試，並從失敗中累積經驗，努力思索跨領域的源頭，方能邁向術道兼修的至高境界。

本書特色：

- 文字說明、程式碼與執行結果等交叉呈現，有助於閱讀理解。
- 來自不同領域的資料處理與分析範例。
- 同時掌握資料分析兩大主流工具 — R 與 Python。

- 凸顯第四代與第三代程式語言不同之處。
- 深入淺出地介紹統計機器學習理論與實務。
- 符合 iPAS 經濟部產業人才能力鑑定巨量資料分析師各科評鑑主題。

　　大數據分析人才需要具備的特質是「謙卑與學習、固本但跨域」，筆者希望透過本書分享這幾年累積的學習方向：「壹資料、貳工具、參模型」。「一」心向著資料理解的根本要務前進，精通至少「兩」種彈性的分析工具 (R 與 Python)，掌握統計、機器學習與作業研究等「三」大類模型，大步邁向資料驅動的智能決策新紀元。

　　此書的完成首先要感謝家人們的支持與協助，讓我無後顧之憂，專心寫作與編程。工作單位國立臺北商業大學資訊與決策科學研究所提供良好的研究環境，讓我這幾年在大數據領域鑽研。稿件整理與校閱工作多在這半年休假研究期間完成的，新加坡國立大學商學院分析與作業學系，以及南京理工大學經濟管理學院，提供我很好的寫作與住宿環境。最後，作者才疏學淺，校稿期間一再發現許多誤謬、疏漏、錯置與不嚴謹的筆法，雖已努力改進，不過一定還有未竟之處，尚祈各界先進專家給予建議與斧正 (cstsou@ntub.edu.tw, cstsou@126.com)。

鄒慶士
西元 2019 年 1 月於台北市

目錄

第一章 資料導向程式設計   1

   1.1 套件管理 1

      1.1.1   基本套件 6

      1.1.2   建議套件 7

      1.1.3   貢獻套件 10

   1.2 環境與輔助說明 13

   1.3 R 語言資料物件 21

      1.3.1   向量 22

      1.3.2   矩陣 27

      1.3.3   陣列 31

      1.3.4   串列 34

      1.3.5   資料框 38

      1.3.6   因子 46

      1.3.7   R 語言原生資料物件取值 51

      1.3.8   R 語言衍生資料物件 61

   1.4 Python 語言資料物件 66

      1.4.1   Python 語言原生資料物件操弄 67

      1.4.2   Python 語言衍生資料物件取值 76

      1.4.3   Python 語言類別變數編碼 84

   1.5 向量化與隱式迴圈 88

   1.6 編程範式與物件導向概念 96

      1.6.1   R 語言 S3 類別 100

      1.6.2   Python 語言物件導向 105

   1.7 控制敘述與自訂函數 110

      1.7.1   控制敘述 110

ix

目錄

    1.7.2　自訂函數 114
  1.8　資料匯入與匯出 123
    1.8.1　R 語言資料匯入及匯出 123
    1.8.2　Python 語言資料匯入及匯出 126
  1.9　程式除錯與效率監測 132

第二章　資料前處理　　141

  2.1　資料管理 141
    2.1.1　R 語言資料組織與排序 142
    2.1.2　Python 語言資料排序 150
    2.1.3　R 語言資料變形 154
    2.1.4　Python 語言資料變形 159
    2.1.5　R 語言資料清理 160
    2.1.6　Python 語言資料清理 189
  2.2　資料摘要與彙總 194
    2.2.1　摘要統計量 194
    2.2.2　R 語言群組與摘要 205
    2.2.3　Python 語言群組與摘要 217
  2.3　屬性工程 230
    2.3.1　屬性轉換與移除 231
    2.3.2　屬性萃取之主成份分析 250
        2.3.2.1　奇異值矩陣分解 260
    2.3.3　屬性挑選 267
    2.3.4　小結 272
  2.4　巨量資料處理概念 274
    2.4.1　文字資料處理 274
    2.4.2　Hadoop 分散式檔案系統 292
    2.4.3　Spark 叢集計算框架 294

第三章　統計機器學習基礎　　299

  3.1　隨機誤差模型 300
    3.1.1　統計機器學習類型 306
    3.1.2　過度配適 308
  3.2　模型績效評量 311
    3.2.1　迴歸模型績效指標 312

		3.2.2	分類模型績效指標	316
			3.2.2.1　模型預測值	317
			3.2.2.2　混淆矩陣	317
			3.2.2.3　整體指標	320
			3.2.2.4　類別相關指標	323
		3.2.3	模型績效視覺化	327
	3.3	模型選擇與評定		331
		3.3.1	重抽樣與資料切分方法	332
		3.3.2	單類模型參數調校	345
			3.3.2.1　多個參數待調	356
			3.3.2.2　客製化參數調校	359
		3.3.3	比較不同類的模型	362
	3.4	相似性與距離		365
	3.5	相關與獨立		369
		3.5.1	數值變數與順序尺度類別變數	370
		3.5.2	名目尺度類別變數	377
		3.5.3	類別變數視覺化關聯檢驗	388

第四章　非監督式學習　　　　　　　　　　　　　　　　　397

	4.1	資料視覺化		398
		4.1.1	圖形文法繪圖	404
	4.2	關聯型態探勘		407
		4.2.1	關聯型態評估準則	408
		4.2.2	線上音樂城關聯規則分析	409
		4.2.3	結語	419
	4.3	集群分析		420
		4.3.1	k 平均數集群	421
			4.3.1.1　青少年市場區隔案例	424
		4.3.2	階層式集群	435
		4.3.3	密度集群	441
			4.3.3.1　密度集群案例	442
		4.3.4	集群結果評估	446
		4.3.5	結語	447

第五章 監督式學習 449

5.1 線性迴歸與分類 450
5.1.1 多元線性迴歸 451
5.1.2 偏最小平方法迴歸 475
5.1.3 脊迴歸、LASSO 迴歸與彈性網罩懲罰模型 483
5.1.4 線性判別分析 490
5.1.4.1 貝氏法 492
5.1.4.2 費雪法 493
5.1.5 羅吉斯迴歸分類與廣義線性模型 499

5.2 非線性分類與迴歸 502
5.2.1 天真貝式分類 502
5.2.1.1 手機簡訊過濾案例 506
5.2.2 k 近鄰法分類 518
5.2.2.1 電離層無線電訊號案例 520
5.2.3 支援向量機分類 530
5.2.3.1 光學手寫字元案例 534
5.2.4 分類與迴歸樹 557
5.2.4.1 銀行貸款風險管理案例 567
5.2.4.2 酒品評點迴歸樹預測 587
5.2.4.3 小結 596

第六章 其它學習方式 599

6.1 薈萃式學習 599
6.1.1 拔靴集成法 600
6.1.2 多模激發法 600
6.1.2.1 房價中位數預測案例 602
6.1.3 隨機森林 611
6.1.4 小結 613

6.2 深度學習 613
6.2.1 類神經網路簡介 614
6.2.2 多層感知機 617
6.2.2.1 混凝土強度估計案例 621
6.2.3 卷積神經網路 628
6.2.4 遞歸神經網路 633
6.2.5 自動編碼器 637

- 6.2.6 受限波茲曼機 638
- 6.2.7 深度信念網路 641
- 6.2.8 深度學習參數調校 642
- 6.3 強化式學習 646

第一章 資料導向程式設計

資料導向程式設計 (data-driven programming)是以資料為核心，將資料處理與分析之各項任務程式化的過程。程式設計師基於傳統程式設計的控制流程與自定義函數，加入一維、二維、三維或更高維資料物件的**向量化 (vectorization)**處理方式，運用**隱式迴圈 (implicit looping)**之**泛函式編程 (functional programming)**範式，結合**物件導向編程 (object-oriented programming)**概念，以抽象層次較高的方式進行高效且精簡的程式寫作。

許多資料分析語言屬於**動態程式設計語言 (dynamic programming languages)**，它們是高階程式語言的一個類別，動態的意思是在執行時 (runtime) 才決定資料的結構，或是引進所需的函式、物件、或其它程式碼。JavaScript、PHP、Ruby、Python、R、MATLAB© 等都屬於動態語言，而 FORTRAN、C、C++ 則是傳統的靜態語言；前者彈性大互動佳，後者執行速度快。資料科學家除了掌握傳統的程式設計邏輯，還要結合動態程式設計語言的資料結構與編程要領，更重要的是統計機器學習的專業知識，方能完成大數據分析不斷嘗試錯誤 (trial-and-error) 的快速雛形化塑模 (fast prototyping) 任務，迎向資料導向決策制定 (data-driven decision making) 的新時代。

1.1 套件管理

資料分析開放源碼 (open source) 軟體，早已跳脫傳統盒裝軟體以有形光碟片傳遞產品與服務的概念了，R 與 Python 將實現資料處理與建模的形形色色套件 (或稱包、模組)，置放在網際網路的諸多伺服器上，且

不斷地推陳出新 (evolvable)。截至 2018 年年底，R 語言套件數已超過 13,000，Python 語言更有 160,000 個開發專案 (不僅限於資料分析)，兩者在統計計算 (statisticsal computing) 與科學計算 (scientific computing) 各有擅場，可謂數據分析不可或缺的利器。使用這些工具須先瞭解圖1.1中套件管理的兩部曲，第一部曲是從雲端將套件下載到本機永存的硬碟中，例如：R 語言以 `install.packages(pkgs="xxx")`，從預設的鏡像站 (mirror sites) 下載套件 `xxx` 至本機硬碟，函數 `install.packages()` 內加套件字串名，作為引數 `pkgs` 的值。第二部曲是每次啟動新的對話 (new session) 時，須將本機硬碟中的套件載入揮發性的隨機存取記憶體 (Ramdom Access Memory, RAM) 中，例如：R 語言以 `library()` 函數內加套件字串名，即 `library(xxx)` 後方能使用該套件下的資料、函數與說明文件 (參見圖1.2)。

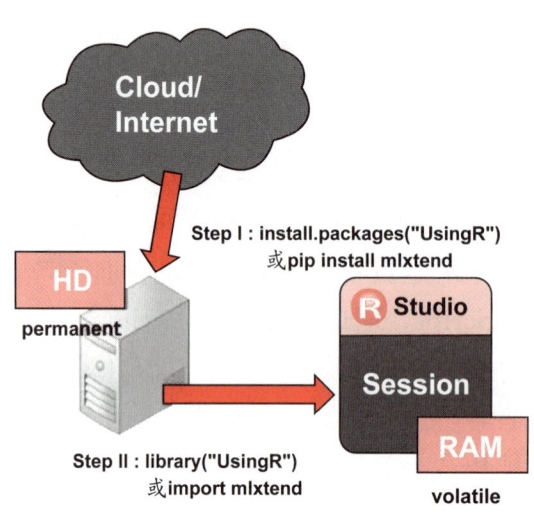

圖 1.1: 套件管理概念圖

Python 的套件管理概念與 R 相同，只不過將第一部曲雲端下載的指令改為在命令提示字元模式 (Windows 作業系統)、終端機模式 (Mac OS 與 Linux 作業系統) 下鍵入 `pip install xxx` 來下載套件；第二部曲則以 `import xxx as yy` 載入 Python 套件 `xxx` 至記憶體中，並將之簡記為 `yy`，或者 `from xxx import zzz`，從較大的套件 `xxx` 中載入其中所需的模組 `zzz`。

套件分類方面 R 語言的套件分成三級：

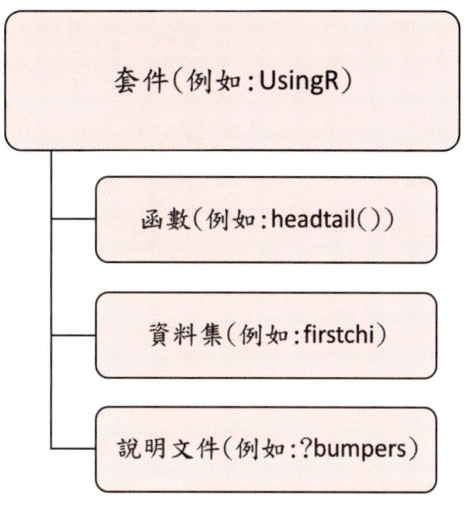

圖 1.2: R 語言套件內容

- 基本套件 (base packages)：在未更改初始設定下，每次啟動 R 新對話時，會自動於記憶體載入下列基本套件："package:stats"、"package:graphics"、"package:grDevices"、"package:utils"、"package:datasets"、"package:methods"、"package:base"，也就是說第一次安裝 R 時，這些由 R 語言核心開發團隊 (R core development team)[1] 維護的基本套件其第一部曲已經完成，每次啟動 R 時也會先將之載入記憶體中，換句話說第二部曲也是自動完成；
- 建議套件 (recommended packages)：此類是核心開發團隊建議使用的重要套件，第一次安裝 R 時也會自動從雲端下載這些套件到本機硬碟，每次啟動 R 新對話時如要使用僅須以 library() 函數將其載入記憶體即可。也就是說第一部曲已於安裝時完成，第二部曲須使用者手動完成；
- 貢獻套件 (contributed packages)：數量最多的志願者提供套件，第一次使用時須執行前述的兩部曲，爾後僅須執行第二部曲。

根據圖1.1套件管理的重點是執行程式碼時，須留意記憶體與硬碟中有無所需套件，方能判斷是否應執行第二部曲，或兩步驟皆須完成。首先，search() 函數檢視當前 R 對話已將哪些套件載入記憶體中。

---

[1] https://www.r-project.org/contributors.html

```
# 已載入記憶體之 R 套件
search()
```

```
## [1] ".GlobalEnv"         "package:reticulate"
## [3] "package:stats"      "package:graphics"
## [5] "package:grDevices"  "package:utils"
## [7] "package:datasets"   "package:methods"
## [9] "Autoloads"          "package:base"
```

上面的程式碼是直接鍵入在 R 語言主控台 (console) 中命令提示字元 (command prompt) > 的後面，再按下送出鍵 (return key) 執行命令；或者是敲擊在整合式開發環境 (Integrated Development Environment, IDE) RStudio 的程式碼編輯區，再往主控台送出執行 (程式碼編輯區上方工具列中的 Run)。

硬碟的部分 installed.packages() 和 library() 函數可以瞭解本機硬碟下載了哪些套件，而.libPaths() 則傳回下載的套件在本機硬碟的存放路徑。如上所示，程式設計師可以 # 起頭，在程式碼中加上註解說明。

```
# 已安裝套件報表又寬又長，只顯示前六筆 (head()) 結果的部分內容
head(installed.packages()[,-c(2, 5:8)])
```

```
##           Package      Version Priority Enhances
## abind     "abind"      "1.4-5" NA       NA
## acepack   "acepack"    "1.4.1" NA       NA
## ada       "ada"        "2.0-5" NA       NA
## adabag    "adabag"     "4.2"   NA       NA
## AER       "AER"        "1.2-5" NA       NA
## animation "animation"  "2.5"   NA       NA
##           License                 License_is_FOSS
## abind     "LGPL (>= 2)"           NA
## acepack   "MIT + file LICENSE"    NA
## ada       "GPL"                   NA
## adabag    "GPL (>= 2)"            NA
```

```
## AER         "GPL-2 | GPL-3"        NA
## animation   "GPL"                  NA
##             License_restricts_use OS_type MD5sum
## abind       NA                    NA      NA
## acepack     NA                    NA      NA
## ada         NA                    NA      NA
## adabag      NA                    NA      NA
## AER         NA                    NA      NA
## animation   NA                    NA      NA
##             NeedsCompilation Built
## abind       "no"             "3.5.0"
## acepack     "yes"            "3.5.0"
## ada         "no"             "3.5.0"
## adabag      "no"             "3.5.0"
## AER         "no"             "3.5.0"
## animation   "no"             "3.5.0"
```

```r
# str() 檢視 install.packages() 傳回的結果物件結構
# 各套件 16 項資訊組成的字串矩陣
str(installed.packages())
```

```
## chr [1:603, 1:16] "abind" "acepack" "ada" ...
## - attr(*, "dimnames")=List of 2
## ..$ : chr [1:603] "abind" "acepack" "ada"
## "adabag" ...
## ..$ : chr [1:16] "Package" "LibPath" "Version"
## "Priority" ...
```

```r
# 套件存放路徑
.libPaths()
# [1] "/Library/Frameworks/R.framework/Versions/3.5/Resources
# /library"
```

以下三小節舉例實際操作三類套件的使用方式。

1.1.1 基本套件

套件使用的基本觀念如圖1.1和1.2所示，不在當前搜尋路徑 (i.e. 記憶體) 中的套件，其資料、函數與說明文件均無法使用。當我們想使用 {stats} 套件 (本書爾後均以大括弧圈框名稱表達 R 語言中的套件) 中的 `hclust()` 函數，應先以 `search()` 函數檢視搜尋路徑下的套件名稱，結果發現 {stats} 已在記憶體中後，即逕行使用其下的 `hclust()` 函數，進行美國 50 州犯罪與人口數據的階層式集群 (4.3.2節)，再透過指派運算元 `'<-'` 將集群結果存為 hc 物件，並繪製集群結果樹狀圖 (圖1.3)。

```r
# 有看到 {stats}
search()
```

```
##  [1] ".GlobalEnv"        "package:reticulate"
##  [3] "package:stats"     "package:graphics"
##  [5] "package:grDevices" "package:utils"
##  [7] "package:datasets"  "package:methods"
##  [9] "Autoloads"         "package:base"
```

```r
# 美國各州暴力犯罪率資料集前六筆數據
head(USArrests)
```

```
##            Murder Assault UrbanPop Rape
## Alabama      13.2     236       58 21.2
## Alaska       10.0     263       48 44.5
## Arizona       8.1     294       80 31.0
## Arkansas      8.8     190       50 19.5
## California    9.0     276       91 40.6
## Colorado      7.9     204       78 38.7
```

```r
# 標準化各變數向量
USArrests_z <- scale(USArrests)
# 逕行使用 {stats} 下的 hclust()
# dist() 函數計算兩兩州之間的歐幾里德直線距離
```

```r
# 依州間距離方陣，對各州進行階層式集群 (參見 4.3.2 節)
hc <- hclust(dist(USArrests_z), method = "average")
```

```r
plot(hc, hang = -1, cex = 0.8)
```

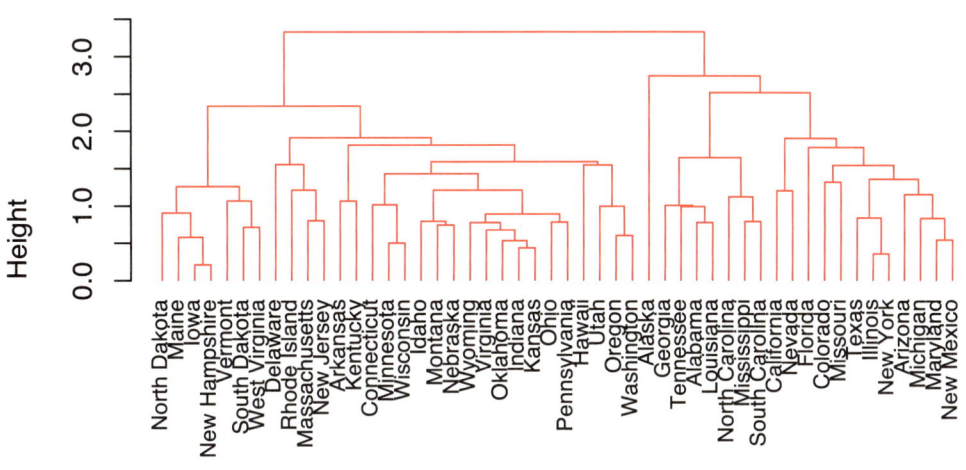

圖 1.3: 美國 50 州犯罪與人口數據階層式集群樹狀圖

所以結論是基本套件在安裝 R 時已經下載，且每次啟動 R 對話時也自動被載入記憶體中，使用者可以直接使用此類套件。

1.1.2 建議套件

欲使用 {lattice} 套件中的克里夫蘭點圖 dotplot() 函數，首先檢查記憶體中是否有 {lattice} 套件：

```r
# 沒有看到 {lattice}
search()
```

```
## [1] ".GlobalEnv"          "package:reticulate"
## [3] "package:stats"       "package:graphics"
## [5] "package:grDevices"   "package:utils"
## [7] "package:datasets"    "package:methods"
## [9] "Autoloads"           "package:base"
```

```r
# grep() 函數應該在 search() 的結果中抓不到 lattice
# 輸出 character(0) 表示結果沒有套件 {lattice}
grep("lattice", search(), value=TRUE)
```

```
## character(0)
```

接著以 `installed.packages()` 函數檢視已安裝套件清單，`rownames()` 函數是將 `installed.packages()` 函數返回的字串矩陣 (參見1.3.2節 R 語言資料物件矩陣小節) 取出其列名 (已安裝套件名)，再次結合 `grep()` 函數抓取其中是否有"lattice"，發現的確已於安裝 R 時即下載 {lattice} 及其延伸套件 {latticeExtra} 於本機硬碟中。

```r
# 檢視已下載套件清單
head(rownames(installed.packages()))
```

```
## [1] "abind"     "acepack"    "ada"      "adabag"
## [5] "AER"       "animation"
```

```r
# 查核硬碟中是否有"lattice", value=TRUE 表示傳回匹配到的元素值
grep("lattice", rownames(installed.packages()), value = TRUE)
```

```
## [1] "lattice"      "latticeExtra"
```

因此接下來只需做第二部曲，就可以使用 `dotplot()` 函數繪製資料集 `barley` 中各地區分年 `year`(西元 1931 和 1932 兩年) 十種麥種 `variety` 的產量 `yield` 克里夫蘭點圖 (Cleveland dot plot)(圖1.4，本書因為雙色印刷，圖形顏色可能與程式碼結果不同)。波浪號 ~ 前是 y 軸變數，其後是 x 軸變數，垂直線 | 後是分組條件變數，`year * site` 表示依年份與種植地區所有組合進行分組，參見表5.1模型公式語法運用的符號。

```r
# 載入建議套件
library(lattice)
```

```r
# 資料集 barley 結構，4 個變數除了 yield 其餘都是類別 (因子) 變數
str(barley)
```

```
## 'data.frame':   120 obs. of 4 variables:
##  $ yield  : num  27 48.9 27.4 39.9 33 ...
##  $ variety: Factor w/ 10 levels "Svansota","No.
## 462",..: 3 3 3 3 3 3 7 7 7 ...
##  $ year   : Factor w/ 2 levels "1932","1931": 2 2 2
## 2 2 2 2 2 2 ...
##  $ site   : Factor w/ 6 levels "Grand Rapids",..: 3
## 6 4 5 1 2 3 6 4 5 ...
```

```r
# barley 前六筆數據
head(barley)
```

```
##   yield  variety year            site
## 1 27.00 Manchuria 1931 University Farm
## 2 48.87 Manchuria 1931          Waseca
## 3 27.43 Manchuria 1931          Morris
## 4 39.93 Manchuria 1931       Crookston
## 5 32.97 Manchuria 1931    Grand Rapids
## 6 28.97 Manchuria 1931          Duluth
```

```r
# 克里夫蘭點圖繪製，多維列聯表視覺化繪圖方法
dotplot(variety ~ yield | year * site, data = barley)
```

所以結論是建議套件 (以 {lattice} 為例) 在安裝 R 時已經下載，但每次啟動 R 對話時不會被載入記憶體中，使用者必須 library(lattice) 後方能使用建議套件的函數與資料集。

10　第一章　資料導向程式設計

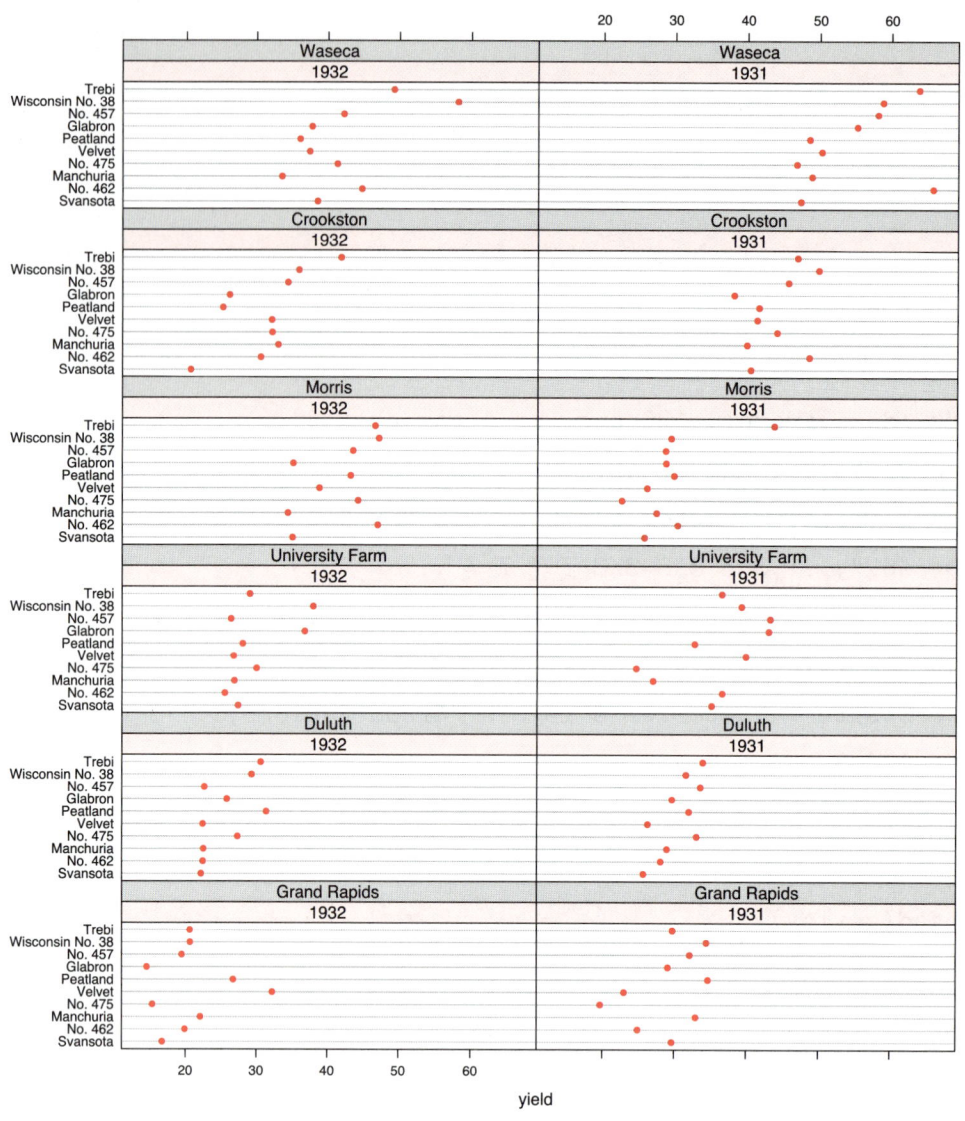

圖 1.4: 不同地區各年十種麥種的產量點圖

1.1.3　貢獻套件

第三種情境是我們想使用貢獻套件 {nutshell} 中的資料集 team.batting.00to08，因為貢獻套件的數量最多，所以我們示範使用者經常遇到的錯誤情境，第一種挫折是直接使用 data() 調用 team.batting.00to08 資料集，或以 str() 檢視其資料結構，均發現警告或錯誤訊息，顯示記憶體中並無資料物件 team.batting.00to08。

```
# data() 載入資料集出現警告訊息，因為 RAM 中沒有其所依附的套件
# data(team.batting.00to08)
# Warning message: In data(team.batting.00to08) : data set
# 'team.batting.00to08' not found
# str() 檢視資料結構時出現錯誤，因為 RAM 中根本沒有該資料集
# str(team.batting.00to08)
# Error in str(team.batting.00to08) : object
# 'team.batting.00to08' not found
```

上面兩行指令前面均加上程式碼註解符號 #，這是因為錯誤的代碼會中斷 Latex + R 與 Latex + Python 的編譯，所以將其註記為不執行，並在後方附上執行所得之警告或錯誤訊息。另外一種必須註記的情形是程式碼執行後，結果會出現在瀏覽器視窗中，因而將之註記起來，以上情況請讀者自行演練查看相關結果 (參見1.2節環境與輔助說明部份)。

另一種挫折是欲載入資料集隸屬的 {nutshell} 套件到記憶體後，再使用 team.batting.00to08 資料物件，但發現 library(nutshell) 亦回報並無套件 {nutshell} 的錯誤訊息！

```
# 記憶體載入套件錯誤，因為硬碟中沒有該貢獻套件
# library(nutshell) # Error in library(nutshell) :
# there is no package called 'nutshell'
```

回顧前面套件管理與使用的兩部曲 (參見圖1.1)，我們發現以上錯誤是因為第一二部曲均未完成。所以正確做法還是要先檢查搜尋路徑 (i.e. 記憶體) 中是否有 {nutshell} 套件，如果沒有，則再檢查本機硬碟中是否已安裝 {nutshell} 套件。

```
# 未載入 {nutshell} 到記憶體
search()
```

```
## [1] ".GlobalEnv"          "package:lattice"
## [3] "package:reticulate"  "package:stats"
## [5] "package:graphics"    "package:grDevices"
```

```
##  [7] "package:utils"        "package:datasets"
##  [9] "package:methods"      "Autoloads"
## [11] "package:base"
```

```r
# 傳回 character(0)，表示未下載 {nutshell} 到硬碟
grep("nutshell", rownames(installed.packages()), value = TRUE)
```

安裝套件與載入記憶體後，當可順利地載入 team.batting.00to08 資料集。

```r
# 一部曲套件下載也可以透過 RStudio GUI 完成
# install.packages("nutshell")
# 二部曲套件載入
library(nutshell)
# 取用套件中資料集
data(team.batting.00to08)
```

```r
# 可以檢視資料結構了
str(team.batting.00to08)
```

```
## 'data.frame': 270 obs. of 13 variables:
## $ teamID  : chr "ANA" "BAL" "BOS" "CHA" ...
## $ yearID  : int 2000 2000 2000 2000 2000 2000
## 2000 2000 2000 2000 ...
## $ runs    : int 864 794 792 978 950 823 879 748 871
## 947 ...
## $ singles : int 995 992 988 1041 1078 1028 1186
## 1026 1017 958 ...
## $ doubles : int 309 310 316 325 310 307 281 325
## 294 281 ...
## $ triples : int 34 22 32 33 30 41 27 49 25 23
## ...
## $ homeruns: int 236 184 167 216 221 177 150 116
## 205 239 ...
```

```
## $ walks        : int 608 558 611 591 685 562 511 556
## 631 750 ...
## $ stolenbases  : int 93 126 43 119 113 83 121 90
## 99 40 ...
## $ caughtstealing: int 52 65 30 42 34 38 35 45 48
## 15 ...
## $ hitbypitch   : int 47 49 42 53 51 43 48 35 57 52
## ...
## $ sacrificeflies: int 43 54 48 61 52 49 70 51 50
## 44 ...
## $ atbats       : int 5628 5549 5630 5646 5683 5644
## 5709 5615 5556 5560 ...
```

所以貢獻套件的結論是在安裝 R 時既未從雲端下載到本機硬碟，所以啟動 R 對話時當然也無從載入記憶體中，使用者必須兩部曲均完成後方能使用該套件下的資料、函數與說明文件。

本機硬碟與記憶體的套件查核動作，也可透過 RStudio 右下角之 Package 頁籤窗格 (pane) 的放大鏡，搜尋本機硬碟套件；以及是否已勾選核取方塊 (check box)，來確認是否已載入記憶體。讀者請留意網路上或課程中所附的程式碼，通常只有每次對話均須載入記憶體的 `library("xxx")` 指令，不會有僅需下載到硬碟一次的 `install.packages("xxx")` 指令。Python 代碼同樣也只有 `import`，缺少套件時請自行以 `pip install xxx` 安裝之。因此，本書後續也假設讀者的環境已預先安裝好所需的 R 或 Python 套件。

1.2 環境與輔助說明

撰寫程式時變數名稱的正式稱謂是符號 (symbols)，當我們指定一物件 (參見1.6節編程範式與物件導向概念) 給某個變數名稱時，實際上就是指定該物件到當前環境 (environment) 中的一個符號。以 R 語言為例：

```
# 在當前的環境中將符號"x" 與物件 168 關聯起來
(x <- 168)
```

```
## [1] 168
```

```
# 同一環境中將符號"y"與物件 2 關聯起來
(y <- 2)
```

```
## [1] 2
```

```
# 符號"x"與"y"再組成"z"
(z <- x*y)
```

```
## [1] 336
```

因此，反過來說，環境的定義是一組定義在相同上下文 (context) 的符號集合。R 語言中的一切都是物件 (object)：前述的符號、後面要談的函數與 R 表達式、此處的環境等都是物件。理解物件最簡單的方式就是把它想成運用計算機表達出來的事物，而所有的 R 語言程式碼都是在處理物件，每個 R 指令的評價與求值 (evaluation) 都與某個環境有關 (Adler, 2012)。

一般而言，R 語言有四個特殊環境[2]：

- globalenv() 函數傳回全域環境，亦稱為互動式工作空間 (interactive workspace)，它通常是使用者進行資料處理與建模等工作的當前環境。圖1.5顯示此環境包含任何使用者定義的物件，例如：向量、矩陣、陣列、資料框、串列、時間序列等資料物件 (參見1.3節 R 語言資料物件)，或是函數物件。載入的各個套件與附加上的資料集再會依序地串在全域環境之下，成為全域環境的父環境，這一長串的子父環境又稱為搜尋路徑 (search path)，如圖1.6所示。圖中下方為父上方為子，全域環境的父環境指的是先前以 library() 或 require() 載入的一個個套件 (library() 與 require() 的區別請看https://yihui.name/en/2014/07/library-vs-require/)。上節提過的 search() 函數，列出了全域環境的所有父環境，因此可以檢查我們到底已經載入了哪些套件到記憶體中。
- baseenv() 傳回基本環境，顧名思義是前述第一類基本套件 base package 的環境，其父環境是下面的空環境 (empty environment)。

---

[2]http://adv-r.had.co.nz/Environments.html

- emptyenv() 傳回空環境，是所有環境最終的起源，也就是所有環境的祖先 (ancestor)，是唯一沒有父環境的環境。
- environment() 傳回當前的環境，如前所述，通常是第一點的全域環境。

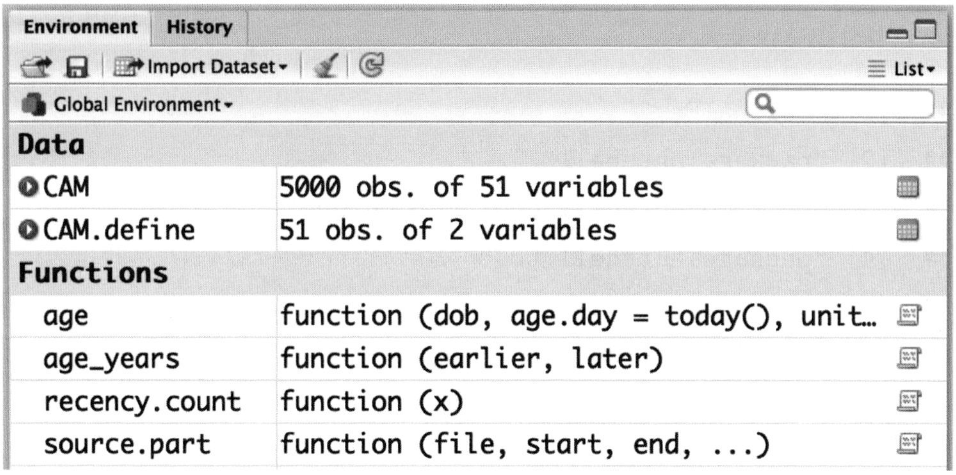

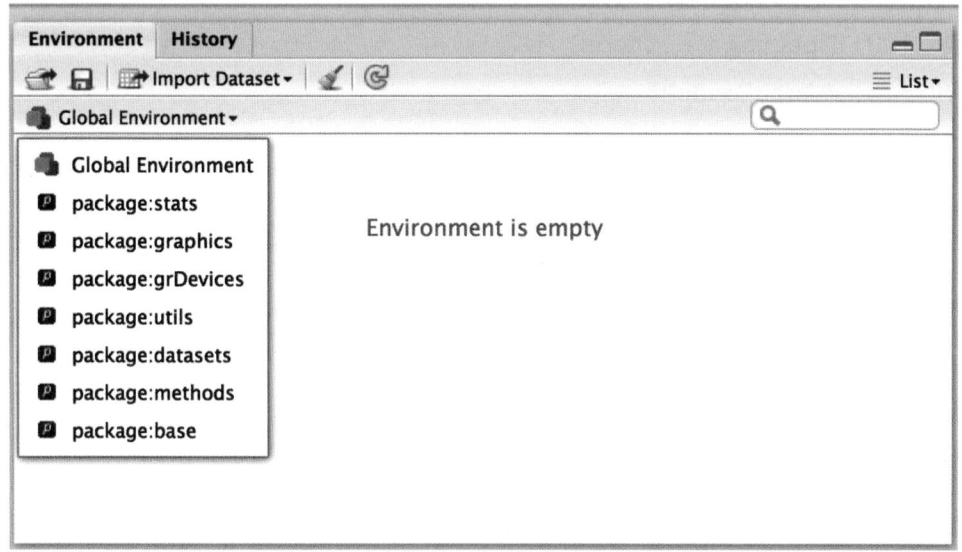

圖 1.5: 全域環境下的資料與函數

圖 1.6: 全域環境及其父環境圖

search() 函數除了可以檢查記憶體中載入了哪些套件，也可以看到 attach() 函數附加上的資料集，以方便使用者進行資料處理與分析，例如下面的 longley 資料集載入記憶體後，可以直接引用資料集的變數名，無需鍵入資料集名稱。雖然看似方便，但讀者當思考其害處為何？attach()

的反向運作就是 detach()，可將搜尋路徑下的資料集與套件從記憶體中卸載掉。

```r
# 都是套件，沒有資料集
search()
```

```
##  [1] ".GlobalEnv"
##  [2] "package:nutshell"
##  [3] "package:nutshell.audioscrobbler"
##  [4] "package:nutshell.bbdb"
##  [5] "package:lattice"
##  [6] "package:reticulate"
##  [7] "package:stats"
##  [8] "package:graphics"
##  [9] "package:grDevices"
## [10] "package:utils"
## [11] "package:datasets"
## [12] "package:methods"
## [13] "Autoloads"
## [14] "package:base"
```

```r
# 基本套件 {datasets} 中 1947 到 1962 年 7 個經濟變數資料集
longley$GNP # longley 未附加在搜尋路徑前的引用語法 (1.3.5 節)
```

```
## [1] 234.3 259.4 258.1 284.6 329.0 347.0 365.4 363.1
## [9] 397.5 419.2 442.8 444.5 482.7 502.6 518.2 554.9
```

```r
# 在全域環境中附加上資料集 longley
attach(longley)
# 有看到資料集 longley
search()
```

```
## [1] ".GlobalEnv"
## [2] "longley"
```

```
##  [3] "package:nutshell"
##  [4] "package:nutshell.audioscrobbler"
##  [5] "package:nutshell.bbdb"
##  [6] "package:lattice"
##  [7] "package:reticulate"
##  [8] "package:stats"
##  [9] "package:graphics"
## [10] "package:grDevices"
## [11] "package:utils"
## [12] "package:datasets"
## [13] "package:methods"
## [14] "Autoloads"
## [15] "package:base"
```

```
# 資料集附加在搜尋路徑後的引用語法 (無需加上資料集名稱！)
GNP
```

```
## [1] 234.3 259.4 258.1 284.6 329.0 347.0 365.4 363.1
## [9] 397.5 419.2 442.8 444.5 482.7 502.6 518.2 554.9
```

```
# 全域環境中卸載資料集 longley
detach(longley)
# 卸載後沒見到資料集 longley
search()
```

```
##  [1] ".GlobalEnv"
##  [2] "package:nutshell"
##  [3] "package:nutshell.audioscrobbler"
##  [4] "package:nutshell.bbdb"
##  [5] "package:lattice"
##  [6] "package:reticulate"
##  [7] "package:stats"
##  [8] "package:graphics"
##  [9] "package:grDevices"
## [10] "package:utils"
```

18　第一章　資料導向程式設計

```
## [11] "package:datasets"
## [12] "package:methods"
## [13] "Autoloads"
## [14] "package:base"
```

```r
# 也可以卸載套件
detach(package:nutshell)
# 卸載後沒見到套件 {nutshell}
search()
```

```
## [1] ".GlobalEnv"
## [2] "package:nutshell.audioscrobbler"
## [3] "package:nutshell.bbdb"
## [4] "package:lattice"
## [5] "package:reticulate"
## [6] "package:stats"
## [7] "package:graphics"
## [8] "package:grDevices"
## [9] "package:utils"
## [10] "package:datasets"
## [11] "package:methods"
## [12] "Autoloads"
## [13] "package:base"
```

　　objects() 和 ls() 函數也常用來查詢特定環境中的物件名稱，例如全域環境與基本環境中的物件。

```r
# 查詢全域環境中的物件
objects()
```

```
## [1] "hc"              "team.batting.00to08"
## [3] "USArrests_z"     "x"
## [5] "y"               "z"
```

```r
ls()
```

```
## [1] "hc"            "team.batting.00to08"
## [3] "USArrests_z"   "x"
## [5] "y"             "z"
```

```r
# 查詢基本環境中的物件，只顯示後六筆
tail(objects(envir = baseenv()))
```

```
## [1] "xtfrm.numeric_version" "xtfrm.POSIXct"
## [3] "xtfrm.POSIXlt"         "xtfrm.Surv"
## [5] "xzfile"                "zapsmall"
```

除了環境外，當前工作目錄 (或稱路徑) 是 R 讀檔與寫檔的預設資料夾，因此讀者需熟悉工作目錄的查詢與設定，方能順利進行讀寫檔的動作。

```r
# 以 getwd() 查詢當前工作目錄，並儲存為 iPAS 字串物件
(iPAS <- getwd())
```

```r
# 設定工作目錄為 MAC OS 下的家目錄
setwd("~")
# 取得我的家目錄
getwd()
```

```
## [1] "/Users/Vince"
```

```r
# 還原 iPAS 目錄
setwd(iPAS)
```

```r
# 確定工作目錄已變更
getwd()
```

```
# [1] "/Users/Vince/cstsouMac/BookWriting/bookdown-chinese-
# master"
```

接下來簡單介紹輔助說明，R 語言有相當豐富的輔助說明，help.start() 返回核心開發團隊編製的使用手冊、套件參考指南與其它文件。

```
# R 語言網頁版線上使用說明
# help.start()
```

如果已經明確知道欲查詢的函數名或資料集名，可以使用 help() 函數或其別名 (alias) 運算子?。

```
# help(plot)
# ?plot
```

若搜尋名稱不確知時，則以 help.search() 函數擴大搜尋範圍，從套件短文 (vignette) 名稱、示範代碼與說明頁面 (標題與關鍵字) 中搜尋包含 plot 的字串，?? 則為 help.search() 函數的別名。

```
# help.search("plot")
# ??plot # an alias of help.search
```

上面搜尋的範圍如果太大，可以利用 apropos() 函數只搜尋函數名稱中具有字串 plot 的函數。而 find() 函數是搜尋有 plot 函數的套件，引數 simple.words = FALSE 時會擴大搜尋包含 plot 字串的所有對象。

```
# 名稱中具有字串 "plot" 的函數
head(apropos("plot"), 10)
```

```
## [1] "assocplot"          "barplot"
## [3] "barplot.default"    "biplot"
## [5] "boxplot"            "boxplot.default"
## [7] "boxplot.matrix"     "boxplot.stats"
```

```
##  [9] "bwplot"           "cdplot"
```

```
# 名稱中具有字串 "plot" 的套件
find("plot")
```

```
## [1] "package:graphics"
```

```
# 擴大搜尋名稱中具有字串 "plot" 的套件
find("plot", simple.words = FALSE)
```

```
## [1] "package:lattice"   "package:stats"
## [3] "package:graphics"  "package:grDevices"
```

如欲在網際網路上尋求協助，讀者可造訪下列網站並輸入搜尋關鍵字：

- Google: http://www.google.com/
- Rseek: http://rseek.org/
- Crantastic: http://crantastic.org/

Python 語言可以 pwd 查詢當前的工作路徑，查閱輔助說明也是用 help() 函數，dir() 函數不帶參數時，傳回當前環境內的變量、方法和定義的類別；帶環境參數 (i.e. 套件或物件) 時，傳回環境的屬性與方法 (參見1.6節編程範式與物件導向概念)。

1.3　R 語言資料物件

R 語言有多種存放數據的資料物件，包括純量 (scalars)、向量 (vectors)、因子 (factors)、矩陣 (matrices)、陣列 (arrays)、資料框 (data frames) 與串列 (lists)(參見圖1.7 R 語言常用資料物件)。它們的不同點在於可以存放資料的型別、建立的方式、結構複雜度、以及個別元素取值的方式。

操弄各種 R 語言資料物件時，請注意該資料物件的類別名稱、其是幾維的結構、各維度的名稱 (一維 1D 以上結構)、各維的長度、各維水準名稱與元素名稱 (指一維 1D 結構下的元素) 等。

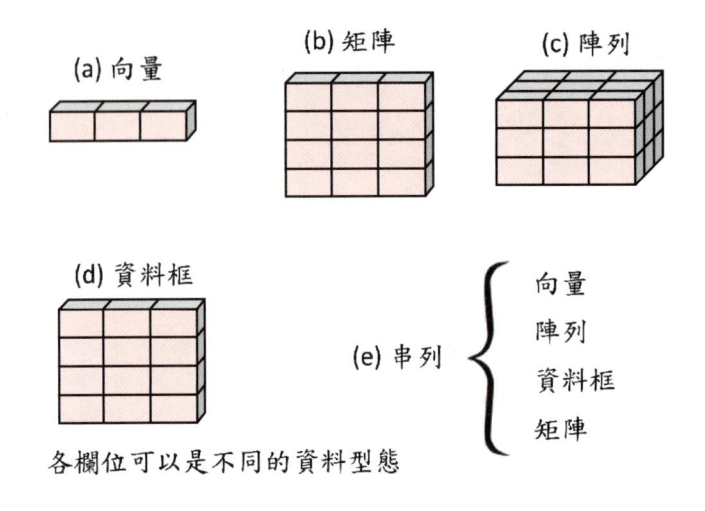

圖 1.7: R 語言常用資料物件 (Kabacoff, 2015)

1.3.1 向量

R 語言最簡單的資料物件是向量，可視為 Python 語言的一維陣列，內部存放字串 (character)、整數值 (integer)、實數值 (numeric)、邏輯值 (logical)、複數值 (complex) 與位元組值 (raw)，其中以前四種最常見。套件 {UsingR} 中有一向量物件 firstchi，記載了母親生第一胎小孩時的年齡：

```r
# 套件 {UsingR} 內含資料集 bumpers, firstchi 與 crime
library(UsingR)
firstchi
```

```
##  [1] 30 18 35 22 23 22 36 24 23 28 19 23 25 24 33 21 24
## [18] 19 33 23 19 32 21 18 36 21 25 17 21 24 39 22 23 18
## [35] 22 28 18 15 25 21 23 26 38 24 20 36 27 21 28 26 22
## [52] 28 33 18 17 21 15 20 16 21 23 15 20 38 16 24 42 22
## [69] 24 24 20 17 26 39 22 21 28 20 29 14 25 20 19 17 21
## [86] 24 26
```

以 class() 函數檢視其類別名稱可以發現 firstchi 是前述的實數值

向量，或簡稱數值向量。再以 names() 函數擷取其元素名稱時，得知 firstchi 各元素並無名稱，因此回傳 R 語言的空無物件 NULL，或稱為空值，NULL 也是 R 語言的一種特殊變數。

```
# 查閱資料集使用說明，後續不再列出
# help(firstchi)
# 因為是實數值向量，所以類別型態是 numeric
class(firstchi)
```

```
## [1] "numeric"
```

```
# NULL 表各元素無名稱
names(firstchi)
```

```
## NULL
```

套件 {UsingR} 中另有一具名向量 (named vector) 物件 bumpers，裡面是各廠牌汽車保險桿的維修成本，以 names() 函數可取出各個維修數據的車廠與車型，也就是向量元素名稱。

```
# 留意具名向量的呈現方式，並無各列最左元素的編號
bumpers
```

```
##       Honda Accord Chevrolet Cavalier
##                618                795
##       Toyota Camry         Saturn SL2
##               1304               1308
##  Mitsubishi Galant       Dodge Monaco
##               1340               1456
##   Plymouth Acclaim   Chevrolet Corsica
##               1500               1600
##    Pontiac Sunbird   Oldsmobile Calais
##               1969               1999
##      Dodge Dynasty    Chevrolet Lumina
##               2008               2129
```

```
##       Ford Tempo       Nissan Stanza
##             2247                2284
##  Pontiac Grand Am      Buick Century
##             2357                2381
##    Buick Skylark         Ford Taurus
##             2546                3002
##        Mazda 626    Oldsmobile Ciere
##             3096                3113
##     Pontiac 6000       Subaru Legacy
##             3201                3266
##    Hyundai Sonata
##             3298
```

```r
# 類別型態同樣是 numeric
class(bumpers)
```

```
## [1] "numeric"
```

```r
# 具名向量元素名稱
names(bumpers)
```

```
##  [1] "Honda Accord"       "Chevrolet Cavalier"
##  [3] "Toyota Camry"       "Saturn SL2"
##  [5] "Mitsubishi Galant"  "Dodge Monaco"
##  [7] "Plymouth Acclaim"   "Chevrolet Corsica"
##  [9] "Pontiac Sunbird"    "Oldsmobile Calais"
## [11] "Dodge Dynasty"      "Chevrolet Lumina"
## [13] "Ford Tempo"         "Nissan Stanza"
## [15] "Pontiac Grand Am"   "Buick Century"
## [17] "Buick Skylark"      "Ford Taurus"
## [19] "Mazda 626"          "Oldsmobile Ciere"
## [21] "Pontiac 6000"       "Subaru Legacy"
## [23] "Hyundai Sonata"
```

- 向量創建的函數是 c()，創建整數值向量時，各整數尾部需添加 L：

```r
# 以 R 語言冒號運算子 ':' 創建向量
(a <- 0L:4L)
```

```
## [1] 0 1 2 3 4
```

```r
# 也可以用向量創建函數 c()
(a <- c(0,1,2,3,4))
```

```
## [1] 0 1 2 3 4
```

```r
# 因為是實數值向量，所以類別型態是 numeric
class(a)
```

```
## [1] "numeric"
```

字串向量的元素須以單引號或雙引號括起來，邏輯值 TRUE 與 FALSE 可以第一個字母 T 與 F 簡記。

```r
# 創建字串向量
(b <- c("one", "two", "three", "four", "five"))
```

```
## [1] "one"   "two"   "three" "four"  "five"
```

```r
# 因為是字串向量，所以類別型態是 character
class(b)
```

```
## [1] "character"
```

```r
# 創建邏輯值向量
(c <- c(TRUE, TRUE, TRUE, F, T, F))
```

```
## [1]  TRUE  TRUE  TRUE FALSE  TRUE FALSE
```

```r
# 因為是邏輯值向量，所以類別型態是 logical
class(c)
```

```
## [1] "logical"
```

請注意所有向量只能存放單一的資料型別 (例如：數值、字串或是邏輯值)，若有混型的狀況，則會發生下列型別強制轉換 (type coersion) 的狀況。

```r
# 數值強制轉換為字串
(d <- c("one", "two", "three", 4, 5))
```

```
## [1] "one"   "two"   "three" "4"     "5"
```

```r
# 型別強制轉換後類別型態是 character
class(d)
```

```
## [1] "character"
```

```r
# 邏輯值強制轉換為數值
(e <- c(1, 0, TRUE, FALSE))
```

```
## [1] 1 0 1 0
```

```r
# 型別強制轉換後類別型態是 numeric
class(e)
```

```
## [1] "numeric"
```

```r
# 邏輯值強制轉換為字串
(f <- c("one", "zero", TRUE, FALSE))
```

```
## [1] "one"   "zero"  "TRUE"  "FALSE"
```

```
# 型別強制轉換後類別型態是 character
class(f)
```

```
## [1] "character"
```

1.3.2 矩陣

矩陣是二維陣列，與向量物件一樣，每個元素的資料型別必須相同。套件 {datasets} 中有一矩陣物件 state.x77，它是關於美國 50 州的人口統計、所得、治安、氣候與面積等相關數據。

```
# 美國 50 州統計數據
head(state.x77)
```

```
##             Population Income Illiteracy Life Exp
## Alabama           3615   3624        2.1    69.05
## Alaska             365   6315        1.5    69.31
## Arizona           2212   4530        1.8    70.55
## Arkansas          2110   3378        1.9    70.66
## California       21198   5114        1.1    71.71
## Colorado          2541   4884        0.7    72.06
##             Murder HS Grad Frost    Area
## Alabama       15.1    41.3    20   50708
## Alaska        11.3    66.7   152  566432
## Arizona        7.8    58.1    15  113417
## Arkansas      10.1    39.9    65   51945
## California    10.3    62.6    20  156361
## Colorado       6.8    63.9   166  103766
```

```
# 因為是矩陣，所以類別型態是 matrix
class(state.x77)
```

```
## [1] "matrix"
```

```r
# 查詢維度名稱
dimnames(state.x77)
```

```
## [[1]]
##  [1] "Alabama"        "Alaska"         "Arizona"
##  [4] "Arkansas"       "California"     "Colorado"
##  [7] "Connecticut"    "Delaware"       "Florida"
## [10] "Georgia"        "Hawaii"         "Idaho"
## [13] "Illinois"       "Indiana"        "Iowa"
## [16] "Kansas"         "Kentucky"       "Louisiana"
## [19] "Maine"          "Maryland"       "Massachusetts"
## [22] "Michigan"       "Minnesota"      "Mississippi"
## [25] "Missouri"       "Montana"        "Nebraska"
## [28] "Nevada"         "New Hampshire"  "New Jersey"
## [31] "New Mexico"     "New York"       "North Carolina"
## [34] "North Dakota"   "Ohio"           "Oklahoma"
## [37] "Oregon"         "Pennsylvania"   "Rhode Island"
## [40] "South Carolina" "South Dakota"   "Tennessee"
## [43] "Texas"          "Utah"           "Vermont"
## [46] "Virginia"       "Washington"     "West Virginia"
## [49] "Wisconsin"      "Wyoming"
##
## [[2]]
## [1] "Population" "Income"     "Illiteracy" "Life Exp"
## [5] "Murder"     "HS Grad"    "Frost"      "Area"
```

```r
# 注意! 矩陣無元素或變數名稱
names(state.x77)
```

```
## NULL
```

state.x77 是 matrix 類別型態的物件，在查詢維度名稱時請注意，names() 只能用來查詢向量、串列 (1.3.4節) 與資料框 (1.3.5節) 等廣義的一維物件中元素或變數名稱，此處用在 matrix 上則傳回空值。因此，查詢矩陣橫列及縱行名稱時須用 dimnames() 函數,而非 names()。從 dimnames() 返回結果之兩個成對中括弧內的串列元素編號,讀者可發現: 50 × 8 矩陣的 50 個橫列名與 8 個縱行名其字串向量因長度的不同,所以組織成1.3.4節將提到的串列物件。

R 語言物件導向的類別概念比較紊亂,有多個函數可返回物件的類別值,前述 class() 函數是從物件導向泛型函數 (參見1.6節編程範式與物件導向概念) 的觀點,傳回物件的類型,也就是說任何可以處理 matrix 類型物件的泛型函數,都可以施加在 state.x77 上。此外, typeof() 函數從 R 語言內部的觀點返回物件類型;而 mode() 則從 S 語言的觀點返回物件類型或模態 (mode),其與其它 S 語言的工具相容性更高; storage.mode() 則和 R 物件傳到編譯代碼中的任務有關[3]。

```
# R 語言內部觀點
typeof(state.x77)
```

```
## [1] "double"
```

```
# S 語言的觀點
mode(state.x77)
```

```
## [1] "numeric"
```

```
# 與 R 物件編譯任務有關
storage.mode(state.x77)
```

```
## [1] "double"
```

- 矩陣創建的函數是 matrix(),語法如下:

mymatrix <- matrix(向量物件, nrow= 列數, ncol= 行數, byrow= 邏輯值, dimnames=list(列名字串向量, 行名字串向量))

下例中先以字符黏貼函數 paste0() 產生橫列與縱行名字串向量,請注意 R 語言,以及 Python 語言的 **numpy** 模組因為向量化運算的特

---

[3]https://stats.stackexchange.com/questions/3212/mode-class-and-type-of-r-objects

質，都有將長度較短的向量 (此例中為"row"與"col") 自動放大為等長的向量後，再依對應元素進行黏貼操作。這種特性 R 語言稱之為循環 (recycle)，而 Python 則命名為廣播 (broadcasting)。最後，matrix() 創建函數中，因為各維因子水準數不一定相同，如前所述以後面1.3.4節將提及的串列創建函數 list()，組織其各維名稱向量 dimnames。

```r
# 橫列名向量長度 5
rnames <- paste0("row", 1:5)
# 縱行名向量長度 4
cnames <- paste0("col", 1:4)
# 注意橫列名與縱行名 (even 兩者長度相同也是) 組成串列
(y <- matrix(1:20, nrow = 5, ncol = 4, dimnames = 
list(rnames, cnames)))
```

```
##      col1 col2 col3 col4
## row1   1    6   11   16
## row2   2    7   12   17
## row3   3    8   13   18
## row4   4    9   14   19
## row5   5   10   15   20
```

```r
# 注意無行列名稱之矩陣呈現方式 ([列編號,] 與 [, 行編號])
(y <- matrix(1:20, nrow = 5, ncol = 4))
```

```
##      [,1] [,2] [,3] [,4]
## [1,]   1    6   11   16
## [2,]   2    7   12   17
## [3,]   3    8   13   18
## [4,]   4    9   14   19
## [5,]   5   10   15   20
```

1.3.3 陣列

　　陣列結構類似矩陣，但其為二維以上的資料物件，與向量、矩陣物件一樣，每個元素的資料型別必須相同。套件 {datasets} 中有一陣列物件 Titanic，它是關於鐵達尼號船難的乘客統計資料。Titanic 資料集為四維**列聯表 (contingency table)**，其中各維的因子水準數分別是 4、2、2 及 2(參見1.3.6節因子)。R 預設會呈現最後兩維 (Age 與 Survived) 的四種組合狀況下，前面兩維 (Class 與 Sex) 的二維**次數分佈 (frequency distribution)** 表 (次數也可稱為頻次)，或稱列聯表。class() 函數傳回的類別名稱 table 意指 array，又各維因子水準數 (經常) 不一，故以串列組織其各維度的名稱向量。ftable() 可呈現報章雜誌上常見的扁平式高維列聯表，此函數將上述預設的呈現方式，轉換為橫列是前三個因子共 16 ($4 \times 2 \times 2$) 列，縱行為最後一個因子的兩個水準之扁平式四維列聯表。讀者當可細心觀察，兩者僅是擺放方式不同，數值內容其實完全一致。

```
# 四張 4 乘 2 的二維表格
Titanic
```

```
## , , Age = Child, Survived = No
## 
##       Sex
## Class  Male Female
##    1st    0      0
##    2nd    0      0
##    3rd   35     17
##    Crew   0      0
## 
## , , Age = Adult, Survived = No
## 
##       Sex
## Class  Male Female
##    1st  118      4
##    2nd  154     13
##    3rd  387     89
##    Crew 670      3
```

```
## 
## , , Age = Child, Survived = Yes
## 
##       Sex
## Class  Male Female
##   1st     5      1
##   2nd    11     13
##   3rd    13     14
##   Crew    0      0
## 
## , , Age = Adult, Survived = Yes
## 
##       Sex
## Class  Male Female
##   1st    57    140
##   2nd    14     80
##   3rd    75     76
##   Crew  192     20
```

```r
# 高維陣列物件的類別為 table
class(Titanic)
```

```
## [1] "table"
```

```r
# 各維因子變數水準名 (參見 1.3.6 節因子)
dimnames(Titanic)
```

```
## $Class
## [1] "1st"  "2nd"  "3rd"  "Crew"
## 
## $Sex
## [1] "Male"   "Female"
## 
## $Age
## [1] "Child" "Adult"
```

```
## 
## $Survived
## [1] "No"  "Yes"
```

```r
# 扁平式四維列聯表，與前面的擺放方式不同而已
ftable(Titanic)
```

```
##                    Survived  No Yes
## Class Sex    Age                   
## 1st   Male   Child            0   5
##              Adult          118  57
##       Female Child            0   1
##              Adult            4 140
## 2nd   Male   Child            0  11
##              Adult          154  14
##       Female Child            0  13
##              Adult           13  80
## 3rd   Male   Child           35  13
##              Adult          387  75
##       Female Child           17  14
##              Adult           89  76
## Crew  Male   Child            0   0
##              Adult          670 192
##       Female Child            0   0
##              Adult            3  20
```

- 陣列創建的函數是 array()，語法如下：

myarray <- array(向量物件, dim = 各維因子水準數所形成的數值**向量**, dimnames = 各維因子水準名稱之字串向量所形成的**串列**)

```r
# 各維（因子水準）名稱向量
dim1 <- c("A1", "A2")
dim2 <- c("B1", "B2", "B3")
dim3 <- c("C1", "C2", "C3", "C4")
```

```r
# 四個 2 乘 3 二維矩陣
# 請思考 dim 和 dimnames 哪個是向量? 哪個是串列? Why?
(z <- array(1:24, dim = c(2, 3, 4), dimnames =
list(dim1, dim2, dim3)))
```

```
## , , C1
##
##    B1 B2 B3
## A1  1  3  5
## A2  2  4  6
##
## , , C2
##
##    B1 B2 B3
## A1  7  9 11
## A2  8 10 12
##
## , , C3
##
##    B1 B2 B3
## A1 13 15 17
## A2 14 16 18
##
## , , C4
##
##    B1 B2 B3
## A1 19 21 23
## A2 20 22 24
```

1.3.4 串列

　　串列或稱列表是 R 語言最通用且結構可以很複雜的資料物件，串列收集了一群有序的物件，或是一群具名的元素 (元素和物件此處交替使用)。它和向量一樣都是一維的結構,但是基本上它可以串起任何類別的物件,也就是說,串列可以將向量、矩陣、陣列、資料框、甚至是串列等組織起來。套件 {datasets} 中有一串列物件 Harman23.cor,它是關於 305 位七至十七歲女孩之八處身材量測值,此串列包含三個元素:cov, center 與 n.obs。

```
# 三個元素的串列
Harman23.cor
```

```
## $cov
##                  height  arm.span  forearm  lower.leg
## height            1.000     0.846    0.805      0.859
## arm.span          0.846     1.000    0.881      0.826
## forearm           0.805     0.881    1.000      0.801
## lower.leg         0.859     0.826    0.801      1.000
## weight            0.473     0.376    0.380      0.436
## bitro.diameter    0.398     0.326    0.319      0.329
## chest.girth       0.301     0.277    0.237      0.327
## chest.width       0.382     0.415    0.345      0.365
##                  weight  bitro.diameter  chest.girth
## height            0.473           0.398        0.301
## arm.span          0.376           0.326        0.277
## forearm           0.380           0.319        0.237
## lower.leg         0.436           0.329        0.327
## weight            1.000           0.762        0.730
## bitro.diameter    0.762           1.000        0.583
## chest.girth       0.730           0.583        1.000
## chest.width       0.629           0.577        0.539
##                  chest.width
## height                 0.382
## arm.span               0.415
## forearm                0.345
## lower.leg              0.365
## weight                 0.629
## bitro.diameter         0.577
```

```
## chest.girth            0.539
## chest.width            1.000
##
## $center
## [1] 0 0 0 0 0 0 0 0
##
## $n.obs
## [1] 305
```

str() 函數回傳串列三個元素的名稱及其各自的資料結構，分別是 8 階的相關係數數值方陣 (cov，橫列縱行均有名稱屬性，留意其表達方式 attr(*, "dimnames"))、長度為 8 的平均值向量 (center)、以及長度為 1 的觀測值個數 (n.obs)。

```
# 留意 cov 元素下方有矩陣維度名稱屬性 "dimnames"
str(Harman23.cor)
```

```
## List of 3
## $ cov   : num [1:8, 1:8] 1 0.846 0.805 0.859 0.473
## 0.398 0.301 0.382 0.846 1 ...
##  ..- attr(*, "dimnames")=List of 2
##  .. ..$ : chr [1:8] "height" "arm.span" "forearm"
## "lower.leg" ...
##  .. ..$ : chr [1:8] "height" "arm.span" "forearm"
## "lower.leg" ...
## $ center: num [1:8] 0 0 0 0 0 0 0 0
## $ n.obs : num 305
```

```
# 以 names() 函數取出串列元素名稱
names(Harman23.cor)
```

```
## [1] "cov"    "center" "n.obs"
```

- 串列創建的函數是 list()，語法如下：

mylist <- list(元素名稱 1= 物件 1, 元素名稱 2= 物件 2, ...)

R 語言串列在具名的情況下，是最接近 Python 語言字典 (dict) 結構 (參見1.4.1節 Python 語言原生資料物件操弄) 的物件，其中元素名稱可視為鍵 (key)，等號後方的各物件則為對應的值 (value)。

```
# 五花八門的串列元素 g,h,j,k
g <- "My First List"
h <- c(25, 26, 18, 39)
j <- matrix(1:10, nrow = 5, byrow = T)
k <- c("one", "two", "three")
# 注意有給定和未給定元素名稱的語法差異與顯示差異
(mylist <- list(title = g, ages = h, j, k))
```

```
## $title
## [1] "My First List"
##
## $ages
## [1] 25 26 18 39
##
## [[3]]
##      [,1] [,2]
## [1,]    1    2
## [2,]    3    4
## [3,]    5    6
## [4,]    7    8
## [5,]    9   10
##
## [[4]]
## [1] "one"   "two"   "three"
```

從上例中可看出，若串列元素無名稱，可將創建函數中等號前面的名稱或鍵名省略，讀者也可以發現不具名元素的呈現方式為兩個中括弧內標註其位置編號，而有名稱的串列元素呈現方式則為金錢符號 $ 後方加上名稱字符。最後，串列是 R 語言最重要的資料物件之一，因為它是最有彈性的資料存放方式，可容納不同模態與長度的數據，經常用來組織各種資料處理與建模函數**傳回的結果**，而且它也與 Python 語言重要

原生 (native) 資料結構字典類似，建議初學者儘早熟悉串列的用法。

1.3.5 資料框

資料框與1.3.2節矩陣一樣都是具有橫列及縱行的二維結構，但是資料框容許各縱向欄位有不同的資料型別，它類似其它統計軟體 SAS©、SPSS© 與 Stata© 中的資料集 (data set 或 dataset)，以及 Python 語言 **pandas** 套件的 DataFrame 物件 (參見1.4.2節 Python 語言衍生資料物件取值)，也是我們在 R 中最常遇到的資料物件。套件 {UsingR} 中有一資料框物件 crime，它是關於美國 50 州之暴力犯罪率數據。

```r
# 資料框外表看似矩陣
head(crime)
```

```
##              y1983   y1993
## Alabama      416.0   871.7
## Alaska       613.8   660.5
## Arizona      494.2   670.8
## Arkansas     297.7   576.5
## California   772.6  1119.7
## Colorado     476.4   578.8
```

```r
# 返回類別值既非 matrix 亦非 list，但須注意與這三類物件的異同
class(crime)
```

```
## [1] "data.frame"
```

因為都是二維結構，所以資料框外表上與矩陣看來非常相似。但是資料框本質上是以串列方式儲存的，也就是說資料框是各縱行向量 (即各變數) 均等長的串列結構，因此可用矩陣的方式呈現之。

```r
# 串列物件的各種類別值返回函數之結果均相同
typeof(crime)
```

```
## [1] "list"
```

```r
mode(crime)
```

```
## [1] "list"
```

```r
storage.mode(crime)
```

```
## [1] "list"
```

```r
# 資料框實際上以串列的方式儲存各欄等長的向量
as.list(crime) # 打回原形!
```

```
## $y1983
##  [1]  416.0  613.8  494.2  297.7  772.6  476.4  375.0
##  [8]  453.1 1985.4  826.7  456.7  252.1  238.7  553.0
## [15]  283.8  181.1  326.6  322.2  640.9  159.6  807.1
## [22]  576.8  716.7  190.9  280.4  477.2  212.6  217.7
## [29]  655.2  125.1  553.1  686.8  914.1  409.6   53.7
## [36]  397.9  423.4  487.8  342.8  355.2  616.8  120.0
## [43]  402.0  512.2  256.0  132.6  292.5  371.8  171.8
## [50]  190.9  237.2
## 
## $y1993
##  [1]  871.7  660.5  670.8  576.5 1119.7  578.8  495.3
##  [8]  621.2 2832.8 1207.2  733.2  258.4  281.4  977.3
## [15]  508.3  278.0  510.8  535.5  984.6  130.9 1000.1
## [22]  779.0  770.1  338.0  411.7  740.4  169.9  348.6
## [29]  696.8  125.7  625.8  934.9 1122.1  681.0   83.3
## [36]  525.9  622.8  510.2  427.0  394.5  944.5  194.5
## [43]  746.2  806.3  290.5  109.5  374.9  534.5  211.5
## [50]  275.7  319.5
```

　　names() 函數將 crime 視為一維串列傳回其元素名稱，因此，資料分析師經常以此取得資料集的變數名稱。dimnames() 則回傳 crime 矩陣下的列名與行名，反而比較少用。

```r
# 視為串列，傳回變數名稱
names(crime) # 想想上面 as.list(crime) 的結果
```

```
## [1] "y1983" "y1993"
```

```r
# 視為矩陣，傳回二維維度名稱
dimnames(crime) # 想想資料框外表看似矩陣
```

```
## [[1]]
##  [1] "Alabama"        "Alaska"         "Arizona"
##  [4] "Arkansas"       "California"     "Colorado"
##  [7] "Connecticut"    "Delaware"       "DC"
## [10] "Florida"        "Georgia"        "Hawaii"
## [13] "Idaho"          "Illinois"       "Indiana"
## [16] "Iowa"           "Kansas"         "Kentucky"
## [19] "Louisiana"      "Maine"          "Maryland"
## [22] "Massachusetts"  "Michigan"       "Minnesota"
## [25] "Mississippi"    "Missour"        "Montana"
## [28] "Nebraska"       "Nevada"         "New Hampshire"
## [31] "New Jersey"     "New Mexico"     "New York"
## [34] "North Carolina" "North Dakota"   "Ohio"
## [37] "Oklahoma"       "Oregon"         "Pennsylvania"
## [40] "Rhode Island"   "South Carolina" "South Dakota"
## [43] "Tennessee"      "Texas"          "Utah"
## [46] "Vermont"        "Virginia"       "Washington"
## [49] "West Virginia"  "Wisconsin"      "Wyoming"
## 
## [[2]]
## [1] "y1983" "y1993"
```

　　前述資料框各欄位都是數值型別，因此也可以存為 matrix，兩者顯示的結果完全相同，因此建議讀者要勤勞地查看資料物件的類別，以避免使用 R 函數時傳入不正確的類別，產生不必要的錯誤，Python 語言亦是如此。

```r
# 將 crime 資料框強制轉為矩陣
crime_mtx <- as.matrix(crime)
# 顯示結果與資料框儲存方式一模一樣!
head(crime_mtx)
```

```
##              y1983  y1993
## Alabama      416.0  871.7
## Alaska       613.8  660.5
## Arizona      494.2  670.8
## Arkansas     297.7  576.5
## California   772.6 1119.7
## Colorado     476.4  578.8
```

```r
class(crime_mtx)
```

```
## [1] "matrix"
```

再舉一個各縱向欄位有不同資料型別的 R 資料框, 套件 {MASS} 中有一資料框 Cars, 它記錄了 93 種汽車於 1993 年在美國的銷售量, 從 str() 函數回傳的結果, 我們可以看出其欄位型別有因子、整數及數值型等。

```r
head(Cars93, n=3L)
```

```
## Manufacturer Model Type Min.Price Price
## 1 Acura Integra Small 12.9 15.9
## 2 Acura Legend Midsize 29.2 33.9
## 3 Audi 90 Compact 25.9 29.1
## Max.Price MPG.city MPG.highway AirBags
## 1 18.8 25 31 None
## 2 38.7 18 25 Driver & Passenger
## 3 32.3 20 26 Driver only
## DriveTrain Cylinders EngineSize Horsepower RPM
## 1 Front 4 1.8 140 6300
```

```
## 2 Front 6 3.2 200 5500
## 3 Front 6 2.8 172 5500
## Rev.per.mile Man.trans.avail Fuel.tank.capacity
## 1 2890 Yes 13.2
## 2 2335 Yes 18.0
## 3 2280 Yes 16.9
## Passengers Length Wheelbase Width Turn.circle
## 1 5 177 102 68 37
## 2 5 195 115 71 38
## 3 5 180 102 67 37
## Rear.seat.room Luggage.room Weight Origin
## 1 26.5 11 2705 non-USA
## 2 30.0 15 3560 non-USA
## 3 28.0 14 3375 non-USA
## Make
## 1 Acura Integra
## 2 Acura Legend
## 3 Audi 90
```

檢視資料框結構，注意 $ 開頭之各欄位的型別
str(Cars93)

```
## 'data.frame': 93 obs. of 27 variables:
## $ Manufacturer : Factor w/ 32 levels
## "Acura","Audi",..: 1 1 2 2 3 4 4 4 4 5 ...
## $ Model : Factor w/ 93 levels
## "100","190E","240",..: 49 56 9 1 6 24 54 74 73
## 35 ...
## $ Type : Factor w/ 6 levels
## "Compact","Large",..: 4 3 1 3 3 3 2 2 3 2 ...
## $ Min.Price : num 12.9 29.2 25.9 30.8 23.7 14.2
## 19.9 22.6 26.3 33 ...
## $ Price : num 15.9 33.9 29.1 37.7 30 15.7 20.8
## 23.7 26.3 34.7 ...
## $ Max.Price : num 18.8 38.7 32.3 44.6 36.2 17.3
```

```
##  21.7 24.9 26.3 36.3 ...
##  $ MPG.city       : int  25 18 20 19 22 22 19 16 19 16
##  ...
##  $ MPG.highway    : int  31 25 26 26 30 31 28 25 27
##  25 ...
##  $ AirBags        : Factor w/ 3 levels "Driver &
##  Passenger",..: 3 1 2 1 2 2 2 2 2 2 ...
##  $ DriveTrain     : Factor w/ 3 levels
##  "4WD","Front",..: 2 2 2 2 3 2 2 3 2 2 ...
##  $ Cylinders      : Factor w/ 6 levels
##  "3","4","5","6",..: 2 4 4 4 2 2 4 4 4 5 ...
##  $ EngineSize     : num  1.8 3.2 2.8 2.8 3.5 2.2 3.8
##  5.7 3.8 4.9 ...
##  $ Horsepower     : int  140 200 172 172 208 110 170
##  180 170 200 ...
##  $ RPM            : int  6300 5500 5500 5500 5700 5200 4800
##  4000 4800 4100 ...
##  $ Rev.per.mile   : int  2890 2335 2280 2535 2545
##  2565 1570 1320 1690 1510 ...
##  $ Man.trans.avail: Factor w/ 2 levels
##  "No","Yes": 2 2 2 2 2 1 1 1 1 1 ...
##  $ Fuel.tank.capacity: num  13.2 18 16.9 21.1 21.1
##  16.4 18 23 18.8 18 ...
##  $ Passengers     : int  5 5 5 6 4 6 6 6 5 6 ...
##  $ Length         : int  177 195 180 193 186 189 200 216
##  198 206 ...
##  $ Wheelbase      : int  102 115 102 106 109 105 111
##  116 108 114 ...
##  $ Width          : int  68 71 67 70 69 69 74 78 73 73 ...
##  $ Turn.circle    : int  37 38 37 37 39 41 42 45 41
##  43 ...
##  $ Rear.seat.room : num  26.5 30 28 31 27 28 30.5
##  30.5 26.5 35 ...
##  $ Luggage.room   : int  11 15 14 17 13 16 17 21 14
##  18 ...
```

```
## $ Weight : int 2705 3560 3375 3405 3640 2880
## 3470 4105 3495 3620 ...
## $ Origin : Factor w/ 2 levels "USA","non-USA": 2
## 2 2 2 2 1 1 1 1 ...
## $ Make : Factor w/ 93 levels "Acura Integra",..:
## 1 2 4 3 5 6 7 9 8 10 ...
```

此時將 Cars93 轉為 matrix 類別時，會把數值型別的欄位變成字串型別 (有雙引號)，我們要留意前述資料型別在背後自動 (強制) 轉換的現象。

```
# 將 Cars93 資料框強制轉為矩陣
head(as.matrix(Cars93), 2)
```

```
##   Manufacturer Model      Type      Min.Price Price
## 1 "Acura"      "Integra"  "Small"   "12.9"    "15.9"
## 2 "Acura"      "Legend"   "Midsize" "29.2"    "33.9"
##   Max.Price MPG.city MPG.highway AirBags
## 1 "18.8"    "25"     "31"        "None"
## 2 "38.7"    "18"     "25"        "Driver & Passenger"
##   DriveTrain Cylinders EngineSize Horsepower RPM
## 1 "Front"    "4"       "1.8"      "140"      "6300"
## 2 "Front"    "6"       "3.2"      "200"      "5500"
##   Rev.per.mile Man.trans.avail Fuel.tank.capacity
## 1 "2890"       "Yes"           "13.2"
## 2 "2335"       "Yes"           "18.0"
##   Passengers Length Wheelbase Width Turn.circle
## 1 "5"        "177"  "102"     "68"  "37"
## 2 "5"        "195"  "115"     "71"  "38"
##   Rear.seat.room Luggage.room Weight Origin
## 1 "26.5"         "11"         "2705" "non-USA"
## 2 "30.0"         "15"         "3560" "non-USA"
##   Make
## 1 "Acura Integra"
## 2 "Acura Legend"
```

- 資料框創建的函數是 data.frame()，語法如下：

mydata <- data.frame(欄位名稱 1= 向量 1, 欄位名稱 2= 向量 2, ...)

```r
# 建立各欄位向量
patientID <- c(1, 2, 3, 4)
age <- c(25, 34, 28, 52)
diabetes <- c("Type1", "Type2", "Type1", "Type1")
status <- c("Poor", "Improved", "Excellent", "Poor")
# 注意省略欄位名稱時，自動產生欄名的方式
(patientdata <- data.frame(patientID, age, diabetes, status))
```

```
##   patientID age diabetes    status
## 1         1  25    Type1      Poor
## 2         2  34    Type2  Improved
## 3         3  28    Type1 Excellent
## 4         4  52    Type1      Poor
```

從上例中可以看出，資料框欄位若未給定名稱，R 語言會依傳入的向量名稱自動產生各欄位名稱。此外，建立資料框時，預設會將字串變數轉為因子變數 (或稱因子向量)(參見1.3.6節因子)，使用者如果需要保留字串型別，可以透過引數 stringsAsFactors = FALSE 改變預設的設定。

```r
# 字串預設會轉為因子向量，注意 diabetes 與 status
str(patientdata)
```

```
## 'data.frame': 4 obs. of 4 variables:
## $ patientID: num 1 2 3 4
## $ age : num 25 34 28 52
## $ diabetes : Factor w/ 2 levels "Type1","Type2":
## 1 2 1 1
## $ status : Factor w/ 3 levels
## "Excellent","Improved",..: 3 2 1 3
```

```
# 改變預設設定為 stringsAsFactors = F, 注意前述字串欄位的型別
str(data.frame(patientID, age, diabetes, status,
stringsAsFactors = F))
```

```
## 'data.frame':    4 obs. of  4 variables:
##  $ patientID: num  1 2 3 4
##  $ age      : num  25 34 28 52
##  $ diabetes : chr  "Type1" "Type2" "Type1" "Type1"
##  $ status   : chr  "Poor" "Improved" "Excellent" "Poor"
```

1.3.6 因子

一般而言，屬性的衡量尺度分成名目尺度 (nominal scale)、順序尺度 (ordinal scale)、區間尺度 (interval scale) 與比例尺度 (ratio scale)。名目尺度資料表示群或類別，僅能進行是否相等的運算，例如：身分證號碼、眼色、郵遞區號等；順序尺度資料其順序有別，大小比較的排序是有意義的，例如：排名、年級，或者是以高大、中等或短小來表示高度的衡量值；區間尺度可自訂任意零點，零以下還有負值，以加減計算差異或距離有意義，例如：日期、攝氏或華氏溫度；比例尺度資料有自然零點，或稱絕對零點，沒有負值，乘除運算產生的比率有意義，例如：克式 (Kelvin) 溫度、長度、耗時、次數等。

名目尺度屬性又稱為類別變數 (此後屬性、特徵、變數、變量與變項會交替使用)，順序尺度又稱為有序的類別變數，在 R 語言中兩者都稱為因子 (factor)，是 R 語言非常重要的一個類別，它決定資料如何被分析與視覺化，例如：分類問題建模時因變數必須為因子型別，又視覺化時因子變數會依其**次數分佈 (frequency distribution)**產製長條圖與圓餅圖等。下例中函數 factor() 將字串向量中的類別值對應到 $[1,...,k]$ 的整數值向量，其中 k 為名目變數中獨特值的個數，統計術語稱為水準數 (number of levels)，名目變數的各個獨特值即為各水準 (level)。因此，字串向量與整數值的因子向量間有一對應關係，預設的對應關係中字串與整數值分別依字母順序與大小升冪排列。以前面五位病患其糖尿病類型的字串向量 diabetes 為例，轉換為因子向量的作法如下：

```r
# 創建糖尿病類型字串向量
(diabetes <- c("Type1", "Type2", "Type1", "Type1"))
```

```
## [1] "Type1" "Type2" "Type1" "Type1"
```

```r
# 讀者請注意轉為因子類別後，與上方字串向量不同之處是少了雙引號，
# 及多了下方的詮釋資料 (metadata) Levels: Type1 Type2
(diabetes <- factor(diabetes))
```

```
## [1] Type1 Type2 Type1 Type1
## Levels: Type1 Type2
```

```r
# 因子類別表面上看似類別，其實背後對應到數字了!
class(diabetes)
```

```
## [1] "factor"
```

```r
# as.numeric() 可將因子向量打回原形，請思考何時會用到?
as.numeric(diabetes)
```

```
## [1] 1 2 1 1
```

```r
# 水準數 (no. of levels) 為 2 的次數分佈表，上方為水準
# (level) Type1 與 Type2，下方為次數 (frequency)
table(diabetes)
```

```
## diabetes
## Type1 Type2
##     3     1
```

對於有序的類別變數，可在 factor() 函數中設定 ordered 的引數值為 TRUE，形成 R 語言有序因子 (ordered factor) 物件。但此處病患康復狀況的類別值字母順序為 Excellent, Improved 與 Poor，所以須以 levels 引數強制設定兩者的對應關係如下 (1 = Poor, 2 = Improved, 3 =

Excellent)，表達數值越高，復原狀況越佳。總結來說，因子變數的模態 (mode) 是數值的，但外表看來像字符串，如此貼心的設計是 R 語言特有的，Python 語言需要自行編碼 (參見1.4.3節 Python 語言類別變數編碼)。

```r
# 病患康復狀況 status 字串變數
(status <- c("Poor", "Improved", "Excellent", "Poor"))
```

```
## [1] "Poor"     "Improved" "Excellent" "Poor"
```

```r
# 設定有序因子的大小順序後轉為有序類別變數
# 注意有序因子與因子兩者的詮釋資料不同
(status <- factor(status, order = TRUE, levels = c("Poor",
"Improved", "Excellent")))
```

```
## [1] Poor      Improved  Excellent Poor
## Levels: Poor < Improved < Excellent
```

```r
class(status)
```

```
## [1] "ordered" "factor"
```

前述因子的編碼方式，是所謂的**標籤編碼 (label encoding)**。另一種常用的編碼方式是**單熱編碼 (onehot encoding)**，與**虛擬編碼 (dummy encoding)** 相似，將原本單一的類別變數編碼成多個互相獨立的二元類別變數 (independent binary categories)。此處以套件 {vcd} 中的關節炎 Arthritis 資料框為例，利用單熱編碼套件 {onehot} 先建立模型物件 encoder，其類別值為 onehot，再以 predict() 泛型函數對 Treatment 與 Sex 兩欄位進行單熱編碼，最後再與未做單熱編碼的三個欄位整合為資料框 arthritisOh。因為 Treatment 與 Sex 均為兩水準的因子變數，整合後的表格共有 7 個 (3 個未單熱編碼 + 2 水準單熱編碼 + 2 水準單熱編碼) 變數。此處 {onehot} 套件單熱編碼過程與 R 語言機器學習建模過程相同，也是1.6.2節中 Python 語言模型配適過程的精簡版，請參考該節內容及後面的建模案例。

```r
# 類別資料視覺化套件
library(vcd)
# 關節炎資料集
data(Arthritis)
```

```r
# 編號、療法、性別、年齡、療癒狀況等變數
str(Arthritis)
```

```
## 'data.frame': 84 obs. of 5 variables:
## $ ID : int 57 46 77 17 36 23 75 39 33 55 ...
## $ Treatment: Factor w/ 2 levels
## "Placebo","Treated": 2 2 2 2 2 2 2 2 2 2 ...
## $ Sex : Factor w/ 2 levels "Female","Male": 2 2
## 2 2 2 2 2 2 2 ...
## $ Age : int 27 29 30 32 46 58 59 59 63 63 ...
## $ Improved : Ord.factor w/ 3 levels
## "None"<"Some"<..: 2 1 1 3 3 3 1 3 1 1 ...
```

```r
# 單熱編碼 R 套件
library(onehot)
# 因為 Treatment 與 Sex 各有兩個水準，所以結果為四欄矩陣
(encoder <- onehot(Arthritis[c("Treatment", "Sex")]))
```

```
## onehot object with following types:
## |-   2 factors
## Producing matrix with 4 columns
```

```r
# 模型物件 encoder 類別值與建模函數名稱相同
class(encoder)
```

```
## [1] "onehot"
```

```r
# 預測方法 predict() 根據模型 encoder 對兩類別欄位做編碼轉換
arthritisOh <- predict(encoder, Arthritis[c("Treatment",
"Sex")])
# 比對觀測值 41 到 45 編碼前後的結果 (; 分隔兩個指令)
Arthritis[41:45,c("Treatment", "Sex")]; arthritisOh[41:45,]
```

```
##      Treatment    Sex
## 41   Treated   Female
## 42   Placebo   Male
## 43   Placebo   Male
## 44   Placebo   Male
## 45   Placebo   Male

##       Treatment=Placebo Treatment=Treated Sex=Female
## [1,]                  0                 1          1
## [2,]                  1                 0          0
## [3,]                  1                 0          0
## [4,]                  1                 0          0
## [5,]                  1                 0          0
##       Sex=Male
## [1,]         0
## [2,]         1
## [3,]         1
## [4,]         1
## [5,]         1
```

```r
# 合併單熱編碼結果
arthritisOh <- cbind(Arthritis[c("ID", "Age", "Improved")],
arthritisOh)
head(arthritisOh)
```

```
##   ID Age Improved Treatment=Placebo Treatment=Treated
## 1 57  27     Some                 0                 1
## 2 46  29     None                 0                 1
```

```
## 3  77  30       None              0                    1
## 4  17  32       Marked            0                    1
## 5  36  46       Marked            0                    1
## 6  23  58       Marked            0                    1
##    Sex=Female Sex=Male
## 1           0        1
## 2           0        1
## 3           0        1
## 4           0        1
## 5           0        1
## 6           0        1
```

總結來說，R 語言的前身 S 語言是資料分析語言與統計運算 (statistical computing) 環境的先驅，大多數的狀況下它們會將資料表中的字串變數自動編碼成因子變數，例如：read.csv() 函數也可以透過 stringsAsFactors 引數的設定，自動完成標籤編碼，方便後續的統計計算。然而 Python 語言並非如此，許多 Python 套件並無此種自動轉換的功能，數據匯入 Python 後，通常須先進行類別變數編碼的動作。欲左手用 R 右手揮 Python 的資料分析工作者當須留意此點差異，以免招致無謂的錯誤訊息。1.4節介紹完 Python 語言資料物件後，我們會舉例說明 Python 類別變數編碼的工作流程。

1.3.7　R 語言原生資料物件取值

本節介紹向量、矩陣、陣列、資料框與串列等取值方式，向量或串列均為一維，取值或稱索引用中括弧運算子 [] 或 [[]]，其中無逗號 (,)。假設 x 為一向量，取值語法為 x[i]，i 可以為整數值向量、字符向量或邏輯值向量，拋入中括弧中的向量，須以冒號運算子或 c() 函數創建之。

```
# 冒號運算子建向量，注意結果中列首元素的左方編號
(x <- 20:16)
```

```
## [1] 20 19 18 17 16
```

```r
# 元素設定名稱
names(x) <- c("1st", "2nd", "3rd", "4th", "5th")
# 具名向量的呈現與不具名的不同
x
```

```
## 1st 2nd 3rd 4th 5th
##  20  19  18  17  16
```

```r
# 單一位置取值
x[4]
```

```
## 4th
##  17
```

```r
# R 負索引值是去掉第四個，Python 是倒數第四個！
# 參見圖 1.8 Python 語言前向與後向索引編號示意圖
x[-4]
```

```
## 1st 2nd 3rd 5th
##  20  19  18  16
```

```r
# 單一名稱取值 (如果 x 是具名向量)
x["4th"]
```

```
## 4th
##  17
```

```r
# 連續位置範圍取值
x[1:4]
```

```
## 1st 2nd 3rd 4th
##  20  19  18  17
```

```r
# 連續位置範圍移除
x[-(1:4)]
```

```
## 5th
##  16
```

```r
# 位置間隔取值 (注意位置的錯置)
x[c(1,4,2)]
```

```
## 1st 4th 2nd
##  20  17  19
```

```r
# 位置重複取值
x[c(1,2,2,3,3,3,4,4,4,4)]
```

```
## 1st 2nd 2nd 3rd 3rd 3rd 4th 4th 4th 4th
##  20  19  19  18  18  18  17  17  17  17
```

```r
# 多重名稱取值 (如果 x 是具名向量)
x[c("1st","3rd")]
```

```
## 1st 3rd
##  20  18
```

其中真假邏輯取值，或稱**邏輯值索引** (logical indexing)，是資料操縱與分析實務常用的技巧之一，只有位置對應到真值 (TRUE) 的元素會被取出。

```r
# 邏輯值取值
x[c(T,T,F,F,F)]
```

```
## 1st 2nd
##  20  19
```

理解上述原理後，再結合前述的循環與向量化運算，可以快速地取出符合條件的元素，其中二元運算子%in% 回傳值亦為真假邏輯值。

```
# 進階邏輯值取值 (18 重複了五次，接著就向量 x 中對應的元素比較)
x[x > 18]
```

```
## 1st 2nd
##  20  19
```

```
# 邏輯陳述複合句
x[x > 16 & x < 19]
```

```
## 3rd 4th
##  18  17
```

```
# 善用二元運算子%in% 回傳的邏輯值
x[x %in% c(16, 18, 20)]
```

```
## 1st 3rd 5th
##  20  18  16
```

　　串列因為是一維結構，取值方式類似向量，但要注意兩對中括弧 [[]] 與一對中括弧 [] 的差異。兩對中括弧裡的 i 可為一個整數值，或是長度為 1 的字符向量，也就是說兩對中括弧只能取出單一元素，且其取出物件的類別為該元素類別值。而一對中括弧也是內附位置編號或名稱字符，但是可以取出多個元素，亦即取出的物件是多個元素形成的子串列。具名串列另外可以金錢符號 $，後面串接元素名稱來取值，與兩對中括弧一樣，也只能取出單一元素。

　　下面延續1.3.4節串列的 mylist 物件，練習前述串列取值方式。

```
# 1.3.4 節的 mylist
mylist
```

```
## $title
```

```
## [1] "My First List"
##
## $ages
## [1] 25 26 18 39
##
## [[3]]
##      [,1] [,2]
## [1,]   1    2
## [2,]   3    4
## [3,]   5    6
## [4,]   7    8
## [5,]   9   10
##
## [[4]]
## [1] "one"   "two"   "three"
```

```r
# 取出串列的第二個元素
mylist[[2]]
```

```
## [1] 25 26 18 39
```

```r
# 取出串列中名稱為 ages 的元素
mylist[["ages"]]
```

```
## [1] 25 26 18 39
```

```r
# 同樣可以取出串列中名稱為 ages 的元素
mylist$ages
```

```
## [1] 25 26 18 39
```

```r
# 取出串列第四個元素形成的子串列，注意結果帶有兩對中括弧
mylist[4]
```

```
## [[1]]
## [1] "one"   "two"   "three"
```

再次強調請注意不同的串列索引方式 ([], [[]], $)，其取出的資料物件類別。Python 語言也有相同的狀況，請參考1.4.2節 Python 語言衍生資料物件取值 (**pandas** 套件)。

```r
# 一對中括弧取出子串列物件
class(mylist[4])
```

```
## [1] "list"
```

```r
# 兩對中括弧取出該元素類別的物件 (此處為一維字串向量物件)
class(mylist[[4]])
```

```
## [1] "character"
```

```r
# 取出串列第二到第三個元素形成的子串列，串列唯一可取多個元素的語法
mylist[2:3]
```

```
## $ages
## [1] 25 26 18 39
## 
## [[2]]
##      [,1] [,2]
## [1,]    1    2
## [2,]    3    4
## [3,]    5    6
## [4,]    7    8
## [5,]    9   10
```

```r
# 語法錯誤! 不可以兩對中括弧取多個元素
# mylist[[1:2]]
# Error in mylist[[1:2]] : subscript out of bounds
```

矩陣 (二維) 或陣列 (三維以上) 取值用 []，其中至少有一個逗號 (,)。

```r
# matrix() 函數創建二維矩陣
(x <- matrix(1:12, nrow = 3, ncol = 4))
```

```
##      [,1] [,2] [,3] [,4]
## [1,]    1    4    7   10
## [2,]    2    5    8   11
## [3,]    3    6    9   12
```

```r
# 行列命名
dimnames(x) <- list(paste("row", 1:3, sep = ''),
paste("col", 1:4, sep = ''))
# 注意具名矩陣 (named matrix) 呈現方式
x
```

```
##      col1 col2 col3 col4
## row1    1    4    7   10
## row2    2    5    8   11
## row3    3    6    9   12
```

```r
# 取行列交叉下單一元素
x[3, 4]
```

```
## [1] 12
```

```r
# 取單列
x[3,]
```

```
## col1 col2 col3 col4
##    3    6    9   12
```

```r
# 類別是一維向量物件
class(x[3,])
```

```
## [1] "integer"
```

```r
# 取單行（注意結果還是橫向呈現）
x[,4]
```

```
## row1 row2 row3
##   10   11   12
```

```r
# 類別也是一維向量物件
class(x[,4])
```

```
## [1] "integer"
```

```r
# 取不連續的兩行
x[,c(1,3)]
```

```
##      col1 col3
## row1    1    7
## row2    2    8
## row3    3    9
```

```r
# 用列名取值
x["row3",]
```

```
## col1 col2 col3 col4
##    3    6    9   12
```

```r
# 行名取值
x[,"col4"]
```

```
## row1 row2 row3
##   10   11   12
```

前面取單列單行的結果預設均為向量物件，如欲以矩陣呈現取值結果，可在中括弧取值運算子中加上 drop=FALSE 的設定 (註: Python 語言亦有此議題，參見1.4.3節 Python 語言類別變數編碼之 reshape() 方法說明)。

```r
# 設定 drop=FALSE 後，傳回單列矩陣
x[3, , drop = F]
```

```
##      col1 col2 col3 col4
## row3    3    6    9   12
```

```r
# 確認是二維矩陣物件
class(x[3, , drop = F])
```

```
## [1] "matrix"
```

```r
# 設定 drop=FALSE 後，傳回單行矩陣
x[,4, drop = F]
```

```
##      col4
## row1   10
## row2   11
## row3   12
```

```r
# 確認為二維矩陣物件
class(x[,4, drop = F])
```

```
## [1] "matrix"
```

資料框如前所述可以視為串列或矩陣，因此串列與矩陣的取值方式皆可用，建議初學者特別留意此點。

```r
# 資料框以串列的 $ 取值方式取出單一變數的內容 (不含變數名稱)
Cars93$Price
```

```
##  [1] 15.9 33.9 29.1 37.7 30.0 15.7 20.8 23.7 26.3 34.7
## [11] 40.1 13.4 11.4 15.1 15.9 16.3 16.6 18.8 38.0 18.4
## [21] 15.8 29.5  9.2 11.3 13.3 19.0 15.6 25.8 12.2 19.3
## [31]  7.4 10.1 11.3 15.9 14.0 19.9 20.2 20.9  8.4 12.5
## [41] 19.8 12.1 17.5  8.0 10.0 10.0 13.9 47.9 28.0 35.2
## [51] 34.3 36.1  8.3 11.6 16.5 19.1 32.5 31.9 61.9 14.1
## [61] 14.9 10.3 26.1 11.8 15.7 19.1 21.5 13.5 16.3 19.5
## [71] 20.7 14.4  9.0 11.1 17.7 18.5 24.4 28.7 11.1  8.4
## [81] 10.9 19.5  8.6  9.8 18.4 18.2 22.7  9.1 19.7 20.0
## [91] 23.3 22.7 26.7
```

```r
# 資料框以串列的一對中括弧取值方式取多個變數
head(Cars93[c('Price', 'AirBags')])
```

```
##   Price           AirBags
## 1  15.9              None
## 2  33.9 Driver & Passenger
## 3  29.1       Driver only
## 4  37.7 Driver & Passenger
## 5  30.0       Driver only
## 6  15.7       Driver only
```

```r
# 資料框以串列的兩對中括弧取值方式取出單一變數內容 (不含變數名稱)
Cars93[['DriveTrain']]
```

```
##  [1] Front Front Front Front Rear  Front Front Rear 
##  [9] Front Front Front Front Front Rear  Front Front
## [17] 4WD   Rear  Rear  Front Front Front Front Front
## [25] Front 4WD   Front 4WD   Front Front Front Front
## [33] Front Rear  Front 4WD   Front Rear  Front Front
## [41] Front Front Front Front Front Front Front Rear 
```

```
## [49] Front Rear  Front Rear  Front Front Front 4WD
## [57] Rear  Rear  Rear  Front Rear  Front Front Front
## [65] Front Front Front Front Front Front Front 4WD
## [73] Front Front Rear  Front Front Front Front 4WD
## [81] 4WD   4WD   Front Front Front Front 4WD   Front
## [89] Front Front Front Rear  Front
## Levels: 4WD Front Rear
```

```
# 資料框以矩陣取值方式取出第 5 筆觀測值
Cars93[5, ]
```

```
##    Manufacturer Model    Type Min.Price Price Max.Price
## 5           BMW  535i Midsize      23.7    30      36.2
##   MPG.city MPG.highway     AirBags DriveTrain
## 5       22          30 Driver only       Rear
##   Cylinders EngineSize Horsepower  RPM Rev.per.mile
## 5         4        3.5        208 5700         2545
##   Man.trans.avail Fuel.tank.capacity Passengers Length
## 5             Yes               21.1          4    186
##   Wheelbase Width Turn.circle Rear.seat.room
## 5       109    69          39             27
##   Luggage.room Weight  Origin     Make
## 5           13   3640 non-USA BMW 535i
```

1.3.8 R 語言衍生資料物件

基於前述的基本資料物件，可以衍生出客製化的結構。例如：套件 {DMwR} 中 1970-01-02 到 2009-09-15 的 SP500 每日收盤股價指數 GSPC，此資料物件儲存多變量時間序列資料，其類別名稱為定義在套件 {xts} 中的同名類別 xts。從物件的結構資訊中可看出 xts 類的時間序列資料是以 10022 × 6 的數值矩陣存放 10022 筆樣本，每筆有開盤價、最高價、最低價、收盤價、成交量與調整後的價格等六個變數。此類物件可以時間值進行索引，並帶有資料來源 (Yahoo) 與更新時間 (2009-10-06 23:47:09) 等屬性。

```r
library(DMwR)
data(GSPC)
# xts 類時間序列物件，列名為時間索引，索引類別為 POSIXt
head(GSPC)
```

```
##              Open  High   Low Close   Volume Adjusted
## 1970-01-02  92.06 93.54 91.79 93.00  8050000    93.00
## 1970-01-05  93.00 94.25 92.53 93.46 11490000    93.46
## 1970-01-06  93.46 93.81 92.13 92.82 11460000    92.82
## 1970-01-07  92.82 93.38 91.93 92.63 10010000    92.63
## 1970-01-08  92.63 93.47 91.99 92.68 10670000    92.68
## 1970-01-09  92.68 93.25 91.82 92.40  9380000    92.40
```

```r
str(GSPC)
```

```
## An 'xts' object on 1970-01-02/2009-09-15 containing:
##   Data: num [1:10022, 1:6] 92.1 93 93.5 92.8 92.6 ...
##  - attr(*, "dimnames")=List of 2
##   ..$ : NULL
##   ..$ : chr [1:6] "Open" "High" "Low" "Close" ...
##   Indexed by objects of class: [Date] TZ: GMT
##   xts Attributes:
## List of 2
##  $ src    : chr "yahoo"
##  $ updated: POSIXt[1:1], format: "2009-10-06 23:47:09"
```

```r
# 存放數據之矩陣行名 (i.e. 多變量時間序列變數名)
names(GSPC)
```

```
## [1] "Open"    "High"     "Low"    "Close"
## [5] "Volume"  "Adjusted"
```

```r
library(xts)
# 以 coredata() 函數取出核心數據
```

```r
head(coredata(GSPC))
```

```
##      Open  High   Low Close   Volume Adjusted
## [1,] 92.06 93.54 91.79 93.00  8050000    93.00
## [2,] 93.00 94.25 92.53 93.46 11490000    93.46
## [3,] 93.46 93.81 92.13 92.82 11460000    92.82
## [4,] 92.82 93.38 91.93 92.63 10010000    92.63
## [5,] 92.63 93.47 91.99 92.68 10670000    92.68
## [6,] 92.68 93.25 91.82 92.40  9380000    92.40
```

```r
# 以 index() 函數取出時間戳記
headtail(index(GSPC))
```

```
##     [1] "1970-01-02" "1970-01-05" "1970-01-06"
##     [4] "1970-01-07" "1970-01-08" "1970-01-09"
##     [7] "1970-01-12" "1970-01-13" "1970-01-14"
##    [10] "1970-01-15" "1970-01-16" "1970-01-19"
##    ...
## [10012] "2009-08-31" "2009-09-01" "2009-09-02"
## [10015] "2009-09-03" "2009-09-04" "2009-09-08"
## [10018] "2009-09-09" "2009-09-10" "2009-09-11"
## [10021] "2009-09-14" "2009-09-15"
```

```r
# xts 時間序列物件取值語法
# 以正斜線運算子取出從 "2000-02-26" 到 "2000-03-03" 的資料
GSPC["2000-02-26/2000-03-03"]
```

```
##            Open High  Low Close    Volume Adjusted
## 2000-02-28 1333 1361 1325  1348 1.026e+09     1348
## 2000-02-29 1348 1370 1348  1366 1.204e+09     1366
## 2000-03-01 1366 1383 1366  1379 1.274e+09     1379
## 2000-03-02 1379 1387 1370  1382 1.199e+09     1382
## 2000-03-03 1382 1411 1382  1409 1.150e+09     1409
```

```r
# 以 xtsAttributes() 函數取出屬性
xtsAttributes(GSPC)
```

```
## $src
## [1] "yahoo"
##
## $updated
## [1] "2009-10-06 23:47:09 CST"
```

{xts} 套件有許多處理時間序列資料的函數，nmonths()、nquarters()、ndays() 返回時間序列資料期間的月數、季數與天數。endpoints() 函數可擷取資料期間中各秒、分、時、日、週、月、季或年等的起迄點，結合 period.apply() 函數 (參見1.5節向量化與隱式迴圈)，可對各時間區間的數據進行統計，例如下例中的算術平均數。

```r
# 資料期間月數
nmonths(GSPC)
```

```
## [1] 477
```

```r
# 資料期間季數
nquarters(GSPC)
```

```
## [1] 159
```

```r
# 資料期間天數
ndays(GSPC)
```

```
## [1] 10022
```

```r
# 擷取資料期間中各週的起迄點
epWks <- endpoints(GSPC, on = "weeks")
head(epWks)
```

```
## [1]  0  1  6 11 16 21
```

```
# {quantmod} 套件內有收盤價擷取函數 Cl()
library(quantmod)
# 以 period.apply() 隱式迴圈函數計算 2073 週的收盤價平均值
wksMean <- period.apply(Cl(GSPC),INDEX = epWks,FUN = mean)
class(wksMean)
```

```
## [1] "xts" "zoo"
```

```
headtail(wksMean)
```

```
##              Close
## 1970-01-02   93.00
## 1970-01-09   92.80
## 1970-01-16   91.57
##   ...
## 2009-08-28 1028.32
## 2009-09-04 1006.61
## 2009-09-11 1036.41
## 2009-09-15 1050.99
```

接下來運用邏輯值索引取出超出此段期間收盤平均指數加上 2.15 倍標準差的資料，程式碼先以套件 {quantmod} 中的 Cl() 函數取出收盤指數，計算平均值與標準差後，再依 2.15 倍標準差界線進行邏輯判斷後取值 (收盤價高於 1542 者)。

```
# 先產生 10022 筆資料的邏輯判斷真假值，儲存為 range 邏輯值向量
range <- Cl(GSPC) > mean(Cl(GSPC)) + 2.15*sd(Cl(GSPC))
mean(Cl(GSPC)) + 2.15*sd(Cl(GSPC))
```

```
## [1] 1542
```

```
# 邏輯值索引取出 17 筆日資料
GSPC[range]
```

```
##              Open High  Low Close    Volume Adjusted
## 2007-07-12   1519 1548 1519  1548 3.490e+09     1548
## 2007-07-13   1548 1555 1545  1552 2.801e+09     1552
## 2007-07-16   1552 1556 1547  1550 2.704e+09     1550
## 2007-07-17   1550 1555 1548  1549 3.007e+09     1549
## 2007-07-18   1549 1549 1534  1546 3.609e+09     1546
## 2007-07-19   1546 1555 1546  1553 3.251e+09     1553
## 2007-10-01   1527 1549 1527  1547 3.282e+09     1547
## 2007-10-02   1547 1548 1540  1547 3.102e+09     1547
## 2007-10-04   1540 1544 1538  1543 2.690e+09     1543
## 2007-10-05   1544 1562 1544  1558 2.919e+09     1558
## 2007-10-08   1557 1557 1549  1553 2.041e+09     1553
## 2007-10-09   1553 1565 1552  1565 2.932e+09     1565
## 2007-10-10   1565 1565 1555  1562 3.045e+09     1562
## 2007-10-11   1565 1576 1547  1554 3.911e+09     1554
## 2007-10-12   1555 1563 1554  1562 2.789e+09     1562
## 2007-10-15   1562 1565 1541  1549 3.139e+09     1549
## 2007-10-31   1532 1553 1529  1549 3.953e+09     1549
```

1.4 Python 語言資料物件

另一個重要的資料分析語言 Python，近年來吸引眾多資料科學家投入使用。相較於 R 語言的前身 S 語言 (https://en.wikipedia.org/wiki/S_(programming_language))，Python 其實是通用程式語言 (General-Purpose Language, GPL)，與其它計算機軟硬體相容性高，因此又常被稱為膠水語言 (glue language)。這兩年因為深度學習 (deep learning) 日形重要，Python 語言容易與諸多深度學習框架結合，因而大受歡迎。

S 語言早在 1975 到 1976 年間，由貝爾實驗室 (Bell Laboratories) 所研發的統計運算語言。創建者 John Chambers 曾經提及其設計目標為：將創意快速且忠實地轉換成軟體 (Chambers, 1998)。當今 GNU-S(即開放源碼 R 語言) 或商業版 S-Plus 語言，是統計與數學專業領域 (Domain-Specific Language, DSL) 的研究工具 (research-oriented)，是資料探索、視覺化與建模不可或缺的利器，有許多前沿的統計、資料探勘、機器學習等函式庫。

想要成為頂尖的資料科學家，通常都得通曉這兩種資料導向程式設計語言。本書兼具 Python 與 R 兩種語言的實作代碼，以可重製研究 (reproducible research) 編程的方式，適時地在兩種語言間切換，有效協助讀者快速掌握兩種資料導向程式設計語言的異同。

1.4.1 Python 語言原生資料物件操弄

接下來介紹 Python 語言的原生資料物件與衍生資料物件，並與 R 語言資料物件作對比。如同前節所介紹的 R 語言原生資料物件，Python 也是由內建的資料物件 — 串列 (list)、值組 (tuple)、字典 (dict) 與集合 (set) 等，再生成各套件 (或模組) 中所定義的衍生資料物件，例如：**numpy** 模組中的 n 維陣列 ndarray 結構物件，或像是 **pandas** 模組中的一維序列 Series 物件，以及二維資料框 DataFrame 物件。

實際演練 Python 編程前，讀者請留意 Python 語法的明顯特徵是運用句點 (.) 運算子，取用某類物件所具有的性質 (或稱屬性) 以及方法。有關類別、物件、屬性與方法等定義，請參考1.6節編程範式與物件導向概念。

Python 原生資料物件中串列可能是最基本的結構，它是長度不定、內容可以變更的 (mutable) 有序物件 (ordered collection)，使用者可運用中括弧 [ ] 或 list() 函數來創建串列物件，並以下列方式進行操弄。

```
# 中括弧創建 Python 串列，千萬別與 R 串列混為一談！
x = [1,3,6,8]
print(x)
```

[1, 3, 6, 8]

上面的程式碼也是直接鍵入在 Python 語言殼層 (shell) 中命令提示字元 >>>，或者是 Python 的互動式直譯器 **IPython** 主控台 In [x]: 的後面 (x 是同一次對話輸入指令的流水號)，再按下送出鍵 (return) 執行命令；或者是敲擊在適合資料科學家之整合式開發環境 (Integrated

Development Environment, IDE) Spyder 的程式碼編輯區，再往主控台 (可選擇配置原生殼層或 **IPython** 主控台) 送出執行。

```python
# 可以混型存放，參見圖 1.8 Python 索引編號從 0 開始
x[1] = 'peekaboo'
print(x)
```

```
## [1, 'peekaboo', 6, 8]
```

```python
# Python 句點語法，引用串列物件 append() 方法
# 添加傳入的元素於串列末端
x.append('dwarf')
print(x)
```

```
## [1, 'peekaboo', 6, 8, 'dwarf']
```

```python
# insert() 方法在指定位置塞入元素
x.insert(1, 'Safari')
print(x)
```

```
## [1, 'Safari', 'peekaboo', 6, 8, 'dwarf']
```

```python
# pop() 方法將指定位置上的元素移除
x.pop(2)
print(x)
```

```
## [1, 'Safari', 6, 8, 'dwarf']
```

```python
# 以 in 關鍵字判斷，序列型別物件中是否包含某個元素
print('Safari' in x)
```

```
## True
```

```python
# 串列串接
print([4, 'A_A', '>_<'] + [7, 8, 2, 3])
```

```
## [4, 'A_A', '>_<', 7, 8, 2, 3]
```

```python
# 排序
a = [7, 2, 5, 1, 3]
print(sorted(a))
```

```
## [1, 2, 3, 5, 7]
```

```python
# 透過字串長度升冪 (預設) 排序
b = ['saw', 'small', 'He', 'foxes', 'six']
# 串列物件 b 為 sorted() 函數的位置 (positional) 參數值
# key 為 sorted 函數的關鍵字 (keyword) 參數, len 是關鍵字參數值
# Python 函數的位置參數必須在關鍵字參數前
# 參見 1.6.2 節 Python 語言物件導向
print(sorted(b, key=len))
```

```
## ['He', 'saw', 'six', 'small', 'foxes']
```

Python 語言基本串列的許多應用場景類似 R 語言中的向量 c()，不過進階的巢狀串列 (nested list) 可以生成 R 語言中的矩陣與陣列，而且 Python 的串列可以混放不同類型的元素，此點與 R 語言向量不同。總結來說，Python 串列可以生成高維資料結構，且混型存放各類元素；而 R 語言的向量與串列均為一維結構，只有串列可以混型存放。

值組則是固定長度但內容不可變更的 (immutable) 有序物件，使用者可運用小括弧 () 或 tuple() 函數來創建值組物件，並可以進行以下的值組操弄。

```python
# 小括弧創建 Python 值組
y = (1, 3, 5, 7)
print(y)
```

```
## (1, 3, 5, 7)
```

```python
# 可以省略小括弧
y = 1, 3, 5, 7
print(y)
```

```
## (1, 3, 5, 7)
```

```python
# 值組中還有值組,稱為巢狀值組
nested_tup = (4, 5, 6), (7, 8)
print(nested_tup)
```

```
## ((4, 5, 6), (7, 8))
```

```python
# 透過 tuple 函數可將序列或迭代物件轉為值組
tup = tuple(['foo', [1, 2], True])
print(tup)
```

```
## ('foo', [1, 2], True)
```

```python
# 值組是不可更改的
# tup[2] = False
# TypeError: 'tuple' object does not support item assignment
# 但是值組 tup 的第二個元素仍為可變的 (mutable) 串列
tup[1].append(3)
print(tup)
```

```
## ('foo', [1, 2, 3], True)
```

```python
# 解構 (unpacking) 值組
tup = (4, 5, 6)
a, b, c = tup
print(c)
```

```
## 6
```

```
# Python 的變數交換方式
x, y = 1, 2
x, y = y, x
print(x)
```

```
## 2
```

```
print(y)
```

```
## 1
```

　　值組不可更改的特性相當重要，當 Python 衍生資料結構需要此一特性時，其底層的原生資料結構通常是值組，例如：**pandas** 資料框的索引物件。

　　字典可能是 Python 最重要的資料物件，常稱為雜湊圖 (hash map) 和關聯矩陣 (associative array)。字典有可長可短的鍵值對 (key-value pairs)，鍵與值均須為 Python 物件，我們可以用大括弧 {} 或 dict() 函數來創建字典物件，大括弧中以冒號：來分隔鍵與值，例如：

```
# 大括弧創建字典
d1 = {'a' : 'some value', 'b' : [1, 2, 3, 4]}
print(d1)
```

```
## {'a': 'some value', 'b': [1, 2, 3, 4]}
```

```
# 字典新增元素方式
d1['c'] = 'baby'
d1['dummy'] = 'another value'
```

```
print(d1)
## {'a': 'some value', 'b': [1, 2, 3, 4], 'c': 'baby',
```

```
##  'dummy': 'another value'}
```

```python
# 字典取值
print(d1['b'])
```

```
## [1, 2, 3, 4]
```

```python
# 字典物件 get() 方法可以取值，查無該鍵時回傳 'There does
# not have this key.'
print(d1.get('b', 'There does not have this key.'))
```

```
## [1, 2, 3, 4]
```

```python
# 例外狀況發生
print(d1.get('z', 'There does not have this key.'))
```

```
## There does not have this key.
```

```python
# 判斷字典中是否有此鍵
print('b' in d1)
```

```
## True
```

```python
print('z' in d1)
```

```
## False
```

```python
# 字典物件 pop() 方法可以刪除元素，例外處理同 get() 方法
print(d1.pop('b','There does not have this key.'))
```

```
## [1, 2, 3, 4]
```

```python
# 鍵為 'b' 的字典元素被移除了
print(d1)
```

```
## {'a': 'some value', 'c': 'baby', 'dummy': 'another value'}
```

```python
# 例外狀況發生
print(d1.pop('z','There does not have this key.'))
```

```
## There does not have this key.
```

```python
# 取得 dict 中所有 keys, 常用!
print(d1.keys())
```

```
## dict_keys(['a', 'c', 'dummy'])
```

```python
# 以 list() 方法轉為串列物件, 注意與上方結果的差異, 後不贅述!
print(list(d1.keys()))
```

```
## ['a', 'c', 'dummy']
```

```python
# 取得 dict 中所有 values
print(d1.values())
```

```
## dict_values(['some value', 'baby', 'another value'])
```

```python
print(list(d1.values()))
```

```
## ['some value', 'baby', 'another value']
```

```python
# 取得 dict 中所有的元素 (items), 各元素以 tuple 包著 key 及
# value
print(d1.items())
```

```
## dict_items([('a', 'some value'), ('c', 'baby'),
## ('dummy', 'another value')])
```

```python
# 將兩個 dict 合併，後面更新前面
a = {'a':1,'b':2}
b = {'b':0,'c':3}
a.update(b)
print(a)
```

```
## {'a': 1, 'b': 0, 'c': 3}
```

```python
# 兩個串列分別表示 keys 與 values
# 以拉鍊函數 zip() 將對應元素綑綁後轉換為 dict
tmp = dict(zip(['name','age'], ['Tommy',20]))
print(tmp)
```

```
## {'name': 'Tommy', 'age': 20}
```

  Python 語言的字典結構類似 R 語言的串列，讀者可將 Python 字典中的冒號: 想成 R 串列中的 =。Python 還有一種原生的資料物件稱為集合，它是獨一無二元素所形成的無序物件 (unordered collection)，因此可將集合視為無鍵的字典物件。創建集合物件有兩種方式：set() 函數與大括弧 {} 運算子。

```python
# set() 函數創建 Python 集合物件
print(set([2, 2, 2, 1, 3, 3]))
```

```
## {1, 2, 3}
```

```python
# 同前不計入重複的元素，所以還是 1, 2, 3
print({1, 2, 3, 3, 3, 1})
```

```
## {1, 2, 3}
```

```python
# 集合物件聯集運算 union (or)
a = {1, 2, 3, 4, 5}
b = {3, 4, 5, 6, 7, 8}
print(a | b)
```

```
## {1, 2, 3, 4, 5, 6, 7, 8}
```

```python
# 集合物件交集運算 intersection (and)
print(a & b)
```

```
## {3, 4, 5}
```

```python
# 集合物件差集運算 difference
print(a - b)
```

```
## {1, 2}
```

```python
# 集合物件對稱差集 (或邏輯互斥) 運算 symmetric difference(xor)
print(a ^ b)
```

```
## {1, 2, 6, 7, 8}
```

```python
# 判斷子集 issubset() 方法
a_set = {1, 2, 3, 4, 5}
print({1, 2, 3}.issubset(a_set))
```

```
## True
```

```python
# 判斷超集 issuperset() 方法
print(a_set.issuperset({1, 2, 3}))
```

```
## True
```

```
# 判斷兩集合是否相等 == 運算子
print({1, 2, 3} == {3, 2, 1})
```

```
## True
```

```
# 判斷兩值組是否不等 != 運算子
print({1, 2, 3} != {3, 2, 1})
```

```
## False
```

　　集合物件還有許多方法：a.add()、a.remove()、a.isdisjoint()、a.union()、a.intersection()、a.difference() 與 a.symmetric_difference() 等，其中後四者等同於前面四個集合運算子 (|,&,-,^)，讀者請自行演練。此外，Python 語言的各種物件都有許多屬性與方法，本書限於篇幅，無法一一詳述。讀者當留意開放源碼的動態程式語言是會進化的 (evolvable)，不斷有新的套件會與時俱進地出現，因此我們踏上的可能是個無法終止的學習旅程，這是第四代程式語言的一大特點。

1.4.2　Python 語言衍生資料物件取值

　　如前所述，Python 最重要的衍生資料物件當屬 **numpy** 模組中的 n 維陣列 ndarray 結構物件，以及 **pandas** 模組中的二維 DataFrame 結構物件。取值工作首先要瞭解 Python 語言的索引編號規則，圖1.8顯示前向索引編號從 0 開始，後向索引編號的負號 (-) 表示倒數，此點與 R 語言取值的負索引刪除之意不同[4]。

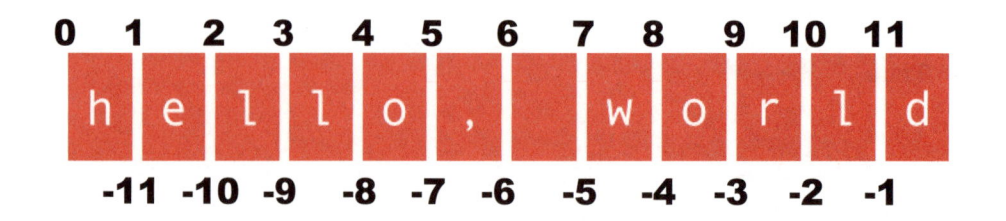

圖 1.8: Python 語言前向與後向索引編號示意圖

---

[4]https://stackoverflow.com/questions/509211/understanding-pythons-slice-notation

numpy 模組的 n 維陣列 ndarray 取值方式類似 R 語言，首先以 np.arange() 函數產生 20 個整數值，將之排列成 4 橫列 5 縱行的二維矩陣 data。

```
# 載入 numpy 套件並簡記為 np，方便後續引用
import numpy as np
```

```
# 呼叫 arange() 方法 (類似 R 語言 seq() 函數),
# 並結合 reshape() 方法創建 ndarray 物件 (4 橫列 5 縱行)
data = np.arange(20, dtype='int32').reshape((4, 5))
print(data)
```

```
## [[ 0  1  2  3  4]
##  [ 5  6  7  8  9]
##  [10 11 12 13 14]
##  [15 16 17 18 19]]
```

```
# numpy ndarray 類別
print(type(data))
```

```
## <class 'numpy.ndarray'>
```

Python 語言取值以冒號運算子: 分隔起始索引、終止索引與索引增量，形如 (start:stop:step)，起始與終止編號的取值規則是前包後不包，最後一個索引增量值預設為 1，所以通常省略。假設物件 data 前四縱行為屬性變數，最末行為反應變數，我們以 numpy ndarray 的取值語法切分屬性矩陣與反應變數，二維取值以逗號, 分隔橫縱各自的冒號運算子語法，各維全取時仍須鍵入冒號，而非 R 語言的空白。

```
# 屬性矩陣與反應變數切分
# 留意 X 取至倒數第一縱行 (前包後不包)，以及 y 只取最後一行
X, y = data[:, :-1], data[:, -1]
print(X)
```

```
## [[ 0  1  2  3]
##  [ 5  6  7  8]
##  [10 11 12 13]
##  [15 16 17 18]]
```

```python
print(y)
```

```
## [ 4  9 14 19]
```

二維 data 仍然可視為一維的結構進行取值，讀者請留意終止索引被省略的涵意 (取到最後一個)，以及負索引與間距的應用。

```python
# 一維取單一元素
print(X[2]) # 取第三橫列
```

```
## [10 11 12 13]
```

```python
# 二維取單一橫列，結果同上
print(X[2,:])
```

```
## [10 11 12 13]
```

```python
# 一維取值從給定位置至最末端
# 中括弧取值時同 R 語言一樣運用冒號 (start:end) 運算子
# 冒號 (start:end) 後方留空代表取到盡頭
print(X[2:])
```

```
## [[10 11 12 13]
##  [15 16 17 18]]
```

```python
# 二維取值，結果同上
print(X[2:,:])
```

```
## [[10 11 12 13]
##  [15 16 17 18]]
```

```python
# 倒數的負索引與間距 (從倒數第三縱行取到最末行，取值間距為 2)
print(X[2:,-3::2])
```

```
## [[11 13]
##  [16 18]]
```

接下來說明初學者相當困擾的 **pandas** 二維 DataFrame 各種取值方法，先以 **pandas** 模組的 Excel 讀檔函數 read_excel() 讀入臉書打卡資料：

```python
import pandas as pd
```

```python
# skiprows=1 表示從第 2 橫列開始讀取資料 (請自行更換讀檔路徑)
fb=pd.read_excel("./_data/facebook_checkins_2013-08-24.xls",
skiprows=1)
```

類別 type() 確認資料物件 fb 的類別，dir() 函數查詢 pandas 資料框物件可用屬性與方法。

```python
# 確認其為 pandas 資料框物件
print(type(fb))
```

```
## <class 'pandas.core.frame.DataFrame'>
```

```python
# 查詢物件 fb 的屬性與方法，內容過長返回部分結果
print(dir(fb)[-175:-170])
```

```
## ['unstack', 'update', 'values', 'var', 'where', 'xs']
```

```
## ['地區', '地標ID', '地標名稱', '累積打卡數', '類別']
```

運用前述 Python 句點語法，檢視各欄位資料型別，其中 int 是整數變數，float 是浮點數變數，而類別與地區兩欄位的 object 表示是字符串。

```
# 以 pandas DataFrame 物件的 dtypes 屬性檢視各欄位資料型別
print(fb.dtypes)
```

```
## 地標ID              int64
## 地標名稱             object
## 累積打卡數            int64
## latitude          float64
## longitude         float64
## 類別               object
## 地區               object
## dtype: object
```

Python 套件 **pandas** 也有 head() 方法，預設可以顯示前五筆資料。在此我們粗淺地比較 Python 與 R 語法的差異：R 語言的泛函式編程語法傾向將資料物件傳入函數中，例如：head(fb)；而 Python 語言大多用物件導向句點語法 (雖然 Python 也融入了泛函式編程的範式，參見1.6節編程範式與物件導向概念)，物件名後接屬性或方法，例如此處的 fb.head()。至於兩者下引數值的方式是相同的，例如：head(fb, n=4) 與 fb.head(n=4)。讀者如能掌握 R 與 Python 前述語法上的差異，從資料導向程式設計的角度理解代碼，當能加快掌握兩大工具的學習過程。

```
# 請與 R 比較語法異同及結果差異
print(fb.tail())
```

```
##            地標ID          地標名稱    累積打卡數
## 995  183364761700661     亞運保齡球館     15331
## 996  196517257038264     台北火車站      15330
## 997  190824237614716   台北市立第二殯儀館   15318
## 998  183471931687138     炸蛋蔥油餅      15307
## 999  193948277283180     後壁湖遊艇港     15301

##       latitude    longitude         類別
## 995   24.953810   121.260255    體育場/運動中心
## 996   25.062309   121.519505      車站
## 997   25.013344   121.552826      其它
```

```
## 998      23.982602    121.606029           餐飲
## 999      21.945043    120.743781           港口/碼頭
##          地區
## 995      桃園縣
## 996      台北市
## 997      台北市
## 998      花蓮縣
## 999      屏東縣
```

pandas 資料框取值第一種方法是以中括弧加上屬性名稱取出整個縱行 (註：R 語言資料框大多也是用中括弧取值)，請注意一對中括弧與兩對中括弧的差異，此點與1.3.7節提及的 R 語言串列物件兩對中括弧 [[]] 與一對中括弧 [] 的取值差異類似。

```
# 二維資料框取出一維序列，無欄位名稱
print(fb[' 地標名稱'].head())
```

```
## 0         Taiwan Taoyuan International Airport
## 1              臺灣桃園國際機場第二航廈
## 2                     Taipei Railway Station
## 3                         Shilin Night Market
## 4                                    花園夜市
## Name: 地標名稱, dtype: object
```

```
# pandas 一維結構 Series
print(type(fb[' 地標名稱']))
```

```
## <class 'pandas.core.series.Series'>
```

```
# 雙中括弧取出的物件仍為二維結構，有欄位名稱
print(fb[[' 地標名稱']].head())
```

```
##                                         地標名稱
## 0        Taiwan Taoyuan International Airport
```

```
## 1          臺灣桃園國際機場第二航廈
## 2             Taipei Railway Station
## 3               Shilin Night Market
## 4                            花園夜市
```

```
# pandas 二維結構 DataFrame
print(type(fb[['地標名稱']]))
```

```
## <class 'pandas.core.frame.DataFrame'>
```

第二種方法以 Python 的句點語法，後接 DataFrame 的屬性取出整個縱行。

```
# 資料框句點語法取值，無欄位名稱
print(fb.類別.head())
```

```
## 0      機場
## 1      機場
## 2      車站
## 3    觀光夜市
## 4    觀光夜市
## Name: 類別, dtype: object
```

```
# pandas 一維結構 Series
print(type(fb.類別))
```

```
## <class 'pandas.core.series.Series'>
```

第三種是透過 DataFrame 的 loc() 方法取值，可以對行列進行限制，不過必須使用行名進行索引 (label-based indexing)。

```
# 資料框 loc 方法取值 (注意此處冒號運算子為前包後也包!)
print(fb.loc[:10, ['地區','累積打卡數']])
```

```
##       地區     累積打卡數
## 0    桃園縣    711761
## 1    桃園縣    411525
## 2    台北市    391239
## 3    台北市    385886
## 4    台南市    351568
## 5    台北市    304376
## 6    台北市    297655
## 7    台北市    290853
## 8    新竹縣    287132
## 9    新北市    278212
## 10   桃園縣    268713
```

第四種透過 iloc() 方法取值，同 loc() 方法也可以對行列進行限制，不過必須使用行位置索引 (positional indexing)，也就是用變數編號而非變數名稱了。

```
# 資料框 iloc() 方法取值 (注意此處冒號運算子卻又是前包後不包!)
print(fb.iloc[:10, [6, 2]])
```

```
##       地區     累積打卡數
## 0    桃園縣    711761
## 1    桃園縣    411525
## 2    台北市    391239
## 3    台北市    385886
## 4    台南市    351568
## 5    台北市    304376
## 6    台北市    297655
## 7    台北市    290853
## 8    新竹縣    287132
## 9    新北市    278212
```

過去 pandas 資料框有一種透過 ix() 方法取值的方式，允許交替使用行名與行索引。不過新版的 pandas 套件已經宣布未來不支援 ix() 的取值方法，這也是使用開放源碼軟體須留意諸多套件改版資訊的原因了。

```
# 過時用法在此未執行，因為超過過渡期後會產生錯誤訊息
print(fb.ix[:10, ['latitude', 'longtitude']])
print(fb.ix[:10, [3, 4]])
```

　　總結來說，**pandas** 的資料框整行選取可以使用第一、第二種方法，後兩種方法 (loc() 與 iloc()) 適合做多條件的彈性數據選取。離開此節前提醒讀者：Python 是計算機科學家開發出來的語言，其資料物件之於數學與統計導向的 R 語言相對簡單但是功能強大，雖然 R 語言的前身 S 語言，也是四十多年前源自通訊、計算機作業系統與程式語言的重要研發機構之一 —— 貝爾實驗室 Bell Lab。無論學習何種程式語言，建議讀者精通該語言資料物件的使用，是成為熟練程式設計師的關鍵第一步。

1.4.3　Python 語言類別變數編碼

　　1.3.6節 R 語言因子曾提及資料創建或匯入 Python 後，在建模前通常須先進行類別變數編碼的動作，以下舉一簡例說明之。首先以原生資料結構巢狀串列 (nested lists) 建構 **pandas** 資料框 df：

```
import pandas as pd
# 以原生資料結構巢狀串列建構 pandas 資料框
df = pd.DataFrame([['green', 'M', 10.1, 'class1'], ['red',
'L', 13.5, 'class2'], ['blue', 'XL', 15.3, 'class1']])
# 設定資料框欄位名稱
df.columns = ['color', 'size', 'price', 'classlabel']
print(df)
```

```
##     color size  price classlabel
## 0   green   M   10.1     class1
## 1     red   L   13.5     class2
## 2    blue  XL   15.3     class1
```

　　接著定義好資料框欄位 size 三個類別值 (或稱水準) 與整數值的對應關係字典 size_mapping，再取出 **pandas** 一維序列物件 df['size']，

將編碼規則字典傳入序列的 map() 方法，更新 df['size'] 後完成標籤編碼的工作。

```
# 定義編碼規則字典
size_mapping = {'XL': 3, 'L': 2, 'M': 1}
# 序列 map() 方法完成編碼，並更新 size 變數
df['size'] = df['size'].map(size_mapping)
print(df)
```

```
##    color  size  price classlabel
## 0  green     1   10.1     class1
## 1    red     2   13.5     class2
## 2   blue     3   15.3     class1
```

以上是手作類別變數標籤編碼的步驟，Python 套件 **scikit-learn** 中的 LabelEncoder 類別也可方便地達成相同的目的。載入類別並創建 LabelEncoder 類別物件後，fit_transform() 方法是循序呼叫 fit() 與 transform() 方法，對 df['classlabel'] 進行配適 (或稱擬合，本書交替使用兩個名詞) 與轉換 (參見1.6.2節 Python 語言物件導向)。

```
# 載入類別
from sklearn.preprocessing import LabelEncoder
# 創建 (或稱實作) 類別物件 class_le
class_le = LabelEncoder()
# 傳入類別變數進行配適與轉換
y = class_le.fit_transform(df['classlabel'])
```

```
# 標籤編碼完成 (對應整數值預設從 0 開始)
print(y)
```

```
## [0 1 0]
```

LabelEncoder 類別物件 class_le 還有 inverse_transform() 方法可將編碼後的結果逆轉換回原類別變數，此時傳入逆轉換方法的物件必須是二維的 y.reshape(-1, 1)，而非一維的 y。讀者請留意 **numpy** 的 ndarray

物件，其 reshape() 方法的第一個引數值設為-1 的含意是：根據給定的第二個引數值 1，自動推斷資料變形後的第一維長度。

```
# 逆轉換回原類別值
print(class_le.inverse_transform(y.reshape(-1, 1)))
```

```
## [['class1']
##  ['class2']
##  ['class1']]
```

```
# 注意下面兩個資料物件內涵相同，但維度不同！前一維，後二維
print(y)
```

```
## [0 1 0]
```

```
print(y.reshape(-1, 1))
```

```
## [[0]
##  [1]
##  [0]]
```

    OneHotEncoder 是 **scikit-learn** 套件的單熱編碼類別，不過進行單熱編碼前，須先將資料表中所有類別變數都完成標籤編碼，不能有任何欄位是 object 型別。

```
# 取出欲編碼欄位，轉成 ndarray(欄位名稱會遺失)
X = df[['color', 'size', 'price']].values
print(X)
```

```
## [['green' 1 10.1]
##  ['red' 2 13.5]
##  ['blue' 3 15.3]]
```

```
# 先進行 color 欄位標籤編碼，因為單熱編碼不能有 object!
color_le = LabelEncoder()
X[:, 0] = color_le.fit_transform(X[:, 0])
```

```
# color 標籤編碼已完成
print(X)
```

```
## [[1 1 10.1]
##  [2 2 13.5]
##  [0 3 15.3]]
```

　　載入單熱編碼類別後，指定欲編碼的類別屬性為第一個 ([0]) 屬性 color，傳入 X 配適與轉換後，所得為預設的稀疏矩陣 (sparse matrix) 格式，這是因為單熱編碼矩陣中 0 的個數經常多於 1 的個數，因此須以 toarray() 方法轉為常規矩陣。

```
# 載入單熱編碼類別
from sklearn.preprocessing import OneHotEncoder
# 宣告類別物件 ohe
ohe = OneHotEncoder(categorical_features=[0])
# 照預設編碼完後轉為常規矩陣
print(ohe.fit_transform(X).toarray())
# 或者可設定 sparse 引數為 False 傳回常規矩陣
# ohe=OneHotEncoder(categorical_features=[0], sparse=False)
# print(ohe.fit_transform(X))
```

```
## [[ 0.  1.  0.  1.  10.1]
##  [ 0.  0.  1.  2.  13.5]
##  [ 1.  0.  0.  3.  15.3]]
```

　　pandas 套件的 get_dummies() 方法可能是最方便的單熱編碼方式，get_dummies() 應用在 DataFrame 物件，僅將字串欄位進行虛擬編碼，其它欄位維持不變。

```
# get_dummies() 編碼前
print(df[['color', 'size', 'price']])
```

```
##    color  size  price
## 0  green     1   10.1
## 1    red     2   13.5
## 2   blue     3   15.3
```

```
# pandas DataFrame 的 get_dummies() 方法最為方便
print(pd.get_dummies(df[['color', 'size', 'price']]))
```

```
##    size  price  color_blue  color_green  color_red
## 0     1   10.1           0            1          0
## 1     2   13.5           0            0          1
## 2     3   15.3           1            0          0
```

1.5 向量化與隱式迴圈

　　資料分析語言的有趣特質之一是函數可以應用到許多不同的資料物件，例如：向量、矩陣、陣列與資料框等，而非僅僅純量而已，此即稱為向量化 (vectorization)，請看下面範例 (Kabacoff, 2015)。

```
# 方根函數應用到 R 語言純量
a <- 5
sqrt(a)
```

```
## [1] 2.236
```

　　上例中 a 為一常數 (i.e. 純量)，而函數 sqrt() 如同計算機 (calculator) 一般運作於單值純量上。如果將函數 round() 與 log() 分別應用到一維向量或是二維的矩陣，其結果如下：

```r
b <- c(1.243, 5.654, 2.99)
# 四捨五入函數應用到向量每個元素
round(b)
```

```
## [1] 1 6 3
```

```r
m <- matrix(runif(12), nrow = 3)
# 對數函數應用到矩陣每個元素
log(m)
```

```
##          [,1]    [,2]    [,3]    [,4]
## [1,] -1.6368 -0.9289 -2.6166 -0.2824
## [2,] -0.7571 -1.1737 -0.5649 -0.5369
## [3,] -1.5904 -0.2841 -0.8645 -0.3956
```

從上面的結果讀者不能發現 sqrt()、round() 與 log() 等函數是施加在資料中的每一個元素上，但是有些函數就並非如此運作了！例如下面常用的平均值計算函數 mean()：

```r
# 計算矩陣中所有元素的平均值
mean(m)
```

```
## [1] 0.4499
```

mean() 函數將矩陣 m 的 12 個元素計算其算術平均數，因此讀者須經常注意輸入的資料物件 (此處為 3×4 矩陣)，經函數處理後產生的輸出物件 (上例傳回單值)，其維度是否改變？資料結構是否改變？類別型態是否改變？這是掌握資料導向程式設計的重要概念 (參見1.9節程式除錯與效率監測)。

上例中如果要計算矩陣 m 的三列平均值或四行的平均值可以運用 apply() 函數：

```r
# 各橫列 (MARGIN = 1 表沿橫列) 平均值
apply(m, MARGIN = 1, FUN = mean)
```

```
## [1] 0.3542 0.4828 0.5128
```

```r
# 也可以用 rowMeans()
rowMeans(m)
```

```
## [1] 0.3542 0.4828 0.5128
```

```r
# 各縱行 (MARGIN = 2 表沿縱行) 平均值
apply(m, MARGIN = 2, FUN = mean)
```

```
## [1] 0.2892 0.4856 0.3542 0.6706
```

```r
# 也可以用 colMeans()
colMeans(m)
```

```
## [1] 0.2892 0.4856 0.3542 0.6706
```

其語法為：

apply(m, MARGIN, FUN, ...)

apply() 函數是將 FUN 運算施加於矩陣或陣列物件的某一維度上，其中 m 是陣列 (包括二維矩陣)，MARGIN 是給定運作維度的數值向量或字串向量，FUN 是欲應用的函數，而... 是額外要傳入 FUN 的引數。m 為二維的矩陣或資料框時，MARGIN=1 表示逐橫列套用函數，MARGIN=2 表示逐縱行套用函數。在資料導向的程式語言中，像是 R 或 Python 的 **numpy** 與 **pandas** 等模組，建議避免寫顯示迴圈 (explicit looping，即 for 敘述)，而以隱式迴圈 (implicit looping) 的 apply() 系列函數取代之，不過上例中 apply() 還是比 rowMeans() 或 colMeans() 等更直接的向量化函數慢。Python 語言 apply() 方法的編程應用，請參見1.6節編程範式與物件導向概念、2.2.3節 Python 語言群組與摘要、以及4.2.2節線上音樂城關聯規則分析等各節範例。

```r
# 帶有 NA 的矩陣
(m <- matrix(c(NA, runif(10), NA), nrow = 3))
```

```
##         [,1]   [,2]   [,3]    [,4]
## [1,]      NA 0.9329 0.5676 0.04879
## [2,] 0.5212 0.1773 0.2943 0.76369
## [3,] 0.2329 0.8539 0.6379      NA
```

```r
# 首末兩列的平均數值為 NAs
apply(m, 1, mean)
```

```
## [1]     NA 0.4391     NA
```

```r
# `...`的位置傳額外參數到 mean() 函數中
apply(m, 1, mean, na.rm=TRUE)
```

```
## [1] 0.5164 0.4391 0.5749
```

若為一維的向量或串列物件，可以使用 lapply() 或 sapply() 函數，兩者運作方式相同，其中"s"意指簡化 (simplify)，此函數在必要時將簡化 lapply() 函數回傳的資料物件。以下用簡例說明兩者的用法：

```r
# 創建三元素串列
temp <- list(x = c(1,3,5), y = c(2,4,6), z = c("a","b"))
temp
```

```
## $x
## [1] 1 3 5
## 
## $y
## [1] 2 4 6
## 
## $z
## [1] "a" "b"
```

```r
# lapply() 逐串列 temp 之各元素, 運用相同函數 length()
lapply(temp, FUN = length)
```

```
## $x
## [1] 3
## 
## $y
## [1] 3
## 
## $z
## [1] 2
```

```r
# sapply() 將回傳結果簡化為具名向量
sapply(temp, FUN = length)
```

```
## x y z
## 3 3 2
```

　　R 語言 apply 系列函數眾多，mapply() 可施加一個函數於多個串列或向量的對應元素上，下例中 firstList 與 secondList 均是長度為 3 的串列物件，mapply() 將 identical() 函數施加在上述兩串列的對應元素上，判斷其是否完全相同。

```r
# 長度為 3 的串列，三個元素類別分別是方陣、矩陣與向量
(firstList <- list(A = matrix(1:16, 4), B = matrix(1:16, 2),
C = 1:5))
```

```
## $A
##      [,1] [,2] [,3] [,4]
## [1,]    1    5    9   13
## [2,]    2    6   10   14
## [3,]    3    7   11   15
## [4,]    4    8   12   16
## 
## $B
##      [,1] [,2] [,3] [,4] [,5] [,6] [,7] [,8]
## [1,]    1    3    5    7    9   11   13   15
## [2,]    2    4    6    8   10   12   14   16
```

```
## 
## $C
## [1] 1 2 3 4 5
```

```r
# 長度為 3 的串列，三個元素類別也是方陣、矩陣與向量
(secondList <- list(A = matrix(1:16, 4), B = matrix(1:16, 8),
C = 15:1))
```

```
## $A
##      [,1] [,2] [,3] [,4]
## [1,]    1    5    9   13
## [2,]    2    6   10   14
## [3,]    3    7   11   15
## [4,]    4    8   12   16
## 
## $B
##      [,1] [,2]
## [1,]    1    9
## [2,]    2   10
## [3,]    3   11
## [4,]    4   12
## [5,]    5   13
## [6,]    6   14
## [7,]    7   15
## [8,]    8   16
## 
## $C
##  [1] 15 14 13 12 11 10  9  8  7  6  5  4  3  2  1
```

```r
# 以 mapply() 判斷兩等長串列之對應元素是否完全相同
mapply(FUN = identical, firstList, secondList)
```

```
##     A     B     C
##  TRUE FALSE FALSE
```

mapply() 函數語法中的 FUN 也可以是如下自訂的**匿名函數 (anonymous function)**，計算 firstList 與 secondList 對應元素的列數和，其它 apply 系列函數也可以調用自定義的匿名函數。

```
# 自定義匿名函數，注意 NROW() 與 nrow() 之異同
simpleFunc <- function(x, y) {NROW(x) + NROW(y)}
# 加總兩串列對應元素之列數和
mapply(FUN=simpleFunc, firstList, secondList)
```

```
##  A  B  C
##  8 10 20
```

活用 mapply() 函數有時可以快速完成某些分組處理或視覺化的工作，下例在 mapply() 函數中定義繪製各組迴歸直線的匿名函數後，將之添加到 iris 資料集的 Sepal.Width 對 Petal.Length 的散佈圖上，然後在適當位置標出圖例 (圖1.9)(Verzani, 2014)。

```
# 知名的鳶尾花資料集，五個變數為花瓣長寬、花萼長寬與花種
head(iris)
```

```
##   Sepal.Length Sepal.Width Petal.Length Petal.Width
## 1          5.1         3.5          1.4         0.2
## 2          4.9         3.0          1.4         0.2
## 3          4.7         3.2          1.3         0.2
## 4          4.6         3.1          1.5         0.2
## 5          5.0         3.6          1.4         0.2
## 6          5.4         3.9          1.7         0.4
##   Species
## 1  setosa
## 2  setosa
## 3  setosa
## 4  setosa
## 5  setosa
## 6  setosa
```

```
# 花萼寬對花瓣長的散佈圖，pch 控制繪圖點字符，注意因子變數轉數值
plot(Sepal.Width ~ Petal.Length, iris, pch =
as.numeric(Species))
# 運用 mapply() 對 split() 分組完成的數據，配適模型與畫迴歸直線
regline <- mapply(function(i, x) {abline(lm(Sepal.Width ~
Petal.Length, data = x), lty = i)}, i = 1:3,
x = split(iris, iris$Species))
# 適當位置 (4.5, 4.4) 上加上圖例說明
legend(4.5, 4.4, levels(iris$Species), cex = 1.5, lty = 1:3)
```

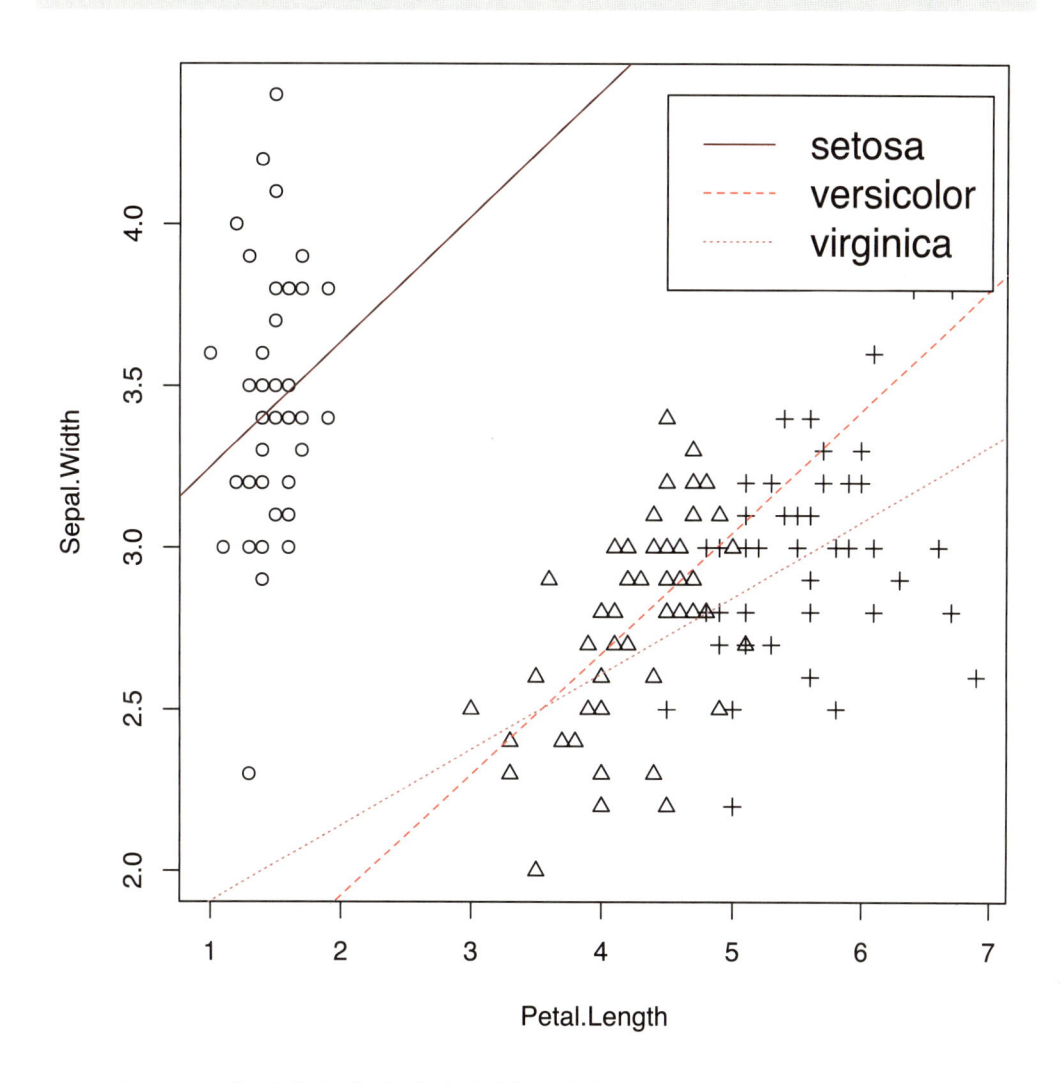

圖 1.9: 鳶尾花花萼寬度與花瓣長度散佈情形及分組迴歸直線圖

其實資料導向程式設計中輸入輸出的變數符號 (symbol) 大多是資料物件，它們可能是一維、二維或更高維的結構。因此，資料分析語言多採用向量化資料處理與計算的方式，以避免額外迴圈執行，提升工作效率。許多運算子 (e.g. 乘方運算子 ^，比較運算子 >，加法運算子 +, ...) 及函數 (e.g. apply(), lapply(), sapply(), scale(), , rowMeans(), colMeans()...) 都是向量化函數，也就是說函數中隱藏著迴圈 (implicit looping) 的處理方式。所以再次提醒讀者經常留意省思下面問題：輸入的資料物件經函數處理後產生的輸出物件，其維度是否改變？資料結構是否改變？類別型態是否改變？(參見1.9節程式除錯與效率監測) 反覆思索上述問題當能掌握資料導向程式設計背後的運作邏輯。

1.6 編程範式與物件導向概念

物件導向編程 (object-oriented programming) 是一種結構化程式的方式，使得個別物件的性質 (屬性) 與行為 (方法)，得以封裝成一抽象的類別 (class)，以供反覆利用。所謂相近物件 (object) 歸為類，相近的意思正是同類物件有共同的性質與行為。舉例來說，類別如果是人，名字、年齡與地址等就是應具的屬性，走路、說話、呼吸與跑步等就是人的行為或方法；電子郵件類別具有收件人清單、主題、內容主體等屬性，而添加附件與發送等即為方法。物件是將抽象類別中屬性與方法具體實現後的結果，例如：張三與李四都是依照前述人的類別實作 (instantiate)(此字有具體賦形之意) 出來的實體物件，你/妳打算透過電子郵件寄邀請函給張三與李四，則此封電子郵件物件的收件人清單包括張三與李四兩人，且必有主題與內容主體等屬性，並可添加邀請函於後發送出去。

從上面的說明可發現物件導向概念是對真實世界各種具體事物，及其之間的關係建模的一種方式，像是公司與員工、學生與老師等之間的關係。就資料導向程式設計與大數據分析來說，物件導向概念將人類對真實世界的知識，視為軟體中的物件，其下有屬性數據，並可進行某些函數的運算。例如：如果時間序列 (time series) 為一類別，則開始時間、結束時間、採樣頻率等為該類別的屬性，時間序列分解是該類別的方法；個人體重之歷史紀錄則為時間序列類別實作出來的時間序列物件；資料科學工作者通常不太在乎時間序列物件的實際儲存方式，關心的是此類資料物件的創建方法、所具屬性與各式操弄的方法。

泛函式編程 (functional programming) 是另一種重要的編程範式，它將電腦運算視為數學上的函數計算，也就是應用數學函數的輸入 (input)、處理 (processing) 與輸出 (output) 的觀念編寫程式。泛函式編程支持且鼓勵無副作用 (side effects) 的程式設計，因為副作用讓程式變得複雜且容易產生錯誤。具體來說泛函式編程倡導利用簡單的執行區塊，讓程式計算結果不斷漸進，逐層推導最終所需要的運算結果，而不是設計一個複雜的執行過程。

程序式編程 (procedural programming) 是歷史悠久的編程範式，如同食譜一樣它提供完成一項任務的循序步驟，步驟內容的形式可能是處理函數或/及代碼區塊。代碼區塊依任務所需，可以是反覆多次地執行某些指令敘述的迴圈 (loop)，或者當某些條件滿足時，方執行後續指令敘述的流程控制 (flow control)，詳見1.7節控制敘述與自訂函數。

當代許多程式語言以混合範式 (mixed paradigms) 的方式進行編程，兩種常用的資料分析腳本語言 R 與 Python，都結合了傳統程序式編程、物件導向編程與泛函式編程等編程範式語法，期能有效完成資料處理與分析的任務。以 Python 為例，泛函示編程的寫法是載入 **numpy** 套件並簡記為 np 後，引用 **numpy** 套件中的 std() 函數，將類別為串列 (list) 的資料物件 (data object)[1,2,3] 傳入函數中進行其標準差的計算。

```python
# Python 泛函示編程語法示例
import numpy as np
# 用 builtins 模組中的類別 type 查核傳入物件的類別
print(type([1,2,3]))
```

```
## <class 'list'>
```

```python
# 呼叫 numpy 套件的 std() 函數，輸入為串列物件
print(np.std([1,2,3]))
```

```
## 0.816496580927726
```

另一種物件導向編程的寫法是先創建 **numpy** 的陣列 (array) 類物件 a 後，引用物件 a 下的方法 (method)std()，以計算物件 a 本身的標準差。

```
# Python 物件導向編程語法示例
# 以 numpy 套件的 array() 函數，將原生串列物件轉換為衍生的
# ndarray 物件
a = np.array([1,2,3])
print(a)
```

```
## [1 2 3]
```

```
print(type(a))
```

```
## <class 'numpy.ndarray'>
```

```
# 句點語法取用 ndarray 物件 a 的 std() 方法
print(a.std())
```

```
## 0.816496580927726
```

Python 語言**向量化 (vectorization)**做法與1.5節所述相同，是將一運算施加在複雜物件一次，而非將其元素取出進行迭代式運用。例如：欲對前述 ndarray 之物件 a 中三個元素進行方根運算，僅須將之傳入 **numpy** 的向量化函數 sqrt() 中，即可對各元素一一計算其方根植。

```
# Python 的 numpy 套件向量化運算示例
print(np.sqrt(a))
```

```
## [1.         1.41421356 1.73205081]
```

而 Python **隱式迴圈 (implicit looping)**要先將物件 a 從 ndarray 物件轉為 **pandas** 套件 Series 序列類型，再引用序列類型的 apply() 方法，傳入關鍵字為 lambda 之**匿名函數 (anonymous function)**，逐一取出 a 中元素 (代號為 x) 進行加 4 處理，完成迴圈的重複性工作。

```
# 運用 pandas 序列物件 Series 之 apply() 方法的隱式迴圈
import pandas as pd
```

```
# 以 pandas 套件的 Series() 函數，將原生串列物件轉換為衍生的
# Series 物件
a = pd.Series(a)
print(type(a))
```

```
## <class 'pandas.core.series.Series'>
```

```
# Python pandas 套件的 apply() 方法
print(a.apply(lambda x: x+4))
```

```
## 0    5
## 1    6
## 2    7
## dtype: int64
```

值得提醒的是物件導向編程使得程式碼更清楚易讀，且提升程式碼的再利用性 (reusability)。Python 的物件導向較接近一般人熟知的物件導向語言如 C++ 與 Java(參見1.6.2節 Python 語言物件導向)，而 R 語言的物件導向雖然比較不正規，但表面上仍然實現了物件導向的諸多概念 (Matloff, 2011)。

簡而言之，R 與 Python 語言物件導向觀念有：

- 兩種語言中所見都是物件，從數字到字串到矩陣到函數都是物件，因此程式設計師應常常關注環境中物件的類別；
- 物件導向提倡將個別但相關的資料項目封裝 (encapsulation) 成單一的類別實例，以追蹤相關的變數，並強化程式碼的清晰度；
- 繼承 (inheritance) 的概念可將某一類別延伸為更專門的類別，例如：貓頭鷹繼承鳥類的屬性與方法，成為更特別的鳥類；
- 函數是多形的 (polymorphic)，即表面上看似相同的函數呼叫，其實會因傳入物件的不同類別，進行不同的運算。例如 R 語言 summary()、plot()、print()、predict() 等泛型函數 (generic functions)，依據傳入物件的類別，呼叫適合的具體方法對物件進行相應的計算與繪圖，促進了程式碼的再利用性，可視為模組化設計的一種方式。Python 也可以在自定義函數中依傳入的不同類別物件，進行相應

的處理，這種一個函數有多重版本的觀念也稱為多重方法 (multi-methods)[5]。

1.6.1 R 語言 S3 類別

R 語言的類別概念是源自於 S 語言 Version 3 的原始結構，通常簡稱 S3，至今仍是 R 語言中最常見的類別範式，許多 R 語言內建類別亦為 S3 類型。S3 類別以串列函數 list() 建立物件，內含屬性與屬性值的設定，並利用 class() 函數設定其類別名稱。

```r
# 串列創建函數建立物件 j
j <- list(name="Joe", salary=55000, union=T)
# 設定物件 j 之類別為 "employee"
class(j) <- "employee"
# 檢視物件 j 的屬性
attributes(j)
```

```
## $names
## [1] "name"   "salary" "union"
##
## $class
## [1] "employee"
```

從上面結果可看出串列物件 j 具有類別屬性，其值為 employee。

```r
# 注意最下面的 "class" 屬性
j
```

```
## $name
## [1] "Joe"
##
## $salary
## [1] 55000
```

---
[5]https://www.artima.com/weblogs/viewpost.jsp?thread=101605

```
##
## $union
## [1] TRUE
##
## attr(,"class")
## [1] "employee"
```

print() 泛型函數可定義類別為 employee 的具體列印方法 print.employee() 如下：

```r
# 注意具體方法函數名稱須為：方法.類別
print.employee <- function(wrkr) {
    # 依傳入物件 wrkr 的屬性進行輸出
    cat(wrkr$name,"\n")
    cat("salary",wrkr$salary,"\n")
    cat("union member",wrkr$union,"\n")
}
methods(, "employee")
```

```
## [1] print
## see '?methods' for accessing help and source code
```

接著呼叫 print() 泛型函數，傳入 employee 類別物件 j，即可依 print.employee() 方法的設計內容，將物件 j 印製出來了。

```r
# 讀者當思考實際呼叫了哪個具體方法
print(j)
```

```
## Joe
## salary 55000
## union member TRUE
```

前述的物件導向**多型 (polymorphism)** 是一個重要概念，它與泛型函數有關。plot() 是 R 語言 S3 物件導向編程中的一個泛型函數，下例依傳入的物件類型，分派 (dispatch) 相應任務給 plot.default()、plot.lm()、plot.ts() 等函數進行實際處理。首先創建體重與身高的雙欄資料框 test，並建立體重對身高的簡單線性迴歸模型 test.lm。

```r
# 相同亂數種子下結果可重置 (reproducible)
set.seed(168)
# 創建 weight 和 height 向量
weight <- seq(50, 70, length = 10) + rnorm(10,5,1)
height <- seq(150, 170, length = 10) + rnorm(10,6,2)
# 組成資料框
test <- data.frame(weight, height)
# 建立迴歸模型
test_lm <- lm(weight ~ height, data = test)
# 類別為 data.frame
class(test)
```

```
## [1] "data.frame"
```

```r
# 類別為"lm"
class(test_lm)
```

```
## [1] "lm"
```

```r
# 類別為"ts"
class(AirPassengers)
```

```
## [1] "ts"
```

　　接著規劃繪圖輸出佈局，layout() 函數中號碼相同的區域為同一圖形輸出區域。參照下方矩陣的數值，最上方與最下方的區塊各輸出一張圖形，而中間四個不同的數字，則分配給四張圖形。讀者可以從結果看出若傳入物件為 data.frame，則以 plot.default() 繪製散佈圖；若傳入物件為線性模型的結果物件 lm 類，則以 plot.lm() 繪製四個殘差診斷圖；若傳入物件為時間序列 ts 類，則以 plot.ts() 繪製時間序列折線圖 (圖1.10)。

```r
# 創建繪圖輸出佈局矩陣
matrix(c(1,1,2:5,6,6), 4, 2, byrow = TRUE)
```

```
##      [,1] [,2]
## [1,]    1    1
## [2,]    2    3
## [3,]    4    5
## [4,]    6    6
```

```r
# 圖面佈局設定
layout(matrix(c(1,1,2:5,6,6), 4, 2, byrow = TRUE))
# 設定繪圖區域邊界，留意重要的繪圖參數設定函數 par()
op <- par(mar = rep(2, 4)) # rep() 將 2 重複 4 次
# 實際呼叫 plot.default()
plot(test)
# 實際呼叫 plot.lm()
plot(test_lm)
# 實際呼叫 plot.ts()
plot(AirPassengers)
```

```r
# 還原繪圖的預設設定
par(op)
# 還原圖面佈局預設設定
layout(c(1))
```

最後，methods() 函數可以檢視 S3 泛型函數 plot() 的所有可用方法，或該類別所有可用方法。此函數類似 Python 中常用的 dir()，可以查詢某個模組之功能或物件的方法。

```r
# 族繁不及備載
methods(plot)[65:74]
```

```
##  [1] "plot.rpart"         "plot.shingle"
```

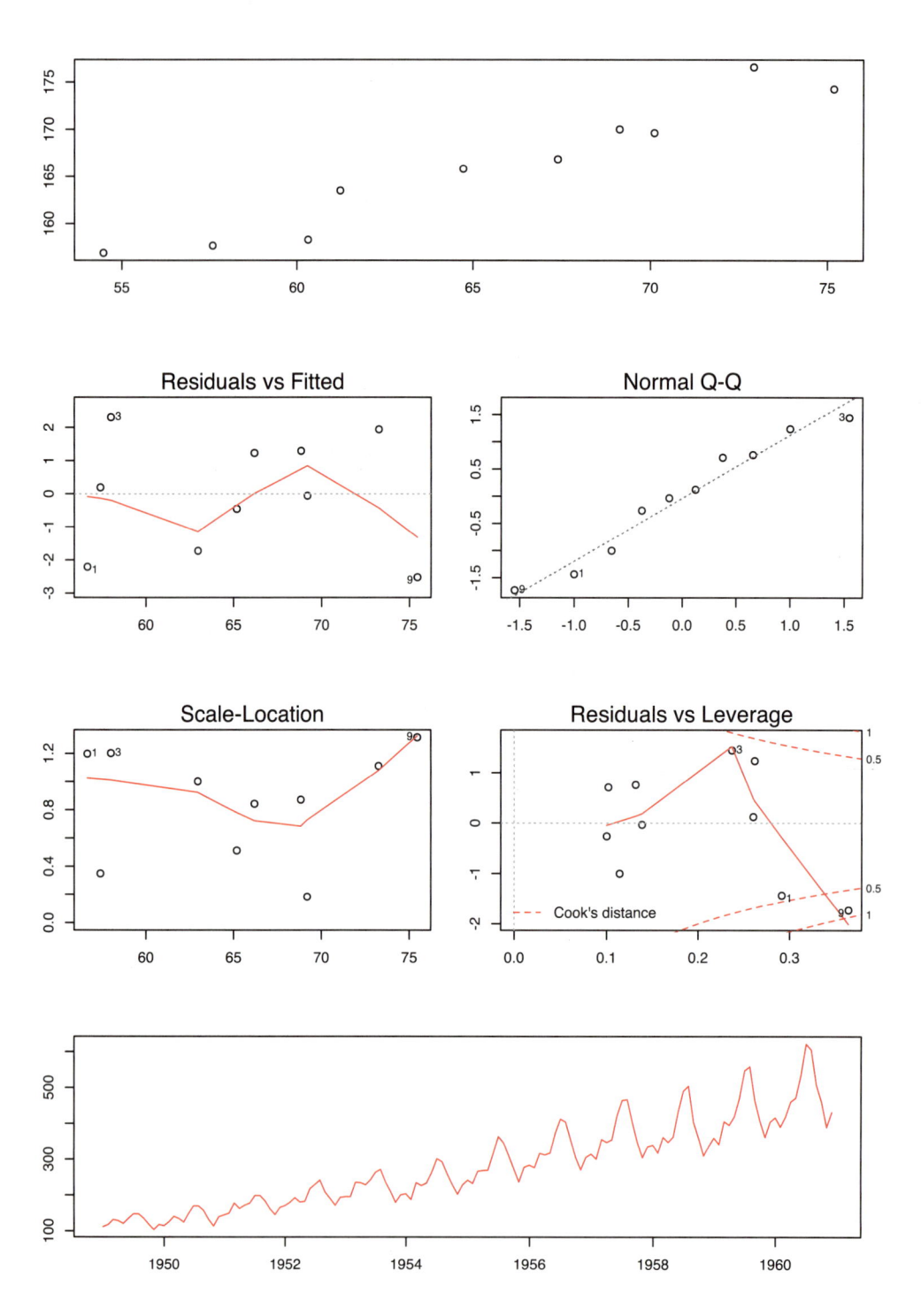

圖 1.10: S3 泛型函數 plot() 輸入不同類型物件所繪製的各式圖形

```
## [3] "plot.silhouette" "plot.SOM"
## [5] "plot.somgrid"    "plot.spec"
## [7] "plot.spline"     "plot.stepfun"
## [9] "plot.stl"        "plot.structable"
```

```
# 查詢多形函數具體方法的使用說明
# ?predict.lm
```

讀者當留意依照每位使用者已經安裝的套件，methods() 函數傳回之泛型函數 plot() 的具體方法或有不同，數量多寡端視使用者本機端的套件而定。另外，如欲查詢特定類別 plot 方法的說明頁面，請以句點語法加註類別名稱於泛型函數名稱後方，例如：?plot.lm 或?predict.lm。最後，.S3methods('plot') 與.S4methods('plot') 兩函數可以幫助我們區分 methods() 傳回的結果何者為 S3 或 S4 的物件導向泛型函數。

1.6.2　Python 語言物件導向

本節舉例實作 Python 語言的物件導向編程，假設我們欲以**普通最小平方法 (Ordinary Least Squares, OLS)** 估計簡單線性迴歸方程 $\hat{y}_i = b_0 + b_1 x_i, i = 1, ..., n$ 的係數，此模型是在最小化式 (1.1) 之**損失函數 (loss function)** $L(\mathbf{w})$ 的目標下，根據訓練樣本 (training samples，參見第三章圖3.1保留法下簡單的訓練與測試機制) x_i 與 y_i 來推估線性迴歸係數 $\mathbf{w} = [b_0, b_1]$。

$$L(\mathbf{w}) = \frac{1}{2} \sum_{i=1}^{n} (y_i - \hat{y}_i)^2 \qquad (1.1)$$

其中 n 為樣本數，y_i 為實際值，$\hat{y}_i$ 為預測值。上式其實是殘差平方和，$\frac{1}{2}$ 是為了 $L(\mathbf{w})$ 對 $\mathbf{w}$ 微分後，能取得較簡單的形式而乘上的常數，以方便後續建立梯度陡降法中迴歸係數的更新法則。

迴歸係數的具體求解方法可用梯度陡降法 (gradient descent)，此法透過迭代的方式，依循梯度最大的方向 $-\nabla_{\mathbf{w}} L(\mathbf{w})$ 與**學習率 (learning rate)**(或稱步距) α，逐步修正欲求的向量 $\mathbf{w} = [b_1, b_2]$，漸次地將隨機初始化的迴歸參數推向最佳解 $\mathbf{w}^*$。

$$\lim_{\alpha \to 0} L(\mathbf{w} + \alpha \mathbf{u}) \tag{1.2}$$

式 (1.2) 的梯度陡降數學模型是在步距 α 趨近於零的條件下，尋找最小化損失函數式 (1.1) 的參數 $\mathbf{w}$ 改進方向 $\mathbf{u}$。利用微積分可證明出 $\mathbf{u} = -\nabla_\mathbf{w} L(\mathbf{w})$，因此梯度陡降算法的虛擬碼如下：

- 輸入：學習率 α(alpha) 與迭代次數 n；
- 初始化迴歸係數值 $\mathbf{w}$；
- 依公式 $\mathbf{w} = \mathbf{w} - \alpha \nabla_\mathbf{w} L(\mathbf{w})$，更新迴歸係數值 $\mathbf{w}$；
- 輸出 $\mathbf{w}$，直到迭代次數到達 n。

Python 以物件導向編程實作上述算法時，須先以關鍵字 class 定義類別 LinearRegressionGD，此處傳入小括弧的引數 object，說明了這個類沒有父類 (到始祖源頭了！)。Python 的類別定義中通常會有 __init__() 這個特殊方法 (前後兩下劃線包夾者稱之)，創建物件時 Python 會自動呼叫這個方法，這個過程也稱為初始化 (initialization)(Raschka, 2015)。

```python
# 線性迴歸梯度陡降參數解法
# 定義類別 LinearRegressionGD
class LinearRegressionGD(object):
    # 定義物件初始化方法，物件初始化時帶有兩個屬性
    def __init__(self, eta=0.001, n_iter=20):
        self.eta = eta
        self.n_iter = n_iter
    # 定義物件的方法 fit()，此方法會根據傳入的 X 與 y 計算屬性
    # w_ 和 cost_
    def fit(self, X, y):
        # 隨機初始化屬性 w_
        self.w_ = np.random.randn(1 + X.shape[1])
        # 損失函數屬性 cost_
        self.cost_ = []
        # 根據物件屬性 eta 與 n_iter，以及傳入的 X 與 y 計算屬性
        # w_ 和 cost_
        for i in range(self.n_iter):
            output = self.lin_comb(X)
```

```
            errors = (y - output)
            self.w_[1:] += self.eta * X.T.dot(errors)
            self.w_[0] += self.eta * errors.sum()
            cost = (errors**2).sum() / 2.0 # 式 (1.1)
            self.cost_.append(cost)
        return self
    # 定義 fit 方法會用到的 lin_comb 線性組合方法
    def lin_comb(self, X):
        return np.dot(X, self.w_[1:]) + self.w_[0]
    # 定義物件的方法 predict()
    def predict(self, X):
        return self.lin_comb(X)
```

梯度陡降算法需要學習率 eta 與迭代次數 n_iter 方能運行，因此在物件初始化時就設定好這兩個屬性。接著以 fit() 方法根據傳入的預測變數 X 與反應變數 y，計算迴歸係數向量 w_，以及每次迭代的損失函數值 cost_(即殘差平方和)。LinearRegressionGD 類別另有兩個計算向量點積和預測 y 值的方法 lin_comb() 和 predict()。

前述的類別初始化特殊方法 __init__() 中有一個參數 self，它是為了方便我們引用後續創建出來的物件本身。類別定義中所有方法的第一個參數必須是 self，無論它是否會用到。我們可以透過操弄 self，來修改某個物件的性質。

LinearRegressionGD 類別定義中，還使用了 Python 的自定義函數語法，以及 for 迴圈控制敘述。前者以關鍵字 def 開始定義函數名稱，欲傳入的位置參數 (positional argument) 或關鍵字參數 (keyword argument) 置於小括弧內，位置參數必須在關鍵字參數之前，首行最後以冒號: 結尾。其下各行敘述內縮四個空格，或是兩次 Tab 鍵，最末一行通常是 return 敘述，讓結果返回到呼叫函數的地方，並把程序的控制權一起返回。沒有 return 敘述的情況就是程序自己內部運行，沒有傳回值。for 迴圈控制敘述的首行同樣以關鍵字和冒號: 開頭與結尾，兩者的中間定義指標變數 i，它在 0 到 self.n_iter-1 的範圍 range(self.n_iter-1) 中循環，首行下方縮排部分是迴圈內部反覆執行的敘述。

執行上面類別定義後，即將 LinearRegressionGD 載入記憶體中，接著模擬五十筆預測變數 x_i 與反應變數 y_i，作為迴歸模型訓練資料。

```
# 前段程式碼區塊載入類別後，可發現環境中有 LinearRegressionGD
# 此行敘述是 Python 單列 for 迴圈寫法，請參考 1.8.2 節 Python
# 語言資料匯入及匯出的串列推導 (list comprehension)
print([name for name in dir() if name in
["LinearRegressionGD"]])
```

```
## ['LinearRegressionGD']
```

```
# 模擬五十筆預測變數，使用 numpy 常用函數 linspace()
X = np.linspace(0, 5, 50) # linspace(start, stop, num)
print(X[:4]) # 前四筆模擬的預測變數
```

```
## [0.         0.10204082 0.20408163 0.30612245]
```

```
# 模擬五十筆反應變數，利用 numpy.random 模組從標準常態分佈產生
# 隨機亂數
y = 7.7 * X + 55 + np.random.randn(50)
print(y[:4])
```

```
## [54.85910866 56.21277957 56.71272323 56.41650804]
```

有了類別定義後，我們實作 n_iter=350 的模型物件 lr(此時 lr 為空模)，傳入 X 與 y 完成梯度陡降配適計算後，lr 變成實模。從實模 lr 新增的 w_ 與 costs_ 屬性，可得知估計的迴歸係數與歷代損失函數值，最後運用實模進行預測，並視覺化模型配適狀況 (圖1.11)。總結來說，Python 語言的模型配適過程大都是下面流程：

- 載入類別；
- 定義空模規格；
- 傳入訓練資料配適實模 (估計或學習模型參數)；
- 以實模進行預測或轉換。

R 語言也是這種模型配適的流程，其中第二步驟空模定義與第三步

驟的實模配適可能合併在一起，建議讀者弄清楚空模與實模之間的異同及其轉換點，剩餘的差異就是兩種語言或各個模型的不同關鍵字了。

```python
# 實作 LinearRegressionGD 類物件 lr
lr = LinearRegressionGD(n_iter=350)
# 創建後配適前有 eta, n_iter, fit(), lin_comb() 與 predict()
# print(dir(lr))
```

```python
# 尚無 w_ 與 cost_ 屬性
for tmp in ["w_", "cost_"]:
    print(tmp in dir(lr))
```

```
## False
## False
```

```python
# 確認預設迭代次數已變更為 350
print(lr.n_iter)
```

```
## 350
```

```python
# 傳入單行二維矩陣 X 與一維向量 y，以梯度陡降法計算係數
lr.fit(X.reshape(-1,1), y)
# 配適完畢後新增加 w_ 與 cost_ 屬性
for tmp in ["w_", "cost_"]:
    print(tmp in dir(lr))
```

```
## True
## True
```

```python
# 截距與斜率係數
print(lr.w_)
```

```
## [54.39734986   7.99124415]
```

```
# 最後三代的損失函數值，隨著代數增加而降低
print(lr.cost_[-3:])
```

```
## [26.677411712482556, 26.58842645971301, 26.50153017457256]
```

```
# 預測 X_new 的 y 值
X_new = np.array([2])
print(lr.predict(X_new))
```

```
## 70.379838166501
```

```
# X 與 y 散佈圖及 LinearRegressionGD 配適的線性迴歸直線
# Python 繪圖語法參見 4.1 節資料視覺化
import matplotlib.pyplot as plt
fig = plt.figure()
ax = fig.add_subplot(111)
ax.scatter(X, y)
ax.plot(X, lr.predict(X.reshape(-1,1)), color='red',
linewidth=2)
# fig.savefig('./_img/oo_scatterplot.png')
```

1.7 控制敘述與自訂函數

　　控制敘述與自訂函數是任何程式語言編程設計的核心內涵，**動態程式設計語言 (dynamic programming languages)** R 與 Python 當然也不例外。資料科學家必須靈活運用控制敘述與自訂函數，方能快速完成資料模型雛形開發的工作。

1.7.1 控制敘述

　　大多數的程式碼是以循序的方式從頭執行到尾，但有時候我們會反覆地執行某些指令敘述許多次；或者當某些條件判斷式滿足 (回傳 R 特

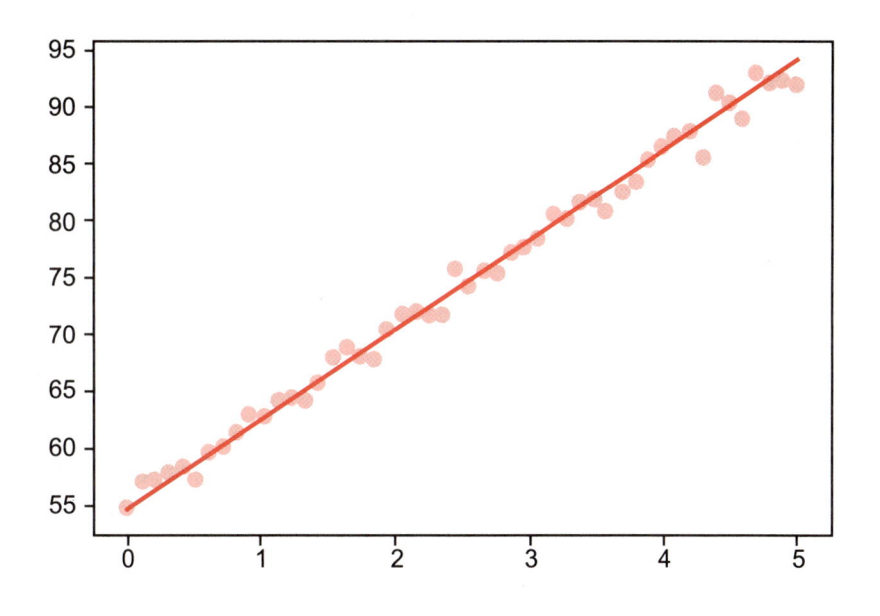

圖 1.11: 梯度陡降算法配適線性迴歸結果圖

殊變數 TRUE, Python 則是 True) 或不滿足 (R 回傳 FALSE, 或是 Python 的 False) 時, 反覆地執行一段敘述; 也可以在條件滿足或不滿足時, 一次性的執行一段敘述。這些程式撰寫方式就統稱為控制敘述或控制流程 (control statements or flow), 以 R 語言來說, 前述的頭兩種情況可以用 for、while 和 repeat 等迴圈控制敘述, 最後一種則是 if 或 if...else...條件判斷敘述, 以及 ifelse() 函數。

- R 語言控制敘述 for 迴圈, 其語法 (syntax) 為:

for (name in vector) {commands}

下面是印出數值向量中各個元素平方值的顯式迴圈 (explicit looping 或稱外顯迴圈) 寫法

```r
x <- c(5,12,13)
# 迴圈敘述關鍵字 for
for (n in x) {
  print(n^2)
}
```

```
## [1] 25
## [1] 144
## [1] 169
```

首先創建向量物件 x，n 為迴圈指標變數 (index variable)。因為向量物件長度為 3，所以大括弧中的列印指令會執行三次，依續印出向量中三個元素的平方值。

- 接著是未事先固定執行次數 while 迴圈，其語法為：

while (condition) {statements}

下例中先將迴圈指標變數的初始值設為 1，只要指標變數的值不超過 10(i <= 10)，就反覆將其值往上加 4。因此整個 while 迴圈會執行三次，最後離開迴圈時的 i 值為 13。

```
i <- 1
# 迴圈敘述關鍵字 while
while (i <= 10){
  i <- i + 4
}
print(i) # 13
```

```
## [1] 13
```

另一個例子是牛頓法求根 (i.e. 解 $f(x) = 0$)，如果函數值與零的距離未低於容許誤差 (tolerance)0.000001，則繼續執行 while 迴圈大括弧中解的更新過程。

```
# 解的初始值
x <- 2
# 欲求根的函數
f <- x^3 + 2 * x^2 - 7
# 牛頓法容許誤差
tolerance <- 0.000001
while (abs(f) > tolerance) {
  # 求根函數的一階導函數
```

```
  f.prime <- 3*x^2 + 4*x
  # 以牛頓法的根逼近公式更新解
  x <- x - f/f.prime
  # 新解的函數值
  f <- x^3 + 2*x^2 - 7
}
# 印出解
x
```

```
## [1] 1.429
```

- 第三種迴圈敘述是 repeat，其語法為：

repeat {statements}

繼續以牛頓法求根為例，請注意大括弧中含有 if (condition) break 的敘述，一旦函數值與零的距離低於 tolerance 時，就依 break 指令跳出 repeat 迴圈。

```
x <- 2
tolerance <- 0.000001
# 迴圈敘述關鍵字 repeat
repeat {
  f <- x^3+2*x^2-7
  if (abs(f) < tolerance) break
  f.prime <- 3*x^2+4*x
  x <- x-f/f.prime
  }
x
```

```
## [1] 1.429
```

- 最後是條件判斷敘述 if 與 if...else...，其語法為：

if (condition) {commands when TRUE}

if (condition) {commands when TRUE} else {commands when FALSE}

114　第一章　資料導向程式設計

下例中 grade 是內容為成績等第的字串向量，首先以 is.character() 函數先判定 grade 是否為字串向量，如為 TRUE 則執行後方大括弧內敘述一次，將 grade 強制轉換為 factor 向量並更新之；再以 is.factor() 函數判定 grade 是否「不」為因子向量，結果如為 TRUE 則執行 if 關鍵字後方大括弧內敘述一次，也是將 grade 強制轉換為 factor 向量，並更新之；結果如為 FALSE 則執行 else 關鍵字後方大括弧內敘述一次，印出條件判定的結果說明："Grade already is a factor."。

```
grade <- c("C", "C-", "A-", "B", "F")
if (is.character(grade)) {grade <- as.factor(grade)}
if (!is.factor(grade)) {grade <- as.factor(grade)} else
  {print("Grade already is a factor.")}
```

```
## [1] "Grade already is a factor."
```

離開本節之前提醒讀者留意各控制敘述語法的關鍵字，和小括弧內的條件 (condition)，以及大括弧內指令敘述的主體 {commands}。相較於來自電腦科學界的 Python 語言，R 語言屬於數學與統計特定領域 (domain specific)，所以程式語言結構較為寬鬆，社群裡許多有經驗的程式設計師經常將成對大括弧省略，造成新手程式碼理解上的困難。例如以自定義函數為例，下面兩種定義是一樣的：

f <- function(x,y) x + y

f <- function(x,y) {x + y}

此外，資料處理與分析常須取出符合某些條件的資料子集，建議讀者盡量採用邏輯值索引 (1.3.7節 R 語言原生資料物件取值)，避免運用條件式語法。

1.7.2　自訂函數

如同數學上的函數一樣，動態程式語言 R 與 Python 的函數物件都是依據輸入的物件引數 (objects as arguments)，進行計算與轉換後再傳出輸出物件。以 R 語言為例，它運用 function 關鍵字創建函數的語法如下 (Python 自訂函數請參見1.6.2節 Python 語言物件導向)：

1.7 控制敘述與自訂函數

function(arguments) {body}

其中引數 (arguments) 是一個 (或以上) 的物件名稱 (a set of symbol names)，可以等號運算子給予物件引數預設值 (預設值也有人稱默認值)，傳入函數主體內執行指令敘述後，以 return 關鍵字傳回最後一行敘述，但 return 關鍵字常被省略。

```r
# R 語言自訂函數，注意關鍵字 function，以及三個引數在函數主體
# 如何運用
corplot <- function(x, y, plotit = FALSE) {
    if (plotit == TRUE) plot(x, y)
    # 省略關鍵字 return, i.e. return(cor(x, y))
    cor(x, y)
}
```

與函數相關的另一個名詞是參數 (parameter)，它是函數內之程序轉換或運算所需要的固有性質 (intrinsic property)，須包含在函數的定義中；引數是當呼叫 (或調用) 函數時，實際傳入函數程序中的值，R 語言以 args() 函數顯示函數的引數名與對應的預設值。為了方便說明，本書後續不刻意區別參數與引數。

大部分的情況需將關鍵字 function 宣告的函數物件，以使用者自訂的名稱儲存起來，方便後續使用。但是也有不具名函數巢套在其它函數中結合運用的情況，此時不具名函數被稱為**匿名函數 (anonymous function)**，Python 語言稱之為 Lambda 函數。

上例說明 R 語言如何自定義函數，函數 corplot 有三個參數，其中參數 plotit 已有預設的引數值 FALSE。下面呼叫 corplot() 時，根據使用者傳入的引數值 u、v 和真假值 (最後一個可傳可不傳，因為已經有預設值 FALSE 了)，計算相關係數，並進行邏輯敘述判斷，決定是否繪製散佈圖 (圖1.12)。

```r
# 從連續型均勻分佈 Uniform(2, 8) 隨機產生 u, v 亂數
u <- runif(10, 2, 8); v <- runif(10, 2, 8)
# 函數呼叫與傳入引數 u 與 v
corplot(u, v)
```

[1] -0.1673

```
# 改變 plotit 默認值
corplot(u, v, plotit = TRUE)
```

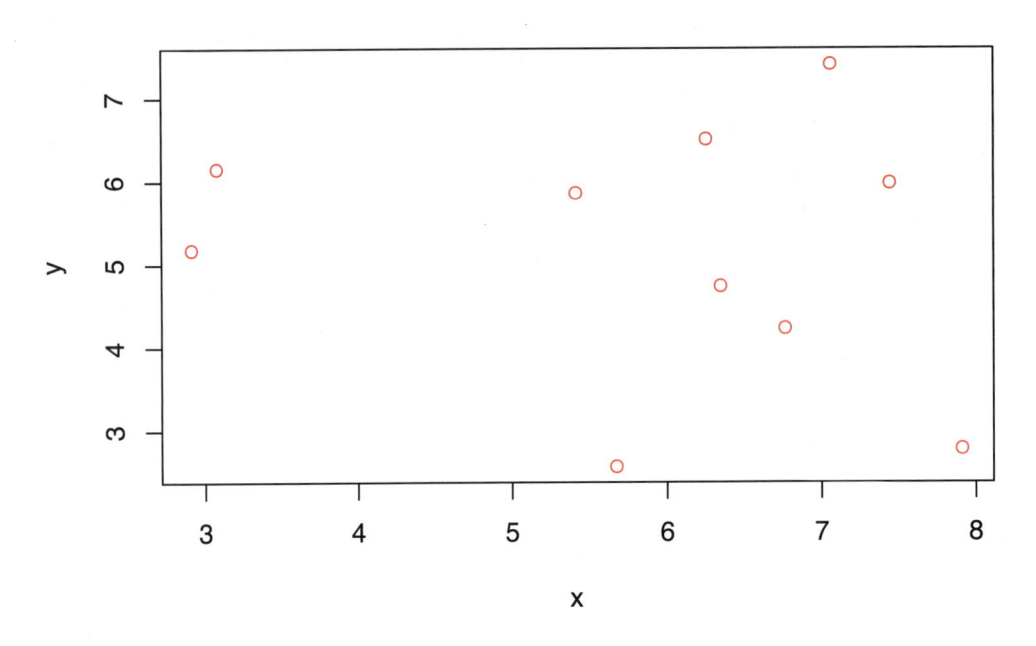

圖 1.12: corplot() 函數之引數 plotit 設定為真時繪製的散佈圖

[1] -0.1673

在資料處理與分析實務上，經常將重複性的工作定義為函數，以收指令碼精簡與模組化工作流程之效。下例先讀入新生資料集，有入學年、學院、系所、班級、性別與畢業學校等字串欄位。

```
# 載入 Excel 試算表讀檔套件
library(readxl)
newbie <-read_excel("./_data/106 新生 final-toR 語言分析.xls")
```

```
str(newbie)
```

Classes 'tbl_df', 'tbl' and 'data.frame':   2508

```
## obs. of 11 variables:
## $ 入學學年: chr "106" "106" "106" "106" ...
## $ 系所代碼: chr "119" "119" "119" "119" ...
## $ 班級代碼: chr "119101" "119101" "119101"
## "119101" ...
## $ 班級名稱: chr "二技餐三甲" "二技餐三甲"
## "二技餐三甲" "二技餐三甲" ...
## $ 部別  : chr "日間部" "日間部" "日間部" "日間部"
## ...
## $ 學制  : chr "二技" "二技" "二技" "二技" ...
## $ 系所  : chr "餐旅系" "餐旅系" "餐旅系" "餐旅系"
## ...
## $ 學號  : chr "D10619101" "D10619102" "D10619103"
## "D10619104" ...
## $ 學院  : chr "民生學院" "民生學院" "民生學院"
## "民生學院" ...
## $ 性別  : chr "女" "女" "女" "女" ...
## $ 畢業學校: chr "慈惠醫護管理專科學校"
## "慈惠醫護管理專科學校" "慈惠醫護管理專科學校"
## "慈惠醫護管理專科學校" ...
```

除了欄位學號 (識別變數通常不轉為因子) 外，先將 newbie 所有欄位轉換為因子向量，並檢視各欄位摘要報表。其中可以發現性別欄位有異常值，故將其再轉回字串型別，並以 gsub() 函數將男女異常值替換為正常值。

```
# 將選定欄位成批轉換為因子
newbie[-8] <- lapply(newbie[-8], factor)
# 因子或字串變數次數統計
summary(newbie)
```

```
##   入學學年       系所代碼         班級代碼
##   106:2508    601    : 250    101102 :  58
##               501    : 212    601105 :  57
##               101    : 168    101103 :  56
```

```
##                 401    : 145   101101 : 54
##                 419    : 115   601102 : 54
##                 C13    : 101   401102 : 53
##                 (Other):1517   (Other):2176
##         班級名稱              部別              學制
##   二技護三乙    :   58   日間部   :1333   四技      :674
##   夜二技護三戊:   57   進修學院 : 455   夜二技    :422
##   二技護三丙    :   56   進修部   : 720   五專      :387
##   二技護三甲    :   54                    進院二技  :288
##   夜二技護三乙:   54                    夜四技    :252
##   五專護一丁    :   53                    二技      :200
##   (Other)       :2176                   (Other)   :285
##         系所             學號
##   護理系 :881   Length:2508
##   社工系 :302   Class :character
##   餐旅系 :222   Mode  :character
##   美容系 :190
##   企管系 :153
##   運休系 :141
##   (Other):619
##              學院             性別
##   健康暨護理學院:1378   1男:  215
##   民生學院       : 787   2女:  456
##   經營管理學院   : 343   女 :1319
##                          男 : 518
##
##
##
##                 畢業學校
##   美和科技大學              : 338
##   屏榮高級中學              : 105
##   慈惠醫護管理專科學校:  86
##   民生家商                  :  86
##   慈惠醫護管理專校         :  73
##   (Other)                   :1802
```

```
##   NA's           :  18
```

```r
# 性別變數有異常，再轉回字串型別做處理
newbie$性別 <- as.character(newbie$性別)
# 前 ("1 男") 換為後 (" 男")
newbie$性別 <- gsub("1 男", " 男", newbie$性別)
# 前 ("2 女") 換為後 (" 女")
newbie$性別 <- gsub("2 女", " 女", newbie$性別)
```

檢視清理後的性別值次數分佈，確定正常後再將之轉為因子向量。

```r
# 次數分佈確認無誤後再轉為因子
table(newbie$性別)
```

```
## 
##    女    男
## 1775   733
```

```r
newbie$性別 <- factor(newbie$性別)
```

以 lapply() 隱式迴圈函數，對部別、學制、系所、學院與性別等類別欄位，成批產製次數分佈表，瞭解其類別數據分佈狀況。

```r
# 將選定欄位成批產生次數分佈表
lapply(newbie[-c(1:4,8,11)], table)
```

```
## $部別
## 
##   日間部 進修學院   進修部
##     1333      455      720
## 
## $學制
## 
##       二技       五專     企經所       四技     夜二技
```

```
##          200         387           4         674         422
##       夜四技   夜在企經所   夜在護健所       生健所       社工所
##          252          25          21          12          19
##       護健所    進院二專    進院二技      運休所
##           11         167         288          26
## 
## $系所
## 
##   企管系   健管系   文創系   生技系   社工系   美容系   觀光系
##      153      104       93       44      302      190      122
##   護理系   資科系   資管系   運休系   食品系   餐旅系
##      881       36       97      141      123      222
## 
## $學院
## 
##   健康暨護理學院           民生學院     經營管理學院
##             1378               787             343
## 
## $性別
## 
##      女     男
##   1775    733
```

所謂文不如表，表不如排序後的表。因此，進一步以 lapply() 隱式迴圈，結合前述匿名函數概念，將各個欄位 (即匿名函數中的引數 u，讀者請自行思考其為幾維的資料物件？) 依序產生次數分佈表後再進行排序

```
# lapply() 加自訂匿名函數成批產生排序後的次數分佈表
lapply(newbie[-c(1:4,8,11)], function(u) {
  # 內圈加外圈的合成函數用法
  sort(table(u), decreasing = TRUE)
})
```

```
## $部別
## u
```

```
##       日間部     進修部   進修學院
##       1333      720      455
##
## $學制
## u
##         四技      夜二技        五專     進院二技      夜四技
##          674       422         387       288         252
##         二技      進院二專      運休所   夜在企經所   夜在護健所
##          200       167          26        25          21
##        社工所     生健所       護健所      企經所
##           19       12           11         4
##
## $系所
## u
## 護理系  社工系  餐旅系  美容系  企管系  運休系  食品系
##   881    302    222    190    153    141    123
## 觀光系  健管系  資管系  文創系  生技系  資科系
##   122    104     97     93     44     36
##
## $學院
## u
## 健康暨護理學院         民生學院     經營管理學院
##         1378            787          343
##
## $性別
## u
##    女     男
## 1775   733
```

　　校方需要統計各系科 (dept) 各學制 (acasys) 下生源排名前三高與末三低的學校，因此定義下面 deptByAcaSys() 的函數。函數在傳入科系與學制名後，先以**邏輯值索引 (logical indexing)** 挑選子表 tbl，接著對子表中的畢業學校一欄產製排序後的次數分佈表 top3 與 bottom3，最後組織成資料框 df 後傳出。

```r
# 系科學制自訂函數設計
deptByAcaSys <- function(dept=" 企管系", acasys=" 四技") {
  TF <- newbie$系所 == dept & newbie$學制 == acasys
  tbl <- newbie[TF,]
  top3 <- head(sort(table(tbl$畢業學校), decreasing = TRUE), 3)
  bottom3 <- tail(sort(table(tbl$畢業學校), decreasing = TRUE), 3)
  df <- data.frame(top3 = top3, bottom3 = bottom3)
  names(df) <- c("Top", "TopFreq", "Bottom", "BottomFreq")
  return(df)
}
```

以下是呼叫 deptByAcaSys() 自定義函數的兩個例子，我們還須思考有無可改進之處。其實 deptByAcaSys() 缺乏輸入引數的合理性檢查 (sanity check)，好的使用者自定義函數應該能避免不當引數之輸入，例如：dept 是否在該校 13 個系所名單內，避免造成意料之外的錯誤。限於篇幅，請讀者自行舉一反三。

```r
# 照預設值呼叫函數，仍然要加上成對小括弧
deptByAcaSys()
```

```
##              Top TopFreq              Bottom
## 1      屏榮高級中學       9          鼓山高級中學
## 2  美和高中附設國中      6             龍潭農工
## 3         佳冬高農       3  龍華科技大學附進修專校
##    BottomFreq
## 1           0
## 2           0
## 3           0
```

```r
# 改變函數預設值
deptByAcaSys(" 護理系", " 二技")
```

```
##                       Top TopFreq                    Bottom
## 1            美和科技大學     109              鼓山高級中學
## 2   慈惠醫護管理專科學校      35                  龍潭農工
## 3   高美醫護管理專科學校       7   龍華科技大學附進修專校
##   BottomFreq
## 1          0
## 2          0
## 3          0
```

最後，無論是內建函數、各套件中的函數，亦或自行定義的函數，讀者應注意引用函數時其預設的引數值與可能的引數選項，方能善用函數模組化資料處理與分析的工作流程。

1.8　資料匯入與匯出

資料匯入通常是資料處理與分析的第一件工作，R 語言單一資料集匯入方法在許多書籍中已有介紹。本節以美國國家航空航天局 (National Aeronautics and Space Administration, NASA) 公開的飛機引擎模擬資料 C-MAPSS 為例，說明多個訓練與測試資料集的匯入方法。Python 資料匯入部分我們介紹傳統的讀檔方式，以及 **pandas** 套件中方便的讀檔函數。

1.8.1　R 語言資料匯入及匯出

C-MAPSS 其實是以 MATLAB-Simulink 編碼的引擎模式模擬環境，全名是商用模組化航空推進系統模擬環境 (Commercial Modular Aero-Propulsion System Simulation, C-MAPSS)，它能模擬大型商用噴射引擎的運轉，提供不同操作條件與故障設計下的噴射引擎衰退資料。設定一些輸入參數、渦輪引擎運作條件、封閉迴路控制器與高度、溫度等環境狀況後，並在引擎效率參數的變化規定下，C-MAPSS 可以模擬引擎系統不同部位的各種退化情形。

C-MAPSS 資料集是在上述模擬環境中產生的資料集，由 NASA 釋出作為故障預測與健康管理 (Prognostic and Health Management, PHM)

數據分析競賽的資料集。故障預測 (prognostics) 與故障診斷 (diagnostics) 的區別在於前者關心未來的狀況將會如何；而後者則是描述當前的狀況為何[6]。C-MAPSS 總共有 12 個資料集，其中四個模擬各引擎到壽終正寢的訓練集，而四個測試集提供的數據在引擎故障前即截略 (Why?)，另外還有四個與各測試集中引擎編號對應的剩餘壽命值 (Remaining Useful Life, RUL)。

首先將下載的壓縮檔 CMAPSSData.zip 解壓縮到路徑./_data/C-MAPSS 下，路徑名稱中的. 代表當前路徑。以 list.files() 函數列出路徑下所有檔名並儲存為 fnames，我們先匯入四個訓練集資料，從檔名可觀察到它們均為 train 開頭。因此以 grep() 函數，結合2.4.1節中的**正則表示式 (Regular Expression, RE)**，以 ^ 字符後接訓練集檔名開頭字符 train，取得各個檔名是否為 train 開頭的邏輯真假值後，再返回 fnames 抓取訓練集檔名向量。運用迴圈語法，一一以訓練集檔案名稱前冠字 train(運用 `strsplit(train[i], "[_]")` 抓出) 與流水號為物件名稱，再用 assign() 函數指派物件字串名稱給 read.table() 函數依序匯入的資料，語法為 assign(物件名稱, 讀入的資料物件)。

```r
# list.files() 列出路徑下所有檔名
fnames <- list.files("./_data/C-MAPSS")
# 抓有 train 開頭的檔名位置
grep("^train", fnames)
```

```
## [1] 11 12 13 14
```

```r
# 運用邏輯值索引, 形成訓練集檔名向量
(train <- fnames[grep("^train", fnames)])
```

```
## [1] "train_FD001.txt" "train_FD002.txt"
## [3] "train_FD003.txt" "train_FD004.txt"
```

```r
# 以 for 迴圈讀取訓練集資料
for (i in 1:length(train)) {
```

---

[6]http://info.senseye.io/blog/

```r
  # 製作各訓練資料物件名稱 ("train"+ 流水號)
  myfile <- paste0(unlist(strsplit(train[i], "[_]"))
  [1],i)
  # assign() 函數指定字串名稱 myfile 給依序讀進來的訓練集檔案
  assign(myfile, read.table(paste0("./_data/C-MAPSS/",
  train[i]), header = FALSE))
}
# 運用邏輯值索引，形成測試集檔名向量
test <- fnames[grep("^test", fnames)]
# 以 for 迴圈讀取測試集資料
for (i in 1:length(test)) {
  # 製作各測試資料物件名稱 ("test"+ 流水號)
  myfile <- paste0(unlist(strsplit(test[i], "[_]"))[1],i)
  # assign() 函數指定字串名稱 myfile 給依序讀進來的測試集檔案
  assign(myfile, read.table(paste0("./_data/C-MAPSS/",
  test[i]), header = FALSE))
}
# 抓有 RUL 開頭的檔名，形成餘壽資料檔名向量
RUL <- fnames[grep("^RUL", fnames)]
# 以 for 迴圈讀取餘壽資料
for (i in 1:length(RUL)) {
  # 製作各餘壽資料物件名稱 ("rul"+ 流水號)
  myfile <- paste0(tolower(unlist(strsplit(RUL[i],
"[_]"))[1]),i)
  # assign() 函數指定字串名稱 myfile 給依序讀進來的餘壽檔案
  assign(myfile, read.table(paste0("./_data/C-MAPSS/",
  RUL[i]), header = FALSE))
}
```

所有檔案匯入後，將讀檔過程產生的中間物件，以 rm() 函數從工作空間中全數刪除，再將剩下的訓練集、測試集與餘壽檔案以 save.image() 函數打包成一個 R 資料物件 CMAPSS.RData，方便下次以 `load()` 函數逕行載入環境中使用。

```
# 以 rm() 函數移除工作空間中物件
rm(fnames, i, myfile, RUL, test, train)
# 儲存工作空間中所有物件為單一 RData
# save.image(file = "CMAPSS.RData")
# 下回直接載入所有物件
# load(file = "CMAPSS.RData")
```

1.8.2 Python 語言資料匯入及匯出

在 Python 讀檔的部分，傳統上以 io 模組內建的 open() 函數開啟檔案連結 (file connection) 後，結合 read 方法匯入逗號分隔檔案 letterdata.csv。我們首先設定存放檔案的資料夾路徑與檔名：

```
data_dir="/Users/Vince/cstsouMac/Python/Examples/NHRI/data/"
# Python 空字串的 join() 方法，類似 R 語言的 paste0() 函數
fname = ''.join([data_dir, "letterdata.csv"])
```

接著以 io 模組的 open() 函數開啟檔案，產生檔案處理連結物件 f，open() 函數的引數 mode 預設為讀取模式 'r'。運用 dir() 函數檢視物件 f 的可用方法，其中可發現 read 方法，以之讀取檔案內容儲存為字串型別 str 物件 data，讀取成功後記得要關閉檔案連結。

```
# mode 引數預設為 'r' 讀取模式
f = open(fname)
```

```
# 有 read() 方法
print(dir(f)[49:54])
```

```
## ['read', 'readable', 'readline', 'readlines', 'seek']
```

```
# read() 方法讀檔
data = f.read()
```

```python
# 記得關閉檔案連結
f.close()
```

```python
# data 為 str 類型物件
print(type(data))
```

```
## <class 'str'>
```

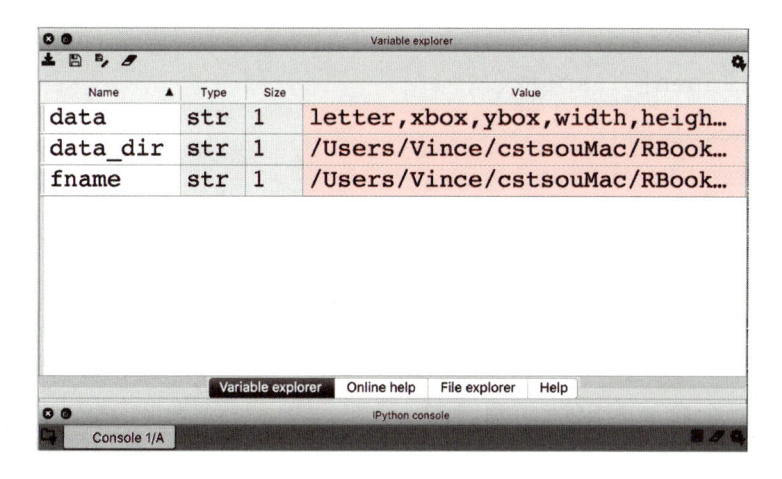

圖 1.13: Python 整合式開發環境 Spyder 中的變數檢視器 (Variable explorer)

從圖1.13可發現匯入的 str 類型物件 data，僅有單一一個元素 (size 為 1)，故須對其進行後處理。先依換行符號\n 將資料分成各個橫列，再依逗號區分出首列中的各個欄位名稱：

```python
# 類別為 str 的 data 有 712669 個字符
print(len(data))
```

```
## 712669
```

```python
# split() 方法依換行符號"\n" 將 data 切成多個樣本的 lines
lines = data.split("\n")
# lines 類型為串列
print(type(lines))
```

```
## <class 'list'>
```

```
# 檢視第一列發現：一橫列一元素，元素內逗號分隔開各欄位名稱
# Python 串列取值冒號運算子，前包後不包
print(lines[0][:35])
```

```
## letter,xbox,ybox,width,height,onpix
```

```
# 再次以 split() 方法依逗號切出首列中的各欄名稱
header = lines[0].split(',')
print(header[:6])
```

```
## ['letter', 'xbox', 'ybox', 'width', 'height', 'onpix']
```

注意！串列 (list) 物件 lines 的長度為 20,002，其中編號 20,001 的最後一個元素為空字串，故觀測值串列 lines 要排除此列，資料處理與分析工作經常會碰到不可預期的狀況。

```
# 20002 筆
print(len(lines))
```

```
## 20002
```

```
# 注意最末空字串
print(lines[20000:])
```

```
## ['A,4,9,6,6,2,9,5,3,1,8,1,8,2,7,2,8', '']
```

```
# 排除首列欄位名稱與末列空字串
lines = lines[1:20001]
```

列印初步處理的結果，顯然各筆觀測值中各個欄位的數值都需用逗號分隔開來。

```
# 第一筆觀測值
print(lines[:1])
```

```
## ['T,2,8,3,5,1,8,13,0,6,6,10,8,0,8,0,8']
```

```
# 共兩萬筆觀測值
print(len(lines))
```

```
## 20000
```

接下來以迴圈加串列推導剖析各筆觀測值資料,完成以逗號分隔各個欄位數值的重複性工作。執行迴圈前先以 **numpy** 宣告空的二維字符矩陣 data,傳入 chararray() 的維度資訊是不可變的值組結構 (20000, 17)。另外,在 for 迴圈首行中,enumerate() 函數同時抓取觀測值編號與觀測值,這是 Python 語言常見的顯式迴圈撰寫方式。進入外顯 for 迴圈後的首行敘述被稱為**串列推導 (list comprehension)**,其實是單行的迴圈寫法,所以 20000 筆觀測值的剖析工作是以雙層迴圈來完成的。外圈一筆筆取出觀測值後,內圈的串列推導再一一用逗號分隔各個欄位值。串列推導該行敘述請從關鍵字 for 開始向右看,把各個觀測值 line 依逗號 (,) 分割後所得之 17 個元素一一取出代表為 x,接著往 for 關鍵字的左邊瞭解取出之各元素 x 做了何種處理,此處原封不動將 17 個元素封裝成串列 (即最外圈的串列生成中括弧對 []),最後儲存成各觀測值變數值串列 values,下行敘述逐 i 把 values 併入資料表 data 中 (第 i 列)。

```
import numpy as np
# 宣告 numpy 二維字符矩陣 (20000, 17)
data = np.chararray((len(lines), len(header)))
print(data.shape)
```

```
## (20000, 17)
```

```
# 以 enumerate() 同時抓取觀測值編號與觀測值
for i, line in enumerate(lines):
    # 串列推導 list comprehension
```

```python
        values = [x for x in line.split(',')]
        # 併入 data 的第 i 列
        data[i, :] = values
```

完成後印出匯入的變數名稱 (太寬! 讀者請自行執行) 與觀測值。

```python
# 列印變數名稱
# print(header)
# 列印各觀測值
print(data)
```

```
## [[b'T' b'2' b'8' ... b'8' b'0' b'8']
##  [b'I' b'5' b'1' ... b'8' b'4' b'1']
##  [b'D' b'4' b'1' ... b'7' b'3' b'9']
##  ...
##  [b'T' b'6' b'9' ... b'1' b'2' b'4']
##  [b'S' b'2' b'3' ... b'9' b'5' b'8']
##  [b'A' b'4' b'9' ... b'7' b'2' b'8']]
```

前述 Python 的傳統讀檔方式比較繁瑣，**pandas** 套件出現後使得讀檔工作方便很多，1.4.2節已用 read_excel() 方法從第 2 橫列 (skiprows=1) 開始讀取臉書打卡資料的第一張 (預設值) 工作表。本節以引數 sheet_name 指定欲匯入的工作表名稱為' 總累積'，以及從第 2 橫列讀取欄位名稱 (header=1)，匯入數據存成物件類型為 DataFrame 的 fb。

```python
# 1.4.2 節 pandas 讀檔指令
# fb=pd.read_excel("./_data/facebook_checkins_2013-08-24.xls"
# , skiprows = 1)
import pandas as pd
fname=''.join([data_dir,'/facebook_checkins_2013-08-24.xls'])
# 本節指定工作表名稱與欄位名所在的橫列數
fb = pd.read_excel(fname, sheet_name=' 總累積', header = 1)
# 讀入後仍為 pandas 套件 DataFrame 物件
```

```
print(type(fb))
```

```
## <class 'pandas.core.frame.DataFrame'>
```

接著可以 head()、columns 與 index 等方法或屬性，檢視前五筆數據、變數名稱及觀測值索引。

```
# 檢視前五筆數據
print(fb[['地標名稱', '累積打卡數', '地區']].head())
```

```
##                                    地標名稱   累積打卡數    地區
## 0      Taiwan Taoyuan International Airport  711761  桃園縣
## 1              臺灣桃園國際機場第二航廈  411525  桃園縣
## 2                  Taipei Railway Station  391239  台北市
## 3                    Shilin Night Market  385886  台北市
## 4                              花園夜市  351568  台南市
```

```
# 縱向變數名稱屬性 columns
print(fb.columns[:3])
```

```
## Index(['地標ID','地標名稱','累積打卡數'], dtype='object')
```

```
# 橫向觀測值索引屬性 index(從 0 到 1000 間距 1)
print(fb.index)
```

```
## RangeIndex(start=0, stop=1000, step=1)
```

有關 Python 語言資料匯出，常用的技巧有 **pandas** 資料框物件的 to_csv() 或 to_excel() 等方法，還有運用 Python 壓縮儲存與提取的套件 **pickle**，將物件序列化 (serialization) 後保存到硬碟中，請參考4.3.1.1節青少年市場區隔案例中的模型儲存與載入部分。

1.9 程式除錯與效率監測

撰寫程式時經常發生不可預期的錯誤，例如：讀檔時發現檔案不在當前的工作目錄下，或是傳入函數的資料其形式不對，可能的原因是整個資料物件有誤，抑或個別欄位的數值型別不適用函數某部分運算，程式偵錯與除蟲 (debugging) 正是修正這些不可預期之問題的藝術與科學。

一旦程式碼執行有狀況發生時，系統會回報錯誤 (errors)、警告 (warninigs) 或訊息 (messages) 等三種等級的訊息。

- 錯誤訊息會停止正在執行的所有程式；
- 警告訊息說明潛在的問題；
- 一般傳回的訊息傳達代碼輸出的結果。

如果不希望系統回報這些訊息，suppressMessages() 函數可用來壓制這些訊息的顯示。

```r
# 數學函數不能施加在字串上
# log("abc")
# Error in log("abc") : non-numeric argument to mathematical
# function
# log() 函數施加在負值上會有警告訊息，
# 告知產生 NaNs(Not a number!)
log(-1:2) # 有警告訊息
```

```
## Warning in log(-1:2): NaNs produced

## [1]    NaN   -Inf 0.0000 0.6931
```

```r
# 載入套件時傳回套件 {caret} 與 {survival} 中同名物件遮蔽的訊息
library(caret)
```

```
##
## Attaching package: 'caret'

## The following object is masked from 'package:survival':
```

```
## 
##    cluster
```

```r
# 從記憶體中移除 caret 套件
detach(package:caret)
# 重新載入時不顯示上述訊息
suppressMessages(library(caret))
```

如同其它的程式語言，R 語言也有 withCallingHandlers()、tryCatch() 與 try() 等例外狀況處理函數，在例外狀況發生時，這些函數允許程式設計師採取某些行動；結合 stop()、warning() 與 message() 等函數，可以幫助程式設計師在必要的時候傳回訊息，藉以瞭解程式碼執行的狀況。

```r
iter <- 12
# stop() 停止程式運行
try(if (iter > 10) stop("too many iterations"))
# Error in try(if (iter > 10) stop("too many iterations")) :
#   too many iterations
```

一般而言，程式設計師透過下列偵錯流程來解決代碼的錯誤：

- 意識到錯誤的存在；
- 讓錯誤可以重製；
- 找出錯誤的原因；
- 修正錯誤並進行測試，確認結果符合預期；
- 最後會尋找相似的錯誤並修正之。

好的程式設計師必須明瞭程式無法執行，與程式可以執行但是結果不正確這兩種情況的區別，後者反而更難發現且後果不容小覷。所以通常我們會將將程式模組化，拆解為簡單且獨立的函數 (參見1.7.2節自訂函數)，以利整體除錯工作的進行。初學者或者可先做出慢版但是演算邏輯正確的程式，再設法提升程式執行效率，最後當然必須確認快版的程式結果是否正確。

程式測試的部分必須特別留意邊界案例 (edge cases)，以資料導向程式設計而言，測試長度為零的向量、測試非常大和非常小的值等，都會是確認程式碼是否穩健的重要方向。接下來我們以簡例說明程式除錯流程，錯誤訊息是程式撰寫學習過程中的至寶，如果習慣性忽略錯誤訊息，學習效果會非常差！因此，嘗試閱讀錯誤訊息，並以 traceback() 函數獲得錯誤相關的額外資訊，是重要的第一步。

```r
# 自訂函數 cv() 計算向量各元素除以平均值後的標準差
cv <- function(x) {
  sd(x/mean(x))
}
# 天啊！傳入"0"字串既有錯誤又有警告訊息
# cv("0")
# Error in x/mean(x): non-numeric argument to binary operator
# In addition: Warning message:
# In mean.default(x) :
# Error in x/mean(x): non-numeric argument to binary operator
```

上面程式碼定義了 cv() 函數，計算傳入之 x 物件除以其平均值 (mean() 函數的輸出) 後的標準差 (sd() 函數回傳結果)。當我們輸入字串"0"時，cv() 函數傳回執行錯誤的訊息：當執行 x/mean(x) 時，傳入二元運算的引數並非是數值的 (non-numeric)。錯誤訊息論及 x/mean(x) 運算，如果我們想要瞭解更多錯誤資訊，可以用 traceback() 函數查看當前呼叫堆疊 (stack) 中的作用函數，因為是堆疊的資料結構，所以越下方是越早呼叫的函數。

```r
# 查看呼叫堆疊 (call stack)
# traceback()
# 4: is.data.frame(x)
# 3: var(if (is.vector(x) || is.factor(x)) x else
# as.double(x), na.rm = na.rm)
# 2: sd(x/mean(x)) at #2
# 1: cv("0")
```

traceback() 函數顯示錯誤發生於何處 (注意 at #2，這代表錯誤發生在呼叫函數堆疊中的第二個函數，符合前段錯誤訊息的說明），因此將此步驟涉及的函數再進行下列逐步測試：

```r
# 先測試分母，結果為 NA，但有下面的警告訊息！
mean("0")
```

```
## Warning in mean.default("0"): argument is not numeric
## or logical: returning NA

## [1] NA
```

　　上面結果顯示：`mean("0")` 可以執行，但有警告訊息，因為執行結果為 R 語言特殊變數 NA，表示計算結果異常。繼續執行`"0"/mean("0")`，發現下面的錯誤訊息：

```r
# 分母是警告訊息的來源，分子除以分母才是錯誤訊息的來源
# "0" / mean("0")
# Error in "0"/mean("0") : non-numeric argument to binary
# operator
# In addition: Warning message:
# In mean.default("0") : argument is not numeric or logical:
# returning NA
```

　　錯誤訊息顯示`"0"/mean("0")`，造成非數值型的引數`"0"` 與 NA 傳入二元除法運算是錯誤發生的原因，讀者可以下面程式碼進一步確認錯誤原因。

```r
# "0"/NA
# Error in "0"/NA : non-numeric argument to binary operator
```

　　請注意 0/NA 既無錯誤訊息，也沒有警告訊息，只是計算的結果為 NA，讀者可再自行測試 `sd("0"/NA)` 與 `sd(0/NA)` 兩者結果的差異。

```r
# 既無錯誤亦無警告
0/NA
```

```
## [1] NA
```

　　逐步追蹤的結果是計算過程須先計算物件 x 的算術平均數，傳入的字串 "0" 在 mean() 函數運作後的結果是 R 語言的特殊值 NA，此步驟只有警告訊息，所以不是造成程式停止的真正原因。接著程式計算 x/mean(x)，因為二元運算除法不能對字串 "0" 這種非數值型變數進行運算，因而程式停止且報出錯誤訊息。解決之道是在 cv() 函數開頭加上輸入物件 x 的數值型別查核函數 is.numeric()，並以 stopifnot() 函數返回適當訊息。

```r
# 加入合理性檢查 (sanity check) 敘述修正原函數
cv <- function(x) {
  # sanity check
  stopifnot(is.numeric(x))
  sd(x / mean(x))
}
# 傳入"0" 直接停止程式運行且報錯 (stopifnot())
# cv("0")
# Error: is.numeric(x) is not TRUE
```

　　前述的 traceback() 函數只顯示錯誤發生於何處，並未告知為何發生錯誤，程式設計師還是得自己動腦思索錯誤原因。再者，如前所述，許多結果的錯誤不見得會發出任何錯誤訊息，程式設計過程只會看到代碼產生的錯誤訊息。也就是說，沒有錯誤訊息不代表結果沒有錯，correct code ≠ correct result。因此，撰寫程式時建議善用 cat() 與 print() 等函數，將中間結果印出以利偵察任何可能的錯誤。

```r
# cat() 印出中間結果，尤其是 mean(x)，因為它在分母
cv <- function(x) {
  cat("In cv, x=", x, "\n")
  cat("mean(x)=", mean(x), "\n")
  sd(x/mean(x))
}
cv(0:3)
```

```
## In cv, x= 0 1 2 3
## mean(x)= 1.5

## [1] 0.8607
```

另外，程式設計師可在 cv() 函數的開頭加入 browser() 函數，如此執行 cv() 時會進入函數的偵錯模式，暫停完整執行整個函數，讓程式設計師一步步檢查或變更區域變數，並且可以在函數的偵錯模式中執行任何其它的 R 指令，常用的偵錯模式執行指令有：

- n - 執行下一行"next"；
- c - 繼續執行函數直到結束"continue"；
- Q - 離開偵測模式。

```
# 函數主體首行加入 browser()，以進入偵錯模式
# cv <- function(x) {
#   browser()
#   cat("In cv, x=", x, "\n")
#   cat("mean(x)=", mean(x), "\n")
#   sd(x/mean(x))
# }
# cv(0:3)
```

也可以用 debug(f) 與 undebug(f) 的方式啟動及關閉函數 f 的偵錯模式，啟動偵錯模式後每次呼叫函數 f 都會進入該環境中，執行 undebug(f) 後可離開偵錯環境。

```
# debug() 與 undebug() 偵錯模式示例
# cv <- function(x) {
#   cat("In cv, x=", x, "\n")
#   cat("mean(x)=", mean(x), "\n")
#   y <- mean(x)
#   sd(x/y)
# }
# debug(cv)
# cv(0:3)
```

```
# undebug(cv)
# cv(0:3)
```

　　除了程式效能外，程式設計師也須關注程式效率。R 語言 system.time() 函數可以衡量程式碼的執行時間，幫助我們瞭解一段代碼執行的時間，以及大程式中可能的代碼瓶頸。system.time() 返回的使用者 (user) 時間是執行特定任務的時間，系統 (system) 時間是計算機系統執行其它任務的時間，消逝 (elapsed) 時間是我們按下碼錶流逝的時間。三者存在差異的原因是計算機為多工的，除了送出的 R 代碼，作業系統與其它應用程式可能同時間在背景執行其它的任務，例如：收發電子郵件、暫存工作中的檔案等。Python 程式碼執行時間的衡量可用 **time** 套件，請參考4.2.2節線上音樂城關聯規則分析案例。

```
# 輸入的向量中，奇數元素的個數 (%% 表除法運算後取餘數)
oddcount <- function(x) {return(sum(x %% 2 == 1))}
# 隨機從 1 到 1000000 中置回抽樣取出 100000 個整數
x <- sample(1:1000000, 100000, replace = T)
system.time(oddcount(x))
```

```
##    user  system elapsed
##   0.002   0.000   0.001
```

　　R 語言是泛函式編程語言的代表之一，運用上須知泛函式編程輸入、處理、輸出 (Input, Processing, Output, IPO) 的基本觀念為：輸入物件的類別型態為何？數據結構是什麼？轉換過程中有何引數需要設定？不同的引數設定值可能代表用不同的方式完成轉換，實作時需參閱線上使用說明文件以了解各種引數設定的變化。最後，輸出物件的類別型態為何？數據結構又是什麼？R 語言通常以串列結構封裝函數計算的所有結果，也就是說其輸出物件的數據結構通常是串列，類別名稱則與函數名稱相同。

　　總結來說，讀者在進行資料導向程式設計時應當注意下列要點：

1. 輸入輸出的變數符號大多是資料物件，可能是一維、二維或更高維的結構，故多採用向量化資料運算方式，可避免額外迴圈執行，以提升效能；
2. 許多運算子 (e.g. R 語言乘方運算子 `^`, 比較運算子 `>`, 加法運算子 `+`, ...) 及函數 (例如：R 語言中的 `apply()`, `lapply()`, `sapply()`, `scale()`, ...等) 都是向量化的處理函數，也就是說是隱藏著迴圈的處理方式；
3. 資料操弄時多採用邏輯值索引，避免使用 `if...then...` 條件式語法；
4. 留意何時短物件中的元素循環被利用；
5. 留意元素型別可能被強制轉換的情況；
6. 注意引用函數時其預設的引數值與可能的引數選項；
7. 經常注意輸入的資料物件經函數處理後產生的輸出物件，其維度是否改變？資料結構是否改變？類別型態是否改變？；
8. 善用自定義函數模組化工作流程；
9. 精進記憶體管理與撰寫平行化程式的技巧，以提升程式執行效率。

第二章　資料前處理

　　圖2.1資料建模的流程可以概分為三個步驟：資料前處理、資料探勘與機器學習、模型結果後處理，期能產生問題解決的相關訊息與洞見。本章介紹能產生準確預測結果的資料前處理做法，一般而言，**資料前處理 (data preprocessing)** 泛指訓練資料集的增加、刪除或轉換等，這些資料準備工作可能造就成效卓越的模型，也可能破壞模型的預測能力。資料前處理運用的時間點通常在建立資料模型之前，但也經常在發覺模型績效不彰後，反覆來回地修正前處理工作內容。前處理工作須先組織與管理不同來源的資料，清理其中遺缺或異常的數據，再經由資料探索與理解，獲得可能的洞見。探索的主旨在發現資料的樣貌，例如：集中趨勢 (往哪裡靠攏?)、分散程度 (散佈多寬?)、及其分佈形狀 (如何散佈?) 等。這些發現增加我們對問題的認識，促進思索後續合宜的屬性工程和建模分析方法，然而讀者應留意不同模型因對雜訊或無關屬性的敏感度不同，其所需的前處理工作內涵或有不同。結合領域相關知識，資料開始述說與問題相關的故事，資料科學家由此掌握這些故事的來龍去脈，方能做好對客戶的資料服務工作。

2.1　資料管理

　　許多資料匯入軟體環境後，我們可能需要手動添加資料，整體規劃資料呈現的樣貌，或是組織不同資料來源的表格，這些工作稱為資料管理 (data management)。1.8節匯入資料與匯出物件後，接著要架構資料排列方式，以獲取洞見；或是轉換資料為特定分析與繪圖方法所需的格式，此項作業稱為資料排序 (sorting) 與變形 (reshaping)。舉例來說，變異數分析 (ANalysis Of VAriance, ANOVA) 或是**圖形文法 (grammar**

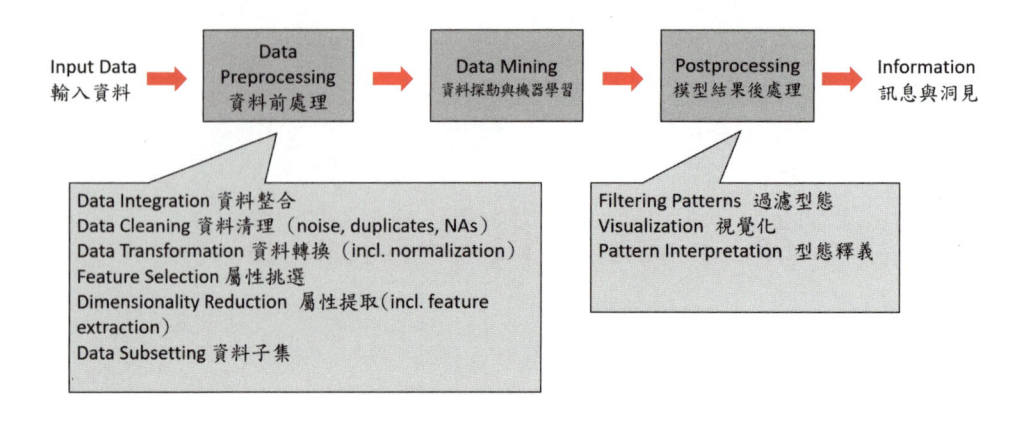

圖 2.1: 資料建模流程三部曲

of graphics) 繪圖套件 {ggplot2} 只接受長格式資料；而共變異數與相關係數的計算，則需要投入寬格式的資料。此外，真實的資料難免有遺缺值，2.1.5 與 2.1.6 節將介紹 R 與 Python 的遺缺值辨識與基本填補方法。

2.1.1 R 語言資料組織與排序

資料導向程式語言有許多建立與管理資料集的函數，由於資料不外乎就是數字與字串，因此可運用的工具包括數學函數、統計函數、機率函數、與字串函數，有時也須以使用者自定義的函數 (1.7.2 節) 來完成資料組織與管理的工作。以下以表 2.1 十位學生的成績計算與排序為例，說明 R 語言資料管理的實際作法 (Kabacoff, 2015)。

我們首先建立學生們的數學、科學與英語成績向量，並計算三科的平均成績，請注意各科成績無法直接比較 (incomparable)，因為各科滿分不盡相同。然後進行百分比等第排名 (percentile ranking)，前 20% 為 A、接著的 20% 為 B...以此類推，並依學生姓氏的字母順序排序成績表。

```r
# 創建姓名與成績向量，注意指令有無包在小括弧裡的差異
(Student <- c("John Davis", "Angela Williams",
"Bullwinkle Moose", "David Jones", "Janice Markhammer",
"Cheryl Cushing", "Reuven Ytzrhak", "Greg Knox",
"Joel England", "Mary Rayburn"))
```

表 2.1: 十位學生三科成績表

姓名	數學	科學	英語
John Davis	502	95	25
Angela Williams	600	99	22
Bullwinkle Moose	412	80	18
David Jones	358	82	15
Janice Markhammer	495	75	20
Cheryl Cushing	512	85	28
Reuven Ytzrhak	410	80	15
Greg Knox	625	95	30
Joel England	573	89	27
Mary Rayburn	522	86	18

```
## [1] "John Davis"        "Angela Williams"
## [3] "Bullwinkle Moose"  "David Jones"
## [5] "Janice Markhammer" "Cheryl Cushing"
## [7] "Reuven Ytzrhak"    "Greg Knox"
## [9] "Joel England"      "Mary Rayburn"
```

```
(Math <- c(502, 600, 412, 358, 495, 512, 410, 625, 573, 522))
```

```
## [1] 502 600 412 358 495 512 410 625 573 522
```

```
Science <- c(95, 99, 80, 82, 75, 85, 80, 95, 89, 86)
English <- c(25, 22, 18, 15, 20, 28, 15, 30, 27, 18)
# 組織二維資料框 roster
(roster <- data.frame(Student, Math, Science, English,
stringsAsFactors = FALSE))
```

```
##              Student Math Science English
## 1         John Davis  502      95      25
## 2    Angela Williams  600      99      22
## 3   Bullwinkle Moose  412      80      18
## 4        David Jones  358      82      15
```

```
## 5      Janice Markhammer      495           75         20
## 6         Cheryl Cushing      512           85         28
## 7         Reuven Ytzrhak      410           80         15
## 8             Greg Knox      625           95         30
## 9           Joel England      573           89         27
## 10         Mary Rayburn      522           86         18
```

因為三科總分不一致，所以呼叫 scale() 函數調整三科成績尺度後，再計算每位同學的平均成績。請留意輸出之物件 z 其類別已非資料框，而是數值矩陣了！我們可以 apply() 搭配 mean() 與 sd() 函數驗證數據標準化的計算是否無誤，結果顯示三科成績均已標準化為平均數接近 0，標準差為 1 的情況。

```r
# 尺度調整函數，留意標準化計算所需之各科平均數與標準差
(z <- scale(roster[, 2:4])) # vectorization !
```

```
##           Math    Science   English
##  [1,]   0.01269   1.0781    0.58685
##  [2,]   1.14337   1.5914    0.03668
##  [3,]  -1.02569  -0.8471   -0.69689
##  [4,]  -1.64871  -0.5904   -1.24706
##  [5,]  -0.06807  -1.4888   -0.33010
##  [6,]   0.12807  -0.2053    1.13702
##  [7,]  -1.04876  -0.8471   -1.24706
##  [8,]   1.43181   1.0781    1.50381
##  [9,]   0.83186   0.3080    0.95363
## [10,]   0.24344  -0.0770   -0.69689
## attr(,"scaled:center")
##    Math Science English
##   500.9    86.6    21.8
## attr(,"scaled:scale")
##    Math Science English
##  86.674   7.792   5.453
```

```r
# z 類別為數值型矩陣
mode(z)
```

```
## [1] "numeric"
```

```r
class(z)
```

```
## [1] "matrix"
```

```r
# 標準化後各科平均數非常接近 0
apply(z, MARGIN = 2, FUN = mean)
```

```
##       Math      Science     English
## 2.567e-16    7.022e-16   -1.638e-16
```

```r
# 標準化後各科標準差為 1
apply(z, 2, sd)
```

```
##   Math Science English
##      1       1       1
```

公平的平均成績 score 計算方式，是以標準化後的各科成績，計算每位同學的三科算術平均數：

```r
# 計算三科平均成績，並以 cbind() 併入 roster 最末行
score <- apply(z, 1, mean)
(roster <- cbind(roster, score))
```

```
##              Student Math Science English   score
## 1         John Davis  502      95      25  0.5592
## 2    Angela Williams  600      99      22  0.9238
## 3   Bullwinkle Moose  412      80      18 -0.8565
## 4        David Jones  358      82      15 -1.1620
## 5   Janice Markhammer  495      75      20 -0.6290
```

```
## 6     Cheryl Cushing  512    85    28  0.3532
## 7     Reuven Ytzrhak  410    80    15 -1.0476
## 8         Greg Knox   625    95    30  1.3379
## 9      Joel England   573    89    27  0.6978
## 10    Mary Rayburn    522    86    18 -0.1768
```

接著以 quantile() 函數決定全班三科平均成績 score 之 80%、60%、40%、20% 的百分位數 (percentiles)，作為百分比等第排名的門檻值。百分比等第排名值將存入原 roster 資料框最右邊新增的欄位 grade，依照每位學生三科平均成績 score 的落點 (i.e. 所在區間) 填入等第值。此處請留意**邏輯值索引 (logical indexing)** 的靈活運用，score >= y[1]、score < y[1] & score >= y[2]...等傳回的邏輯值，搭配填入相應等第值"A"、"B"...的聰明做法。

```
# 統計位置量數計算函數 quantile()
(y <- quantile(score, probs = c(.8,.6,.4,.2)))
```

```
##     80%     60%     40%     20%
##  0.7430  0.4356 -0.3577 -0.8948
```

```
# y[1] 被循環利用 (recycled)
score >= y[1]
```

```
##  [1] FALSE  TRUE FALSE FALSE FALSE FALSE FALSE  TRUE
##  [9] FALSE FALSE
```

```
# 不用宣告即可直接新增 grade 欄位
# 百分比等第排名值從高到低依序填入 grade 欄位
roster$grade[score >= y[1]] <- "A"
roster$grade[score < y[1] & score >= y[2]] <- "B"
roster$grade[score < y[2] & score >= y[3]] <- "C"
roster$grade[score < y[3] & score >= y[4]] <- "D"
roster$grade[score < y[4]] <- "F"
```

排序表格前先將姓名字符串作斷字處理，以 strsplit() 函數將學生姓名向量 roster$Student 依空白斷成名字與姓氏。strsplit() 字串處理函數也是向量化處理函數，它將傳入的向量物件 roster$Student，一一切分為 firstname 與 lastname，回傳十個元素的串列物件 name。接著再以 sapply() 函數搭配向量取值中括弧運算子"["，一個一個地取出每位學生的姓氏 (lastname) 與名字 (firstname)。R 語言是一種泛函式編程語言，運算子背後對應著函數，鍵入?"[" 求助指令後可瞭解其函數名稱為 Extract，就是資料物件取值函數。

```
# 以空白斷開名與姓
name <- strsplit((roster$Student), " ")
name[1:2]
```

```
## [[1]]
## [1] "John"   "Davis"
##
## [[2]]
## [1] "Angela"   "Williams"
```

```
# sapply() 取出串列 name 的一個個向量元素後再結合中括弧取值運算子
(lastname <- sapply(name, "[", 2))
```

```
##  [1] "Davis"     "Williams"   "Moose"
##  [4] "Jones"     "Markhammer" "Cushing"
##  [7] "Ytzrhak"   "Knox"       "England"
## [10] "Rayburn"
```

```
# 同前，取向量的第一個元素
(firstname <- sapply(name, "[", 1))
```

```
##  [1] "John"    "Angela"  "Bullwinkle"
##  [4] "David"   "Janice"  "Cheryl"
##  [7] "Reuven"  "Greg"    "Joel"
## [10] "Mary"
```

```r
# 資料物件取值函數說明頁面
# ?"["
```

最後，order() 函數先將觀測值編號依姓氏 lastname 與名字 firstname 的字詞順序 (lexicographical order) 升冪排序成 lexiAscen 索引值向量，再將 lexiAscen 傳入 roster 的橫列索引位置，以重新排列成績表。

```r
# 移除原 Student 欄位，添加 firstname 與 lastname 兩欄位
roster <- cbind(firstname,lastname, roster[,-1])
# order() 依傳入的字串向量 lastname 之字詞升冪順序傳出觀測值編號
# 平手時依第二個向量 firstname 決定順序
(lexiAscen <- order(lastname, firstname))
```

```
##  [1]  6  1  9  4  8  5  3 10  2  7
```

```r
# R 語言常用的表格排序做法
roster <- roster[lexiAscen,]
# 注意列首的觀測值編號
roster
```

```
##       firstname    lastname Math Science English    score
## 6        Cheryl     Cushing  512      85      28   0.3532
## 1          John       Davis  502      95      25   0.5592
## 9          Joel     England  573      89      27   0.6978
## 4         David       Jones  358      82      15  -1.1620
## 8          Greg        Knox  625      95      30   1.3379
## 5        Janice  Markhammer  495      75      20  -0.6290
## 3     Bullwinkle       Moose  412      80      18  -0.8565
## 10         Mary     Rayburn  522      86      18  -0.1768
## 2        Angela    Williams  600      99      22   0.9238
## 7        Reuven     Ytzrhak  410      80      15  -1.0476
##       grade
## 6         C
```

```
## 1      B
## 9      B
## 4      F
## 8      A
## 5      D
## 3      D
## 10     C
## 2      A
## 7      F
```

特別注意 R 語言排序相關函數 order()、sort() 與 rank() 的差別，order() 回傳排序後的觀測值編號，sort() 回傳排序後的字串或數值，rank() 則是返回每個元素的排名值。而 sort() 只能對單一向量進行排序，order() 可針對輸入的多個向量進行前面平手則向後看的排序方式 (tie-breaking)。

```
# 簡例說明排序相關函數的區別，隨機產生 10 個均勻分配亂數
(x <- runif(10, min = 0, max = 1))
```

```
##  [1] 0.47569 0.60836 0.12112 0.72906 0.48420 0.02903
##  [7] 0.36769 0.16996 0.73676 0.85611
```

```
# 值進，排序後的索引值出 (values in, sorted indices out)
order(x)
```

```
##  [1]  6  3  8  7  1  5  2  4  9 10
```

```
# 值進，排序後的值出 (values in, sorted values out)
sort(x)
```

```
##  [1] 0.02903 0.12112 0.16996 0.36769 0.47569 0.48420
##  [7] 0.60836 0.72906 0.73676 0.85611
```

```
# sort() 也可以傳回排序後的索引值
sort(x, index.return = TRUE)
```

```
## $x
##    [1] 0.02903 0.12112 0.16996 0.36769 0.47569 0.48420
##    [7] 0.60836 0.72906 0.73676 0.85611
## 
## $ix
##    [1]  6  3  8  7  1  5  2  4  9 10
```

```r
# 值進，各元素排名值出 (values in, ranks for each position out)
rank(x)
```

```
##  [1]  5  7  2  8  6  1  4  3  9 10
```

2.1.2 Python 語言資料排序

如1.8.2節 Python 語言資料匯入及匯出所述，**pandas** 套件出現後使得 Python 匯入資料檔的工作方便很多。除此之外，**pandas** 還有許多好用的資料處理與計算方法。本節首先讀入美國五十州暴力犯罪與人口數據集 USArrests，此逗號分隔檔案原來是以五十個州名為橫向觀測值索引，**pandas** 套件讀檔函數 read_csv() 讀入後卻將州名索引視為不知欄位名稱 (Unnamed: 0) 的變數。

```python
import pandas as pd
# 印出 pandas 套件版次
print(pd.__version__)
```

```
## 0.22.0
```

```python
USArrests = pd.read_csv("./_data/USArrests.csv")
# 檢視讀檔結果，注意奇怪欄名 (Unnamed: 0)！
print(USArrests.head())
```

```
##    Unnamed: 0  Murder  Assault  UrbanPop  Rape
```

```
## 0     Alabama    13.2    236    58  21.2
## 1      Alaska    10.0    263    48  44.5
## 2     Arizona     8.1    294    80  31.0
## 3    Arkansas     8.8    190    50  19.5
## 4  California     9.0    276    91  40.6
```

我們先對 USArrests 欄位名稱進行修正，再以 set_index() 方法將州名 state 設定為資料框的索引，此時資料即為五十州的市區人口數 UrbanPop、謀殺 Murder、暴力攻擊 Assault、與強暴 Rape 等四項事實數據的二維表格。

```python
# 修正欄位名稱
USArrests.columns = ['state', 'Murder', 'Assault',
'UrbanPop', 'Rape']
# 設定 state 為索引 (index 從上面流水號變成下面州名)
USArrests = USArrests.set_index('state')
# Python 檢視資料表前五筆數據，類似 R 語言 head(USArrests)
print(USArrests.head())
```

```
##             Murder  Assault  UrbanPop  Rape
## state
## Alabama       13.2      236        58  21.2
## Alaska        10.0      263        48  44.5
## Arizona        8.1      294        80  31.0
## Arkansas       8.8      190        50  19.5
## California     9.0      276        91  40.6
```

```python
# Python 檢視資料表的維度與維數 (shape)
print(USArrests.shape)
```

```
## (50, 4)
```

Python 的二維資料表排序方法可依雙軸的索引名稱 (axis=0) 與欄位名稱 (axis=1) 進行升降冪排序 (sort_index() 方法)，也可以根據資料框的某個或某些欄位做升降冪排序 (sort_values([' 欄名', ...])

```
# 預設是依橫向第一軸 (axis = 0) 的索引名稱升冪 (ascending) 排列
print(USArrests.sort_index().head())
```

```
##              Murder   Assault   UrbanPop   Rape
## state
## Alabama        13.2       236         58   21.2
## Alaska         10.0       263         48   44.5
## Arizona         8.1       294         80   31.0
## Arkansas        8.8       190         50   19.5
## California      9.0       276         91   40.6
```

```
# 可調整為依縱向第二軸 (axis = 1) 的索引名稱降冪 (descending) 排列
print(USArrests.sort_index(axis=1, ascending = False).head())
```

```
##              UrbanPop   Rape   Murder   Assault
## state
## Alabama            58   21.2     13.2       236
## Alaska             48   44.5     10.0       263
## Arizona            80   31.0      8.1       294
## Arkansas           50   19.5      8.8       190
## California         91   40.6      9.0       276
```

```
# 依 Rape 欄位值, 沿第一軸 (axis = 0) 降冪排列
print(USArrests.sort_values(by="Rape", ascending=False).head())
```

```
##              Murder   Assault   UrbanPop   Rape
## state
## Nevada         12.2       252         81   46.0
## Alaska         10.0       263         48   44.5
## California      9.0       276         91   40.6
## Colorado        7.9       204         78   38.7
```

```
## Michigan         12.1      255        74      35.1
```

```python
# 也可以依兩欄位排序，前面欄位值平手時用後面欄位值排序
print(USArrests.sort_values(by=["Rape","UrbanPop"],
ascending=False).head())
```

```
##              Murder    Assault   UrbanPop   Rape
## state
## Nevada         12.2      252        81      46.0
## Alaska         10.0      263        48      44.5
## California      9.0      276        91      40.6
## Colorado        7.9      204        78      38.7
## Michigan       12.1      255        74      35.1
```

pandas 資料框另有 rank() 方法傳回表中數據依雙軸升降冪排列的排名值，method 引數可以進一步設定平手處理方法。

```python
# 沿第二軸 (axis = 1) 同一觀測值的四項事實數據名次
print(USArrests.rank(axis=1, ascending=False).head())
```

```
##              Murder    Assault   UrbanPop   Rape
## state
## Alabama         4.0      1.0        2.0     3.0
## Alaska          4.0      1.0        2.0     3.0
## Arizona         4.0      1.0        2.0     3.0
## Arkansas        4.0      1.0        2.0     3.0
## California      4.0      1.0        2.0     3.0
```

```python
# 各欄位沿第一軸 (axis = 0) 的五十州排名值
print(USArrests.rank(axis=0, ascending=False).head())
```

```
##              Murder    Assault   UrbanPop   Rape
## state
## Alabama         6.5      16.0       35.0    22.0
## Alaska         16.0       8.0       43.5     2.0
```

```
## Arizona         22.0      4.0      10.5     8.0
## Arkansas        20.0     20.0      42.0    27.0
## California      18.5      7.0       1.0     3.0
```

```python
# 同名時取最大名次值 (method 預設為 average)
print(USArrests.rank(axis=0, ascending=False,
method="max")[:10])
```

```
##              Murder  Assault  UrbanPop  Rape
## state
## Alabama        7.0     16.0     35.0    22.0
## Alaska        16.0      8.0     44.0     2.0
## Arizona       22.0      4.0     12.0     8.0
## Arkansas      20.0     20.0     42.0    27.0
## California    19.0      7.0      1.0     3.0
## Colorado      23.0     18.0     13.0     4.0
## Connecticut   41.0     36.0     14.0    44.0
## Delaware      32.0     15.0     19.0    36.0
## Florida        4.0      2.0     12.0     7.0
## Georgia        1.0     17.0     33.0    15.0
```

2.1.3 R 語言資料變形

資料變形指的是長寬資料表間的轉換，首先讀取一個寬資料表：

```r
fname <- './_data/nst-est2015-popchg2010_2015.csv'
pop <- read.csv(fname)
```

為了方便說明，我們選取四個欄位，並變更欄位名稱。

```r
# 選取四個欄位
pop <- pop[,c("NAME","POPESTIMATE2010","POPESTIMATE2011",
"POPESTIMATE2012")]
# 簡化欄位名稱
```

```r
colnames(pop) <- c('state', seq(2010, 2012))
head(pop, 6)
```

```
##            state      2010      2011      2012
## 1  United States 309346863 311718857 314102623
## 2 Northeast Region 55387174  55638038  55835056
## 3  Midwest Region  66977505  67156488  67340231
## 4    South Region 114862858 116080267 117331340
## 5     West Region  72119326  72844064  73595996
## 6         Alabama   4785161   4801108   4816089
```

上表 pop 是常見的寬資料格式，又名寬表，它是將每個樣本的多個量測變數值，向右橫向地展開為一張表。寬表 pop 的樣本觀測值為美國各地區或州，量測變數值是各地從 2010 到 2011 三年的人口估計值。長表則是將每個樣本的多個量測變數值打成縱向的，因此量測變數名稱 2010 到 2011，需要不斷地被重複，請參見下表 mpop。

R 語言資料變形需要載入套件 {reshape2}，以其中的 melt() 函數固定 id.vars 為 state，將橫向的量測變數名稱 2010 到 2011 轉為縱向的因子變數 year，各地區或州對應的三年人口估計值即為 polulation 變數。

```r
library(reshape2)
# 寬 (pop) 轉長 (mpop)
mpop <- melt(pop, id.vars = 'state', variable.name = 'year',
value.name = 'population')
# 適合變異數分析、ggplot2 繪圖與資料庫儲存的長資料
head(mpop)
```

```
##              state year population
## 1    United States 2010  309346863
## 2 Northeast Region 2010   55387174
## 3   Midwest Region 2010   66977505
## 4     South Region 2010  114862858
## 5      West Region 2010   72119326
```

```
## 6          Alabama 2010     4785161
```

```
# state 是州名、year 是西元年、population 是人口估計值
str(mpop)
```

```
## 'data.frame': 171 obs. of 3 variables:
## $ state : Factor w/ 57 levels
## "Alabama","Alaska",..: 49 37 24 46 54 1 2 3 4 5
## ...
## $ year : Factor w/ 3 levels "2010","2011",..: 1
## 1 1 1 1 1 1 1 1 ...
## $ population: int 309346863 55387174 66977505
## 114862858 72119326 4785161 714021 6408208
## 2922394 37334079 ...
```

長資料可以再利用 `dcast()` 函數變形為寬資料，其語法相當簡單，透過模型公式符號 (model formula)，決定長表 `mpop` 中兩個因子變數 `state` 與 `year` 的橫縱方向後，交叉所得之值 (value) 設定為縱向表的 `population` 變數，即又還原成二維 (two-way) 或稱二因子交叉列聯表 (contingency table)，簡稱為交叉列表 (cross tabulation)。

```
# 長轉寬，表格內容順序與前面 pop 不同
dcast(mpop, state~year, value.var = 'population')[1:5,]
```

```
##        state      2010     2011     2012
## 1    Alabama   4785161  4801108  4816089
## 2     Alaska    714021   722720   731228
## 3    Arizona   6408208  6468732  6553262
## 4   Arkansas   2922394  2938538  2949499
## 5 California  37334079 37700034 38056055
```

R 語言晚近較新的 {dplyr} 和 {tidyr} 等套件也可以完成資料變形的工作，首先載入告示牌資料集 `billboard.csv`，它記錄了藝人 (artist.inverted)、歌曲名稱 (track)、歌曲長度 (time)、曲風 (genre)、首度進榜 top100 日期 (date.entered)、最高排名日期 (date.peaked)、首度

進榜排名 (x1st.week) 與後續 75 週的排名 (x2nd.week 到 x76th.week) 等。

```
library(tidyr)
library(dplyr)
# 放大 dplyr 橫向顯示寬度
options(dplyr.width = Inf)
billboard <- read.csv('./_data/billboard.csv',
stringsAsFactors = FALSE)
dim(billboard)
```

```
## [1] 317  83
```

```
# billboard 資料集變數眾多，礙於篇幅，只檢視前九個
head(billboard[1:9])
```

```
##   year     artist.inverted
## 1 2000     Destiny's Child
## 2 2000             Santana
## 3 2000       Savage Garden
## 4 2000             Madonna
## 5 2000   Aguilera, Christina
## 6 2000               Janet
##                              track time genre
## 1        Independent Women Part I 3:38  Rock
## 2                    Maria, Maria 4:18  Rock
## 3               I Knew I Loved You 4:07  Rock
## 4                           Music 3:45  Rock
## 5 Come On Over Baby (All I Want Is You) 3:38  Rock
## 6            Doesn't Really Matter 4:17  Rock
##   date.entered date.peaked x1st.week x2nd.week
## 1   2000-09-23  2000-11-18        78        63
## 2   2000-02-12  2000-04-08        15         8
## 3   1999-10-23  2000-01-29        71        48
## 4   2000-08-12  2000-09-16        41        23
```

```
## 5    2000-08-05    2000-10-14          57          47
## 6    2000-06-17    2000-08-26          59          52
```

{tidyr} 套件是 {reshape2} 的革新版，搭配 {dplyr} 套件能有效完成資料整理工作。下面透過前向式管路運算元 (forward-pipe operator)`%>%`，將寬表 `billboard` 傳入 `gather()` 函數中，收起 (gather) 原為寬表的 `x1st.week:x76th.week` 等變數 (運算子：表從左至右)，成為長表的 `week` 變數，而 76 週各自對應的排名值即為長表的 `rank` 變數。

```
# 寬表收起 (gather) 為長表
# 管路運算子語法同 billboard2 <- gather(billboard, key = week,
# value = rank, x1st.week:x76th.week)
# 從 x1st.week 到 x76th.week 收集成 key 引數指名的 week
# 欄位，各週對應的排名值收集成 value 引數指名的 rank 欄位
billboard2 <- billboard %>% gather(key = week, value = rank,
x1st.week:x76th.week)
head(billboard2, 3)
```

```
##    year artist.inverted                      track time
## 1  2000 Destiny's Child   Independent Women Part I 3:38
## 2  2000        Santana                Maria, Maria 4:18
## 3  2000  Savage Garden          I Knew I Loved You 4:07
##    genre date.entered date.peaked       week rank
## 1   Rock   2000-09-23  2000-11-18  x1st.week   78
## 2   Rock   2000-02-12  2000-04-08  x1st.week   15
## 3   Rock   1999-10-23  2000-01-29  x1st.week   71
```

{tidyr} 長表轉為寬表時則是在 `spread()` 函數中指定從縱向散開 (spread) 為橫向的 week 與 rank 兩欄位，即可產製出寬表。

```
# 長表散開 (spread) 成寬表
billboard3 <- billboard2 %>% spread(week, rank)
# 管路運算子語法同 billboard3 <-spread(billboard2, week, rank)
# 結果與 billboard 相同，只是欄位順序不一樣
head(billboard3[1:9])
```

```
##     year       artist.inverted
## 1   2000       Destiny's Child
## 2   2000               Santana
## 3   2000         Savage Garden
## 4   2000               Madonna
## 5   2000    Aguilera, Christina
## 6   2000                 Janet
##                                      track time genre
## 1               Independent Women Part I  3:38  Rock
## 2                           Maria, Maria  4:18  Rock
## 3                      I Knew I Loved You 4:07  Rock
## 4                                  Music  3:45  Rock
## 5       Come On Over Baby (All I Want Is You) 3:38 Rock
## 6                   Doesn't Really Matter 4:17  Rock
##   date.entered date.peaked x10th.week x11th.week
## 1   2000-09-23  2000-11-18          1          1
## 2   2000-02-12  2000-04-08          1          1
## 3   1999-10-23  2000-01-29          4          4
## 4   2000-08-12  2000-09-16          2          2
## 5   2000-08-05  2000-10-14         11          1
## 6   2000-06-17  2000-08-26          5          1
```

走筆至此，讀者當可發現英語與自學能力不斷地提升，方是領略資料分析奧秘的不二法門。

2.1.4 Python 語言資料變形

Python 語言在 **pandas** 套件下有類似 R 語言的長寬表互轉函數，寬轉長用 melt()，長轉寬則是 pivot()。

```
USArrests = pd.read_csv("./_data/USArrests.csv")
# 變數名稱調整
USArrests.columns = ['state', 'Murder', 'Assault',
'UrbanPop', 'Rape']
```

```
# pandas 寬表轉長表 (Python 語法中句點有特殊意義，故改為底線 '_')
USArrests_dfl = (pd.melt(USArrests, id_vars=['state'],
var_name='fact', value_name='figure'))
print(USArrests_dfl.head())
```

```
##        state    fact  figure
## 0    Alabama  Murder    13.2
## 1     Alaska  Murder    10.0
## 2    Arizona  Murder     8.1
## 3   Arkansas  Murder     8.8
## 4 California  Murder     9.0
```

```
# pandas 長表轉寬表
# index 為橫向變數，columns 為縱向變數，value 為交叉值
print(USArrests_dfl.pivot(index='state', columns='fact',
values='figure').head())
```

```
## fact       Assault  Murder  Rape  UrbanPop
## state
## Alabama      236.0    13.2  21.2      58.0
## Alaska       263.0    10.0  44.5      48.0
## Arizona      294.0     8.1  31.0      80.0
## Arkansas     190.0     8.8  19.5      50.0
## California   276.0     9.0  40.6      91.0
```

2.1.5　R 語言資料清理

一般說來，沒有一個資料集是完美的。資料的世界普遍存在著**遺缺值 (missing values)**、不正確的 (inaccurate) 資料值、或是欄位值間存在著不一致 (inconsistency) 的情況。資料科學家應該牢記，沒有品質良好的資料，就無法建立好的模型，這就是資訊系統中所謂 Garbage In Garbage Out, GIGO 的原則，它說明了如果將錯誤且無意義的資料輸入計算機系統，計算機也一定會輸出錯誤、無意義的結果。所以如果我們

節省資料前處理的時間，很有可能會在後段資料建模時浪費更多的時間！

以下以遺缺值辨識與填補為例，說明資料清理工作的內涵。遺缺值指的是資料中本來應該有值，卻因某種原因遺失缺少了該值，一般簡稱為遺缺值 (也稱為缺失值)。如前所述，實務上資料遺缺常常發生，遺缺的狀況又分為下列兩種 (Kabacoff, 2015)：

- 完全隨機遺缺 (Missing Completely At Random, MCAR)：這是資料遺缺的理想狀況，但通常並非如此；
- 非隨機遺缺 (Missing Not At Random, MNAR)：在這種情況下，可能要檢查資料的收集過程是否有問題。例如問卷的遺缺值，可能是因為問題過於敏感，讓受訪者不想回答；或是選項中根本沒有問題的答案。

即使 MCAR 是理想狀況，但是在完全隨機遺缺的情況下，過多的資料遺缺仍然是個問題。而所謂遺缺過多的標準又為何呢？常用的最大遺缺數量門檻值是觀測值筆數或屬性個數的 5% 到 20%。如果某些屬性或樣本遺失的觀測值筆數或屬性個數超過了最大遺缺門檻，則忽略掉這些屬性或樣本或許是比較好的做法。

為何我們要關注遺缺值呢？因為統計函數大多不能接受遺缺值！首先 R 語言中遺缺值記為 NA，Python 則記為 NaN。下例說明我們必須將遺缺值移除後 (引數 `na.rm` 設定為 `TRUE`)，方能計算數據之和。

```r
x <- c(1, 2, 3, NA)
# 向量元素加總產生 NA
(y <- x[1] + x[2] + x[3] + x[4])
```

```
## [1] NA
```

```r
# 加總函數的結果也是 NA
(z <- sum(x))
```

```
## [1] NA
```

```r
# 移除 NA 後再做加總計算
(z <- sum(x, na.rm = TRUE))
```

```
## [1] 6
```

因此，我們須先辨識遺缺值發生於何處，R 語言以 `is.na()` 函數傳回的真假值判定何位置上為遺缺值。

```r
# 遺缺值 NA 辨識函數
is.na(x)
```

```
## [1] FALSE FALSE FALSE  TRUE
```

```r
# 取得遺缺值位置編號 (Which one is TRUE?)
which(is.na(x))
```

```
## [1] 4
```

如果是二維資料表，仍然可以用 `is.na()` 函數辨識遺缺值發生位置。下面先建立資料表 leadership，辨識遺缺值後再以 `na.omit()` 函數傳回橫向移除不完整樣本的資料物件，請注意移除遺缺值後的橫列名，並非重新編號，而是有跳號的現象。

```r
# 建立二維資料表
manager <- c(1, 2, 3, 4, 5)
date <- c("10/24/08", "10/28/08", "10/1/08", "10/12/08",
  "5/1/09")
country <- c("US", "US", "UK", "UK", "UK")
gender <- c("M", "F", "F", "M", "F")
age <- c(32, 45, 25, 39, 99)
q1 <- c(5, 3, 3, 3, 2)
q2 <- c(4, 5, 5, 3, 2)
q3 <- c(5, 2, 5, 4, 1)
q4 <- c(5, 5, 5, NA, 2)
```

```r
q5 <- c(5, 5, 2, NA, 1)
(leadership <- data.frame(manager, date, country, gender,
age, q1, q2, q3, q4, q5, stringsAsFactors = FALSE))
```

```
##   manager     date country gender age q1 q2 q3 q4 q5
## 1       1 10/24/08      US      M  32  5  4  5  5  5
## 2       2 10/28/08      US      F  45  3  5  2  5  5
## 3       3  10/1/08      UK      F  25  3  5  5  5  2
## 4       4 10/12/08      UK      M  39  3  3  4 NA NA
## 5       5   5/1/09      UK      F  99  2  2  1  2  1
```

```r
# 二維資料表遺缺值辨識
is.na(leadership[,6:10])
```

```
##         q1    q2    q3    q4    q5
## [1,] FALSE FALSE FALSE FALSE FALSE
## [2,] FALSE FALSE FALSE FALSE FALSE
## [3,] FALSE FALSE FALSE FALSE FALSE
## [4,] FALSE FALSE FALSE  TRUE  TRUE
## [5,] FALSE FALSE FALSE FALSE FALSE
```

```r
# 橫向移除有遺缺值的觀測值
newdata <- na.omit(leadership)
# 第 4 筆觀測值被移除因此跳號
newdata
```

```
##   manager     date country gender age q1 q2 q3 q4 q5
## 1       1 10/24/08      US      M  32  5  4  5  5  5
## 2       2 10/28/08      US      F  45  3  5  2  5  5
## 3       3  10/1/08      UK      F  25  3  5  5  5  2
## 5       5   5/1/09      UK      F  99  2  2  1  2  1
```

```
# 可以重新設定橫向索引 rownames 為流水號 (optional)
rownames(newdata) <- 1:nrow(newdata)
newdata
```

```
##   manager    date  country gender age q1 q2 q3 q4 q5
## 1       1 10/24/08      US      M  32  5  4  5  5  5
## 2       2 10/28/08      US      F  45  3  5  2  5  5
## 3       3  10/1/08      UK      F  25  3  5  5  5  2
## 4       5   5/1/09      UK      F  99  2  2  1  2  1
```

下面以套件 {DMwR} 中的河水樣本藻類資料集 algae，說明遺缺值清理流程 (Torgo, 2011)。

```
# 載入 R 套件與資料集
library(DMwR)
data(algae)
```

algae 前三個屬性為水質樣本取樣季節 (秋、春、夏、冬)、河川大小 (大、中、小) 與流速 (高、低、中) 等三個因子變數，各因子變數的水準預設依字母順序排列。接著是最大酸鹼值、最小含氧量、氯、銨根正離子、硝酸鹽、正磷酸鹽、磷酸鹽與葉綠素等八種化合物成份，以及 a1, a2, ..., a7 七種有害藻類的濃度值。

```
str(algae)
```

```
## 'data.frame': 200 obs. of 18 variables:
## $ season: Factor w/ 4 levels
## "autumn","spring",..: 4 2 1 2 1 4 3 1 4 4 ...
## $ size  : Factor w/ 3 levels "large","medium",..:
## 3 3 3 3 3 3 3 3 3 3 ...
## $ speed : Factor w/ 3 levels
## "high","low","medium": 3 3 3 3 3 1 1 1 3 1 ...
## $ mxPH  : num  8 8.35 8.1 8.07 8.06 8.25 8.15 8.05
## 8.7 7.93 ...
```

```
## $ mnO2 : num 9.8 8 11.4 4.8 9 13.1 10.3 10.6 3.4
## 9.9 ...
## $ Cl  : num 60.8 57.8 40 77.4 55.4 ...
## $ NO3 : num 6.24 1.29 5.33 2.3 10.42 ...
## $ NH4 : num 578 370 346.7 98.2 233.7 ...
## $ oPO4 : num 105 428.8 125.7 61.2 58.2 ...
## $ PO4 : num 170 558.8 187.1 138.7 97.6 ...
## $ Chla : num 50 1.3 15.6 1.4 10.5 ...
## $ a1  : num 0 1.4 3.3 3.1 9.2 15.1 2.4 18.2 25.4
## 17 ...
## $ a2  : num 0 7.6 53.6 41 2.9 14.6 1.2 1.6 5.4 0
## ...
## $ a3  : num 0 4.8 1.9 18.9 7.5 1.4 3.2 0 2.5 0
## ...
## $ a4  : num 0 1.9 0 0 0 3.9 0 0 2.9 ...
## $ a5  : num 34.2 6.7 0 1.4 7.5 22.5 5.8 5.5 0 0
## ...
## $ a6  : num 8.3 0 0 0 4.1 12.6 6.8 8.7 0 0 ...
## $ a7  : num 0 2.1 9.7 1.4 1 2.9 0 0 0 1.7 ...
```

單一變量的遺缺值辨識如前所述，is.na() 返回的邏輯值，可以結合 which() 函數快速查出遺缺值的位置。na.omit() 函數將遺缺值移除後，會有詮釋資料 (metadata) 說明其遺缺值處理的方式為 "omit"。

```
# is.na() 傳回 200 個是否遺缺的真假值 (結果未全部顯示，後不贅述)
is.na(algae$mxPH)[1:48]
```

```
##  [1] FALSE FALSE FALSE FALSE FALSE FALSE FALSE FALSE
##  [9] FALSE FALSE FALSE FALSE FALSE FALSE FALSE FALSE
## [17] FALSE FALSE FALSE FALSE FALSE FALSE FALSE FALSE
## [25] FALSE FALSE FALSE FALSE FALSE FALSE FALSE FALSE
## [33] FALSE FALSE FALSE FALSE FALSE FALSE FALSE FALSE
## [41] FALSE FALSE FALSE FALSE FALSE FALSE FALSE  TRUE
```

```r
# 合成函數語法，快速知曉遺缺位置
which(is.na(algae$mxPH))
```

```
## [1] 48
```

```r
# 直接移除 NA 並另存為 mxPH.na.omit
mxPH.na.omit <- na.omit(algae$mxPH)
length(mxPH.na.omit)
```

```
## [1] 199
```

```r
# 說明遺缺值處理方式的詮釋資料
attributes(mxPH.na.omit)
```

```
## $na.action
## [1] 48
## attr(,"class")
## [1] "omit"
```

R 語言中另一種遺缺值處理方式為"fail"，若向量內包括至少一個 NA，則 na.fail() 會傳回如下的錯誤訊息。

```r
# 有 NA 就報錯的處理方式 na.fail()
# na.fail(algae$mxPH)
# Error in na.fail.default(algae$mxPH) : missing values in
# object
```

如果以整個資料表來辨識有無遺缺值，{mice} 套件中的函數 md.pattern() 可以快速查看遺缺值分佈狀況。md.pattern() 返回的 algae 遺缺型態結果顯示：第一列表示所有屬性都沒有遺缺 (二元指標值全為 1，代表上方屬性有值) 的觀測值共有 184 筆；第二列為只有屬性 Chla 為遺缺值 (Chla 的二元指標值為 0，代表上方屬性遺缺) 的觀測值共有 3 筆，接下來的各列可以此類推；最右邊的縱行統計左邊每種遺缺型態 (含完全無遺缺的型態) 遺缺了幾個變數；最下面的橫列則為每個屬性的遺缺值總數 (How?)。

```
# R 語言多重補值套件 {mice}
library(mice)
# 各種遺缺型態統計報表
md.pattern(algae, plot = FALSE)
```

```
##     season size speed a1 a2 a3 a4 a5 a6 a7 mxPH mnO2
## 184      1    1     1  1  1  1  1  1  1  1    1    1
## 3        1    1     1  1  1  1  1  1  1  1    1    1
## 1        1    1     1  1  1  1  1  1  1  1    1    1
## 7        1    1     1  1  1  1  1  1  1  1    1    1
## 1        1    1     1  1  1  1  1  1  1  1    1    1
## 1        1    1     1  1  1  1  1  1  1  1    1    1
## 1        1    1     1  1  1  1  1  1  1  1    1    0
## 1        1    1     1  1  1  1  1  1  1  1    1    0
## 1        1    1     1  1  1  1  1  1  1  1    0    1
##          0    0     0  0  0  0  0  0  0  0    1    2
##     NO3 NH4 oPO4 PO4 Cl Chla
## 184   1   1    1   1  1    1  0
## 3     1   1    1   1  1    0  1
## 1     1   1    1   1  0    1  1
## 7     1   1    1   1  0    0  2
## 1     1   1    1   0  1    1  1
## 1     0   0    0   0  0    0  6
## 1     1   1    1   1  1    1  1
## 1     0   0    0   1  0    0  6
## 1     1   1    1   1  1    1  1
##       2   2    2   2 10   12 33
```

套件 {VIM} 中的 aggr() 函數，可將前述遺缺狀況報表視覺化，左圖為各變數遺缺觀測值筆數的長條圖，而右圖則為各種遺缺型態下的次數分佈圖 (最右邊亦為橫向長條圖)，其中遺缺位置以紅 (深) 藍 (淺) 熱圖 (heatmap) 顯示，紅色格子表示下方對應的變數是遺缺的。

```r
# R 語言遺缺值視覺化與填補套件 {VIM}
library(VIM)
aggr(algae, prop = FALSE, numbers = TRUE, cex.axis = .5)
```

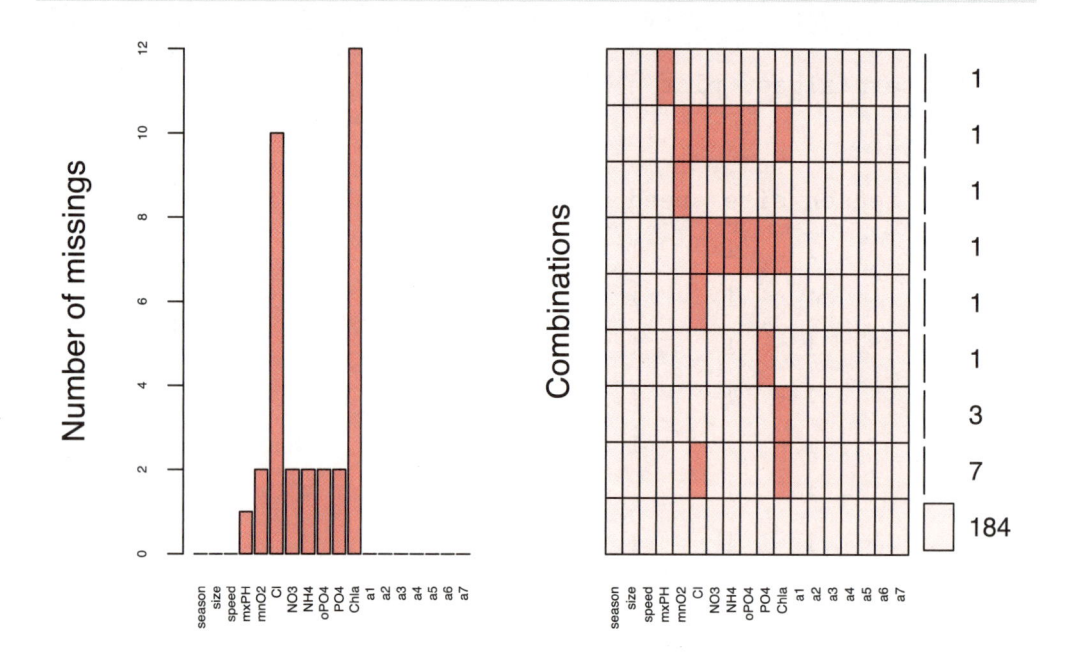

圖 2.2: 水質樣本遺缺型態視覺化圖形

此外，核心開發團隊維護的統計套件 {stats} 中之 complete.cases() 函數，可就各觀測值來判斷其是否有遺缺值，也就是辨識各橫向數據是否完整 (complete or not)。因此，其傳回的邏輯真假值數量為 200！

```r
# 各樣本（橫向）是否完整無缺
complete.cases(algae)[1:60]
```

```
##  [1]  TRUE  TRUE  TRUE  TRUE  TRUE  TRUE  TRUE  TRUE
##  [9]  TRUE  TRUE  TRUE  TRUE  TRUE  TRUE  TRUE  TRUE
## [17]  TRUE  TRUE  TRUE  TRUE  TRUE  TRUE  TRUE  TRUE
## [25]  TRUE  TRUE  TRUE FALSE  TRUE  TRUE  TRUE  TRUE
## [33]  TRUE  TRUE  TRUE  TRUE  TRUE FALSE  TRUE  TRUE
## [41]  TRUE  TRUE  TRUE  TRUE  TRUE  TRUE  TRUE FALSE
## [49]  TRUE  TRUE  TRUE  TRUE  TRUE  TRUE FALSE FALSE
## [57] FALSE FALSE FALSE FALSE
```

結合 which() 函數 (Python 對應的函數是 **numpy** 中的 argwhere())，一樣可以瞭解哪些觀測值是不完整的，algae 資料集中總共有 16 個不完整的觀測值。

```r
# 邏輯否定運算子搭配 which() 函數，抓出不完整樣本位置
which(!complete.cases(algae))
```

```
##  [1]  28  38  48  55  56  57  58  59  60  61  62  63
## [13] 116 161 184 199
```

在思索如何處理這些不完整的觀測值之前，我們應先檢視這些觀測值有多不完整，以避免不當去除不完整觀測值的可能風險。

```r
# 取出不完整的樣本加以檢視
algae[which(!complete.cases(algae)),]
```

```
##     season   size  speed   mxPH  mnO2    Cl   NO3  NH4
## 28  autumn  small   high   6.80  11.1 9.000 0.630   20
## 38  spring  small   high   8.00    NA 1.450 0.810   10
## 48  winter  small    low     NA  12.6 9.000 0.230   10
## 55  winter  small   high   6.60  10.8    NA 3.245   10
## 56  spring  small medium   5.60  11.8    NA 2.220    5
## 57  autumn  small medium   5.70  10.8    NA 2.550   10
## 58  spring  small   high   6.60   9.5    NA 1.320   20
## 59  summer  small   high   6.60  10.8    NA 2.640   10
## 60  autumn  small medium   6.60  11.3    NA 4.170   10
## 61  spring  small medium   6.50  10.4    NA 5.970   10
## 62  summer  small medium   6.40    NA    NA    NA   NA
## 63  autumn  small   high   7.83  11.7 4.083 1.328   18
## 116 winter medium   high   9.70  10.8 0.222 0.406   10
## 161 spring  large    low   9.00   5.8    NA 0.900  142
## 184 winter  large   high   8.00  10.9 9.055 0.825   40
## 199 winter  large medium   8.00   7.6    NA    NA   NA
##       oPO4   PO4   Chla   a1   a2  a3  a4  a5  a6
## 28   4.000    NA   2.70 30.3  1.9 0.0 0.0 2.1 1.4
```

```
## 38      2.500    3.000  0.30 75.8  0.0  0.0  0.0 0.0 0.0
## 48      5.000    6.000  1.10 35.5  0.0  0.0  0.0 0.0 0.0
## 55      1.000    6.500    NA 24.3  0.0  0.0  0.0 0.0 0.0
## 56      1.000    1.000    NA 82.7  0.0  0.0  0.0 0.0 0.0
## 57      1.000    4.000    NA 16.8  4.6  3.9 11.5 0.0 0.0
## 58      1.000    6.000    NA 46.8  0.0  0.0 28.8 0.0 0.0
## 59      2.000   11.000    NA 46.9  0.0  0.0 13.4 0.0 0.0
## 60      1.000    6.000    NA 47.1  0.0  0.0  0.0 0.0 1.2
## 61      2.000   14.000    NA 66.9  0.0  0.0  0.0 0.0 0.0
## 62         NA   14.000    NA 19.4  0.0  0.0  2.0 0.0 3.9
## 63      3.333    6.667    NA 14.4  0.0  0.0  0.0 0.0 0.0
## 116    22.444   10.111    NA 41.0  1.5  0.0  0.0 0.0 0.0
## 161   102.000  186.000 68.05  1.7 20.6  1.5  2.2 0.0 0.0
## 184    21.083   56.091    NA 16.8 19.6  4.0  0.0 0.0 0.0
## 199        NA       NA    NA  0.0 12.5  3.7  1.0 0.0 0.0
##        a7
## 28    2.1
## 38    0.0
## 48    0.0
## 55    0.0
## 56    0.0
## 57    0.0
## 58    0.0
## 59    0.0
## 60    0.0
## 61    0.0
## 62    1.7
## 63    0.0
## 116   0.0
## 161   0.0
## 184   0.0
## 199   4.9
```

```
# 也可以用邏輯值索引取出不完整的樣本 (請自行練習)
# algae[!complete.cases(algae),]
```

接下來談如何處理不完整的觀測值，最快速的處理方式是直接移除它們。

```
# 以邏輯值索引移除不完整的觀測值
algae1 <- algae[complete.cases(algae),]
```

建議讀者思考有無處理不完整觀測值更保守的方式？例如：可否依各觀測值遺缺的嚴重程度，決定是否刪除之，而非全部移除。因此我們需要計算各個觀測值遺缺變數的個數，此處將 algae 二維資料表傳入隱式迴圈函數 apply() 中，再逐列 (因為 MARGIN = 1，所以後方匿名函數中的 x 代表資料框 algae 的各橫列向量) 套用匿名函數；匿名函數先檢視各橫列向量元素遺缺的狀況 (is.na(x) 傳回真假值)，接著再加總各橫向觀測值之遺缺變數個數。

```
# 統計各樣本遺缺變數個數
apply(algae, MARGIN = 1, FUN = function(x) {sum(is.na(x))})
```

```
##   [1] 0 0 0 0 0 0 0 0 0 0 0 0 0 0 0 0 0 0 0 0 0 0 0 0 0
##  [26] 0 0 1 0 0 0 0 0 0 0 0 0 1 0 0 0 0 0 0 0 0 0 0 1 0 0
##  [51] 0 0 0 0 2 2 2 2 2 2 6 1 0 0 0 0 0 0 0 0 0 0 0 0 0
##  [76] 0 0 0 0 0 0 0 0 0 0 0 0 0 0 0 0 0 0 0 0 0 0 0 0 0
## [101] 0 0 0 0 0 0 0 0 0 0 0 0 0 0 1 0 0 0 0 0 0 0 0 0 0
## [126] 0 0 0 0 0 0 0 0 0 0 0 0 0 0 0 0 0 0 0 0 0 0 0 0 0
## [151] 0 0 0 0 0 0 0 0 0 1 0 0 0 0 0 0 0 0 0 0 0 0 0 0 0
## [176] 0 0 0 0 0 0 0 1 0 0 0 0 0 0 0 0 0 0 0 0 0 6 0
```

條條大路通羅馬，搭配 which() 函數，亦可得知 16 筆不完整的觀測值編號。

```
# 結果與前面 complete.cases() 結合 which() 一致
```

```
which(apply(algae, MARGIN = 1, FUN = function(x)
{sum(is.na(x))}) > 0)
```

```
## [1]  28  38  48  55  56  57  58  59  60  61  62  63
## [13] 116 161 184 199
```

上述 16 筆不完整的觀測值中，有些遺缺的變數數量較多，例如：第 62 與第 199 筆，其餘則較少。再以 `data()` 函數重新載入資料 algae，套件 `{DMwR}` 中的函數 `manyNAs()` 可以返回遺缺欄位數超過 20% 以上的觀測值編號，再以負索引將之刪除。總結來說，觀測值遺缺變數太多時，建議直接刪除該筆觀測值。

```
data(algae)
# 返回遺缺變數數量超過 20% 以上 (nORp=0.2) 的樣本編號
manyNAs(algae, nORp = 0.2)
```

```
## [1] 62 199
```

```
# 負索引刪除遺缺程度較嚴重的樣本
# Python 語言以 DataFrame 之 drop() 方法刪除
algae <- algae[-manyNAs(algae),]
```

圖2.3是 R 語言的遺缺值處理方式，其中前兩種屬於刪除策略，其餘則是估計與補值法 (Kabacoff, 2015)：

- 前述刪除法採行的是完整資料分析 (complete case analysis)，亦即只使用資料集中完整無缺失的觀測值來進行分析，稱之為逐案刪除法 (casewise)。

- 可用資料分析 (available data analysis)，有些分析函數 (如 Pearson 相關係數) 可以採用成對可用樣本來完成計算，稱之為成對刪除法 (pairwise)。

- 補值法 (imputation)，對資料表中遺缺的部份先行補值，再做分析，又可分為單一補值 (single imputation or simple) 法與多重補值 (multiple imputation) 法。前者是以單值替換遺缺值，例如：算術平均數、中位數或眾數；後者多重補值法在合宜的假設下，重複模擬多個帶遺缺值的數據集後，再以統計方法推估遺缺值及其信賴區間，是適合複雜遺缺值問題的推估方法，請讀者自行參閱統計專業書籍。相較之下簡單補值法未引入隨機誤差，因此也稱為非隨機 (nonstochastic) 填補法。

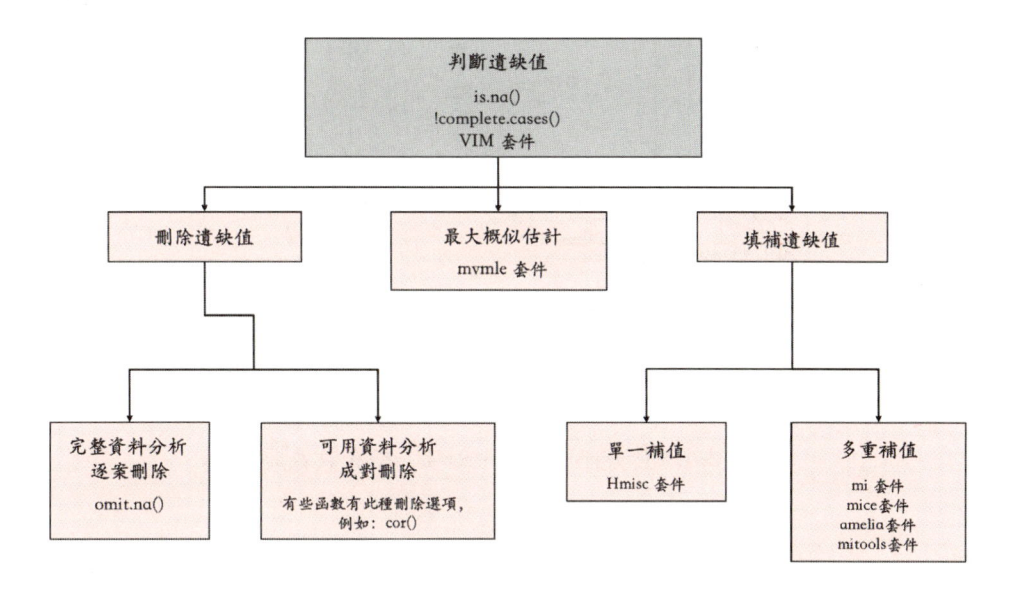

圖 2.3: R 語言遺缺值處理方式 (Kabacoff, 2015)

接下來我們針對最大酸鹼值 mxPH 繪製直方圖、密度曲線與常態機率圖 (Normal probability plot)，其中透過 rug() 低階繪圖指令，在直方圖橫軸顯示 mxPH 的一維散佈狀況。

```r
library(car)
# 圖面切分一列兩行 (mfrow=c(1,2)), cex.main 主標題文字縮小 70%
par(mfrow = c(1, 2), cex.main = 0.7)
# 左行高階繪圖 (直方圖)
hist(algae$mxPH, prob = T, xlab = '', main =
'Histogram of maximum pH value', ylim = 0:1)
# 左行低階繪圖兩次 (密度曲線加一維散佈刻度)
lines(density(algae$mxPH, na.rm = T))
rug(jitter(algae$mxPH))
# 右行高階繪圖 (常態機率繪圖，點靠近斜直線表近似常態分佈)
qqPlot(algae$mxPH, main = 'Normal QQ plot of maximum pH')
```

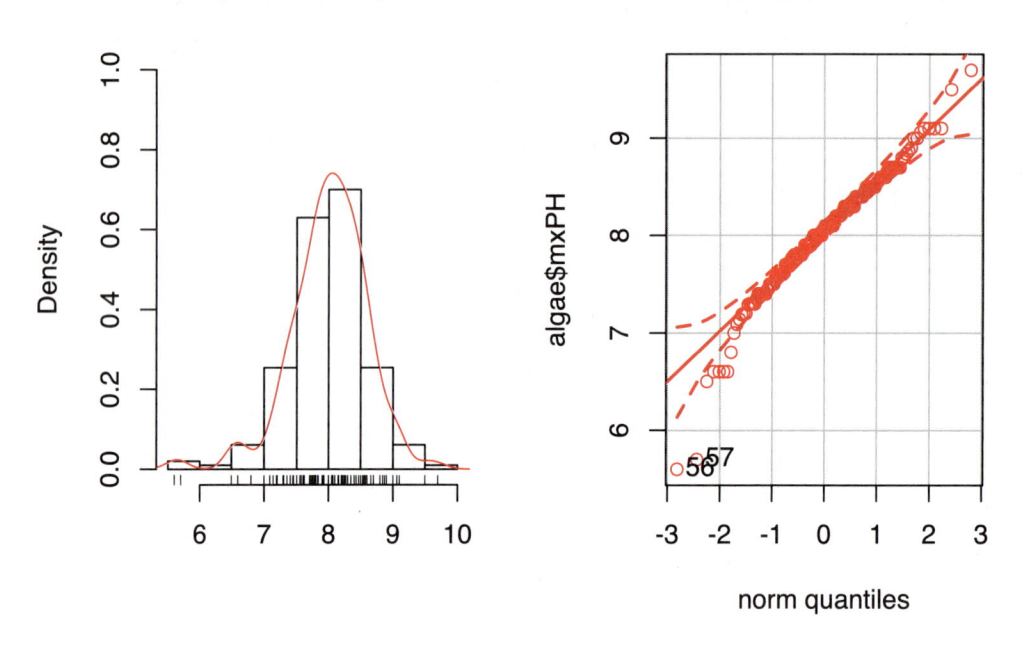

圖 2.4: 最大酸鹼值 mxPH 散佈狀況圖

```
## [1] 56 57
```

```
# 還原圖面一列一行原始設定
par(mfrow = c(1,1))
```

圖2.4顯示 mxPH 的分佈近乎常態，因此以其算術平均數或中位數填補遺缺值都是合理的。

```
# 用自己的算術平均數填補遺缺值
algae[48,'mxPH'] <- mean(algae$mxPH, na.rm = T)
```

運用同樣手法檢視葉綠素 Chla 的分佈，可以發現其為右偏分配，較適合用中位數進行遺缺值填補。

```
par(mfrow = c(1,2))
hist(algae$Chla, prob = T, xlab='', main='Histogram of Chla')
lines(density(algae$Chla,na.rm = T))
rug(jitter(algae$Chla))
```

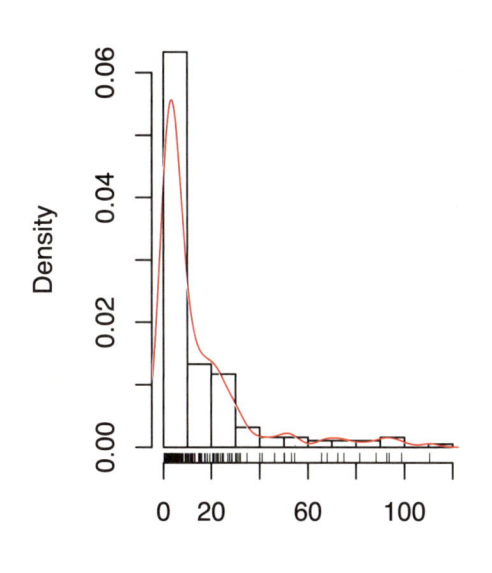

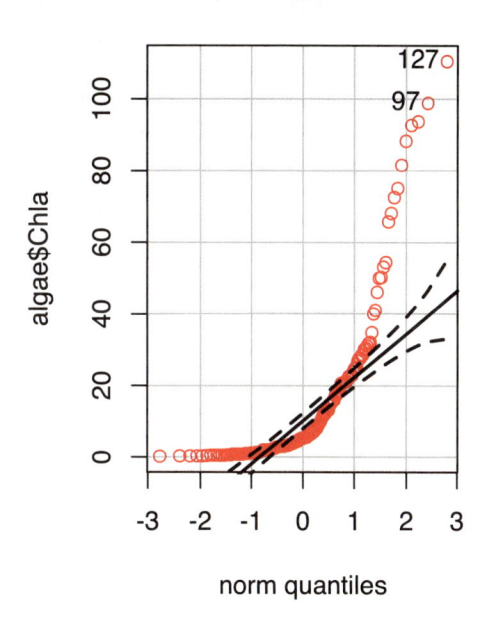

圖 2.5: 葉綠素 Chla 散佈狀況圖

```
# 順帶返回偏離嚴重的樣本編號
qqPlot(algae$Chla,main = 'Normal QQ plot of Chla')
```

```
## [1] 127  97
```

```
par(mfrow = c(1,1))
# 用自己的中位數填補遺缺值
algae[is.na(algae$Chla),'Chla'] <-
median(algae$Chla,na.rm = T)
```

上述補值法均屬集中趨勢填補方式，套件 {DMwR} 中有一 centralImputation() 填補函數，此函數用中位數填補數值變數遺缺值，名目變數遺缺值則用眾數來填補。將資料集 algae 重新載入後，首先把遺缺變數個數超過 20% 的觀測值刪除，再運用 centralImputation() 縱向填補剩下的遺缺值，檢視填補後的結果可發現資料表中已無 NA 了！

```
data(algae)
# 移除遺缺狀況嚴重的樣本
```

```
algae <- algae[-manyNAs(algae),]
# 檢視遺缺狀況較不嚴重的樣本
algae[!complete.cases(algae),]
```

```
##     season size   speed  mxPH mnO2    Cl   NO3 NH4
## 28  autumn small   high  6.80 11.1 9.000 0.630  20
## 38  spring small   high  8.00   NA 1.450 0.810  10
## 48  winter small    low    NA 12.6 9.000 0.230  10
## 55  winter small   high  6.60 10.8    NA 3.245  10
## 56  spring small medium  5.60 11.8    NA 2.220   5
## 57  autumn small medium  5.70 10.8    NA 2.550  10
## 58  spring small   high  6.60  9.5    NA 1.320  20
## 59  summer small   high  6.60 10.8    NA 2.640  10
## 60  autumn small medium  6.60 11.3    NA 4.170  10
## 61  spring small medium  6.50 10.4    NA 5.970  10
## 63  autumn small   high  7.83 11.7 4.083 1.328  18
## 116 winter medium  high  9.70 10.8 0.222 0.406  10
## 161 spring large    low  9.00  5.8    NA 0.900 142
## 184 winter large   high  8.00 10.9 9.055 0.825  40
##         oPO4     PO4   Chla   a1   a2  a3   a4  a5  a6
## 28     4.000      NA   2.70 30.3  1.9 0.0  0.0 2.1 1.4
## 38     2.500   3.000   0.30 75.8  0.0 0.0  0.0 0.0 0.0
## 48     5.000   6.000   1.10 35.5  0.0 0.0  0.0 0.0 0.0
## 55     1.000   6.500     NA 24.3  0.0 0.0  0.0 0.0 0.0
## 56     1.000   1.000     NA 82.7  0.0 0.0  0.0 0.0 0.0
## 57     1.000   4.000     NA 16.8  4.6 3.9 11.5 0.0 0.0
## 58     1.000   6.000     NA 46.8  0.0 0.0 28.8 0.0 0.0
## 59     2.000  11.000     NA 46.9  0.0 0.0 13.4 0.0 0.0
## 60     1.000   6.000     NA 47.1  0.0 0.0  0.0 0.0 1.2
## 61     2.000  14.000     NA 66.9  0.0 0.0  0.0 0.0 0.0
## 63     3.333   6.667     NA 14.4  0.0 0.0  0.0 0.0 0.0
## 116   22.444  10.111     NA 41.0  1.5 0.0  0.0 0.0 0.0
## 161  102.000 186.000  68.05  1.7 20.6 1.5  2.2 0.0 0.0
## 184   21.083  56.091     NA 16.8 19.6 4.0  0.0 0.0 0.0
```

```
##      a7
## 28  2.1
## 38  0.0
## 48  0.0
## 55  0.0
## 56  0.0
## 57  0.0
## 58  0.0
## 59  0.0
## 60  0.0
## 61  0.0
## 63  0.0
## 116 0.0
## 161 0.0
## 184 0.0
```

```r
# 用各欄位自身的集中趨勢資訊進行填補
algae <- centralImputation(algae)
# 已無不完整的樣本了！
algae[!complete.cases(algae),]
```

```
##  [1] season size   speed  mxPH   mnO2   Cl     NO3
##  [8] NH4    oPO4   PO4    Chla   a1     a2     a3
## [15] a4     a5     a6     a7
## <0 rows> (or 0-length row.names)
```

另一個常用的 R 套件 {Hmisc} 中有遺缺值填補泛型函數 impute()，傳入資料向量後，再以引數 fun 設定填補值或填補函數，即可完成填補工作。填補函數常用選項有 mean、median 和 random，其中 random 填補函數會以變數值域中的隨機值進行填補，傳回的向量元素標有星號者為填補後的數據。

```r
# Harrell Miscellaneous Functions 套件
library(Hmisc)
```

```r
data(algae)
# 以算術平均數填補 mxPH 遺缺值，星號顯示填補位置
impute(algae$mxPH, fun = mean)[40:55]
```

```
##     40     41     42     43     44     45     46
##  8.100  8.000  8.150  8.300  8.300  8.400  8.300
##     47     48     49     50     51     52     53
##  8.000  8.012* 7.600  7.290  7.600  8.000  7.900
##     54     55
##  7.900  6.600
```

```r
# Chla 有遺缺值
summary(algae$Chla)
```

```
##    Min.  1st Qu.  Median   Mean  3rd Qu.   Max.
##    0.20    2.00    5.47   13.97   18.31  110.46
##    NA's
##     12
```

```r
# 以中位數填補 Chla 遺缺值
impute(algae$Chla, fun = median)[50:65]
```

```
##      50      51      52      53      54      55
##  12.100   7.900   4.500   0.500   0.800   5.475*
##      56      57      58      59      60      61
##   5.475*  5.475*  5.475*  5.475*  5.475*  5.475*
##      62      63      64      65
##   5.475*  5.475*  1.000   0.300
```

```r
# 以固定數值 45 填補 Chla 遺缺值
impute(algae$Chla, fun = 45)[50:65]
```

```
##   50   51   52   53   54   55   56   57   58
```

```
##   12.1    7.9    4.5    0.5    0.8  45.0*  45.0*  45.0*  45.0*
##     59     60     61     62     63     64     65
## 45.0*  45.0*  45.0*  45.0*  45.0*    1.0    0.3
```

```r
# 以隨機產生的數值填補 Chla 遺缺值
impute(algae$Chla, fun = "random")[50:65]
```

```
##       50      51      52      53      54      55
##   12.100   7.900   4.500   0.500   0.800  6.900*
##       56      57      58      59      60      61
##   3.000*  2.000*  8.957*  3.600*  2.700*  3.500*
##       62      63      64      65
##   3.900*  0.300*  1.000   0.300
```

多變量補值法 (勿與前述多重補值法混為一談!) 會依據變量間的相關進行填補作業,因此須先計算數值變數之間的相關係數,請注意 cor() 函數各種不同計算方式的差異。

```r
# "complete.obs" 選項使用完整觀測值計算兩兩變數之間的相關係數
cor(algae[,4:18], use = "complete.obs")[6:11,6:11]
```

```
##            oPO4      PO4     Chla       a1       a2
## oPO4   1.000000  0.91196   0.1069  -0.3946  0.12381
## PO4    0.911965  1.00000   0.2485  -0.4582  0.13267
## Chla   0.106915  0.24849   1.0000  -0.2660  0.36672
## a1    -0.394574 -0.45817  -0.2660   1.0000 -0.26267
## a2     0.123811  0.13267   0.3667  -0.2627  1.00000
## a3     0.005705  0.03219  -0.0633  -0.1082  0.00976
##              a3
## oPO4   0.005705
## PO4    0.032194
## Chla  -0.063301
## a1    -0.108178
## a2     0.009760
## a3     1.000000
```

```r
# "everything" 用全部的觀測值計算相關係數，可能返回 NA 值
cor(algae[,4:18], use = "everything")[6:11,6:11]
```

```
##       oPO4 PO4 Chla      a1       a2       a3
## oPO4     1  NA   NA      NA       NA       NA
## PO4     NA   1   NA      NA       NA       NA
## Chla    NA  NA    1      NA       NA       NA
## a1      NA  NA   NA  1.0000 -0.29377 -0.14657
## a2      NA  NA   NA -0.2938  1.00000  0.03214
## a3      NA  NA   NA -0.1466  0.03214  1.00000
```

```r
# "all.obs" 選項當觀測值中有 NAs 時會返回錯誤訊息
# cor(algae[,4:18], use = "all.obs")
# Error in cor(algae[, 4:18], use = "all.obs") :
# missing observations in cov/cor
```

```r
# "pairwise.complete.obs" 選項使用成對完整的觀測值計算相關係數
cor(algae[,4:18], use = "pairwise.complete.obs")[6:11,6:11]
```

```
##          oPO4      PO4     Chla       a1       a2
## oPO4  1.00000  0.91437  0.11562  -0.4174  0.14769
## PO4   0.91437  1.00000  0.25362  -0.4864  0.16465
## Chla  0.11562  0.25362  1.00000  -0.2780  0.37872
## a1   -0.41736 -0.48642 -0.27799   1.0000 -0.29377
## a2    0.14769  0.16465  0.37872  -0.2938  1.00000
## a3    0.03363  0.06793 -0.06145  -0.1466  0.03214
##            a3
## oPO4  0.03363
## PO4   0.06793
## Chla -0.06145
## a1   -0.14657
## a2    0.03214
## a3    1.00000
```

```r
# pairwise.complete.obs 與 complete.obs 兩者計算結果不完全相同!
cor(algae[,4:18], use = "pairwise.complete.obs") ==
cor(algae[,4:18], use = "complete.obs")
```

```
##         mxPH  mnO2    Cl   NO3   NH4  oPO4   PO4  Chla
## mxPH    TRUE FALSE FALSE FALSE FALSE FALSE FALSE FALSE
## mnO2   FALSE  TRUE FALSE FALSE FALSE FALSE FALSE FALSE
## Cl     FALSE FALSE  TRUE FALSE FALSE FALSE FALSE FALSE
## NO3    FALSE FALSE FALSE  TRUE FALSE FALSE FALSE FALSE
## NH4    FALSE FALSE FALSE FALSE  TRUE FALSE FALSE FALSE
## oPO4   FALSE FALSE FALSE FALSE FALSE  TRUE FALSE FALSE
## PO4    FALSE FALSE FALSE FALSE FALSE FALSE  TRUE FALSE
## Chla   FALSE FALSE FALSE FALSE FALSE FALSE FALSE  TRUE
## a1     FALSE FALSE FALSE FALSE FALSE FALSE FALSE FALSE
## a2     FALSE FALSE FALSE FALSE FALSE FALSE FALSE FALSE
## a3     FALSE FALSE FALSE FALSE FALSE FALSE FALSE FALSE
## a4     FALSE FALSE FALSE FALSE FALSE FALSE FALSE FALSE
## a5     FALSE FALSE FALSE FALSE FALSE FALSE FALSE FALSE
## a6     FALSE FALSE FALSE FALSE FALSE FALSE FALSE FALSE
## a7     FALSE FALSE FALSE FALSE FALSE FALSE FALSE FALSE
##          a1    a2    a3    a4    a5    a6    a7
## mxPH   FALSE FALSE FALSE FALSE FALSE FALSE FALSE
## mnO2   FALSE FALSE FALSE FALSE FALSE FALSE FALSE
## Cl     FALSE FALSE FALSE FALSE FALSE FALSE FALSE
## NO3    FALSE FALSE FALSE FALSE FALSE FALSE FALSE
## NH4    FALSE FALSE FALSE FALSE FALSE FALSE FALSE
## oPO4   FALSE FALSE FALSE FALSE FALSE FALSE FALSE
## PO4    FALSE FALSE FALSE FALSE FALSE FALSE FALSE
## Chla   FALSE FALSE FALSE FALSE FALSE FALSE FALSE
## a1      TRUE FALSE FALSE FALSE FALSE FALSE FALSE
## a2     FALSE  TRUE FALSE FALSE FALSE FALSE FALSE
## a3     FALSE FALSE  TRUE FALSE FALSE FALSE FALSE
## a4     FALSE FALSE FALSE  TRUE FALSE FALSE FALSE
## a5     FALSE FALSE FALSE FALSE  TRUE FALSE FALSE
```

182　第二章　資料前處理

```
## a6      FALSE FALSE FALSE FALSE FALSE  TRUE FALSE
## a7      FALSE FALSE FALSE FALSE FALSE FALSE  TRUE
```

```
# 只有對角線上的相關係數值相同，其它全部不同！
sum(cor(algae[,4:18], use = "pairwise.complete.obs") ==
cor(algae[,4:18], use = "complete.obs"))
```

```
## [1] 15
```

相關係數矩陣中實數值眾多，視覺檢視其大小不甚容易，因此以 symnum() 函數將各相關係數數值符號化，其中數值絕對值小於 0.3 的以空白' ' 表示，大於等於 0.3 且小於 0.6 的以句點'.' 表示，大於等於 0.6 且小於 0.8 的以逗號',' 表示，大於等於 0.8 且小於 0.9 的以加號'+' 表示，大於等於 0.9 且小於 0.95 的以星號'*' 表示，大於等於 0.95 且小於 1 的以英文字母'B' 表示 (Bingo ?!)，完全正相關或完全負相關的則以數字 1 或-1 表示。

檢視此符號矩陣發現除了對角線上的完全正相關外，PO4 和 oPO4 兩者高度相關 (符合直覺)，後續以這兩個變數為例進行多變量補值說明。

```
# 相關係數矩陣符號化，* 表 PO4 與 oPO4 係數絕對值超過 0.9
symnum(cor(algae[,4:18],use = "complete.obs"))
```

```
##        mP mO Cl NO NH o P Ch a1 a2 a3 a4 a5 a6 a7
## mxPH   1
## mnO2      1
## Cl           1
## NO3             1
## NH4              ,  1
## oPO4     .  .      1
## PO4      .  .    * 1
## Chla  .                1
## a1                .       1
## a2    .              .       1
## a3                                 1
```

```
## a4              .       . .                    1
## a5                                    1
## a6              . .                         .   1
## a7                                                   1
## attr(,"legend")
## [1] 0 ' ' 0.3 '.' 0.6 ',' 0.8 '+' 0.9 '*' 0.95 'B' 1
```

欲以已知的 oPO4 估計遺缺的 PO4，我們使用 lm() 函數配適 PO4 與 oPO4 之間的線性關係方程式：

```
data(algae)
algae <- algae[-manyNAs(algae),]
# R 語言線性建模重要函數 lm()
(mdl <- lm(PO4 ~ oPO4, data = algae))
```

```
##
## Call:
## lm(formula = PO4 ~ oPO4, data = algae)
##
## Coefficients:
## (Intercept)          oPO4
##       42.90          1.29
```

利用估計所得的線性迴歸方程式填補 PO4 唯一的遺缺值 (#28)：

```
(algae[28,'PO4'] <- 42.897 + 1.293 * algae[28,'oPO4'])
```

```
## [1] 48.07
```

原 PO4 遺缺數量不多，接著我們將 PO4 的多個位置 (第 #29 到 #33 觀測值) 更改為 NAs，以示範遺缺值數量較多時的自動填補作法。

```
data(algae)
algae <- algae[-manyNAs(algae),]
# 創造多個 PO4 遺缺的情境
algae$PO4[29:33] <- NA
```

甚至將第 33 個位置的 oPO4 也更改為 NA，以讓讀者瞭解特殊狀況下的處理結果 (註：連 oPO4 都遺缺，因此兩者的迴歸方程式亦無助於填補 PO4)。

```r
# 考慮連自變數 oPO4 都遺缺的邊界案例 (edge case)(參見 1.9 節)
algae$oPO4[33] <- NA
```

遺缺值處理前檢視 PO4 與 oPO4 的遺缺狀況：

```r
algae[is.na(algae$PO4), c('oPO4','PO4')]
```

```
##     oPO4 PO4
## 28    4  NA
## 29   26  NA
## 30   12  NA
## 31   72  NA
## 32  246  NA
## 33   NA  NA
```

填補 PO4 多個遺缺值時，可先定義如下的填補函數 fillPO4()。此函數傳入正磷酸鹽變數值 oP，若 oP 值為 NA 則回傳 NA 值，因為無法進行迴歸填補計算；否則，以先前 lm() 函數所估計之迴歸方程式，進行填補值計算，並傳回計算結果。

```r
fillPO4 <- function(oP) {
  # 邊界案例處理
  if (is.na(oP)) return(NA)
  # 從模型物件 mdl 中取出迴歸係數進行補值計算
  else return(mdl$coef[1] + mdl$coef[2] * oP)
}
```

定義完填補函數 fillPO4() 後，將 PO4 遺缺位置上的 oPO4 變數值傳入 sapply() 中，一一代入 fillPO4() 中進行 PO4 的計算後進行填補。最後，檢視第 #28 到 #33 填補後的觀測值，可以發現除了第 #33

筆觀測值，因為 oPO4 為 NA 無法完成填補值的計算，其餘 PO4 遺缺值均已完成填補。

```
# 邏輯值索引、隱式迴圈與自訂函數
algae[is.na(algae$PO4),'PO4']<-sapply(algae[is.na(algae$PO4),
'oPO4'], fillPO4)
# 檢視填補完成狀況
algae[28:33, c('PO4', 'oPO4')]
```

```
##        PO4 oPO4
## 28   48.07    4
## 29   76.52   26
## 30   58.41   12
## 31  136.00   72
## 32  360.99  246
## 33      NA   NA
```

還有一種方法可依樣本 (或案例) 間的相似性進行填補，稱之為 k 近鄰填補法 (k nearest neighbours imputation)。套件 {DMwR} 中的 knnImputation() 函數按照遺缺值樣本，與其 k 個最近鄰居間的距離遠近，進行加權算術平均數的填補值計算 (近者權值較高)，k 近鄰填補法也可以用中位數與眾數 (後者適合類別屬性) 等統計量數進行填補。

```
data(algae)
algae <- algae[-manyNAs(algae),]
# k 近鄰填補函數，預設 meth 引數為加權平均 "weighAvg"
algae <- knnImputation(algae, k = 10)
```

```
data(algae)
algae <- algae[-manyNAs(algae),]
# 以近鄰的中位數填補遺缺值
algae <- knnImputation(algae,k=10, meth='median')
```

前面介紹的各式填補方法，或可依據遺缺的數值變數與某些類別變數之間的相關性進行分層填補。以 mxPH 為例，先將其季節的水準值調整為吾人熟悉的春夏秋冬順序 (預設的水準值順序依照英文字母排序：autumn, spring, summer, winter)。接著以數值變數 vs. 類別變數的多變量條件式繪圖套件 {lattice} 的直方圖繪製函數 histogram()，結合模型公式語法，進行條件式繪圖，垂直線後方的 season 表示該變數為分組變數，然而因為直方圖是單一數值變量的繪圖方法，y 軸為 x 軸數值變數 mxPH 裝箱後的次數統計值，因此波浪號 (~) 前為空白，圖2.6結果顯示 mxPH 似乎不受季節的影響。

```r
data(algae)
algae <- algae[-manyNAs(algae),]
# 重要的建議套件
library(lattice)
# 更改默認的因子水準順序 (預設是照字母順序)
algae$season <- factor(algae$season,levels =
c('spring','summer','autumn','winter'))
# mxPH 條件式直方圖，依季節分層
histogram(~ mxPH | season, data = algae)
```

以同樣的手法分析 mxPH 與取樣河流大小 size 的關係，圖2.7顯示小河的 mxPH 值似乎較低，因此可依取樣河川的大小，進行 mxPH 遺缺值的分層填補。

```r
# mxPH 條件式直方圖，依河流大小分層
histogram(~ mxPH | size, data = algae)
```

```r
# mxPH 遺缺該筆樣本的 size 為 small
algae[is.na(algae$mxPH), 'size']
```

```
## [1] small
## Levels: large medium small
```

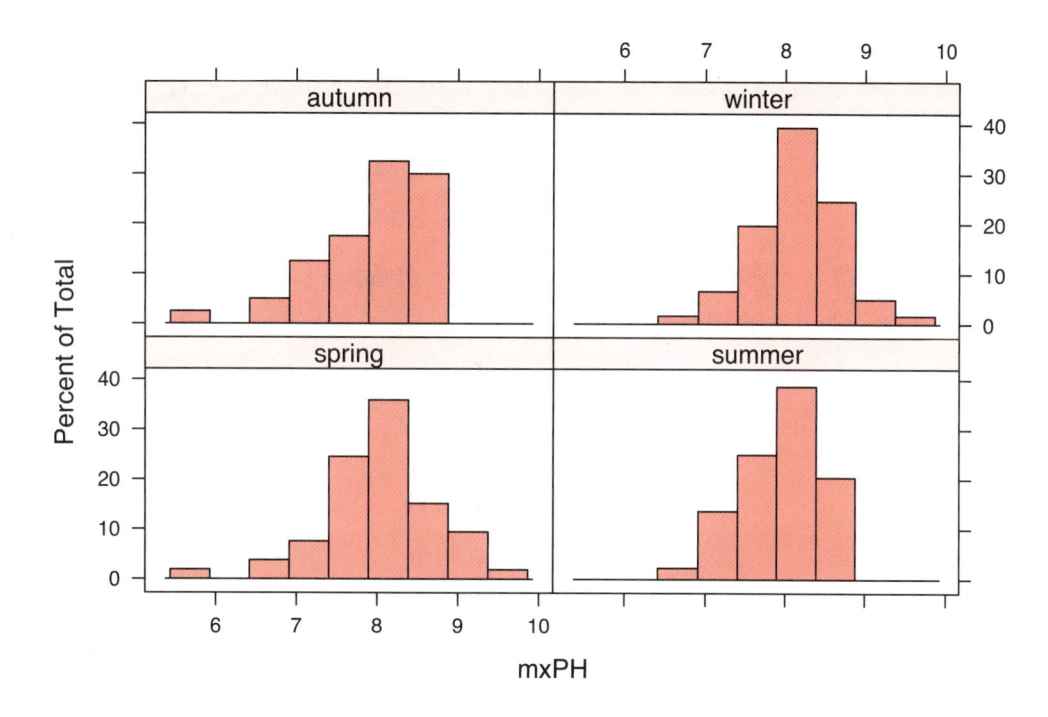

圖 2.6: 不同季節下最大酸鹼值 mxPH 的散佈狀況

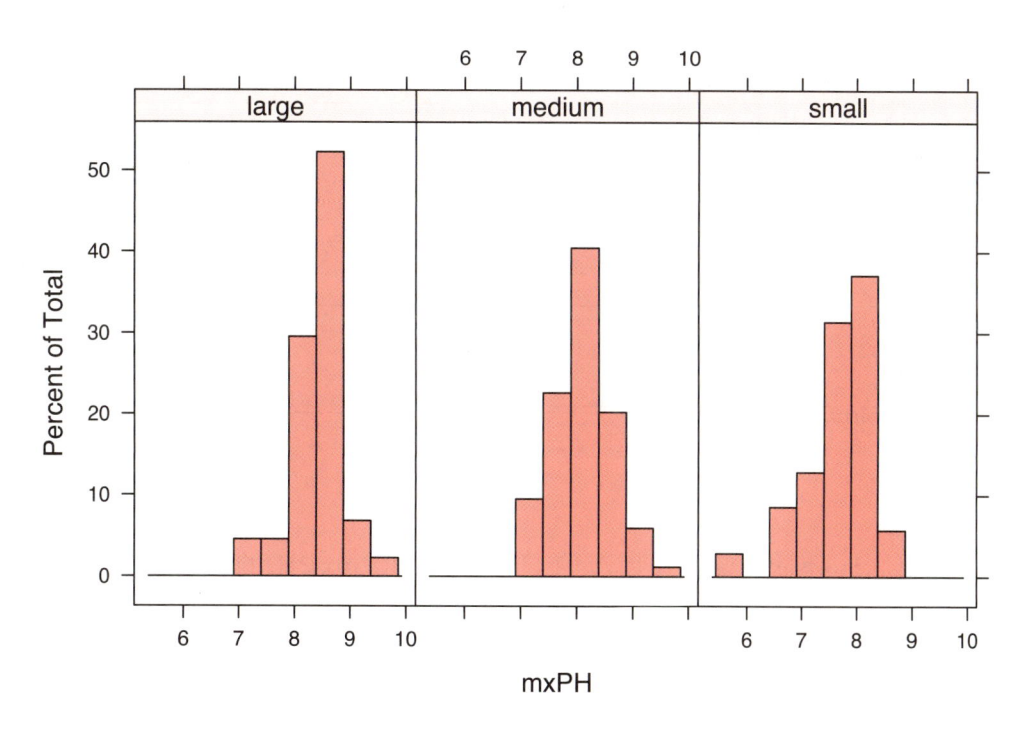

圖 2.7: 不同河流大小下最大酸鹼值 mxPH 的散佈狀況

```
# 抓取 size 為 small 的所有樣本，計算平均 mxPH 值 (顯然較低！)
mean(algae[algae$size == "small", 'mxPH'], na.rm = T)
```

```
## [1] 7.675
```

數值變數 vs. 類別變數的多變量條件式繪圖，也可以分析 mxPH 與兩個以上類別變數的相關狀況 (參見圖2.8)。除了無小河且低流速的樣本外，所得結果與前面一致，即小河的 mxPH 值似乎較低。最後，這種繪圖分析的手法，應針對所有遺缺的數值變數運行一次，是個相當繁瑣的過程。

```
# 多因子變數的條件式直方圖，以 * 串接兩個分組變數
histogram(~ mxPH | size*speed, data = algae)
```

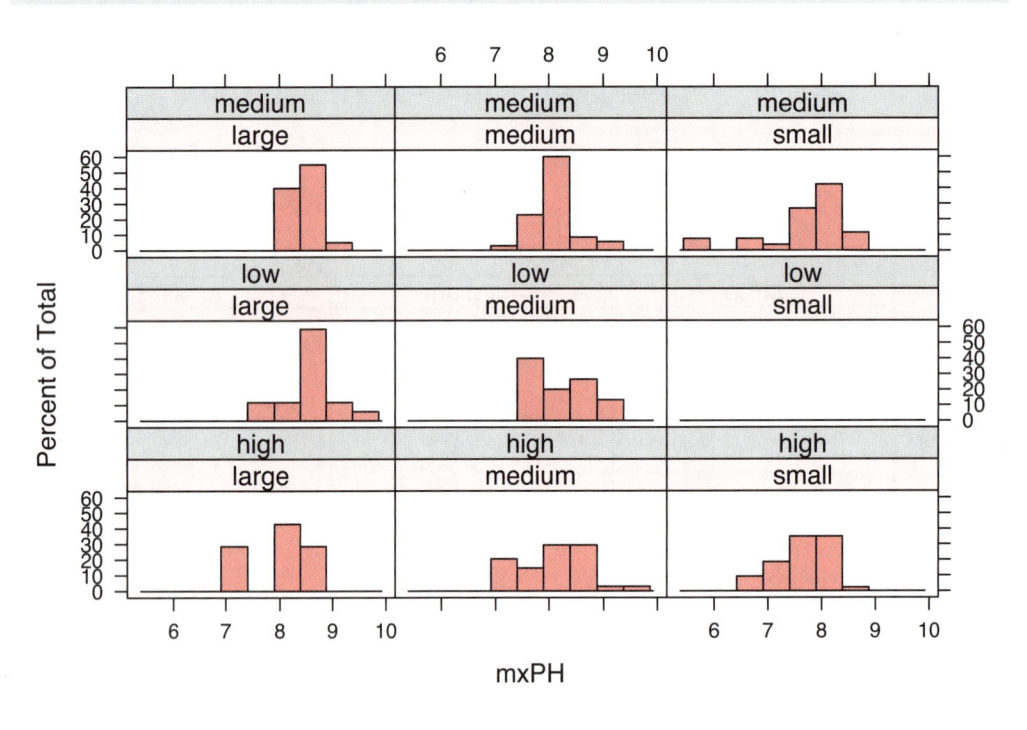

圖 2.8: 不同河流大小與流速下最大酸鹼值 mxPH 的散佈狀況

```
# 兩個因子變數，一個數值變數的點條圖
# 注意 jitter=T 是為了避免於同處過度繪製 (overplotting)！
stripplot(size ~ mxPH | speed, data = algae, jitter = T)
```

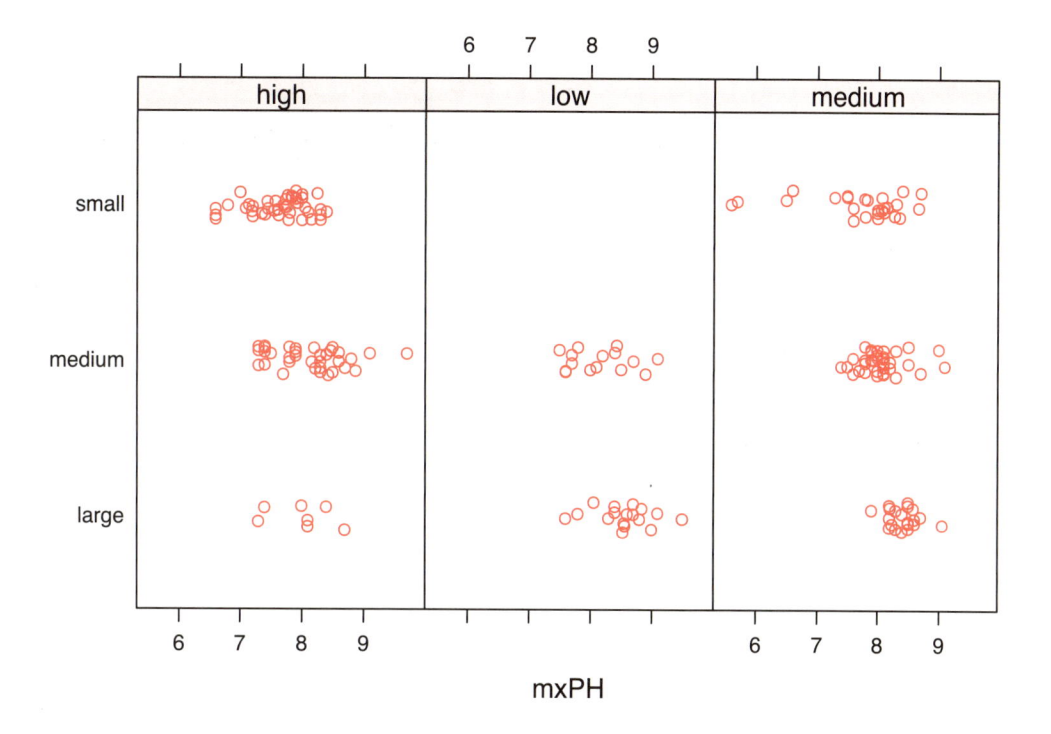

圖 2.9: 不同河流大小與流速下最大酸鹼值 mxPH 的點條圖

2.1.6　Python 語言資料清理

如前所述，Python 語言的遺缺值記為 NaN，其辨識與處理工作以 **pandas** 資料框物件的 isnull() 方法為核心，回傳的是與 R 語言 is.na() 相同的真假邏輯值。單變量時直接將真假值加總，可得知遺缺筆數。

```
algae = pd.read_csv("./_data/algae.csv")
# 單變量遺缺值檢查
# R 語言語法可想成是 head(isnull(algae['mxPH'])))
print(algae['mxPH'].isnull().head())
```

```
## 0    False
## 1    False
## 2    False
## 3    False
## 4    False
## Name: mxPH, dtype: bool
```

```python
# 注意 Python 輸出格式化語法 ({} 搭配 format() 方法)
print(" 遺缺{}筆觀測值".format(algae['mxPH'].isnull().sum()))
```

遺缺1筆觀測值

pandas 序列物件的 dropna() 方法可輕鬆將單變量遺缺值移除，二維表格時 dropna() 預設是橫向 (axis=0) 刪除有遺缺變數的觀測值，axis 引數改為 1 則縱向刪除變數。

```python
# 利用 pandas 序列方法 dropna() 移除單變量遺缺值
mxPH_naomit = algae['mxPH'].dropna()
print(len(mxPH_naomit))
```

199

```python
# 檢視整個資料表的遺缺狀況
print(algae.isnull().iloc[45:55,:5])
```

```
##      season   size  speed   mxPH   mnO2
## 45   False   False  False  False  False
## 46   False   False  False  False  False
## 47   False   False  False   True  False
## 48   False   False  False  False  False
## 49   False   False  False  False  False
## 50   False   False  False  False  False
## 51   False   False  False  False  False
## 52   False   False  False  False  False
## 53   False   False  False  False  False
## 54   False   False  False  False  False
```

```python
# 橫向移除不完整的觀測值 (200 筆移除 16 筆)
algae_naomit = algae.dropna(axis=0)
print(algae_naomit.shape)
```

```
## (184, 18)
```

dropna() 的 thresh 引數可供使用者自行決定至少要具備的變數個數。

```
# 以 thresh 引數設定最低變數個數門檻 (200 筆移除 9 筆)
algae_over17 = algae.dropna(thresh=17)
print(algae_over17.shape)
```

```
## (191, 18)
```

isnull() 傳回的二維真假值表，可沿橫軸或縱軸加總，得知各變數或各觀測值遺缺狀況。

```
# 各變數遺缺狀況: Chla 遺缺觀測值數量最多, Cl 次之...
algae_nac = algae.isnull().sum(axis=0)
print(algae_nac)
```

```
## season      0
## size        0
## speed       0
## mxPH        1
## mnO2        2
## Cl         10
## NO3         2
## NH4         2
## oPO4        2
## PO4         2
## Chla       12
## a1          0
## a2          0
## a3          0
## a4          0
## a5          0
## a6          0
```

```
## a7             0
## dtype: int64
```

```python
# 各觀測值遺缺狀況: 遺缺變數個數
algae_nar = algae.isnull().sum(axis=1)
print(algae_nar[60:65])
```

```
## 60    2
## 61    6
## 62    1
## 63    0
## 64    0
## dtype: int64
```

無論是哪種資料導向編程語言，活用**邏輯值索引 (logical indexing)** 可獲得更多的資訊。

```python
# 檢視不完整的觀測值 (algae_nar>0 回傳橫向遺缺數量大於 0 的樣本)
print(algae[algae_nar > 0][['mxPH', 'mnO2', 'Cl', 'NO3',
'NH4', 'oPO4', 'PO4', 'Chla']])
```

```
##       mxPH   mnO2    Cl    NO3    NH4    oPO4    PO4    Chla
## 27    6.80   11.1   9.000  0.630  20.0   4.000   NaN    2.70
## 37    8.00   NaN    1.450  0.810  10.0   2.500   3.000  0.30
## 47    NaN    12.6   9.000  0.230  10.0   5.000   6.000  1.10
## 54    6.60   10.8   NaN    3.245  10.0   1.000   6.500  NaN
## 55    5.60   11.8   NaN    2.220  5.0    1.000   1.000  NaN
## 56    5.70   10.8   NaN    2.550  10.0   1.000   4.000  NaN
## 57    6.60   9.5    NaN    1.320  20.0   1.000   6.000  NaN
## 58    6.60   10.8   NaN    2.640  10.0   2.000   11.000 NaN
## 59    6.60   11.3   NaN    4.170  10.0   1.000   6.000  NaN
## 60    6.50   10.4   NaN    5.970  10.0   2.000   14.000 NaN
## 61    6.40   NaN    NaN    NaN    NaN    NaN     14.000 NaN
## 62    7.83   11.7   4.083  1.328  18.0   3.333   6.667  NaN
## 115   9.70   10.8   0.222  0.406  10.0   22.444  10.111 NaN
```

```
## 160    9.00   5.8    NaN   0.900  142.0  102.000  186.000  68.05
## 183    8.00  10.9  9.055   0.825   40.0   21.083   56.091    NaN
## 198    8.00   7.6    NaN     NaN    NaN      NaN      NaN    NaN
```

```python
# 遺缺變數個數大於 0(i.e. 不完整) 的觀測值編號
print(algae[algae_nar > 0].index)
```

```
## Int64Index([27, 37, 47, 54, 55, 56], dtype='int64')
## Int64Index([57, 58, 59, 60, 61, 62], dtype='int64')
## Int64Index([115, 160, 183, 198], dtype='int64')
```

```python
# 不完整的觀測值筆數
print(len(algae[algae_nar > 0].index))
```

```
## 16
```

```python
# 檢視遺缺變數超過變數個數 algae.shape[1] 之 20% 的觀測值
print(algae[algae_nar > algae.shape[1]*.2][['mxPH', 'mnO2',
'Cl', 'NO3', 'NH4', 'oPO4', 'PO4', 'Chla']])
```

```
##       mxPH  mnO2   Cl  NO3  NH4  oPO4   PO4  Chla
## 61     6.4   NaN  NaN  NaN  NaN   NaN  14.0   NaN
## 198    8.0   7.6  NaN  NaN  NaN   NaN   NaN   NaN
```

```python
# 如何獲取上表的橫向索引值?
print(algae[algae_nar > algae.shape[1]*.2].index)
```

```
## Int64Index([61, 198], dtype='int64')
```

也可以用 **pandas** 資料框的 drop() 方法，確定橫向 (axis=0，預設值) 或縱向 (axis=1) 運作方向後，再給定欲刪除的索引或名稱，完成遺缺值刪除的工作。

```
# 以 drop() 方法，給 IndexRange，橫向移除遺缺嚴重的觀測值
algae=algae.drop(algae[algae_nar > algae.shape[1]*.2].index)
print(algae.shape)
```

(198, 18)

2.2 資料摘要與彙總

資料摘要 (data summarization) 是運用敘述統計學中的數值公式、表格與圖形，以展現資料的基本特質[1]。關注的特質包括集中趨勢、分散程度與分佈型態，資料摘要是量化資料分析的基石，2.2.1節介紹單變量資料的摘要統計量，雙變量與多變量資料的摘要統計量參見3.5節相關與獨立。

資料彙總 (data aggregation) 是以摘要的形式呈現整體或各群資料的任何過程稱之，也可稱為資料集計問題，其目的通常是探索與理解資料 (參見2.2.2與2.2.3節群組與摘要)。例如：依據年齡、專業或收入將網站瀏覽者區分成特定群體，對各群進行資料摘要分析，以取得網站內容或廣告個人化 (personalization) 服務的訊息與洞見。總結來說，如何運用摘要統計量於分組數據中，是資料科學家理解數據的重要依據。

2.2.1 摘要統計量

一般來說，變項的尺度可分為**名目尺度 (nominal sacle)**、**順序尺度 (order sacle)**、**區間尺度 (interval sacle)**、**比例尺度 (ratio sacle)**，前兩種尺度亦稱為類別 (qualitative) 變數或分類 (categorical) 變項，後兩種尺度則是量化變數或數值變項，唯順序尺度類別變數經常又被稱為**計數變數 (count variable)**，其可能值範圍是整數值，因此可兼用名目尺度類別變數與量化變數的處理與計算方式。此外，從整體面向來看，資料可分為結構化資料與**低結構化資料 (highly unstructured data)**，不同變項尺度與不同結構化程度的資料，能畫什麼圖、用什麼計算方法、適

---
[1] http://statistics.wikidot.com/ch2

合何種模型方法，是資料科學家須掌握的基本知識，我們可稱之為資料敏銳度 (data sensitivity) 素養。

常用的單變量摘要統計量為集中趨勢衡量、分散程度指標與分佈型態摘要等 (多變量摘要統計量請參考3.5節相關與獨立)，這些在 R 語言均有相應的統計函數如 mean()、var()、sd() 及 quantile() 等，Python 語言則出現在 **scipy.stats** 模組與 **statsmodels** 套件中。後續將依**位置量數 (measures of location)**、**分散程度 (variability)**、**異質程度 (heterogeneity)**、**集結程度 (concentration)**、**偏斜程度 (asymmetry)** 與**寬狹程度 (kurtosis)** 等六種資料摘要統計量進行說明，其中集結程度與異質程度密切相關，偏斜程度可由平均數與中位數的比較得知。

以 R 套件 {nutshell} 中的道瓊 30 支股票報價資料為例，此資料集包含各股代碼、日期、開盤價、最高價、最低價、收盤價、成交量與調整後的價格 (Adler, 2012)。str() 函數顯示此物件的結構為資料框，觀測值有 7482 筆，共有 8 個變數，各屬性名稱、其資料型別、與顯示於 $ 之後的前幾筆數據。

```r
library(nutshell)
data(dow30)
```

```r
# 股價資料框結構
str(dow30)
```

```
## 'data.frame': 7482 obs. of 8 variables:
## $ symbol : Factor w/ 30 levels
## "MMM","AA","AXP",..: 1 1 1 1 1 1 1 1 1 1 ...
## $ Date : Factor w/ 252 levels
## "2008-09-22","2008-09-23",..: 252 251 250 249
## 248 247 246 245 244 243 ...
## $ Open : num 73.9 75.1 75.3 74.8 74.6 ...
## $ High : num 74.7 75.2 75.5 75.5 74.9 ...
## $ Low : num 73.9 74.5 74.5 74.5 74 ...
## $ Close : num 74.5 74.6 74.9 75.4 74.7 ...
## $ Volume : num 2560400 4387900 3371500 2722500
```

```
## 3566900 ...
## $ Adj.Close: num  74.5 74.6 74.9 75.4 74.7 ...
```

在進行資料探索與摘要時,最常關心的是變數之位置量數的集中趨勢 (central tendency),量化變數常以算術**平均數 (mean)** 衡量之,R 中的 `mean()` 函數亦可運用 `trim` 引數設定兩側觀測值截略的比例,以求取**截尾平均數 (trimmed mean)**。

```
# 全體平均數 (grand mean)
mean(dow30$Open)
```

```
## [1] 36.25
```

```
# 截尾平均數
mean(dow30$Open, trim = 0.1)
```

```
## [1] 34.4
```

而**中位數 (median)** 是給定一大小有序的觀測值 (統計學稱之為順序統計量,order statistics),樣本中有一半的數值大於它,另一半的數值小於它,數值變數或是有序的類別變數 (i.e. 順序尺度變數) 都可以計算中位數。

```
# 也稱為第 50 個 (50th) 百分位數
median(dow30$Open)
```

```
## [1] 30.16
```

類別變數常以**眾數 (mode)** 尋找最常發生的類別值,代表其集中趨勢,R 軟體中並無內建眾數函數。我們可以自行定義下面的函數 `Mode()`,將傳入之因子向量元素提取其唯一的類別值後,建立**次數分佈 (frequency distribution)** 表,再提取次數最高的類別值,此處以 {DMwR} 套件中的水質樣本資料集 `algae` 為例,求取河水樣本取自何種河川大小 `size` 的眾數。

```r
library(DMwR)
data(algae)
# 自訂眾數計算函數
Mode <- function(x) {
  ux <- unique(x)
  ux[which.max(tabulate(match(x, ux)))]
}
Mode(algae$size)
```

```
## [1] medium
## Levels: large medium small
```

```r
# 以次數分佈表核驗 Mode 函數計算結果
table(algae$size)
```

```
## 
## large medium  small
##    45     84     71
```

此外，套件 {modeest} 亦提供眾數估計函數 `mlv()`，其中引數 `method="mfv"` 時以數值向量中最常發生的值 (most frequent value) 為眾數的估計方法。

```r
mySamples <- c(19, 4, 5, 7, 29, 19, 29, 13, 25, 19)
# R 語言單變量單峰資料眾數估計套件
library(modeest)
# 數值向量最常發生值估計法
mlv(mySamples, method = "mfv")
```

```
## Mode (most likely value): 19
## Bickel's modal skewness: -0.1
## Call: mlv.default(x = mySamples, method = "mfv")
```

前述以中位數衡量集中趨勢的概念，可以延伸出其它的位置量數，例如：**百分位數 (percentiles)**。R 語言中常用的 `quantile()` 函數，它回

傳不同百分比值 (以 probs 引數設定之) 下的百分位數。分析者經常特別關心**四分位數 (quartiles)**，亦即將資料從小到大的分佈劃分為四等份的數值，稱之為 Q1、Q2、Q3 與 Q4。有 1/4 或 25% 的數值小於 Q1，1/2 或 50% 的數值小於 Q2，3/4 或 75% 的數值小於 Q3，Q2 實際上就是中位數。

```
# 最常用的四分位數加上最小與最大值
quantile(dow30$Open, probs = c(0, 0.25, 0.5, 0.75, 1.0))
```

```
##     0%    25%    50%    75%   100%
##   0.99  19.66  30.16  51.68 122.45
```

知名統計學家 Tukey 定義的五數摘要統計值 (Tukey five-number summaries)，最小值、下門栓值 (lower-hinge)、中位數、上門栓值 (upper-hinge) 與最大值，可以 `finvenum()` 函數取得：

```
# 結果與上面的四分位數有差異，其實 quantile() 函數有九種計算方法！
fivenum(dow30$Open)
```

```
## [1]   0.99  19.65  30.16  51.68 122.45
```

分散程度亦是資料摘要關注的重點，資料分佈的邊界 (最小值與最大值) 可由 `min()`、`max()` 或 `range()` 取得。

```
min(dow30$Open)
```

```
## [1] 0.99
```

```
max(dow30$Open)
```

```
## [1] 122.5
```

`range()` 函數同時回傳資料向量的最大值與最小值；若欲求統計上的**全距 (range)** 量數，請將 `range()` 函數回傳值輸入 `diff()` 函數中：

```r
# 一次傳回最小與最大值
range(dow30$Open)
```

```
## [1]   0.99 122.45
```

```r
# diff() 常用於時間序列資料，依 lag 期數計算不同階數的差分值
diff(range(dow30$Open))
```

```
## [1] 121.5
```

```r
# 1 到 10 跨兩期的 8 個 (Why?) 差分值
diff(1:10, lag = 2)
```

```
## [1] 2 2 2 2 2 2 2 2
```

```r
# R 語言函數的引數可以偷懶只寫前幾個字母，只要能區辨即可
diff(1:10, lag = 2, diff = 2)
```

```
## [1] 0 0 0 0 0 0
```

　　與全距量數類似的分散程度衡量是求取第一四分位數與第三四分位數的距離，稱之為**四分位距 (interquartile range, IQR)**，其與截尾平均數有異曲同工之妙，都是將兩側極端值排除後進行計算，以降低原衡量方式易受極端值影響之缺憾，因此均屬於穩健統計 (robust statistics) 的計算方法。

```r
IQR(dow30$Open)
```

```
## [1] 32.02
```

　　數值變數最常用的分散程度量數還是**變異數 (variance)**，其開方根後取正值即為**標準差 (standard deviation)**，後者有單位與原始資料量測單位相同的優勢。而**變異係數 (coefficient of variation)** 是標準差與平均數的比值，可視為正規化 (normalized) 後的標準差。

```r
var(dow30$Open)
```

```
## [1] 495.2
```

```r
sd(dow30$Open)
```

```
## [1] 22.25
```

```r
# 直接由標準差與平均數計算變異係數
sd(dow30$Open)/mean(dow30$Open)
```

```
## [1] 0.6139
```

```r
# R 語言地理資料分析與建模套件 {raster}
library(raster)
```

```r
# 光柵 (raster) 資料常須計算變異係數
cv(1:10)
```

```
## In cv, x= 1 2 3 4 5 6 7 8 9 10
## mean(x)= 5.5
```

```
## [1] 0.5505
```

```r
sd(1:10)/mean(1:10)
```

```
## [1] 0.5505
```

　　變異數與標準差易受離群值影響，穩健統計中常用的分散程度衡量是**中位數絕對離差 (median absolute deviation)**，它計算各觀察值與中位數的距離值 (i.e. 各觀察值與中位數差值的絕對值) 後，再取其中位數。R 語言套件 {stats} 中的 `mad()` 函數實現了上述中位數絕對離差的

計算 (參見下例)，Python 語言則在 **statsmodels.robust.scale.mad** 與 **astropy.stats.median_absolute_deviation** 模組中提供中位數絕對離差函數。

```
# R 核心開發團隊維護套件 {stats} 中的 mad()
mad(dow30$Open)
```

```
## [1] 22.25
```

另一方面，前述的變異數、標準差、變異係數、四分位距、中位數絕對離差等統計變異量數，均不適用於類別變數。Giudici and Figini (2009) 言及的異質程度與集結程度，即為類別變數的分散程度指標。**吉尼不純度 (Gini impurity)** 與**熵係數 (entropy coefficient)** 是常用的類別變數次數分佈異質性 (heterogeneity) 衡量方式，吉尼不純度的公式如下：

$$G = 1 - \sum_{i=1}^{k} p_i^2, \tag{2.1}$$

其中類別變數共有 k 個不同的類別值，而 p_i 是第 i 個類別的比例。當完美同質性時，也就是說所有樣本的類別值均相同 (i.e. 都集中於 k 類中的某一類)，此時僅有一個 p_i 為 1，其餘均為 0，因此吉尼不純度值為 0；而完美異質性時，各類別值跨樣本的分佈平均，因此 p_i 均為 $1/k, i = 1, ..., k$，此時吉尼不純度值為最大的 $1 - \frac{1}{k}$。

利用最大值可將吉尼不純度正規化到區間 $[0,1]$ 中，即為下面的異質性相對指標，或稱正規化的吉尼不純度：

$$G' = \frac{G}{(k-1)/k}. \tag{2.2}$$

熵係數是另一個異質性衡量指標，其公式如下：

$$E = -\sum_{i=1}^{k} p_i \log p_i, \tag{2.3}$$

當完美同質性時，熵係數值為 0；而完美異質性時，熵係數值為 $\log k$。同樣地，熵係數的最大值可將之正規化到區間 $[0,1]$ 中，即為下面的正規化熵係數：

$$E' = \frac{E}{\log k}. \tag{2.4}$$

集中度係數 (concentration coefficient) 顧名思義是集結程度衡量，它與異質性衡量高度相關，兩者的關係是當異質性最低時集中度達到最大；而異質性最高時集中度則最小。但當異質性介於中間時，兩者卻有不同的解釋。因此，理解兩者不同的中間結果是非常重要的！以下以固定量的所得，在 N 個人之間的分佈為例進行說明。假設每個人分配到的所得為 $x_i, i = 1, ..., N$，在不失一般性的情況下，其大小關係為 $0 \leq x_1 \leq ... \leq x_N$，而且 $N\bar{x} = \sum x_i$ 是所得總量，其中 $\bar{x}$ 是 N 人的所得平均值。首先考慮兩個極端情況：

- $x_1 = x_2 = ... = x_N = \bar{x}$ 表示最小的集結程度，因為所得平均分佈在 N 人身上；

- $x_1 = x_2 = ... = x_{N-1} = 0$ 且 $x_N = N\bar{x} = \sum_{i=1}^{N} x_i$ 表示最大的集結程度，一人獨享全部的所得。

最小與最大集結程度之間的衡量方式，正是集中度係數所關注的。我們先定義人數比例 F_i 與所得比例 Q_i：

$$F_i = \frac{i}{N}, i = 1, ..., N, \tag{2.5}$$

$$Q_i = \frac{x_1 + x_2 + ... + x_i}{\sum_{i=1}^{N} x_i}, i = 1, ..., N, \tag{2.6}$$

對每一個 i 而言，(2.5) 式的 F_i 是累積到第 i 人的人數比例，(2.6) 式的 Q_i 則是所得 (或其它特徵值) 累積到第 i 人的所得比例，F_i 與 Q_i 滿足下列關係：

$$0 \leq F_i \leq 1; 0 \leq Q_i \leq 1 \tag{2.7}$$

$$Q_i \leq F_i \tag{2.8}$$

$$F_N = Q_N = 1 \tag{2.9}$$

將 Q_i 依升冪排列後，與對應之 F_i 可繪製成圖2.10的集結程度曲線圖。圖中有 $N+1$ 個點 $(0,0), (F_1, Q_1), ..., (F_{N-1}, Q_{N-1}), (1,1)$，相鄰點以直線連接可得分段線性的集結程度曲線，45 度角直線代表最小的集結程度，滿足 $F_i - Q_i = 0, i = 1, ..., N$。而最大集結程度時 $F_i - Q_i = F_i, i = 1, ..., N-1$(因為 $Q_i = 0, i = 1, ..., N-1$)，且 $F_N - Q_N = 0$(財富全部集中在第 N 人)。因此，偏離最小集結程度的合宜指標為曲線與 45 度角直線所夾的面積。

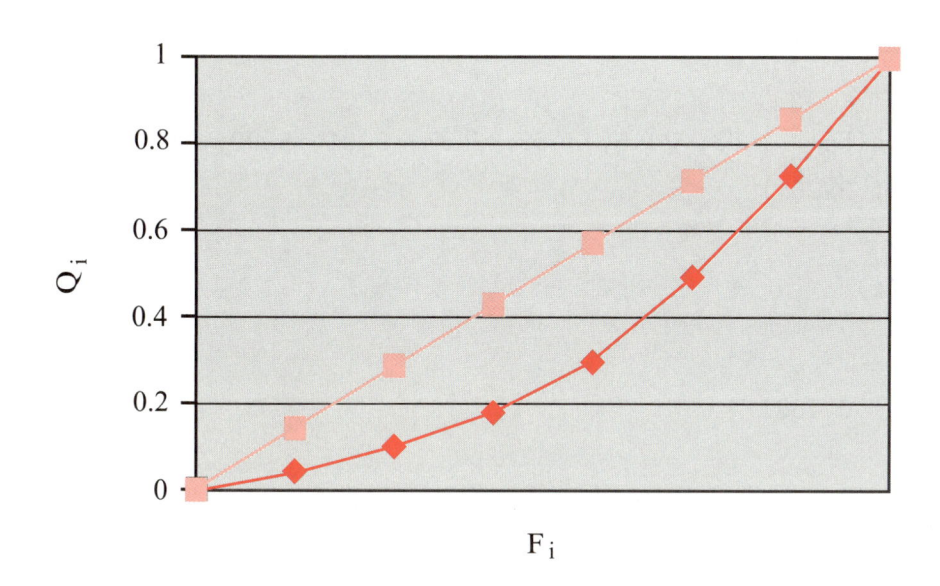

圖 2.10: 集結程度曲線圖 (Giudici and Figini, 2009)

吉尼集中度 (Gini concentration) 依據上述觀察而發展出下面公式：

$$R = \frac{\sum_{i=1}^{N-1}(F_i - Q_i)}{\sum_{i=1}^{N-1} F_i}, \tag{2.10}$$

上式計算 $\sum_{i=1}^{N-1}(F_i - Q_i)$ 與其最大值 $\sum_{i=1}^{N-1} F_i$ 的比值，當完美不集中時，吉尼集中度為 0；而完美集中時，吉尼集中度為 1。

值得留意的是異質程度 (吉尼不純度與熵係數) 與集結程度 (吉尼集中度) 都是類別變數的分散程度指標，其中吉尼集中度也適用於量化變數與有序的類別變數。正因如此，圖2.10說明的吉尼集中度計算方式，非常類似3.2.3節模型績效視覺化中，圖3.6的**接收者操作特性曲線 (Receiver**

Operating Characteristic curve, ROC) 及ROC 曲線下方的面積 (area under curve, AUC) 的說明。最後，吉尼不純度與熵係數常用於 y 是名目類別變數的分類決策樹中，各分支之最佳分割屬性與分割值的搜尋準則 (參見5.2.4節分類與迴歸樹)。

R 語言 {ineq} 套件有計算所得分配不均的吉尼集中度函數 ineq():

```r
# 衡量所得不均、集結度與貧困的 R 套件
library(ineq)
# 建立所得向量 x
x <- c(541, 1463, 2445, 3438, 4437, 5401, 6392, 8304,
11904, 22261)
# 吉尼集中度計算函數
ineq(x)
```

```
## [1] 0.4621
```

式 (2.1) 的吉尼不純度可自行定義為如下的 Gini() 函數：

```r
# 自定義吉尼不純度函數
Gini <- function(x) {
  # 合理性檢查
  if (!is.factor(x)) {
    return("Please input factor variable.")
  } else {
    1 - sum((table(x)/sum(table(x)))^2)
  }
}
# 完美同質情況
as.factor(rep("a", 6)) # "a" 重複 6 次
```

```
## [1] a a a a a a
## Levels: a
```

```r
Gini(as.factor(rep("a", 6)))
```

```
## [1] 0
```

```r
# 非完美情況
as.factor(c(rep("a", 1), rep("b", 5)))
```

```
## [1] a b b b b b
## Levels: a b
```

```r
Gini(as.factor(c(rep("a", 1), rep("b", 5))))
```

```
## [1] 0.2778
```

```r
# 完美異質情況
as.factor(c("a", "b", "c", "d", "e"))
```

```
## [1] a b c d e
## Levels: a b c d e
```

```r
Gini(as.factor(c("a", "b", "c", "d", "e")))
```

```
## [1] 0.8
```

最後，偏斜程度與寬狹程度許多統計書籍都會提及，本書案例中亦有說明 (參見2.3.1節屬性轉換與移除)，請讀者自行參考。

2.2.2 R 語言群組與摘要

資料科學家在探索數據時，經常將某群觀測值，替換為該群的摘要統計值，以瞭解各群樣貌的異同，此即為群組與摘要 (grouping and summarization)。首先以鳶尾花資料集 `iris` 說明 R 語言群組與摘要的各種方式 (`for` 顯式迴圈、`tapply()`、`aggregate()`、`summaryBy()`、`ddply()` 與 `data.table()` 等)，`iris` 常被統計學家們用來示範資料處理與分析的程序。此資料集有 150 筆觀測值，其中四個數值變數分別為花萼長寬 (Sepal.Length 與 Sepal.Width)、花瓣長寬 (Petal.Length 與 Petal.Width)，以及三種鳶尾花類別 setosa、versicolor 與 virginica 的因子變數 Species。

```r
# 知名的鳶尾花資料集
head(iris, 3)
```

```
##   Sepal.Length Sepal.Width Petal.Length Petal.Width
## 1          5.1         3.5          1.4         0.2
## 2          4.9         3.0          1.4         0.2
## 3          4.7         3.2          1.3         0.2
##   Species
## 1  setosa
## 2  setosa
## 3  setosa
```

```r
str(iris)
```

```
## 'data.frame': 150 obs. of 5 variables:
## $ Sepal.Length: num 5.1 4.9 4.7 4.6 5 5.4 4.6 5
## 4.4 4.9 ...
## $ Sepal.Width : num 3.5 3 3.2 3.1 3.6 3.9 3.4
## 3.4 2.9 3.1 ...
## $ Petal.Length: num 1.4 1.4 1.3 1.5 1.4 1.7 1.4
## 1.5 1.4 1.5 ...
## $ Petal.Width : num 0.2 0.2 0.2 0.2 0.2 0.4 0.3
## 0.2 0.2 0.1 ...
## $ Species : Factor w/ 3 levels
## "setosa","versicolor",..: 1 1 1 1 1 1 1 1 1 1
## ...
```

```r
# 量綱接近，花瓣寬度數值最小
summary(iris)
```

```
##   Sepal.Length    Sepal.Width     Petal.Length
##  Min.   :4.30   Min.   :2.00   Min.   :1.00
##  1st Qu.:5.10   1st Qu.:2.80   1st Qu.:1.60
##  Median :5.80   Median :3.00   Median :4.35
##  Mean   :5.84   Mean   :3.06   Mean   :3.76
##  3rd Qu.:6.40   3rd Qu.:3.30   3rd Qu.:5.10
##  Max.   :7.90   Max.   :4.40   Max.   :6.90
##   Petal.Width          Species
##  Min.   :0.1    setosa    :50
##  1st Qu.:0.3    versicolor:50
##  Median :1.3    virginica :50
##  Mean   :1.2
##  3rd Qu.:1.8
##  Max.   :2.5
```

剛從其它程式語言切入 R 語言者，會在顯示迴圈 (explicit looping)for 敘述中，搭配資料子集選取函數 subset()，來完成群組與摘要的計算工作。R 與 Python 都是第四代動態編程語言，使用顯示迴圈須注意當資料量較大時，可能會有速度遲緩的現象。for 迴圈外部須先建立一空的資料框，以逐步收納計算結果。進入迴圈後先依指標變數 species 篩選子集，再針對每次 (此迴圈內部計算工作迭代執行三次) 的資料子集 tmp，進行 Sepal.Length 變數的樣本數、算術平均數、中位數等的計算，並將之組織為 data.frame。進入下一次迭代或離開 for 迴圈前，再以 rbind() 函數併入 results 資料框中。

```
# subset() 選取各花種子集用法
setosa <- subset(iris, Species == 'setosa')
headtail(setosa)
```

```
##    Sepal.Length Sepal.Width Petal.Length Petal.Width
## 1           5.1         3.5          1.4         0.2
## 2           4.9         3.0          1.4         0.2
## 3           4.7         3.2          1.3         0.2
##  ...
## 47    setosa
```

```
## 48    setosa
## 49    setosa
## 50    setosa
```

```r
# 逐步收納結果用 (for gathering results)
results <- data.frame()
# 留意因子變數 unique() 後的結果
for (species in unique(iris$Species)) {
  # 逐花種取子集
  tmp <- subset(iris, Species == species)
  # 開始摘要統計
  count <- nrow(tmp)
  mean <- mean(tmp$Sepal.Length)
  median <- median(tmp$Sepal.Length)
  # 結果封裝成資料框後再合併
  results <- rbind(results, data.frame(species, count, mean, median))
}
results
```

```
##     species count  mean median
## 1    setosa    50 5.006    5.0
## 2 versicolor    50 5.936    5.9
## 3  virginica    50 6.588    6.5
```

tapply() 是處理群組與摘要的 apply() 系列函數，可將傳入的待分組資料向量 iris$Sepal.Length，依其後因子變數 iris$Species 的不同水準值，進行數據分組後根據引數 FUN 設定的函數進行摘要統計值計算。

```r
# 群組與摘要 apply() 系列函數
tapply(iris$Sepal.Length, iris$Species, FUN = length)
```

```
##     setosa versicolor  virginica
##         50         50         50
```

```r
# FUN 中設定的摘要統計計算函數，也可以用匿名函數定義多個函數
# 匿名函數的參數 u 代表分組數據
tapply(iris$Sepal.Length, iris$Species, FUN = function(u)
{c(count = length(u), mean = mean(u), median = median(u))})
```

```
## $setosa
##  count   mean median
## 50.000  5.006  5.000
##
## $versicolor
##  count   mean median
## 50.000  5.936  5.900
##
## $virginica
##  count   mean median
## 50.000  6.588  6.500
```

aggregate() 函數可能是 R 語言中最常用的群組與摘要函數，傳入的資料物件可以是資料框 data.frame、時間序列 ts 與 mts 等類別。語法的特性是先以 data 引數將環境限定於資料物件 (e.g. data.frame)，再以模型公式符號設定待分組變數 (Sepal.Length 在 ~ 前)，以及據以分組的因子變數 (Species 在 ~ 後)，其餘同 tapply() 函數。

```r
# 限定環境與結合模型公式符號的 aggregate()
aggregate(Sepal.Length ~ Species, data = iris,
FUN = 'length')
```

```
##      Species Sepal.Length
## 1     setosa           50
## 2 versicolor           50
## 3  virginica           50
```

```r
# 匿名函數用法同 tapply()，但傳回結果為 data.frame 非 list
aggregate(Sepal.Length ~ Species, data = iris, FUN =
```

```
function(u) {c(count = length(u), mean = mean(u),
median = median(u))})
```

```
##      Species Sepal.Length.count Sepal.Length.mean
## 1     setosa             50.000             5.006
## 2 versicolor             50.000             5.936
## 3  virginica             50.000             6.588
##   Sepal.Length.median
## 1               5.000
## 2               5.900
## 3               6.500
```

　　aggregate() 還可依據兩個以上的因子變數群組數據後進行資料摘要，此處以套件 {ggplot2} 中的五萬多顆鑽石資料集 diamonds 為例，計算五種切割等級與七種鑽石色澤下，共三十五組數據的平均價格。最後，aggregate() 函數還可以 cbind() 函數結合多個欲群組摘要的數值變數，或者是對因子變數進行群組與摘要。其中查看 diamonds 類型後，發現是 tbl_df 物件，它繼承 tbl 而 tbl 又繼承了 data.frame，所以這種 tibble 物件是 data.frame 的子類型。tibble 是 R 語言用來替代 data.frame 類別的延伸式資料框，它兼容 data.frame 的語法，使用起來很方便，也是由 R 社群重量級人物 Hadley Wickham 博士開發的 R 套件 (https://github.com/tidyverse/tibble)。

```
# 載入 R 語言知名圖形文法繪圖套件 {ggplot2}
library(ggplot2)
# 讀取套件 {ggplot2} 中的鑽石資料集
data(diamonds)
# 物件類別為 "tbl_df"
class(diamonds)
```

```
## [1] "tbl_df"    "tbl"       "data.frame"
```

```
head(diamonds)
```

```
## # A tibble: 6 x 10
##    carat cut     color clarity depth table price     x
##    <dbl> <ord>   <ord> <ord>   <dbl> <dbl> <int> <dbl>
## 1  0.23  Ideal   E     SI2      61.5    55   326  3.95
## 2  0.21  Premium E     SI1      59.8    61   326  3.89
## 3  0.23  Good    E     VS1      56.9    65   327  4.05
## 4  0.290 Premium I     VS2      62.4    58   334  4.2
## 5  0.31  Good    J     SI2      63.3    58   335  4.34
## 6  0.24  Very Good J   VVS2     62.8    57   336  3.94
##        y     z
##    <dbl> <dbl>
## 1  3.98  2.43
## 2  3.84  2.31
## 3  4.07  2.31
## 4  4.23  2.63
## 5  4.35  2.75
## 6  3.96  2.48
```

```
# 注意 cut 與 color 的水準數
str(diamonds)
```

```
## Classes 'tbl_df', 'tbl' and 'data.frame': 53940
## obs. of 10 variables:
## $ carat  : num 0.23 0.21 0.23 0.29 0.31 0.24 0.24
## 0.26 0.22 0.23 ...
## $ cut    : Ord.factor w/ 5 levels "Fair"<"Good"<..:
## 5 4 2 4 2 3 3 3 1 3 ...
## $ color  : Ord.factor w/ 7 levels
## "D"<"E"<"F"<"G"<..: 2 2 2 6 7 7 6 5 2 5 ...
## $ clarity: Ord.factor w/ 8 levels
## "I1"<"SI2"<"SI1"<..: 2 3 5 4 2 6 7 3 4 5 ...
## $ depth  : num 61.5 59.8 56.9 62.4 63.3 62.8 62.3
## 61.9 65.1 59.4 ...
## $ table  : num 55 61 65 58 58 57 57 55 61 61 ...
## $ price  : int 326 326 327 334 335 336 336 337
```

```
## 337 338 ...
## $ x : num 3.95 3.89 4.05 4.2 4.34 3.94 3.95 4.07
## 3.87 4 ...
## $ y : num 3.98 3.84 4.07 4.23 4.35 3.96 3.98
## 4.11 3.78 4.05 ...
## $ z : num 2.43 2.31 2.31 2.63 2.75 2.48 2.47
## 2.53 2.49 2.39 ...
```

```
library(UsingR)
# 以模型公式符號的加號運算子串起兩個因子變數
headtail(aggregate(price ~ cut + color, data = diamonds,
FUN = "mean"))
```

```
##           cut color price
## 1        Fair     D  4291
## 2        Good     D  3405
## 3   Very Good     D  3470
##   ...
## 32       Good     J  4574
## 33  Very Good     J  5104
## 34    Premium     J  6295
## 35      Ideal     J  4918
```

```
# 以 cbind() 組織所有待分組變數
headtail(aggregate(cbind(price, carat) ~ cut + color,
data = diamonds, "mean"))
```

```
##           cut color price  carat
## 1        Fair     D  4291 0.9201
## 2        Good     D  3405 0.7445
## 3   Very Good     D  3470 0.6964
##   ...
## 32       Good     J  4574 1.0995
## 33  Very Good     J  5104 1.1332
## 34    Premium     J  6295 1.2931
```

```
## 35        Ideal      J  4918 1.0636
```

```r
# 欲群摘要的變數也可以是因子變數
headtail(aggregate(clarity ~ cut + color, data = diamonds,
"table"))
```

```
##          cut color clarity.I1 clarity.SI2 clarity.SI1
## 1       Fair     D          4          56          58
## 2       Good     D          8         223         237
## 3  Very Good     D          5         314         494
##   ...
## 32                 6
## 33                 8
## 34                12
## 35                25
```

```r
# clarity 因子變數的各個水準名稱
levels(diamonds$clarity)
```

```
## [1] "I1"   "SI2"  "SI1"  "VS2"  "VS1"  "VVS2" "VVS1"
## [8] "IF"
```

套件 {doBy} 中的 summaryBy() 函數亦可用於群組與摘要計算，其語法與 aggregate() 函數雷同。

```r
library(doBy)
# 輸出格式與 aggregate() 相同
summaryBy(Sepal.Length ~ Species, data = iris, FUN =
function(x) {c(count = length(x), mean = mean(x), median =
median(x))})
```

```
##      Species Sepal.Length.count Sepal.Length.mean
## 1     setosa                 50             5.006
## 2 versicolor                 50             5.936
## 3  virginica                 50             6.588
```

```
## Sepal.Length.median
## 1              5.0
## 2              5.9
## 3              6.5
```

{plyr} 套件中的 ddply() 函數功能強大，它可將傳入的資料框 iris，依後方因子變數 Species 切分為三個資料子集後，一一傳入匿名函數中，成為其中的 x，再分別對維度為 50 × 5 的資料子集，計算樣本數和各數值變數的平均數。

```
library(plyr)
# 留意傳入 colMeans() 的資料子集 x 為何要移除第五欄
ddply(iris, 'Species', function(x) c(count = nrow(x), mean
= colMeans(x[-5])))
```

```
##      Species count mean.Sepal.Length mean.Sepal.Width
## 1     setosa    50             5.006            3.428
## 2 versicolor    50             5.936            2.770
## 3  virginica    50             6.588            2.974
##   mean.Petal.Length mean.Petal.Width
## 1             1.462            0.246
## 2             4.260            1.326
## 3             5.552            2.026
```

近年來許多人以套件 {data.table} 來更有效率地處理大數據集，我們仍然以 iris 為例，首先將之轉換為 data.table 類的物件，此類別也繼承自 data.frame 類，它提供速度更快與記憶體有效率的操弄方式。data.table 選取變數時，變數名稱不加單引號或雙引號，選取多個變數時用 list 串接。運用邏輯值索引 (logical indexing) 取資料子集的語法同 data.frame，移除 data.table 資料表中某個變數的語法請讀者留意。

```
# R 語言 data.frame 的延伸套件
library(data.table)
iris.tbl <- data.table(iris)
```

```r
# 前者 (data.table) 繼承自後者 (data.frame)
class(iris.tbl)
```

```
## [1] "data.table" "data.frame"
```

```r
# list() 串接多個變數進行取值，顯示方式自動取頭尾
iris.tbl[ , list(Sepal.Length, Species)]
```

```
##      Sepal.Length    Species
##   1:          5.1     setosa
##   2:          4.9     setosa
##   3:          4.7     setosa
##   4:          4.6     setosa
##   5:          5.0     setosa
##  ---
## 146:          6.7  virginica
## 147:          6.3  virginica
## 148:          6.5  virginica
## 149:          6.2  virginica
## 150:          5.9  virginica
```

```r
# data.table 橫列邏輯值取值
iris.tbl[iris.tbl$Petal.Width <= 0.1,]
```

```
##    Sepal.Length Sepal.Width Petal.Length Petal.Width
## 1:          4.9         3.1          1.5         0.1
## 2:          4.8         3.0          1.4         0.1
## 3:          4.3         3.0          1.1         0.1
## 4:          5.2         4.1          1.5         0.1
## 5:          4.9         3.6          1.4         0.1
##    Species
## 1:  setosa
## 2:  setosa
## 3:  setosa
```

```
## 4:    setosa
## 5:    setosa
```

```
# data.table 移除變數是令其為 NULL
iris.tbl[ , Sepal.Width := NULL]; iris.tbl
```

```
##      Sepal.Length Petal.Length Petal.Width   Species
##   1:          5.1          1.4         0.2    setosa
##   2:          4.9          1.4         0.2    setosa
##   3:          4.7          1.3         0.2    setosa
##   4:          4.6          1.5         0.2    setosa
##   5:          5.0          1.4         0.2    setosa
##  ---
## 146:          6.7          5.2         2.3 virginica
## 147:          6.3          5.0         1.9 virginica
## 148:          6.5          5.2         2.0 virginica
## 149:          6.2          5.4         2.3 virginica
## 150:          5.9          5.1         1.8 virginica
```

data.table 進行群組與摘要的語法精簡，簡單來說在縱行的位置上以 list() 函數串待分組的數值變數與統計摘要函數，by 引數則給定分組的因子變數。

```
# data.table 群組與摘要語法特殊
iris.tbl[ , list(Sepal.Length = mean(Sepal.Length),
Petal.Width = median(Petal.Width)), by = Species]
```

```
##       Species Sepal.Length Petal.Width
## 1:     setosa        5.006         0.2
## 2: versicolor        5.936         1.3
## 3:  virginica        6.588         2.0
```

2.2.3 Python 語言群組與摘要

群組與摘要是資料探索與理解的前哨工作，因此我們再以 Python 語言說明其具體作法[2]。`phone_data.csv` 有數個月的行動電話使用記錄，載入檔案檢視數據維度與維數、變數型別、與前五筆觀測值，其中型別為 `object` 的變數表示內容是字串。

```
# 載入必要套件
import pandas as pd
import numpy as np
import dateutil
# 載入 csv 檔
path = '/Users/Vince/cstsouMac/Python/Examples/Basics'
fname = '/data/phone_data.csv'
data = pd.read_csv(''.join([path, fname]))
# 830 筆觀測值，7 個變數
print(data.shape)
```

```
## (830, 7)
```

```
# 除 index 與 duration 外，所有欄位都是字串型別的類別變數
print(data.dtypes)
```

```
## index            int64
## date            object
## duration       float64
## item            object
## month           object
## network         object
## network_type    object
## dtype: object
```

---

[2]www.shanelynn.ie/summarising-aggregation-and-grouping-data-in-python-pandas/

```
# 從編號 1 的第 2 欄位向後選，去除 index 欄位
data = data.iloc[:,1:]
```

```
print(data.head())
```

```
##                 date  duration  item    month   network
## 0   15/10/14 06:58    34.429   data  2014-11      data
## 1   15/10/14 06:58    13.000   call  2014-11  Vodafone
## 2   15/10/14 14:46    23.000   call  2014-11    Meteor
## 3   15/10/14 14:48     4.000   call  2014-11     Tesco
## 4   15/10/14 17:27     4.000   call  2014-11     Tesco

##    network_type
## 0         data
## 1       mobile
## 2       mobile
## 3       mobile
## 4       mobile
```

大數據時代下，資料多帶有時間戳記 (time stamp) 的脈絡 (contextual) 變數，將這些原為字串變數的時間，轉為跨時區可計算的時間格式變數，是處理時間序列資料的重要任務。我們接著運用 **pandas** 序列資料結構的 apply() 方法，將序列 data['date'] 中的每個字串元素轉換為 datetime64[ns] 時間格式，ns 表示時間單位為 nanosecond(https://docs.scipy.org/doc/numpy-1.13.0/reference/arrays.datetime.html)。

```
# 將日期字串逐一轉為時間格式
data['date'] = data['date'].apply(dateutil.parser.parse,
dayfirst=True)
# 也可以運用 pandas 的 to_datetime() 方法
data['date'] = pd.to_datetime(data['date']))
```

```python
# 'date' 的資料型別已改變
print(data.dtypes)
```

```
## date                    datetime64[ns]
## duration                       float64
## item                            object
## month                           object
## network                         object
## network_type                    object
## dtype: object
```

前面 pandas 序列資料結構的 apply() 方法，與 R 語言的 apply() 函數一樣，都是隱式迴圈，其將內建函數、匿名函數或自定義函數等施加於序列中的每個元素，以下以一個短序列簡例說明 apply() 用法。

```python
# 傳入原生串列物件創建 pandas 序列，index 引數給定橫向索引
series = pd.Series([20, 21, 12], index=['London',
'New York','Helsinki'])
print(series)
```

```
## London      20
## New York    21
## Helsinki    12
## dtype: int64
```

```python
# pandas 序列物件 apply() 方法的多種用法
# 可套用內建函數，例如：對數函數 np.log()
print(series.apply(np.log))
```

```
## London      2.995732
## New York    3.044522
## Helsinki    2.484907
## dtype: float64
```

```python
# 也可以套用關鍵字為 lambda 的匿名函數
# 其 x 代表序列物件的各個元素
print(series.apply(lambda x: x**2))
```

```
## London      400
## New York    441
## Helsinki    144
## dtype: int64
```

```python
# 或是自定義函數 square()
def square(x):
    return x**2
print(series.apply(square))
```

```
## London      400
## New York    441
## Helsinki    144
## dtype: int64
```

```python
# 另一個自定義函數，請注意參數 custom_value 如何傳入
def subtract_custom_value(x, custom_value):
    return x - custom_value
# 以 args 引數傳入值組 (5,) 作為 custom_value 參數
print(series.apply(subtract_custom_value, args=(5,)))
```

```
## London      15
## New York    16
## Helsinki     7
## dtype: int64
```

回到前面的行動電話使用數據，我們可以用資料框物件的 keys() 方法，或是 columns 屬性檢視變數名稱，資料表共有：觀測值索引 index、日期 date、通話或數據服務時間 duration、服務類型 item、月份 month、網路營運商 network、與網路服務型式 network_type 等七個

欄位。

```
# 檢視變數名稱 (或是 data.keys())
print(data.columns)
## Index(['index', 'date', 'duration', 'item', 'month',
## 'network', 'network_type'], dtype='object')
```

首先對 object 型別的服務類型 item 與網路服務型式 network_type 進行次數統計，以瞭解所有可能類別的分佈狀況。從結果可以看出服務類型有語音 (call)、簡訊 (sms) 和數據 (data) 三種，以語音服務次數最多 (388)，數據服務次數最少 (150)；而網路服務型式有行動 (mobile)、數據 (data)、座機 (landline)、語音郵件 (voicemail)、國際 (world) 與特殊服務 (special) 等六種，value_counts() 方法是 pandas 序列物件的一維次數統計方法，預設傳回的次數是從高到低，normalize 引數設為 True 會傳回相對次數統計值。pandas 高維次數統計使用另一個函數 crosstab()(參見5.2.4.1節銀行貸款風險管理案例)，無法像 R 語言以 table() 函數完成所有次數統計的工作。

```
# 服務類型次數分佈
print(data['item'].value_counts())
```

```
## call    388
## sms     292
## data    150
## Name: item, dtype: int64
```

```
# 網路服務型式次數分佈
print(data['network_type'].value_counts())
```

```
## mobile      601
## data        150
## landline     42
## voicemail    27
## world         7
```

```
## special          3
## Name: network_type, dtype: int64
```

接著取出 duration 查詢語音/數據的最長服務時間，計算語音通話的總時間，以及各月的記錄筆數。

```
# 語音/數據最長服務時間
print(data['duration'].max())
```

```
## 10528.0
```

```
# 語音通話的總時間計算，邏輯值索引 + 加總方法 sum()
print(data['duration'][data['item'] == 'call'].sum())
```

```
## 92321.0
```

```
# 每月記錄筆數
print(data['month'].value_counts())
```

```
## 2014-11    230
## 2015-01    205
## 2014-12    157
## 2015-02    137
## 2015-03    101
## Name: month, dtype: int64
```

分析者可能會好奇網路營運商的家數，此時可以 **pandas** 序列物件的 nunique() 方法查詢類別變數 network 獨一無二的類別值數量，或者從 network 的次數分佈表得知。

```
# 網路營運商家數
print(data['network'].nunique())
```

```
## 9
```

```
# 網路營運商次數分佈表
print(data['network'].value_counts())
```

```
## Three        215
## Vodafone     215
## data         150
## Meteor        87
## Tesco         84
## landline      42
## voicemail     27
## world          7
## special        3
## Name: network, dtype: int64
```

群組與摘要前確認是否有遺缺值，結果發現各欄位均無遺缺值。

```
# 各欄位遺缺值統計
print(data.isnull().sum())
```

```
## date            0
## duration        0
## item            0
## month           0
## network         0
## network_type    0
## dtype: int64
```

我們以 month 將行動電話使用數據分成五組，分組的數據須轉成串列 list 後方能查看分組結果，其以年月為鍵，分組表為值的各值組 (tuple) 所形成的串列物件 (此處為了排版，過寬的結果不便顯示為值組，讀者請自行執行代碼。)。

```
# 依月份分組，先轉為串列後僅顯示最後一個月的分組數據
print(list(data.groupby(['month']))[-1])
```

```
## 2015-03

##                     date  duration  item     month
## 729  2015-02-12 20:15:00    69.000  call  2015-03
## 730  2015-02-12 20:51:00    86.000  call  2015-03
## 731  2015-02-13 06:58:00    34.429  data  2015-03
## 732  2015-02-13 10:58:00   451.000  call  2015-03
## 733  2015-02-13 21:13:00     8.000  call  2015-03

##        network network_type
## 729   landline     landline
## 730      Tesco       mobile
## 731       data         data
## 732   Vodafone       mobile
## 733   Vodafone       mobile
```

```python
# 分組數據是 pandas 資料框的 groupby 類型物件
print(type(data.groupby(['month'])))
```

```
## <class 'pandas.core.groupby.DataFrameGroupBy'>
```

```python
# groupby 類型物件的 groups 屬性是字典結構
print(type(data.groupby(['month']).groups))
```

```
## <class 'dict'>
```

```python
# 以年-月為各組數據的鍵，觀測值索引為值
print(data.groupby(['month']).groups.keys())
## dict_keys(['2014-11', '2014-12', '2015-01', '2015-02',
## '2015-03'])
```

```python
# '2015-03' 該組數據長度
print(len(data.groupby(['month']).groups['2015-03']))
```

```
## 101
```

```
# 取出 '2015-03' 該組 101 筆數據的觀測值索引
print(data.groupby(['month']).groups['2015-03'])
```

```
## Int64Index([729, 730, 731, 732, 733, 734, 735, 736, 737, 738,
##             ...
##             820, 821, 822, 823, 824, 825, 826, 827, 828, 829],
##            dtype='int64', length=101)
```

```
# first() 方法取出各月第一筆資料，可發現各組數據欄位與原數據相同
print(data.groupby('month').first())
```

```
##                        date  duration  item   network
## month
## 2014-11  2014-10-15 06:58:00    34.429  data      data
## 2014-12  2014-11-13 06:58:00    34.429  data      data
## 2015-01  2014-12-13 06:58:00    34.429  data      data
## 2015-02  2015-01-13 06:58:00    34.429  data      data
## 2015-03  2015-02-12 20:15:00    69.000  call  landline

##          network_type
## month
## 2014-11          data
## 2014-12          data
## 2015-01          data
## 2015-02          data
## 2015-03      landline
```

從分組數據中取出 duration 加總得各月電信服務總時數如下：

```
# 各月電信服務總時數 (Christmas 前很忙！)
print(data.groupby('month')['duration'].sum())
```

```
## month
## 2014-11    26639.441
## 2014-12    14641.870
```

```
## 2015-01      18223.299
## 2015-02      15522.299
## 2015-03      22750.441
## Name: duration, dtype: float64
```

各家電信營運商的語音通話總和也可由群組與摘要的方式計算出來，處理邏輯為布林值索引、群組、挑欄位、最後做計算。

```python
# 各電信營運商語音通話總和
print(data[data['item'] == 'call'].groupby('network')
['duration'].sum())
```

```
## network
## Meteor        7200.0
## Tesco        13828.0
## Three        36464.0
## Vodafone     14621.0
## landline     18433.0
## voicemail     1775.0
## Name: duration, dtype: float64
```

群組與摘要當然可以依多個欄位將數據分組後再進行統計。

```python
# 多個欄位分組，各月各服務類型的資料筆數統計
# 抓出分組數據的任何欄位統計筆數均可，此處以 date 為例
print(data.groupby(['month', 'item'])['date'].count())
```

```
## month    item
## 2014-11  call    107
##          data     29
##          sms      94
## 2014-12  call     79
##          data     30
##          sms      48
## 2015-01  call     88
```

```
##            data    31
##            sms     86
## 2015-02   call    67
##            data    31
##            sms     39
## 2015-03   call    47
##            data    29
##            sms     25
## Name: date, dtype: int64
```

　　資料處理與分析的工作有許多魔鬼藏在細節中，例如：分組結果可以 **pandas** 序列或資料框兩種方式呈現，其語法區別在於是否多了一對中括弧，細心的讀者可由下面的結果觀察到此一差異。

```
# 分組統計結果 pandas 序列 (duration 變數名稱在最下面)
print(data.groupby('month')['duration'].sum())
```

```
## month
## 2014-11    26639.441
## 2014-12    14641.870
## 2015-01    18223.299
## 2015-02    15522.299
## 2015-03    22750.441
## Name: duration, dtype: float64
```

```
print(type(data.groupby('month')['duration'].sum()))
```

```
## <class 'pandas.core.series.Series'>
```

```
# 分組統計結果 pandas 資料框 (duration 變數名稱在上方)
print(data.groupby('month')[['duration']].sum())
```

```
##            duration
## month
## 2014-11   26639.441
```

```
## 2014-12    14641.870
## 2015-01    18223.299
## 2015-02    15522.299
## 2015-03    22750.441
```

```
print(type(data.groupby('month')[['duration']].sum()))
```

```
## <class 'pandas.core.frame.DataFrame'>
```

除了上面的 sum() 與 count() 統計方式，分組後的數據可以 agg() 方法決定統計的欄位與計算方法，欄位與計算是以兩者形成的鍵值原生字典結構傳入 agg() 函數中。傳出的結果預設是以分組變數為索引的統計表，使用者可在數據分組時以 as_index=False 改變預設設定，傳回分組變數與欲統計變數的兩欄資料框。

```
# 群組數據後的 agg() 分組統計
print(data.groupby('month').agg({"duration": "sum"}))
```

```
##            duration
## month
## 2014-11    26639.441
## 2014-12    14641.870
## 2015-01    18223.299
## 2015-02    15522.299
## 2015-03    22750.441
```

```
# 分組索引值為分組變數 month 的值
print(data.groupby('month').agg({"duration": "sum"}).index)
## Index(['2014-11', '2014-12', '2015-01', '2015-02',
## '2015-03'], dtype='object', name='month')
```

```
# 分組統計的欄位名稱為 duration
print(data.groupby('month').agg({"duration": "sum"}).columns)
```

```
## Index(['duration'], dtype='object')
```

```python
# as_index=False 改變預設設定，month 從索引變成變數
print(data.groupby('month', as_index=False).agg({"duration": "sum"}))
```

```
##      month   duration
## 0  2014-11  26639.441
## 1  2014-12  14641.870
## 2  2015-01  18223.299
## 3  2015-02  15522.299
## 4  2015-03  22750.441
```

最後，agg() 方法如果傳入多個鍵值對 (key-value pairs)，即可對分組數據做如下的多個統計計算。

```python
# 各組多個統計計算
# 各月 (month) 各服務 (item) 的服務時間、網路服務型式與日期統計
print(data.groupby(['month', 'item']).agg({'duration': [min, max, sum], 'network_type': "count", 'date': [min, 'first', 'nunique']}))
#                duration                          network_type
#                     min       max        sum            count
# month   item
# 2014-11 call      1.000   1940.000  25547.000              107
#         data     34.429     34.429    998.441               29
#         sms       1.000      1.000     94.000               94
# 2014-12 call      2.000   2120.000  13561.000               79
#         data     34.429     34.429   1032.870               30
#         sms       1.000      1.000     48.000               48
# 2015-01 call      2.000   1859.000  17070.000               88
#         data     34.429     34.429   1067.299               31
#         sms       1.000      1.000     86.000               86
# 2015-02 call      1.000   1863.000  14416.000               67
#         data     34.429     34.429   1067.299               31
```

```
#                sms      1.000       1.000      39.000    39
# 2015-03 call   2.000   10528.000   21727.000    47
#         data  34.429    34.429     998.441    29
#         sms    1.000     1.000      25.000    25
#
#
#                                    date
# month   item                         min           first            nunique
# 2014-11 call  2014-10-15 06:58:00  2014-10-15 06:58:00  104
#         data  2014-10-15 06:58:00  2014-10-15 06:58:00   29
#         sms   2014-10-16 22:18:00  2014-10-16 22:18:00   79
# 2014-12 call  2014-11-14 17:24:00  2014-11-14 17:24:00   76
#         data  2014-11-13 06:58:00  2014-11-13 06:58:00   30
#         sms   2014-11-14 17:28:00  2014-11-14 17:28:00   41
# 2015-01 call  2014-12-15 20:03:00  2014-12-15 20:03:00   84
#         data  2014-12-13 06:58:00  2014-12-13 06:58:00   31
#         sms   2014-12-15 19:56:00  2014-12-15 19:56:00   58
# 2015-02 call  2015-01-15 10:36:00  2015-01-15 10:36:00   67
#         data  2015-01-13 06:58:00  2015-01-13 06:58:00   31
#         sms   2015-01-15 12:23:00  2015-01-15 12:23:00   27
# 2015-03 call  2015-02-12 20:15:00  2015-02-12 20:15:00   47
#         data  2015-02-13 06:58:00  2015-02-13 06:58:00   29
#         sms   2015-02-19 18:46:00  2015-02-19 18:46:00   17
```

2.3　屬性工程

屬性轉換 (fearure transformation) 與資料縮減 (data reduction) 是資料前處理的重要步驟，屬性轉換除了各種計算所需的變數編碼外 (參見1.3.6節 R 語言因子與1.4.3節 Python 語言類別變數編碼)，還包括透過轉換公式降低變數尺度不一、變數偏斜性與離群資料對於模型的不良影響，從而提升模型績效。資料縮減包括橫向的資料抽樣，與縱向的屬性萃取 (feature extraction) 與屬性挑選 (feature selection)，屬性萃取指結合多個預測變數為一代理變數 (surrogate variable)，或稱**潛在變數 (latent variable)**；屬性挑選則移除訊息貧瘠、贅餘或無關的變數。橫向抽樣將在第三章統計機器學習基礎中說明，本節將上述其它工作 (屬性轉換、屬性萃取與挑選) 統稱為**屬性工程 (feature engineering)**，以細胞分裂高內涵篩檢資料為例，說明屬性工程內容。

2.3.1 屬性轉換與移除

最常運用的屬性轉換當屬**標準化 (standardization)** 與**正規化 (normalization)**，兩者均適用於數值屬性，其目的類似因此很容易混淆。因為不同屬性之值域與分佈的明顯差異，可能會誤導資料分析與建模的算法，所以標準化的目的是統整不同連續屬性間的數值分佈，而正規化則是統整不同連續屬性值的範圍 (Cichosz, 2015)。標準化透過轉換公式讓所有屬性的平均值統一為 0，標準差規整到 1：

$$x'_{ij} = \frac{x_{ij} - \bar{x}_j}{s_j}, i = 1, ..., n, \qquad (2.11)$$

其中 $\bar{x}_j$ 為變數 j 的平均數，s_j 為變數 j 的標準差，計量化學 (Chemometrics) 領域將標準化拆分為兩個步驟，分子的中心化 (centering) 與分母的尺度均一化 (scaling)，合起來稱為自動尺度均一化 (autoscaling)。

正規化將所有連續值屬性規整到 [0, 1] 或 [−1, 1] 等相同的區間中，

$$x'_{ij} = MIN + \frac{x_{ij} - x_j^{min}}{x_j^{max} - x_j^{min}} \times (MAX - MIN), i = 1, ..., n, \qquad (2.12)$$

其中 MIN 與 MAX 分別是目標區間的最小值和最大值，x_j^{min} 和 x_j^{max} 分別是變數 j 的最小值和最大值。

屬性衡量的方式通常不唯一，以汽車油耗表現為例，有些資料集以每加侖汽油行駛英里數 (miles per gallon, mpg) 衡量之，有些則以每行駛 100 公里耗用的公升數 (liters/100km) 來衡量，方式不同自然影響其分析手法與結果的詮釋。除了衡量方式，變數量綱也是分析時的重要考量，例如：收入從 \$10,000 增加到 \$12,000，與從 \$110,000 增加到 \$112,000，都是 \$2,000 增量，但後者因其量綱較大而使得同樣的增量較不明顯；同

樣地，從 2% 到 4% 與 40% 到 42%，後者也因量綱而使得增量不明顯。當這些情況發生時，分析者應依後續採行的分析建模方法，選擇 (2.11) 標準化式或 (2.12) 正規化式進行轉換，方能降低量綱對模型的影響。舉例來說，k 平均數集群、k 近鄰法、支援向量機與類神經網路等需要進行量綱調整，而樹狀模型則無須轉換。

一般來說，標準化比正規化更常見，可是某些領域可能更偏好用正規化。此外，計量化學領域裡的正規化可能是以橫列的方式運作，而非前述縱行的方式。橫向正規化方式將觀測值各變數的和規整為一常數值 (constant sum)，例如化合物中各物質的濃度數據；或將質譜數據橫向正規化為固定的最大值 (constant maximum)；以及正規化為固定的向量長度 (constant vector length)(Varmuza and Filzmoser, 2009)。

```
# R 語言產生隨機抽樣模擬數據
set.seed(1234)
(X <- matrix(runif(12), 3))
```

```
##        [,1]   [,2]   [,3]     [,4]
## [1,] 0.1137 0.6234 0.009496 0.5143
## [2,] 0.6223 0.8609 0.232551 0.6936
## [3,] 0.6093 0.6403 0.666084 0.5450
```

```
# 橫向正規化 (固定和)
apply(X, 1, sum)
```

```
## [1] 1.261 2.409 2.461
```

```
(X_sum100 <- X/apply(X, 1, sum)*100)
```

```
##         [,1]  [,2]   [,3]    [,4]
## [1,]  9.018 49.44  0.7531 40.79
## [2,] 25.828 35.73  9.6520 28.79
## [3,] 24.761 26.02 27.0695 22.15
```

```r
# 核驗結果
apply(X_sum100, 1, sum)
```

```
## [1] 100 100 100
```

```r
# 橫向正規化 (固定最大值)
apply(X, 1, max)
```

```
## [1] 0.6234 0.8609 0.6661
```

```r
(X_max100 <- X/apply(X, 1, max)*100)
```

```
##        [,1]   [,2]    [,3]   [,4]
## [1,] 18.24 100.00   1.523 82.49
## [2,] 72.28 100.00  27.012 80.56
## [3,] 91.47  96.13 100.000 81.82
```

```r
# 核驗結果
apply(X_max100, 1, max)
```

```
## [1] 100 100 100
```

```r
# 橫向正規化 (固定向量長)
sqrt(apply(X^2, 1, sum))
```

```
## [1] 0.8161 1.2898 1.2336
```

```r
(X_length1 <- X/sqrt(apply(X^2, 1, sum)))
```

```
##        [,1]   [,2]    [,3]   [,4]
## [1,] 0.1393 0.7638 0.01164 0.6301
## [2,] 0.4825 0.6675 0.18030 0.5378
## [3,] 0.4939 0.5190 0.53993 0.4418
```

```
# 核驗結果
apply(X_length1^2, 1, sum)
```

```
## [1] 1 1 1
```

圖2.11說明橫向正規化的三種可能方式，結果顯示數據的維度降低，且資料點間的距離已經改變。除了思考以上轉換的應用情境外，資料科學家當須留意每種轉換計算方式的利弊得失，如同人生一樣，沒有人會是永遠的贏家！

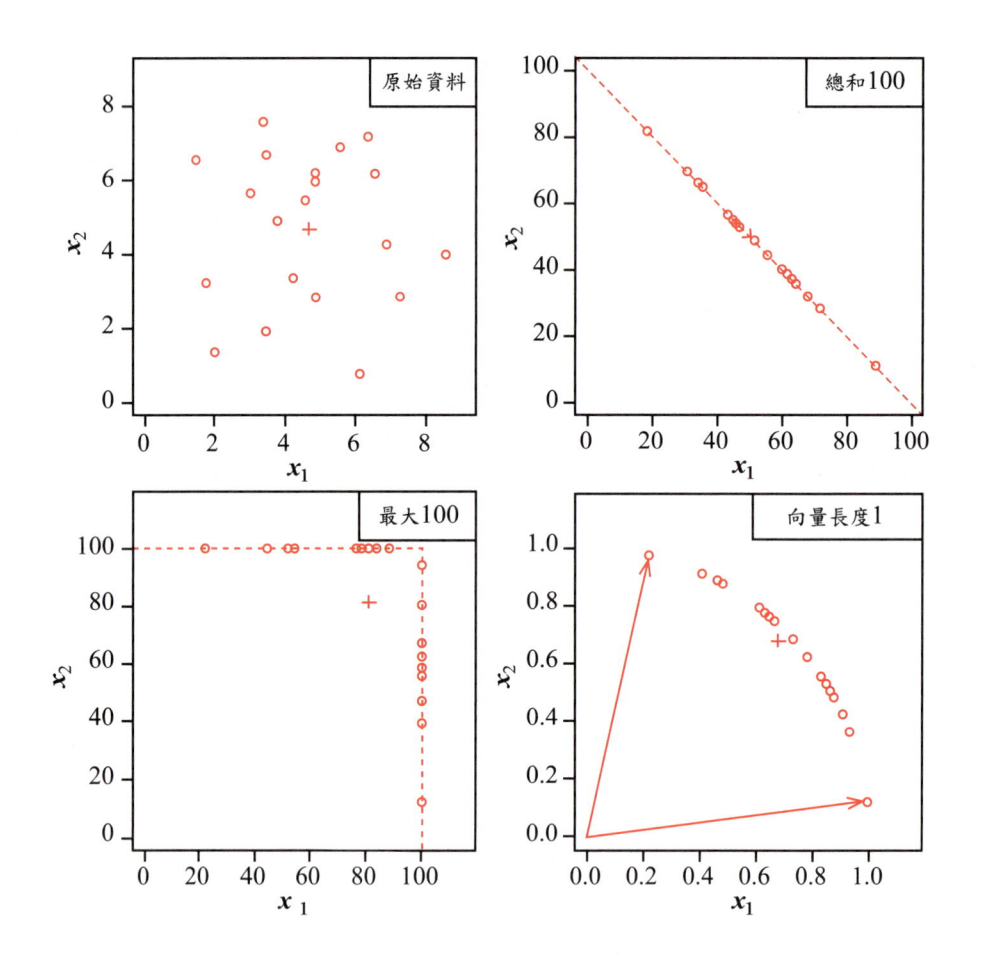

圖 2.11: 橫向正規化的三種可能方式 (Varmuza and Filzmoser, 2009)

接下來我們介紹貫穿2.3節的細胞分裂高內涵篩檢資料屬性工程案例 (Kuhn and Johnson, 2013)，傳統上欲瞭解藥物或疾病對活體體液的影響 (e.g. 細胞大小、形狀、發展狀態與數量等)，檢驗專家通常透過顯微鏡，以肉眼估算體液或組織中欲尋找之細胞特徵。這樣的工作方式不僅單調乏味，且需要細胞形式與其特徵等方面的專業知識。

高內涵篩檢技術 (high-content screening) 是當代的細胞特徵量測技術，透過檢體樣本的染色、打光、運用偵測器 (detector) 量測不同波長之光的散射性質，最後運用影像處理軟體依光散射的量測值量化檢體的細胞特徵。

本案例中頻道 1 光線量測值與細胞體有關，可以決定細胞周長與面積；頻道 2 偵測細胞核 DNA 範圍；頻道 3 和 4 偵測肌動蛋白和微管蛋白；四個頻道總共量測 116 個屬性。可惜前述自動化且產出眾多特徵的檢驗方式，有時也會出錯。換句話說，決定細胞位置與形狀的影像處理軟體，在辨識各個細胞的邊界時可能會有困難。如果細胞大小、形狀、數量等是我們所關心的特徵，則儀器與影像處理軟體能否正確辨識各細胞的邊界就會非常重要了。

首先載入套件 {AppliedPredictiveModeling} 中的細胞分裂資料框 **segmentationOriginal** 進行資料理解，str() 函數回傳之變數串列 (共 119 個) 非常長，因此將引數 list.len 設定為 10 以截略之。

```
# 本節 running example
library(AppliedPredictiveModeling)
data(segmentationOriginal)
```

```
str(segmentationOriginal, list.len = 10)
```

```
## 'data.frame': 2019 obs. of 119 variables:
## $ Cell : int 207827637 207932307 207932463
## 207932470 207932455 207827656 207827659
## 207827661 207932479 207932480 ...
## $ Case : Factor w/ 2 levels "Test","Train": 1 2
## 2 2 1 1 1 1 1 ...
## $ Class : Factor w/ 2 levels "PS","WS": 1 1 2 1
## 1 2 2 1 2 2 ...
## $ AngleCh1 : num 143.25 133.75 106.65 69.15 2.89
```

```
## ...
## $ AngleStatusCh1 : int 1 0 0 0 2 2 1 1 2 1 ...
## $ AreaCh1 : int 185 819 431 298 285 172 177 251
## 495 384 ...
## $ AreaStatusCh1 : int 0 1 0 0 0 0 0 0 0 0 ...
## $ AvgIntenCh1 : num 15.7 31.9 28 19.5 24.3 ...
## $ AvgIntenCh2 : num 3.95 205.88 115.32 101.29
## 111.42 ...
## $ AvgIntenCh3 : num 9.55 69.92 63.94 28.22 20.47
## ...
## [list output truncated]
```

　　str() 報表說明 segmentationOriginal 有 2019 筆細胞影像觀測值，每個細胞影像量測了 119 個變數。進一步以 names() 函數檢視變數名稱，其中目標變數 Class 為 WS 表影像處理軟體能正確辨識細胞的邊界，而 PS 則是無法正確辨識其邊界。再從 summary() 函數報表中各變數的最小與最大值可發現，各變數量綱差距大，且有些變數雖為整數型別 (名稱都帶有"Status" 字串)，但疑似是類別型。

```
library(UsingR)
# 119 個變數名稱，限於篇幅，只顯示頭尾
headtail(names(segmentationOriginal))
```

```
##    [1] "Cell"
##    [2] "Case"
##    [3] "Class"
##    [4] "AngleCh1"
##      ...
## [116] "WidthCh1"
## [117] "WidthStatusCh1"
## [118] "XCentroid"
## [119] "YCentroid"
```

```
# 目標變數 `Class`次數分佈
table(segmentationOriginal$Class)
```

```
## 
##   PS   WS
## 1300  719
```

```
# 報表太大，請讀者自行執行
summary(segmentationOriginal)
```

```
# 自變項資料框傳入 sapply()，以匿名函數計算各變數最小與最大值
headtail(sapply(segmentationOriginal[-(1:3)], function(u)
c(min = min(u), max = max(u))))
```

```
##       AngleCh1 AngleStatusCh1 AreaCh1 AreaStatusCh1
## min    0.03088              0     150             0
## max  179.93932              2    2186             1
##     AvgIntenCh1 AvgIntenCh2 AvgIntenCh3 AvgIntenCh4
##     ...
## max                       2      54.745            2
##     XCentroid YCentroid
## min         9         8
## max       501       501
```

本案例前處理內容包含：

- 挑出訓練集 (training set)；
- 建立屬性矩陣 (feature matrix)；
- 建立類別標籤向量 (class label)；
- 區分類別與數值屬性；
- 低變異過濾 (low variance filter)；
- 偏斜 (skewed) 分佈屬性 Box-Cox 轉換 (以上2.3.1節屬性轉換與移除)；
- 主成份分析維度縮減 (dimensionality reduction)(2.3.2節屬性萃取)；
- 高相關過濾 (2.3.3節屬性挑選)。

本案例資料的因子屬性 Case，是事先切分樣本為訓練與測試兩子集的結果。接下來以訓練集為例，說明資料前處理中的屬性工程，因此 subset() 函數中以 Case == "Train" 取出訓練資料子集 segTrain：

```
# 因子屬性 `Case`次數分佈 table(segmentationOriginal$Case)
segTrain <- subset(segmentationOriginal, Case == "Train")
```

接著將前述 Class 欄位獨立為類別標籤向量，機器學習/電腦科學人群習慣將統計用的資料矩陣分開為屬性矩陣與目標向量。

```
# 類別標籤向量獨立為 segTrainClass, 1009 個類別標籤值
segTrainClass <- segTrain$Class
length(segTrainClass)
```

```
## [1] 1009
```

而欄位 Cell 為細胞檢體編號，為避免過度配適 (overfitting)，此種識別欄位 (identifier columns) 通常將之移除，所以移除前三欄後得屬性矩陣 segTrainX 如下：

```
segTrainX <- segTrain[, -(1:3)]
# 1009 個訓練樣本, 116 個屬性
dim(segTrainX)
```

```
## [1] 1009  116
```

分佈退化 (degenerate distribution) 的預測變數對模型是沒有貢獻的，以單變量來說預測變數只有一個獨一無二的值稱其分佈退化 (https://en.wikipedia.org/wiki/Degenerate_distribution)。通常可以統計量數中的變異數辨識此類預測變數，判斷量化變數是否為零變異，或是近乎零變異 (near-zero variance)，亦可由直方圖或密度曲線，觀察有無退化現象 (極度右偏、極度左偏、單一高峽峰等)。而類別變數除了以次數分佈表、長條圖或圓餅圖觀察分佈外，亦可由兩個統計值 percentUnique 與 freqRatio 是否低於或超出門檻值，得知次數分佈是否有異樣。percentUnique 為獨一無二的類別值數量與樣本大小的比值，常用門檻值

為 10%，如果 percentUnique 太高，代表類別變數的互異類別值非常多，宜刪除此類<u>準識別欄位</u>；freqRatio 為最頻繁的 (the most common) 類別值頻次，除以次 (second) 頻繁類別值頻次的比值，常用門檻值為 95/5，如果 freqRatio 太高，代表類別變數高度集中在最頻繁的類別，宜刪除此類<u>高度偏斜變數</u>。舉例來說，欄位 Cell 為細胞檢體識別欄位，1009 個訓練樣本的欄位值均獨一無二，因此其 percentUnique 值為 $\frac{1009}{1009} = 100\%$，遠超過 10% 的門檻，應該剔除。再舉一個例子，某預測變數只有兩個獨一無二的值，假設 1000 個樣本中 999 個樣本的變數值相同，則 freqRatio 的值為 $\frac{999}{1} = 999$，而 percentUnique 的值為 $\frac{2}{1000} = 0.2\%$，所以從 freqRatio 的角度應該將之刪除。

R 語言套件 {caret} 中的 nearZeroVar() 函數可挑出變異數為 0 或近乎 0 的屬性，這種屬性訊息含量低，不適合作為預測變數，移除之後儲存為無零變異屬性之訓練集屬性矩陣 segTrainXV。(註：Python 套件 **scikit-learn** 中 **feature_selection** 模組的 **VarianceThreshold()** 類別可以完成低變異過濾任務，請參考5.2.3.1節光學手寫字元案例)

```r
# 分類與迴歸訓練重要 R 套件
library(caret)
# 預設傳回近乎零變異的變數編號
nearZeroVar(segTrainX)
```

```
## [1] 68 73 74
```

```r
# 近乎零變異變數名稱
names(segTrainX)[nearZeroVar(segTrainX)]
```

```
## [1] "KurtIntenStatusCh1"
## [2] "MemberAvgAvgIntenStatusCh2"
## [3] "MemberAvgTotalIntenStatusCh2"
```

```r
# 移除近乎零變異變數後存為 segTrainXV
segTrainXV <- segTrainX[, -nearZeroVar(segTrainX)]
```

240　第二章　資料前處理

nearZeroVar() 函數若將引數 saveMatrics 設為 TRUE，則輸出類別為 data.frame 的報表，函數對屬性矩陣的 116 個變數計算四個退化程度統計值 freqRatio、percentUnique、zeroVar 與 nzv 等，其中最後兩欄分別為零變異與近乎零變異的邏輯值向量，可如前做邏輯值索引的運用。

```
# 改變引數設定值，取得完整報表 (報表很長，只檢視某些變數結果)
nearZeroVar(segTrainX, saveMetrics = TRUE)[68:75,]
```

```
##                                 freqRatio percentUnique
## KurtIntenStatusCh1                 22.465      0.19822
## KurtIntenStatusCh3                  8.702      0.19822
## KurtIntenStatusCh4                 10.733      0.19822
## LengthCh1                           1.000    100.00000
## LengthStatusCh1                     7.716      0.29732
## MemberAvgAvgIntenStatusCh2          0.000      0.09911
## MemberAvgTotalIntenStatusCh2        0.000      0.09911
## NeighborAvgDistCh1                  1.000    100.00000
##                                 zeroVar    nzv
## KurtIntenStatusCh1                FALSE   TRUE
## KurtIntenStatusCh3                FALSE  FALSE
## KurtIntenStatusCh4                FALSE  FALSE
## LengthCh1                         FALSE  FALSE
## LengthStatusCh1                   FALSE  FALSE
## MemberAvgAvgIntenStatusCh2         TRUE   TRUE
## MemberAvgTotalIntenStatusCh2       TRUE   TRUE
## NeighborAvgDistCh1                FALSE  FALSE
```

```
# 輸出報表類別為資料框
class(nearZeroVar(segTrainX, saveMetrics = TRUE))
```

```
## [1] "data.frame"
```

```r
str(nearZeroVar(segTrainX, saveMetrics = TRUE))
```

```
## 'data.frame':    116 obs. of  4 variables:
##  $ freqRatio    : num  1 3.32 1.18 11.3 1 ...
##  $ percentUnique: num  100 0.297 39.544 0.198 100 ...
##  $ zeroVar      : logi  FALSE FALSE FALSE FALSE FALSE FALSE ...
##  $ nzv          : logi  FALSE FALSE FALSE FALSE FALSE FALSE ...
```

```r
# 零變異變數名稱
names(segTrainX)[nearZeroVar(segTrainX, saveMetrics = TRUE)$zeroVar]
```

```
## [1] "MemberAvgAvgIntenStatusCh2"
## [2] "MemberAvgTotalIntenStatusCh2"
```

由上面結果可發現高內涵篩檢資料中低變異屬性的名稱，都是帶有"Status" 的疑似類別型變數。先前 summary() 報表中也發現這些變數的最小值為 0，最大值都不超過 3，呈現三元 (含) 以下變數的徵兆。因為後續屬性轉換與縮減的方法適合數值變數，此處移除疑似二元或三元的"Status" 欄位後，將剩餘欄位儲存為無類別變項的 segTrainXNC。

```r
# 擷取名稱帶有"Status" 的變數編號
(statusColNum <- grep("Status", names(segTrainXV)))
```

```
##  [1]   2   4   9  10  11  12  14  16  20  21  22  26
## [13]  27  28  30  32  34  36  38  40  43  44  46  48
## [25]  51  52  55  56  59  60  63  64  68  69  71  73
## [37]  75  77  79  81  83  85  89  90  91  94  95 100
## [49] 101 102 103 107 108 109 111
```

移除前先檢視次數分佈表，確認欲分離者均為二元或三元變數。

```r
# 名稱有"Status" 之變數成批產生次數分配表，確定均為三元以下變數
head(sapply(segTrainXV[, statusColNum], table))
```

```
## $AngleStatusCh1
## 
##   0   1   2
## 630 190 189
## 
## $AreaStatusCh1
## 
##   0   1
## 927  82
## 
## $AvgIntenStatusCh1
## 
##   0   1
## 805 204
## 
## $AvgIntenStatusCh2
## 
##   0   1   2
## 622 169 218
## 
## $AvgIntenStatusCh3
## 
##   0   1
## 923  86
## 
## $AvgIntenStatusCh4
## 
##   0   1   2
## 823 132  54
```

```
# 分離出數值屬性矩陣 segTrainXNC, NC 表 not categorical
segTrainXNC <- segTrainXV[, -statusColNum]
```

獨立出數值屬性矩陣 segTrainXNC 後，我們關心各變數分佈是否偏斜的問題，實務上可以變數最大值與最小值之比值檢視其偏斜狀況，以變數 VarIntenCh3 為例，其最大值為最小值的 870 倍以上，說明此變數分佈右偏嚴重。

```
# VarIntenCh3 嚴重右偏
summary(segTrainXNC$VarIntenCh3)
```

```
##     Min.  1st Qu.   Median    Mean  3rd Qu.    Max.
##      0.9     37.1     68.1   101.7    125.0    757.0
```

```
max(segTrainX$VarIntenCh3)/min(segTrainX$VarIntenCh3)
```

```
## [1] 870.9
```

套件 {caret} 的函數 skewness() 計算變數的偏態係數，是檢驗偏態性的嚴謹方式，正值表右偏 (通常大於 1，或取更高的門檻值)，負值表左偏 (小於-1，或取更低的門檻值)，係數值接近 0 時表示是對稱型分佈。同樣以變數 VarIntenCh3 為例計算如下，其值顯示此變數確實有右偏的情況。

```
# 偏態係數計算
library(e1071)
skewness(segTrainXNC$VarIntenCh3)
```

```
## [1] 2.392
```

VarIntenCh3 是頻道 3 的變數，如前所述此頻道與肌動蛋白有關，VarIntenCh3 為肌動蛋白絲畫素強度之標準差，從圖 2.12 所示的直方圖與密度曲線，並搭配位置量數報表，可看出其數值分佈多集中在 100 以內，畫素強度標準差超過 400 的不到 3%，但是最高可達 757.0209629，顯示其右偏情況頗為嚴重。

```
# 視覺化檢驗偏態狀況
hist(segTrainXNC$VarIntenCh3, prob = TRUE, ylim =
```

```
c(0, 0.009), xlab = 'VarIntenCh3')
lines(density(segTrainXNC$VarIntenCh3))
```

Histogram of segTrainXNC$VarIntenCh3

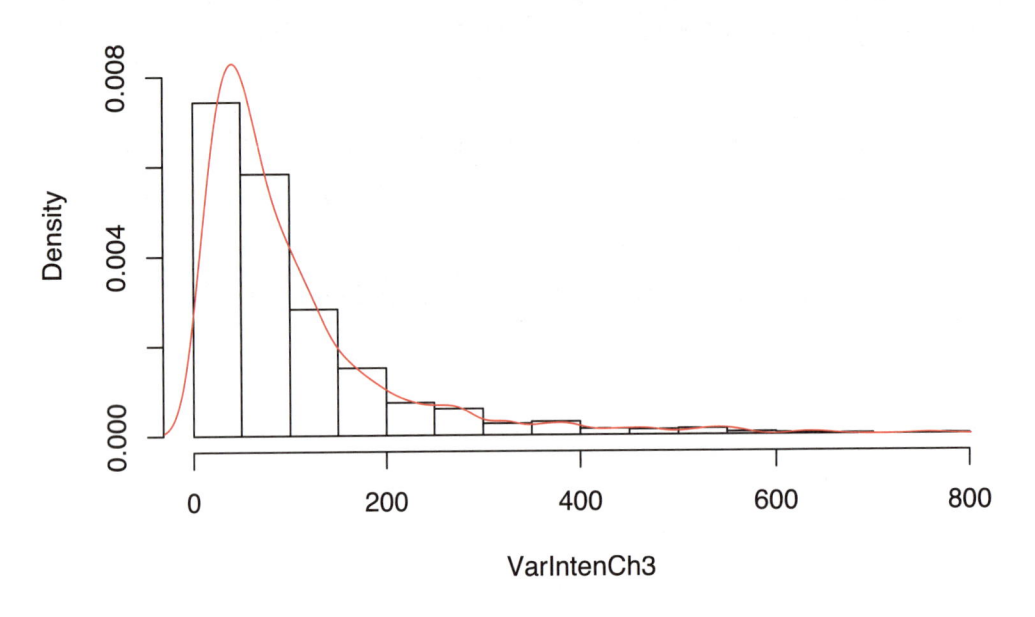

圖 2.12: 肌動蛋白絲畫素強度標準差之直方圖與密度曲線

```
# 以位置量數細部查驗偏態狀況 (注意 66% 與 97%)
quantile(segTrainXNC$VarIntenCh3, probs = seq(0, 1, 0.01))
```

```
##      0%      1%      2%      3%      4%      5%
##  0.8693  4.5031  6.7169  8.8801 10.7515 11.7593
##      6%      7%      8%      9%     10%     11%
## 13.7559 14.9896 16.6296 18.7684 19.8926 20.8345
##     12%     13%     14%     15%     16%     17%
## 21.9390 23.7875 24.9118 25.5480 26.7856 28.4036
##     18%     19%     20%     21%     22%     23%
## 29.8523 30.9695 32.3495 33.5802 34.4419 35.0471
##     24%     25%     26%     27%     28%     29%
## 36.5507 37.0615 38.1131 39.5989 40.5193 41.7409
##     30%     31%     32%     33%     34%     35%
## 42.7315 43.7361 44.5174 45.3950 47.2098 48.3857
```

```
##       36%      37%      38%      39%      40%      41%
##   49.0533  49.7891  51.5040  53.5576  54.7678  55.9045
##       42%      43%      44%      45%      46%      47%
##   57.3578  58.0820  59.0823  60.3656  61.5161  62.8224
##       48%      49%      50%      51%      52%      53%
##   64.2256  66.1938  68.1316  70.9053  71.5966  72.3819
##       54%      55%      56%      57%      58%      59%
##   73.8940  75.5771  77.8608  80.2354  82.3107  85.5421
##       60%      61%      62%      63%      64%      65%
##   87.4419  88.7011  91.6761  93.9952  95.8153  97.3838
##       66%      67%      68%      69%      70%      71%
##   99.0297 101.9070 104.3245 107.4206 110.1345 113.8203
##       72%      73%      74%      75%      76%      77%
##  116.8309 120.0786 122.2590 124.9899 127.4310 131.3483
##       78%      79%      80%      81%      82%      83%
##  134.9839 139.6621 144.7363 152.1413 156.8249 161.3075
##       84%      85%      86%      87%      88%      89%
##  168.0663 178.0931 182.9593 192.3181 201.7322 213.0455
##       90%      91%      92%      93%      94%      95%
##  224.4370 242.7358 254.0979 270.3246 283.1405 317.5986
##       96%      97%      98%      99%     100%
##  354.8559 388.5715 448.2813 530.1751 757.0210
```

回到 segTrainXNC 數值屬性矩陣，運用 apply() 函數可成批計算 segTrainXNC 所有變數的偏態係數，並將之作降冪排序。

```
# 以 apply()+sort() 計算並排序所有數值變數的偏態係數
skewValues <- apply(segTrainXNC, 2, skewness)
headtail(sort(skewValues, decreasing = TRUE))
```

```
##         KurtIntenCh1            KurtIntenCh4
##             12.85965                 6.91850
##   EqEllipseProlateVolCh1        EqSphereVolCh1
##              6.07083                 5.73950
##    ...
```

```
##        EntropyIntenCh3    IntenCoocEntropyCh3
##               -1.00295               -1.07569
##    IntenCoocEntropyCh4 ConvexHullPerimRatioCh1
##               -1.16028               -1.30410
```

假設偏態判定門檻值為 ±3，應用邏輯值索引挑出偏態係數高於 3 的右偏變數，檢視圖2.13右偏前九高變數的直方圖（請讀者自行注意 `invisible()` 函數拿掉後，輸出的 `breaks, counts, density, mids, xname, equidist` 等計算結果，與繪製直方圖的過程有關）。`lapply()` 函數根據傳入的右偏前九高變數名稱向量 `highlySkewed`，逐一至資料框 `segTrainXNC` 中取出各變數向量 `segTrainXNC[[u]]` 進行直方圖繪製，並以 `paste()` 函數結合 `names()` 函數製作各變數名稱的主標題，隱式迴圈中指標變數 `u` 為名稱向量 `highlySkewed` 的各個元素，靈活運用 `apply()` 系列函數，可幫助資料科學家快速完成手邊的工作。

```
# 偏態係數高於 3 的變數
sort(skewValues[skewValues > 3], decreasing = TRUE)
```

```
##           KurtIntenCh1            KurtIntenCh4
##                 12.860                   6.919
## EqEllipseProlateVolCh1            EqSphereVolCh1
##                  6.071                   5.740
##           KurtIntenCh3     EqEllipseOblateVolCh1
##                  5.506                   5.489
##           TotalIntenCh1            EqSphereAreaCh1
##                  5.400                   3.525
##                AreaCh1     IntenCoocContrastCh4
##                  3.525                   3.470
##           TotalIntenCh4
##                  3.149
```

```
# 取出右偏前九高的變數名稱
highlySkewed <- names(sort(skewValues, decreasing=TRUE))[1:9]
# 成批繪製直方圖
```

2.3 屬性工程

```
op <- par(mfrow = c(3,3))
invisible(lapply(highlySkewed, function(u)
{hist(segTrainXNC[[u]], main = paste("Histogram of ",
names(segTrainXNC[u])), xlab = "", cex.main = 0.8)}))
```

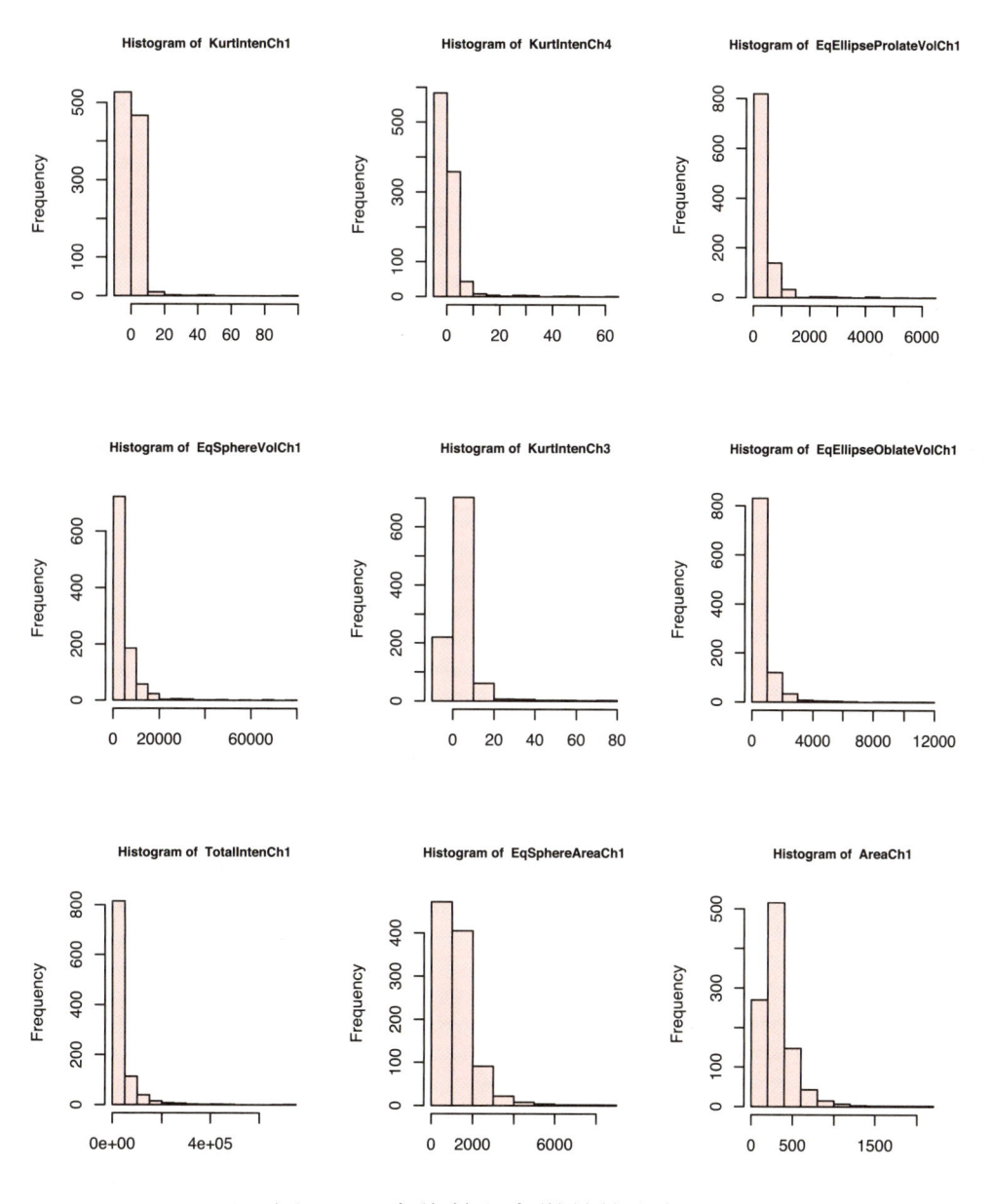

圖 2.13: 右偏前九高變數的直方圖

```
par(op)
```

以同樣邏輯檢視圖2.14左偏前九高變數的直方圖後，這些偏斜變數常以冪次方 **Box-Cox 轉換 (Box-Cox transformation)** 方程式將之變換為對稱型分佈，BC 轉換適用於當變數值恆為正的時候。

$$x' = \begin{cases} \frac{x^\lambda - 1}{\lambda}, \text{if } \lambda \neq 0 \\ \log x, \text{if } \lambda = 0. \end{cases} \tag{2.13}$$

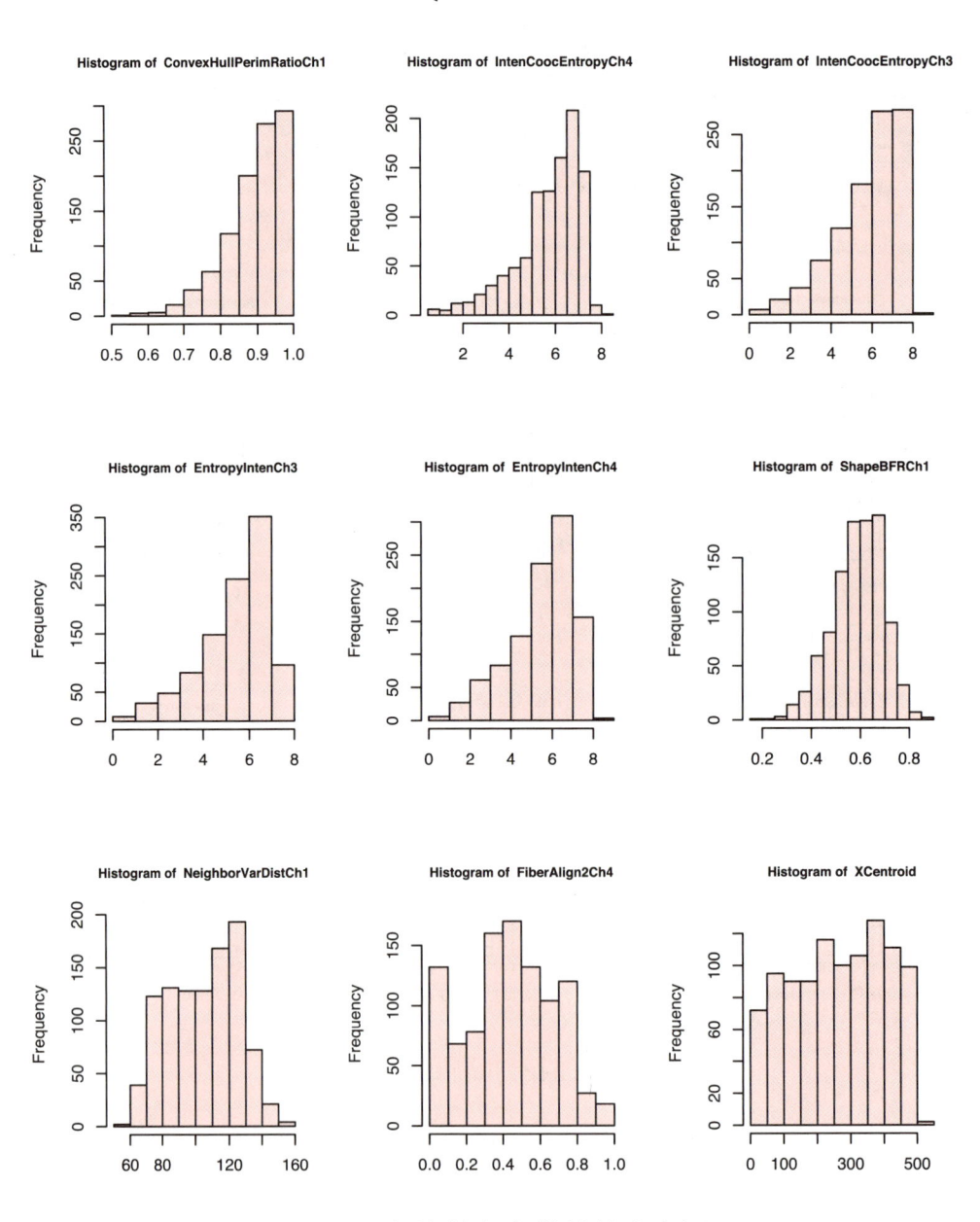

圖 2.14: 左偏前九高變數的直方圖

以變數 AreaCh1 為例，運用套件 {caret} 中 BoxCoxTrans() 函數進行轉換計算所需之 λ 估計，此函數背後運用套件 {MASS} 中的 boxcox() 函數，程式語言領域通常將前者稱為封裝函數 (wrapper fucntion)，它們利用現成的函數進行運算。(註：Python 語言 BC 轉換可用 **scipy.stats** 模組下的 boxcox() 函數)

```
library(caret)
# BC 轉換報表 (lambda 估計值為-0.9)
(Ch1AreaTrans <- BoxCoxTrans(segTrainXNC$AreaCh1))
```

```
## Box-Cox Transformation
##
## 1009 data points used to estimate Lambda
##
## Input data summary:
##     Min. 1st Qu.  Median    Mean 3rd Qu.    Max.
##      150     194     256     325     376    2186
##
## Largest/Smallest: 14.6
## Sample Skewness: 3.53
##
## Estimated Lambda: -0.9
```

BoxCoxTrans() 函數傳回的報表訊息依序是估計的樣本數、輸入樣本摘要、最大值與最小值的比值、樣本偏態係數與估計轉換用的 λ 值。predict() 泛型函數套用 BC 模型 CH1AreaTrans 中 λ 值，對變數 AreaCh1 的前六筆數值進行 BC 轉換計算，我們可以自撰的 BC 公式驗證 predict() 函數的結果是否正確。

```
# 前六筆原始資料
head(segTrainXNC$AreaCh1)
```

```
## [1] 819 431 298 256 258 358
```

```
# predict() 泛型函數執行 BC 轉換計算
predict(Ch1AreaTrans, head(segTrainXNC$AreaCh1))
```

```
## [1] 1.108 1.106 1.105 1.104 1.104 1.106
```

```
# 自撰 BC 公式驗證
(head(segTrainXNC$AreaCh1)^(-.9) - 1)/(-.9)
```

```
## [1] 1.108 1.106 1.105 1.104 1.104 1.106
```

Tukey (1977) 在其 Exploratory Data Analysis 一書中表示，學習如何有效地轉換變數，或是在不同情境下合宜地重新表達變數，是資料分析的微妙工藝。也就是說，手邊的資料如何衡量，分析時不一定就會原樣如此運用！此外，我們應留意各種屬性轉換其適用的時機，例如對數轉換適合正值資料，且變數數值涵蓋兩個以上的量綱 (10 的冪次) 時可能有用；若非如此，則轉換前後並無太大差別。實務上還有許多常用的轉換，限於篇幅無法一一介紹，例如：值域受限變數的轉換、均等化變異的轉換、線性關係轉換、經濟學中的 log-log 迴歸轉換等，都值得我們思索它們適合的情境。

2.3.2　屬性萃取之主成份分析

大數據最嚴峻的挑戰之一就是資訊複雜度隨著數據量大而提高，假如多變量資料集有 100 個變數，我們如何瞭解所有變數兩兩間的相互關係呢？即使是 20 個變數，也有 $190(C_2^{20})$ 個成對的相關係數需要考慮，才可能瞭解兩兩變數間的關係。**主成份分析 (Principal Components Analysis, PCA)** 是一種屬性萃取的技術，廣義來說是資料縮減，或稱為維度縮減的具體方法。它將較大的相關變數集，轉換為較小且無關的新變數集合，這些新變數稱之為主成份。例如：將 30 個相關的 (或可能贅餘的) 原始變數，轉換為 5 個彼此無關的合成變數 (composite variable)，並儘可能保留原始變數集的訊息。屬性萃取是多個預測變數的轉換，此點不同於前節單一預測變數的各種轉換。合成變數指的是由原始變數的線性組合，綜合成與原變數意義不同的主成份，這些主成份可解讀為原始可觀測的外顯變數無法衡量到的潛在構面或變項。

PCA 可稱為多變量統計分析之母，背後對應一組模型參數 (i.e. 前述線性組合係數) 最佳化的問題，依次計算各個線性潛在變數 (latent variable) 形成的新空間座標系統，其座標軸彼此正交 (i.e. 獨立，代表各軸訊息不重疊)，且新空間中各維度的訊息量均儘可能最大化。由於各軸的訊息不互相重疊，且都竭盡所能逼近資料集中餘留的訊息，因此各主成份的重要度依序遞減，後面計算出來的主成份相對越來越不重要。

PCA 因為分析的過程不考慮目標變數 y 的性質，是一種探索式資料分析的方法，屬於第四章的非監督式學習，實務上可以應用到任何屬性矩陣或預測變數矩陣 X。圖2.15是 PCA 矩陣運算原理，整個分析從 $n \times m$ 階的原始資料矩陣 X 出發，目的在尋找 a 個主成份與 m 個原始變數之間的線性組合關係，此 $m \times a$ 的矩陣 P 稱為負荷矩陣 (loading matrix)，或是旋轉矩陣 (rotation matrix)。在此關係下，透過原始資料矩陣 X 與負荷矩陣 P 的相乘，即可獲得原數據在新的變數空間，或稱主成份空間中對應的座標值，所得的 $n \times a$ 矩陣 T 稱為分數矩陣 (score matrix)。

a 為主成份降維後的空間維度，PCA 的目標是降維，且原始變數通常高度相關，所以 $a < min(n, m)$。在 $a = 2$ 的情況下，也就是僅考慮最重要的兩個主成份時，我們可以繪製圖2.15最右邊的原變數與兩主成份的負荷圖，以及各樣本在兩主成份空間中的分數圖 (或稱座標圖)，這兩張圖可在重要的低維空間中一窺高維數據的行為表現。

PCA 運算前通常先將原始資料標準化 (i.e. 中心化與尺度均一化)，如此所得的新空間分數矩陣也是中心化 (即分數矩陣的各行平均值為 0)，以及尺度均一化 (分數矩陣各行變異數為 1)。如圖2.16所示，p_1 表示二維空間中第一個主成份的方向，右圖可看出資料點投影到兩軸的平均值均為 0。而尺度均一化後，如圖2.17所示，讓左圖原來的第一個主成份負荷向量 p_1，在新空間中呈現 45 度角的直線 (Varmuza and Filzmoser, 2009)。

PCA 屬於古典統計方法，對離群值和資料分佈較為敏感。資料高度偏斜時須經 log 轉換，修正其偏態後再進行運算；但是如果資料中有離群值時，似乎不應該在計算前將各變數的尺度均一化，因為均一化後每個變數對於 PCA 的成份權重 (即負荷向量值) 就都相同了。因此，資料建模的工作本質上就是不斷多方嘗試，從實踐中汲取成功的方向。

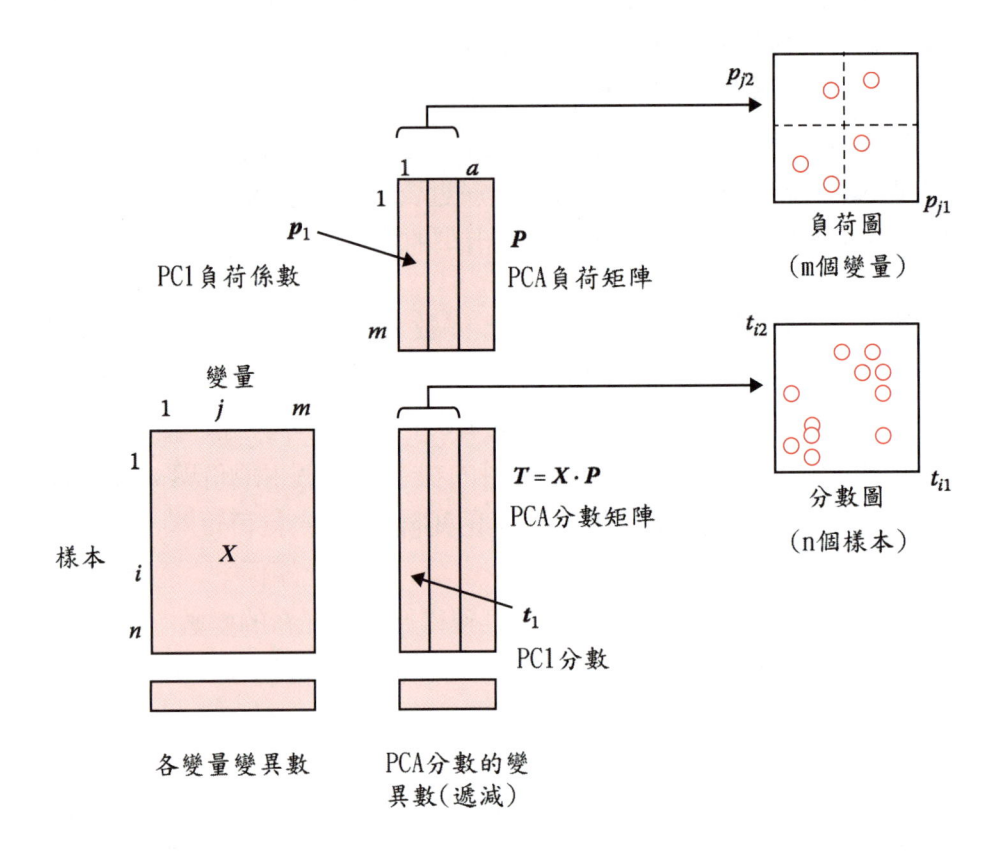

圖 2.15: 主成份分析矩陣運算原理圖 (Varmuza and Filzmoser, 2009)

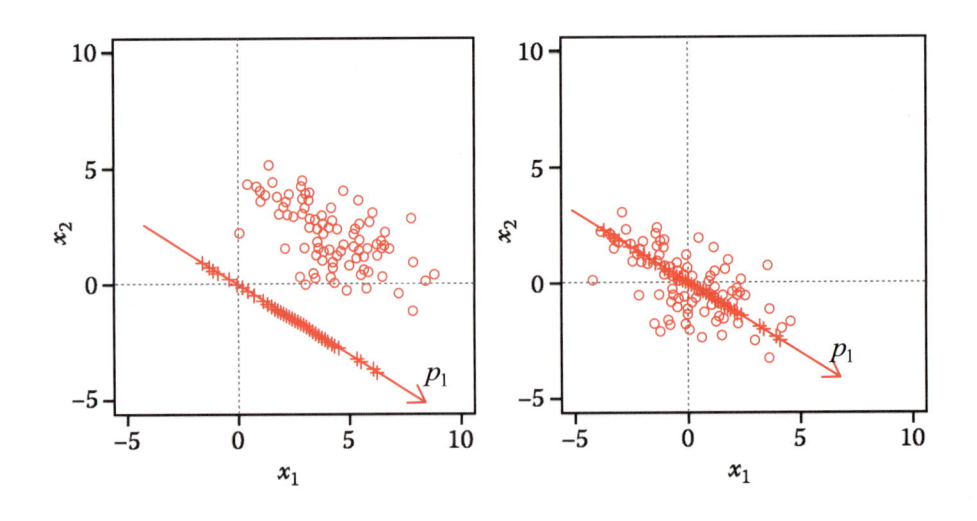

圖 2.16: 原始資料中心化的影響 (Varmuza and Filzmoser, 2009)

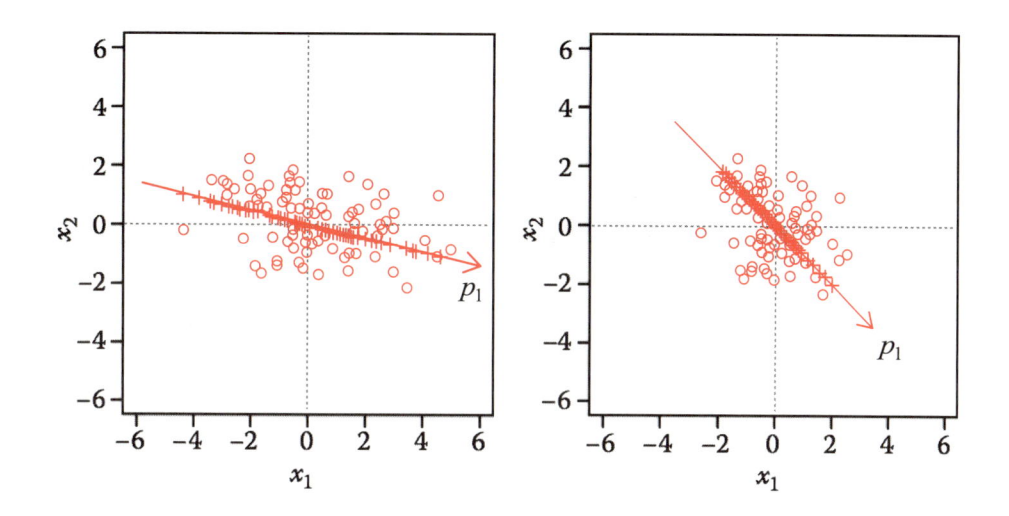

圖 2.17: 原始資料尺度均一化的影響 (Varmuza and Filzmoser, 2009)

PCA 實務應用上的一個問題是如何決定主成份的個數，分析者通常會依據**陡坡圖 (scree plot)** 來決定合適的主成份個數。陡坡圖是當新空間中的主成份個數 a 漸次增加時，將圖2.15 PCA 分數矩陣的各縱行之變異數繪製成圖2.18的折線圖，此圖說明各主成份的重要度 (或稱解釋變異的能力) 依序遞減，因此形成所謂的陡坡圖。主成份個數的決定可由此圖中膝部區域 (knee area) 或彎頭 (elbow) 區域中，挑選數個主成份其累積解釋變異量至少達到一定的門檻值。常用的經驗法則有選定之所有主成份，應至少解釋 80% 的總變異；在標準化變數的情況下，資料集的總變異數為 m(Why?)，此時較關心變異數大於 1 的主成份。另外，也可以搭配3.3.1節重抽樣與資料切分方法的**交叉驗證 (cross-validation)** 與**拔靴抽樣 (bootstrapping)** 技術，來估計最佳的 PCA 成份個數。

簡而言之，PCA 屬性萃取的目的有：

- 降維後運用二維或三維散佈圖視覺化多變量資料；
- 將高度相關的預測變數矩陣 **X**，轉換成無關且量少的潛在變項集合，有利於某些方法的建模；
- 將最攸關的訊息與無關雜訊隔離；
- 將問題領域中的數個變數，組合成數個具訊息力的特徵變數。

延續上節細胞分裂高內涵篩檢資料的屬性工程案例，本節以 R 語言函數 `prcomp()` 或 `princomp()`(差異為何？)，對全為數值屬性的矩陣 `segTrainXNC` 運用 PCA 進行屬性萃取，引數 `center` 與 `scale.` 設定為 True 是 PCA 計算前先將各變數中心化與量綱均一化,其好處如前所述 (參見圖2.16與2.17)。

```
# 資料標準化後進行 PCA 運算
pcaObject <- prcomp(segTrainXNC, center = TRUE, scale. = TRUE)
```

prcomp() 的計算結果 pcaObject 有各主成份的標準差 sdev、各主成份與原始變數線性關係之旋轉矩陣 rotation(也稱為負荷矩陣)、各變數標準化計算的參考值 center 和 scale、以及在主成份空間下的座標值矩陣 x。

```
# 檢視計算結果
names(pcaObject)
```

```
## [1] "sdev"     "rotation" "center"   "scale"
## [5] "x"
```

我們將原始資料框轉為矩陣類別 as.matrix(),標準化 scale() 後與旋轉矩陣 pcaObject$rotation 相乘 (%*%) 後,一一驗證各元素是否與新空間下的座標值矩陣 pcaObject$x 各元素相同 (==)。

```
# 驗證分數矩陣的計算
sum(scale(as.matrix(segTrainXNC)) %*% pcaObject$rotation ==
pcaObject$x)
```

```
## [1] 58522
```

```
# 分數矩陣中元素總數為樣本數乘上變數個數
1009*58
```

```
## [1] 58522
```

如前所述,許多人經常詢問:「主成份分析到底要取多少個主成份呢?」這個問題與各個主成份變異數,占資料集總變異數的百分比有關。

```
# 各個主成份變異數占總變異數的比例逐漸遞減
(percentVariance <- pcaObject$sd^2/sum(pcaObject$sd^2)*100)
```

```
##  [1] 2.091e+01 1.701e+01 1.189e+01 7.715e+00 4.958e+00
##  [6] 4.121e+00 3.364e+00 3.278e+00 2.862e+00 2.533e+00
## [11] 2.000e+00 1.885e+00 1.863e+00 1.669e+00 1.496e+00
## [16] 1.423e+00 1.322e+00 1.227e+00 1.004e+00 9.698e-01
## [21] 8.911e-01 6.958e-01 6.697e-01 5.102e-01 4.420e-01
## [26] 4.092e-01 3.396e-01 3.097e-01 2.659e-01 2.446e-01
## [31] 2.163e-01 1.934e-01 1.668e-01 1.600e-01 1.300e-01
## [36] 1.182e-01 9.032e-02 8.466e-02 8.099e-02 7.189e-02
## [41] 6.605e-02 5.854e-02 4.781e-02 4.401e-02 3.795e-02
## [46] 3.600e-02 2.880e-02 2.668e-02 1.965e-02 1.667e-02
## [51] 7.664e-03 6.591e-03 5.292e-03 4.754e-03 1.234e-03
## [56] 7.155e-04 1.415e-06 1.594e-29
```

計算完畢後以前 25 個主成份的陡坡圖尋找膝部區域，決定合適的主成份個數，此圖的膝部區域約略在五個主成份附近。

```
# 繪製陡坡圖
plot(percentVariance[1:25], xlab = "Principal Component",
ylab = "Proportion of Variance Explained ", type = 'b')
```

也可以用 cumsum() 函數計算各主成份累積解釋的總變異百分比，繪製圖2.19並以其圖形決定合適的主成份個數。

```
# 累積變異百分比折線圖
cumsum(percentVariance)
```

```
##  [1] 20.91 37.93 49.81 57.53 62.49 66.61 69.97
##  [8] 73.25 76.11 78.64 80.64 82.53 84.39 86.06
## [15] 87.56 88.98 90.30 91.53 92.53 93.50 94.39
## [22] 95.09 95.76 96.27 96.71 97.12 97.46 97.77
## [29] 98.03 98.28 98.50 98.69 98.86 99.02 99.15
```

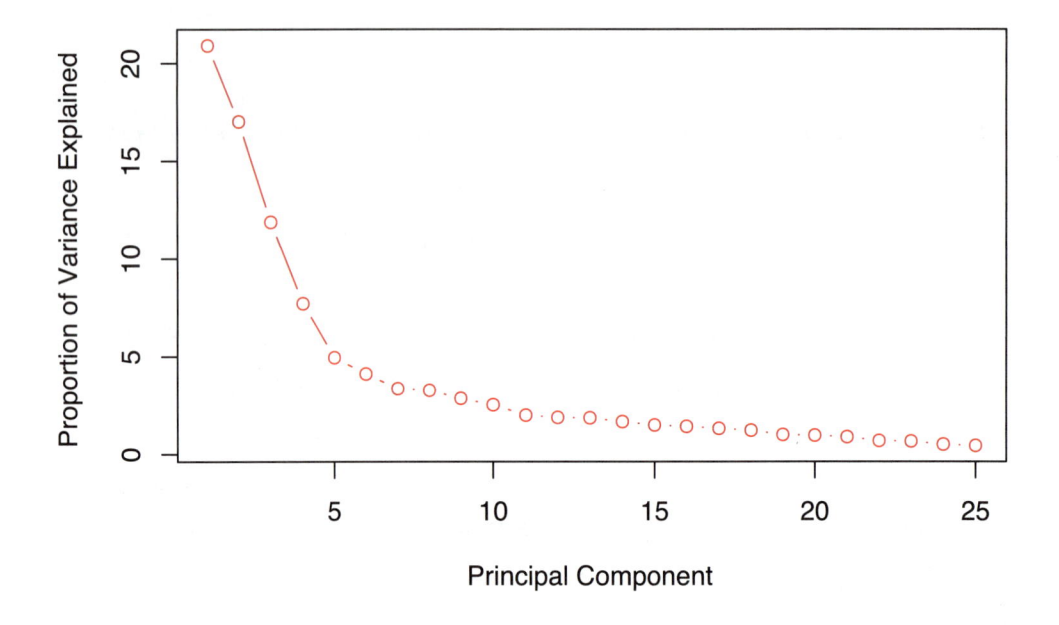

圖 2.18: 前 25 個主成份的陡坡圖

```
## [36]  99.26  99.35  99.44  99.52  99.59  99.66  99.72
## [43]  99.76  99.81  99.85  99.88  99.91  99.94  99.96
## [50]  99.97  99.98  99.99  99.99 100.00 100.00 100.00
## [57] 100.00 100.00
```

```r
plot(cumsum(percentVariance)[1:25], xlab = "Principal
Component", ylab = "Cumulative Proportion of
Variance Explained", type = 'b')
abline(h = 0.9, lty = 2)
```

如果我們提取前五個主成份，則在新空間下前六筆觀測值的座標如下：

```r
# PCA 座標轉換後的新座標值儲存在 pcaObject 中的元素 x
head(pcaObject$x[, 1:5])
```

```
##        PC1     PC2      PC3    PC4     PC5
## 2   5.0986  4.5514 -0.03345 -2.640  1.2783
## 3  -0.2546  1.1980 -1.02060 -3.731  0.9995
## 4   1.2929 -1.8639 -1.25110 -2.415 -1.4915
```

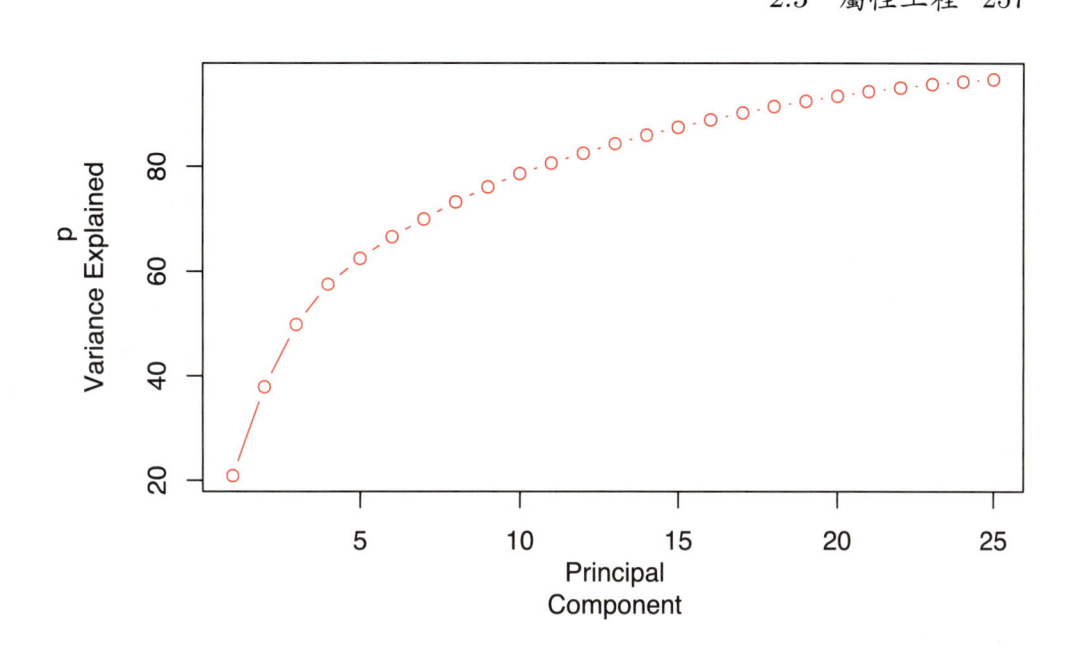

圖 2.19: 前 25 個主成份累積變異百分比折線圖

```
## 12 -1.4647 -1.5658  0.46962 -3.389 -0.3302
## 15 -0.8763 -1.2790 -1.33794 -3.517  0.3936
## 16 -0.8615 -0.3287 -0.15547 -2.207  1.4732
```

PCA 的座標轉換是線性轉換，各主成份與原始變數之間存在著線性關係，檢視 `pcaObject$rotation` 中前三主成份與原始變數的負荷關係，從報表結果可看出主成份 1 與原始變數的線性關係如下，後方未竟之處讀者可將 `pcaObject$rotation` 座標旋轉矩陣全部印出後自行類推：

$PC1 = AngleCh1 \times 0.001213758 + AreaCh1 \times 0.229171873 - AvgIntenCh1 \times 0.102708778 - AvgIntenCh2 \times 0.154828672 - AvgIntenCh3 \times 0.058042158 - AvgIntenCh4 \times 0.117343465 + \cdots$

```
# 檢視 PCA 前三個主成份與頭六個預測變數的負荷係數值
head(pcaObject$rotation[, 1:3])
```

```
##                    PC1      PC2      PC3
## AngleCh1      0.001214 -0.01284  0.006816
## AreaCh1       0.229172  0.16062  0.089812
## AvgIntenCh1  -0.102709  0.17971  0.067697
## AvgIntenCh2  -0.154829  0.16376  0.073534
```

```
## AvgIntenCh3 -0.058042   0.11198 -0.185473
## AvgIntenCh4 -0.117343   0.21039 -0.105061
```

R 語言 {caret} 套件的 preProcess() 函數可以一次搞定 Box-Cox 屬性轉換、標準化、以及 PCA 屬性萃取等工作。preProcess() 函數輸出的報表首先敘明樣本數與變數個數、各前處理工作處理的變數個數 (Box-Cox 法轉換了 47 個變數、標準化了 58 個變數、PCA 萃取了 58 個主成份)、Box-Cox 估計的 λ 摘要統計值、以及 PCA 前 19 個主成份可以捕捉 95% 原始資料變異量的等訊息。

```r
# preProcess() 可以處理各種轉換，包括 PCA
(segPP <- preProcess(segTrainXNC, method = c("BoxCox",
"center", "scale", "pca")))
```

```
## Created from 1009 samples and 58 variables
## 
## Pre-processing:
##   - Box-Cox transformation (47)
##   - centered (58)
##   - ignored (0)
##   - principal component signal extraction (58)
##   - scaled (58)
## 
## Lambda estimates for Box-Cox transformation:
##    Min. 1st Qu.  Median    Mean 3rd Qu.    Max.
## -2.0000 -0.5000 -0.1000  0.0511  0.3000  2.0000
## 
## PCA needed 19 components to capture 95 percent of the variance
```

```r
# 物件類別為 "preProcess"，通常與創建物件的函數同名
class(segPP)
```

```
## [1] "preProcess"
```

類別為 preProcess 的前處理模型建立完成後，再運用泛型函數

predict() 對原屬性矩陣套用轉換模型，並檢視轉換結果 transformed。從其結構可看出原 1009 筆訓練資料集，已經轉換到 19 維的正交新空間了。請注意此處 transformed 裡的值與先前的 PCA 結果不同，因為在運算 PCA 前做了不同的轉換 (前為標準化 vs. 此處為 Box-Cox 轉換後接著標準化)

```r
# 套用模型 segPP 對數值屬性矩陣做轉換
transformed <- predict(segPP, segTrainXNC)
# 原資料已降到 19 維的正交新空間中
str(transformed)
```

```
## 'data.frame':    1009 obs. of  19 variables:
##  $ PC1 : num  1.568 -0.666 3.75 0.377 1.064 ...
##  $ PC2 : num  6.291 2.046 -0.392 -2.19 -1.465 ...
##  $ PC3 : num  -0.333 -1.442 -0.669 1.438 -0.99 ...
##  $ PC4 : num  -3.06 -4.7 -4.02 -5.33 -5.63 ...
##  $ PC5 : num  -1.342 -1.742 1.793 -0.407 -0.865 ...
##  $ PC6 : num  0.393 0.431 -0.854 1.109 0.107 ...
##  $ PC7 : num  -1.3178 1.2845 -0.0709 0.7023 0.4964 ...
##  $ PC8 : num  -1.897 -3.083 -0.6 -0.967 -0.657 ...
##  $ PC9 : num  0.711 1.997 0.987 0.497 0.492 ...
##  $ PC10: num  0.1619 0.5867 -0.4723 -0.1093 -0.0165 ...
##  $ PC11: num  1.4406 0.8008 1.2223 1.5996 0.0115 ...
##  $ PC12: num  -0.665 1.448 1.128 -0.667 -0.715 ...
##  $ PC13: num  -0.5034 0.4488 -1.3748 -1.2675 -0.0683 ...
##  $ PC14: num  -0.525 -0.43 -1.488 -0.201 -0.293 ...
##  $ PC15: num  0.20954 -0.61043 -0.71269 0.13589 0.00303 ...
##  $ PC16: num  0.00141 -1.05835 -0.35975 -1.1256 -0.04698 ...
##  $ PC17: num  0.7837 -0.79106 -0.00291 -0.02538 -0.67804 ...
##  $ PC18: num  -0.5552 0.0657 1.3574 -0.6319 -0.5846 ...
##  $ PC19: num  0.6813 0.1416 0.1019 -0.9681 0.0508 ...
```

```r
# 新空間前五個主成份下，前六筆樣本的座標值
head(transformed[, 1:5])
```

```
##       PC1     PC2     PC3     PC4     PC5
## 2   1.5685  6.2908 -0.3333 -3.063 -1.3416
## 3  -0.6664  2.0455 -1.4417 -4.701 -1.7422
## 4   3.7500 -0.3916 -0.6690 -4.021  1.7928
## 12  0.3769 -2.1898  1.4380 -5.327 -0.4067
## 15  1.0645 -1.4647 -0.9900 -5.627 -0.8650
## 16 -0.3799  0.2173  0.4388 -2.070 -1.9364
```

```
# predcit() 方法轉換後輸出的物件類別為 data.frame
class(transformed)
```

```
## [1] "data.frame"
```

PCA 運算原理與矩陣分解有關，下節介紹重要的奇異值分解。

2.3.2.1 奇異值矩陣分解

奇異值分解 (Singular-Value Decomposition, SVD) 是將矩陣分解為具備良好性質的多個方陣或矩陣，使得某些矩陣的計算較為簡單。

$$A = U \cdot \Sigma \cdot V^T, \qquad (2.14)$$

式 (2.14) 中 A 是我們欲分解的 $m \times n$ 矩陣；U 是 $m \times m$ 的方陣；Σ 是 $m \times n$ 的對角矩陣，只有對角線上面才有異於零的元素；V^T 是 $n \times n$ 階方陣的轉置。

Σ 矩陣中對角線元素是原始矩陣 A 的奇異值，U 矩陣的各行被稱為 A 的左奇異向量，而 V 的各行則稱為 A 的右奇異向量。U 與 V 都是正交 (orthogonal) 矩陣，也就是說 $U^{-1} = U^T$ 及 $V^{-1} = V^T$。

矩陣的奇異值分解經常用來求得線性方程組的精確解，因為 $A^T \cdot A = V \cdot \Sigma^2 \cdot V^T$ (或是 $A \cdot A^T = U \cdot \Sigma^2 \cdot U^T$)，所以矩陣 A 之奇異值平方是矩陣 $A^T \cdot A$ (或 $A \cdot A^T$) 的固有值 (eigenvalues)。

Python 的 **numpy** 矩陣可由 **scipy.linalg** 模組中的 svd() 函數進行奇異值分解與重構，首先是 m 與 n 不相等的情況[3]：

---
[3]https://machinelearningmastery.com/singular-value-decomposition-for-machine-learning/

```python
# 載入陣列與奇異值分解類別
from numpy import array
from scipy.linalg import svd
A = array([[1, 2], [3, 4], [5, 6]])
print(A)
```

```
## [[1 2]
##  [3 4]
##  [5 6]]
```

```python
# 奇異值矩陣分解，輸出 U, s, VT 三個方陣或矩陣
U, s, VT = svd(A)
print(U)
```

```
## [[-0.2298477   0.88346102  0.40824829]
##  [-0.52474482  0.24078249 -0.81649658]
##  [-0.81964194 -0.40189603  0.40824829]]
```

```python
# 稍後以 s 中的兩個值產生 3*2 對角矩陣
print(s)
```

```
## [9.52551809 0.51430058]
```

```python
print(VT)
```

```
## [[-0.61962948 -0.78489445]
##  [-0.78489445  0.61962948]]
```

接著我們驗證 SVD 的三個成份 U、Σ 與 V^T 等，透過矩陣乘法可以重構出 A:

```python
# numpy 套件與矩陣代數密切相關
from numpy import diag
```

```python
# 點積運算方法
from numpy import dot
# 零值矩陣創建
from numpy import zeros
# 創建 m*n 階 Sigma 矩陣，預存值為零
Sigma = zeros((A.shape[0], A.shape[1]))
```

```python
# 對 Sigma 矩陣植入 2*2 對角方陣
Sigma[:A.shape[1], :A.shape[1]] = diag(s)
print(Sigma)
```

```
## [[9.52551809 0.        ]
##  [0.         0.51430058]
##  [0.         0.        ]]
```

```python
# 點積運算重構原矩陣
B = U.dot(Sigma.dot(VT))
print(B)
```

```
## [[1. 2.]
##  [3. 4.]
##  [5. 6.]]
```

當 A 為方陣時，也就是 m 與 n 相等的時候，其重構指令更為簡單（讀者請注意：`Sigma = diag(s)`）。

```python
# 3*3 方陣
A = array([[1, 2, 3], [4, 5, 6], [7, 8, 9]])
print(A)
```

```
## [[1 2 3]
##  [4 5 6]
##  [7 8 9]]
```

```
# SVD 方陣分解
U, s, VT = svd(A)
print(U)
```

```
## [[-0.21483724  0.88723069  0.40824829]
##  [-0.52058739  0.24964395 -0.81649658]
##  [-0.82633754 -0.38794278  0.40824829]]
```

```
# 中間的 Sigma 亦為方陣
Sigma = diag(s)
print(Sigma)
```

```
## [[1.68481034e+01 0.00000000e+00 0.00000000e+00]
##  [0.00000000e+00 1.06836951e+00 0.00000000e+00]
##  [0.00000000e+00 0.00000000e+00 3.33475287e-16]]
```

```
print(VT)
```

```
## [[-0.47967118 -0.57236779 -0.66506441]
##  [-0.77669099 -0.07568647  0.62531805]
##  [-0.40824829  0.81649658 -0.40824829]]
```

```
# 點積運算重構原矩陣
B = U.dot(Sigma.dot(VT))
print(B)
```

```
## [[1. 2. 3.]
##  [4. 5. 6.]
##  [7. 8. 9.]]
```

資料分析中 SVD 常見的應用是**維度縮減 (dimensionality reduction)**，許多資料其屬性個數大於觀測值個數 ($m > n$)，導致參數估計程序失靈或是估計結果不穩定，此時可用 SVD 將資料降維到與預測問題最為相關的屬性子集，也就是說用低秩 (low rank) 的矩陣近似原來的矩陣。具體的作法就是對資料矩陣做 SVD 分解後選擇 Σ 中前 k 個最大的奇異值，以及對應的 V^T，據此我們就可以建構出原始矩陣 A 的近似矩陣 B 了：

$$B = U \cdot \Sigma_k \cdot V_k^T, \tag{2.15}$$

其中 B 是近似的 $m \times n$ 矩陣；U 仍然是 $m \times m$ 的方陣；Σ_k 是 $m \times k$ 的對角矩陣；而 V_k^T 是 $n \times k$ 階矩陣的轉置 (i.e. $k \times n$)。下例 3×10 的矩陣 A 完成 SVD 分解後，對 Σ 矩陣前兩大奇異值對應的 Σ_2 與 V_2^T，依此求得式 (2.15) 的近似矩陣 B，結果非常準確。

```
# 3*10 矩陣
A = array([
    [1,2,3,4,5,6,7,8,9,10],
    [11,12,13,14,15,16,17,18,19,20],
    [21,22,23,24,25,26,27,28,29,30]])
# SVD 分解
U, s, VT = svd(A)
# 創建 m*n 階矩陣，預存值為零
Sigma = zeros((A.shape[0], A.shape[1]))
# 對 Sigma 矩陣植入對角方陣
Sigma[:A.shape[0], :A.shape[0]] = diag(s)
# 以前兩個最大的奇異值做 SVD 近似計算
n_elements = 2
Sigma = Sigma[:, :n_elements]
VT = VT[:n_elements, :]
# 計算近似矩陣 B((3*3).(3*2).(2*10))
B = U.dot(Sigma.dot(VT))
print(B)
```

```
## [[ 1.  2.  3.  4.  5.  6.  7.  8.  9. 10.]
##  [11. 12. 13. 14. 15. 16. 17. 18. 19. 20.]
##  [21. 22. 23. 24. 25. 26. 27. 28. 29. 30.]]
```

實務上經常用下面計算方式求得資料矩陣的降維子集 T，它是原資料矩陣具描述性的一個密實摘要，也可以說是原資料矩陣的一個降維投影。

$$T = U \cdot \Sigma_k, \tag{2.16}$$

或

$$T = A \cdot V_k, \tag{2.17}$$

其中 T 是降維的 $m \times k$ 矩陣，U 仍然是 $m \times m$ 的方陣，Σ_k 是 $m \times k$ 的對角矩陣；式 (2.17) 中 A 是 $m \times n$ 的原始資料矩陣，而 V_k 是 $n \times k$ 階的矩陣。

```
# SVD 降維運算 ((3*3) * (3*2))
T = U.dot(Sigma)
print(T)
```

```
## [[-18.52157747    6.47697214]
##  [-49.81310011    1.91182038]
##  [-81.10462276   -2.65333138]]
```

```
# 另一種 SVD 降維運算方式 ((3*10).(10*2))
T = A.dot(VT.T)
print(T)
```

```
## [[-18.52157747    6.47697214]
##  [-49.81310011    1.91182038]
##  [-81.10462276   -2.65333138]]
```

式 (2.16) 和式 (2.17) 兩種降維計算方式的結果相同。

自然語言處理 (natural language processing) 之語料庫 (corpus) 中各文件**分詞 (tokenization)** 完成後，會根據斷詞結果產生關鍵字庫，再統計各字詞在各文件中出現的頻次，形成**文件詞項矩陣 (Document-Term Matrix, DTM)**，方便後續的統計機器學習，這種未考慮字詞順序的建模方式稱為**詞袋模型 (bag of words)**(參見5.2.1.1節手機簡訊過濾案例)。因為詞項或關鍵字通常非常多，所以對文件詞項矩陣做 SVD 分解降維，萃取出 $k < m$ 個潛在語義變數，這種 SVD 應用稱為**潛在語義分析 (Latent Semantic Analysis, LSA)**，或是潛在語義索引 (Latent Semantic Indexing, LSI)。

scikit-learn 套件提供運行 SVD 分解的 TruncatedSVD() 類別，創建此類物件時，我們須選擇欲降維到多少屬性，接著將原始資料矩陣 A 傳入物件 fit() 方法配適，最後以 transform() 方法將 A 降維成 result。

```python
# 載入 sklearn 的 SVD 分解降維運算類別
from sklearn.decomposition import TruncatedSVD
# 3*10 矩陣
A = array([
    [1,2,3,4,5,6,7,8,9,10],
    [11,12,13,14,15,16,17,18,19,20],
    [21,22,23,24,25,26,27,28,29,30]])
```

```python
# 宣告 SVD 分解降維空模
svd = TruncatedSVD(n_components=2)
# 配適實模
svd.fit(A)
# 轉換應用
result = svd.transform(A)
print(result)
```

```
## [[18.52157747  6.47697214]
##  [49.81310011  1.91182038]
##  [81.10462276 -2.65333138]]
```

本小節介紹的奇異值分解，簡稱 SVD 是線性代數 (linear algebra) 中一種重要的矩陣分解，在信號處理、統計學等領域有重要應用。SVD 與**主成份分析 (Principal Components Analysis, PCA)** 密切相關，因而兩者容易混淆。SVD 較 PCA 更一般化，因為 SVD 分解出資料矩陣之縱行與橫列的基底向量 (basis vectors)，而 PCA 只有橫列的基底向

2.3.3 屬性挑選

屬性挑選也是資料縮減常用的方法，包括2.1.5與2.1.6節資料清理中依遺缺值比率刪除觀測值或變數的作法，以及2.3.1節屬性轉換中移除分佈異常 (退化或過度分散) 之預測變數等，都屬於資料縮減中屬性挑選或過濾的方法。建模前移除無用的預測變數有許多好處，首先是較少的預測變數意味著能降低計算時間與模型的複雜度。本節從預測變數間之相關性角度，挑選出合宜的屬性。如果兩個預測變數高度相關，這代表它們可能衡量相同的訊息，移除其中之一不但不會損害模型，還可能提昇模型績效。因為有些模型 (例如：線性迴歸、類神經網路等方法) 會因納入相關或退化分佈的預測變數而表現不佳，排除這些有問題的變數,可能改善模型績效，而且增加模型的穩定性。

繼續以細胞分裂高內涵篩檢資料為例，說明如何依據數值變數間的相關係數矩陣，過濾掉不重要的變數。

```
# 58 個數值變數的相關係數方陣
correlations <- cor(segTrainXNC)
dim(correlations)
```

```
## [1] 58 58
```

```
correlations[1:4, 1:4]
```

```
##               AngleCh1    AreaCh1  AvgIntenCh1
## AngleCh1      1.000000  -0.002627   -0.04301
## AreaCh1      -0.002627   1.000000   -0.02530
## AvgIntenCh1  -0.043008  -0.025297    1.00000
## AvgIntenCh2  -0.019447  -0.153303    0.52522
##               AvgIntenCh2
## AngleCh1         -0.01945
## AreaCh1          -0.15330
## AvgIntenCh1       0.52522
```

AvgIntenCh2   1.00000

相關係數方陣通常維數不小，裡面數值繁多，目視檢查不易。R 語言套件 {corrplot} 中的同名函數可視覺化相關係數方陣，並將高度相關的變數群集在附近，以瞭解哪些屬性衡量相近的特徵。

```
# 載入 R 語言好用的相關係數方陣視覺化套件
library(corrplot)
corrplot(correlations, order = "hclust", tl.cex = 0.5)
```

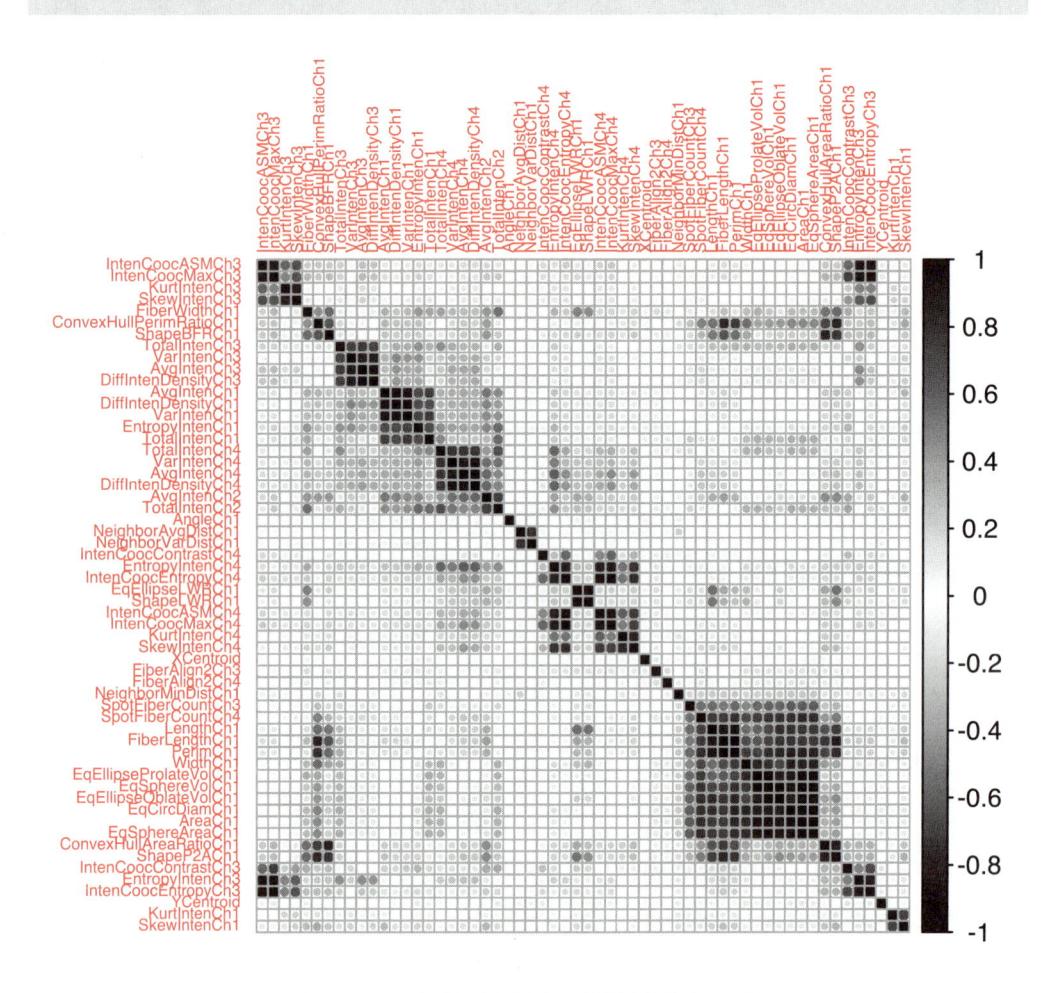

圖 2.20: 相關係數矩陣視覺化圖形

圖2.20顯示各高相關變數群內的變數，幾乎都屬於同一頻道下不同細胞影像特徵量測值，欲瞭解其相關性的由來，得從生化檢驗與影像處理運算兩個專業領域下手，方能徹底理解手上的數據樣貌。撇開專業的領域知識不談，常用的高相關預測變數移除流程如下：

1. 計算預測變數的相關係數矩陣，並設定相關係數的絕對值門檻；
2. 找出相關係數絕對值最大的兩個預測變數 A 與 B；
3. 計算 A 與其它變數間的相關係數平均值，B 亦同；
4. 如果 A 有較大的平均相關係數，則刪除之。否則，刪除 B 變數；
5. 重複上述三個步驟 2 到 4，直到沒有相關係數的絕對值超出門檻。

R 語言套件 {caret} 中的函數 findCorrelation() 實現了上述屬性挑選的流程，根據 cutoff 引數給定的相關係數門檻值，傳回的整數值向量 highCorr 是上述流程下欲刪除的變數編號，原 58 個數值變數過濾後剩下 filteredSegTrainXNC 的 26 個變數。

```
# 傳回建議移除的變數編號
(highCorr <- findCorrelation(correlations, cutoff = .75))
```

```
## [1] 23 40 43 36  7 15 19  2  4 17  6 52 11 20 14 18 51
## [18] 49  3  9 30 29 13 32 31 46 16  5 10 44 45 39
```

```
# 原 58 個數值變數過濾掉 32 個剩下 26 個
filteredSegTrainXNC <- segTrainXNC[, -highCorr]
dim(filteredSegTrainXNC)
```

```
## [1] 1009   26
```

除了上述 {caret} 套件的屬性萃取與挑選功能外，R 套件 {FSelector} 也常用來做屬性挑選，此套件將屬性挑選區分為兩種方法：屬性排名法 (feature ranking) 與子集挑選法 (subset selection)。前者將屬性依某種準則，例如：變異數、卡方統計量、訊息增益 (參見5.2.4節分類與迴歸樹)、相關係數等，對屬性進行排名後，再根據使用者設定的準則和名次門檻值來進行屬性挑選。這種非監督式的屬性過濾法 (filter)，單純就預測變數空間選取屬性子集後再進行迴歸與分類問題建模，2.3.4節提及的主成份迴歸 PCR 也類似這種邏輯，只不過 PCA 是屬性萃取而非屬性挑選。下面以鳶尾花資料集為例，運用訊息增益與增益率 (式 (5.42)) 進行屬性排名後挑出前兩名屬性。

```r
# R 語言屬性挑選套件
library(FSelector)
data(iris)
# 屬性訊息增益排名
(weights <- information.gain(Species~., iris))
```

```
##              attr_importance
## Sepal.Length         0.4521
## Sepal.Width          0.2673
## Petal.Length         0.9403
## Petal.Width          0.9554
```

```r
(subset <- cutoff.k(weights, 2))
```

```
## [1] "Petal.Width"  "Petal.Length"
```

```r
# 屬性訊息增益率排名
(weights <- gain.ratio(Species~., iris))
```

```
##              attr_importance
## Sepal.Length         0.4196
## Sepal.Width          0.2473
## Petal.Length         0.8585
## Petal.Width          0.8714
```

```r
(subset <- cutoff.k(weights, 2))
```

```
## [1] "Petal.Width"  "Petal.Length"
```

{FSelector} 的另一種方法子集挑選法結合模型績效指標，例如：迴歸模型的均方根誤差或判定係數，搜尋屬性子集空間的所有可能組合，試圖尋找最佳的屬性子集 (參見5.1.1節多元線性迴歸的逐步迴歸案例)，也就是說子集挑選法在屬性挑選時即考慮各屬性子集與目標變數的互動關係，通常又將這種屬性挑選方法稱為**封裝法 (wrapper)**。下面以 1984

年美國國會投票記錄為例，運用一致性指標對 16 個類別屬性進行最佳屬性子集挑選。

```r
# 美國國會投票記錄資料集 HouseVotes 屬於套件 {mlbench} 下
library(mlbench)
data(HouseVotes84)
```

```r
# 兩黨 435 位議員對 16 個法案的支持與否結果
str(HouseVotes84)
```

```
## 'data.frame': 435 obs. of 17 variables:
## $ Class: Factor w/ 2 levels
## "democrat","republican": 2 2 1 1 1 1 1 2 2 1 ...
## $ V1 : Factor w/ 2 levels "n","y": 1 1 NA 1 2 1
## 1 1 1 2 ...
## $ V2 : Factor w/ 2 levels "n","y": 2 2 2 2 2 2
## 2 2 2 ...
## $ V3 : Factor w/ 2 levels "n","y": 1 1 2 2 2 2 1
## 1 1 2 ...
## $ V4 : Factor w/ 2 levels "n","y": 2 2 NA 1 1 1
## 2 2 2 1 ...
## $ V5 : Factor w/ 2 levels "n","y": 2 2 2 NA 2 2
## 2 2 2 1 ...
## $ V6 : Factor w/ 2 levels "n","y": 2 2 2 2 2 2
## 2 2 1 ...
## $ V7 : Factor w/ 2 levels "n","y": 1 1 1 1 1 1 1
## 1 1 2 ...
## $ V8 : Factor w/ 2 levels "n","y": 1 1 1 1 1 1 1
## 1 1 2 ...
## $ V9 : Factor w/ 2 levels "n","y": 1 1 1 1 1 1 1
## 1 1 2 ...
## $ V10 : Factor w/ 2 levels "n","y": 2 1 1 1 1 1
## 1 1 1 1 ...
## $ V11 : Factor w/ 2 levels "n","y": NA 1 2 2 2 1
```

```
## 1 1 1 1 ...
## $ V12 : Factor w/ 2 levels "n","y": 2 2 1 1 NA 1
## 1 1 2 1 ...
## $ V13 : Factor w/ 2 levels "n","y": 2 2 2 2 2 2
## NA 2 2 1 ...
## $ V14 : Factor w/ 2 levels "n","y": 2 2 2 1 2 2
## 2 2 2 1 ...
## $ V15 : Factor w/ 2 levels "n","y": 1 1 1 1 2 2
## 2 NA 1 NA ...
## $ V16 : Factor w/ 2 levels "n","y": 2 NA 1 2 2 2
## 2 2 2 NA ...
```

```
# 一致性指標選取 10 個屬性形成的最優子集
(subset <- consistency(Class~., HouseVotes84))
```

```
## [1] "V3"  "V4"  "V7"  "V9"  "V10" "V11" "V12" "V13"
## [9] "V15" "V16"
```

　　此外，許多監督式學習方法有內嵌的屬性挑選機制，它們在學習的演算過程中也試著找出最佳的屬性子集，例如**多變量適應性雲形迴歸 (Multivariate Adaptive Regression Splines, MARS)** 與5.2.4節的樹狀模型建模方法、5.1.3節的**脊迴歸 (ridge regression)**、**套索迴歸 (LASSO regression)** 與**彈性網罩模型 (elastic nets)** 等懲罰方法，這些被歸為屬性挑選的**內嵌法 (embedded)**。封裝法與內嵌法非常類似，因為兩法都以預測建模的目標函數，或是績效衡量的最佳化來挑選屬性子集，但是內嵌法在屬性挑選時涉及的是模型如何建構的指標，而封裝法是依目標變數的績效衡量來決定較佳的屬性子集。

2.3.4 小結

　　屬性工程是資料前處理的重要工作，預測建模前的資料準備對模型的預測能力有很大的影響。從上節屬性挑選內嵌法的說明我們可發現，後續建模使用的模型種類也會影響資料前處理的需求，那些算法或模型內嵌有變數選擇機制者，對於預測變數中的雜訊，或是無訊息力的變數較不敏感；而線性迴歸 (5.1.1節)、**偏最小平方法 (Partial Least**

Squares, PLS)(5.1.2節)、**類神經網路 (artificial neural networks)**(或稱人工神經網路，6.2.1節)、**支援向量機 (Support Vector Machines, SVM)**(5.2.3節) 等就並非如此了，因此這些方法的資料前處理工作相對更為重要。

某些大數據領域有其特有的降維方法，例如：文字資料探勘 (text mining) 中的**詞頻-逆文件頻率 (term frequency-inverse document frequency, tf-idf)** 可視為維度縮減，因為 tf-idf 修改傳統詞頻計算方式，移除無區辨能力的字詞，達到降維的目的。或者是**詞組提取 (chunk extraction) 與 N 元字組 (N-gram)**，也都算是文字資料探勘的降維方法。簡而言之，如何從雜訊充斥的文字資料 (noisy text)，到有意義且簡潔的屬性向量，是文字資料探勘及其它大數據分析基本且重要的工作。

此外，如何編碼預測變數是屬性工程的基本工作，對模型績效也有很大的影響。同一預測變數有許多不同的編碼方式，例如：日期變數的編碼方式可以是距離一參考日期的天數；或是將年、月、日與週幾分成不同的預測變數；或是將之編碼成一年的第幾天；也可以將日期編碼成上課日、假日或寒暑假等。再者，兩數值變數的比值，可能比個別變數還有用。何種編碼方式與衍生變數計算公式較優，很難有放諸四海皆準的定論。因為最有效的數據編碼可能來自於領域知識，而非數學或電腦技術。也就是說，大數據時代下工具眾多且便利，建模工作相對容易，而屬性工程牽涉各個應用專業領域，因此相對較難！

本節介紹的預測變數縮減策略多屬於非監督式的方式 (參見3.1.1節統計機器學習類型)，例如：低變異過濾、主成份分析、高相關過濾等。另外，也有將反應變數 y 納入考量的監督式屬性萃取與迴歸建模技術，例如：2.3.3節的封裝法與5.1.2節的偏最小平方法 (Partial Least Squares, PLS) 迴歸。雖然 PCA 完成後，也可以運用萃取出的主成份進行迴歸建模，這稱為**主成份迴歸 (Principal Components Regression, PCR)**。不過 PCR 與 PLS 的差別在於前段屬性萃取的步驟，是否提前考慮主成份與反應變數 y 的互動關係，PCR 無而 PLS 有。總結來說，合宜的屬性工程是大數據分析成功與否的關鍵，因為偉大的屬性通常比偉大的算法更為重要。

2.4　巨量資料處理概念

統計學是最早論及本書主題「資料處理與分析」的學門領域，由於它原本是數學的一個分支，所以從理論的角度來看許多統計方法是較為精確的。但也因此統計模型先天有一些缺陷，例如：資料表達方式相對簡化、演算法縮放性不佳，以及過於強調模型的可解釋性等。隨著資料收集軟硬體技術的進步，以及組織資料之資料庫技術的成熟，計算機科學家大量參與了巨量資料這個領域的最新發展。他們累積了許多處理大量資料的實務經驗，能在較少的假設條件下分析結構化 (structured)、低結構化 (highly unstructured)、或可能是任何型別、及量體非常大的數據。相較於統計學家在數學角度的精確性要求，計算效率與數據的直覺分析等議題，被計算機科學家認為更為重要，儘管數學精確性仍然是他們所強調的。(註：**低結構化資料 (highly unstructured data)** 的說法可能比非結構化的說法更好，因為幾乎所有資料都呈現一定程度的結構性。)

時至今日巨量資料處理與分析兼容了許多不同領域的學科，儘管這些學科對於某些問題與其解決之道的技術形式和觀點仍然或有岐異，但無庸置疑地具備計算機科學背景的資料探勘 (data mining) 與機器學習 (machine learning) 的學者專家們，正更積極地參與此一蓬勃發展且日形重要的大數據研究領域。本節先介紹大數據時代下資料科學家最常遇到的文字資料處理，然後簡介因應大數據需求而發展出來的巨量資料分散式儲存與運算環境。

2.4.1　文字資料處理

文本語料庫內的文字資料通常是格式不良且非標準化的，並非像結構化數據可以用規整的表格化方式呈現。因此，我們常稱文字資料為低結構化資料。文字資料的處理，或者更具體的來說，是文字資料的前處理，涉及將原始文本轉換為一序列定義完整的語言要素，這些要素必須具有標準的結構與意義，而且轉換後的結果能促進後續建模工作的進行 (Sarkar, 2016)。

因為前述結構性較差的原因，文本資料在斷分為各層次可理解的最小獨立單元 (tokens) 後 (稱為 tokenization)，通常需要添加額外的詮釋資料 (metadata)，以改善結構性較差的狀況，並增強語言要素的意義。

這些詮釋資料通常是以註解標籤 (annotated tag) 的方式出現，例如：各詞語的**詞性標註 (part of speech, POS)**。本節接下來介紹常用的文本前處理技術：分/斷詞或符號化 (tokenization)、詞性標記 (tagging)、詞組提取 (chunking)、詞幹提取 (stemming)、以及詞形還原 (lemmatization) 等 (http://blog.csdn.net/whaoxysh/article/details/16925029)。而文字資料處理與語言學 (linguistics) 密切相關，所以我們先瞭解語言學中的相關名詞。

- 字詞 (words) 是語言中最小的單位，它們是獨立且有自己的意義。

- 詞素 (morpheme) 是最小的可區辨單元，但是詞素並非像字詞一樣是獨立的，一個字詞可能由多個詞素 (字首 prefix, 基本詞素 base morpheme, 字尾 suffix) 所組成，例如：non-perish-able 一字中包含了字首 (或稱前綴)、基本詞素 (或稱詞幹 root stem) 與字尾 (或稱後綴)。

- 詞性標記是給予字詞不同記號或標籤來分析詞性，以進一步瞭解主要的句法類別。常見的詞性標記有冠詞 (DET)：用來指出事物；連接詞 (CONJ)：連接子句 (clauses) 使其成為完整句 (sentences)；代名詞 (PRON)：用來代表或取代某些名詞；當然還包括名詞、動詞、形容詞與副詞等開放性字詞類別，這些字集允許人們發明並添加新的字詞。

- 詞組提取：是依詞性標記提取出詞組，例如：名詞詞組 (noun phrase chunk) 或是動詞詞組 (verb chunk)。其用途有訊息提取、關鍵字提取、專有名詞辨識與關係提取，並可進一步建立語法樹。

- 詞幹提取：是把字詞還原成其詞幹，例如：將 jumps、jumped、jumping 等字去掉其後綴，提取出其基本詞素。

- 詞形還原：詞形還原非常類似詞幹提取，也是將詞綴 (affixes, 包括前綴與後綴) 移除以獲得字詞的基本形式，區別在於剩下的字根 (root word，或稱 lemma)，可在字典中查閱得到，而不像詞幹提取剩下的詞幹並非是詞典編纂 (lexicographically) 上正確的字詞。

上面詞性標記提及的開放字集通常透過形態的衍變、用法的創新、或混成的詞素 (最小的意義單位) 等而擴張形成，例如晚近新增的一些流行名詞用語：Internet 與 multimedia。而代名詞是封閉的字集，它是由封閉且有限的字詞所形成的集合，例如：he、she、they、it...等，並不接受新的字詞。

文字資料中的文件 (documents) 是有層次的 (hierarchical)，通常由字母 (letters) 組成字詞 (words)，再結合為子句與完整句，最後再形成段落 (paragraphs) 與文章 (articles)。反過來說，文章由段落組成，段落包含句子，而句子可進一步切分為子句、片語/詞組、字詞。任何文字資料，無論是單詞、句子或是文件，大多與某種自然語言有關。也就是說，文字資料通常是遵循特定語言下之語法 (syntax) 與語義 (semantics) 的低結構化資料。

瞭解低結構化文字資料的基本結構後，我們接著來理解分詞或符號化 (tokenization)。所謂符號 (tokens) 是獨立的文字單元，它有明確的句/語法和語義。最常用的符號化為句子與字詞符號化，其分別將文本語料拆解為句子，句子再拆解為字詞，因此，符號化可定義為將文本拆解成有意義的較小組成部分。因為字詞層級經常是分析建模的基礎，所以 tokenization 一般指的是分詞。總而言之，符號化可以是分句、分詞、或是分詞組，所以端視符號是文件中那個層級的要素。

此外，因為自然語言是可以用不同形式來進行溝通的人類語言，包括演說、寫作、甚或是手勢。因此，就語義上而言，其他非語言的 (non-linguistic) 因素，例如：肢體語言、先前的經驗、心理因素等都對自然語言的意義有影響，因為每個人都會將這些因素用自己的方式納入考慮以理解語言的意義。進入實作前請讀者們謹記：儘管有自然語言之語法和語義上的規範，文字資料由於結構性較差，因此我們無法直接用數學或統計模型來分析它。只有適當的轉換和前處理後，方能運用統計機器學習的方法來挖掘其中的洞見。

接下來實作的部分我們先介紹中英文切分工具，在分詞過程中，英文與中文分詞有很大的不一樣！對英文來說，基本上以空白切分一個單字為詞；對中文來說卻沒有明顯的切分方式，可能的方式是透過預設的字典進行分詞，如果在字典中找到一樣的詞彙可將之切分為一個詞，從最多字的詞彙開始搜尋再慢慢遞減字數。

進階的分詞方法有漢語詞法分析系統 ICTCLAS(Institute of Computing Technology, Chinese Lexical Analysis System) 是中國科學院計算技術研究所在多年研究工作積累的基礎上，研製出的中文詞法分析系統，它是中文信息處理的基礎與關鍵。主要功能包括中文分詞、詞性標註、命名實體識別、新詞識別，同時支援使用者自訂詞典。

套件 {Rwordseg} 也是一個 R 環境下的中文分詞工具，算法採用開源的 Java 分詞工具 Ansj，而 Ansj 是基於中國科學院的 ICTCLAS 中文分詞算法，採用隱馬可夫模型 (Hidden Markove Model, HMM)。而 Python 語言中的 **jieba** 分詞是基於前綴詞典實現高效的詞圖掃描，生成句子中漢字所有可能成詞情況所構成的有向無環圖 (Directed Acyclic Graph, DAG)。它採用了動態規劃查找最大機率路徑，找出基於詞頻的最大切分組合。對於未登錄詞，則使用基於漢字成詞能力的隱馬可夫模型模型，具體算法為 Viterbi[4]。**jieba** 同時也實現在許多不同的程式語言中，包括：Java, C++, Node.js, Erlang, R, iOS, PHP, .NET(C#), Go 等。

在中文分詞工具實作部分我們首先載入三國章回小說片段的文字檔，R 語言 `read.table()` 函數讀入文字檔後會是單列單欄的資料框，因此以 as.character() 函數強制其為字串向量。

```
# 讀入三國章回小說片段內容，留意引數 stringsAsFactors 的設定值
text <- read.table("./_data/3KDText_Mac_short.txt",
stringsAsFactors = F)
# 強制轉換為字串向量
text <- as.character(text)
```

接著載入 R 語言中的 jieba 套件 {jiebaR}，先以 `worker()` 函數宣告一個分詞器 `seg`，再將字串向量 `text` 以 `<=` 運算子傳入分詞器，分詞結果儲存為 `words`，最後檢視前 50 個字詞。分詞工作也可以運用 `segment()` 函數，輸入字串向量 `text` 與分詞器 `seg` 來完成之。

```
library(jiebaR)
# 宣告分詞器
seg <- worker()
# 傳入字串進行分詞，注意! text 不可為資料框物件!
words <- seg <= text
words[1:50]
```

```
## [1] "東漢"    "末年"    "朝政"    "腐敗"    "再"
```

---
[4]http://www.cnblogs.com/zhbzz2007/p/6084196.html

```
## [6] "加上"   "連年"   "災荒"   "老百姓" "的"
## [11] "日子"   "非常"   "困苦"   "巨鹿"   "人"
## [16] "張角見" "人民"   "怨恨"   "官府"   "便"
## [21] "與"     "他"     "的"     "弟弟"   "張梁"
## [26] "張"     "寶"     "在"     "河北"   "河南"
## [31] "山東"   "湖北"   "江蘇"   "等"     "地"
## [36] "招收"   "了"     "五十萬" "人"     "舉行"
## [41] "起義"   "一起"   "向"     "官兵"   "進攻"
## [46] "沒有"   "幾天"   "四方"   "百姓"   "頭裹"
```

```r
# {jiebaR} 另一種分詞語法，結果同上
words <- segment(text, seg)
```

前面結果因為沒有正確斷出張寶與張角兩兄弟名字，因此以 `new_user_word()` 加入新詞後重新分詞結果如下。

```r
# 加入使用者定義的新詞
new_user_word(seg, c("張寶", "張角"))
```

```
## [1] TRUE
```

```r
# 再次分詞，結果有斷出兩兄弟正確的名字
words <- seg <= text
words[1:50]
```

```
## [1]  "東漢"   "末年"   "朝政"   "腐敗"   "再"
## [6]  "加上"   "連年"   "災荒"   "老百姓" "的"
## [11] "日子"   "非常"   "困苦"   "巨鹿"   "人"
## [16] "張角"   "見"     "人民"   "怨恨"   "官府"
## [21] "便"     "與"     "他"     "的"     "弟弟"
## [26] "張梁"   "張寶"   "在"     "河北"   "河南"
## [31] "山東"   "湖北"   "江蘇"   "等"     "地"
## [36] "招收"   "了"     "五十萬" "人"     "舉行"
## [41] "起義"   "一起"   "向"     "官兵"   "進攻"
```

```
## [46] "沒有"   "幾天"   "四方"   "百姓"   "頭裏"
```

jiebaR 透過 `worker()` 函數內的引數 `type` 提供多種分詞類型：

- 最大機率分詞模型 (maximum probability, mp)：運用 Trie 樹 (又稱前綴樹或字典樹，https://zh.wikipedia.org/wiki/Trie) 建構有向無循環圖，結合動態規劃 (dynamic programming) 進行分詞，是 jieba 核心的分詞演算法。初始化時須給定分詞字典 (\$dict) 與使用者自訂詞庫 (\$user)，兩者的預設設定可以下面指令查閱，請留意 \$dict 與 \$user 結果：

```
# {jiebaR} 系統字典、使用者字典等預設設定內容 (PrivateVarible)
# 報表過寬，請讀者自行執行下行程式碼
str(seg$PrivateVarible)
```

- 隱馬可夫分詞模型 (hidden markov model, hmm)：初始化時須提供 hmm 字集，預設使用中國大陸的人民日報語料庫；

- 混合分詞模型 (mix segment model, mix)：混合使用最大機率分詞模型與隱馬可夫模型，初始化時 dict、hmm 與 user 字集都要提供；

- 查詢分詞模型 (query segment model, query)：以混合分詞模型進行分詞，再枚舉字典中所有可能的長字詞，初始化時 dict、hmm 與 user 字集都要提供；

- 完全分詞模型 (full segment model, full)：會列舉出字典中所有可能的字詞。

- 詞性標記 (speech tagging worker, tag)：以混合分詞模型分詞，並運用中國科學院計算技術研究所漢語詞法分析系統 ICTCLAS 進行分詞後的詞性標注；

- 關鍵字提取 (keyword extraction, keywords)：使用混合分詞模型分詞後，再依詞頻-逆文件頻率篩選關鍵字，使用者須提供 dict、hmm、idf、停用字 (stop_word) 與提取字數 (topn) 等私有變數 (private variables)；

- 相似性雜湊 (Simhash worker, simhash)：使用 Google 知名的相似

性雜湊演算法提取關鍵字，相似性雜湊演算法是 Google 用來處理海量文本去重 (或從) 的演算法。simhash 先將一個文件轉換成若干字詞與權重值，再運用雜湊函數對文件字詞矩陣進行降維與降維特徵值計算；然後判斷它們是否重複時，只需要計算降維後各特徵值 (二元值) 的距離 (i.e. 海明距離, Hamming distance, 參見3.4節相似性與距離) 是不是 < n(n 經驗上一般取 3)，就可以判斷兩個文件是否相似，此處應用來提取相似性較低的關鍵字[5]，使用者須提供 dict、hmm、idf 與停用字等。

下面我們實際演練關鍵字提取的分詞器，將 worker() 函數的 type 設定為"keywords"，並擷取三國章回小說短文前 100 個關鍵字。

```
# 關鍵字提取分詞器以混合分詞模型分詞後，再依詞頻-逆文件頻率篩選
# 前 100 個關鍵字
keys = worker(type = "keywords", topn = 100)
keywords <- keys <= text
keywords[1:10]
```

```
## 117.392   58.696  46.9568  41.9979  35.2176  35.2176
##  "劉備"   "張飛"   "關羽"   "榜文"    "說"    "張角"
## 35.2176  35.2176  35.2176  35.2176
##  "連忙"   "做"    "這人"    "聽"
```

接著我們練習中文詞性標記，將分詞器 worker() 的 type 設定為"tag"，中文詞性標記的意義請參考[6]。

```
# 宣告分詞類型為詞性標記的分詞器
tagger = worker(type = "tag")
tagCN <- tagger <= text
tagCN[1:10]
```

```
##      t       t        n        an        d        v
##   "東漢"   "末年"    "朝政"    "腐敗"     "再"     "加上"
```

---

[5] https://yanyiwu.com/work/2014/01/30/simhash-shi-xian-xiang-jie.html?utm_source=jiji.io

[6] https://gist.github.com/luw2007/6016931

```
##      d       n       n      uj
##   "連年"  "災荒" "老百姓"   "的"
```

```r
# 詞性標記結果 tagCN 為具名向量
(head(tag <- names(tagCN)))
```

```
## [1] "t"  "t"  "n"  "an" "d"  "v"
```

在英文分句分詞、詞性標記、專有名詞提取與詞組提取的部分，我們可以運用 R 套件 {NLP} 與 {openNLP}。首先建立語句，並檢視其物件類別與字元數 (Python 的西方語系文字處理多使用 nltk 套件，參見5.2.1.1節的手機簡訊過濾案例)。

```r
# 載入 R 語言英語自然語言處理套件
library(NLP)
library(openNLP)
# 建立練習語句
s <- c("Pierre Vinken, 61 years old, will join the board
as a nonexecutive director Nov. 29. Mr. Vinken is chairman
of Elsevier N.V., the Dutch publishing group.")
```

```
## [1] "Pierre Vinken, 61 years old, will join the
## board\nas a nonexecutive director Nov. 29. Mr.
## Vinken is chairman\nof Elsevier N.V., the Dutch
## publishing group."
```

```r
# 練習語句字元數
nchar(s)
```

```
## [1] 153
```

```r
# 轉為 {NLP} 套件接受的物件類型 String
s <- as.String(s)
```

Apache Open NLP 分句分詞等符號化語法的基本概念是先宣告

Maxent_*wildcard*_Annotator 的註記器 (annotator)，其中 *wildcard* 須指名是斷句 (Sent_Token)、斷詞 (Word_Token)、詞性標記 (POS_Tag)、專有名詞辨識 (Entity) 及詞組提取 (Chunk) 等任務，接著用 `annotate()` 函數將英文語句 s 與註記器 f 傳入後結果存出。不過就**自然語言處理 (natural language processing)** 的任務先後順序，須先分句再分詞，然後才能進行詞性標記、專有名詞 (Named Entity Recognition, NER) 與詞組提取等任務。因此，我們先進行斷句：

```r
# 宣告斷句註記器
sent_token_annotator <- Maxent_Sent_Token_Annotator()
# 將英文語句放入後，透過先前宣告的 sent_token_annotator 函數
# 做斷句的動作
(a1 <- annotate(s = s, f = sent_token_annotator))
```

```
## id type     start end features
## 1  sentence     1  84
## 2  sentence    86 153
```

```r
# 斷出兩個句子，注意 start 與 end 對應的字符位置編號
str(a1)
```

```
## List of 2
##  $ :Classes 'Annotation', 'Span'  hidden list of 5
##   ..$ id      : int 1
##   ..$ type    : chr "sentence"
##   ..$ start   : int 1
##   ..$ end     : int 84
##   ..$ features:List of 1
##   .. ..$ : list()
##   ..- attr(*, "meta")= list()
##  $ :Classes 'Annotation', 'Span'  hidden list of 5
##   ..$ id      : int 2
##   ..$ type    : chr "sentence"
##   ..$ start   : int 86
```

```
##    ..$ end     : int 153
##    ..$ features:List of 1
##    .. ..$ : list()
##    ..- attr(*, "meta")= list()
##   - attr(*, "class")= chr [1:2] "Annotation" "Span"
##   - attr(*, "meta")= list()
```

根據分句的結果，以 substr() 函數取出兩個句子，或直接將分句的結果傳入 String 物件 s 中。

```
# substr() 取出第一個句子
substr(s, 1, 84)
```

```
## Pierre Vinken, 61 years old, will join the board
## as a nonexecutive director Nov. 29.
```

```
# substr() 取出第二個句子
substr(s, 86, 153)
```

```
## Mr. Vinken is chairman
## of Elsevier N.V., the Dutch publishing group.
```

```
# 直接將分句註記結果傳入 String 物件取值
s[a1]
```

```
## [1] "Pierre Vinken, 61 years old, will join the
## board\nas a nonexecutive director Nov. 29."
## [2] "Mr. Vinken is chairman\nof Elsevier N.V.,
## the Dutch publishing group."
```

另一種呈現斷句結果的方式，是將 probs 引數設為 TRUE，如此會顯示成句可能性的機率值於 features 欄位中。

```
# 加註成句的可能性
annotate(s, Maxent_Sent_Token_Annotator(probs = TRUE))
```

```
## id type       start end features
##  1 sentence      1  84 prob=0.9998
##  2 sentence     86 153 prob=0.9969
```

斷詞語法如前所述，非常類似分句，唯一不同的是 annotate() 函數中引數 a 須設定為前面分句後的結果 a1。也就是說，分詞須接續分句的結果繼續往下做。

```
# 宣告斷字註記器
word_token_annotator <- Maxent_Word_Token_Annotator()
# 傳入語句斷字，注意須接續前面斷句結果 a1 往下做
(a2 <- annotate(s = s, f = word_token_annotator, a = a1))
```

```
## id  type      start end features
##  1 sentence      1  84 constituents=<<integer,18>>
##  2 sentence     86 153 constituents=<<integer,13>>
##  3 word          1   6
##  4 word          8  13
##  5 word         14  14
##  6 word         16  17
##  7 word         19  23
##  8 word         25  27
##  9 word         28  28
## 10 word         30  33
## 11 word         35  38
## 12 word         40  42
## 13 word         44  48
## 14 word         50  51
## 15 word         53  53
## 16 word         55  66
## 17 word         68  75
## 18 word         77  80
## 19 word         82  83
## 20 word         84  84
## 21 word         86  88
```

```
## 22 word              90  95
## 23 word              97  98
## 24 word             100 107
## 25 word             109 110
## 26 word             112 119
## 27 word             121 124
## 28 word             125 125
## 29 word             127 129
## 30 word             131 135
## 31 word             137 146
## 32 word             148 152
## 33 word             153 153
```

```r
# 斷詞結果
tail(s[a2])
```

```
## [1] ","         "the"         "Dutch"       "publishing"
## [5] "group"     "."
```

如果沒給引數 a 則會報錯，訊息顯示沒有斷句結果無法進行斷詞，建議讀者可以自目一試。

```r
# a2 <- annotate(s=s, f=word_token_annotator)
# Error in f(s, a) : no sentence token annotations found,
# an annotation object to start with must be given
```

斷句和斷詞也可以一次同時做：

```r
# 斷句做完接續做斷詞註解
a <- annotate(s, list(sent_token_annotator,
word_token_annotator))
# 結果同分段做一樣
head(a)
```

```
##   id type      start end features
```

```
##   1 sentence     1  84 constituents=<<integer,18>>
##   2 sentence    86 153 constituents=<<integer,13>>
##   3 word         1   6
##   4 word         8  13
##   5 word        14  14
##   6 word        16  17
```

下一個任務詞性標記邏輯上也是須先完成斷句及斷詞，再以 annotate() 函數接續分詞的結果進行詞性標註。讀者可發現輸出結果表的 feature 欄位，新增了各個字詞的詞性標記，例如：POS=NNP，而各詞性標籤的意義請參考下面連結：http://dpdearing.com/posts/2011/12/opennlp-part-of-speech-pos-tags-penn-english-treebank/。

```
# 宣告詞性標記註記器
pos_tag_annotator <- Maxent_POS_Tag_Annotator()
# 傳入語句標記詞性，注意須接續前面斷字結果 a2 往下做
(a3 <- annotate(s, pos_tag_annotator, a2))
```

```
##    id type      start end features
##     1 sentence     1  84 constituents=<<integer,18>>
##     2 sentence    86 153 constituents=<<integer,13>>
##     3 word         1   6 POS=NNP
##     4 word         8  13 POS=NNP
##     5 word        14  14 POS=,
##     6 word        16  17 POS=CD
##     7 word        19  23 POS=NNS
##     8 word        25  27 POS=JJ
##     9 word        28  28 POS=,
##    10 word        30  33 POS=MD
##    11 word        35  38 POS=VB
##    12 word        40  42 POS=DT
##    13 word        44  48 POS=NN
##    14 word        50  51 POS=IN
##    15 word        53  53 POS=DT
##    16 word        55  66 POS=JJ
```

```
## 17 word            68   75 POS=NN
## 18 word            77   80 POS=NNP
## 19 word            82   83 POS=CD
## 20 word            84   84 POS=.
## 21 word            86   88 POS=NNP
## 22 word            90   95 POS=NNP
## 23 word            97   98 POS=VBZ
## 24 word           100  107 POS=NN
## 25 word           109  110 POS=IN
## 26 word           112  119 POS=NNP
## 27 word           121  124 POS=NNP
## 28 word           125  125 POS=,
## 29 word           127  129 POS=DT
## 30 word           131  135 POS=JJ
## 31 word           137  146 POS=NN
## 32 word           148  152 POS=NN
## 33 word           153  153 POS=.
```

```
# id = 1 & 2 被移掉了! 因為 type 設定為 "word"
(head(a3w <- subset(a3, type == "word")))
```

```
##   id type start end features
##    3 word     1   6 POS=NNP
##    4 word     8  13 POS=NNP
##    5 word    14  14 POS=,
##    6 word    16  17 POS=CD
##    7 word    19  23 POS=NNS
##    8 word    25  27 POS=JJ
```

專有名詞辨識須先完成分詞後，再以宣告的 NER 註記器 `entity_annotator` 進行專有名詞提取，不過須先下載與安裝 openNLP-models.en_1.5-1.tar.gz[7]。從完成的結果表中我們可以發現 `type` 欄位多了一種值為 `entity` 的記錄，顯示從 1 到 13 的字符是專有名詞，而 `features` 欄位值 `kind=person` 表示是人名的專有名詞。

---

[7]http://datacube.wu.ac.at/src/contrib/

```r
# 宣告專有名詞註記器
entity_annotator <- Maxent_Entity_Annotator()
# 辨識出人名專有名詞 (features: kind=person)
tail(annotate(s, entity_annotator, a2))
```

```
##    id type   start end features
##    29 word   127   129
##    30 word   131   135
##    31 word   137   146
##    32 word   148   152
##    33 word   153   153
##    34 entity   1    13 kind=person
```

```r
# 僅傳回專有名詞辨識結果
entity_annotator(s, a2)
```

```
##    id type   start end features
##    34 entity   1    13 kind=person
```

　　最後是詞組提取，它需要先完成詞性標註後，再以宣告的詞組提取器 `chunk_annotator` 進行詞組的提取，`features` 欄位的 `chunk_tag` 結合了 IBO 標籤與詞組標籤。前者的 I 表詞組內的字詞 (In chunk)、B 是詞組的開頭字詞 (Beginning of the chunk)、O 則是詞組外的字詞 (Outside of the chunk)；後者的 NP 是名詞詞組、VP 是動詞詞組，以及 ADJP 是形容詞詞組，擷取語句中的各類詞組。例如："Pierre" 與 "Vinken" 的標籤分別是 B-NP 與 I-NP，而其下一個字符 "," 為 O，所以 "Pierre Vinken" 即構成一名詞詞組。

```r
# 宣告詞組註記器
chunk_annotator <- Maxent_Chunk_Annotator()
# 詞組辨識結果
head(chunk_annotator(s, a3))
```

```
##    id type start end features
```

```
## 3  word            1    6 chunk_tag=B-NP
## 4  word            8   13 chunk_tag=I-NP
## 5  word           14   14 chunk_tag=O
## 6  word           16   17 chunk_tag=B-NP
## 7  word           19   23 chunk_tag=I-NP
## 8  word           25   27 chunk_tag=B-ADJP
```

```r
# 取出第一組 B-NP 與 I-NP 標籤的內容
s[chunk_annotator(s, a3)][1:2]
```

```
## [1] "Pierre" "Vinken"
```

```r
# 確認下一個標籤 O 的內容是無關的
s[chunk_annotator(s, a3)][3]
```

```
## [1] ","
```

更詳細的結果可以下面的語法獲得：

```r
# 分句、分詞、詞性標記與詞組提取的完整結果
chunk_annotator <- annotate(s = s, f =
Maxent_Chunk_Annotator(), a = a3)
head(chunk_annotator, 11)
```

```
##    id type     start end features
## 1  sentence     1  84 constituents=<<integer,18>>
## 2  sentence    86 153 constituents=<<integer,13>>
## 3  word         1   6 POS=NNP, chunk_tag=B-NP
## 4  word         8  13 POS=NNP, chunk_tag=I-NP
## 5  word        14  14 POS=,, chunk_tag=O
## 6  word        16  17 POS=CD, chunk_tag=B-NP
## 7  word        19  23 POS=NNS, chunk_tag=I-NP
## 8  word        25  27 POS=JJ, chunk_tag=B-ADJP
## 9  word        28  28 POS=,, chunk_tag=O
## 10 word        30  33 POS=MD, chunk_tag=B-VP
```

```
## 11 word            35   38 POS=VB, chunk_tag=I-VP
```

最後，根據上述的演練，自然語言處理的流程是 sent_token 分句、word_token 分詞、post_tag 詞性標註、NER 專有名詞提取、chunking 詞組標記等，再根據自然語言處理的結果，進行清理與建模等實作內容，請參考5.2.1.1節的手機簡訊過濾案例。

另外，文字資料處理時經常需要使用計算機科學中的**正則表示式 (Regular Expression, RE)**，RE 運用規則來描述符合某些條件的字符，例如：所有標點符號形成一種字符類別，因此 RE 常被稱為字串模式 (pattern)。在很多文字編輯器裡，正則運算式經常被用來檢索或替換掉符合某個模式的文字。中括弧是 RE 重要的語法符號，可以定義正則表示式的字符類別，下面是常用的 RE 字符類別，其階層關係如圖2.21所示。

- 阿拉伯數字 [:digit:]：任何一個阿拉伯數字 0123456789，其實就是 [0-9]，或者簡記為\d；

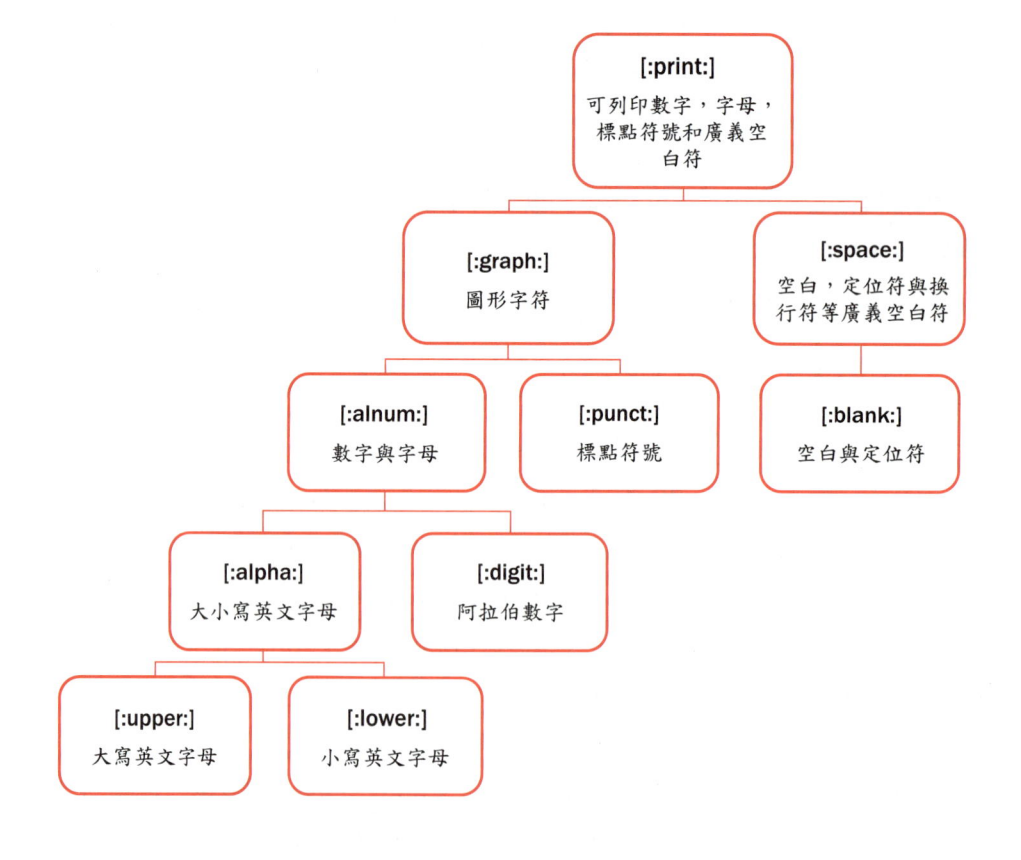

圖 2.21: 正則表示式常用字符類別階層圖

- 小寫英語字母 [:lower:]：任何一個小寫英語字母 a-z；
- 大寫英語字母 [:upper:]：任何一個大寫英語字母 A-Z；
- 英語字母 [:alpha:]：任何一個大小寫英語字母 a-z 及 A-Z；
- 文數字 [:alnum:]：任何一個數字與英語字母，其實就是 [a-zA-Z0-9]，或者簡記為\w；
- 標點符號 [:punct:]：任何一個標點符號，. ; ...，或其它標點符號；
- 圖形字符 [:graph:]：任何一個圖形字符，包括 [:alnum:] 與 [:punct:] 等文數字與標點符號；
- 空白符 [:blank:]：任何一個空白與定位符；
- 廣義空白符 [:space:]：任何一個空白、定位符與換行符等廣義空白符，其實就是 [\t\n]，或者簡記為\s；
- 可列印字符 [:print:]：任何一個可列印字符，含 [:alnum:]、[:punct:] 與 [:space:] 文數字、標點符與廣義空白符。

除了字符類別外，RE 語法還有下面的重點。前述中括弧 [...] 是比對字串是否有...當中的任何一個字元，[^...] 是比對除了...之外的任何一個字元，英文句點. 表示任何一個字元，以上均是比對一個字元的字串模式符；^...是以...開頭的字串，...$ 是以...結尾的字串，\b(或 < 與 >) 表文數字/非文數字的邊界 (也就是空白或其它定位、換行符號)，以上是定位 (anchor) 的字串模式符；接著是表達接在前面之字串模式其出現次數的量詞 (quantifier)，{3} 表重複 3 次，{2,5} 是重複 2 到 5 次，? 表可有可無 (i.e. 1 次或 0 次)，* 表重複出現任意次 (包含 0 次)，+ 也是重複出現任意次，但至少要出現 1 次。

最後，在處理文字資料時，經常碰到編碼衝突問題，尤其是中文文字資料，以下介紹幾種常見的編碼系統：

- ASCII：全名為 American Standard Code for Information Interchange (美國資訊交換標準碼)，為基於拉丁字母的一套字元編碼系統，由於只用一個位元組來顯示字元，所以能顯示的字元極為有限，較適合用於英文的環境中，不適合多位元組的語言系統，故逐漸為 Unicode 所取代。
- BIG5：又稱大五碼或五大碼，臺灣財團法人資訊工業策進會於 1983 年所提出，BIG5 五大中文套裝軟體所設計的中文共通內碼，當時

是繁體中文社群 (臺港澳) 最常見的編碼 (https://zh.wikipedia.org/wiki/)。

- UTF-8：Unicode 為一種概念，即一個字元對應到一個數字 (code point)，而 UTF-8 即為 unicode 的實作之一，全名為 8-bit Unicode Transformation Format。由於其相容於 ASCII，廣度夠 (能支援不同語系)，深度也夠 (幾乎能呈現每一語系的所有字元)，故現已逐漸成為編碼的標準。在開發新系統時，如果沒有須相容於舊系統的負擔，建議直接使用 UTF-8 為預設編碼，如此在系統間或同系統內的不同組件交換資料時，編碼上的處理會較為輕鬆。

文字資料因其結構性較差，處理與分析的實務上較結構化資料更為困難。本書限於篇幅，僅說明基本的處理內容，建議讀者多累積這方面的實戰經驗，迎向低結構資料處理與分析工作的挑戰。

2.4.2　Hadoop 分散式檔案系統

當資料集成長到超過單一一台實體機器的負荷時，必須將資料切割並分散到多台機器儲存。相對於本機端的檔案系統而言，分散式檔案系統 (Distributed File System, DFS) 是一種允許檔案透過網路在多台主機上分享的檔案系統，DFS 可讓多台機器上的多位使用者分享檔案和儲存空間。因為是以網路為基礎，所以會面臨許多挑戰，例如其中一台機器故障時，必須保證資料不會遺失。**Hadoop 分散式檔案系統 (Hadoop Distributed File System, HDFS)** 是用來儲存巨量資料的系統，設計理念之一就是讓它能運行在普通的硬體之上，即使硬體出現故障，也可以通過容錯 (fault tolerant) 策略來保證數據的高可用性 (high availability)(White, 2015)。

一般來說，HDFS 的特性如下：

- 善於儲存特別巨量的資料：這邊指的巨量是每個檔案基本都大於 128MB(Megabytes)，甚至到 TB(Terabytes)，儲存巨大的單一檔案是 HDFS 的優勢。以 2018 年台灣的電信業來說，每天 10TB 以上的資料量已是必須克服的難題，且儲存空間已經是 PB(Petabytes) 為單位的巨大量級。

- 不依賴高效能且昂貴的機器：Hadoop 的設計概念是可用一般機器

去架設叢集電腦，不需要依賴高效能又昂貴的機器來運作。利用大量的普通機器擔任資料節點，即使錯誤發生，使用者也不會感受到有明顯的中斷狀況。

- 不適合低等待時間的資料進出：Hadoop 的目標是克服「大且多」的資料進出，一次寫入、多次讀取是其適用的使用情境，因此不宜以一般關聯式資料庫的讀寫思維來比較，例如 MariaDB 資料庫。想像一下同時間有 100 個使用者都要取得一張 10GB 的表格，此時 15 至 30 秒的等待時間應該是可以接受的範圍。

- 不適合大量的小檔案：因為每個檔案的詮釋資料 (metadata)，例如：被切割成幾份、分別儲存在哪幾台機器等詮釋說明資訊，都是存放在叢集管理機器的記憶體中，所以能存放的檔案數量也取決於 NameNode 的記憶體大小。許多使用者因不瞭解這點而存放許多小檔案於 HDFS 中，導致 NameNode 記憶體空間的浪費。以每個檔案 1KB 來說的話，100 萬個檔案實際只用 1GB 的硬碟空間，但是很可能受限於詮釋資料佔用的記憶體空間。再者，巨量資料經過適當的壓縮可以節省儲存空間，Hadoop 支援的壓縮格式有 gzip、bzip2、snappy 與 LZO 等。壓縮過的文字資料在分析時 Hadoop 會自動處理解壓縮的過程。

另外，HDFS 常用的名詞有：

- Blocks：每個 Block 是 128MB，例如 1GB 的資料就會切割成 8 個檔案區塊，不過實際使用的硬碟空間還是以檔案真正的大小為主

- NameNodes 與 DataNodes：HDFS 的叢集有兩個類型的節點，其中一個稱為 NameNode 也就是指揮者，另一個稱為 DataNode 也就是工作者，指揮者只會有一個，為了避免 NameNode 故障，一般會準備另一個 NameNode 隨時待命，也就是 Secondary NameNode。NameNode 會管理整個 HDFS 的名稱空間 (namespace) 及詮釋資料，並且控制檔案的任何讀寫動作，同時 NameNode 會將要處理的資料切割成一個個 Block。

- Replication：一般來說，一個檔案區塊總共會複製成 3 份，並且會分散儲存到 3 個不同 Worker 伺服器的 DataNode 程式中管理，只要其中任何一份檔案區塊遺失或損壞，NameNode 會自動尋找位於其它 DataNode 上的副本來回復，維持 3 份的副本策略。

Apache Hadoop 生態體系相當龐大，且不斷地與時俱進、推陳出新，巨量資料分析師應掌握這方面的趨勢，並與負責的巨量資料工程師 (Big Data Engineer) 保持良好的溝通，促進雙方工作的進行。

2.4.3 Spark 叢集計算框架

Apache Spark 簡稱為 Spark，是一個高速且通用的開源叢集運算框架，或稱平台。除了有豐富的內建函式庫外，還能搭配高階程式語言快速編寫叢集運算程式，例如：Java、Scala、Python 和 R 語言等都有**應用程式介面 (Applications Programming Interfaces, API)** 可以開發 Spark 程式。

圖2.22是 Spark 的三層式系統架構，專案由多個部分整合而成，中層核心負責跨叢集之運算任務的排程、分散儲存安排、記憶體管理、容錯復原與監控等功能。下層顯示 Spark 支援獨立集群模式 (standalone)，也就是在本機端做運算；使用叢集運算的話，可以搭配 Hadoop YARN 或是 Apache Mesos 叢集管理，接受 HDFS, Cassandra, HBase, Hive, Tachyon(開源分散式容錯的記憶體內檔案系統) 和任何 Hadoop 資料來源的數據。上層則是中層核心框架的延伸功能，包括結構化資料查詢與處理的 Spark SQL、機器學習建模的 MLlib、圖形資料處理與建模的 GraphX，以及串流資料處理的 Spark Streaming。

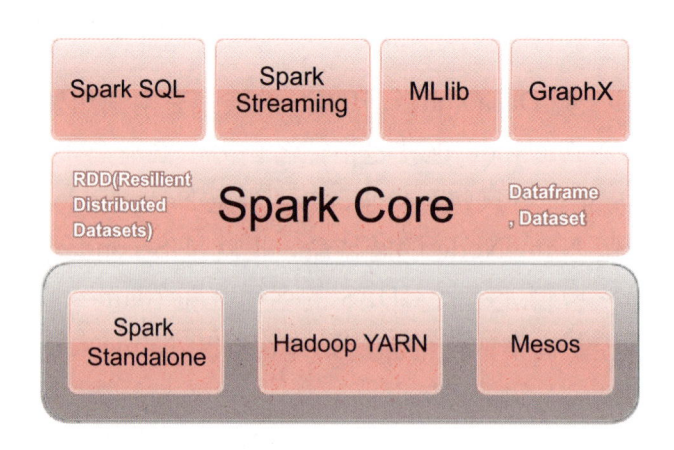

圖 2.22: Apache Spark 系統架構圖
(圖片來源：https://jaceklaskowski.gitbooks.io/mastering-apache-spark/spark-overview.html)

前節 Hadoop 的 MapReduce 在執行運算時，需要將中間產生的數據結果，儲存在硬碟中，使得磁碟 I/O 成為可能的效能瓶頸。Spark 採用記憶體內運算 (in-memory analytics) 技術，計算或操弄時將資料或中間結果暫存在記憶體中，因此可以加快執行速度。尤其當需要的反覆操作次數越多，所需讀取的資料量越大，就越能看出 Spark 的效能。Spark 在記憶體內執行程式的速度，可能比 Hadoop MapReduce 磁碟 I/O，結合記憶體的運算速度快上許多，即便在硬碟執行程式，Spark 的速度也可能快上好幾倍。

圖2.22中間核心部分包括資料結構，左邊**彈性分散式資料集 (Resilient Distributed Datasets, RDD)** 是 Spark 的基本資料結構，RDD 是不可更改的 (immutable) 分散式資料物件集合，集合中的每個資料物件都細分為不同的邏輯分割 (logical partitions)，各分割分散在叢集環境中不同的節點，RDD 能以平行且容錯的方式進行各式轉換與操作。

RDD 是 Spark 編程主要的對象，RDD 的集合中也可以包含 Python、Java、或 Scala 等物件，甚至是使用者定義的類別[8]。RDD 物件裡面的資料分割大小可自由設置，亦即可以調整顆粒度，物件也包含了操弄數據的方法。Resilient 彈性的意思是資料可完全放在記憶體或完全存在硬碟；也可部分存放在記憶體，部分存放在硬碟。容錯部分的功能可以設置查檢點 (checkpoint)，出錯後從查檢點重新計算。RDD 可以永續儲存 (persist) 或緩存 (cache) 一個資料物件集合到記憶體中，每一個節點上參與計算的所有分區資料都會儲存到記憶體中。這樣的記憶體內運算之設計，讓運算和操弄速度加快，但是記憶體也就成為非常關鍵的資源了。

另一個核心資料結構是 Spark 資料框 (DataFrame)，它與 RDD 一樣，是不可更改且分散式的資料物件集合。DataFrame 的設計想法來自於 R 語言及 Python 語言的 pandas 套件，DataFrame 在 RDD 的基礎上加了綱要 (schema)，綱要是描述資料的資訊，也可稱為詮釋資料 (metadata)，因此 DataFrame 過去曾被稱為 SchemaRDD。與 RDD 不同的是資料組織為具名的縱行，類似關聯式資料庫中的資料表，這是為了讓大型資料集更容易被處理。此外，Spark 資料框容許開發者在分散式的資料集合上，搭建層次更高的抽象概念。再者，Spark 資料框的 API 親和性較佳，讓非專業的資料工程師也能操弄分散式資料。

RDD 和 DataFrame 兩個概念出現的比較早，Dataset 相對較晚，它

---

[8]https://www.tutorialspoint.com/apache_spark/apache_spark_rdd.htm

在 Spark 1.6 版本才被提出。Dataset 具有 RDD 強型別 (strongly typed) 的優點，也可以使用 Spark SQL 的最佳化執行引擎。強弱型別指的是程式語言對於混入不同資料型別的值進行運算時的處理方式，強型別的語言遇到函式引數型別和實際叫用型別不符合的情況時，經常會直接出錯或者編譯失敗；而弱型別的語言較常實行隱式轉換，也就是嘗試將型別轉為一致，導致可能產生難以意料的結果[9]。Scala 和 Java 中有 Dataset 的 API，但 Python 與 R 並不支援此 API，因為兩者動態程式語言的特性，已經具備 Dataset 的功能了，例如：在 Python 中可以透過物件屬性方便地取得欄位名稱。

Spark SQL 是 Spark 用來處理結構化資料的模組，如同 Hive 查詢語言 (Hive Query Language, HQL) 一樣運用 SQL 語句來查詢資料，Spark SQL 支援多種資料來源，包括 Hive 表、Parquet 和 JSON。Spark SQL 允許開發人員透過 Python、Java 和 Scala 的編程語法，混合 SQL 查詢和 RDD 操弄於同一個應用或分析程式中。

Spark Streaming 串流資料應用情境包括各種網路伺服器的日誌檔 (logfiles)、通告使用者的網頁服務伺服器之狀態更新訊息佇列等。Spark Streaming 對於即時資料串流處理一樣有可擴充性與可容錯性等特點。圖2.23顯示系統可以從 Kafka、Flume、Twitter、Kinesis 等來源取得資料，然後可以透過 Map、Reduce、Join、Window 等高階函式組成的複雜演算法處理與運算資料。最後可將處理後的資料推送到 HDFS 分散式檔案系統、資料庫與即時儀表板中。圖2.24說明 Spark Streaming 的內部處理流程，接收即時的資料串流後，將之劃分為批次資料後再輸入 Spark 引擎處理，Spark 引擎運算後輸出一批批的結果串流。

Spark 還包含一個叫做 MLlib 的機器學習函式庫，它提供多種類型的機器學習算法，包括分類、迴歸、集群和協同過濾等，並有模型評估和資料匯入的功能。MLlib 機器學習函式庫的特色是包括知名的推薦系統算法，交替最小平方法 (Alternating Least Squares, ALS)，此算法考慮推薦數據的稀疏性，運用簡單且優化的線性代數平行運算，快速處理大規模的推薦問題。

最後，GraphX 是 Spark 中用於圖形資料 (graph data) 計算的 API，常見的圖形資料有圖2.25的網頁關係圖和社群網路圖。GraphX 延伸了

---

[9]https://en.wikipedia.org/wiki/Strong_and_weak_typing

圖 2.23: Apache Spark Streaming 系統
(圖片來源: https://hortonworks.com/tutorial/introduction-to-spark-streaming/)

圖 2.24: Apache Spark Streaming 內部處理流程
(圖片來源: https://hortonworks.com/tutorial/introduction-to-spark-streaming/)

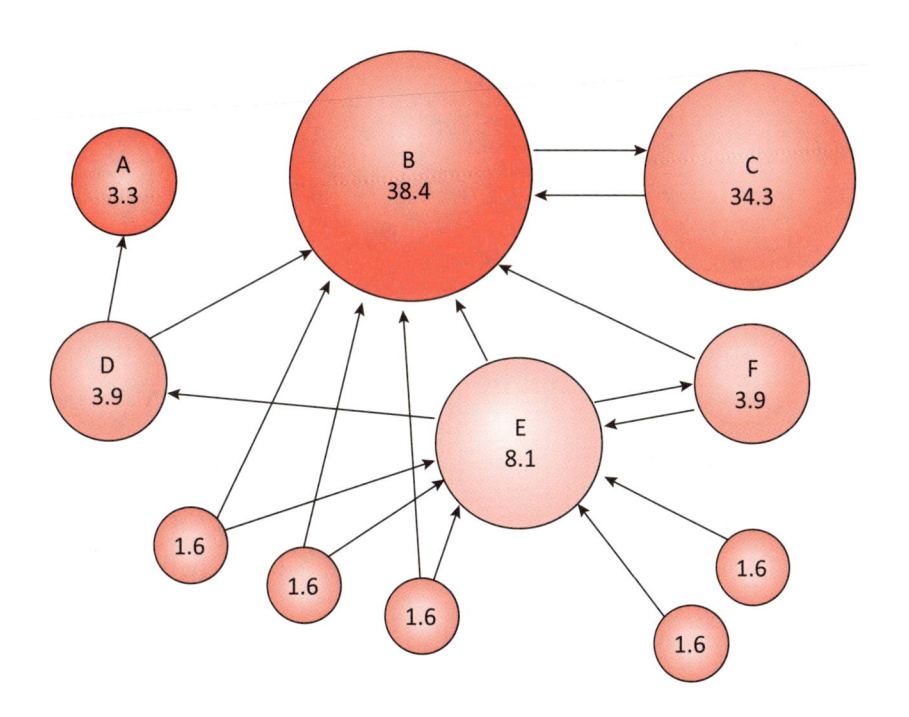

圖 2.25: 網頁關係圖

Spark 的 RDD，基於它來建立頂點 (vertex，或稱 node) 和邊 (edge，或稱 arc) 都具有屬性的有向圖。GraphX 可對圖形資料進行圖平行計算，例如：網頁排名 (PageRank) 算法，圖2.25中各節點的大小與節點中的排名值成正比，算法的目標是根據網頁間的鏈結 (link) 結構 (連進 backlinks 與連出 inlinks 次數)，給定各網頁的排名值。運算時平行更新網路圖各節點的排名，迭代式反覆運算直到解答收斂。GraphX 還支援許多圖形運算，例如：subGraph、joinVertices、aggregateMessages 等基本的圖形運算子操作，更重要的是 GraphX 也持續增加圖形演算法及簡化圖形分析的工具。

第三章 統計機器學習基礎

　　大數據分析常聽到的相關名詞除了統計學外，還有資料探勘與機器學習，再加上物聯網 (Internet of Things, IoTs) 風行，許多專家提到未來會朝向人工智慧 (Artificial Intelligence, AI) 時代邁進，這些名詞到底有什麼異同呢？本質上它們都與資料分析相關，只是各自強調的面向或有不同。作為應用數學的一個領域，統計學是最基礎且重要的。它是收集、整理、分析與解釋資料及資訊的學科，用以回答問題或產生結論。儘管大數據時代下各式資料充斥，資料科學家仍然經常因為建模上的理由，例如：屬性的訊息力、參數估計能力、或者是結果的可解釋性等，使用部分而非全部的資料進行分析。很多人會有個觀念，認為統計學就是一些不切實際的檢定，在當今低結構化資料充斥的預測建模中派不上用場。這樣的想法不完全正確，晚近興起的資料探勘與機器學習領域，仍然沿襲了基本的統計分析概念，誤差建模、隨機化、共變、相關與獨立等，再結合進階抽樣與模擬 (simulation)，來獲取模型更好的績效表現。國內外資料探勘或機器學習的學者專家們，都非常專精於機率與統計等的基本知識，舉凡推薦系統、統計自然語言處理、支援向量機、深度學習等背後都與統計學密切相關，許多重要方法的提出者也都來自數學/統計界，況且低結構化數據還是需要轉為結構化數據方能進行各種運算，因此，結構化數據理解、處理與計算仍然是最重要的基礎。歸根究柢來說統計學將林林總總的資料，結合機率論 (probability) 與最佳化 (optimization) 技術，建構成量化模型 (mathematical models)，因此有人說「統計量化了萬事萬物 (Statistics quantifies everthing.)」，大數據時代下它仍然是基礎且必備的武器之一。

　　上世紀 80 年代資訊化風潮崛起，企業資源規劃 (Enterprise Resource Planning, ERP)、顧客關係管理 (Customer Relation Management, CRM)、供應鏈管理 (Supply Chain Management, SCM) 等企業 e 化系統大行其道，各型組織紛紛架設關聯式資料庫，專家們鼓勵企業從結構化的資料庫中進行知識發現 (Knowledge Discovery in Database, KDD)，因而資料探勘開始在大專院校的課程中出現，其主要的目的就是尋找與解釋資料中先前未知但有趣的型態，所以「資料探勘探索型態 (Data mining explores patterns.)」。

人工智慧與大數據時代的來臨，許多人推崇機器學習，因為它著眼於可產生準確預測的務實模型，所以「機器學習實際進行預測 (Machine learning predicts with practical models.)」。機器學習所用的手法如歸納 (induction) 法、機率模型與貝式方法 (Bayesian approach) 等非常類似統計學，但它更關注於實際問題的解決，例如：大量資料能否運算？預測是否能更準確？而不像統計學比較強調推理與解釋。而人工智慧不僅僅透過歸納與學習，讓機器具備人的感知能力，例如：電腦視覺、語音辨識、自動問答等，更希望系統能自我推理、因應環境的變化，以及闖畫未來的行動能力，因此我們可以說「人工智慧能理解與行動 (Artificial intelligence behaves and reasons like human beings.)」。(goo.gl/kKwV29)

無論如何，**大數據分析**與**程式設計**兩者應該是未來智能化時代的重要方向。從名詞層出不窮的角度來看，現代人活的的確比較辛苦，因為或有相似的新名詞不斷撲面而來，但是讀者絕對可以期待這些技術能讓我們的世界越來越美好。本書的副標題名為「統計機器學習之資料導向程式設計」，目的在結合統計學與機器學習，融合成為大數據分析的理論與實務。一般說來，機器學習能使計算機實際辨識不同型態且能自我學習，統計學從理論的精確性角度探討建模過程的諸多優點或缺失。兩者的結合使它們成為分析許多領域中多元資料的強大技術，包括圖像識別、語音辨識、自然語言處理、製造系統控制，以及物理、化學、生物、醫藥、天文學、氣象與材料等領域大數據工作的重要支撐。國外知名大學如：加州大學柏克萊分校、卡內基美隆大學、英國倫敦皇家學院、澳洲國立大學…等，均已採行此一跨領域的巨量資料分析名詞 - 統計機器學習。

3.1　隨機誤差模型

許多領域中建立反應變數 (response variable) y 與多個預測變數 (predictor variables) $x_1, x_2, ..., x_m$ 之間的模型，或稱關係 $y = f(x_1, x_2, ..., x_m)$

是一項基本的任務，其中 y 是系統中我們感興趣的事實性質，可惜它通常無法直接決定，抑或要付出較高的代價方能得知，然而 $x_1, x_2, ..., x_m$ 的數據卻是垂手可得的。因此，我們搜集了能代表問題空間的 n 組樣本 y_i 和 x_{ij}，其中 $i = 1, ..., n$ 與 $j = 1, ..., m$(可記為反應變數向量 $\mathbf{y}_{n \times 1}$ 或 $\mathbf{y}$，及預測變數矩陣 $\mathbf{X}_{n \times m}$ 或 $\mathbf{X}$)，嘗試建構 y 與 x_j 的關係。反應變數 y 又可稱為輸出 (output) 變數、因 (dependent) 變數、結果 (outcome) 變數或目標 (target) 變數；而預測變數 $x_1, x_2, ..., x_m$ 又稱為投入 (inputs) 變數、獨立或自 (independent) 變數、解釋 (explanatory) 變數、屬性或特徵 (features or attributes)，某些特定領域亦稱之為共變量 (covariates)。

模型 $y = f(x_1, x_2, ..., x_m)$ 幫助我們運用 x_j 來預測 y，一般而言模型分成下面幾種層級，分級的關鍵取決於我們對兩者關係的通曉程度 (Varmuza and Filzmoser, 2009)。

- 理想狀況下的模型：這些模型是基本的科學定律，它們大多是簡單的數學方程式，其中所有的參數都是已知的。舉例來說，一自由落體自一定的高度 h 觸地的時間為 y，則 y 是重力加速度常數 g 與高度 h 的函數 $(2h/g)^{0.5}$，這個模型適用的前提是忽略空氣阻力；牛頓第二運動定律也是理想狀況下的模型：$\mathbf{F} = m \cdot \mathbf{a}$，$\mathbf{F}$ 是淨外力，是所有施加於物體上的力之向量和，m 是質量，$\mathbf{a}$ 是加速度。

- 非理想狀況下的模型：前述關係在理想的環境下是精確的 (exact)，然而現實生活中的環境並非理想，因而許多關係不那麼精確，此時 y 與 $x_j, j = 1, ..., m$ 之間可表達成如下的隨機誤差 (random error) 模型，或稱機率 (probabilistic) 模型：

$$y = f(x_1, x_2, ..., x_m) + \epsilon, \tag{3.1}$$

其中 ϵ 是隨機誤差，所以 y 也是隨機變數 (random variable)。通常我們假設隨機誤差項 ϵ 的期望值為 0，變異數為 σ^2，因此下面的式子是成立的：

$$E(y \mid x_1, x_2, ..., x_m) = f(x_1, x_2, ..., x_m), \tag{3.2}$$

其中 $E(\cdot)$ 是期望值函數。也就是說，雖非理想狀況，但是 y 的條件期望值與預測變數 $x_1, x_2, ..., x_m$ 之間的精確函數形式是成立的。

- 參數未知的模型：前述理想狀況下 $y = f(x_1, x_2, ..., x_m)$，或非理想狀況下 $E(y \mid x_1, x_2, ..., x_m) = f(x_1, x_2, ..., x_m)$ 的關係可能已知，但是式中的參數未知。舉例來說，應用光度測定物質濃度的 Bouguer-Lambert-Beer's 定律也是理想狀況下的物理原則，它明定吸光物質的濃度 c 可由下式來決定

$$c = \frac{A}{a \cdot l}, \tag{3.3}$$

其中 l 是光源至物質的距離，a 為吸收係數 (absorption coefficient)，A 為吸光度 (absorbance)。A 的定義為 $log(I_0/I)$，I_0 為入射光強度，I 為光通過物質樣本後的強度。I_0、I 及 l 等量測容易，但吸收係數 a 通常是未知的，實務上是以一組已知濃度的標準溶液 (c 已知，I_0、I 與 l 可量測)，應用多變量校驗程序 (multivariate calibration procedure) 之迴歸方法，獲得紅外線或近紅外線光譜中不同波長下吸收係數 a 的值，解決參數未知的問題。

- 關係不確定的模式：更多實務問題中 $x_1, x_2, ..., x_m$ 與 y 之間不存在理論關係式，此時我們只能假設兩者存在某種關係。例如：化合物的熔點或毒性與其結構衍生出的變數有關，這些衍生變數通常稱為分子描述子 (molecular descriptors)。研究化合物結構與性質間的量化關係 (Quantitative Structure-Property Relationships, QSPR)，或結構與活性關係 (Quantitative Structure-Activity Relationships, QSAR) 時，也需要前述的多變量校準迴歸程序，但此時兩者的關係形式 $f(\cdot)$ 可能是我們預先假設的 (i.e. 採行有母數統計方法)；抑或不限制函數 $f(\cdot)$ 的形式，而以機器學習算法總結 y 與 $x_1, x_2, ..., x_m$ 的關係。無論如何，其目的是從搜集的資料中，建立合宜的函數形式，以進行估計或預測應用等任務，因此也經常被稱為預測建模 (predictive modeling)。對於這種純粹由實證資料推導出來的模型，不僅無理論支持，而且我們事先不知道哪些變數有用，所以分析建模時通常涉及眾多變數。因此，如何鎖定關鍵變數進行建模，且模型完成後未來應用的預測績效如何估計，都是預測建模的重要工作 (參見3.3節模型選擇與評定)。最後，所獲得的模型與參數可用來預測無法直接量測的重要性質，並有助於我們瞭解 $x_1, x_2, ..., x_m$ 與 y 的關係，達成由資料構建隨機誤差模型的目的。

總結來說，統計機器學習是重要的大數據分析技術，它從所搜集的資料中建構出 (building)、或是估計出 (estimate)、學習出 (learning)、配適出 (fitting)、擬合出 (此後交替使用這些近義詞) 預測變數 $x_j, j = 1, ..., m$ 與反應變數 y 之間的非精確 (non-exact) 函數關係 $E(y \mid x_1, x_2, ..., x_m) = f(x_1, x_2, ..., x_m)$，進而自動化某些任務，或者對未知樣本進行預測。

以下以2.1.5節的水質樣本 `algae` 為例，說明如何配適出上述非精確的函數關係 $E(y \mid x_1, x_2, ..., x_{11}) = f(x_1, x_2, ..., x_{11})$，其中反應變數 y 為第一種有害藻類的濃度 `a1`，考慮的預測變數有因子與化合物成分 `season`、`size`、`speed`、`mxPH`、`mnO2`、`Cl`、`NO3`、`NH4`、`oPO4`、`PO4` 與 `Chla` 等十一個變數。首先將樣本切分為擬合模型的訓練集與評估模型績效的測試集，模型估計最簡單的方式是以訓練樣本估計模型後，再以未參與訓練的測試樣本評估模型的表現，避免球員兼裁判的情況發生 (參見圖3.1的保留法)。

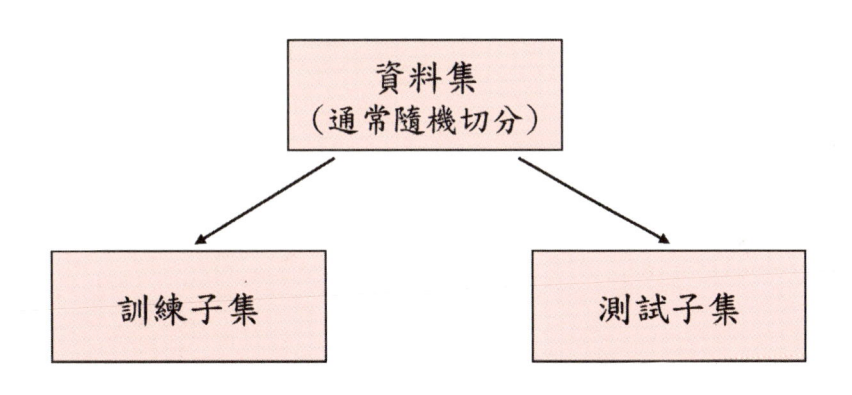

圖 3.1: 保留法下簡單的訓練與測試機制

```
library(DMwR)
data(algae)
# 移除遺缺程度嚴重的樣本
algae <- algae[-manyNAs(algae), ]
# 以近鄰的加權平均數填補遺缺值
cleanAlgae <- knnImputation(algae, k = 10)
# 確認資料表中已無遺缺值
sum(is.na(cleanAlgae))
```

[1] 0

```r
# 設定亂數種子，使得結果可重製
set.seed(1234)
# 隨機保留 50 個樣本稍後進行模型測試
idx <- sample(nrow(cleanAlgae), 50)
# 切割出訓練與測試樣本
train <- cleanAlgae[-idx, 1:12]
test <- cleanAlgae[idx, 1:12]
# 以 148 個訓練樣本估計函數關係
a1Lm <- lm(a1 ~ ., data = train)
# 擬合完成後運用模型 a1Lm 估計訓練樣本的 a1 有害藻類濃度
trainPred <- predict(a1Lm, train[-12])
# 模型 a1Lm 摘要報表
summary(a1Lm)
```

```
## 
## Call:
## lm(formula = a1 ~ ., data = train)
## 
## Residuals:
##     Min      1Q  Median      3Q     Max
## -34.38  -11.28   -1.69    6.63   58.61
## 
## Coefficients:
##               Estimate Std. Error t value Pr(>|t|)
## (Intercept)   72.55653   27.46721    2.64   0.0092 **
## seasonspring  -0.67305    4.55248   -0.15   0.8827
## seasonsummer   0.16970    4.48650    0.04   0.9699
## seasonwinter  -0.06863    4.41949   -0.02   0.9876
## sizemedium     3.35305    4.16767    0.80   0.4225
## sizesmall      8.14042    4.66427    1.75   0.0833 .
```

```
## speedlow          2.77491    5.14679    0.54  0.5907
## speedmedium      -0.20279    3.58177   -0.06  0.9549
## mxPH             -6.77438    3.08190   -2.20  0.0297 *
## mnO2              0.92443    0.76145    1.21  0.2269
## Cl               -0.02616    0.03529   -0.74  0.4599
## NO3              -1.69421    0.56260   -3.01  0.0031 **
## NH4               0.00162    0.00101    1.61  0.1103
## oPO4              0.02054    0.04563    0.45  0.6534
## PO4              -0.07070    0.03612   -1.96  0.0525 .
## Chla             -0.00965    0.09386   -0.10  0.9183
## ---
## Signif. codes:
## 0 '***' 0.001 '**' 0.01 '*' 0.05 '.' 0.1 ' ' 1
##
## Residual standard error: 16.8 on 132 degrees of freedom
## Multiple R-squared:  0.411,  Adjusted R-squared:  0.344
## F-statistic: 6.14 on 15 and 132 DF,  p-value: 1.23e-09
```

```r
# 訓練樣本的模型績效指標 RMSE 值 (參見 3.2.1 節)
# 因為球員兼裁判，所以較為樂觀
(trainMSE <- sqrt(mean((train$a1 - trainPred)^2)))
```

```
## [1] 15.85
```

```r
# 以模型 a1Lm 估計測試樣本的 a1 有害藻類濃度
testPred <- predict(a1Lm, test[-12])
# 測試樣本的模型績效指標 RMSE 值
(testMSE <- sqrt(mean((test$a1 - testPred)^2)))
```

```
## [1] 20.38
```

```r
summary(algae$a1)
```

```
##    Min. 1st Qu.  Median    Mean 3rd Qu.    Max.
```

```
##      0.00    1.52    6.95   17.00   24.80   89.80
```

圖3.1的保留法通常隨機切分資料集為訓練子集與測試子集，如果沒有固定亂數種子，兩資料子集的內容不盡相同，因此每次得到的評估結果也不相同（例如：下面測試集的 $RMSE$ 比訓練集 $RMSE$ 還低），這樣的建模機制讓人擔心無法獲得穩定良好的模型 $\hat{f}(x_1, x_2, ..., x_{11})$，3.3節將會介紹進階的模型建立與評定流程。

```
# 測試集的 RMSE 比訓練集 RMSE 還低的結果
(trainMSE <- sqrt(mean((train$a1 - trainPred)^2)))
```

```
## [1] 17.22
```

```
testPred <- predict(a1Lm2, test[-12])
(testMSE <- sqrt(mean((test$a1 - testPred)^2)))
```

```
## [1] 16.89
```

3.1.1 統計機器學習類型

上節最後兩種層級的統計機器學習模型建構過程，通常稱為**監督式學習 (supervised learning)**（第五章），因為是在學習目標 y 的明確指引下，建構出 $E(y \mid x_1, x_2, ..., x_m) = f(x_1, x_2, ..., x_m)$ 的關係。y 為數值變數時，稱為監督式學習的迴歸 (regression) 建模；y 為類別變數時，則是監督式學習的分類 (classification) 模型。

然而因為前述的關係不確定，或是事先不知道哪些預測變數有用，我們需要對陌生的問題空間進行探索，此時學習的目標 y 不甚明確，或者暫時忽略之，僅在預測變數空間中採行集群、關聯、降維等分析與探索手法，這種學習方式稱為**非監督式學習 (unsupervised learning)**（第四章）。

監督式學習通常需要大量有標籤的 (labeled) 樣本，樣本標記的過程耗時且費工，例如：人工分類網頁、語音資料謄寫、肉眼分類蛋白質結構等。而非監督式學習中沒有 y 值的樣本稱為無標籤 (unlabeled) 樣本，在資料自動蒐集的年代其取得成本相對低廉。而**半監督式學習 (semi-supervised learning)** 融合前述的兩種學習方式，交叉運用有類別標籤與無類別標籤的訓練樣本來建立預測模型，具有很高的實用價值。以分類問題為例，這種學習方式基本的想法是大量無標籤訓練樣本的類別值儘管未知，但是這些樣本訊息結合小量標籤樣本後的有效利用，可能獲得不錯的結果。

一般而言，有兩種類型的半監督式學習，一種是半監督式分類，它運用無標籤訓練樣本的資訊，改善標準監督式分類算法的績效。知名的迭代式**自我訓練 (self-training)** 即屬於這種類型，首先以標籤訓練樣本建立分類模型，接著以模型對無標籤樣本進行分類預測，預測結果信心度較高的樣本直接併入標籤樣本中加以擴展，擴展完畢後以新的標籤樣本訓練下一迭代的新模型，再將新模型應用到剩餘無標籤樣本，如此反覆擴展標籤樣本與更新分類模型。直到收斂準則滿足方停止迭代輸出最終模型結果。另一種是半監督式集群，藉由有標籤的訓練樣本形成的必連 (must-link) 與必分 (cannot-link) 限制，融入集群算法的距離或相似性計算準則 (參見3.4節)，據以形成集群。換句話說，就是運用標籤樣本的資訊，修正集群算法的目標函數。

本書6.3節的強化式學習 (reinforcement learning) 涉及序列相關的決策，此類決策的解題基本思想非常簡單，將循序決策的大問題分解 (decompose) 成不同但相關的子問題，一一解決子問題後再合併它們的解即可得出原問題的解。序列相關的決策建模符合真實情境，改進許多統計模型中觀測值為獨立的假設，因為這個假設並非永遠成立。此外，典型的機器學習或統計模型只考慮當前狀態 (current state) 下的短期最佳解，如果在時間先後彼此相關的多個步驟上運用短期解，則可能獲致長期 (i.e. 整體) 的次優解 (global suboptimal solutions)，因為建模時忽略了觀測值間的依存關係 (dependency)。強化式學習較監督式學習的問題困難，因為它不是單次 (one-shot) 的決策問題，**馬可夫決策過程 (Markov Decision Process, MDP)** 是重要的解法之一，常用來解決西洋棋或象棋的對弈問題，以及機器人動作控制等動態問題，棋手或工作中的機器手臂須在不同時間點採取行動，以取得長期最佳解，此處動態是指環境狀態會因自身或對手的行動持續改變[1]。

除了前述基本的學習類型，本書第六章還介紹團結力量大的薈萃式學習，與層層轉換的深度學習，幫助資料科學家解決日益複雜的諸多問

---

[1] http://www.moneyscience.com/pg/blog/StatAlgo/read/635759/reinforcement-learning-in-r-markov-decision-process-mdp-and-value-iteration

題。

3.1.2 過度配適

統計機器學習的出現，開啟了新的編程典範 (paradigm)。過去基於人類可讀的高層次符號，表達想要解決之問題、解題邏輯與解答搜尋方式的老派人工智慧，稱為符號式 (symbolic) 人工智慧，專家系統 (expert systems) 是最典型的代表。傳統符號式人工智慧的編程方式，是設計師輸入資料與處理規則，然後程式依據這些規則輸出處理完成的資料 (參見圖3.2)，例如前述的專家系統編程。機器學習出現後，程式設計師可以輸入資料，也就是屬性矩陣 $\mathbf{X}_{n \times m}$，與各樣本期望獲得的答案，目標變數向量 $\mathbf{y}_{n \times 1}$，程式則是輸出如何從輸入資料到結果答案的函數關係或演算規則，這些關係或規則運用到新樣本的預測變數上，即產生對應的問題答案 (Chollet, 2018)。

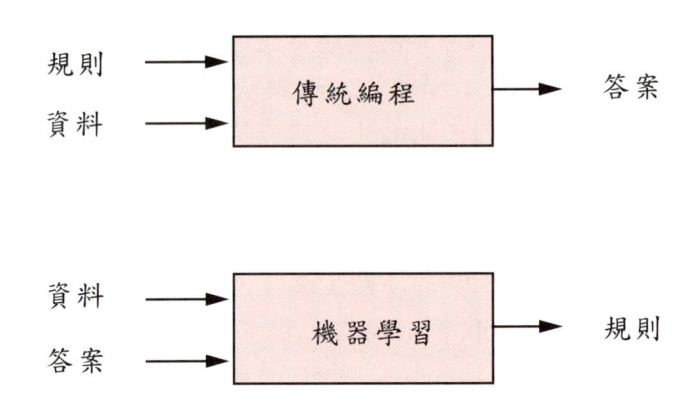

圖 3.2: 統計機器學習下的新編程範式 (Chollet, 2018)

隨機誤差模型與統計機器學習就是希望從資料中將隱含且不精確的函數關係學習出來，而非圖3.2上半部的顯式編程 (explicit programming)。比如說我們想要建立能自動標上度假相片標籤的分類模型，首先要準備許多已經人工標記好的相片，其中包括度假與非度假的相片，作為圖3.2下半部的資料與答案。統計機器學習會學出相片屬性與其標籤 (度假/非度假) 的統計關係，以此發展出度假相片貼標的自動程序，此例就是監督式學習中分類模型的應用。

當今科技進步，許多監督式分類與迴歸模型的彈性相當大，能夠建立非常複雜的模型。然而複雜模型容易過度強調訓練樣本中未來不會重複出現的 (reproducible) 型態，因而產生過度配適的 (overfitted) 模型。非監督式學習也會有過度配適的問題，例如：集群分析 (clustering analysis) 將屬性相似的樣本集聚成群，評估集群模型優劣的一種方式是考慮群內 (intra-cluster) 與群間 (inter-cluster) 樣本的相似性或是變異性。隨著分群數的增加，群內樣本變異越來越小，相似性持續攀升；而群間變異越來越大，如此漸次將樣本切分為更細的集群，最終導致獲得觀測值各自成群的過度配適結果。因此，建模者如果欠缺一套評估模型是否過度配適的指引方針，很可能會陷入過度配適的危機中。

統計機器學習將資料切分為訓練子集與測試子集 (參見圖3.1)，前者用來建立模型，後者評估模型績效表現。圖3.3是不同資料子集下模型複雜度與預測誤差的變化關係，提供模型是否過度配適的重要線索。實線甲表示訓練集樣本的預測誤差，隨著模型複雜度的提高訓練預測誤差越來越低；虛線乙為未參與模型建立的測試集樣本，其預測誤差在模型複雜度適中下達到最低，而當模型小 (複雜度低) 或大 (複雜度高) 時，測試集誤差就向上攀升了。整體而言，圖中丙段表示配適不足 (underfitting)；丁段為較佳的模型複雜度；戊段則是過度配適 (overfitting) 了，此時模型複雜到與訓練集配適的過度良好，但卻逐漸喪失對測試集的預測能力 (Varmuza and Filzmoser, 2009)。

高度複雜的模型幾乎可以分毫無差地配適任何資料，也就是說真實的 y_i 和預測的 $\hat{y}_i$ 之間的偏差 (殘差) 幾乎是零。很可惜這樣的模型對於未用於建模的測試樣本，或未知類別標籤的樣本不一定管用，因為模型很可能是過度配適的。這種現象說明與訓練資料配適過頭的模型，不一定有足夠的一般化 (generalization) 的能力。這好比在學習數學解題時，不幸碰到答案印刷錯誤的題目，我們卻對它的解法鑽牛角尖地死記硬背下來，套用到正常的題目後結果當然就出錯了。

基本上資料內涵的訊息可分成兩個部分：分析師有興趣的型態 (pattern) 與隨機雜訊 (stochastic noise)。舉例來說，房價取決於房屋面積與臥室間數，越多臥室通常房價越高。但是同區房產且臥室數量相同的房子，不大可能會有完全相同的房價，所以這些房價的變動就是雜訊了。再

310　第三章　統計機器學習基礎

以彎道駕駛為例，理論上有一個最佳的轉向和行駛速度。假設我們觀察了 100 位駕駛行駛經過彎道，大部分的駕駛都接近最佳的轉向角度與速度，但是他們不會有完全相同的表現，因為雜訊導致各觀察值偏離最佳值。

統計機器學習的目標是建立所關心型態的模型，而盡量減少雜訊的干擾影響。當算法試圖配適除了型態以外的雜訊，所產生的模型就會是過度配適了。彎道駕駛的例子如果想要準確預測轉向角度與速度，我們會考慮更多的變數，例如：彎度、車型、駕駛經驗、天候、駕駛情緒…等。然而越過某一個臨界點後，考慮再多的變數已無法抓出更多的型態，而只是擬合雜訊了。而因為雜訊是隨機的，所以過度配適的模型無法一般化到未知的資料，模型績效呈現的結果就是圖3.3低訓練誤差與高測試誤差的戊段了[2]。

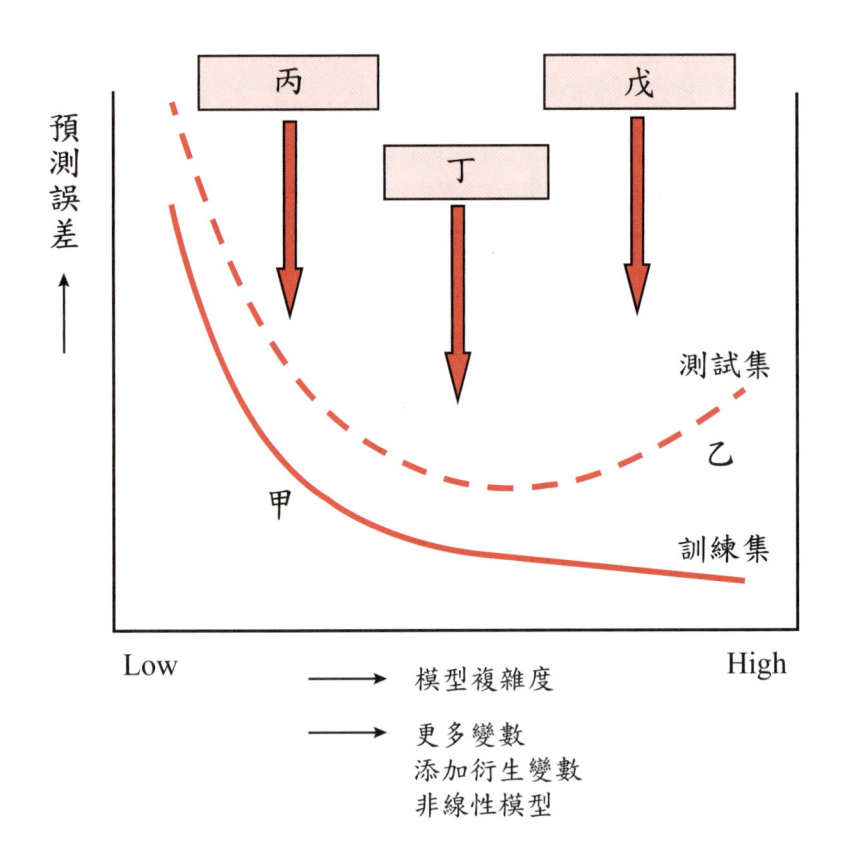

圖 3.3: 模型複雜度與預測誤差之間的變化關係

越過丁段欲求型態至開始擷取到雜訊之戊段的臨界點通常不明顯，

---

[2]https://www.quora.com/Can-overfitting-occur-on-an-unsupervised-learning-algorithm

所以建模者很難有僅捕捉到所要型態，而完全無雜訊的萬無一失作法。因此資料分析與建模的工作經常是嘗試錯誤 (trial-and-error) 的過程，而且失敗的次數通常高於成功的喜悅，及早累積資料處理與分析的實戰經驗，是成為頂尖資料科學家的不二法門。

圖3.3也顯示訓練誤差一般來說總是低估測試誤差，然而下列情況可能使得結果並非如此[3]：

- 訓練集有許多難搞的樣本；
- 測試集大多是容易預測的樣本。

雖然例外狀況總是潛伏在統計機器學習建模的過程中，不過下列四種狀況可幫助資料科學家瞭解自身建模的處境：

- 配適不足：測試與訓練誤差均高；
- 過度配適：測試誤差高，訓練誤差低；
- 配適良好：測試誤差低，且稍高於訓練誤差；
- 配適狀況不明：測試誤差低，訓練誤差高。

作為一門實戰科學的實踐者，資料科學家應該動手實作並多多思考做中學、學中錯、錯後修，不斷積累失敗經驗，方能應付隨機建模的各種狀況。

3.2　模型績效評量

沒有衡量就無法管控！任何預測模型只有運用適當的指標，評核其模型績效後方能合理的運用之。無論是何種建模方法論，衡量該模型績效的方式通常很多，每種評估方法的角度不同，評量結果因此都有些許的差別。為了瞭解特定模型的優缺點，建議多方評核模型，僅依賴單一評估指標是有誤判風險的。本節介紹迴歸與分類等監督式學習常用的績效衡量指標，非監督式學習的績效評估請參見4.3.4節集群結果評估。

---

[3]https://stats.stackexchange.com/questions/187335/validation-error-less-than-training-error

3.2.1 迴歸模型績效指標

以迴歸模型來說，許多績效評量的計算是基於殘差 (residual，或稱預測誤差 prediction error，也可簡稱為誤差 error)，殘差 e_i 定義如下：

$$e_i = y_i - \hat{y}_i, \tag{3.4}$$

其中 y_i 是真實的反應變數值，$\hat{y}_i$ 為預測的反應變數值，或稱模型輸出值，它是將第 i 筆樣本的 m 個預測變數值 $(x_{i1},...,x_{im})$，代入估計所得的模型 $\hat{f}(\cdot)$，計算出來的預測值 $\hat{y}_i$。也就是說，$\hat{y}_i = \hat{f}(x_{i1},...,x_{im})$。殘差通常是由獨立的測試集、交叉驗證下或是拔靴抽樣下的各測試樣本集計算得來。(參見3.3.1節重抽樣與資料切分方法，以及圖3.12校驗集運用四摺交叉驗證估計模型最佳複雜度示意圖)

常用的迴歸模型預測績效衡量有**誤差平方和 (Sum of Squared Error, SSE)**，它是殘差平方的總和：

$$SSE = \sum_{i=1}^{z} e_i^2 = \sum_{i=1}^{z} (y_i - \hat{y}_i)^2, \tag{3.5}$$

其中 z 是預測值的個數，通常是訓練樣本數，或者是測試樣本的大小。SSE 是許多迴歸模型參數最佳化問題中的目標函數 (參考第五章迴歸建模部分)，誤差平方和的缺點是過大的殘差，可能因為平方運算而導致過度的影響，此時可以改用殘差絕對值的總和**誤差絕對值和 (Sum of Absolute Error, SAE)**：

$$SAE = \sum_{i=1}^{z} |y_i - \hat{y}_i|. \tag{3.6}$$

預測誤差的算術平均數統計上稱為偏誤 (bias) $\bar{e}$：

$$\bar{e} = \frac{1}{z} \sum_{i=1}^{z} (y_i - \hat{y}_i). \tag{3.7}$$

偏誤公式的物理意義是各評估樣本預測誤差的平均值，合理的偏誤值應該接近零。然而，如果模型配適不佳，可能導致預測誤差平均值不為零。但是僅由預測誤差平均值來判定模型績效是有風險的，所以我們進一步計算**預測誤差的標準差** (Standard Error of Prediction, SEP)，以瞭解殘差的分散程度 (參見2.2.1節摘要統計量)，其公式如下：

$$SEP = \sqrt{\frac{1}{z-1}\sum_{i=1}^{z}(e_i - \bar{e})^2}. \tag{3.8}$$

將 (3.4) 式代入上式後即為下式：

$$SEP = \sqrt{\frac{1}{z-1}\sum_{i=1}^{z}(y_i - \hat{y}_i - \bar{e})^2}. \tag{3.9}$$

績效衡量指標適當地註明下標，可以讓人更瞭解如何運用它。SEP_{TRN} 或 SEP_{CAL} 通常代表訓練集所計算得到的預測誤差標準差，SEP_{TEST} 是測試集計算得到的預測誤差標準差 (註：訓練集 (TRN) 或校驗集 (CAL) 經常交替使用)；而 SEP_{CV} 是交叉驗證重抽樣法 (參見3.3.1節重抽樣與資料切分方法) 計算得到的預測誤差標準差。其大小關係通常為 $SEP_{TEST} > SEP_{CV} > SEP_{TRN}$(Why?)，代表模型績效估計樂觀程度逐漸增加。

另一個常見的迴歸模型績效指標是**均方預測誤差** (Mean Squared Error, MSE) 或簡稱為均方誤差，它是殘差平方值的算術平均：

$$MSE = \frac{1}{z}\sum_{i=1}^{z}(y_i - \hat{y}_i)^2. \tag{3.10}$$

均字代表平均，方則表示預測誤差的平方。均方誤差可能是最常見到的迴歸模型績效指標，通常模型配適的越好，其均方誤差值越小。因為均方誤差的單位是原始反應變數單位的平方，較易造成數據解讀上的困擾。MSE 開方根後取正值的**均方根預測誤差** (Root Mean Squared Error, RMSE) 與反應變數的原始單位相同

$$RMSE = \sqrt{\frac{1}{z}\sum_{i=1}^{z}(y_i - \hat{y}_i)^2}. \tag{3.11}$$

式 (3.10) 的均方誤差期望值 $E(MSE)$，經過一些整理後可以得到下面重要的式子：

$$E(\mathbf{y} - \hat{\mathbf{y}}) = V(\epsilon) + \left(f(\mathbf{X}) - \hat{f}(\mathbf{X})\right)^2 = \sigma^2 + (bias)^2 + variance, \quad (3.12)$$

其中 $V(\cdot)$ 表變異數；σ^2 是前述隨機誤差模型中誤差項 ϵ 的變異數，是隨機誤差建模**無法減少的必然誤差 (irreducible error)**；**偏誤 (bias)** 是模型估計或學習得到的函數形式 $\hat{f}(\mathbf{X})$，與真實函數關係 $f(\mathbf{X})$ 之間的差距；最後一項是模型 $\hat{f}(\mathbf{X})$ 的變異數。

除了無法減少的必然誤差外，模型偏誤與模型變異存在著抵換關係 (trade-off)。一般而言，越複雜的模型其變異越高，亦即訓練資料些許變動，估計出來的模型就會不同，因而導致過度配適，減損模型一般化的能力。另一方面，簡單模型較不易過度配適，但缺點是彈性不足，較無法抓到反應變數與預測變數間的真實關係，因而有高的模型偏誤。大數據下許多預測變數高度相關，這種**共線性 (collinearity)** 大幅提高模型的變異。當兩預測變數有非零的相關係數值時，稱此現象為共線性；而多重共線性是超過兩個以上的變數彼此相關的狀況稱之。統計機器學習中的**懲罰法 (penalized methods)**(參見5.1.3節)，透過添加參數估計優化模型中目標函數的懲罰項，適度地提高模型偏誤，換取模型變異大幅的降低，減緩共線性導致模型績效不彰或結果不穩定的問題，這就是統計機器學習領域所謂的**變異-偏差權衡取捨 (variance-bias trade-off)** 現象。

有些建模方法須比較不同變數 (或主成份) 數量下的模型績效，例如：多元線性迴歸與偏最小平方法 (5.1.1與5.1.2節)。此時績效衡量準則必須考慮變數數量 m，變數太少的模型績效可能不佳 (i.e. 配適不足)，變數太多結果會過度配適，導致預測績效還是不良。此類指標常用的有**調整後的判定係數** R_{adj}^2**(adjusted coefficient of determination)**，顧名思義它來自於下面的**判定係數** R^2**(coefficient of determination)**：

$$R^2 = \frac{TSS - RSS}{TSS} = 1 - \frac{RSS}{TSS}, \quad (3.13)$$

其中訓練樣本的**殘差平方和 (Residual Sum of Squares, RSS)** 就是 (3.5) 式 SSE，表示未被訓練模型所解釋的訊息量，計算公式如下：

$$RSS = \sum_{i=1}^{n}(y_i - \hat{y}_i)^2, \quad (3.14)$$

而**總平方和** (Total Sum of Squares, TSS) 是 y_i 與 $\bar{y}$ 差距的平方和，其物理意義代表資料的總訊息含量，與反應變數 **y** 的變異數成正比，計算公式如下：

$$TSS = \sum_{i=1}^{n}(y_i - \bar{y}_i)^2. \tag{3.15}$$

判定係數如上所示，代表資料中的訊息 (TSS) 被模型所解釋 ($TSS-RSS$) 的比例 (介於 0 與 1)，因此其值是越高越好。但是 R^2 在迴歸建模實際應用時，會發生模型中變數越多，其判定係數總是較高的誤導現象。因此，將模型中變數個數 m(即模型複雜度) 納入考量，即為 R^2_{adj}：

$$R^2_{adj} = 1 - \frac{n-1}{n-m-1}(1-R^2) = 1 - \frac{RSS/(n-m-1)}{TSS/(n-1)}, \tag{3.16}$$

從上式可以看出調整後判定係數 R^2_{adj} 會懲罰較複雜 (較大) 的模型，與判定係數 R^2 一樣，其值也是越高越好 (註：m 越大，$n-m-1$ 越小，(3.16) 式後項的分子越大，因而 R^2_{adj} 較小)。

須留意的是這些判定係數指標 (R^2 與 R^2_{adj})，其實是反應變數觀測值與預測值之相關係數的平方。因此它們是相關性的衡量，而非準確性衡量。觀測值與預測值的相關性高，預測結果不一定就準確，而前述均方誤差 MSE 與均方根誤差 RMSE 是準確性衡量。舉例來說，某測試集反應變數的變異數為 5，如果預測模型就測試集計算所得的均方根誤差 $RMSE$ 是 1，則 R^2 大約是 $1 - \frac{1^2}{5} = 0.8$；假設另一個測試集的均方根誤差相同，但是其反應變數的變異數較小 (為 3)，則 R^2 大約是 $1 - \frac{1^2}{3} = 0.67$。這個例子說明了 R^2 的解釋與反應變數的變異性有關，反應變數的變異性大，則判定係數 R^2 佳的可能性高 (Kuhn and Johnson, 2013)。

反應變數的變異性實務上對於使用者如何看待模型也有很大的影響，假設台北市的房價範圍從六百萬到兩億台幣，可想而知其變異非常大。一個 $R^2 = 90\%$ 的模型看似很好，但其均方根誤差 $RMSE$ 很可能是數十萬元的**量綱** (order of magnitude)，這對中低價位的房產而言可能是無法接受的準確度。話雖如此，某些情況下建模的目標只是要排列新樣本，再透過內部校驗 (internal calibration) 的方式調整預測值，此時反應變數實際值與預測值的等級相關係數 (rank correlation) 就會派上用場了 (參見3.5.1節相關與獨立)。(註：根據維基百科量綱是數字用 10 為底的科學計數法表達方式 $a \times 10^n$，其中的 n 即為該數字的量綱。換句話說，數字的量綱就是該數字以 10 為底的對數值，四捨五入後即為該數字的量綱。例如：1500 的量綱為 3，因為 $1500 = 1.5 \times 10^3$。)

此外，下面兩種績效指標常用於逐步迴歸中的變數挑選 (或迴歸模型複雜度決定)(參見5.1節)。**赤池弘次訊息準則 (Akaike's Information Criterion, AIC)** 可用來衡量多個統計模型的相對品質：

$$AIC = n \ln(RSS/n) + 2m, \qquad (3.17)$$

當預測變數 m 越來越多時，(3.17) 式的殘差平方和 RSS 會越來越小，但是 AIC 會依據第二項 $2m$ 懲罰大的模型。建模者通常偏好 AIC 小的模型，此處請留意 AIC 的值無意義，我們只是用它來比較不同的模型。

另一個是**舒瓦茲貝氏訊息準則 (Schwarz's Bayesian Information Criterion, BIC)**，簡稱為貝氏訊息準則，其公式與 AIC 非常類似，都與殘差平方和 RSS 有關：

$$BIC = n \ln(RSS/n) + m \ln n, \qquad (3.18)$$

如果樣本數 $n > 7$，(3.18) 式中的 $\log n$ 會大於 2。因此，對於較大模型 BIC 會給予比 AIC 更多的懲罰 (註：通常樣本要足夠多，方能合理估計較大更複雜的模型)。換言之，BIC 會選擇比 AIC 更簡單的模型。

3.2.2 分類模型績效指標

許多迴歸建模方法也可以用於監督式分類問題，像是樹狀模型、類神經網路、支援向量機等都是迴歸與分類問題兩棲的好手，但是兩種問題的評估方式非常不同，例如：迴歸模型評估指標 $RMSE$ 與 R^2 不適用分類的情境，雖然分類預測模型也可以產生連續的機率預測值。本節從整體和類別相關兩個角度介紹分類模型的績效指標，分類模型績效的視覺化將在下節3.2.3與迴歸模型績效視覺化一起說明。

3.2.2.1 模型預測值

分類模型的反應變數為類別或離散型, 例如: 預測授信客戶是否會違約? 其反應變數可能為會 (yes) 或不會 (no); 或是病人在患病過程中的等級, 第一期、第二期或第三期等。分類模型通常產生兩種類型的預測值, 一種是類別標籤, 例如前述的會違約 (yes) 或不會違約 (no); 另一種則是類別機率值 (class probability) 或類別隸屬度 (class membership)。前者是離散型 (discrete) 的預測值, 而後者的機率或隸屬度預測值與迴歸模型預測值一樣都是連續值。這兩種預測值各有用途, 類別預測值使我們有具體依據可作出決策, 但是機率預測值卻可讓我們對分類模型的預測結果更有信心。比如說一封電子郵件預測為垃圾信的機率是 0.51, 與另一封機率為 0.99 的信, 雖然同樣被歸為垃圾信 (當門檻值為 0.5 時), 但對我們後者的信心更強!

3.2.2.2 混淆矩陣

常用的分類模型績效評量大多基於混淆矩陣 (confusion matrix) 來計算, 以圖3.4的 2 × 2 混淆矩陣為例, 橫列表示預測的結果 (簡稱為 predicted): 分別是預測為陰性 (negative, C_n) 與陽性 (positive, C_p), 或是訊息檢索 (information retrieval) 中的擷取 (retrieved) 與未擷取 (not retrieved); 而縱行則是樣本的真實的類別 (簡稱為 observed 或 actual): 分別是陰性與陽性, 或是訊息檢索 (information retrieval) 中的有關 (relevant) 與無關 (not relevant)。因此, 行列交叉得到真陽數 (True Positive, TP)、真陰數 (True Negative, TN)、假陽數 (False Positive, FP) 與假陰數 (False Negative, FN) 等, 其中形容詞真與假意指預測的結果是否與其真實的類別相同, 而真假後方的陰陽則指預測的結果。讀者請留意混淆矩陣的行列是可以任意變換 (或轉置) 的, 另外, 因為矩陣中的樣本總數是固定的, 所以預測為陽性的個數如果增加, 則陰性的預測數自然會減少, 也就是說陽性與陰性的預測數量是相依非獨立的。此外, 陽性事件通常是我們所關心的事件, 例如: 授信客戶違約、垃圾郵件與簡訊、患有某種疾病...等, 當這些事件發生時, 人們通常會採取因應措施。

資料科學家為了計算模型績效, 應將觀測與預測的反應變數值儲存為向量。混淆矩陣是等長的觀測類別值向量與預測類別值向量, 交叉統計後的二維表格結果。下面是 R 語言產生混淆矩陣的方式, 先用隨機抽

	真實類別	
	Cp(relevant)	Cn(not relevant)
預測類別 Cp(retrieved)	真陽數 True Positive(TP)	假陽數 False Positive(FP)
Cn(not retrieved)	假陰數 False Negative (FN)	真陰數 True Negative (TN)

圖 3.4: 2 × 2 混淆矩陣

樣的方式產生兩向量，再以 table() 函數檢視其各自的次數分佈，最後用 table() 函數做交叉統計產生混淆矩陣，結果可看出 TP 為 16、TN 為 1、FP 為 7、FN 為 6。

```r
# 相同亂數種子下結果可重置 (reproducible)
set.seed(4321)
# 置回抽樣 (replace 引數) 與設定各類被抽出的機率 (prob 引數)
observed <- sample(c("No", "Yes"), size = 30, replace = TRUE,
prob = c(2/3, 1/3))
# 觀測值向量一維次數分佈表
table(observed)
```

```
## observed
## No Yes
## 21  9
```

```r
predicted<-sample(c("No", "Yes"), size = 30, replace = TRUE,
prob = c(2/3, 1/3))
# 預測值向量一維次數分佈表
table(predicted)
```

```
## predicted
## No Yes
```

```
##  22   8
```

```r
table(observed, predicted)
```

```
##         predicted
## observed No Yes
##      No 16   5
##      Yes  6   3
```

Python 語言的作法如下:

```python
import numpy as np
# 隨機產生觀測值向量
observed = np.random.choice(["No", "Yes"], 30, p=[2/3, 1/3])
# 觀測值向量一維次數分佈表
np.unique(observed, return_counts=True)
# 隨機產生預測值向量
predicted = np.random.choice(["No", "Yes"], 30, p=[2/3, 1/3])
# 預測值向量一維次數分佈表
np.unique(predicted, return_counts=True)
# 二維資料框
import pandas as pd
# 以原生字典物件創建兩欄 pandas 資料框
res = pd.DataFrame({'observed': observed, 'predicted': predicted})
print(res.head())
```

```
##   observed predicted
## 0       No        No
## 1      Yes        No
## 2      Yes       Yes
## 3      Yes        No
## 4       No        No
```

```
# pandas 套件建立混淆矩陣的兩種方式
# pandas 的 crosstab() 交叉列表函數
print(pd.crosstab(res['observed'], res['predicted']))
```

```
## predicted  No  Yes
## observed
## No         13    5
## Yes         9    3
```

```
# pandas 資料框的 groupyby() 群組方法
print(res.groupby(['observed', 'predicted'])['observed'].
count())
```

```
## observed  predicted
## No        No           13
##           Yes           5
## Yes       No            9
##           Yes           3
## Name: observed, dtype: int64
```

3.2.2.3 整體指標

產生混淆矩陣後可以從中計算**正確率 (accuracy rate)** 或**錯誤率 (error rate)** 等較為粗略的分類模型績效指標。正確率是整個樣本中正確預測的樣本比率，它反映了觀測向量與預測向量的一致性：

$$Accuarcy = \frac{TP+TN}{TP+FN+FP+TN}, \qquad (3.19)$$

```
# numpy 從觀測向量與預測向量計算正確率
print(np.mean(predicted == observed))
```

```
## 0.5333333333333333
```

錯誤率則是 1 減去正確率，樂觀主義者喜歡用正確率，悲觀主義者傾向看錯誤率。這種整體的績效統計值有下面的缺點：首先是它們沒有區分不同類型錯誤的輕重，也就是假陽與假陰各自的成本代價。假陽與假陰的代價取決於問題領域及建模者的立場，例如：前述預測授信客戶是否會違約的問題，站在授信主管的立場假陰會比假陽更嚴重，因為前者將奧客視為信守承諾的人，因而放款而招致壞帳；後者是將信守承諾的客戶歸為奧客，則此時銀行有機會成本的損失。醫學檢驗亦是關注假陰 (實際有病卻被診斷為無病)，而垃圾郵件過濾則是假陽 (正常郵件卻被歸為垃圾郵件) 比假陰的成本高些，讀者可以自行推理其它分類情境。當各類錯誤成本不相等時，整體準確率可能就無法反應重要的模型特質了。

此外，分類模型的良窳應該要考慮各類 (例如：陰陽) 的次數分佈。以醫學領域來說，懷孕婦女須定期抽血檢驗其 $\alpha-$ 胎甲球蛋白，以偵測可能的胎兒基因問題，例如：是否可能患唐氏症 (Down syndrome)。假設新生兒唐氏症比例約 0.1% 左右 (此即為後面3.2.2.4節類別相關指標中的普遍率)，如果模型預測所有樣本為陰性 (無唐氏症)，則其正確率是幾近完美的 99.9%！但這樣的模型無助於問題的解決，所以我們應該決定合宜的正確率標竿 (benchmark)，方能幫助資料科學家判定模型的優劣。實務上常以**無訊息率 (no-information rate)** 為標竿，其意義是無需任何模型 (即空無模型下，null model) 即可達到的正確率。有許多方式可以定義空無訊息率，在 k 類的問題下，最簡單的方式就是隨機猜測的 $1/k$，但是這個定義並未考慮訓練集中的各類的次數分佈。以前述唐氏症為例，永遠判無唐氏症的模型就輕易打敗隨機猜測的空無訊息率 (50%)。因此，另一個常見的定義是訓練集中最大類的百分比，模型正確率高於最大類的先驗機率方被視為合理有效。對於實務中常見的類別分佈極度不平均問題的處理方式，請參見本小節最後的說明。

除了計算整體正確率並與空無訊息率比較外，我們也可以選擇有考慮類別分佈的**Kappa 統計量 (Kappa statistics)**，Kappa 統計量最早被用來評定兩評分方法 (評分員) 給分結果的一致性。應用到分類模型評估時，兩評分員分別是實際狀況 (ground truth) 與分類模型預測結果。其計算公式如下：

$$\kappa = \frac{P(a) - P(e)}{1 - P(e)}, \tag{3.20}$$

$P(a)$ 是實際狀況與分類模型的一致性，就是前述的觀測正確率 (observed accuarcy, (3.19) 式)，$P(e)$ 是預期的正確率 (expected accuarcy)，此值定義為隨機分類模型 (random classifier)，根據混淆矩陣預期可達成的結果，預期的正確率是由混淆矩陣之邊際和來計算 (參見下面程式碼)。Kappa 值與相關係數一樣，介於 -1 與 1 之間，其值越大越好。Kappa 負值較少見，代表兩評分結果缺乏有效的一致性，比隨機模型預期結果的一致性還要低。Kappa 統計量除了可評估單一模型，也常用來比較多個分類模型。延續上例計算 Kappa 統計量如下：

```
# 混淆矩陣與正確率
(tbl <- table(observed, predicted))
```

```
##          predicted
## observed No Yes
##      No  16   5
##      Yes  6   3
```

```
# 從混淆矩陣計算正確率
(acc <- (tbl[1,1] + tbl[2,2])/sum(tbl))
```

```
## [1] 0.6333
```

```
# 橫向邊際和，同觀測值次數分佈表
margin.table(tbl,1)
```

```
## observed
## No Yes
## 21   9
```

```
# 縱向邊際和，同預測值次數分佈表
margin.table(tbl,2)
```

```
## predicted
## No Yes
```

```
## 22    8
```

```r
# 期望正確率 =(No 橫縱邊際和乘積 +Yes 橫縱邊際和乘積)/樣本數平方
(exp <- (margin.table(tbl,1)[1]*margin.table(tbl,2)[1] +
margin.table(tbl,1)[2]*margin.table(tbl,2)[2])/(sum(tbl)^2))
```

```
##      No
## 0.5933
```

```r
# Kappa 統計值
(kappa <- (acc - exp)/(1 - exp))
```

```
##       No
## 0.09836
```

3.2.2.4 類別相關指標

除了正確率、錯誤率與 Kappa 統計量等模型整體績效指標外，接下來我們介紹特定類別的績效評估方法。醫學領域關心模型的**敏感度 (sensitivity)**，它是指我們所關心的事件 (陽性事件) 被正確預測出的比例，又稱**真陽率 (True Positive Rate, TPR)**，也叫作陽性召回率 (positive recall)，就是訊息檢索領域的**召回率 (recall)**：

$$Sensitivity = Recall = \frac{TP}{TP+FN}, \tag{3.21}$$

敏感度計算公式的分母是樣本中陽性的總數，分子是被分類模型正確預測出的真陽個數。1 減去真陽率後即為**假陰率 (False Negative Rate, FNR)**，它是陽性事件中被錯誤預測 (為陰性) 的比例：

$$FNR = \frac{FN}{TP+FN}. \tag{3.22}$$

特異性 (specificity) 是陰性事件的被正確預測出的比例，又稱**真陰率 (True Negative Rate, TNR)**，也叫作陰性召回率 (negative recall)：

$$Specificity = \frac{TN}{TN + FP}, \qquad (3.23)$$

特異性計算公式的分母是樣本中陰性的總數，分子是被分類模型正確預測出的真陰個數。1 減去真陰率後即為**假陽率 (False Positive Rate, FPR)**，它是陰性事件中被錯誤預測 (為陽性) 的比例：

$$FPR = \frac{FP}{TN + FP}. \qquad (3.24)$$

從觀測面轉到預測面來看，**精確度 (precision)** 是預測為陽性的事件中正確的比例：

$$Precision = \frac{TP}{TP + FP}, \qquad (3.25)$$

而 **F 衡量 (F-measure)** 其實是在等權值的假設下，精確度與召回率兩者的調和平均數 (註：Precision 與 Recall 的調和平均數是 1/Precision 與 1/Recall 之算術平均數的倒數)：

$$F-measure = \frac{2TP}{2TP + FP + FN}. \qquad (3.26)$$

R 語言 {caret} 套件與 Python 語言 **pandas_ml** 套件中還有下列績效評估指標，**偵測率 (detection rate)** 關心的是所有樣本中陽性事件被正確偵測出來的比例：

$$Detection\ Rate = \frac{TP}{TP + FN + FP + TN}. \qquad (3.27)$$

普遍率 (prevalence) 是該類樣本佔樣本總數的比例，以陽性事件為例，所有樣本中陽性事件的比例即為陽性事件普遍率。前面3.2.2.2混淆矩陣該節中新生兒唐氏症發生比例為 0.1%，此即為陽性事件 (唐氏症) 的普遍率，生醫領域問題經常需要考慮普遍率。

$$Prevalence = \frac{TP + FN}{TP + FN + FP + TN}. \qquad (3.28)$$

偵測普遍率 (detection prevalence) 是所有樣本中預測為陽性事件的比例，普遍率與偵測普遍率都必大於偵測率：

$$Detection\ Prevalence = \frac{TP + FP}{TP + FN + FP + TN}. \qquad (3.29)$$

還有**陽例預測價值 (Positive Predictive Value, PPV)** 是在類別平衡的情況下，預測為陽性事件其正確的比例，其實就是前面提及的精確度 (式 (3.25))；此外，**陰例預測價值 (Negative Predictive Value, NPV)** 亦是在類別平衡的情況下，預測為陰例的正確的比例，兩者的公式如下：

$$PPV = \frac{TP}{TP + FP}, \qquad (3.30)$$

與

$$NPV = \frac{TN}{FN + TN}. \qquad (3.31)$$

當類別分佈不平衡時，陽例預測價值與陰例預測價值的公式如下：

$$\frac{Sensitivity \times Prevalence}{(Sensitivity \times Prevalence) + ((1 - Specificity) \times (1 - Prevalence))}, \qquad (3.32)$$

和

$$\frac{Specificity \times (1 - Prevalence)}{(Sensitivity \times (1 - Prevalence)) + (Specificity \times (1 - Prevalence))}, \qquad (3.33)$$

上式中都考慮了普遍率，其原因來自於敏感度與特異性都是條件式衡量，前者是陽性樣本的正確率，而後者是陰性樣本的正確率。因此敏感度為 95% 的意義是：如果胚胎有唐氏症，則檢驗正確的比率為 95%。然而這樣的說法對每位都是新樣本的病患是無用的，因為他們關心的是沒有任何的條件下，唐氏症檢驗的正確率為何？這個問題取決於三個數值：敏感度、特異性與普遍率，直覺上來說，因為如果是罕見病症，模型評估指標應該將此納入考量。總而言之，陽例預測價值與陰例預測價值分別是敏感度與特異性考慮普遍率後的對應指標，前者是樣本為陽性事件的機率，後者則是樣本為陰性事件的機率。從貝式統計的角度來看，敏感度與特異性是條件機率，普遍率是先驗機率，而陽/陰例預測價值則是事後機率。

最後，平衡正確率 (balanced accuracy) 為敏感度與特異性的算術平均數，當類別不平衡時平衡正確率較常規的正確率 (式 (3.19)) 為佳，因其較不易受到不良類別分佈的影響 (http://mvpa.blogspot.tw/2015/12/balanced-accuracy-what-and-why.html)。值得一提的是實務上常見的不平衡學習 (imbalanced learning)，指的是各類樣本分佈差距大的情況，一般處理的方式有：

- 以過度抽樣 (over-sampling) 或降低抽樣 (down-sampling) 解決，其缺點分別是模型可能過度配適及遺失多數樣本中的重要訊息；
- 運用正負樣本的懲罰權重來解決，一般而言少量樣本的類別權重高，大量樣本的類別權重低。如果分析建模的算法支援樣本權重的設定，這種方法是簡單且有效的解決途徑；
- 以薈萃式學習 (參見6.1節) 的集成模型 (ensembles) 解決，此法類似隨機森林，集合預測能力較弱的小樹，形成模型預測能力良好的森林。具體作法是每次訓練使用全部的少量樣本類別，結合從多量樣本類別中隨機抽出的資料成為訓練集，如此重複多次產生系集中的各別模型，最後應用時以投票或加權投票形成分類預測值；
- 最後是進行屬性挑選來解決類別不平衡問題，此法有別於上述基於橫列的平衡方式，透過縱行的操弄來提高模型績效，其關注的焦點是類別樣本不平衡可能導致屬性分佈亦不均，因此可以選擇重要的屬性輔助上述方法解決類別不平衡的學習問題。

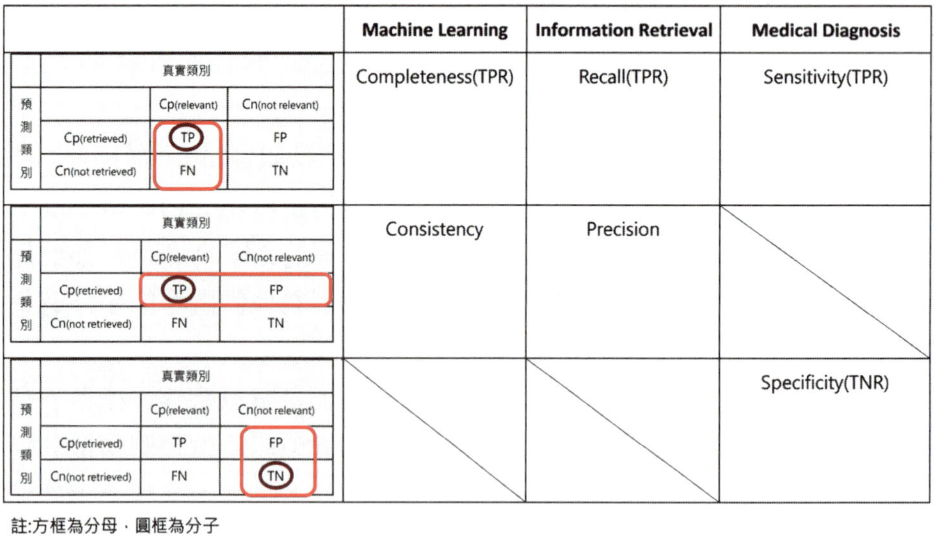

註:方框為分母，圓框為分子

圖 3.5: 不同領域常用分類模型績效評量

圖3.5整理了各領域常用的分類模型類別相關績效評量名詞與計算方式，機器學習領域的**完備性 (completeness)**、訊息檢索的召回率與醫學診斷的敏感度都是相同的觀測面指標，就是真陽率；機器學習的**一致性 (consistency)** 與訊息檢索的精確度，則是相同的預測面指標，也稱為陽例預測價值；而特異性是醫學領域關心陰性事件召回的指標。

3.2.3　模型績效視覺化

迴歸模型建模後，檢視**殘差分佈**是模型績效評量的重要觀念，因為分佈還是統計特性的重點。舉凡預測誤差的平均值與標準誤，以及預測誤差 95% 之允差區間 (tolerance interval)(可由誤差分佈的 2.5% 與 97.5% 的百分位數所構成，預期有 95% 的預測誤差會落入此區間) 等，都是經常用來瞭解誤差散佈情形的迴歸模型績效指標。資料科學家除了運用上述不同的績效衡量值外，如果預測誤差的數量夠多，還可以誤差分佈視覺化的方式整體瞭解誤差概況，例如：殘差直方圖、密度曲線圖、盒鬚圖、預測值與實際反應變數值的散佈圖等視覺化方式，以收圖勝於文的效果 (參見第五章各迴歸案例)。此外，預測值與實際值的散佈狀況，可以搭配兩者的相關性衡量，常見的指標有皮爾森相關係數與史皮爾曼相關係數衡量 (3.5節相關與獨立)，輔助解釋迴歸模型績效視覺化的結果。

模型績效視覺化的部分，前一節我們討論混淆矩陣圖3.4及分類模型績效指標時，曾經言及在模型正確率固定的情況下，敏感度 (式 (3.21)) 與特異性 (式 (3.23)) 之間存有抵換關係 (trade-off)，如同多目標最佳化中互相衝突的目標函數。也就是說，提高模型的敏感度可能會降低特異性，因為更多的樣本被預測為陽性事件，陰性的預測數自然會減少，也就是說陽性與陰性的預測數量是相依而非獨立的。

換個角度來說，以 1 減去敏感度與特異性分別是假陰率 FNR 與假陽率 FPR，它們是觀測面向假陰與假陽兩種錯誤的發生率。混淆矩陣該節曾提及假陽與假陰兩種錯誤的代價取決於問題領域及建模者的立場，因此兩者通常有不同的誤歸類成本，**接收者操作特性曲線 (Receiver Operating Characteristic curve, ROC)** 正是基於陽性事件的機率預測值與其類別標籤，評估敏感度 (即真陽率 TPR) 和假陽率 FPR(即 1-特異性) 抵換關係的重要技術。前節也談到類別機率預測值能比類別標籤預測值提供更多的訊息，ROC 曲線不僅視覺化這些機率值，並運用它

表 3.1: ROC 曲線計算與繪製簡例數據

樣例	真實類別	機率分數	FPR	TPR	上或右
1	P	0.9	0	0.1	↑
2	P	0.8	0	0.2	↑
3	N	0.7	0.1	0.2	→
4	P	0.6	0.1	0.3	↑
5	P	0.55	0.1	0.4	↑
*6	P	0.54	0.1	0.5	↑
7	N	0.53	0.2	0.5	→
8	N	0.52	0.3	0.5	→
9	P	0.51	0.3	0.6	↑
10	N	0.505	0.4	0.6	→
11	P	0.4	0.4	0.7	↑
12	N	0.39	0.5	0.7	→
13	P	0.38	0.5	0.8	↑
14	N	0.37	0.6	0.8	→
15	N	0.36	0.7	0.8	→
16	N	0.35	0.8	0.8	→
17	P	0.34	0.8	0.9	↑
18	N	0.33	0.9	0.9	→
19	P	0.30	0.9	1.0	↑
20	N	0.1	1.0	1.0	→

們來比較模型。表3.1是 ROC 曲線計算與繪製的簡例數據，前兩欄是 20 個樣本的真實類別值，其中陽例 P 與負例 N 的樣本各半；第三欄機率分數是各樣本預測為陽性的機率值，繪製 ROC 曲線前須先依陽例機率值將各樣本作降冪排序。

接著開始描點，以各樣本的陽例機率預測值作為區分陰陽事件標籤預測值的門檻值 (thresholds)，產生各門檻值下的混淆矩陣，以及由混淆矩陣所得之假陽率 FPR 和真陽率 TPR，形成各樣本點的橫縱軸座標，最後向上或向右逐點連成 ROC 曲線 (其實是折線)。換句話說，ROC 曲線是將不同陽性事件門檻值所對應的 FPR 與 TPR，以直線的方式繪製而成的圖形。以樣本 #2 說明上述計算，因為各樣本陽例機率值大於或

表 3.2: 以樣本 #2 之陽例機率值為門檻值的混淆矩陣

	陽性事件	陰性事件	邊際和
預測為陽性	2	0	2
預測為陰性	8	10	18
邊際和	10	10	20

表 3.3: 以樣本 #3 之陽例機率值為門檻值的混淆矩陣

	陽性事件	陰性事件	邊際和
預測為陽性	2	1	3
預測為陰性	8	9	17
邊際和	10	10	20

等於 0.8 時，即預測為陽例標籤，而小於 0.8 時則預測為陰例，所以對應的混淆矩陣如表3.2。

由表3.2及 (3.24) 與 (3.21) 兩式，可以求得樣本 #2 在 ROC 曲線上的座標為 $(FPR, TPR) = (0, 0.2)$，與前點樣本 #1 座標相比，繪製連線時應該向上↑。同理，讀者可以推得樣本 #3(參見表3.3)，及其它樣本之陽例機率門檻值的混淆矩陣與 ROC 曲線座標值。

R 語言中 {pROC} 套件給定真實類別標籤與陽例機率預測值後，可以創建"roc"類物件並以 plot() 方法繪製 ROC 曲線。

```
# 創建表 3.1 中的真實類別標籤與陽例機率預測值
actual <- factor(c(rep("p", 10), rep("n", 10)))
predProb <- c(0.9,0.8,0.6,0.55,0.54,0.51,0.4,0.38,0.34,0.3,
0.7,0.53,0.52,0.505,0.39,0.37,0.36,0.35,0.33,0.1)
ex <- data.frame(actual, predProb)
# 載入 R 語言 ROC 曲線繪製與分析套件
library(pROC)
# 建構曲線繪製的 roc 類別物件
rocEx <- roc(actual ~ predProb, data = ex)
class(rocEx)
```

```
## [1] "roc"
```

```
# plot() 方法繪圖，其實是呼叫 plot.roc() 方法
plot(rocEx, print.thres=TRUE, grid=TRUE, legacy.axes=TRUE)
```

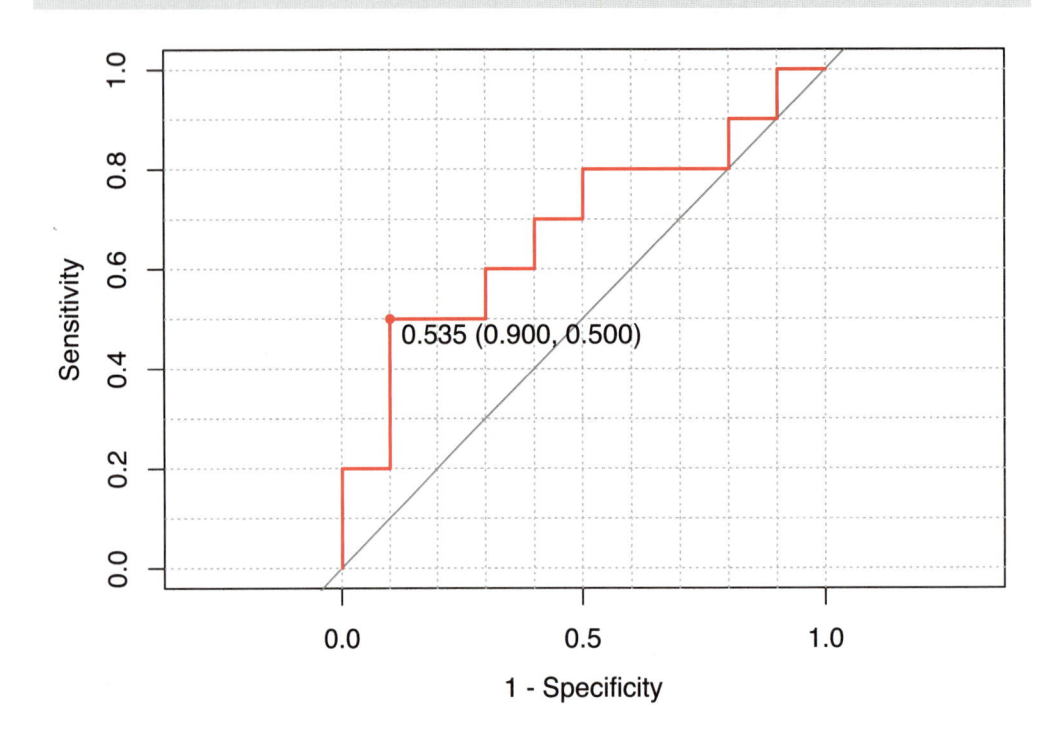

圖 3.6: 接收者操作特性曲線

由於 ROC 曲線橫軸的 FPR(或 1-特異性) 是越小越好，而縱軸的 TPR(或敏感度) 是越大越好，因此 ROC 曲線越靠近左上方越好 (想想雙目標最佳化問題)。表3.1是由單一模型所產生的結果，如欲比較兩個以上的模型優劣，繪圖後可計算**ROC 曲線下方的面積 (area under curve, AUC)**，依 AUC 的大小，及各模型 ROC 曲線彼此覆蓋情形來選擇模型，參見下節3.3模型選擇與評定內容。

```
# 傳入 roc 類別物件至 AUC 計算函數中
auc(rocEx)
```

```
## Area under the curve: 0.68
```

```
# 或直接傳入真實標籤向量與陽例機率預測向量
auc(ex$actual, ex$predProb)
```

```
## Area under the curve: 0.68
```

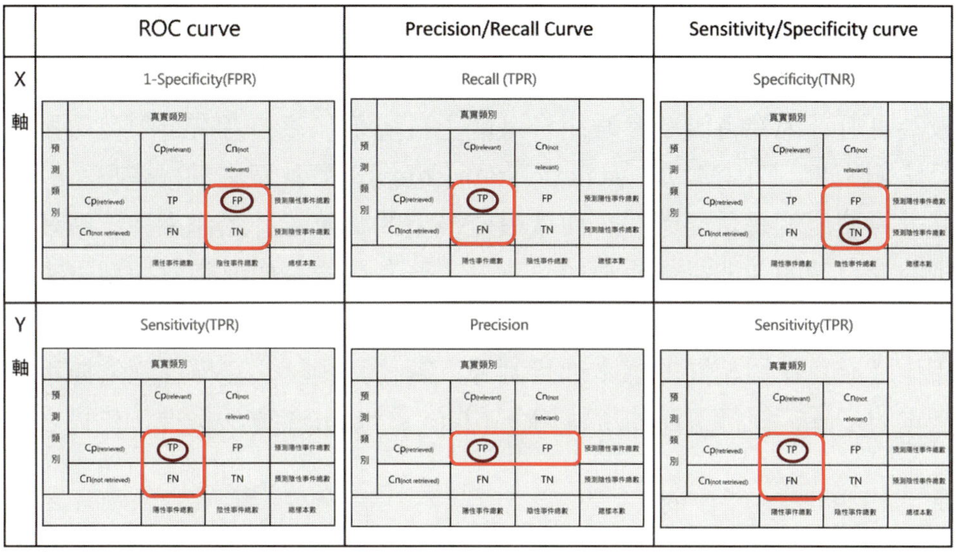

圖 3.7: 不同領域常用分類模型績效視覺化曲線整理

圖3.7列出各領域常用分類模型績效視覺化圖形，從左到右依序是源自第二次世界大戰雷達偵測敵機所關心的 TPR 對 FPR 之 ROC 曲線、訊息檢索的精確度對召回率曲線，以及醫學檢驗的敏感度對特異性曲線，各圖中橫縱軸指標優化方向是我們看圖的重點。限於篇幅，不一一舉例說明。

3.3 模型選擇與評定

模型選擇 (model selection)，或稱模型優化 (model optimization) 的工作包括同一模型不同參數的調校 (within model)，以及跨越不同模型的比較 (between models)；**模型評定 (model assessment)**，或稱未來績效估計 (performance estimate)，則是在確定最優模型後，合理地估計其未來實際應用上可能的績效表現。兩者都需要搭配統計機器學習的多種訓練與測試的機制，方能客觀地完成這些建模任務。各種訓練/測試機制的差別在於運用不同的抽樣或重抽樣 (resampling) 策略，挑選訓練樣本集 (training set) 用以建立模型、驗證集 (validation set) 用以調校 (或最佳化) 模型參數、以及運用測試集 (test set) 合理估計模型未來績效，其中重抽樣方法會在下一小節3.3.1進行說明，模型選擇與評定工作都必須運用3.2節模型績效評量的不同準則進行計算。

對於模型選擇工作來說，簡單而能快速計算的績效評量準則實務上較為可行，因為待調的參數組合可能上百成千，建模者有時須以啟發式算法 (例如：基因演算法 genetic algorithms)，評估眾多的候選模型，此時計算速度就是重要考量；而就最佳模型的績效估計工作來說，績效準則的計算時間並非是最重要的，建模者要考量的是如何獲致模型未來面對新案例時，其可信的績效表現究竟為何。再者，模型選擇與評定估計工作應避免使用相同的樣本進行訓練、調校與測試，建模者應依據手中樣本的多寡，採行下節的資料切分 (data splitting) 方法後進行建模。

3.3.1 重抽樣與資料切分方法

抽樣理論說明如何有效的從母體中萃取所需要的樣本訊息，以進行統計推論與建模。無論是何種抽樣方法，都會將抽樣變異 (sampling variations) 引入數據中。因此，當分析的對象是樣本而非母體時 (或無法確定是母體時)，必須建立能合宜刻畫抽樣變異的機率模型 (probability models) 進行演繹分析，方能獲得理論支撐的結果。機率模型經常用來處理非理想狀況下的決策，是重要的不確定建模工具之一。從抽樣的角度來說，機率模型讓我們瞭解由樣本計算而來的統計值 (statistics，或稱點估計值 point estimate)，其源自於抽樣變異的不確定程度。考慮抽樣的變異後，可將點估計延伸為區間估計 (interval estimate)，並據以進行假說檢定 (hypothesis testing)。限於篇幅本書將略過此部分，請讀者自行參閱相關統計書籍，後續僅討論與模型選擇與評定相關的重抽樣方法。

重抽樣方法 (resampling methods) 是當代統計學不可或缺的工具之一，resampling 意思是重複抽樣，它反覆地從訓練集或資料集中抽出或有不同的各組樣本，並重新配適各組樣本的模型，以獲得模型相關的額外資訊。舉例來說，如欲估計線性迴歸模型的變異性，對每一組重抽樣訓練樣本配適模型後檢視各模型績效的差異程度，這種作法使我們獲得只以原訓練集配適一次，因而無法獲得的額外資訊 (參見圖3.9)。

常用的重抽樣方法有**拔靴抽樣 (bootstrapping)** 與 k **摺交叉驗證 (k fold cross validation)**，拔靴法採行多次置回抽樣的方式，取出通常與原樣本大小相同的子集，因此總有一些樣本從未被用來配適模型，這些樣本被稱為**袋外樣本 (out-of-bag samples)**，是估計模型效能的最佳子集。拔靴一詞出現在北國寒冷的冬天，穿套長靴時須利用後方靴帶，以槓桿原理稍微撬開長靴，才能順利地套腳入靴 (lever off to great success from a small beginning)。

下面以空氣品質資料集 airquality 為例，運用 R 語言套件 {boot} 示範重複 1000 次的拔靴抽樣，每次取出樣本子集後配適臭氧 Ozon 對風速 Wind 與溫度 Temp 的線性迴歸模型，並計算各回 R^2 值，最後視覺化所有拔靴抽樣估計之 R^2，並建構其信賴區間。

```
# 瞭解 airquality 的資料結構
str(airquality)
```

```
## 'data.frame':    153 obs. of  6 variables:
##  $ Ozone  : int  41 36 12 18 NA 28 23 19 8 NA ...
##  $ Solar.R: int  190 118 149 313 NA NA 299 99 19 194 ...
##  $ Wind   : num  7.4 8 12.6 11.5 14.3 14.9 8.6 13.8 20.1 8.6 ...
##  $ Temp   : int  67 72 74 62 56 66 65 59 61 69 ...
##  $ Month  : int  5 5 5 5 5 5 5 5 5 5 ...
##  $ Day    : int  1 2 3 4 5 6 7 8 9 10 ...
```

```
# 分別視覺化 Ozon 與 Wind 和 Temp 的關係
op <- par(mfrow = c(1,2))
plot(Ozone ~ Wind, data = airquality,
main = "Ozone against Wind")
plot(Ozone ~ Temp, data = airquality,
main = "Ozone against Temp")
```

```
# 還原圖面原始設定
par(op)
```

接著載入拔靴抽樣套件 {boot}，並先定義統計值計算函數 rsq()，其內容為依據後面的 boot() 函數傳入之樣本編號 indices，選取拔靴樣本 data[indices]，再配適模型公式 formula 給定的多元線性模型，

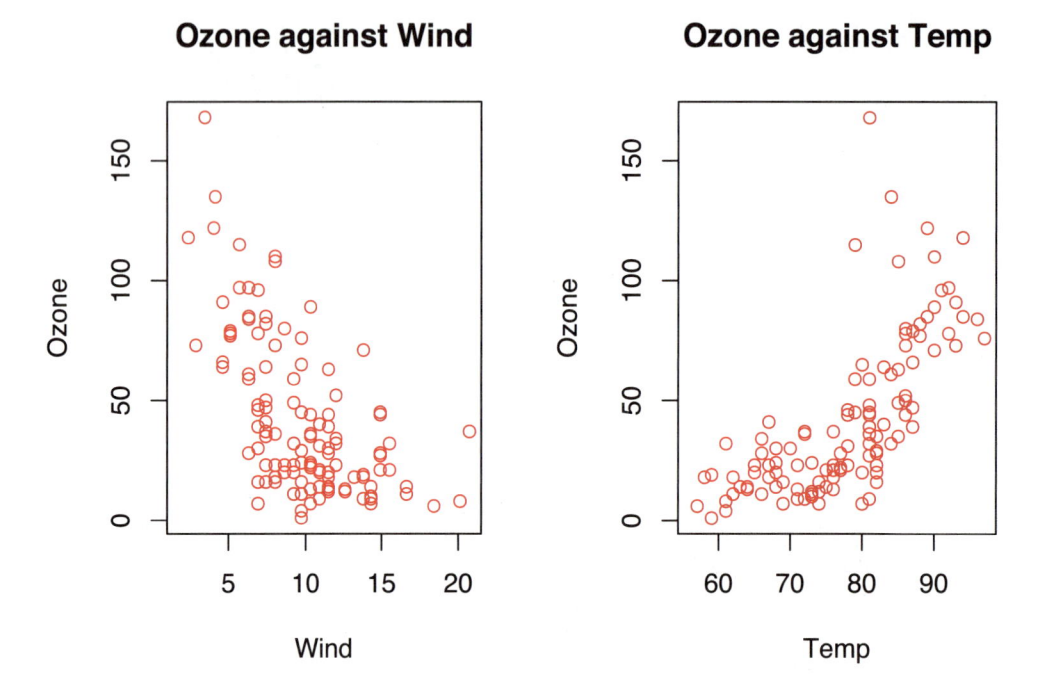

圖 3.8: 風速和溫度分別與臭氧的散佈圖

最後返回各模型 fit 摘要報表中的統計量 r.square。

```r
# R 語言拔靴抽樣套件 {boot}
library(boot)
# 定義拔靴抽樣函數 boot() 所用的統計值計算函數 rsq()
rsq <- function(formula, data, indices) {
  # 結合下面 boot() 函數，選取拔靴樣本 d
  d <- data[indices,]
  # 以拔靴樣本 d 建立模型
  fit <- lm(formula, data = d)
  # 返回模型適合度統計量 r.square
  return(summary(fit)$r.square)
}
```

　　拔靴抽樣實際上是透過 boot() 函數對 airquality 資料集 (data 引數) 進行 1000 次 (R 引數) 拔靴抽樣與統計值計算 (statistic 引數等於上面 rsq() 函數)。查閱 boot() 說明文件?boot 後，可發現引數 formula 在 boot() 函數中並無任何對應的引數關鍵字，其實它是 R 語言函數中的三點特殊引數...(three dots construct，參見http://ipub.com/r-three-dots-ellipsis/)，此處利用它將 formula 對應的建模公式，傳入前方 rsq() 函數同名的引數。這種特殊引數非常有用，因為在定義函數 rsq() 時無須明定引數 formula 的內容，而是在 boot() 呼叫 rsq() 時方傳入 formula 的具體內容，供 rsq() 函數內 lm() 建模所需使用，這樣的參數傳遞方式很有彈性，資料科學家當逐步純熟運用之。

```r
# 請讀者自行檢閱 boot() 說明文件?boot，並留意引數關鍵字
# 拔靴抽樣建模與統計計算完成後存為 bootaq 物件
bootaq <- boot(data = airquality, statistic = rsq, R = 1000,
formula = Ozone ~ Wind + Temp)
```

拔靴抽樣統計完成後，以 head() 函數擷取前六次拔靴樣本建模後的 R^2，bootaq 報表顯示其為普通的無母數拔靴抽樣，最下方 Bootstrap Statistics 的內容為所有樣本建模配適一次，計算得到的 R^2(original)，1000 次拔靴抽樣建模後之 R^2 與所有樣本下 R^2 的偏誤 (bias)，然後是拔靴抽樣 R^2 與所有樣本 R^2 的標準誤 (std. error)。最後，plot() 方法繪出圖3.9中 1000 次拔靴樣本統計量 R^2 的直方圖與常態分位數視覺化檢驗圖，boot.ci() 傳回信賴水準為 95% 的 R^2 信賴區間。

```r
# 1000 次拔靴抽樣下迴歸模型的 r.square 值
head(bootaq$t)
```

```
##          [,1]
## [1,] 0.6900
## [2,] 0.6268
## [3,] 0.4908
## [4,] 0.6000
## [5,] 0.6142
## [6,] 0.5863
```

```r
length(bootaq$t)
```

```
## [1] 1000
```

```r
# 拔靴抽樣統計報表
bootaq
```

```
## 
## ORDINARY NONPARAMETRIC BOOTSTRAP
## 
## 
## Call:
## boot(data = airquality, statistic = rsq, R =
## 1000, formula = Ozone ~
## Wind + Temp)
## 
## 
## Bootstrap Statistics :
## original bias std. error
## t1* 0.5687 0.01064 0.04901
```

```r
class(bootaq)
```

```
## [1] "boot"
```

```r
# 拔靴樣本統計量繪圖
plot(bootaq)
```

```r
# r.square 區間估計
boot.ci(bootaq)
```

```
## BOOTSTRAP CONFIDENCE INTERVAL CALCULATIONS
## Based on 1000 bootstrap replicates
## 
## CALL :
## boot.ci(boot.out = bootaq)
```

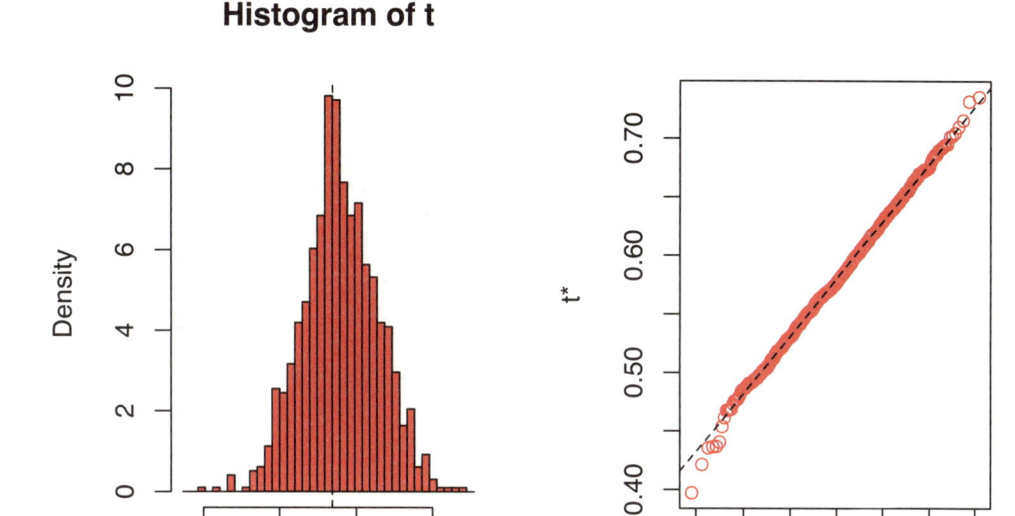

圖 3.9: 拔靴抽樣樣本統計量 R^2 直方圖與常態分位數圖

```
##
## Intervals :
## Level      Normal               Basic
## 95%    ( 0.4620,  0.6541 )   ( 0.4630,  0.6507 )
##
## Level     Percentile            BCa
## 95%    ( 0.4867,  0.6744 )   ( 0.4509,  0.6541 )
## Calculations and Intervals on Original Scale
## Some BCa intervals may be unstable
```

　　交叉驗證是另一種常用的重抽樣方法，它隨機 k 等分 (通常是十等份) 樣本集後，每次保留一份作為測試集樣本，而以其餘 $k-1$ 份樣本進行模型訓練。交叉驗證執行第一次時以第一份 (摺) 之外的所有樣本配適模型，保留下來的第一份樣本用來估計配適模型的績效；接著第一份樣本回到訓練集，保留下一份樣本 (即第二摺) 作為測試樣本，其餘樣本配適模型，如此反覆執行直到各摺樣本均擔任過測試估計的任務後方終止。圖 3.10 中黑色「×」與紅色「○」的樣本點，在分別擔任最後一次的測試集與訓練集後，方完成十摺交叉驗證完整一回合的訓練與測試。從上面的說明可發現交叉驗證 k 次訓練與測試其測試集樣本完全不同，而訓練集樣本則不盡相同。

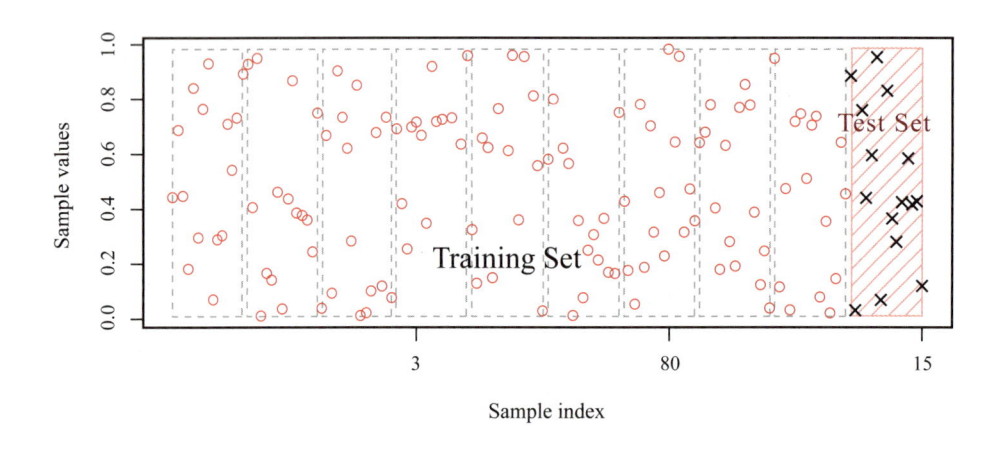

圖 3.10: 十摺交叉驗證示意圖

  k 摺交叉驗證常用於模型選擇 (或優化) 工作上，如果在固定的模型複雜度或參數組合下，完成一回合的 k 摺交叉驗證，會獲得 k 個或有不同的重抽樣績效估計值，這些績效估計值可進一步運用平均數與標準差等摘要統計計算，以瞭解各個模型複雜度或參數組合下模型績效表現如何，參見圖3.11交叉驗證與模型績效概況表。k 摺交叉驗證的極致運用是**留一交叉驗證 (Leave-One-Out Cross Validation, LOOCV)**，顧名思義 LOOCV 的摺數即為樣本數，每次只留下單一樣本作為測試資料，其餘 $n-1$ 個樣本用來訓練模型，因此 LOOCV 所需計算量最大，但是能更好的評估模型，降低評估結果的變異性。總結來說，交叉驗證與拔靴抽樣兩種重抽樣方法的差別只在於樣本子集如何被挑出，而彙整與摘要統計的方式則是相同的。

  實際應用重抽樣策略時應注意各種方法的不確定性 (i.e. 受數據變異程度或雜訊多寡的影響)，一般而言 k 摺交叉驗證相較於他法有較高的變異，但當訓練集大時則此問題較不嚴重。此外，k 大時計算量大，k 小時偏誤 (bias) 與拔靴法差不多，但變異卻較拔靴法大很多，因為拔靴法採用置回抽樣，所以變異較小。不過實務上多採用 10 摺交叉驗證，除了計算量合理，其結果也與 LOOCV 較接近。最後，**重複的 k 摺交叉驗證 (repeated k-fold cross-validation)** 可有效提高估計的精確度，同時保持小的偏誤，不過其計算工作相對沈重。

3.3 模型選擇與評定

交叉驗證＼參數	組合A	組合B	...	組合Q
1	k次測試績效值	k次測試績效值	...	k次測試績效值
2				
...				
k				
績效統計 集中趨勢	各參數組合下績效概況			
績效統計 分散程度	各參數組合下績效概況			

圖 3.11: 交叉驗證與模型績效概況表

資料切分對於模型選擇的工作非常重要，基本的想法是避免球員兼裁判，也就是絕對避免使用相同的資料集來訓練模型並接著測試。資料切分除了前述兩種重抽樣方法外，圖3.1簡單**保留法 (holdout)** 也是常見的實務作法，具體而言有下列三種切分方式 (Varmuza and Filzmoser, 2009)：

1. 在樣本充足的情況下，通常將之切割為三個子集：50% 的訓練集用以建立模型，25% 的驗證集進行模型參數最佳化，以及 25% 的測試集測試最終模型，希望獲得未來新案例的真實且可靠績效估計值，上述切分比例可以彈性調整。假設有 A 與 B 兩組參數可能值需要比較，各自用完全相同的訓練集建模，再代入完全相同的驗證集到 A、B 模型中，擇表現優者決定最佳參數，最後以測試集估計模型未來績效。此法因保留部分比例樣本進行模型調參與未來績效估計，可視為圖3.1的保留法。某些領域中較少使用這種訓練測試機制，因其所搜集到樣本通常較少，例如化學計量學 (也可稱計量化學，後交叉發展為生物資訊學) 或生物醫學等領域。

2. 第二種方式將資料集切分為校驗集 (calibration set)(註：校驗集經常被稱為訓練集) 與測試集，分別調校或最佳化模型複雜度與參數，以及估計新案例預測績效。其中圖3.12顯示校驗集會以前述交叉驗證，或是拔靴法再細分為訓練集與驗證集，反覆進行各模型複雜度 (例如：5.1.2節偏最小平方法中的最佳成份個數 `ncomp`) 或參數組合 (例如：5.2.4節 C5.0 算法中的葉節點之最小樣本數 `minCases`，與建樹前是否先行屬性篩選 `winnow`) 下的績效估算，以決定最佳的模型複雜度或參數組合，此稱為運用重抽樣法進行模型最佳化的程序 (圖3.11) 交叉驗證與模型績效概況；最後再以整個校驗集建立最佳複雜度或最佳參數組合下的最終模型，並代入測試集估計最終模型的預測績效。

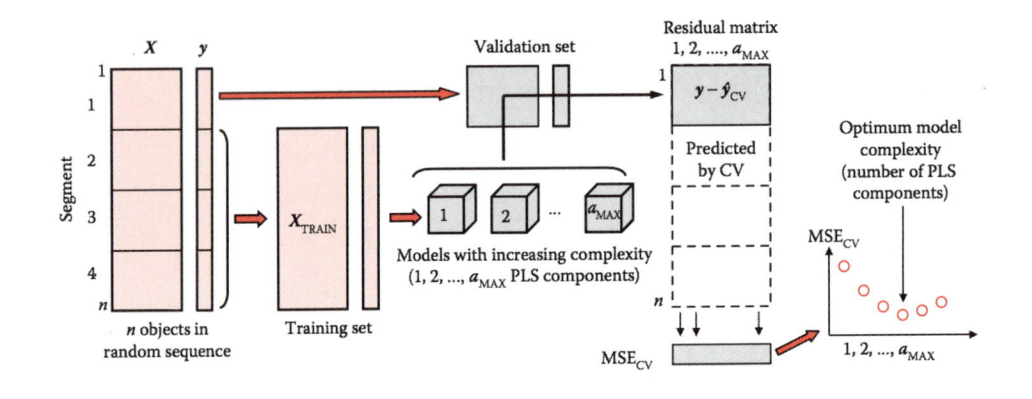

圖 3.12: 校驗集運用四摺交叉驗證估計模型最佳複雜度示意圖 (Varmuza and Filzmoser, 2009)

3. 第三種方式稱為**雙重重抽樣法 (double resampling)**，此法先以交叉驗證或拔靴法將資料集切分為校驗集與測試集 (外圈重抽樣)；接著對各校驗集運行交叉驗證或拔靴抽樣，實施前述的運用重抽樣法來進行模型最佳化的程序 (此為內圈重抽樣)；回到外圈後再以該次外圈重抽樣所決定的測試集估計最佳模型的績效表現，如此內外圈反覆執行所需計算量應是負擔最重的訓練與測試機制 (參見圖3.13)。不過此機制充分運用資料集中的各個樣本，基本上所有樣本都會作為訓練樣本、驗證樣本與測試樣本，但不會有樣本同時參與模型建立與未來績效的估計工作，也就是說不會發生球員兼裁判的狀況。

我們載入 R 語言套件 {AppliedPredictiveModeling} 中兩個預測變數的二元分類資料集 `twoClassData`，它包含二維的預測變數資料框 `predictors` 與類別標籤向量 `classes`，實作保留法與重抽樣方法的資

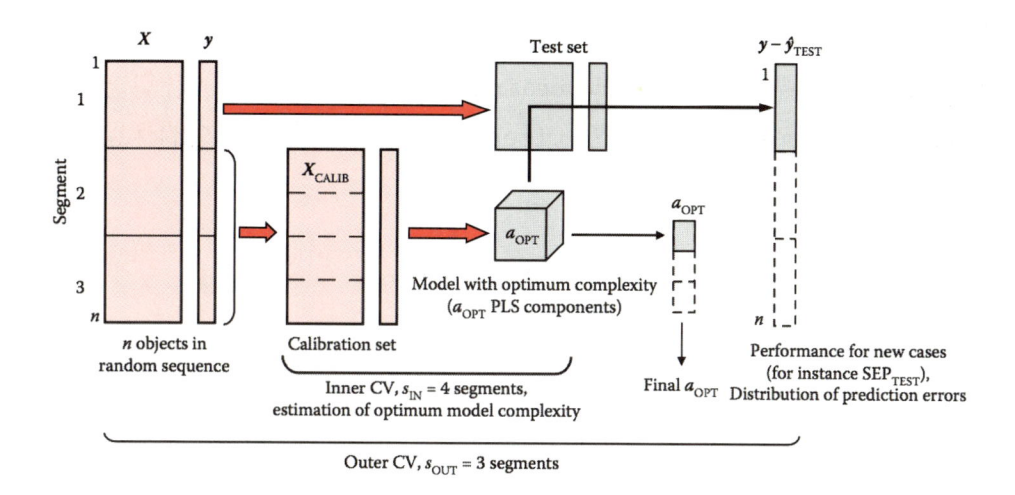

圖 3.13: 三加四摺雙重交叉驗證最佳化模型複雜度與估計未來預測績效示意圖 (Varmuza and Filzmoser, 2009)

料切分工作。

```
# 載入 R 語言套件與二元分類資料集
library(AppliedPredictiveModeling)
data(twoClassData)
# 檢視屬性矩陣結構
str(predictors)
```

```
## 'data.frame':    208 obs. of  2 variables:
##  $ PredictorA: num  0.158 0.655 0.706 0.199 0.395 ...
##  $ PredictorB: num  0.1609 0.4918 0.6333 0.0881 0.4152 ...
```

```
# 檢視類別標籤因子向量結構
str(classes)
```

```
## Factor w/ 2 levels "Class1","Class2": 2 2 2 2 2 2 2 2 2 2 ...
```

{caret} 套件有四種資料切分函數: createDataPartition() 函數產生保留法的訓練與測試樣本、createResamples() 函數進行拔靴抽樣、createFolds() 函數產生 k 摺交叉驗證樣本，以及產生重複式 (repeated)k 摺交叉驗證樣本的 createMultiFolds() 函數。

保留法須設定訓練樣本比例引數 p，引數 list 設為 FALSE 時回傳結果為單行觀測值編號矩陣 trainingRows，其中橫列數計算方式為 floor(length(classes)·p)，引數 times = 1 代表預設重複一次的保留法資料切分。

```
library(caret)
# 簡單保留法
trainingRows <- createDataPartition(classes, p = .80,
list=FALSE)
head(trainingRows)
```

```
##      Resample1
## [1,]         1
## [2,]         3
## [3,]         5
## [4,]         7
## [5,]         8
## [6,]         9
```

依據 trainingRows 的觀測值編號挑出訓練屬性矩陣與其對應的類別標籤，測試屬性矩陣與其類別標籤亦比照辦理。

```
# 訓練集屬性矩陣與類別標籤
trainPredictors <- predictors[trainingRows, ]
trainClasses <- classes[trainingRows]
# 測試集屬性矩陣與類別標籤 (R 語言負索引值)
testPredictors <- predictors[-trainingRows, ]
testClasses <- classes[-trainingRows]
# 208*0.8 無條件進位後取出 167 個訓練樣本
str(trainPredictors)
```

```
## 'data.frame':    167 obs. of  2 variables:
##  $ PredictorA: num  0.1582 0.706 0.3952 0.0658 0.3086 ...
##  $ PredictorB: num  0.161 0.633 0.415 0.179 0.28 ...
```

```r
# 剩下 41 個測試樣本
str(testClasses)
```

```
## Factor w/ 2 levels "Class1","Class2": 2 2 2 2 2 2 2 2 2 2 ...
```

```r
length(testClasses)
```

```
## [1] 41
```

只要將引數 times 設定為 3，creatDataPartition() 函數也可以實現重複三次的保留法訓練/測試機制：

```r
set.seed(1)
# 重複三次的保留法
repeatedSplits <- createDataPartition(trainClasses, p = .80,
times = 3)
# 三次訓練集樣本編號形成的串列
str(repeatedSplits)
```

```
## List of 3
##  $ Resample1: int [1:135] 1 2 4 5 6 8 9 10 11 12 ...
##  $ Resample2: int [1:135] 2 3 4 6 7 8 9 11 14 15 ...
##  $ Resample3: int [1:135] 4 5 6 7 8 9 11 13 14 15 ...
```

如果採行前述的第 2 種資料切分方式，trainingRows 挑出的子集可視為校驗集，通常再結合交叉驗證或拔靴抽樣等重抽樣方法，將校驗集繼續分為訓練集與驗證集，進行模型參數調校；而測試集則留作最後模型的績效估計。接下來對訓練集（應稱為校驗集）做 k 摺交叉驗證，createFolds() 將校驗集的類別標籤 trainClasses 分為十組（無法等分），傳回十次的觀測值編號。

```r
set.seed(1)
# 將校驗集樣本做十摺互斥切分 (圖 3.12 為四摺)
cvSplits <- createFolds(trainClasses, k = 10, returnTrain
```

```
= TRUE)
# 返回十次測試樣本編號 (returnTrain 預設為 FALSE)
cvSplitsTest <- createFolds(trainClasses, k = 10)
# 訓練樣本無法十等分
# 所以 167/10 ~= 16.7, 每次結果為 151 + 16 或 150 + 17
str(cvSplits)
```

```
## List of 10
##  $ Fold01: int [1:151] 2 3 4 5 6 7 11 12 13 14 ...
##  $ Fold02: int [1:150] 1 2 3 4 5 6 7 8 9 10 ...
##  $ Fold03: int [1:150] 1 2 3 4 5 6 7 8 9 10 ...
##  $ Fold04: int [1:151] 1 2 3 4 5 7 8 9 10 11 ...
##  $ Fold05: int [1:150] 1 2 3 5 6 7 8 9 10 11 ...
##  $ Fold06: int [1:150] 1 2 3 4 5 6 8 9 10 11 ...
##  $ Fold07: int [1:150] 1 3 4 5 6 7 8 9 10 11 ...
##  $ Fold08: int [1:151] 1 2 3 4 5 6 7 8 9 10 ...
##  $ Fold09: int [1:150] 1 2 4 5 6 7 8 9 10 12 ...
##  $ Fold10: int [1:150] 1 2 3 4 6 7 8 9 10 11 ...
```

```
# 各參數組合第一次交叉驗證的 151 個訓練樣本
cvSplits[[1]]
```

```
##   [1]   2   3   4   5   6   7  11  12  13  14  15  16
##  [13]  17  18  19  20  21  22  23  24  25  26  27  28
##  [25]  29  30  31  32  33  34  35  36  38  39  40  41
##  [37]  42  43  44  46  48  49  50  51  52  53  54  55
##  [49]  56  57  58  59  60  61  62  63  64  65  66  67
##  [61]  68  69  70  71  73  74  75  76  77  78  79  80
##  [73]  81  82  83  84  85  86  87  89  90  91  92  93
##  [85]  94  95  97  99 100 102 103 104 105 106 107 108
##  [97] 109 110 111 112 113 114 115 116 117 118 119 120
## [109] 121 123 124 125 126 127 128 129 130 132 133 134
## [121] 135 136 137 138 139 140 141 143 144 145 146 148
## [133] 149 150 151 152 153 154 155 156 157 158 159 160
```

```
## [145]  161 162 163 164 165 166 167
```

```
# 差集運算函數求取第一次交叉驗證的 16 個測試樣本
setdiff(1:167, cvSplits[[1]])
```

```
## [1]    1   8   9  10  37  45  47  72  88  96  98 101
## [13] 122 131 142 147
```

下節3.3.2將以實際的 R 程式碼說明如何運用資料切分，決定最佳的模型參數或複雜度。

3.3.2 單類模型參數調校

與隨機誤差建模相關的參數 (parameters) 有兩種：一種可以直接利用資料估計其值的模型參數，另一種則是不易從資料中估計的**超參數 (hyperparameters)**，通常也簡稱為參數 (本書亦未明確區分參數與超參數)。以迴歸模型為例，模型參數指的是迴歸方程式的截距與斜率係數。然而統計機器學習的過程中，還有其它參數必須在訓練與測試開始前就設定好，這些無法在模型訓練時估計其值的參數被稱為超參數，例如：迴歸方程式的預測變數集、式 (5.39) 支援向量機中徑向基底核函數的參數 σ，式 (6.9) 人工神經網路參數最佳化算法中的學習率 α 與隱藏層節點數等網路拓樸設計參數。廣義來說，甚至是建模前對於各種解題方法的選擇，例如：究竟要採行6.1節中之**效能提升樹 (boosted trees)**，還是**隨機森林 (random forest)** 的方法論選擇問題，都可視為是超參數。

姑且不論建模方法的選擇，也就是在建模方法確定的情況下，分析者須明確設定超參數的值，或依運算軟體預設的超參數值，方能進行模型的訓練與測試。現代數據建模工具便利，我們常常因為有預設值，而忽略對算法超參數應有的關注。資料科學家須注意各種超參數的可能值範圍，以及其值對模型的複雜度與訓練速度的影響，下面我們以 R 語言實作參數調校與模型選擇。

以分類模型為例，模型選擇與績效評定流程如圖3.14所示 (Varmuza and Filzmoser, 2009)。假設手上所有的資料為 k 類的 n 個樣本，首先根據上小節第二種資料切分方法，隨機挑選出校驗集樣本，剩下的為測試集

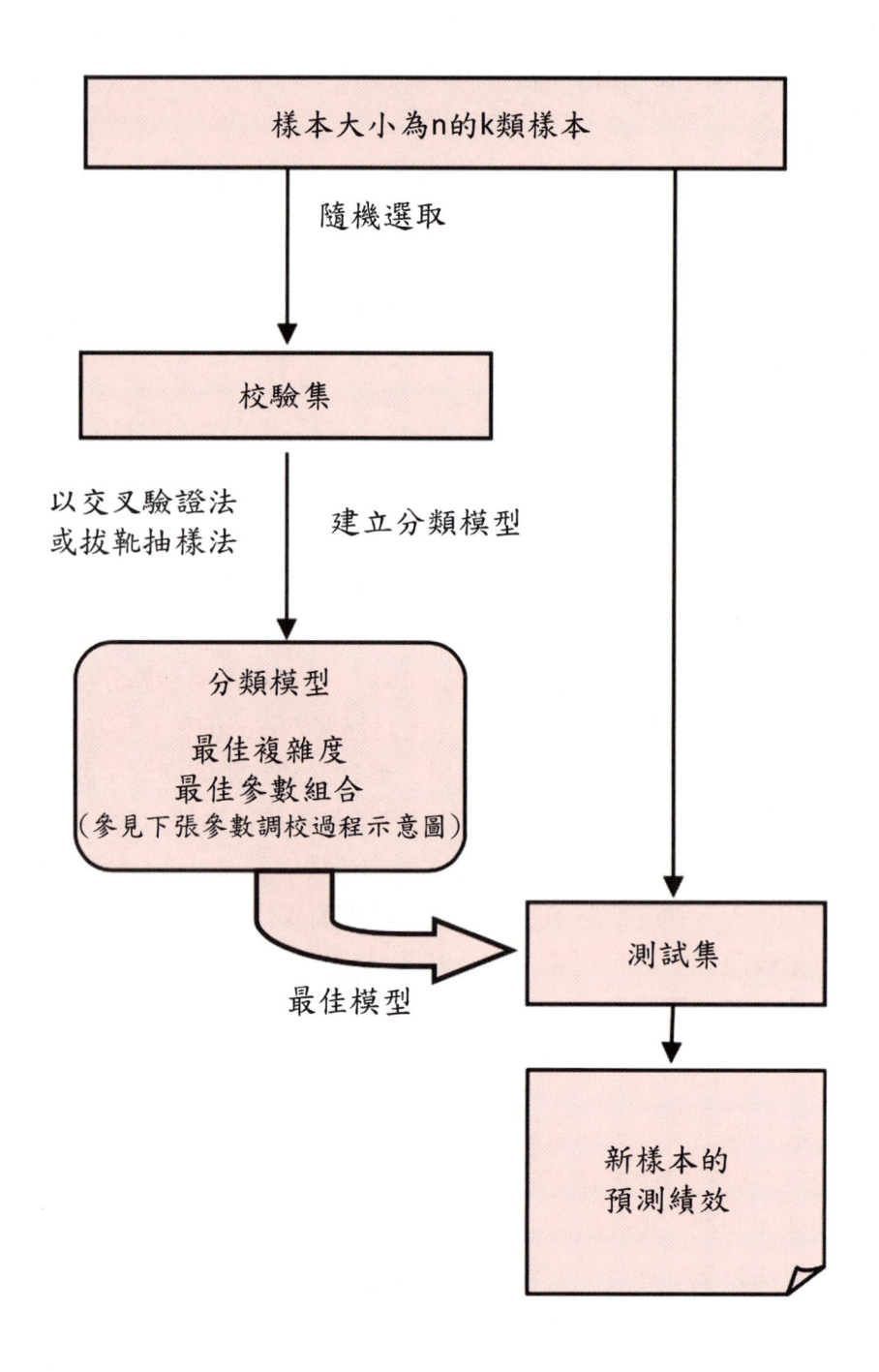

圖 3.14: 分類模型選擇與績效評定流程 (Varmuza and Filzmoser, 2009)

樣本，兩子集的 k 類次數分佈必須與整體的 k 類次數分佈相近。接著以校驗集樣本進行圖3.15中模型複雜度或參數組合的調校過程 (Kuhn and Johnson, 2013)；找到最佳複雜度或參數組合的模型後，回到圖3.14再以測試資料集估計最佳模型對未來新樣本的預測績效。

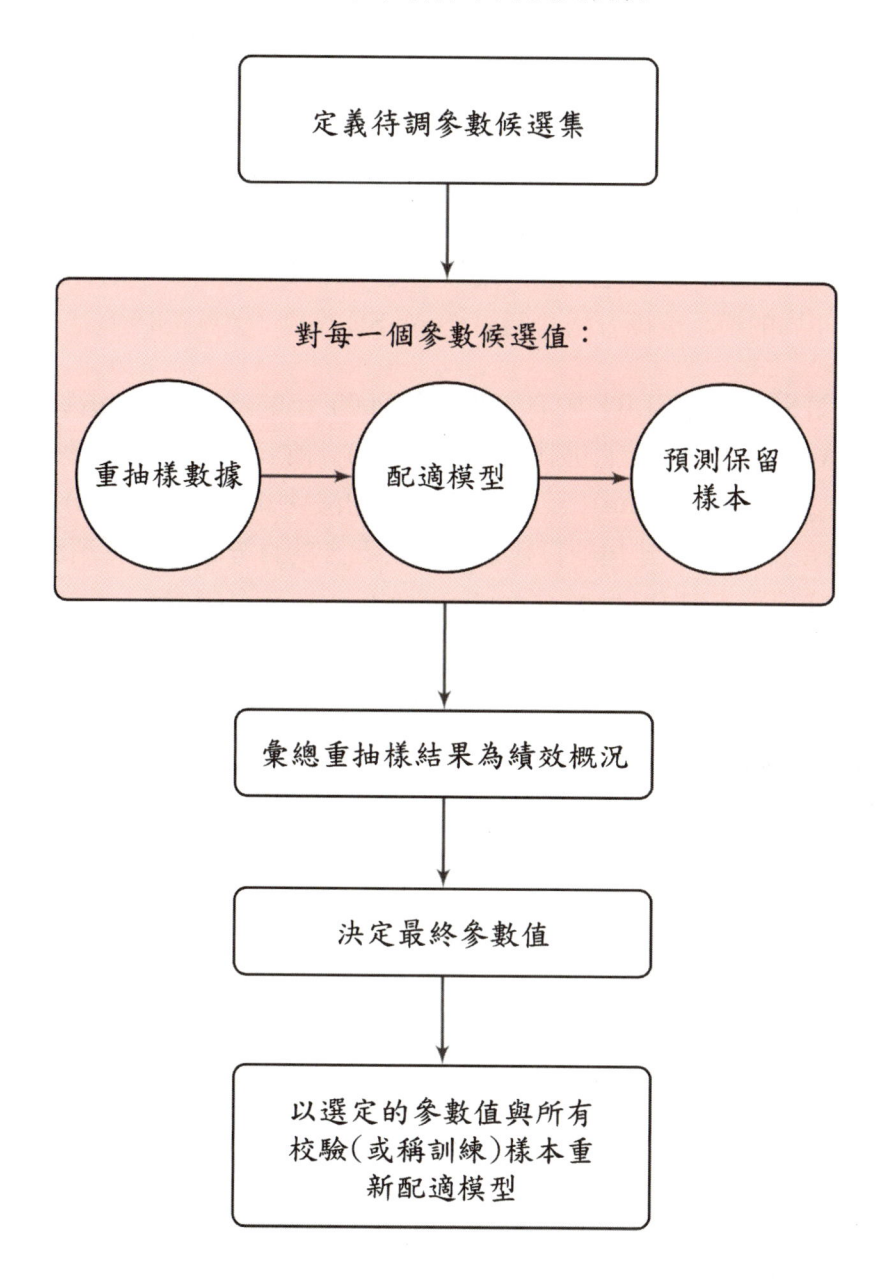

圖 3.15: 參數調校過程示意圖 (Kuhn and Johnson, 2013)

R 語言套件 {caret} 提供參數調校的訓練與測試流程化函數 train()，它結合重抽樣方法評估不同模型參數對績效的影響，並從中選出最佳模型 (https://topepo.github.io/caret/

model-training-and-tuning.html)。使用者根據參數調校的校驗集，運用重抽樣方法切分出參數調校訓練集與測試集 (圖3.15)。在待調參數候選集下，例如：偏最小平方法迴歸 (5.1.2節) 須決定欲評估的成分個數 $p = 1, 2, 3, ...$；或是下例中 k 近鄰法分類 (5.2.2節) 的近鄰個數 $k = 1, 2, 3, ...$，對每一個候選值進行校驗集數據重抽樣，無論是 k 摺交叉驗證 (單次或重複)、留一交叉驗證、重複多次的拔靴抽樣等，每一個候選值要完成一回合完整的訓練與測試，統計圖3.11中的績效評量概況 (profile)，通常是分類正確率或迴歸 RMSE 的算術平均數與標準誤，最後根據績效評量概況選定最終參數值。train() 函數預設以績效評量的最佳方向 (例如：最大化正確率或最小化 RMSE) 為選模準則，雖然仍有其它不同的模型選擇方法，例如：one-SE 準則 (參見圖3.19)。

R 語言套件 {ISLR} 中有 2001 到 2005 年的 S&P 500 指數資料，每筆日觀測值包含當天百分比報酬 (Today)、前五天百分比報酬 (Lag1-Lag5)、成交量 (Volumn)，以及當天報酬的漲跌方向 (Direction)。k 近鄰法分類 (5.2.2節) 建模的目標是以過去五天的百分比報酬，預測當天 S&P 500 漲跌方向 (https://rpubs.com/njvijay/16444)。

```
# 載入 R 套件與資料集
library(ISLR)
library(caret)
data(Smarket)
```

首先切出 75% 的校驗樣本與 25% 的最終模型評定測試集，並查核原始資料與校驗及測試集中類別分佈型態是否大致相同。

```
# 校驗集與測試集切分
set.seed(300)
indxCalib <- createDataPartition(y = Smarket$Direction,
p = 0.75, list = FALSE)
calibration <- Smarket[indxCalib,]
testing <- Smarket[-indxCalib,]
# 類別分佈型態查核 (校驗集 vs. 測試集 vs. 整體)
prop.table(table(calibration$Direction)) * 100
```

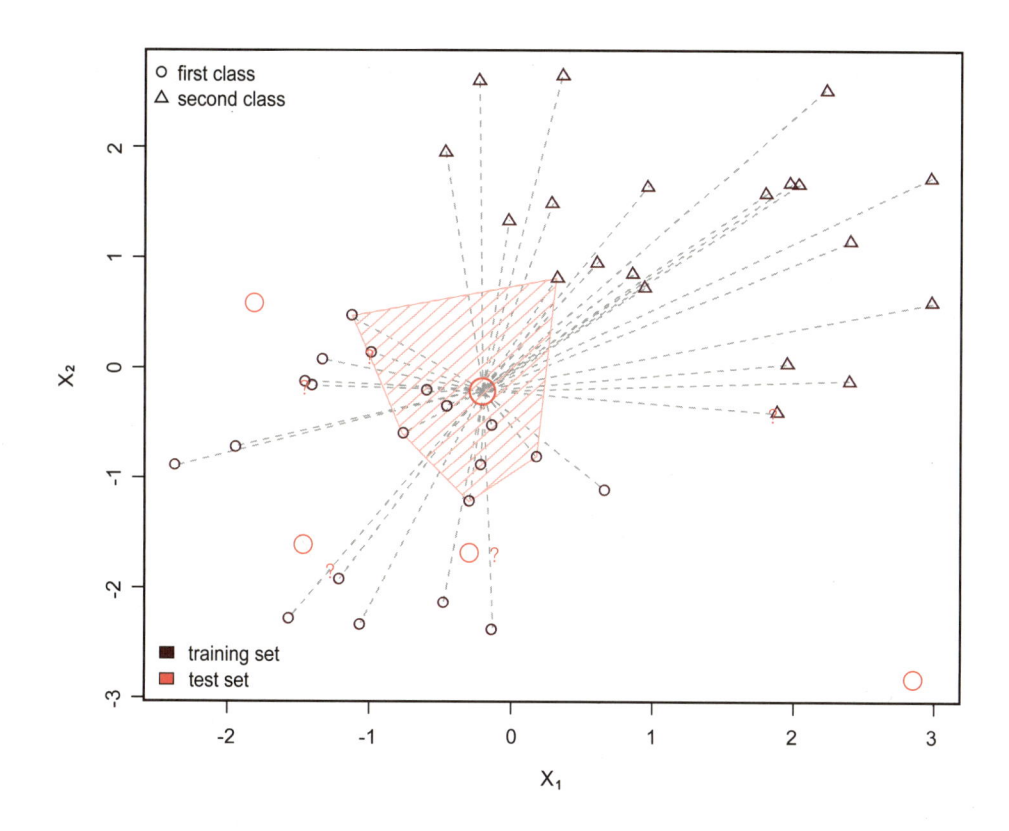

圖 3.16: k 近鄰法分類 ($k = 10$) 示意圖

```
## 
##  Down    Up
## 48.19 51.81
```

```r
prop.table(table(testing$Direction)) * 100
```

```
## 
##  Down    Up
## 48.08 51.92
```

```r
prop.table(table(Smarket$Direction)) * 100
```

```
## 
##  Down    Up
```

```
## 48.16 51.84
```

接著以邏輯值索引挑出校驗集屬性矩陣 calibX，並進行必要的標準化前處理，報表顯示 8 個預測變數均已完成標準化。

```
# 校驗集屬性矩陣與前處理
calibX <- calibration[,names(calibration) != "Direction"]
preProcValues <- preProcess(x = calibX, method = c("center", "scale"))
preProcValues
```

```
## Created from 938 samples and 8 variables
##
## Pre-processing:
##    - centered (8)
##    - ignored (0)
##    - scaled (8)
```

重複三次的十摺交叉驗證為本案例的重抽樣方法 (method = "repeatedcv", repeats = 3)，並以預設的二十個參數可能值 (k 從 5 到 43 間距為 2) 進行參數調校。

```
set.seed(400)
# 校驗集重抽樣方法設定
ctrl <- trainControl(method = "repeatedcv",repeats = 3)
# 圖 3.15 對每一個參數候選值進行訓練與測試
knnFit <- train(Direction ~ ., data = calibration, method = "knn", trControl = ctrl, preProcess = c("center","scale"), tuneLength = 20)
```

結果報表 knnFit 顯示 938 個校驗樣本每次十摺重抽樣的樣本大小不一 (844, 843, 845, 844, 845, 843, ...)，20 個 k 值下平均正確率與 $Kappa$ 係數緊接在下，最佳參數是依正確率最高的準則選定 $k = 43$。

```r
# 重要的參數調校報表
knnFit
```

```
## k-Nearest Neighbors
##
## 938 samples
##   8 predictor
##   2 classes: 'Down', 'Up'
##
## Pre-processing: centered (8), scaled (8)
## Resampling: Cross-Validated (10 fold, repeated 3 times)
## Summary of sample sizes: 844, 843, 845, 844, 845, 843, ...
## Resampling results across tuning parameters:
##
##   k   Accuracy  Kappa
##    5  0.8638    0.7266
##    7  0.8816    0.7624
##    9  0.8830    0.7650
##   11  0.8848    0.7687
##   13  0.8830    0.7651
##   15  0.8891    0.7773
##   17  0.8852    0.7694
##   19  0.8870    0.7729
##   21  0.8948    0.7886
##   23  0.8976    0.7943
##   25  0.9001    0.7993
##   27  0.8980    0.7951
##   29  0.8930    0.7850
##   31  0.8920    0.7829
##   33  0.8959    0.7907
##   35  0.8948    0.7885
##   37  0.8916    0.7821
##   39  0.8955    0.7898
##   41  0.8966    0.7920
```

```
## 43  0.9019    0.8028
## 
## Accuracy was used to select the optimal model
##  using the largest value.
## The final value used for the model was k = 43.
```

```r
# 各參數候選值更詳細的績效評量概況
knnFit$results
```

```
##     k Accuracy  Kappa AccuracySD KappaSD
## 1   5   0.8638 0.7266    0.03777 0.07610
## 2   7   0.8816 0.7624    0.03986 0.08010
## 3   9   0.8830 0.7650    0.04097 0.08245
## 4  11   0.8848 0.7687    0.03083 0.06218
## 5  13   0.8830 0.7651    0.03734 0.07524
## 6  15   0.8891 0.7773    0.03799 0.07641
## 7  17   0.8852 0.7694    0.03635 0.07323
## 8  19   0.8870 0.7729    0.03572 0.07213
## 9  21   0.8948 0.7886    0.03477 0.07024
## 10 23   0.8976 0.7943    0.03430 0.06926
## 11 25   0.9001 0.7993    0.02950 0.05944
## 12 27   0.8980 0.7951    0.02879 0.05804
## 13 29   0.8930 0.7850    0.03319 0.06705
## 14 31   0.8920 0.7829    0.03234 0.06533
## 15 33   0.8959 0.7907    0.03388 0.06837
## 16 35   0.8948 0.7885    0.03276 0.06607
## 17 37   0.8916 0.7821    0.03446 0.06959
## 18 39   0.8955 0.7898    0.03173 0.06419
## 19 41   0.8966 0.7920    0.03145 0.06349
## 20 43   0.9019 0.8028    0.03294 0.06640
```

```r
# 圖勝於表，上表前兩欄的折線圖
plot(knnFit)
```

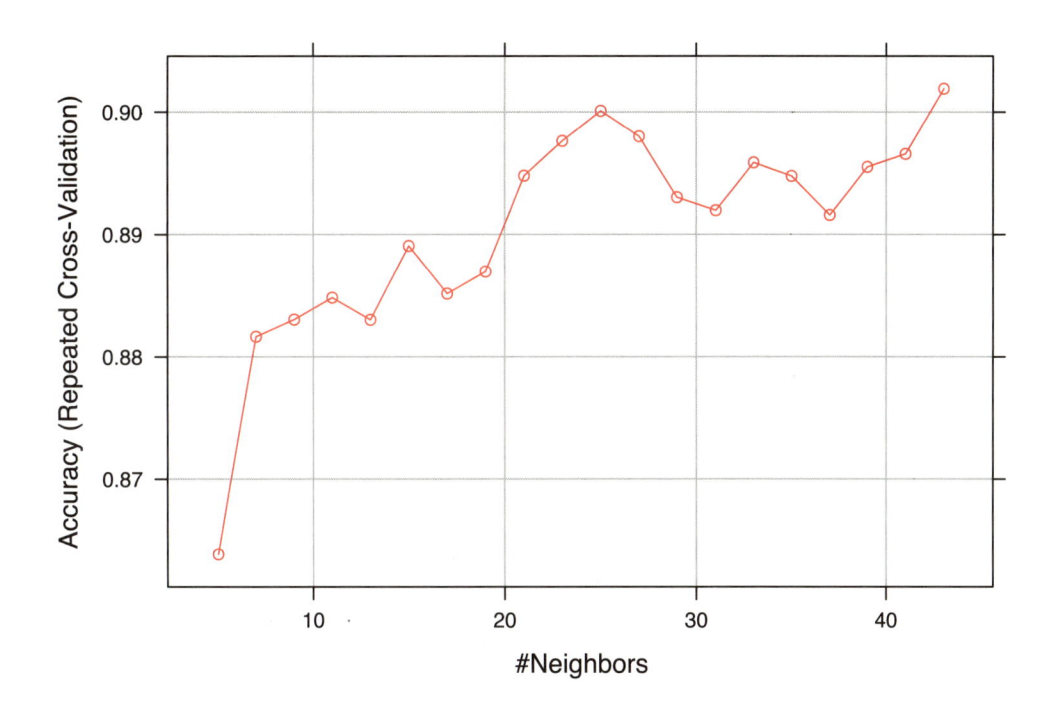

圖 3.17: k 近鄰法參數調校圖

最佳模型確定後，predict() 方法會自動以 $k=43$ 的最佳模型，對測試資料集 testing 進行預測。再將測試集預測值與實際值兩向量傳入 confusionMatrix()，產生混淆矩陣、正確率與 $Kappa$ 值及其 95% 信賴區間和統計檢定的 p 值，除了整體指標，還有3.2.2.4節提及的各種類別相關績效指標。

```
# 自動以最佳模型 (k=43) 預測最終測試集樣本
knnPredict <- predict(knnFit, newdata = testing)
# 混淆矩陣、整體分類績效指標與類別相關指標
confusionMatrix(knnPredict, testing$Direction )
```

```
## Confusion Matrix and Statistics
##
##           Reference
## Prediction Down  Up
##       Down  123   9
##       Up     27 153
##
```

```
##                 Accuracy : 0.885
##                   95% CI : (0.844, 0.918)
##      No Information Rate : 0.519
##      P-Value [Acc > NIR] : < 2e-16
##
##                    Kappa : 0.768
##   Mcnemar's Test P-Value : 0.00461
##
##              Sensitivity : 0.820
##              Specificity : 0.944
##           Pos Pred Value : 0.932
##           Neg Pred Value : 0.850
##               Prevalence : 0.481
##           Detection Rate : 0.394
##     Detection Prevalence : 0.423
##        Balanced Accuracy : 0.882
##
##         'Positive' Class : Down
##
```

我們產生預測值與實際值對應元素是否相等的真假值向量，再以其平均值核驗 confusionMatrix() 報表中的 Accuracy 是否正確。

```
# 核驗 Accuracy 是否正確
mean(knnPredict == testing$Direction)
```

```
## [1] 0.8846
```

最後，以3.2.3節模型績效視覺化 R 套件 {pROC} 的 roc() 函數，傳入測試資料真實類別與其為陽例 (此處為 Down) 的預測機率值，產生 ROC 曲線圖並計算 AUC。

```
# 載入 ROC 曲線繪製與分析套件
library(pROC)
# 繪製 ROC 曲線須計算測試資料的類別機率預測值
```

3.3 模型選擇與評定

```
knnPredict <- predict(knnFit,newdata = testing , type="prob")
knnROC <- roc(testing$Direction,knnPredict[,"Down"])
# 類別 "roc"
class(knnROC)
```

```
## [1] "roc"
```

```
# AUC 值
knnROC$auc
```

```
## Area under the curve: 0.967
```

```
# 繪製 ROC 曲線
plot(knnROC, type = "S", print.thres = 0.5)
```

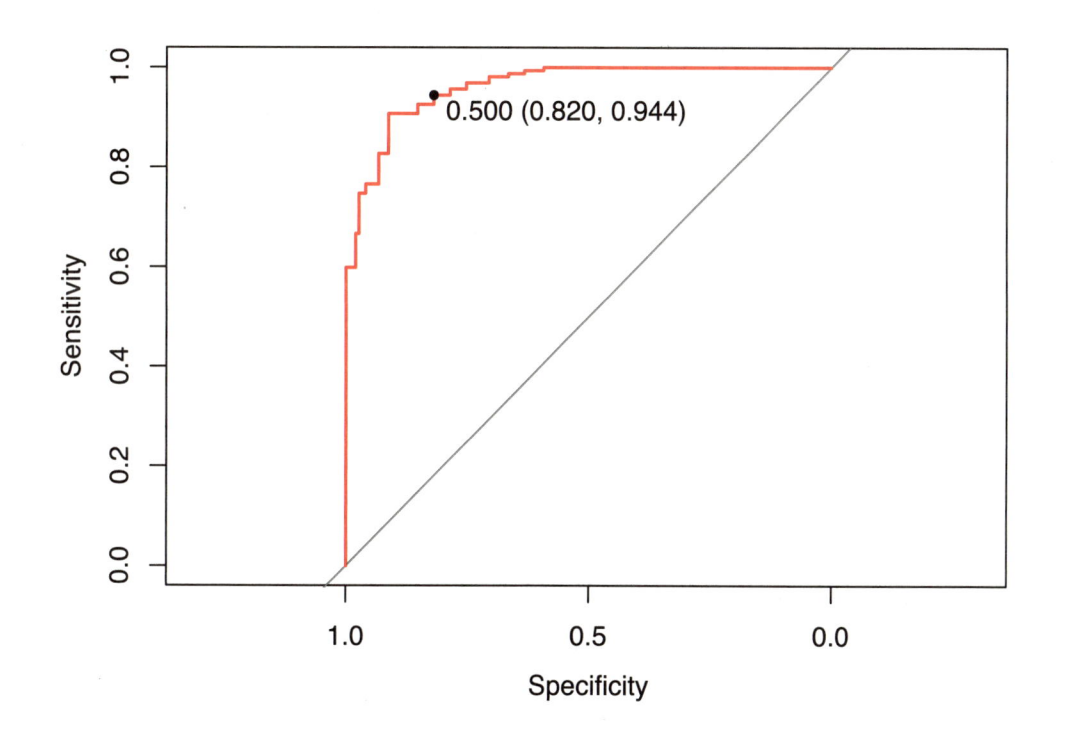

圖 3.18: k 近鄰分類模型之測試資料操作特性曲線圖

3.3.2.1 多個參數待調

許多建模方法有多個參數需要調校，以5.2.4節分類與迴歸樹之 C5.0 模型參數調校為例，最簡單的調校方式是依照套件 {caret} 中 `train()` 函數對 `model`、`trials` 與 `winnow` 三個參數的預設可能值搜尋最佳組合。其中 `model` 參數有兩個可能值，分別是模型輸出為規則集 (rules) 或是樹狀結構 (tree)；`trials` 參數表效能提升樹的株數 (參見6.1.2節多模激發法)，預設設定為 1 次 (即不進行**效能提升樹 (boosted trees)** 的學習)、10 次或 20 次；以及 `winnow` 參數為 TRUE 或 FALSE，表示建模前是否先進行屬性挑選。三個待調參數所有可能值自動交叉組合後，以預設為 25 次的拔靴抽樣法進行參數調校分析。

```
# 匯入信用風險資料集
credit <- read.csv("./_data/credit.csv")
```

因子與整數型別的 17 個屬性，checking_balance: 支票存款帳戶餘額；months_loan_duration: 償款期限；credit_history: 信用記錄；purpose: 貸款目的；amount: 貸款金額；savings_balance: 儲蓄存款帳戶餘額；employment_duration: 任現職多久；percent_of_income: 繳費率或賠付率，指單位時間分期付款的金額，以可支配所得的比例來計算；years_at_residence: 居住現址多久；age: 年齡；other_credit: 其它分期計劃；housing: 住屋狀況；existing_loans_count: 現存貸款筆數；job: 職業；dependents: 扶養親屬數；phone: 名下有無電話；default: 是否違約等。

```
# 變數意義如上
str(credit)
```

```
## 'data.frame': 1000 obs. of 17 variables:
## $ checking_balance     : Factor w/ 4 levels "< 0
## DM","> 200 DM",..: 1 3 4 1 1 4 4 3 4 3 ...
## $ months_loan_duration : int  6 48 12 42 24 36 24
## 36 12 30 ...
## $ credit_history       : Factor w/ 5 levels
## "critical","good",..: 1 2 1 2 4 2 2 2 2 1 ...
```

```
## $ purpose : Factor w/ 6 levels
## "business","car",..: 5 5 4 5 2 4 5 2 5 2 ...
## $ amount : int 1169 5951 2096 7882 4870 9055
## 2835 6948 3059 5234 ...
## $ savings_balance : Factor w/ 5 levels "< 100
## DM","> 1000 DM",..: 5 1 1 1 1 5 4 1 2 1 ...
## $ employment_duration : Factor w/ 5 levels "< 1
## year","> 7 years",..: 2 3 4 4 3 3 2 3 4 5 ...
## $ percent_of_income : int 4 2 2 2 3 2 3 2 2 4
## ...
## $ years_at_residence : int 4 2 3 4 4 4 4 2 4 2
## ...
## $ age : int 67 22 49 45 53 35 53 35 61 28 ...
## $ other_credit : Factor w/ 3 levels
## "bank","none",..: 2 2 2 2 2 2 2 2 2 2 ...
## $ housing : Factor w/ 3 levels "other","own",..:
## 2 2 2 1 1 2 3 2 2 ...
## $ existing_loans_count: int 2 1 1 1 2 1 1 1 1 2
## ...
## $ job : Factor w/ 4 levels
## "management","skilled",..: 2 2 4 2 2 4 2 1 4 1
## ...
## $ dependents : int 1 1 2 2 2 2 1 1 1 1 ...
## $ phone : Factor w/ 2 levels "no","yes": 2 1 1 1
## 1 2 1 2 1 1 ...
## $ default : Factor w/ 2 levels "no","yes": 1 2 1
## 1 2 1 1 1 1 2 ...
```

　　三個參數的預設可能值共有 12 種組合，每種組合下預設訓練與測試 25 次的拔靴樣本，模型 C50fit 計算量不小，因此將結果預存為 C50fit.RData，方便下次用 load() 函數載入環境檢視模型細節。

```
library(caret)
# C5.0 決策樹自動參數調校
set.seed(300)
```

```r
# 預設為重複 25 次的拔靴抽樣法，結果存為 C50fit.RData
# C50fit <- train(default ~ ., data = credit, method =
# "C5.0")
# save(C50fit, file = "C50fit.RData")
# 因模型建立與調校耗時，載入預先跑好的模型物件
load("./_data/C50fit.RData")
```

```r
# 多參數調校報表，讀者可自行檢視其結構 str(C50fit)
C50fit
```

```
## C5.0
##
## 1000 samples
## 16 predictor
## 2 classes: 'no', 'yes'
##
## No pre-processing
## Resampling: Bootstrapped (25 reps)
## Summary of sample sizes: 1000, 1000, 1000, 1000,
## 1000, 1000, ...
## Resampling results across tuning parameters:
##
## model winnow trials Accuracy Kappa
## rules FALSE 1 0.6960 0.2751
## rules FALSE 10 0.7148 0.3182
## rules FALSE 20 0.7234 0.3343
## rules TRUE 1 0.6850 0.2513
## rules TRUE 10 0.7126 0.3156
## rules TRUE 20 0.7225 0.3343
## tree FALSE 1 0.6888 0.2488
## tree FALSE 10 0.7310 0.3149
## tree FALSE 20 0.7362 0.3271
## tree TRUE 1 0.6815 0.2317
```

```
## tree TRUE 10 0.7286 0.3093
## tree TRUE 20 0.7325 0.3201
##
## Accuracy was used to select the optimal model
## using the largest value.
## The final values used for the model were trials
## =
## 20, model = tree and winnow = FALSE.
```

多參數調校報表與上一個案例輸出報表結構相同，包括四大區塊：投入資料集的簡要說明、資料前處理與重抽樣方法、候選模型評估結果、以及最佳模型選擇說明。

3.3.2.2　客製化參數調校

{caret} 套件的 trainControl() 函數可以改變 train() 的控制參數 trControl 之內容，引數 method 與 number 將重抽樣策略變更為 10 摺交叉驗證，引數 selectionFunction 則將預設的"best" 換成圖3.19的一倍標準誤擇優法 (oneSE)，作為選擇最佳參數組合的準則。同時以 expand.grid() 自訂欲調校參數的網格，model 固定為 tree，winnow 固定為 FALSE，而 trials 則放大為 8 個可能值。

```
# 自訂校驗集重抽樣策略與擇優方法
ctrl <- trainControl(method = "cv", number = 10,
selectionFunction = "oneSE")
# 自訂待調參數組合 (網格)
grid <- expand.grid(.model = "tree", .trials = c(1, 5, 10,
15, 20, 25, 30, 35), .winnow = "FALSE")
grid
```

```
##   .model .trials .winnow
## 1   tree       1   FALSE
## 2   tree       5   FALSE
## 3   tree      10   FALSE
## 4   tree      15   FALSE
```

```
## 5      tree       20      FALSE
## 6      tree       25      FALSE
## 7      tree       30      FALSE
## 8      tree       35      FALSE
```

其實套件 {caret} 的 train() 函數有三個重要引數：trControl、tuneGrid 與 bagControl (與6.1.1節拔靴集成法有關)，此處將 trControl 與 tuneGrid 設為前面定義好的 ctrl 與 grid，並以 *Kappa* 作為選擇最佳模型的績效評量指標 (metric="Kappa")，根據 oneSE 擇優法選定的最佳模型是不進行效能提升樹 (boosted trees) 的學習，即 trials 最佳值為 1(Why?)。

```
set.seed(300)
# C50fitC <- train(default ~ ., data = credit, method =
# "C5.0", metric = "Kappa", trControl = ctrl,
# tuneGrid = grid)
# save(C50fitC, file = "C50fitC.RData")
# 因模型建立與調校耗時，載入預先跑好的模型物件
load("./_data/C50fitC.RData")
# 參數調校報表
C50fitC
```

```
## C5.0
##
## 1000 samples
##   16 predictor
##    2 classes: 'no', 'yes'
##
## No pre-processing
## Resampling: Cross-Validated (10 fold)
## Summary of sample sizes: 900, 900, 900, 900, 900, 900, ...
## Resampling results across tuning parameters:
##
##   trials  Accuracy   Kappa
##   1       0.735      0.3244
```

```
##      5       0.722       0.2941
##     10       0.725       0.2954
##     15       0.731       0.3142
##     20       0.737       0.3246
##     25       0.726       0.2973
##     30       0.735       0.3233
##     35       0.736       0.3194
## 
## Tuning parameter 'model' was held constant at a
##  value of tree
## Tuning parameter 'winnow' was
##  held constant at a value of FALSE
## Kappa was used to select the optimal model using
##  the one SE rule.
## The final values used for the model were trials =
##  1, model = tree and winnow = FALSE.
```

```
# 各參數候選值更詳細的績效評量概況
C50fitC$results
```

```
##   model winnow trials Accuracy  Kappa AccuracySD
## 1  tree  FALSE      1    0.735 0.3244    0.02224
## 2  tree  FALSE      5    0.722 0.2941    0.03425
## 3  tree  FALSE     10    0.725 0.2954    0.03171
## 4  tree  FALSE     15    0.731 0.3142    0.03665
## 5  tree  FALSE     20    0.737 0.3246    0.04244
## 6  tree  FALSE     25    0.726 0.2973    0.03806
## 7  tree  FALSE     30    0.735 0.3233    0.02799
## 8  tree  FALSE     35    0.736 0.3194    0.03204
##   KappaSD
## 1 0.07934
## 2 0.10245
## 3 0.09591
## 4 0.10133
## 5 0.10323
```

```
## 6 0.09980
## 7 0.06405
## 8 0.07969
```

　　最佳模型參數值或參數組合的選擇，是件重要但不容易的工作，因為從校驗資料集客觀地估計各參數組合下的預測誤差通常不容易。如前所述，資料科學家通常運用交叉驗證或拔靴抽樣進行估計，並以預測誤差估計值的全域最小值來決定模型複雜度或最佳參數組合，但此舉經常導致過度配適。因此預測誤差之局域最小值也經常被使用，許多軟體亦提供啟發式擇優方法，例如：最陡坡降法。Hastie et al. (2009) 提出一倍標準誤法則 (one standard error rule)，簡稱為 **one-SE 法則**，依據全域最佳解下的重抽樣預測誤差平均值與標準誤之和，挑選預測誤差平均值不超過此門檻的最簡模型，參見圖3.19各擇優法的示意圖，one-SE 法則參數擇優除了上面的案例，也請參考5.2.4節分類與迴歸樹案例。

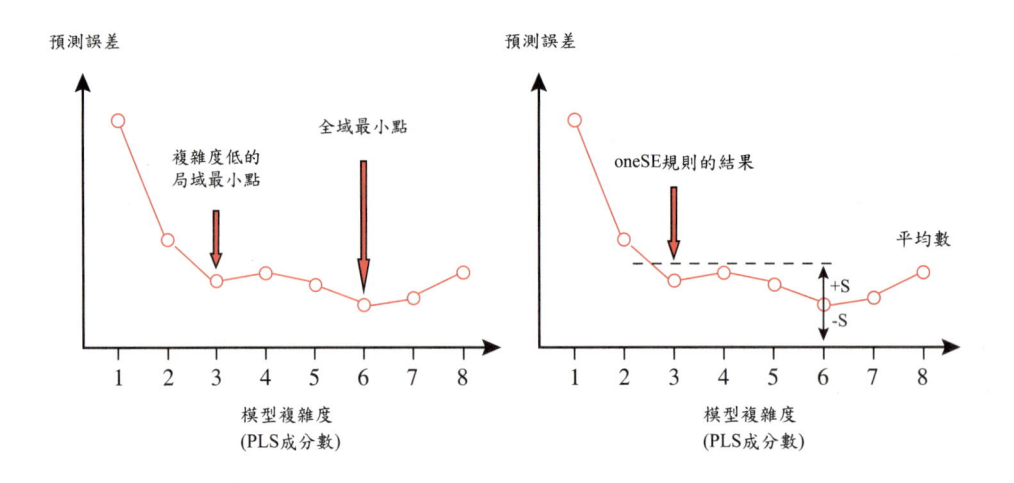

圖 3.19: 全域最小、局域最小與一倍標準誤擇優示意圖 (Varmuza and Filzmoser, 2009)

3.3.3　比較不同類的模型

　　獲得單類模型的最佳參數後，我們可能還須跨越不同類型的模型進行比較，方能獲得最合適的預測模型。使用相同的信用風險資料集 `credit`，先建立下面的羅吉斯迴歸分類模型 (參見5.1.5節，讀者請留意如果變數全用則羅吉斯迴歸並無參數需要調校)，將之與前述 C5.0 預設參數調校過程所獲得的最佳模型 (3.3.2.1節多個參數待調) 相比。

```
set.seed(1056)
# 羅吉斯迴歸建模方法為 glm 廣義線性模型
# logisticReg <- train(default ~ ., data = credit, method =
# "glm", preProc = c("center", "scale"))
# save(logisticReg, file = "logisticReg.RData")
# 因模型建立耗時，載入預先跑好的模型物件
load("./_data/logisticReg.RData")
```

```
# 25 次拔靴抽樣下的羅吉斯迴歸建模報表
logisticReg
```

```
## Generalized Linear Model
## 
## 1000 samples
## 16 predictor
## 2 classes: 'no', 'yes'
## 
## Pre-processing: centered (35), scaled (35)
## Resampling: Bootstrapped (25 reps)
## Summary of sample sizes: 1000, 1000, 1000, 1000,
## 1000, 1000, ...
## Resampling results:
## 
## Accuracy Kappa
## 0.7355 0.3328
```

{caret} 套件中的 resamples() 函數可以編製跨模型重抽樣結果的比較表，預設以正確率和 *Kappa* 係數進行兩者的比較，其摘要報表如下：

```
# 跨模比較函數 resamples()
resamp <- resamples(list(C50 = C50fit, Logistic
= logisticReg))
```

```r
# 比較結果摘要報表
# Accuracy 似乎 C50 佔上風，Kappa 卻是 Logistic 全面勝出
summary(resamp)
```

```
##
## Call:
## summary.resamples(object = resamp)
##
## Models: C50, Logistic
## Number of resamples: 25
##
## Accuracy
##              Min.   1st Qu. Median   Mean  3rd Qu.   Max.
## C50         0.6989  0.7244  0.7394  0.7362  0.7454  0.7705
## Logistic    0.6935  0.7278  0.7346  0.7355  0.7480  0.7640
##             NA's
## C50          0
## Logistic     0
##
## Kappa
##              Min.   1st Qu. Median   Mean  3rd Qu.   Max.
## C50         0.2731  0.295   0.3328  0.3271  0.3496  0.3996
## Logistic    0.2767  0.307   0.3382  0.3328  0.3582  0.4049
##             NA's
## C50          0
## Logistic     0
```

最後以 `diff()` 函數對不同類模型差異物件 `modelDifferences` 進行統計推論，`summary()` 函數返回跨模型差異的統計檢定結果。無論是正確率或 Kappa 係數，回傳的 2 × 2 方陣其上三角元素為兩模型績效差距的點估計值，下三角元素則是假說檢定的 p 值，此例顯示兩種績效評量值下的 p 值均相當大，代表模型差距並不顯著。

```r
# resamples 類別物件
class(resamp)
```

```
## [1] "resamples"
```

```r
# 跨模型差異統計檢定
modelDifferences <- diff(resamp)
# 假說檢定 (H0: 無差異) 摘要報表
summary(modelDifferences)
```

```
## 
## Call:
## summary.diff.resamples(object = modelDifferences)
## 
## p-value adjustment: bonferroni
## Upper diagonal: estimates of the difference
## Lower diagonal: p-value for H0: difference = 0
## 
## Accuracy
##          C50      Logistic
## C50               0.000716
## Logistic 0.887
## 
## Kappa
##          C50      Logistic
## C50               -0.00568
## Logistic 0.531
```

3.4 相似性與距離

許多大數據應用情境需要決定資料中相似 (similar) 或不相似 (dissimilar) 的物件、型態、屬性或事件等，因為「同中求異，異中求同」是我們解決問題的基本邏輯。資料分析的方法論，包括關聯規則分析、集群、異常值偵測、分類與迴歸等經常需要計算相似性或距離。某些領域的資料，例如：空間數據 (spatial data)，很自然的會用距離函數 (distance function)；而像文本、音訊與影像等數據，名為相似性/不相似性的函數 (similarity/dissimilarity function) 可能較常用，兩者統稱為接近性函數 (proximity function)，雖然它們數學上滿足的性質有些差異。

撇開應用領域上的差距，這類函數的設計本質上是一樣的，因此，我們會交替使用相似性與距離這兩個名詞。大部分的相似性或距離函數有解析解 (例如：歐幾里德直線距離)，但在某些領域像是時間序列資料，距離與相似性多以演算法定義之，而無封閉形式的解。

資料矩陣 $\mathbf{X}_{n \times m}$ 中觀測值間的接近性衡量，是辨認同質群組不可或缺的資訊，一般來說兩觀測值 $\mathbf{x}_i$ 與 $\mathbf{x}_j$ 的接近性 IP_{ij} 是資料矩陣中 i 與 j 橫列向量的函數 $f(\cdot)$：

$$IP_{ij} = f(\mathbf{x}_i, \mathbf{x}_j), i, j = 1, 2, ..., n, \qquad (3.34)$$

其中 $\mathbf{x_i} = (x_{i1}, x_{i2}, ..., x_{im})$ 和 $\mathbf{x}_j = (x_{j1}, x_{j2}, ..., x_{jm})$ 是 m 維空間中的兩點 (觀測值)。對於數值資料，常用的距離衡量為 L_p 範數 (L_p norm)，或稱 Minkowski 距離 (Minkowski distance) $DIST_{ij}^p$：

$$DIST_{ij}^p = \left(\sum_{k=1}^{m} |x_{ik} - x_{jk}|^p \right)^{1/p}, i, j = 1, 2, ..., n, \qquad (3.35)$$

其中當 $p = 2$ 與 $p = 1$ 時，分別是歐幾里德直線距離 (Euclidean distance) 與曼哈頓市街直角距離 (Manhattan distance)。相似性函數值越大，代表兩觀測值相似性越高；而距離函數值越小，代表觀測值間有越高的相似性。(3.35) 式的歐幾里德直線距離向量運算公式如下：

$$DIST_{ij}^2 = \left[(\mathbf{x}_i - \mathbf{x}_j)^T (\mathbf{x}_i - \mathbf{x}_j) \right]^{0.5}. \qquad (3.36)$$

許多情況下資料科學家可能知道某些屬性較其它屬性更為重要，例如：信用評等時薪水可能比性別更加重要，儘管兩者都有其影響力。此時我們可以下面的加權 Minkowski 距離，或稱廣義 L_p 距離函數 (generalized L_p distance)，納入特定領域之屬性重要度專業知識。

$$genDIST_{ij}^p = \left(\sum_{k=1}^m \alpha_k \left|x_{ik} - x_{jk}\right|^p\right)^{1/p}, i, j = 1, 2, ..., n, \qquad (3.37)$$

其中 α_k 是屬性 k 的重要度係數。

從另一方面來說，有些時候我們欠缺領域的專業知識，因而可能所有屬性都要考慮，大數據的**維度詛咒 (curse of dimensionality)** 迎面而來，此名詞由動態規劃之父 Richard Bellman 所提出 (https://en.wikipedia.org/wiki/Richard_E._Bellman)。隨著資料維度的增加，許多距離計算方式隨之失效，例如：以距離為基礎的集群算法可能因此將無關的樣本點集群在一起，因為距離函數在高維空間中無法良好反應資料點間的本質語義距離 (intrinsic semantic distances)。不光是集群，以距離為基礎的分類與離群值偵測模型，也經常因為維度詛咒而無法發揮功效。

型如 L_p 的範數衡量，在高維的文本數據挖掘時，無法因應長短不一的文本，適當地反映彼此間的距離。例如：兩長文本的 L_2 歐幾里德直線距離，幾乎總是大於兩短文本的直線距離，即使長文件間有好多共同字詞，而短文件間幾乎是完全不同的字詞，因此 L_2 範數難以判斷文本數據之間的相似性。此時，兩樣本向量之間形成的夾角 α，其餘弦函數值是常用的相似性衡量，它與向量的長度無關，可以解決前述 L_p 範數在文本相似性上的問題。

$$cosSIM_{ij} = cos(\alpha) = \frac{\mathbf{x}_i^T \cdot \mathbf{x}_j}{\|\mathbf{x}_i\| \cdot \|\mathbf{x}_j\|}, \qquad (3.38)$$

其中 $\|\mathbf{x}_i\| = \sqrt{\sum_{k=1}^m x_{ik}^2}$ 和 $\|\mathbf{x}_j\| = \sqrt{\sum_{k=1}^m x_{jk}^2}$ 分別是兩向量的長度。上式**餘弦相似度 (cosine similarity)** 衡量相當於兩組均值中心化後之數據的相關係數，常用來比較分析化學中的遠紅外線光譜與質譜資料，以及前述的高維文本數據。

計量化學中經常研究化合物的化學結構，所收集的數據許多為二元值向量，亦即某種化學結構是否存在，我們稱之為二元結構描述子 (binary substructure descriptors)。此時**Tanimoto 距離 (Tanimoto distance)**，或稱**Jaccard 相似性 (Jaccard similarity)** 就是常用的合適衡量。

$$taniDIST_{ij} = \frac{\sum_{k=1}^{m} AND(x_{ik}, x_{jk})}{\sum_{k=1}^{m} OR(x_{ik}, x_{jk})}, \tag{3.39}$$

其中 $\sum_{k=1}^{m} AND(x_{ik}, x_{jk})$ 計算兩預測變數向量同為 1 的個數，而 $\sum_{k=1}^{m} OR(x_{ik}, x_{jk})$ 計算兩預測變數向量至少有一為 1 的個數。

式 (3.39) 的向量運算版本如下：

$$taniDIST_{ij} = \frac{\mathbf{x}_i^T \cdot \mathbf{x}_j}{\mathbf{x}_i^T \cdot \mathbf{1} + \mathbf{x}_j^T \cdot \mathbf{1} - \mathbf{x}_i^T \cdot \mathbf{x}_j}, \tag{3.40}$$

其中 $\mathbf{1}$ 是各元素均為 1，且與 $\mathbf{x}_i$ 和 $\mathbf{x}_j$ 等長的向量。無論何種版本，Tanimoto 距離值介於 0 與 1 之間，最大值 1 代表所有二元描述子都成對相等。因為計量化學中化合物 (即樣本) 之化學結構相當多樣，刻畫特徵所需的子結構 (i.e. 屬性) 亦為數眾多，所以二元描述子的值跨樣本來看大多為 0。換句話說，屬性矩陣為稀疏的 (sparse matrix)。Tanimoto 距離指標的計算方式將此稀疏結構考慮進來，也就是說兩化學結構有同樣的子結構時代表相似，然而都不存在同種子結構時卻不具意義，所以上式分母不計入元素同為 0 的個數。相較於下面知名的**Hamming 距離 (Hamming distance)**，Tanimoto 距離的比對方式更適合計量化學的情境。

$$hammingDIST_{ij} = \sum_{k=1}^{m} XOR(x_{ik}, x_{jk}), \tag{3.41}$$

其中 $\sum_{k=1}^{m} XOR(x_{ik}, x_{jk})$ 計算兩預測變數向量對應數值不相同的個數 (此即邏輯互斥或 eXclusive OR 的個數)。其實 Hamming 距離等值於 0-1 值向量之歐幾里德直線距離 (L_2 範數) 的平方，以及曼哈頓距離 (L_1 範數)。

數據高維度效應的另一種探討方式是檢視與問題無關之屬性的影響，因為高維資料中的大量屬性可能許多是與問題無關的。舉例來說：包含多種不同疾病患者的高維體檢數據，對於糖尿病患而言，血糖值在計算距離時較為重要；而癲癇病患可能是其它屬性較為重要。再者，距離計算的方式，例如：歐幾里德直線距離的平方和計算方式，可能造成數據中的雜訊有過高的影響。

此外，L_p 範數在計算上只取用兩個資料點，而與資料集中其餘資料點的全局或局域統計特性無關。因此，**馬氏距離 (Mahalanobis distance)** 將資料的全局分佈狀況，納入距離計算的方式中：

$$mahDIST_{ij} = \left[(\mathbf{x}_i - \mathbf{x}_j)^T \cdot \Sigma^{-1} \cdot (\mathbf{x}_i - \mathbf{x}_j)\right]^{0.5}, \quad (3.42)$$

(3.42) 式運用資料間的共變結構 Σ，修正了 (3.36) 式的歐幾里德距離。空間中與某一參考點直線距離相同的所有點，集合起來形成了超球體 (hypersphere)，類似二維空間中的圓；而相同馬氏距離的點，在空間中形成超橢圓球體 (hyperellipsoid)，對應二維空間中的橢圓，這意味著馬氏距離與資料分佈的方向有關。馬氏距離在分類模型中可用來衡量一未知類別樣本，距各類樣本原型 (prototypes)(可能是以各類樣本子集的質心代表原型) 的距離。馬氏距離實際應用上的問題是共變異矩陣 Σ 的反矩陣必須存在，但是當各變數間高度相關時，也就是有**多重共線性 (multicollinearity)** 的狀況，此時 Σ 經常是不可逆的。基於主成份分析發展出來的**類別類比軟性獨立建模法 (Soft Independent Modeling of Class Analogy, SIMCA)**，可以避免此一缺失 (Wold, 1976)。SIMCA，是第五章監督式學習中分類模型的一種，它針對各類樣本分別做 PCA 降維，在各自降維的空間中定義原型，再利用新樣本與原型之間的距離進行分類。SIMCA 各自降維的作法是為了讓各類樣本達到最佳的維度縮減結果，希望因此能可靠地分類樣本。SIMCA 因為使用 PCA，所以高維樣本資料也適合這個方法，因為降維後的空間不存在上述多重共線性的問題。除了將新樣本指派到各個類別，SIMCA 也提供不同變數與分類任務的攸關程度，並且首度將軟性建模 (soft modeling) 引入計量化學領域中，有別於以往非黑即白的硬式建模方法 (Varmuza and Filzmoser, 2009)。

至於其餘資料的局域統計特性，以及數值與類別混合資料的相似性計算方式等，都值得資料科學家投入時間深入研究。

3.5　相關與獨立

2.2.1節單變量摘要統計量，曾提及名目、順序 (以上類別，也稱分類)、區間、比例 (後兩者數值，也稱量化) 等尺度變量，資料科學家該如何對其處理與分析，是應具的資料敏銳度素養。在多變量的情境下，我們得注意多元數據間的相關與獨立性，因此本節介紹多個數值變數與類別變數的摘要統計量數。

3.5.1 數值變數與順序尺度類別變數

多變量資料分析需要探索雙變量與多變量之間的關係，雙變量最常用散佈圖來視覺檢視兩者間的關係。當變數更多時，可以**散佈圖矩陣 (scatterplot matrix)** 來挖掘兩兩變數間可能的關係。圖3.20中花種 Species 以三種不同顏色顯示，兩兩散佈關係引發我們思索2.3.3節屬性挑選排名時，為何 Petal.Width 與 Petal.Length 總是排在前兩名。

```
# 鳶尾花資料集量化變數成對散佈圖
pairs(iris[1:4], main = "Anderson's Iris Data", pch = 21,
bg = c("red", "green3", "blue")[as.integer(iris$Species)])
```

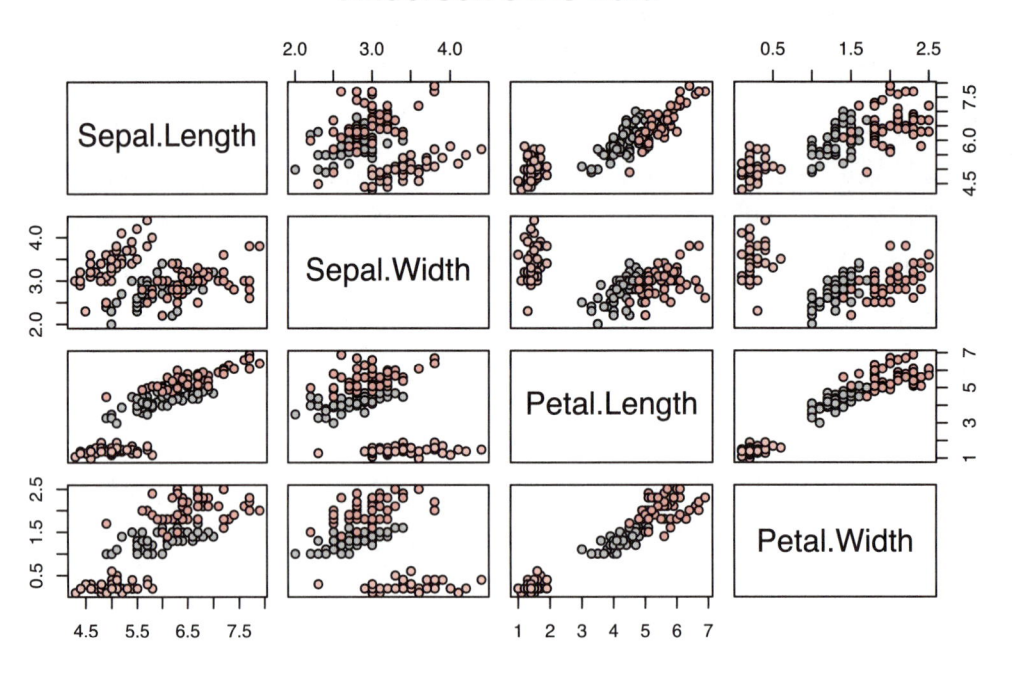

圖 3.20: 三種鳶尾花花萼花瓣長寬成對散佈圖

2.2.1節摘要統計量亦提及單變量統計指標，即使會流失某些分佈的訊息，但仍有助於總結單變量分佈的特性，促進數據的理解與詮釋。多變量情況下的相關與獨立亦是如此，基於多個變量計算出來的統計指標，不僅總結各變量的分佈，亦可瞭解變量間的關係。首先，一致性指標 (concordance) 是指一變量值高 (低) 時，另一變量亦高 (低)；另一方面，不一致性 (discordance) 是一變量值高 (低) 時，另一變量反而低 (高)。**共變異數 (covariance)** 是最常見的一致性摘要統計量數，母體與樣本的共變異數 $Cov(X,Y)$ 與 c_{pq} 計算方式分別如下：

$$Cov(X,Y) = E[(X - E[X])(Y - E[Y])], \tag{3.43}$$

和

$$c_{pq} = \frac{1}{n-1} \sum_{l=1}^{n} (x_{lp} - \bar{x}_p)(x_{lq} - \bar{x}_q), \tag{3.44}$$

其中 $E(X)$ 與 $E(Y)$ 分別是隨機變數 X 與 Y 的期望值，$\bar{x}_p$ 與 $\bar{x}_q$ 分別是 p 和 q 兩變數樣本的算術平均數。

式 (3.43) 之共變異數的正負符號代表兩隨機變數是正向或負向關聯 (參見圖3.21)，不過共變異數是絕對指標 (absolute index)，它衡量兩變量如何一起變動，亦即同向變動或是反向變動，不大能表達兩變數間關係的強度，且其值難以解釋。因此，**相關係數 (correlation coefficient)** 將共變異數修改為相對指標 (relative index)，也就是將共變異數除以兩隨機變數或變量樣本的標準差，所以其值介於-1 與 1(包含端點)。換句話說，將共變異數標準化之後即為相關係數了，藉此衡量存在著某種關係的兩個變數，其一起變動的程度，而不僅僅只關心變動方向了。

$$Cor(X,Y) = \frac{Cov(X,Y)}{\sigma(X)\sigma(Y)}, \tag{3.45}$$

其中 $\sigma(X)$ 與 $\sigma(Y)$ 分別是隨機變數 X 與 Y 的標準差。

在資料分析時我們有時希望變數間相關，例如：預測變數與反應變數間的相關性越高，模型感覺越有意義；而對於預測變數，我們通常希望他們之間的獨立性高些，也就是避免所謂的**共線性 (collinearity)** 或**多重共線性 (multicollinearity)** 的情況發生，但是很不幸地大數據時代下因為蒐集的變數非常多，經常發生高度相關的預測變數迫使模型績效不彰！因此，資料分析時必須思考下面的問題，以瞭解兩個變數是否相

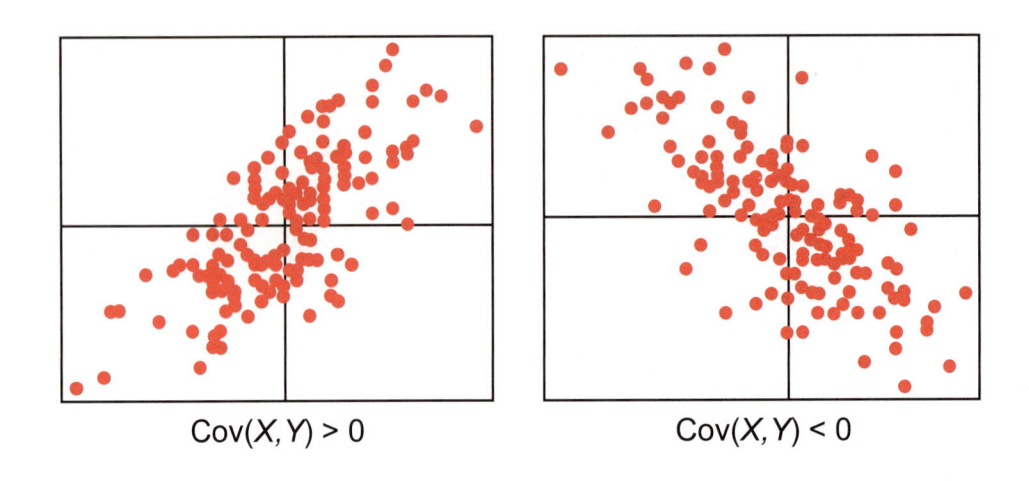

圖 3.21: 正負向線性關係示意圖

關 (correlated)：「當 x 變數增加時，y 是增加還是減少？增減的幅度大嗎？當 x 變數減少時又是如何呢？」。前述相關係數為 1 時表示一變數為另一變數的正斜率線性函數；而-1 時表示一變數為另一變數的負斜率線性函數 (Adler, 2012)。最常用的樣本相關係數衡量是**皮爾森相關係數 (Pearson correlation coefficient)**，其公式如下：

$$r_{pq} = \frac{\sum_{l=1}^{n}(x_{lp} - \bar{x}_p)(x_{lq} - \bar{x}_q)}{\sqrt{\sum_{l=1}^{n}(x_{lp} - \bar{x}_p)^2}\sqrt{\sum_{l=1}^{n}(x_{lq} - \bar{x}_q)^2}}. \tag{3.46}$$

以 R 語言 {nutshell} 套件中 2006 年美國新生兒資料為例，變數 WTGAIN 是母親懷孕期間體重增加的磅數，DBWT 是嬰兒出生的體重 (克數)，DPLURAL 是每胎嬰兒數，ESTGEST 是估計的懷孕週數。首先挑出 WTGAIN 與 DBWT 均無遺缺值的觀測值，再鎖定單胞胎 (births2006.smpl$DPLURAL == "1 Single") 並去除早產兒 (births2006.smpl$ESTGEST > 35) 樣本，因為樣本數 323,117 數量龐大，正常的散佈圖會因過度繪製 (overplotting，意指在同一繪圖位置重複繪製座標值幾乎相同的大量樣本！) 而難以閱讀，圖3.22以顏色漸層表達樣本多寡的平滑散佈 smoothScatter 圖，瞭解母親懷孕增加體重 WTGAIN 與新生兒體重 DBWT 兩者的關係，並計算兩者的皮爾森相關係數，顯然兩者只有些許的正相關 (0.1751866)。

```
# 載入美國 2006 年新生兒資料集
library(nutshell)
```

3.5 相關與獨立

```
# 取出 WTGAIN 與 DBWT 均無遺缺值的樣本子集
data(births2006.smpl)
births2006.cln <- births2006.smpl[
!is.na(births2006.smpl$WTGAIN) &
!is.na(births2006.smpl$DBWT) &
# 鎖定單胞胎與移除早產兒樣本
births2006.smpl$DPLURAL == "1 Single" &
births2006.smpl$ESTGEST > 35,]
dim(births2006.cln)
```

```
## [1] 323117        13
```

```
# R 語言基礎繪圖套件 {graphics} 中的平滑散佈圖函數
smoothScatter(births2006.cln$WTGAIN, births2006.cln$DBWT,
xlab = "Mother's Weight Gained", ylab = "Baby Birth Weight")
```

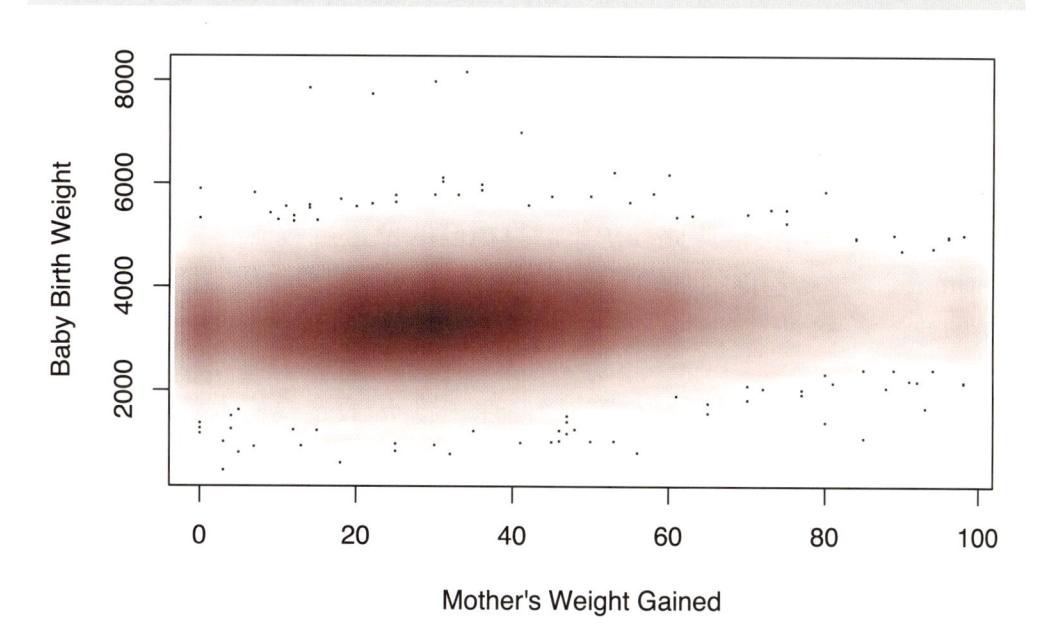

圖 3.22: 母親懷孕體重增加值與嬰兒體重關係圖 (平滑散佈圖)

```
# cor() 函數預設為皮爾森相關係數
cor(births2006.cln$WTGAIN, births2006.cln$DBWT)
```

```
## [1] 0.1752
```

　　當類別變數為順序尺度時，可以透過數據排序後的排名值 (rank) 方式，將共變異數與相關係數的概念延伸到類別變數上，也就是用兩順序尺度類別變數之排名值計算相關係數，此即為**史皮爾曼相關係數 (Spearman correlation coefficient)**。前面 2006 年新生兒資料中，母親懷孕增加體重 WTGAIN 與新生兒體重 DBWT 兩者的史皮爾曼相關係數，亦顯示兩者只有些許的正相關 (0.1776192)。

```
# 史皮爾曼相關係數
cor(births2006.cln$WTGAIN, births2006.cln$DBWT,
method = "spearman")
```

```
## [1] 0.1776
```

　　相關係數衡量會受到離群值的影響，**Kendall τ 相關係數 (Kendall τ correlation coefficient)** 是一種衡量變量相關程度的無母數方法，計算上較史皮爾曼相關係數更為耗時，但相對不易受離群值的影響。**最小共變異數判別式法 (Minimum Covariance Determinant, MCD)** 是一種更加穩健的相關性衡量方法，MCD 從樣本大小為 n 的多變量樣本中，嘗試先搜尋具樣本共變異數矩陣之最小判別式值 (determinant) 的觀測值子集 h，再根據此一子集計算穩健的位置量數估計值 (location estimate)，然後穩健的共變異數估計值就是這 h 個觀測值的樣本共變異數矩陣。

　　h 的抉擇顯然影響估計式的穩健性，將 h 設定為樣本數的一半時可能是最穩健的，因為另一半的樣本被視為離群值。增加 h 降低了估計式的穩健性，但是卻有較高的估計效率 (i.e. 估計式的精確性較高)，因此，$h = 0.75$ 是在穩健性與估計效率之間一個較佳的折衷選擇。R 語言套件 {robustbase} 的 covMcd 實現了上述的計算 (參見下例)，而 Python 語言的 **sklearn.covariance** 模組中的 MinCovDet 類別，也可以完成 MCD 穩健共變異數矩陣的估計工作 (http://scikit-learn.org/stable/modules/generated/sklearn.covariance.MinCovDet.html)。

```
# 模擬十筆 5 個變量的資料矩陣
```

```r
(X <- matrix(runif(50, 1, 7), 10))
```

```
##          [,1]  [,2]  [,3]  [,4]  [,5]
##  [1,]  6.072 6.346 3.804 4.349 1.937
##  [2,]  6.416 1.209 6.052 3.578 2.215
##  [3,]  4.981 3.738 4.509 1.693 5.028
##  [4,]  6.276 2.107 5.770 1.558 3.122
##  [5,]  6.107 4.265 6.675 3.206 6.526
##  [6,]  2.138 2.881 4.462 2.933 1.341
##  [7,]  1.109 6.644 5.328 1.660 2.653
##  [8,]  2.061 4.751 6.610 5.265 3.884
##  [9,]  6.243 5.162 5.131 4.982 2.563
## [10,]  2.714 5.105 2.928 5.815 3.814
```

```r
# 共變異數方陣
cov(X)
```

```
##           [,1]    [,2]    [,3]    [,4]    [,5]
## [1,]   4.5865 -1.4032  0.4700 -0.1757  0.5195
## [2,]  -1.4032  3.1007 -0.7073  0.8015  0.1317
## [3,]   0.4700 -0.7073  1.4794 -0.4555  0.6133
## [4,]  -0.1757  0.8015 -0.4555  2.4701 -0.1707
## [5,]   0.5195  0.1317  0.6133 -0.1707  2.4293
```

```r
# 載入 R 語言穩健統計方法套件
library(robustbase)
```

```r
# 最小共變異數判別式估計法，alpha 即為前述之 h
covMcd(X, alpha = 0.75)
```

```
## Minimum Covariance Determinant (MCD) estimator
## approximation.
## Method: Fast MCD(alpha=0.75 ==> h=9); nsamp =
```

```
## 500; (n,k)mini = (300,5)
## Call:
## covMcd(x = X, alpha = 0.75)
## Log(Det.): 3.37
##
## Robust Estimate of Location:
## [1] 4.60 4.12 5.37 3.25 3.25
## Robust Estimate of Covariance:
##      [,1]    [,2]   [,3]   [,4]  [,5]
## [1,] 66.019 -19.01  0.145  4.82  9.76
## [2,] -19.007 46.88 -7.293  8.57  1.19
## [3,] 0.145  -7.29  13.773  2.68 11.71
## [4,] 4.816   8.57   2.684 28.25 -4.92
## [5,] 9.760   1.19  11.713 -4.92 37.41
```

　　本節另一個主題**統計獨立 (statistical independence)** 性與相關性存有下面重要的關係：如果隨機變數 X 與 Y 獨立，則 X 與 Y 的共變異數 $Cov(X,Y)$ 等於 0，且相關係數 $Cor(X,Y)$ 亦為 0。但其邏輯逆關係不必然為真：亦即相關係數為 0，不代表統計獨立，只能說兩者無線性關係，像是圖3.23中左右兩圖的樣本相關係數絕對值都很低，但區別是右圖可能有非線性關係；接下來我們說明較為複雜的名目類別變數其相關與獨立概念。

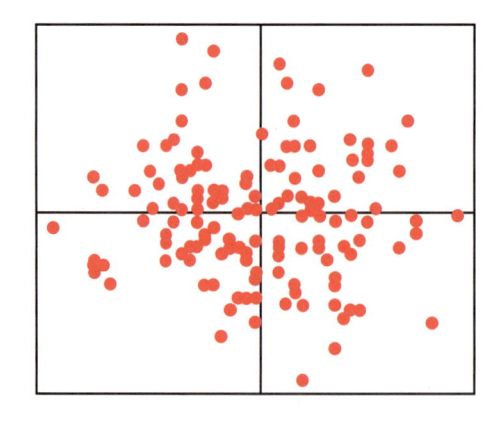

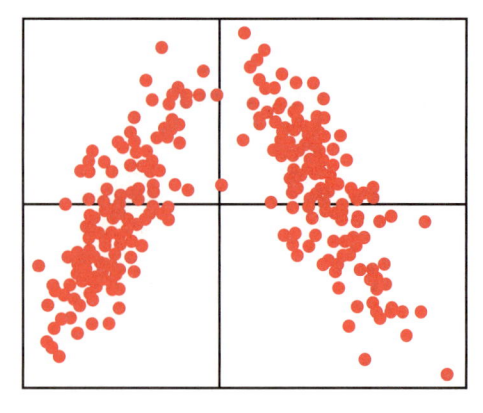

圖 3.23: 獨立與非線性關係示意圖

3.5.2 名目尺度類別變數

2.2.1節摘要統計量曾提及，單一變量下對於數值變項所發展的統計量數均不適用於類別變項，多變量情況下亦是如此。上小節中的共變異數與相關係數等數值變數的計算方法，均不適用於多個名目尺度類別變數間的探索分析。名目尺度類別變數之間的關係強度稱為**關聯指標 (association indexes)**，這些指標也適用於離散型的數值變數，不過會有訊息流失的可能。

分析前須先瞭解類別資料常以三種不同形式呈現，為了進行統計檢驗、模型配適或是視覺化呈現等資料分析工作，不同形式間的轉換經常是必要的。本小節與1.3.6節 R 語言因子類別物件及2.1.3和2.1.4節資料變形有關，建議讀者往前複習該節內容。

- 案例形式 (case form)：以資料框蒐集多筆個別觀測值，每筆觀測值具有一個以上的因子變數 (分類變數)，3.2.2.2節產生混淆矩陣的 observed 與 predicted 雙欄資料框即為案例形式，另外，資料框有時也會包含數值變量；

```
# 類別資料可視化 R 套件
library(vcd)
```

```
# 內建關節炎案例形式類別資料
str(Arthritis)
```

```
## 'data.frame': 84 obs. of 5 variables:
## $ ID       : int 57 46 77 17 36 23 75 39 33 55 ...
## $ Treatment: Factor w/ 2 levels
## "Placebo","Treated": 2 2 2 2 2 2 2 2 2 2 ...
## $ Sex      : Factor w/ 2 levels "Female","Male": 2 2
## 2 2 2 2 2 2 ...
## $ Age      : int 27 29 30 32 46 58 59 59 63 63 ...
## $ Improved : Ord.factor w/ 3 levels
## "None"<"Some"<..: 2 1 1 3 3 3 1 3 1 1 ...
```

```r
# 除了 Age 之外，其餘均為因子變數
head(Arthritis, 5)
```

```
##   ID Treatment  Sex Age Improved
## 1 57   Treated Male  27     Some
## 2 46   Treated Male  29     None
## 3 77   Treated Male  30     None
## 4 17   Treated Male  32   Marked
## 5 36   Treated Male  46   Marked
```

```r
# 觀測值總數
nrow(Arthritis)
```

```
## [1] 84
```

```r
# 變數個數
ncol(Arthritis)
```

```
## [1] 5
```

- 頻次形式 (frequency form)：一個以上的因子變數 (全為因子，無其它型別變數)，以及一個頻次變數 (通常被命名為 Freq 或 Count) 所組成的資料框，其實是下一個要談的表格形式，或稱 n 維列聯表 (n-way contingency table) 的長資料格式；

```r
# 頻次形式類別資料
# 以 expand.grid() 建立 sex 與 party 的所有可能組合及其頻次
GSS <- data.frame(expand.grid(sex = c("female", "male"),
party = c("dem", "indep", "rep")), count = c(279, 165, 73,
47, 225, 191))
# 所有因子水準組合下的頻次形式
GSS
```

```
##      sex party count
```

```
## 1 female    dem    279
## 2   male    dem    165
## 3 female  indep     73
## 4   male  indep     47
## 5 female    rep    225
## 6   male    rep    191
```

```
# 因子變數與頻次構成的表格
str(GSS)
```

```
## 'data.frame':    6 obs. of  3 variables:
##  $ sex  : Factor w/ 2 levels "female","male": 1 2 1 2 1 2
##  $ party: Factor w/ 3 levels "dem","indep",..: 1 1 2 2 3 3
##  $ count: num  279 165 73 47 225 191
```

```
# 總觀測值個數
sum(GSS$count)
```

```
## [1] 980
```

```
# 各因子所有水準的組合數
nrow(GSS)
```

```
## [1] 6
```

- 表格形式 (table form)：n 維列聯表之寬資料格式，表中元素為各因子水準組合下的頻次，R 語言中以二維矩陣、高維陣列或表格物件呈現之，也可稱為交叉列表，3.2.2.2節的混淆矩陣就是這種格式。

```
# 內建的鐵達尼號四維列聯表
str(Titanic) # class 'table'
```

```
## 'table' num [1:4, 1:2, 1:2, 1:2] 0 0 35 0 0 0 17 0 118 154 ...
##  - attr(*, "dimnames")=List of 4
##   ..$ Class   : chr [1:4] "1st" "2nd" "3rd" "Crew"
```

```
##    ..$ Sex     : chr [1:2] "Male" "Female"
##    ..$ Age     : chr [1:2] "Child" "Adult"
##    ..$ Survived: chr [1:2] "No" "Yes"
```

```
# 螢幕與紙張為平面，此處用 4 張 (Why?) 二維列聯表呈現
Titanic
```

```
## , , Age = Child, Survived = No
## 
##       Sex
## Class  Male Female
##    1st    0      0
##    2nd    0      0
##    3rd   35     17
##    Crew   0      0
## 
## , , Age = Adult, Survived = No
## 
##       Sex
## Class  Male Female
##    1st  118      4
##    2nd  154     13
##    3rd  387     89
##    Crew 670      3
## 
## , , Age = Child, Survived = Yes
## 
##       Sex
## Class  Male Female
##    1st    5      1
##    2nd   11     13
##    3rd   13     14
##    Crew   0      0
## 
## , , Age = Adult, Survived = Yes
```

```
## 
##       Sex
## Class  Male Female
##   1st    57    140
##   2nd    14     80
##   3rd    75     76
##   Crew  192     20
```

```r
# 觀測值總數
sum(Titanic)
```

```
## [1] 2201
```

```r
# 四個因子變數下的水準
dimnames(Titanic)
```

```
## $Class
## [1] "1st"  "2nd"  "3rd"  "Crew"
## 
## $Sex
## [1] "Male"   "Female"
## 
## $Age
## [1] "Child" "Adult"
## 
## $Survived
## [1] "No"  "Yes"
```

```r
# 表格維度
length(dimnames(Titanic))
```

```
## [1] 4
```

```r
# 各因子變數（各維度）的水準數（各維長度），i.e. 表格大小
sapply(dimnames(Titanic), length)
```

```
##    Class      Sex      Age Survived
##        4        2        2        2
```

```r
# 轉成長表，即頻次形式
df <- as.data.frame(Titanic)
head(df)
```

```
##   Class    Sex   Age Survived Freq
## 1   1st   Male Child       No    0
## 2   2nd   Male Child       No    0
## 3   3rd   Male Child       No   35
## 4  Crew   Male Child       No    0
## 5   1st Female Child       No    0
## 6   2nd Female Child       No    0
```

```r
# 請與前面 GSS 資料物件做比較
str(df)
```

```
## 'data.frame': 32 obs. of 5 variables:
## $ Class   : Factor w/ 4 levels
## "1st","2nd","3rd",..: 1 2 3 4 1 2 3 4 1 2 ...
## $ Sex     : Factor w/ 2 levels "Male","Female": 1 1
## 1 1 2 2 2 2 1 1 ...
## $ Age     : Factor w/ 2 levels "Child","Adult": 1 1
## 1 1 1 1 1 1 2 2 ...
## $ Survived: Factor w/ 2 levels "No","Yes": 1 1 1
## 1 1 1 1 1 ...
## $ Freq    : num  0 0 35 0 0 0 17 0 118 154 ...
```

表 3.4: $r \times c$ 二維列聯表

A/B	B_1	B_2	$\cdots$	B_j	$\cdots$	B_c	橫向和
A_1	n_{11}	n_{12}	$\cdots$	n_{1j}	$\cdots$	n_{1c}	$n_{1\cdot}$
A_2	n_{21}	n_{22}	$\cdots$	n_{2j}	$\cdots$	n_{2c}	$n_{2\cdot}$
$\vdots$	$\vdots$	$\vdots$	$\cdots$	$\vdots$	$\cdots$	$\vdots$	$\vdots$
A_i	n_{i1}	n_{i2}	$\cdots$	n_{ij}	$\cdots$	n_{ic}	$n_{i\cdot}$
$\vdots$	$\vdots$	$\vdots$	$\cdots$	$\vdots$	$\cdots$	$\vdots$	$\vdots$
A_r	n_{r1}	n_{r2}	$\cdots$	n_{rj}	$\cdots$	n_{rc}	$n_{r\cdot}$
縱向和	$n_{\cdot 1}$	$n_{\cdot 2}$	$\cdots$	$n_{\cdot j}$	$\cdots$	$n_{\cdot c}$	n

```
# 也是觀測值總數
sum(df$Freq)
```

```
## [1] 2201
```

最後一種表格形式呈現了各類別變數各個類別值 (統計人群稱為水準 levels) 交叉發生的次數，通常稱為多維次數分佈，其在接下來的名目尺度類別變數之關聯分析中扮演重要的角色。

為了方便說明，我們限縮在兩個名目類別變數的情況下，先編製表3.4的二維列聯表。表中因子變數 A 有 r 個水準，因子 B 有 c 個水準，交叉所得之 n_{ij} 為 A_i 與 B_j 發生的次數。各列橫向和為 $n_{i\cdot}$，各行縱向和為 $n_{\cdot j}$，表中所有次數總和即為樣本大小 n。任何列聯表必滿足下面邊際化關係式：

$$\sum_{i=1}^{r} n_{i\cdot} = \sum_{j=1}^{c} n_{\cdot j} = \sum_{i=1}^{r}\sum_{j=1}^{c} n_{ij} = n, \quad (3.47)$$

如果欲分析的資料表是 $n \times m$ 的二維矩陣，m 個變數全為名目類別型，則可以產生 $C_2^m = m(m-1)/2$ 個二維列聯表，實務上通常只針對可能產生關聯的成對變數製作交叉列表進行分析。

根據表3.4的 $r \times c$ 二維列聯表，如果滿足下面條件，則兩類別變數 A 與 B 稱為**統計獨立 (statistical independence)**：

$$\frac{n_{i1}}{n_{\cdot 1}} = ... = \frac{n_{ij}}{n_{\cdot j}} = ... = \frac{n_{ic}}{n_{\cdot c}} = \frac{n_{i\cdot}}{n}, i = 1, ..., r, \tag{3.48}$$

或等值於下式：

$$\frac{n_{1j}}{n_{1\cdot}} = ... = \frac{n_{ij}}{n_{i\cdot}} = ... = \frac{n_{rj}}{n_{r\cdot}} = \frac{n_{\cdot j}}{n}, j = 1, ..., c, \tag{3.49}$$

式 (3.48) 與 (3.49) 的意義是 A 與 B 的雙變量聯合分析，並未給予 A 或 B 的單變量分析帶來額外的資訊，因此我們稱 A 與 B 為統計獨立。請注意此處統計獨立的概念是對稱的，也就是說如果 A 獨立於 B，則 B 也獨立於 A。

上面兩式可以更簡潔地表達為下面行 j 與列 i 交叉的相對次數 $\frac{n_{ij}}{n}$，等於行列邊際相對次數 $\frac{n_{i\cdot}}{n}$ 與 $\frac{n_{\cdot j}}{n}$ 的乘積，也就是聯合機率分佈等於邊際機率的乘積，這說明類別與數值變數的統計獨立定義是相同的。

$$n_{ij} = \frac{n_{i\cdot} n_{\cdot j}}{n}, \forall i = 1, 2, ..., r; \forall j = 1, 2, ..., c. \tag{3.50}$$

然而真實世界的資料甚少滿足上式關係，換句話說，變數間通常呈現某種程度的相依性 (dependence)。因此，如何衡量變數間的相依性相當重要。類別與數值變數的統計獨立定義雖然**相同**，然而相依 (dependency) 的概念兩者卻是有**不同**的定義。數值變數或順序尺度類別變數可以相關 (correlation) 係數代表兩變數之間的相依性；而名目類別變數大多是基於頻次進行關聯 (association) 衡量計算，以表達兩類別變數之間的相依性。一般來說，可以三類方式來衡量類別變數的關聯性：距離衡量、相依性衡量與基於模型的衡量 (Giudici and Figini, 2009)。

距離衡量方式是計算實際觀測頻次 n_{ij}，與兩類別假設獨立下的期望頻次 n_{ij}^*，跨 i 與 j 兩者間不一致的全域距離衡量，這是英國知名統計學家 Karl Pearson 提出的卡方統計量 (Chi-squared statistics)：

$$\chi^2 = \sum_{i=1}^{r} \sum_{j=1}^{c} \frac{(n_{ij} - n_{ij}^*)^2}{n_{ij}^*}, \tag{3.51}$$

其中

$$n_{ij}^* = \frac{n_{i.}n_{.j}}{n}, \forall i = 1,2,...,r; \forall j = 1,2,...,c. \quad (3.52)$$

如果類別變數 A 與 B 獨立時，卡方統計量為 0，因為 (3.51) 式的分子全為 0。此外，式 (3.51) 可以改寫成下面的形式：

$$\chi^2 = n\left[\sum_{i=1}^{r}\sum_{j=1}^{c}\frac{n_{ij}^2}{n_{i.}n_{.j}} - 1\right], \quad (3.53)$$

上式顯示樣本數 n 越大，卡方統計量也越大，這使得卡方距離衡量不夠客觀。**平均列聯係數 (mean contingency)**(或稱平均相依係數) 透過除掉 n 的方式改進了這個問題：

$$\phi^2 = \frac{\chi^2}{n} = \sum_{i=1}^{r}\sum_{j=1}^{c}\frac{n_{ij}^2}{n_{i.}n_{.j}} - 1, \quad (3.54)$$

式中的 ϕ^2 之方根稱為 ϕ 係數。如果列聯表是兩個二元變數所形成的 2×2 表格，此時 ϕ^2 可以正規化到 0 與 1 之間 (含)，(3.54) 式進一步整理成下式：

$$\phi^2 = \frac{Cov^2(X,Y)}{Var(X)Var(Y)}, \quad (3.55)$$

也就是說 2×2 列聯表時，ϕ^2 係數等於線性相關係數的平方。而為了方便比較，$r \times c$ 列聯表的卡方統計量可以下式進行正規化，：

$$V^2 = \frac{\chi^2}{n \cdot min(r-1,c-1)}, \quad (3.56)$$

所得到的指標稱為**Cramer 指數 (Cramer index)**，其值介於 0 與 1 之間 (含)。V^2 等於 0 時，若且唯若 A 與 B 是獨立的。另一方面，V^2 等於 1 時，$r \times c$ 列聯表各橫列或各縱行只有一個非零頻次，代表兩變數呈現最大相依的關聯 (maximally dependent)。

卡方統計量的距離衡量方式在真實的應用情境有時難以解釋，**誤差比例降低指數 (Error Proportional Reduction index, EPR)** 也是一種相依性衡量，它假定在 B 為反應變數，A 為解釋變數的情況下，衡量已經知曉 A 的類別資訊後，變數 B 之類別不確定性降低的程度。

表 3.5: 2×2 二維列聯表

A/B	0	1
0	π_{00}	π_{01}
1	π_{10}	π_{11}

$$EPR = \frac{\delta(B) - E[\delta(B \mid A)]}{\delta(B)}, \tag{3.57}$$

其中 $\delta(B)$ 是2.2.1節摘要統計量中單變數 B 邊際分佈的**異質程度 (heterogeneity)** 衡量，它根據變數 B 的邊際相對次數 $\{f_{\cdot 1}, f_{\cdot 2}, ..., f_{\cdot c}\}$ 來計算。$E[\delta(B \mid A)]$ 的計算需要 $\delta(B \mid A_i)$，它是已知變數 A 的第 i 橫列，計算 B 的異質程度，它根據變數 B 的邊際條件相對次數 $\{f_{1|i}, f_{2|i}, ..., f_{c|i}\}$ 來計算，$\delta(B)$ 與 $\delta(B \mid A_i)$ 兩者相減就代表變數 B 之類別不確定性降低的絕對量。如2.2.1節摘要統計量所述，異質程度衡量不只一種，如果具體取用的是**吉尼不純度 (Gini impurity)**(2.1) 式則 EPR 可簡化成**集中度係數 (concentration coefficient)**：

$$\tau_{B|A} = \frac{\sum_i \sum_j f_{ij}^2 / f_{i\cdot} - \sum_j f_{\cdot j}^2}{1 - \sum_j f_{\cdot j}^2}, \tag{3.58}$$

而如果是**熵係數 (entropy coefficient)**(2.3) 式，則 EPR 會變成**不確定性係數 (uncertainty coefficient)**。

$$U_{B|A} = -\frac{\sum_i \sum_j f_{ij} \log(f_{ij}/f_{i\cdot} \cdot f_{\cdot j})}{\sum_j f_{\cdot j} \log f_{\cdot j}}, \tag{3.59}$$

上式計算涉及對數函數，若頻次為 0 時，假設 $\log 0 = 0$。$\tau_{B|A}$ 與 $U_{B|A}$ 都介於 0 與 1 之間 (含)；$\tau_{B|A} = U_{B|A} = 0$ 若且唯若兩變數獨立；$\tau_{B|A} = U_{B|A} = 1$ 若且唯若 B 最大相依於 A。

最後一種關聯性衡量不同於前兩種之處在於其不取決於邊際分佈，而是假定列聯表中的細格相對頻次服從某種機率模型，因此被稱為基於模型的衡量。以表3.5的 2×2 二維列聯表為例，令 π_{00}、π_{11}、π_{01} 與 π_{10} 分別表示觀測值被歸為表中四個細格的機率，$\pi_{1|1}$ 與 $\pi_{0|1}$ 分別表示已知橫列為成功 (success，水準為 1) 而縱行獲得成功與失敗 (failure，水準為 0) 的條件機率，$\pi_{1|0}$ 和 $\pi_{0|0}$ 分別表示已知橫列為失敗下縱行獲得成功與

失敗的條件機率。首先定義兩橫列的**成功勝率 (odds of success)** $odds_1$ 與 $odds_0$，簡稱勝率：

$$odds_1 = \frac{\pi_{1|1}}{\pi_{0|1}} = \frac{P(B=1 \mid A=1)}{P(B=0 \mid A=1)}, \tag{3.60}$$

以及

$$odds_0 = \frac{\pi_{1|0}}{\pi_{0|0}} = \frac{P(B=1 \mid A=0)}{P(B=0 \mid A=0)}. \tag{3.61}$$

勝率其實就是已知橫列變數為成功或失敗的情況下，縱行變數為成功與失敗的條件機率比值。勝率永遠是非負的，此比值大於 1 時表示成功比失敗的可能性更高，因為 $P(B=1 \mid A=1) > P(B=0 \mid A=1)$ 或 $P(B=1 \mid A=0) > P(B=0 \mid A=0)$，都是 B 成功機率大於失敗機率。

勝率比 (odds ratio) 則是上述兩勝率的比值，定義為：

$$\theta = \frac{odds_1}{odds_0} = \frac{\pi_{1|1}/\pi_{0|1}}{\pi_{1|0}/\pi_{0|0}}, \tag{3.62}$$

運用條件機率的定義，可將上式 (3.62) 簡化為：

$$\theta = \frac{\pi_{11} \cdot \pi_{00}}{\pi_{10} \cdot \pi_{01}} = \frac{n_{11} n_{00}}{n_{10} n_{01}}, \tag{3.63}$$

式 (3.63) 表示勝率比是表3.5的交叉乘積比值，也就是說 2×2 二維列聯表中主對角線 (main diagonal) 上的機率乘積，除以副對角線上的機率乘積，實際運用時則以式 (3.63) 中最後一項的觀測頻次進行計算。

勝率比是類別資料分析統計模型的一個基本參數，它的性質如下：

1. 其值域為 $[0, +\infty)$；
2. 當 A 與 B 獨立時，$\pi_{1|1} = \pi_{1|0}$ 且 $\pi_{0|1} = \pi_{0|0}$，因此 $odds_1 = odds_0$，所以 $\theta = 1$。換句話說，端視勝率比大於或小於 1，藉此評估關聯的程度：
   - 如果 $\theta > 1$，則存在正關聯，因為橫列 1(表已知 A 成功) 之 B 成功的勝率比橫列 0(表已知 A 失敗) 之 B 成功的勝率為高；
   - 如果 $0 < \theta < 1$，則存在負關聯，因為橫列 0 的 B 成功勝率比橫列 1 的 B 成功勝率還高。

3. 勝率比是對稱性分析的手法，無須考慮其一為反應變數，而另一為預測變數的條件。

3.5.3 類別變數視覺化關聯檢驗

R 語言類別資料視覺化套件 {vcd} 提供多種可視化檢驗類別變數關聯性的函數，首先檢視內建的髮色、眼色與性別的三維列聯表 HairEyeColor。

```
# 注意類別為 'table' 的表格形式
str(HairEyeColor)
```

```
## 'table' num [1:4, 1:4, 1:2] 32 53 10 3 11 50 10 30 10 25 ...
##  - attr(*, "dimnames")=List of 3
##   ..$ Hair: chr [1:4] "Black" "Brown" "Red" "Blond"
##   ..$ Eye : chr [1:4] "Brown" "Blue" "Hazel" "Green"
##   ..$ Sex : chr [1:2] "Male" "Female"
```

```
# 兩張二維 (4*4) 列聯表
HairEyeColor
```

```
## , , Sex = Male
##
##        Eye
## Hair    Brown Blue Hazel Green
##   Black    32   11    10     3
##   Brown    53   50    25    15
##   Red      10   10     7     7
##   Blond     3   30     5     8
##
## , , Sex = Female
##
##        Eye
## Hair    Brown Blue Hazel Green
```

```
##   Black     36      9      5      2
##   Brown     66     34     29     14
##   Red       16      7      7      7
##   Blond      4     64      5      8
```

```r
# 總觀測數
sum(HairEyeColor)
```

```
## [1] 592
```

```r
# dimnames() 傳回何種資料結構?
length(dimnames(HairEyeColor))
```

```
## [1] 3
```

```r
# 各維長度
sapply(dimnames(HairEyeColor), length)
```

```
## Hair  Eye  Sex
##    4    4    2
```

　　類別資料常用的視覺化圖形多是基於列聯表來繪製的，舉凡長條圖 (bar plot)、Cleveland 點圖、圓餅圖 (pie chart) 等都是基於列聯表來繪製的，如果是二維以上 (含) 的列聯表，可將各格觀測的次數與預期的次數呈現出來，再進行其它的視覺化。圖3.24濾網圖 (sieve diagrams) 是常用的高維 (二維以上) 列聯表視覺化工具，圖中的矩形寬與各縱行總次數 ($n_{.j}$) 成比例，矩形高與各橫列總次數 ($n_{i.}$) 成比例；矩形面積與各格期望次數 ($m_{ij} = n_{i.}n_{.j}/n$) 成比例；矩形中網格數目表各格觀測次數，藍色實線表觀測次數大於預期次數 (密)，紅色虛線表觀測次數小於預期次數 (疏)。下圖3.24中網格密度變化大，表兩因子不獨立。{vcd} 套件中還提供比濾網圖視覺化功能更豐富的**馬賽克圖 (mosaic plot)** 函數，讀者請自行探索運用。

```r
# 髮色、眼色與性別三維列聯表 HairEyeColor
data(HairEyeColor)
# 沿著 Sex 加總 Hair-Eye 邊際頻次，並變更為 Eye-Hair 的呈現方式
(tab <- margin.table(HairEyeColor, c(2,1)))
```

```
##        Hair
## Eye     Black Brown Red Blond
##   Brown    68   119  26     7
##   Blue     20    84  17    94
##   Hazel    15    54  14    10
##   Green     5    29  14    16
```

```r
# 載入類別資料視覺化套件，為了呼叫 sieve()
library(vcd)
```

```r
# 表格傳入繪製濾網圖
sieve(tab, shade = TRUE)
```

　　{vcd} 套件的**四重圖 (fourfold display)** 提供可視化方式對勝率比做關聯檢驗，以加州大學柏克萊分校入學不公資料集為例，載入三維列聯表並作重新排列及彙總計算。

```r
# 加州大學柏克萊分校入學不公資料集
data(UCBAdmissions)
# 六張二維 (2*2) 列聯表
UCBAdmissions
```

```
## , , Dept = A
##
##           Gender
## Admit      Male Female
##   Admitted  512     89
##   Rejected  313     19
```

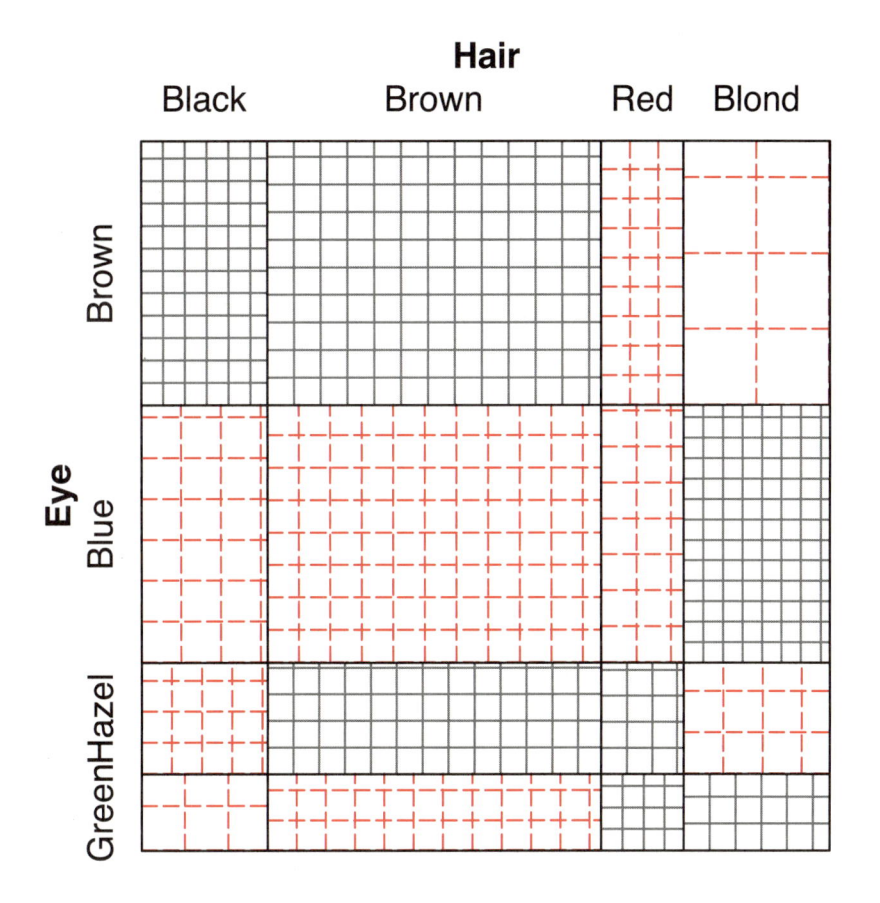

圖 3.24: 眼色-髮色濾網圖

```
## 
## , , Dept = B
## 
##         Gender
## Admit    Male Female
##   Admitted 353     17
##   Rejected 207      8
## 
## , , Dept = C
## 
##         Gender
## Admit    Male Female
##   Admitted 120    202
##   Rejected 205    391
## 
```

```
##  , , Dept = D
## 
##          Gender
## Admit     Male Female
##   Admitted  138    131
##   Rejected  279    244
## 
##  , , Dept = E
## 
##          Gender
## Admit     Male Female
##   Admitted   53     94
##   Rejected  138    299
## 
##  , , Dept = F
## 
##          Gender
## Admit     Male Female
##   Admitted   22     24
##   Rejected  351    317
```

```r
# 前述表格形式
str(UCBAdmissions)
```

```
## 'table' num [1:2, 1:2, 1:6] 512 313 89 19 353
## 207 17 8 120 205 ...
##  - attr(*, "dimnames")=List of 3
##   ..$ Admit : chr [1:2] "Admitted" "Rejected"
##   ..$ Gender: chr [1:2] "Male" "Female"
##   ..$ Dept  : chr [1:6] "A" "B" "C" "D" ...
```

```r
# 表格重排為 Gender-Admit-Dept
x <- aperm(UCBAdmissions, c(2, 1, 3))
x
```

```
## , , Dept = A
## 
##         Admit
## Gender   Admitted Rejected
##   Male        512      313
##   Female       89       19
## 
## , , Dept = B
## 
##         Admit
## Gender   Admitted Rejected
##   Male        353      207
##   Female       17        8
## 
## , , Dept = C
## 
##         Admit
## Gender   Admitted Rejected
##   Male        120      205
##   Female      202      391
## 
## , , Dept = D
## 
##         Admit
## Gender   Admitted Rejected
##   Male        138      279
##   Female      131      244
## 
## , , Dept = E
## 
##         Admit
## Gender   Admitted Rejected
##   Male         53      138
##   Female       94      299
## 
```

```
##  , , Dept = F
## 
##         Admit
## Gender   Admitted Rejected
##   Male         22      351
##   Female       24      317
```

```r
# 因子變數順序變動
str(x)
```

```
## 'table' num [1:2, 1:2, 1:6] 512 89 313 19 353 17
## 207 8 120 202 ...
##  - attr(*, "dimnames")=List of 3
##   ..$ Gender: chr [1:2] "Male" "Female"
##   ..$ Admit : chr [1:2] "Admitted" "Rejected"
##   ..$ Dept  : chr [1:6] "A" "B" "C" "D" ...
```

```r
# 報章雜誌常見的高維列聯表呈現方式 (flatten table)
ftable(x)
```

```
##               Dept   A   B   C   D   E   F
## Gender Admit
## Male   Admitted    512 353 120 138  53  22
##        Rejected    313 207 205 279 138 351
## Female Admitted     89  17 202 131  94  24
##        Rejected     19   8 391 244 299 317
```

```r
# 依 Dept(第 3 維) 加總邊際和
margin.table(x, c(1, 2))
```

```
##         Admit
## Gender   Admitted Rejected
##   Male       1198     1493
##   Female      557     1278
```

圖3.25是上表的四重圖[4]，其中 1/4 圓的半徑與 $\sqrt{n_{ij}}$ 成比例，所以 1/4 圓的面積與該格觀測次數 n_{ij} 成比例，此例的樣本勝率比計算如下：

$$\hat{\theta} = \frac{n_{00}n_{11}}{n_{10}n_{01}} = \frac{1198 \cdot 1278}{557 \cdot 1493} = 1.84108, \tag{3.64}$$

結果顯示成功事件存在著正關聯，也就是說女性申請入學者的確拒絕率高，不分系所整體來看似乎確實有性別不公的情況。

```
# 不分系所的 Gender-Admit 四重圖
fourfold(margin.table(x, c(1, 2)))
```

四重圖中如果主對角線上之 1/4 圓，與另一方向副對角線上之 1/4 圓的大小不同，則 $\theta \neq 1$。此外，若觀測次數計算所得的樣本勝率比，與虛

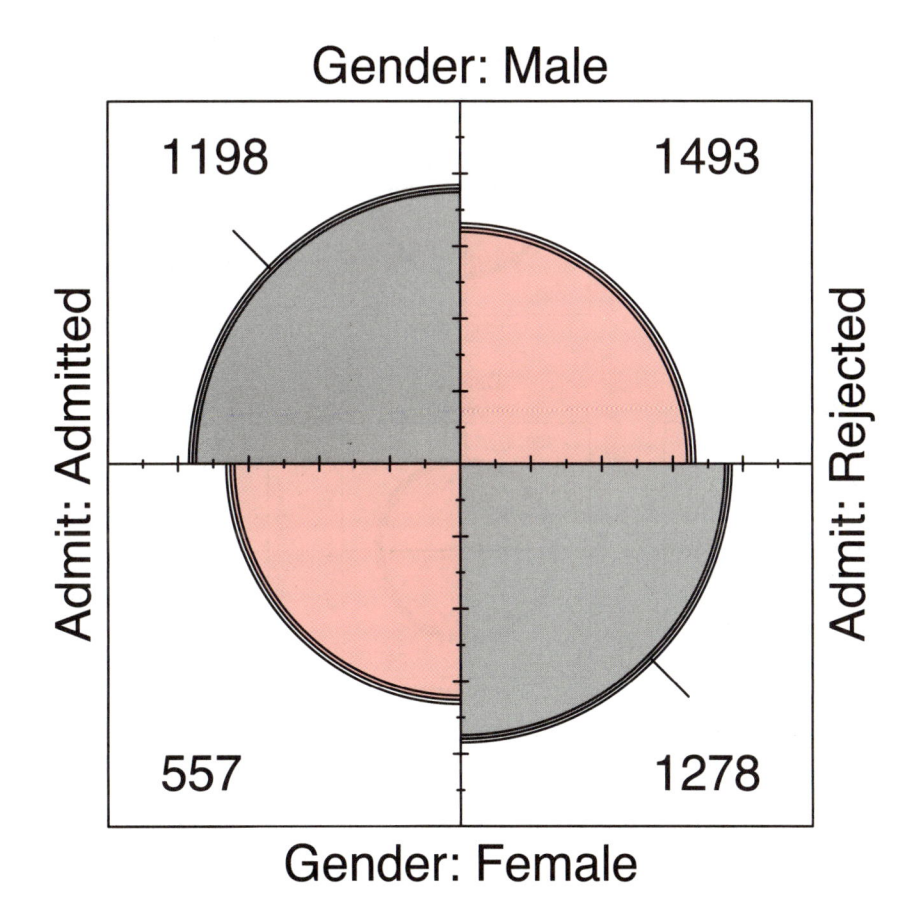

圖 3.25: 不分系所之性別 versus 入學與否的四重圖

---
[4]http://www.datavis.ca/books/vcd/vcdstory.pdf

無假說 $H_0: \theta = 1$ 的敘述一致，則鄰接象限的信心環 (confidence rings) 會連接在一起，此環代表勝率比之 99% 的信賴區間。

近一步檢視各系所分開層別後的勝率比四重圖可發現，六系所中有五個系所其男女勝率幾乎是相同的，反而在入學接受率最高的系所 A 有明顯差異 (系所 A 到 F 的入學接受率依次遞減)，女生的勝率是男生的 2.86359 倍 ($\frac{89 \cdot 313}{512 \cdot 19}$)，反而與前述整體來看的勝率關聯相反了！此例可作為**辛普森悖論 (Simpson's paradox)** 的例證，分組的關係可能在數據整合下消失甚或逆轉。這也說明了大數據下經常強調之相關關係的探尋，必須特別小心謹慎地反覆求證為宜。

```
# 以系所為層別的 Gender-Admit 四重圖
fourfold(x)
```

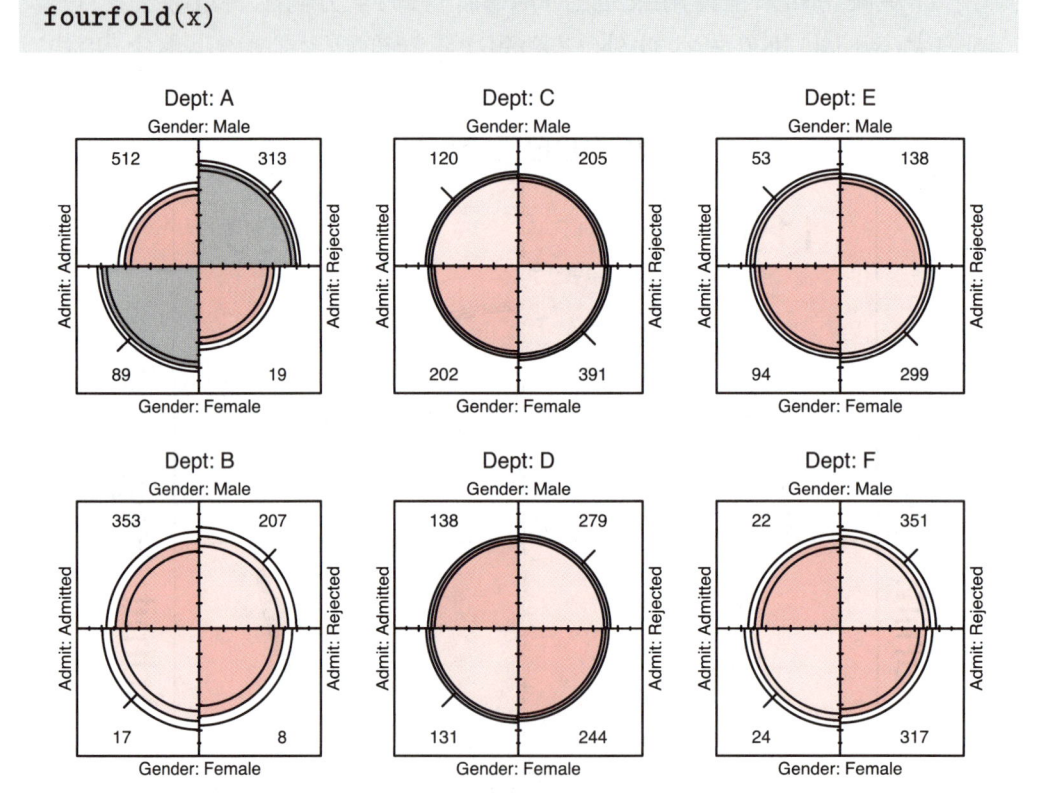

圖 3.26: 各系所之性別 versus 入學與否的四重圖

總而言之，類別變數關聯性衡量方式遠比數值變數相關性衡量為多，所以如何衡量類別變數之間的關聯是個較為複雜的問題，在資料分析的過程中應當特別留意 (參見4.2.1節關聯型態評估準則)。

第四章　非監督式學習

相較於監督式學習，非監督式學習通常更具有挑戰性。因為沒有或暫不考慮具體的學習目標 y，所以在非監督式學習的過程中，難免會參雜較多的主觀見解。或者可說我們的野心太大，不滿足於簡單的分析目標，因此失去了目標明確的客觀性了。談到非監督式學習，令人想起敘述統計學的探索式資料分析 (Exploratory Data Analysis, EDA)，除了各種統計量數的公式外，敘述統計學呈現數據的圖表方式，逐漸發展成大數據分析的利器資料視覺化 (data visualization)，其實資料視覺化也是數據建模，它結合視覺屬性來觸發型態偵測與訊息發現 (參見3.5.3節類別變數視覺化關聯檢驗)，是貫穿大數據分析的全方位工具，無論建模前的探索與理解 (y 可能不列入分析對象)、建模後結果的詮釋、以及中間過程的呈現 (後兩種情形可能考慮 y)，都少不了本章第一節介紹的資料視覺化這個好幫手，所以4.1節資料視覺化不僅僅用於非監督式學習中。

本章考慮的資料集是 n 組 $(x_{i1}, x_{i2}, ..., x_{im})$, $i = 1, ..., n$ 共 m 個預測變數的樣本，如前所述我們暫時對預測目標變數 y 不感興趣，學習目標是發現 m 個預測變數之間的有趣關係，例如：視覺化多變量資料集 $\mathbf{X}_{n \times m}$，以洞悉它們之間的互動；或是探討變數間或樣本間是否存在著子群體？許多領域中非監督式學習的技術日形重要，癌症研究者化驗 200 位肝癌病患的基因表現變數值 (gene expression levels)，我們欲瞭解樣本間或基因變數間是否存在子群，以更聚焦治療各類肝癌病患。電商網站試圖辨識有相近瀏覽與採購歷程的消費者，與各群消費者感興趣的商品項目，這些資訊有助於營運者更好的配對消費者與商品。搜尋引擎網站可能根據相似搜索型態使用者的點擊歷程，提供特定用戶客製化的搜尋結果，提高查詢速度與滿意度。4.2節關聯型態探勘與4.3節的集群分析，有助於完成這些統計機器學習的任務。

非監督式學習結果的良窳可能難以評定，因爲它欠缺核驗學習結果的公認機制。無論是交叉驗證或是獨立保留的測試集評估方法 (參見3.3.1節重抽樣與資料切分方法)，很難公正客觀地評鑑非監督式學習模型，因為在監督式學習之下，參與訓練或未參與訓練的樣本，建模者都知曉反應變數 y 的標準答案。而非監督式學習的場景下，我們通常不知道問題的真正答案。

4.1 資料視覺化

人類是視覺動物，其視覺神經系統有強大的模式識別和分析能力，視覺化是啟動這套系統的途徑。我們的眼睛善於接收視覺屬性，例如：顏色、大小、形狀等。**資料視覺化 (data visualization)**，或稱數據可視化，是一種高效的資訊壓縮和展示方法，能將大量資料快速傳輸給人的大腦，汲取圖形認知優於心智思考的好處。同時，視覺化便於探索與提煉數據，並促進新問題的提出和解決。

從資料分析的角度來說，資料視覺化是貫穿資料探勘整個程序的重要技術，視覺化圖形常被用來找尋數據中的性質、關係、規律或型態，以對結果進行釋義並獲取洞見。各種類型的資料，都有其適合的視覺化方法。本節先介紹 Python 繪圖的套件與模組，接著再以實際數據說明常用的圖形。

Python 最常用的繪圖套件是 **matplotlib**，顧名思義此套件可以模仿 Matlab 提供的各種繪圖功能。**matplotlib** 讓使用者可以運用 Matlab 的語法形式，或者 Python 的語法形式來完成圖形的繪製。**matplotlib** 套件包含許多繪圖模組和類別，**matplotlib.pyplot** 是最常用來產製圖形的模組，它是 **matplotlib** 繪圖函式庫的應用程式介面 (Applications Programming Interface, API)。**pylab** 是另一個便利的繪圖模組，此模組在同一個名稱空間下載入 **matplotlib.pyplot** 和 **numpy**，分別負責繪圖、及陣列與數學計算任務。網路上許多程式碼調用 **pylab**，它適合在 **IPython** 的互動式開發環境中使用。

如前所述，Python 可以用類似 Matlab 的語法產生圖形，也可以用物件導向的方式，或稱更像 Python 的編程方式來繪圖。每種方式各有優劣，為了程式碼的可讀性，我們儘可能避免在同一支程式中混合不同的繪圖編程方式。

以 **pyplot** 進行圖形繪製的編程方式如下：

```python
# 載入必要套件，並記為簡要的名稱
import matplotlib.pyplot as plt
import numpy as np
# 產生或匯入資料
x = np.arange(0, 10, 0.2)
y = np.sin(x)
# 產生圖形 (pyplot 語法)
plt.plot(x, y)
# 將圖形顯示在螢幕上
# plt.show()
```

Python 物件導向的繪圖方式，適合輸出多個圖形的情況下使用。下方程式碼區塊與上面 **pyplot** 編程方式比較，我們可以發現代碼中除了儲存圖形指令 fig.savefig() 外，兩者只有『# 產生圖形』該部分代碼不相同，其餘完全沒有變動。

```python
# 載入必要套件，並記為簡要的名稱
import matplotlib.pyplot as plt
import numpy as np
# 產生或匯入資料
x = np.arange(0, 10, 0.2)
y = np.sin(x)
# 產生圖形 (物件導向語法)
fig = plt.figure()
ax = fig.add_subplot(1,1,1)
ax.plot(x, y)
# 將圖形顯示在螢幕上
# plt.show()
# 圖形儲存方法 savefig()
# fig.savefig('./_img/plt.png', bbox_inches='tight')
```

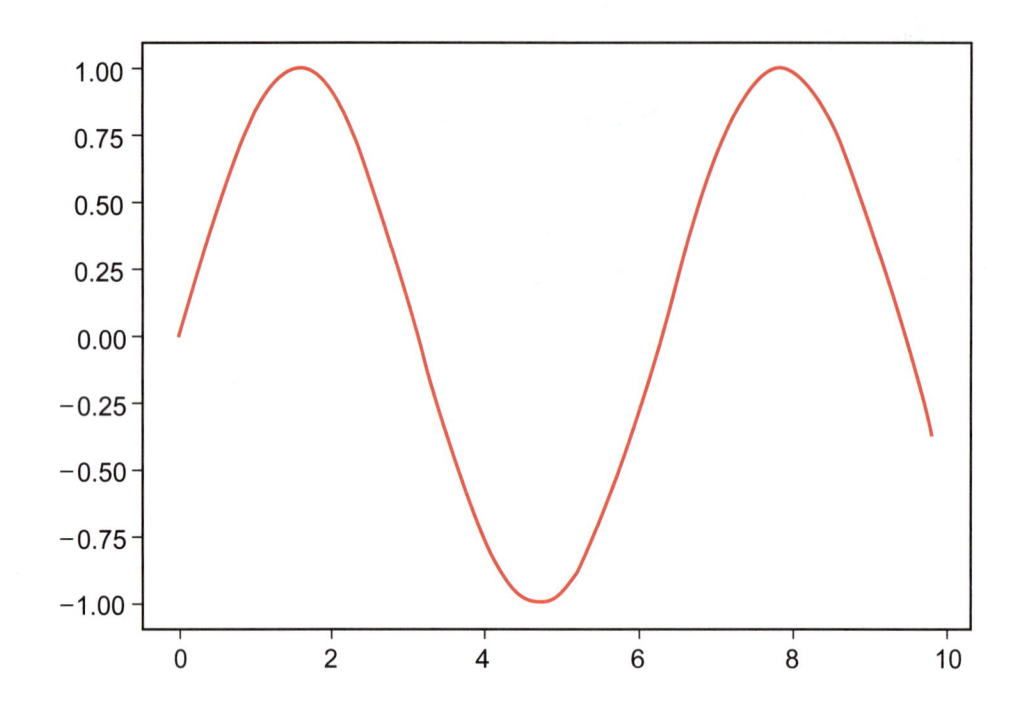

圖 4.1: **matplotlib** 繪出的正弦波

如前所述，以 **IPython** 進行互動式資料分析時，常經由 **pylab** 將 **numpy** 和 **matplotlib.pyplot** 載入當前的工作空間中，此時所用的語法與 Matlab 相似。

```
# 載入必要套件 pylab
from pylab import *
# 產生或匯入資料
x = np.arange(0, 10, 0.2)
y = np.sin(x)
# 產生圖形 (Matlab 語法)
plot(x, y)
# 將圖形顯示在螢幕上
# show()
```

如欲在同一圖面輸出多個圖形，可以 **pyplot** 下的 `subplots()` 函數，將圖形輸出裝置 (`fig`)，即圖面或稱區域，劃分為兩個橫列與單一縱行 (`axs`)，也就是說即將輸出兩個子圖，接著對各子圖 `axs[0]` 與 `axs[1]` 進行高低階繪圖。(R 語言多圖輸出的佈局指令請參考1.6.1與2.1.5節的案

例)

```python
# 載入必要套件，並記為簡要的名稱
import matplotlib.pyplot as plt
import numpy as np
# 產生或匯入資料
x = np.arange(0, 10, 0.2)
y = np.sin(x)
z = np.cos(x)
# 產生圖面與子圖
fig, axs = plt.subplots(nrows=2, ncols=1)
# 繪製第一個子圖正弦波，加上垂直軸標籤
axs[0].plot(x, y) # 高階繪圖
axs[0].set_ylabel('Sine') # 低階繪圖
# 繪製第二個子圖餘弦波，加上垂直軸說明文字
axs[1].plot(x, z) # 高階繪圖
axs[1].set_ylabel('Cosine') # 低階繪圖
# 將圖形顯示在螢幕上
# plt.show()
# 圖形儲存方法 savefig()
# fig.savefig('./_img/multiplt.png', bbox_inches='tight')
# 還原圖形與子圖的預設設定
fig, ax = plt.subplots(nrows=1, ncols=1)
```

　　一般而言，圓餅圖、長條圖、克里夫蘭點圖 (Cleveland dotplot)、盒鬚圖、直方圖、成對散佈圖、常態分位數圖、馬賽克圖等是常用的圖形。看圖與構圖時留意圖形涉及幾個變數，是單純的類別變數繪圖，或是數值變數繪圖，還是圖中混雜著兩類變數的繪圖。本節限於篇幅僅以下面例子說明盒鬚圖與密度曲線圖，其他各章案例仍有許多資料視覺化技巧的介紹。

　　在生化的領域中經常欲瞭解藥物或疾病等，對活體體液的影響，例如液體中細胞大小、形狀、發展狀態與數量等。高內涵篩檢技術 (High-Content Screening, HCS) 將檢體染色後打光，再用偵測器量測不同波長之光束的散射性質，並以影像處理軟體依散射量測值量化檢體的細胞特

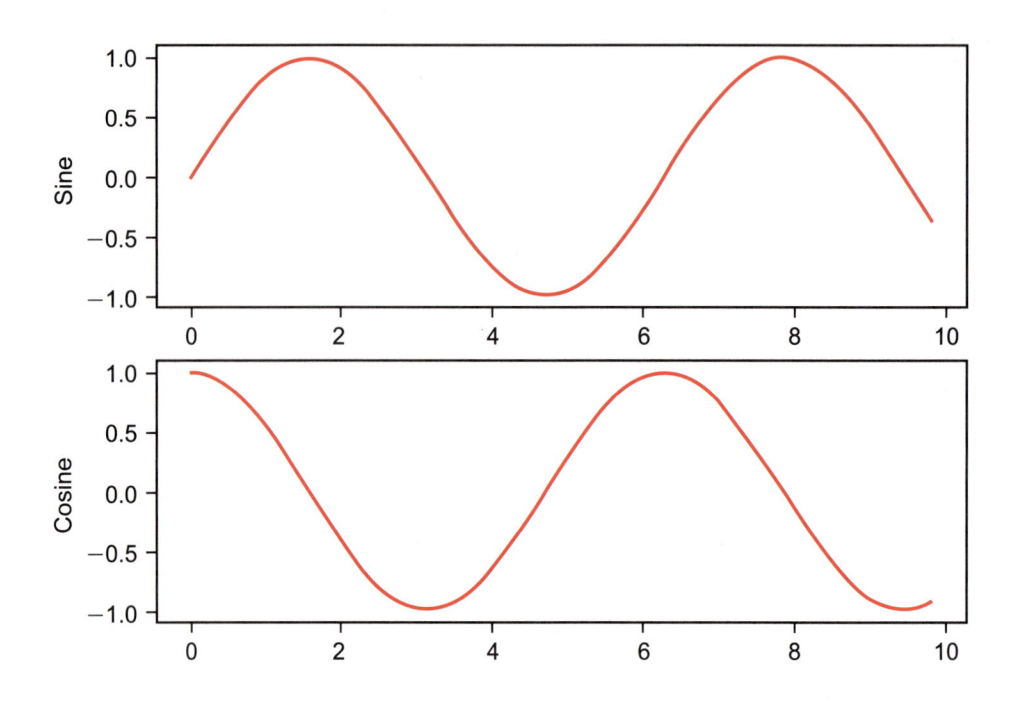

圖 4.2: 多圖輸出示例

徵。

運用 **pandas** 讀入前述生化領域逗號分隔檔案 segmentationOriginal.csv，此資料集變數眾多，我們挑選五個量化變數為例，首先以 **pandas** 資料框的 `boxplot()` 函數繪製並排盒鬚圖，以跨欄比較各量化變數的數值分佈。

```
# 載入 Python 語言 pandas 套件與生化資料集
import pandas as pd
path = '/Users/Vince/cstsouMac/Python/Examples/Basics/'
fname = 'data/segmentationOriginal.csv'
# 中間無任何空白的方式連結路徑與檔名
cell = pd.read_csv("".join([path, fname]))
```

```
# 119 個變數
print(len(cell.columns))
```

119

4.1 資料視覺化

```
# 挑選五個量化變數
partialCell = cell[['AngleCh1', 'AreaCh1', 'AvgIntenCh1',
'AvgIntenCh2', 'AvgIntenCh3']]
# 以 pandas 資料框的 boxplot() 方法繪製並排盒鬚圖 (圖 4.3)
ax = partialCell.boxplot() # partialCell 是資料框物件
# pandas 圖形須以 get_figure() 方法取出圖形後方能儲存
fig = ax.get_figure()
# fig.savefig('./_img/pd_boxplot.png')
```

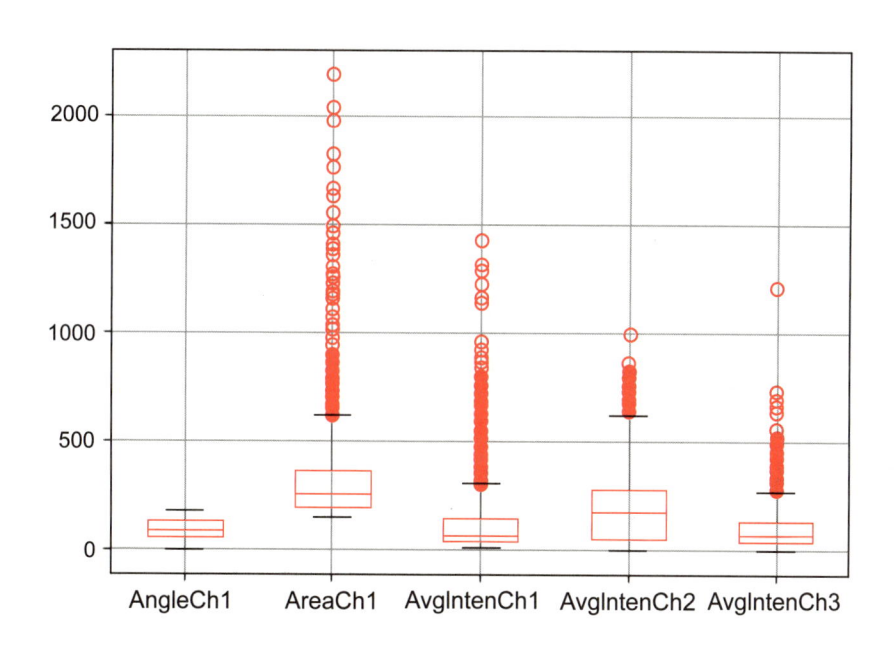

圖 4.3: **pandas** 與 **seaborn** 繪圖功能繪製的並排盒鬚圖

　　seaborn 是 Python 另一個受歡迎的繪圖套件，它如同 R 語言中重要的資料視覺化套件 {ggplot2} 一樣 ({ggplot2} 已經移植到 Python 中，參見下面的介紹)，只接受長資料。因此將寬資料表 `partialCell` 以 **pandas** 的 `melt()` 方法轉成長資料格式後，再將 variable 與 value 對應至橫縱軸，即可繪製 **seaborn** 的並排盒鬚圖，結果與圖4.3大致相同，讀者請自行執行下面程式碼驗證之。

```python
# 以 seaborn 套件的 boxplot() 函數繪製並排盒鬚圖
import seaborn as sns
ax = sns.boxplot(x="variable", y="value",
data=pd.melt(partialCell))
```

圖4.3結果顯示 AngleCh1 分佈對稱且相對狹窄；其餘變數呈右偏分佈，其中 AreaCh1 面積量綱較大，離群值高且多；其它三個頻道的平均強度值 AvgIntenCh1、AvgIntenCh2 與 AvgIntenCh3，以頻道二 AvgIntenCh2 的型態較為不同。

```python
# 寬表轉長表自動生成的變數名稱 variable 與 value
print(pd.melt(partialCell)[2015:2022])
```

```
##        variable      value
## 2015   AngleCh1   99.049010
## 2016   AngleCh1   83.319801
## 2017   AngleCh1  116.473894
## 2018   AngleCh1  150.820416
## 2019    AreaCh1  185.000000
## 2020    AreaCh1  819.000000
## 2021    AreaCh1  431.000000
```

```python
# seaborn 圖形也須以 get_figure() 方法取出圖形後方能儲存
fig = ax.get_figure()
# fig.savefig('./_img/sns_boxplot.png')
```

4.1.1 圖形文法繪圖

{ggplot2} 是國內外資料視覺化社群最為推崇的 R 套件，目前已經移植到 Python 環境中，套件名稱同樣是的 **ggplot**(http://yhat.github.io/ggpy/)。**ggplot** 是一個以圖層 (layers) 語法為基礎的繪圖套件，它實現了 Wilkinson(2005) 的繪圖文法 (grammar of graphics) 概念。Wilkinson(2005) 認為一個圖形是由數個圖層所組成，其中一層包含

了資料 (data)，圖形的繪製須結合數據與繪製規範，規範並非單純是圖形視覺效果的名稱，例如：長條圖、散佈圖、直方圖...等，規範還應該包括一組與資料內涵共同決定圖形如何建立的規則，此即為圖形文法一詞的涵義。

ggplot 核心概念為繪圖時依序定義資料、畫布、圖層與額外的規則等，並以加號 + 串接各部份組成的圖形文法，其通用語法如下：

ggplot(aes(x=..., y=...), data) + geom_**object**() + ... + stat_**name**() + 額外元件

其中 `data` 與 `aes` 是主要引數，前者須給定長格式資料框，後者全名是美學映射 (aesthetic mapping)，說明變數如何與圖形幾何物件的視覺性質互相對應，例如：橫縱軸的資料欄位、顏色欄位、前景欄位等；接著是實際繪圖的圖層規範 geom_**object**()(可能有多個繪圖層)，關鍵字 **object** 是圖形效果的名稱，例如：`point`、`line`、`smooth`、`bar`、`boxplot`、`errorbar`、`density`、`histogram`...等；stat_**name**() 中的 **name** 是歸納原始數據的統計變換名稱，它可以是實際樣本累積分佈函數 `ecdf`、摘要統計值 `summary`、平滑曲線配適 `smooth`...等；最後是實現畫龍點睛功效的低階繪圖額外元件，例如：刻度控制、座標控制與分面控制等，各個圖層間以加號串連起來。

`diamonds` 是 **ggplot** 套件的內建資料集，包括近 54,000 顆鑽石的價格、重量、切割品質、色澤、透明度與切割尺寸等屬性。

```
# 載入 Python 圖形文法繪圖套件及其內建資料集
from ggplot import *
```

```
# 檢視鑽石資料集前 5 筆樣本
import pandas as pd
print(diamonds.iloc[:, :9].head())
```

```
##    carat      cut color clarity depth table price    x    y
## 0   0.23    Ideal     E     SI2  61.5  55.0   326 3.95 3.98
## 1   0.21  Premium     E     SI1  59.8  61.0   326 3.89 3.84
## 2   0.23     Good     E     VS1  56.9  65.0   327 4.05 4.07
```

```
## 3   0.29   Premium    I    VS2   62.4   58.0   334   4.20   4.23
## 4   0.31   Good       J    SI2   63.3   58.0   335   4.34   4.35
```

```python
# 數值與類別變數混成的資料集
print(diamonds.dtypes)
```

```
## carat      float64
## cut         object
## color       object
## clarity     object
## depth      float64
## table      float64
## price        int64
## x          float64
## y          float64
## z          float64
## dtype: object
```

　　本例 ggplot 繪圖底部圖層除了律定資料集 diamonds 外,並將欲進行密度曲線估計與繪圖的量化變數 price 對應到 x 軸,color = clarity 將八種透明度水準映射到不同顏色的曲線,geom_density() 是繪製鑽石價格密度曲線的幾何物件圖層,scale_color_brewer() 設定顏色 (clarity 八個水準) 刻度使用 div 類型的色盤,facet_wrap() 則依類別變數 cut 的五種不同水準作分面繪圖 (圖4.4)。

```python
# 圖形文法的圖層式繪圖
p = ggplot(data=diamonds, aes(x='price', color='clarity')) + geom_density() + scale_color_brewer(type='div') + facet_wrap('cut')
```

```python
# ggplot 儲存圖形方法 save()
p.save('./_img/gg_density.png')
```

　　最後,{ggplot2} 似乎在 R 語言中產製的圖形品質較高,其功能多

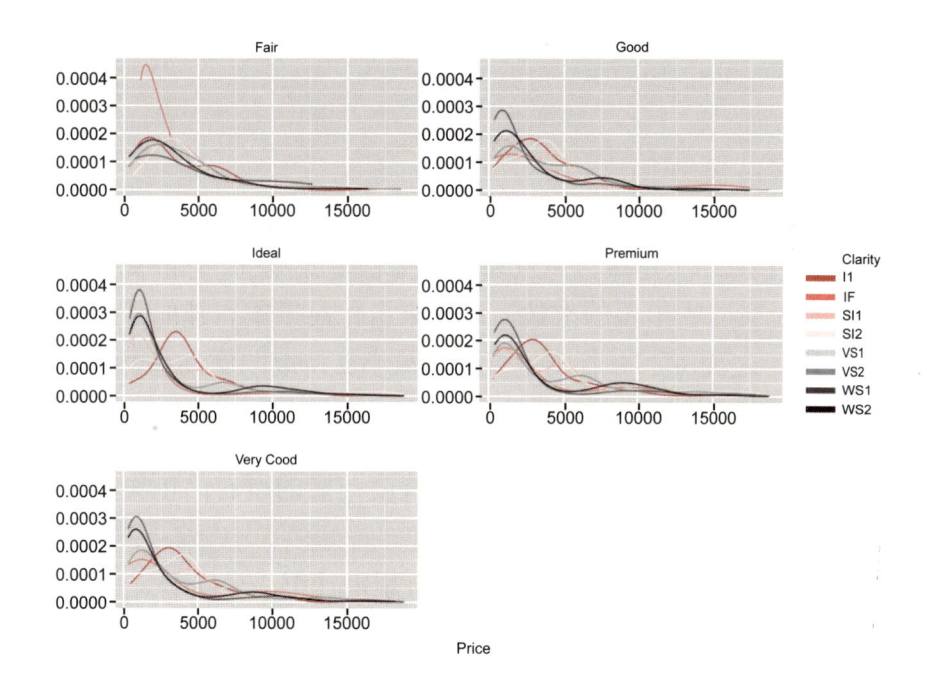

圖 4.4: **ggplot** 不同切割等級下，各鑽石通透度的價格密度曲線圖

且彈性大，又能繪製自定義的圖形，值得讀者進一步深究此博大精深的資料視覺化套件。

4.2 關聯型態探勘

典型的關聯型態探勘 (association pattern mining) 是分析超市中顧客購買的品項集合資料，其個別品項間或品項群間共同出現的樣貌或關聯。顧客在超市的購買記錄通常被稱為交易資料，或是購物籃資料，因此關聯型態探勘常與購物籃分析 (market basket analysis) 交替使用。形如 {番茄, 黃瓜}=>{漢堡肉} 的關聯規則 (association rules)，表示顧客購買番茄和黃瓜後，很有可能也買漢堡肉。這樣的訊息有助於行銷活動規劃，例如：促銷定價或產品陳列。

關聯規則是一種規則為基礎的統計機器學習方法，它在超市銷售點系統 (point-of-sale, POS) 所記錄的大規模交易資料中挖掘規律性，運用有趣性衡量 (measures of interestiongness)(參見下節4.2.1) 找出型態強

烈的規則 (strong rule)，是資料庫中知識發現 (Knowledge Discovery in Database, KDD) 的一種方法。

4.2.1 關聯型態評估準則

支持度 support 是最常見且易懂的關聯型態衡量，它計算品項集合在整個交易資料庫中出現的次數，以此來量化品項集有趣的程度。支持度介於 0 與 1 之間 (含)，若以是否超過最小支持度門檻為基準，從而挖掘出來的品項集合被稱為**頻繁品項集 (frequent itemsets)**。

生成所有支持度大於或等於最小支持度門檻的所有品項集後，接著再從各頻繁品項集產生可能的**關聯規則 (association rules)**，例如：頻繁品項集 $\{A, B\}$ 可生成若 $\{A\}$ 則 $\{B\}$(規則 $\{A\} \Rightarrow \{B\}$)，與若 $\{B\}$ 則 $\{A\}$(規則 $\{B\} \Rightarrow \{A\}$) 兩條規則。計算各規則是否有趣的**信心度 (confidence)** 後，再挑出高信心度的規則，這些規則形成的集合即為關聯規則探勘的結果。

上述關聯規則 $\{A\} \Rightarrow \{B\}$ 的支持度 $sup(\{A\} \Rightarrow \{B\})$ 與信心度 $conf(\{A\} \Rightarrow \{B\})$ 計算公式如下：

$$sup(\{A\} \Rightarrow \{B\}) = Pr[\{A, B\}] = \frac{n(\{A, B\})}{n(U)}, \quad (4.1)$$

$$conf(\{A\} \Rightarrow \{B\}) = Pr[\{B\} \mid \{A\}] = \frac{n(\{A, B\})}{n(\{A\})}, \quad (4.2)$$

其中 $Pr[\cdot]$ 表事件機率，$n(\cdot)$ 表品項集交易的次數，U 為所有品項形成的宇集合 (universe)，支持度與信心度的值都介於 0 與 1 之間 (含)。此外，**增益率 (lift)** 亦是常用的規則評量指標，它是 $Pr[\{B\} \mid \{A\}]$ 與 $Pr[\{B\}]$ 的比值，計算公式如下：

$$lift(\{A\} \Rightarrow \{B\}) = \frac{Pr[\{B\} \mid \{A\}]}{Pr[\{B\}]} = \frac{n(\{A, B\})}{n(\{A\}) \cdot n(\{B\})}, \quad (4.3)$$

增益率的值恆大於等於 0，分子可看成是關聯規則 $\{A\} \Rightarrow \{B\}$ 的前提部 $\{A\}$ 與結果部 $\{B\}$ 共同出現的機率；分母是兩者獨立下共同出現的機率。如果品項 $\{A\}$ 與 $\{B\}$ 獨立，則規則的增益率值恰好為 1。

Python 的 **mlxtend.frequent_patterns.association_rules** 模組中的 `association_rules()` 函數，除了提供支持度、信心度與增益率三個關聯型態評估指標外，另有**槓桿度 (leverage)** 和**信服力 (conviction)** 等指標，定義分別為：

$$leverage(\{A\} \Rightarrow \{B\}) = sup(\{A\} \Rightarrow \{B\}) - sup(\{A\}) \times sup(\{B\}), \tag{4.4}$$

此指標衡量兩品項 {A} 與 {B} 在交易資料庫中同時出現的觀測頻率，與如果兩者獨立下同時出現之期望頻率的差距，此差距可以解釋為關聯型態與獨立關係之間的鴻溝大小，其值介於 −1 與 1 之間 (含)，當指標值為 0 時表示兩品項獨立。

信服力指標的定義為：

$$conviction(\{A\} \Rightarrow \{B\}) = \frac{1 - sup(\{B\})}{1 - conf(\{A\} \Rightarrow \{B\})}, \tag{4.5}$$

其值大於等於 0，高信服力值代表規則的結果部高度相依於前提部。例如：當規則的信心度為完美值 1 時，信服力的分母為 0，使得信服力值達到最高 ∞；而當品項為獨立時，信服力值為 1，此情況與增益率相似。

下節說明 Python 語言的關聯規則分析具體步驟，值得一提的是 R 語言 {arules} 套件的 `interestMeasure()` 函數提供超過五十種的頻繁品項集與關聯規則的評估指標，這些指標與3.5.2節名目尺度類別變數的相關與獨立內容有關。此外，R 套件 {arulesViz} 更有頻繁品項集與關聯規則視覺化的諸多繪圖方法，有興趣的讀者可再深入研究功能多且效率佳的 R 語言關聯規則套件。

4.2.2 線上音樂城關聯規則分析

線上音樂城資料集 `lastfm.csv` 記錄不同國籍與性別用戶的聆聽記錄，首先載入聆聽記錄的長資料表，檢視欄位資料型別與交易記錄長度 (即使用者人數) 和品項數 (即演唱藝人人數)(Ledolter, 2013)。

```python
import pandas as pd
# 設定 pandas 橫列與縱行結果呈現最大寬高值
pd.set_option('display.max_rows', 500)
pd.set_option('display.max_columns', 500)
# 線上音樂城聆聽記錄載入
lastfm = pd.read_csv("./_data/lastfm.csv")
# 聆聽歷程長資料
print(lastfm.head())
```

```
##    user                 artist sex  country
## 0     1  red hot chili peppers   f  Germany
## 1     1  the black dahlia murder  f  Germany
## 2     1              goldfrapp   f  Germany
## 3     1        dropkick murphys   f  Germany
## 4     1                le tigre   f  Germany
```

```python
# 檢視欄位資料型別，大多是類別變數
print(lastfm.dtypes)
```

```
## user        int64
## artist     object
## sex        object
## country    object
## dtype: object
```

```python
# 統計各用戶線上聆聽次數
print(lastfm.user.value_counts()[:5])
```

```
## 17681    76
## 15057    63
## 1208     55
## 19558    55
## 13424    54
## Name: user, dtype: int64
```

```python
# 獨一無二的用戶編號長度，共有 15000 為用戶
print(lastfm.user.unique().shape)
```

```
## (15000,)
```

```python
# 各藝人被點閱次數
print(lastfm.artist.value_counts()[:5])
```

```
## radiohead                2704
## the beatles              2668
## coldplay                 2378
## red hot chili peppers    1786
## muse                     1711
## Name: artist, dtype: int64
```

```python
# 確認演唱藝人人數，共有 1004 位藝人
print(lastfm.artist.unique().shape)
```

```
## (1004,)
```

進行**購物籃分析 (market basket analysis)** 之前，須將聆聽記錄長資料整理成交易資料格式，因此我們依據使用者將聆聽資料分組 (參考2.2.3節 Python 語言群組與摘要)，觀察分組資料後發現使用者編號有跳號的狀況。

```python
# 依用戶編號分組
grouped = lastfm.groupby('user')
```

```python
# 檢視前兩組的子表，前兩位用戶各聆聽 16 與 29 位藝人專輯
print(list(grouped)[:2])
```

```
## [(1,    user                artist sex  country
## 0         1   red hot chili peppers   f  Germany
```

```
## 1   1     the black dahlia murder    f   Germany
## 2   1                     goldfrapp  f   Germany
## 3   1              dropkick murphys  f   Germany
## 4   1                      le tigre  f   Germany
## 5   1                     schandmaul f   Germany
## 6   1                         edguy  f   Germany
## 7   1                   jack johnson f   Germany
## 8   1                      eluveitie f   Germany
## 9   1                    the killers f   Germany
## 10  1                   judas priest f   Germany
## 11  1                     rob zombie f   Germany
## 12  1                    john mayer  f   Germany
## 13  1                       the who  f   Germany
## 14  1                   guano apes   f   Germany
## 15  1              the rolling stones f  Germany)]

## [(3,      user              artist  sex       country
## 16  3           devendra banhart   m  United States
## 17  3           boards of canada   m  United States
## 18  3                   cocorosie   m  United States
## 19  3                  aphex twin   m  United States
## 20  3           animal collective   m  United States
## 21  3                  atmosphere   m  United States
## 22  3                joanna newsom  m  United States
## 23  3                         air   m  United States
## 24  3                  portishead   m  United States
## 25  3              massive attack   m  United States
## 26  3          broken social scene  m  United States
## 27  3                  arcade fire  m  United States
## 28  3                       plaid   m  United States
## 29  3                  prefuse 73   m  United States
## 30  3                         m83   m  United States
## 31  3               the flashbulb   m  United States
## 32  3                    pavement   m  United States
## 33  3                   goldfrapp   m  United States
```

```
## 34     3            amon tobin   m  United States
## 35     3          sage francis   m  United States
## 36     3              four tet   m  United States
## 37     3           max richter   m  United States
## 38     3              autechre   m  United States
## 39     3             radiohead   m  United States
## 40     3    neutral milk hotel   m  United States
## 41     3          beastie boys   m  United States
## 42     3           aesop rock   m  United States
## 43     3               mf doom   m  United States
## 44     3             the books   m  United States)]
```

```python
# 用戶編號有跳號現象
print(list(grouped.groups.keys())[:10])
```

```
## [1, 3, 4, 5, 6, 7, 9, 12, 13, 14]
```

接著統計每位使用者的聆聽藝人數，並取出分組表藝人名稱 artist 一欄，再將之拆解為串列。

```python
# 以 agg() 方法傳入字典，統計各使用者聆聽藝人數
numArt = grouped.agg({'artist': "count"})
print(numArt[5:10])
```

```
##         artist
## user
## 7           22
## 9           19
## 12          30
## 13           7
## 14           8
```

```python
# 取出分組表藝人名稱一欄
grouped = grouped['artist']
```

```python
# Python 串列推導，拆解分組資料為串列
music = [list(artist) for (user, artist) in grouped]
```

```python
# 限於頁面寬度，取出交易記錄長度<3 的數據呈現巢狀串列的整理結果
print([x for x in music if len(x) < 3][:2])
```

```
## [['michael jackson', 'a tribe called quest']]

## [['bob marley & the wailers']]
```

mlxtend.frequent_patterns 模組中有頻繁品項集探勘的演算法 apriori()，挖掘前運用 mlxtend.preprocessing 模組中的 TransactionEncoder() 將交易資料串列編碼為二元值 numpy 陣列，檢視交易記錄筆數與品項數後，再將之轉為 pandas 資料框。

```python
from mlxtend.preprocessing import TransactionEncoder
# 交易資料格式編碼 (同樣是宣告空模-> 擬合實模-> 轉換運用)
te = TransactionEncoder()
# 傳回 numpy 二元值矩陣 txn_binary
txn_binary = te.fit(music).transform(music)
# 檢視交易記錄筆數與品項數
print(txn_binary.shape)
```

```
## (15000, 1004)
```

```python
# 讀者自行執行 dir()，可以發現 te 實模物件下有 columns_ 屬性
# dir(te)
# 檢視部分品項名稱
print(te.columns_[15:20])
```

```
## ['abba', 'above & beyond', 'ac/dc', 'adam green', 'adele']
```

```
# numpy 矩陣組織為二元值資料框
df = pd.DataFrame(txn_binary, columns=te.columns_)
print(df.iloc[:5, 15:20])
```

```
##      abba   above & beyond   ac/dc   adam green   adele
## 0    False           False   False        False   False
## 1    False           False   False        False   False
## 2    False           False   False        False   False
## 3    False           False    True        False   False
## 4    False           False   False        False   False
```

將原始聆聽資料轉換為真假值矩陣後，以 apriori() 函數挖掘頻繁品項集，最小支持度設定為 0.01。挖掘完成後計算各頻繁品項集長度，並新增欄位 length 於後，以邏輯值索引篩選品項集支持度至少為 0.05，且長度為 2 的頻繁品項集。

```
# apriori 頻繁品項集探勘
from mlxtend.frequent_patterns import apriori
# 挖掘時間長，因此記錄執行時間
# 可思考為何 R 語言套件 {arules} 的 apriori() 快速許多？
import time
start = time.time()
freq_itemsets = apriori(df, min_support=0.01,
use_colnames=True)
end = time.time()
print(end - start)
```

```
## 41.7548668384552
```

```
# apply() 結合匿名函數統計品項集長度，並新增 'length' 欄位於後
freq_itemsets['length'] = freq_itemsets['itemsets']
.apply(lambda x: len(x))
```

```python
# 頻繁品項集資料框，支持度、品項集與長度
print(freq_itemsets.head())
```

```
##      support             itemsets  length
## 0  0.022733               (2pac)        1
## 1  0.030933       (3 doors down)        1
## 2  0.032800  (30 seconds to mars)        1
## 3  0.021800             (50 cent)        1
## 4  0.013667       (65daysofstatic)       1
```

```python
print(freq_itemsets.dtypes)
```

```
## support     float64
## itemsets     object
## length        int64
## dtype: object
```

```python
# 布林值索引篩選頻繁品項集
print(freq_itemsets[(freq_itemsets['length'] == 2)
& (freq_itemsets['support'] >= 0.05)])
```

```
##        support                itemsets  length
## 921    0.0546     (radiohead, coldplay)      2
## 1503   0.0582  (radiohead, the beatles)     2
```

進一步以 association_rules() 函數從頻繁品項集中生成關聯規則集 musicrules，生成條件為信心度至少為 0.5，使用者可以定義其他生成規則的條件，例如：增益率至少為 5。產生規則集後計算其前提部 (antecedent) 的長度，並添加於規則集後。

```python
# association_rules 關聯規則集生成
from mlxtend.frequent_patterns import association_rules
# 從頻繁品項集中產生 49 條規則 (生成規則 confidence >= 0.5)
```

```python
musicrules = association_rules(freq_itemsets, 
metric="confidence", min_threshold=0.5)
```

```python
print(musicrules.head())
```

```
##                 antecedents    consequents  antecedent support
## 0                    (beck)    (radiohead)            0.057467
## 1                    (blur)    (radiohead)            0.033533
## 2     (broken social scene)    (radiohead)            0.027533
## 3                   (keane)     (coldplay)            0.034933
## 4             (snow patrol)     (coldplay)            0.050400

##    consequent support   support  confidence
## 0            0.180267  0.029267    0.509281
## 1            0.180267  0.017533    0.522863
## 2            0.180267  0.015067    0.547215
## 3            0.158533  0.022267    0.637405
## 4            0.158533  0.026467    0.525132

##        lift  leverage  conviction
## 0  2.825152  0.018907    1.670473
## 1  2.900496  0.011488    1.718024
## 2  3.035589  0.010103    1.810427
## 3  4.020634  0.016729    2.320676
## 4  3.312441  0.018477    1.772002
```

```python
# apply() 結合匿名函數統計各規則前提部長度
# 並新增 'antecedent_len' 欄位於後
musicrules['antecedent_len'] = musicrules['antecedents']
.apply(lambda x: len(x))
```

```python
print(musicrules.head())
```

```
##                 antecedents    consequents  antecedent support
```

```
## 0                (beck)    (radiohead)           0.057467
## 1                (blur)    (radiohead)           0.033533
## 2  (broken social scene)   (radiohead)           0.027533
## 3               (keane)    (coldplay)            0.034933
## 4         (snow patrol)    (coldplay)            0.050400

##    consequent support   support   confidence
## 0            0.180267  0.029267     0.509281
## 1            0.180267  0.017533     0.522863
## 2            0.180267  0.015067     0.547215
## 3            0.158533  0.022267     0.637405
## 4            0.158533  0.026467     0.525132

##        lift   leverage   conviction
## 0  2.825152   0.018907     1.670473
## 1  2.900496   0.011488     1.718024
## 2  3.035589   0.010103     1.810427
## 3  4.020634   0.016729     2.320676
## 4  3.312441   0.018477     1.772002

##    antecedent_len
## 0               1
## 1               1
## 2               1
## 3               1
## 4               1
```

實際運用規則時我們可以進一步篩選規則，例如：挑選出前提部長度至少為 1、信心度與增益率分別大於 0.55 和 5 的規則子集。

```
# 布林值索引篩選關聯規則
print(musicrules[(musicrules['antecedent_len'] > 0) &
(musicrules['confidence'] > 0.55)&(musicrules['lift'] > 5)])
```

```
##              antecedents      consequents   antecedent support
## 8                  (t.i.)     (kanye west)            0.018333
## 12    (the pussycat dolls)       (rihanna)            0.018000
```

```
## 38  (led zeppelin, the doors) (pink floyd)        0.017867
##     consequent support       support     confidence
## 8              0.064067      0.010400    0.567273
## 12             0.043067      0.010400    0.577778
## 38             0.104933      0.010667    0.597015

##         lift      leverage    conviction
## 8       8.854413  0.009225    2.162871
## 12      13.415893 0.009625    2.266421
## 38      5.689469  0.008792    2.221091

##     antecedent_len
## 8              1
## 12             1
## 38             2
```

4.2.3 結語

關聯型態探勘經常在資料探勘領域中，與其它方法論結合運用，例如：集群、分類與離群值分析。就應用領域而言，除了前述的購物籃分析，關聯型態探勘也出現在時空資料分析、文字資料分析、網頁瀏覽記錄分析、軟體錯誤偵測及生物化學資料分析等不同的領域中。

本章的關聯型態，只考慮交易記錄中品項出現比沒出現更為重要的型態，此種型態稱為頻繁型態；有時我們會關心支持度小於最小支持度門檻的品項集或規則，也就是對於**負向關聯 (negative association)**、稀少事件或低於預期的例外事件等**非頻繁型態 (infrequent patterns)** 感到好奇，例如：規則 $\{coffee\} \Rightarrow \{\overline{tea}\}$ 代表喝咖啡的人傾向不喝茶，這就是所謂的負向關聯規則。

此外，關聯規則探勘演算法通常找出為數眾多的型態，其中可能包含贅餘或無趣的關聯型態，過多的輸出導致難以直接進行特定領域的應用，資料科學家必須結合領域知識，或客觀的規則評估指標，及主觀的規則樣板進行篩選，方能挖掘出有趣的規則。

4.3 集群分析

想像一下妳（你）坐在咖啡廳觀察戶外人來人往的人們，是否有些經常出現的衣著打扮？身穿畢挺的西裝與手提著公事包的企業總裁肥貓 (fat cat)；戴著時髦眼鏡著緊身牛仔褲搭配絨襯衫的潮人 (hipster)；開著休旅車接送小孩的中產階級婦女 (soccer mom)。當然，以這些外表穿著的刻板印象妄下斷論是有風險的，因為同類型的兩個個體不一定完全一樣！但是有時尋求一種整體描述的方式，有助於我們對該類事務的理解，因為這些描述捕捉了同類型個體間相似的特徵 (Lantz, 2015)。

集群分析 (cluster analysis) 可說是非監督式學習任務的代表，在未知或不利用觀測值的類別標籤下，算法自動將資料分割成相似的群，自動之意是我們事先並不知曉各群的樣貌。也因為如此，集群被視為**知識發現 (Knowledge Discovery in Database, KDD)** 的重要技術，而非預測工具。雖然如此，集群分析是許多大數據分析工作必備的資料探索工具，它可能挖掘出資料中自然群組之洞見，在資料分析中有許多重要應用，例如：

- 辨識功能不正常的伺服器；
- 找出使用型態在已知集群之外的封包，以偵測可能的異常攻擊行為，例如：未經授權的網路入侵活動。
- 聚集相似的基因表現變數、或是根據基因表現變數值，辨識離群基因；
- 將顧客區隔成人口統計變數與購買型態相近的各群，以利目標行銷活動；
- 群聚資料中彼此間相似的屬性，以歸納整理數量眾多的屬性，成為變數較少的同質群組，達到簡化大數據集的功效。一般而言，多元且多變的資料，可以較小的集群來作為例證或代表，以此獲致有意義且有助於後續分析的資料結構。精整後的資料其複雜度較低，可獲得後續監督式學習著眼之關係型態的洞見。

但是在缺乏各群體組成內涵的外顯知識 (i.e. 類別標籤) 下，算法如何得知群與群之間的分界呢？簡單來說，集群的原理是群內的個體彼此非常相似，群間的個體非常不同。因此，集群標的之間的**相似性 (similarity)** 如何定義就變得非常重要，這項定義會因為應用領域的不同而有所變化，請參考3.4節相似性與距離內容。

因為集群分析的應用十分廣泛，專家學者們已經發展出許多資料集群的演算法，例如：**k 平均數法 (k-means)**、**階層式集群法 (hierarchical clustering)**，以及**噪訊偵測之空間密度集群算法 (Density-Based Spatial Clustering of Applications with Noise, DBSCAN)** 等，這些算法代表不同類型的集群程序。

一般而言，集群程序的類型有下列幾種：

- 分割式集群 (partitional clustering)；
- 階層式集群 (hierarchical clustering)；
- 密度集群 (density-based clustering)；
- 以圖形為基礎的集群 (graph-based clustering)。

前述的 k 平均數法及其諸多變形，例如：k 代表點法 (k-medoids)，二分 k 平均數法 (bisecting k-means)，均屬於分割式集群，它以各群樣本的中心，簡稱為群中心 (centroids 或 medoids) 為歸群基礎 (centroid-based clustering)，將各樣本依照距離各群中心的遠近，指派每個樣本獨一無二的群編號，因此其結果是非黑即白的分群結果 (well-separated clusters)，詳細的運作原理將在4.3.1節說明。階層式集群法是利用兩兩樣本 (或群) 間的距離與樹狀結構將資料進行分群 (參考圖1.3美國 50 州犯罪與人口數據階層式集群樹狀圖)，可分為由上而下的分裂法 (divisive) 和由下而上的聚合法 (agglomerative)，4.3.2節中會論及此種亦為非黑即白的分群方法。4.3.3節介紹密度集群的 DBSCAN，它是以密度為基礎的空間集群法，有離群值偵測的能力；密度集群的另一種方式是**統計訊息網格法 (STatistical INformation Grid-based method, STING)**，它將預測變數空間分割為網格，再依各網格中數據的統計值進行觀測值集群。最後，圖形集群是晚近發展出來的方法，最簡單的方式是將資料轉為**近鄰圖 (neighborhood graph)**(https://en.wikipedia.org/wiki/Neighbourhood_(graph_theory))，再依圖形計算節點 (代表集群標的) 之間相似性，據以進行歸群。

4.3.1 k 平均數集群

k 平均數法屬於分割式分群，須預先指定待分群資料 (此處以觀測值為例) 要被分為幾個小的群組，初始化各群 (k 群) 中心後，透過演算法不斷地迭代進行**歸群**與**更新群中心**，歸群是各觀測值按距離各群中心的遠近，給予各觀測值最近的群歸屬編號；更新群中心是每次所有觀測值歸群完成後，重新計算各群各維的算術平均數中心值座標。這種分割式集群的目的在於提高各群內部資料點間的相似度 (i.e. 群內距離極小化)，並使得不同群內的資料點差異較大 (i.e. 群間距離極大化)，藉此找出較佳的集群結果 (參見圖4.5與4.6)。

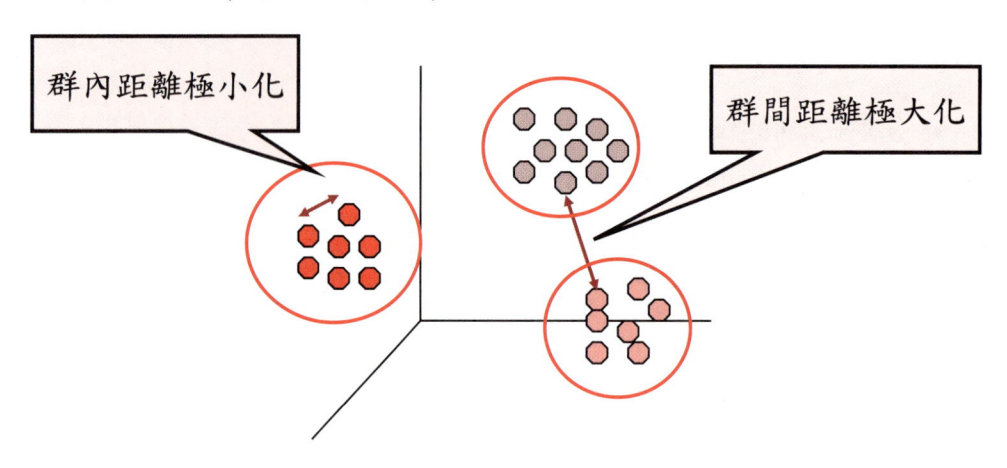

圖 4.5: 群內與群間距離示意圖

分割式集群的最佳化問題如下，已知資料是 m 個屬性的 n 個觀測值向量 $(\mathbf{x}_1, \mathbf{x}_2, ...\mathbf{x}_i, ..., \mathbf{x}_n)$，其中第 i 個觀測值 $\mathbf{x}_i^T = (x_{i1}, x_{i2}, ..., x_{im})$。$k$ 平均數集群以群內平方和最小化為目標函數，將 n 個樣本點形成的集合，分割為 k 個不同的互斥集群 $S = \{S_1, S_2, ..., S_k\}$，其中 $k \leq n$。也就是說，歸群問題在尋找滿足下式的 k 群分割 (partition) 方式 $S = \{S_1, S_2, ..., S_k\}$：

$$arg \min_{S} \sum_{j=1}^{k} \sum_{\mathbf{x}_i \subseteq S_j} \|\mathbf{x}_i - \overline{\mathbf{x}}_j\|^2, \tag{4.6}$$

上式中 $\overline{\mathbf{x}}_j$ 是群 S_j 中所有樣本的 m 維平均值向量，範數 $\|\mathbf{x}_i - \overline{\mathbf{x}}_j\|$ 是 m 維向量 $\mathbf{x}_i$ 與 $\overline{\mathbf{x}}_j$ 的歐幾里德直線距離 (式 (3.36))。內層加總符號 $\sum$ 對各群樣本與該群中心進行範數 (或距離) 運算，外層加總符號 $\sum$ 將各群 (有 k 群) 計算結果再加總起來。範數的計算假設 m 個屬性的尺度相同，且不考慮屬性間的相關 (參見3.4節的馬氏距離)。

k 平均數集群算法的動畫演示請讀者自行執行下列 R 程式碼：

```
library(animation)
kmeans.ani()
```

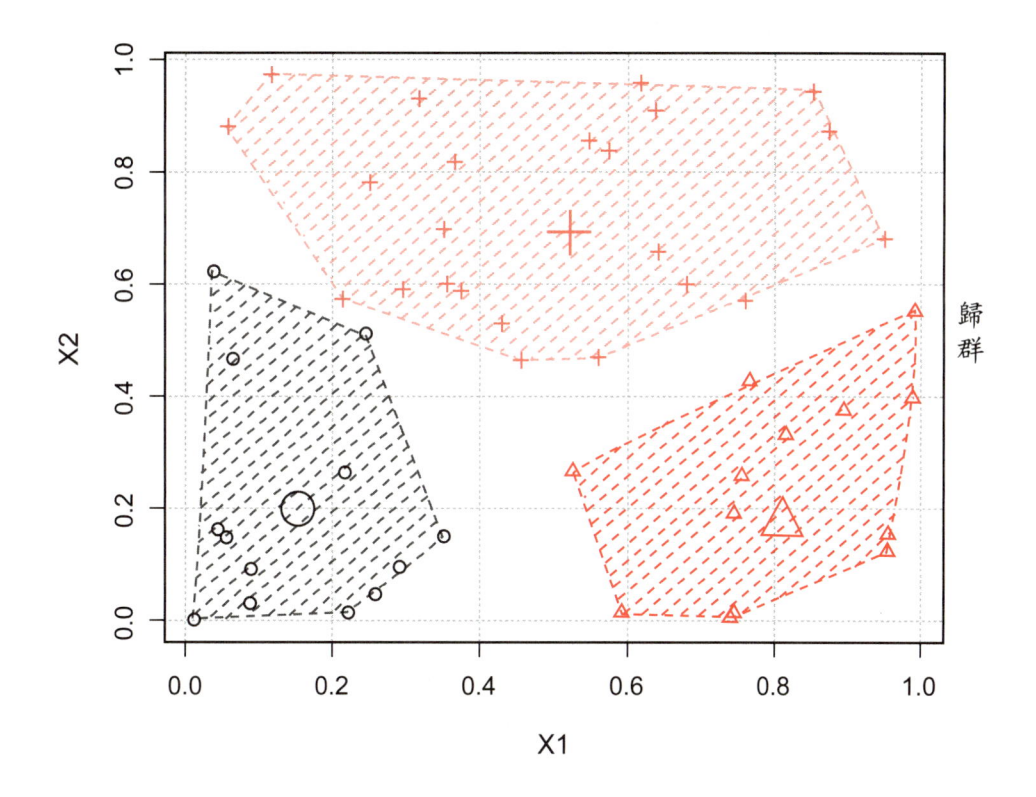

圖 4.6: 二維空間下 k 平均數集群示意圖 $(k=3)$

搭配動畫演示幫助我們瞭解 k 平均數集群算法的四步驟虛擬碼：

1. 隨機選取 k 個初始群集中心點；
2. 反覆指派所有點到距離最近的群中心；
3. 當歸群結果變動時，更新各群的中心座標；
4. 重複上面兩個步驟，直到歸群結果不再變動。

儘管許多新穎的集群算法不斷被提出，但 k 平均數算法至今仍未被淘汰。實際上，k 平均數集群法不僅應用廣泛，甚或結合其它思路產生新的方法，例如：透過核函數變換預測變數空間後，在新空間中進行 k 平均數集群 (參見5.2.3節的核函數說明)。整體而言，k 平均數集群有以下的特點：

- 原理簡單，且容易以非統計的詞彙解釋說明之；
- 使用上非常有彈性，經過簡單的調整後，例如：各群初始化中心座標的挑選方式，可以解決許多的缺點；

- 在眾多真實的情境下，能將集群的任務處理得足夠好；(以上為優點)
- 不像當代集群演算法那樣精細縝密；
- 算法涉及隨機抽樣，每次運行的結果不盡相同，且無法保證可以獲得最佳的集群結果；
- 運用前需要事先估算資料中有多少集群存在 (i.e. 可能的 k 值)，方能執行演算法；
- 不適合非球形、數據密度變化大或有離群數據的集群問題。

4.3.1.1 青少年市場區隔案例

世界各地的青少年使用 Facebook 等社群網站，似乎是宣告其長大成人的前奏曲。商家因此垂涎青少年市場，希望能抓住目標販售零食、飲料、電子與衛生保健等產品。因此，找出相同品味的青少年市場區隔，以進行目標行銷廣告，是件不容小覷的任務。

本案例蒐集 30,000 名學生社群網站註冊的個人概況全文資料、入學年、性別、年齡與朋友數等。經文字資料處理與分析後萃取出重要的 500 個字，選定其中 36 個字代表 30,000 名青少年在各方面的興趣：運動、音樂、課外活動、流行、宗教、羅曼史與反社會行為等 (註：其實是5.2.1.1節的文件詞項矩陣)，藉此辨識興趣相同的青少年群組 (Lantz, 2015)。

載入資料集後檢視各變數資料型別與稠密性，除了性別 gender 外，其餘均為量化變數，唯 gradyear 可能歸為順序尺度的類別變數較為合宜，因此將其取出轉為字串型別。

```
import numpy as np
import pandas as pd
teens = pd.read_csv("./_data/snsdata.csv")
# 文件詞項矩陣前面加上入學年、性別、年齡與朋友數等欄位
print(teens.shape) # 30000 * (4 + 36)
```

(30000, 40)

```python
# 留意 gradyear 的資料型別
print(teens.dtypes)
```

```
## gradyear          int64
## gender           object
## age             float64
## friends           int64
## basketball        int64
## football          int64
## soccer            int64
## softball          int64
## volleyball        int64
## swimming          int64
## cheerleading      int64
## baseball          int64
## tennis            int64
## sports            int64
## cute              int64
## sex               int64
## sexy              int64
## hot               int64
## kissed            int64
## dance             int64
## band              int64
## marching          int64
## music             int64
## rock              int64
## god               int64
## church            int64
## jesus             int64
## bible             int64
## hair              int64
## dress             int64
## blonde            int64
```

```
## mall                int64
## shopping            int64
## clothes             int64
## hollister           int64
## abercrombie         int64
## die                 int64
## death               int64
## drunk               int64
## drugs               int64
## dtype: object
```

```
# gradyear 更新為字串 str 型別
teens['gradyear'] = teens['gradyear'].astype('str')
```

```
# 除了資料型別外，ftypes 還報導了屬性向量是稀疏還是稠密的
print(teens.ftypes.head())
```

```
## gradyear        object:dense
## gender          object:dense
## age             float64:dense
## friends         int64:dense
## basketball      int64:dense
## dtype: object
```

　　檢視各變數的敘述統計值及其遺缺狀況，前述 36 個字詞雖無遺缺值，但量綱有差距，因此直接挑出 `teens.iloc[:,4:]` 進行標準化。`StandardScaler()` 是 **sklearn.preprocessing** 模組中將各變數標準化的類別，其使用方式與 `scikit-learn` 的建模語法相同，先載入套件，接著說明數據標準化規範 (預設設定為 `with_mean=True` 與 `with_std=True`)，然後將資料傳入進行配適與轉換 (`fit_transform` 方法)，此處配適就是計算 36 個變數各自的平均數與標準差，轉換即為將原始數據扣掉各自對應的變數平均數後再除以同樣對應的標準差。

```python
# 各變數敘述統計值 (報表過寬，只呈現部份結果)
print(teens.describe(include='all'))
```

```
##           gradyear  gender            age
## count        30000   27276   24914.000000
## unique           4       2            NaN
## top           2006       F            NaN
## freq          7500   22054            NaN
## mean           NaN     NaN      17.993950
## std            NaN     NaN       7.858054
## min            NaN     NaN       3.086000
## 25%            NaN     NaN      16.312000
## 50%            NaN     NaN      17.287000
## 75%            NaN     NaN      18.259000
## max            NaN     NaN     106.927000

##                friends     basketball       football
## count     30000.000000   30000.000000   30000.000000
## unique             NaN            NaN            NaN
## top                NaN            NaN            NaN
## freq               NaN            NaN            NaN
## mean         30.179467       0.267333       0.252300
## std          36.530877       0.804708       0.705357
## min           0.000000       0.000000       0.000000
## 25%           3.000000       0.000000       0.000000
## 50%          20.000000       0.000000       0.000000
## 75%          44.000000       0.000000       0.000000
## max         830.000000      24.000000      15.000000

##                  bible           hair           dress
## count     30000.000000   30000.000000   30000.000000
## unique             NaN            NaN            NaN
## top                NaN            NaN            NaN
## freq               NaN            NaN            NaN
## mean          0.021333       0.422567       0.110967
```

```
## std              0.204645        1.097958        0.449436
## min              0.000000        0.000000        0.000000
## 25%              0.000000        0.000000        0.000000
## 50%              0.000000        0.000000        0.000000
## 75%              0.000000        0.000000        0.000000
## max             11.000000       37.000000        9.000000
##                    blonde            mall        shopping
## count       30000.000000    30000.000000    30000.000000
## unique               NaN             NaN             NaN
## top                  NaN             NaN             NaN
## freq                 NaN             NaN             NaN
## mean            0.098933        0.257367        0.353000
## std             1.942319        0.695758        0.724391
## min             0.000000        0.000000        0.000000
## 25%             0.000000        0.000000        0.000000
## 50%             0.000000        0.000000        0.000000
## 75%             0.000000        0.000000        1.000000
## max           327.000000       12.000000       11.000000
```

```python
# 各欄位遺缺值統計 (只有 gender 與 age 有遺缺)
print(teens.isnull().sum().head())
```

```
## gradyear         0
## gender        2724
## age           5086
## friends          0
## basketball       0
## dtype: int64
```

```python
# 各詞頻變數標準化建模
from sklearn.preprocessing import StandardScaler
sc = StandardScaler()
# 配適與轉換接續完成函數
```

```
teens_z = sc.fit_transform(teens.iloc[:,4:])
```

傳回之標準化資料矩陣 teens_z 為 **numpy** 的 ndarray 物件，不再是 **pandas** 的 DataFrame 物件，此即1.9節資料導向程式設計注意要點中提到的一項：資料物件經函數處理後產生的輸出物件，其類別型態經常會改變。將 teens_z 轉為 DataFrame 物件後方可檢視各變數摘要統計報表，可發現各詞項變數的平均數與標準差皆已接近 0 與 1 了。

```
# 資料導向程式設計經常輸出與輸入不同調 (DataFrame 入 ndarray 出)
print(type(teens_z))
```

```
## <class 'numpy.ndarray'>
```

```
# 轉為資料框物件取用 describe() 方法確認標準化結果
print(pd.DataFrame(teens_z[:,30:33]).describe())
```

```
##                   0             1             2
## count  3.000000e+04  3.000000e+04  3.000000e+04
## mean  -3.393087e-14 -1.677602e-14 -3.443779e-15
## std    1.000017e+00  1.000017e+00  1.000017e+00
## min   -2.014763e-01 -1.830317e-01 -2.947932e-01
## 25%   -2.014763e-01 -1.830317e-01 -2.947932e-01
## 50%   -2.014763e-01 -1.830317e-01 -2.947932e-01
## 75%   -2.014763e-01 -1.830317e-01 -2.947932e-01
## max    2.575205e+01  2.843431e+01  3.493308e+01
```

接著載入 **sklearn.cluster** 模組中的 KMeans() 類別，本案例資料的背景是美國，根據 1985 年出品的美國青少年成長過程影片早餐俱樂部 (Breakfast Club)，導演 John Hughes 在片中將美國青少年劃規為五種刻板印象：喜好讀書的書呆子 (Brains)、熱愛運動的運動員 (Athletes)、對諸事漠不關心的廢人 (Basket Cases)、女生居多的公主病 (Princess)、最後是喜歡沈醉在超齡早熟的一些小壞事上的罪犯 (Criminals)，因此我們將 n_clusters(即 k) 訂為 5。

各群的群中心初始化方法 init 有 k-means++ 與 random，雖然

KMeans() 說明文件顯示前者是較聰明的初始化方式，且可以加速算法的收斂，但對於本案例資料卻容易造成單一資料點形成一群的怪異狀況，因此我們選擇從資料集中隨機挑選五筆觀測值作為初始群中心的隨機方法 random。

算法 algorithm 的選擇方面 KMeans() 提供傳統的**期望值最大化(Expectation Maximization, EM)** 算法 full；與運用三角不等式 (triangle inequality) 來加速算法的 elkan 變形，不過此法不適合資料量大之稀疏矩陣，但顯然本例是不受此限制的，仍然可以套用 elkan 算法。KMeans() 算法的引數 algorithm 預設為 auto，意指稠密資料使用 elkan，而稀疏資料則取 full，本案例使用預設值。

```
# Python k 平均數集群，隨機初始化的集群結果通常比較好
from sklearn.cluster import KMeans
mdl = KMeans(n_clusters=5, init='random')
```

KMeans 類別物件 mdl 所需之運算參數設定完成後，將標準化後的**文件詞項矩陣 (Document-Term Matrix, DTM)** teens_z 傳入配適。mdl 模型物件配適前的空模，與配適完成的實模，兩者間的屬性與方法有差異，我們可以 dir() 函數在配適模型前後查詢之，再運用集合物件的差集運算掌握配適計算後新增的結果，其中屬性 labels_ 是 30,000 名青少年的歸群結果。

```
# 配適前空模的屬性與方法
pre = dir(mdl)
# 空模的幾個屬性與方法
print(pre[51:56])
```

```
## ['verbose']
```

```
# 以標準化文件詞項矩陣配適集群模型
mdl.fit(teens_z)
# 配適後實模的屬性與方法
post = dir(mdl)
```

```
# 實模的幾個屬性與方法
print(post[51:56])
```

```
## ['score', 'set_params', 'tol', 'transform', 'verbose']
```

```
# 實模與空模屬性和方法的差異
print(list(set(post) - set(pre)))
```

```
## ['cluster_centers_', 'n_iter_', 'labels_', 'inertia_']
```

以 pickle 模組儲存 scikit-learn 模型，日後可再利用。首先開啟二元寫出模式 wb 的檔案連結 filename，dump() 方法將 mdl 物件存入 filename。稍後欲再載入與利用 mdl 時，load() 方法可將開啟為二元讀入模式 rb 的檔案連結 filename，其中的 scikit-learn 模型 mdl 讀入為 res。

```
# sklearn 模型的存出與讀入
import pickle
filename = './_data/kmeans.sav'
# pickle.dump(mdl, open(filename, 'wb'))
res = pickle.load(open(filename, 'rb'))
```

各群的青少年人數是我們關心的焦點，因此檢視 30,000 名青少年歸群結果 labels_ 的次數分佈。

```
# res.labels_ 為 30,000 名訓練樣本的歸群標籤
print(res.labels_.shape)
```

```
## (30000,)
```

```
# 五群人數分佈
print(pd.Series(res.labels_).value_counts())
```

```
## 2    21633
```

```
## 4       3643
## 0       3076
## 1       1041
## 3        607
## dtype: int64
```

```
# 前 10 個樣本的群編號
print (res.labels_[:10])
```

```
## [2 4 2 2 1 2 4 2 2 2]
```

　　集群分析結果的詮釋，對於後續的應用十分重要。我們從模型物件 res 的屬性 cluster_centers_，取得五群 36 維的中心座標，代表 36 個字詞根據各群群內樣本計算的平均詞頻矩陣。回想早餐俱樂部片中的五種刻板印象，及 36 個關鍵字的個別意義，下面的結果告訴我們編號 4 的最後一群是公主病，因為其 hollister 與 abercrombie 兩個流行服飾品牌的平均詞頻較高；編號 1 的第二群是超齡早熟的小壞蛋，因為其 sex、kissed、die、drunk 與 drugs 等平均詞頻較高；編號 2 的第三群是對諸事漠不關心那一群，因為其所有字詞的平均詞頻均為負值；最後，將編號 0 與 3 的兩群比較運動類關鍵字的詞頻，發現第一群是運動員，因為其各項運動字詞的平均詞頻相對較高；剩下編號 3 的第四群即為書呆子了，有趣的是其 band 與 marching 兩字平均詞頻異常的高，不知是否校方挑選儀隊成員的標準就是成績。

```
# 各群字詞平均詞頻矩陣的維度與維數
print(res.cluster_centers_.shape)
```

```
## (5, 36)
```

```
# 轉換成 pandas 資料框，給予群編號與字詞名稱，方便結果詮釋
cen = pd.DataFrame(res.cluster_centers_, index = range(5),
columns=teens.iloc[:,4:].columns)
```

```
print(cen)
```

```
##      basketball   football     soccer   softball  volleyball
## 0      1.214704   1.081711   0.538670   0.949391    0.820817
## 1      0.375685   0.384542   0.146730   0.141802    0.091566
## 2     -0.189690  -0.191948  -0.087036  -0.134433   -0.127664
## 3     -0.096778   0.065057  -0.091998  -0.046434   -0.074354
## 4      0.009493   0.105677   0.035376  -0.036140    0.051212

##      swimming  cheerleading   baseball     tennis      sports
## 0    0.106013      0.017064   0.927980   0.144869    0.942336
## 1    0.243580      0.207307   0.290485   0.113512    0.804049
## 2   -0.080150     -0.108368  -0.134941  -0.038470   -0.160228
## 3    0.042762     -0.108030  -0.112714   0.038206   -0.108273
## 4    0.309598      0.587680  -0.046486   0.067289   -0.055947

##          cute        sex       sexy        hot      kissed
## 0   -0.021528  -0.037940  -0.003281  -0.008428   -0.090919
## 1    0.466758   2.048668   0.540160   0.305162    3.013076
## 2   -0.164779  -0.092240  -0.078631  -0.130502   -0.129284
## 3   -0.032808  -0.038281  -0.024042  -0.051047   -0.040892
## 4    0.868479   0.000720   0.319243   0.703142   -0.009731

##         dance       band   marching      music        rock
## 0    0.003408  -0.055958  -0.105184   0.128867    0.154572
## 1    0.451490   0.391638  -0.000885   1.209577    1.242423
## 2   -0.143357  -0.117595  -0.110504  -0.128376   -0.106449
## 3    0.046656   4.095387   5.178182   0.513219    0.199645
## 4    0.711389  -0.048750  -0.117524   0.222269    0.113255

##           god     church      jesus      bible        hair
## 0    0.451809   0.533104   0.448376   0.501016    0.005088
## 1    0.433121   0.170073   0.134322   0.083518    2.581999
## 2   -0.101368  -0.127503  -0.072813  -0.070137   -0.189172
## 3    0.109849   0.103433   0.053741   0.056761   -0.044261
## 4    0.078340   0.241081   0.006430  -0.039879    0.388455
```

```
##        dress    blonde       mall  shopping   clothes
## 0  -0.041473  0.029405  -0.018999  0.021171  0.002211
## 1   0.520425  0.366488   0.618665  0.265923  1.222356
## 2  -0.122035 -0.027755  -0.174371 -0.207603 -0.174135
## 3   0.057343 -0.011919  -0.071561 -0.030182  0.009971
## 4   0.601225  0.037228   0.886348  1.143593  0.681000

##    hollister  abercrombie       die      death
## 0  -0.123664    -0.117908 -0.001193   0.057026
## 1   0.277760     0.394263  1.706406   0.926075
## 2  -0.163617    -0.157400 -0.087455  -0.069968
## 3  -0.168221    -0.141779  0.011215   0.062838
## 4   1.024344     0.944895  0.030821   0.092189

##        drunk     drugs
## 0  -0.053422 -0.069526
## 1   1.851890  2.724877
## 2  -0.084656 -0.108814
## 3  -0.088316 -0.065242
## 4   0.033313 -0.062919
```

最後，我們將五群中心座標值矩陣轉置後，以 `pandas DataFrame` 的繪圖方法 `plot()`，繪製五群各個字詞平均詞頻高低折線圖 (圖4.7)，其意義如前段集群結果命名所述。而轉置的原因是 Python 語言如同 R 語言一樣，許多函數預設採用行導向的方式拋傳數據完成處理與分析。

```python
# 各群中心座標矩陣轉置後繪圖
ax = cen.T.plot()
# 低階繪圖設定 x 軸刻度位置
ax.set_xticks(list(range(36)))
# 低階繪圖設定 x 軸刻度說明文字
ax.set_xticklabels(list(cen.T.index), rotation=90)
fig = ax.get_figure()
fig.tight_layout()
# fig.savefig('./_img/sns_lineplot.png')
```

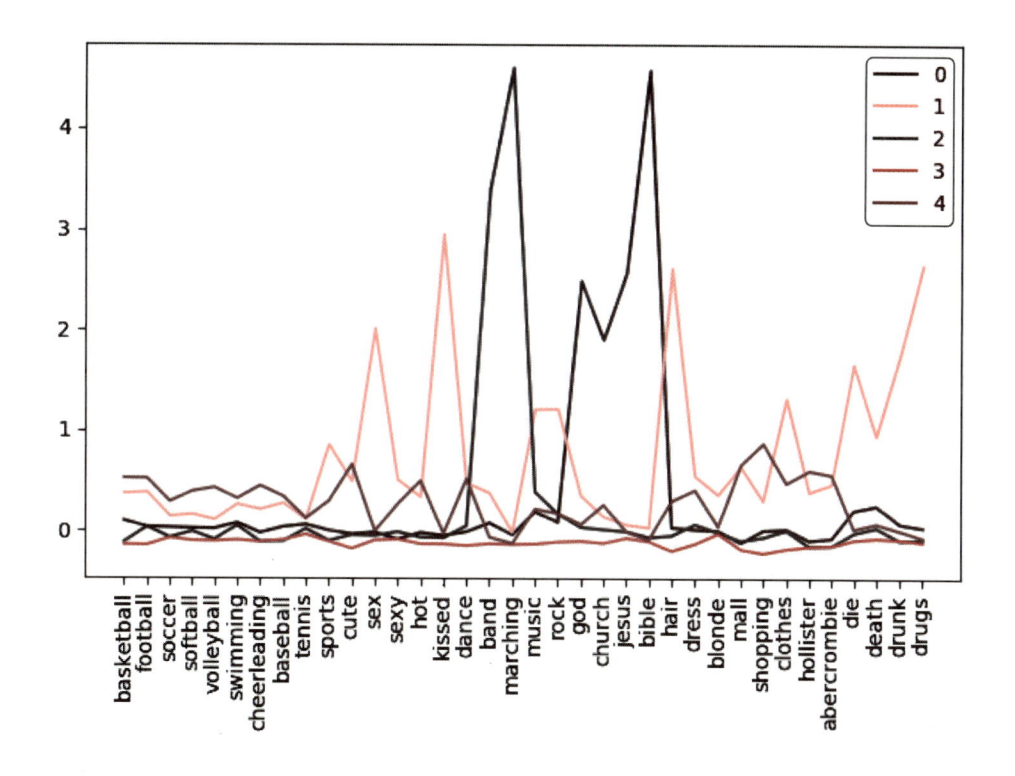

圖 4.7: 五群各字詞平均詞頻高低折線圖

4.3.2 階層式集群

階層式集群利用兩兩樣本 (或群) 間的距離與樹狀結構將資料進行分群，可分為由上而下的分裂法和由下而上的聚合法。分裂法一開始會將所有的資料視為一個完整的群體，在迭代過程中不斷的分裂為較小的群體，直到所有資料都成為單獨的個體。而聚合法恰好與分裂法相反，先將每一筆資料視為單獨的一群，根據各個群體間的相似性，不斷地將相似性最高的兩群資料合併，直到所有資料全部合併為一個大集群。

R 語言 {stats} 套件的 `hclust()` 函數可以聚合法進行階層式集群，下面的例子將 32 輛汽車在 11 種屬性上的不相似性 (即距離) 矩陣利用 `dist()` 函數產生出來後，輸入 `hclust()` 函數再搭配 `plot()` 方法即可繪製階層式集群的樹狀圖。

```
# R 語言美國汽車雜誌道路測試資料
str(mtcars)
```

```
## 'data.frame':    32 obs. of  11 variables:
##  $ mpg : num  21 21 22.8 21.4 18.7 18.1 14.3 24.4 22.8 19.2 ...
##  $ cyl : num  6 6 4 6 8 6 8 4 4 6 ...
##  $ disp: num  160 160 108 258 360 ...
##  $ hp  : num  110 110 93 110 175 105 245 62 95 123 ...
##  $ drat: num  3.9 3.9 3.85 3.08 3.15 2.76 3.21 3.69 3.92 3.92 ...
##  $ wt  : num  2.62 2.88 2.32 3.21 3.44 ...
##  $ qsec: num  16.5 17 18.6 19.4 17 ...
##  $ vs  : num  0 0 1 1 0 1 0 1 1 1 ...
##  $ am  : num  1 1 1 0 0 0 0 0 0 0 ...
##  $ gear: num  4 4 4 3 3 3 3 4 4 4 ...
##  $ carb: num  4 4 1 1 2 1 4 2 2 4 ...

## 'data.frame': 32 obs. of 11 variables:
## $ mpg : num 21 21 22.8 21.4 18.7 18.1 14.3 24.4
## 22.8 19.2 ...
## $ cyl : num 6 6 4 6 8 6 8 4 4 6 ...
## $ disp: num 160 160 108 258 360 ...
## $ hp : num 110 110 93 110 175 105 245 62 95 123
## ...
## $ drat: num 3.9 3.9 3.85 3.08 3.15 2.76 3.21
## 3.69 3.92 3.92 ...
## $ wt : num 2.62 2.88 2.32 3.21 3.44 ...
## $ qsec: num 16.5 17 18.6 19.4 17 ...
## $ vs : num 0 0 1 1 0 1 0 1 1 1 ...
## $ am : num 1 1 1 0 0 0 0 0 0 0 ...
## $ gear: num 4 4 4 3 3 3 3 4 4 4 ...
## $ carb: num 4 4 1 1 2 1 4 2 2 4 ...
```

```r
# 階層式集群要先產生觀測值間的距離值
d <- dist(mtcars)
```

```r
# 根據距離進行聚合法階層式集群
# 群間距離計算方法預設為最遠距離法 (complete)
```

```
hc <- hclust(d)
# 繪製樹狀圖 (圖 4.8)
plot(hc, hang = -1)
```

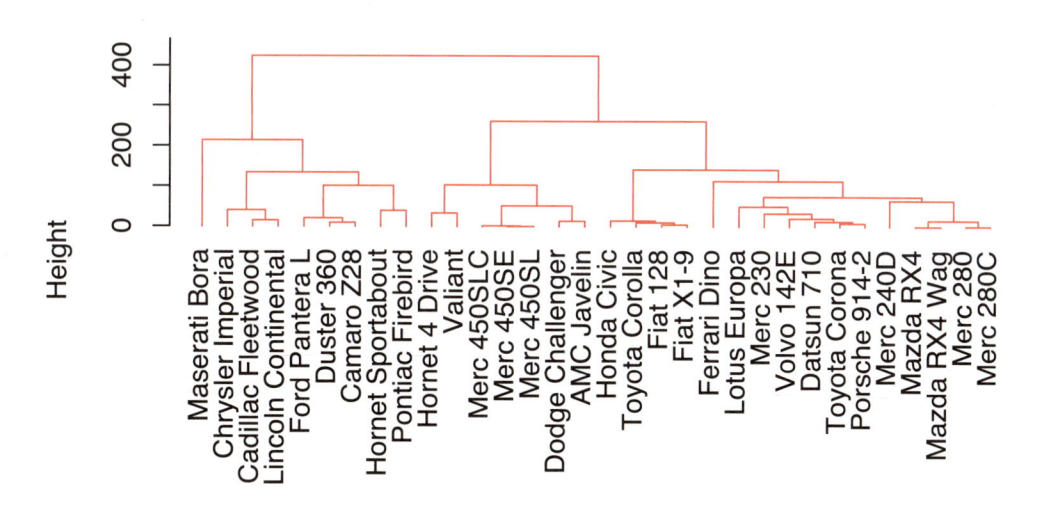

圖 4.8: 階層式集群的樹狀圖

　　距離函數 `dist()` 根據資料矩陣 `mtcars`，計算出來的距離物件 `d` 是階層式集群的關鍵，按 R 語言慣例，其為與產製函數同名的 `dist` 類別。從其結構來看，物件 `d` 是長度為 496 的具名向量 (Why 496?)，其下有 `Size`、`Labels`(是 32 輛汽車的觀測值名稱)、`Diag`、`Upper`(預設都是 `FALSE`，因為距離方陣是對稱，且對角線上的距離值為零，預設都不顯示)、`method`(預設為歐幾里德直線距離，可以更改)、`call` 等屬性。套件 {cba} 中有一 `subset()` 函數可顯示距離矩陣的部分內容，我們可發現因為 `Diag=FALSE`，所以距離矩陣的橫列名從第二輛車 (Mazda RX4 Wag) 開始到第五輛 (Hornet Sportabout)，而縱行名則為第一輛 (Mazda RX4) 到第四輛 (Hornet 4 Drive)。

```
# 類別名稱與產製函數同名
class(d)
```

```
## [1] "dist"
```

```r
# 距離物件 d 的結構，為何是 496 個元素？
str(d)
```

```
## 'dist' num [1:496] 0.615 54.909 98.113 210.337
## 65.472 ...
##  - attr(*, "Size")= int 32
##  - attr(*, "Labels")= chr [1:32] "Mazda RX4"
## "Mazda RX4 Wag" "Datsun 710" "Hornet 4 Drive"
## ...
##  - attr(*, "Diag")= logi FALSE
##  - attr(*, "Upper")= logi FALSE
##  - attr(*, "method")= chr "euclidean"
##  - attr(*, "call")= language dist(x = mtcars)
```

```r
# 載入 Clustering for Business Analytics 套件
library(cba)
# 注意列名與行名
subset(d, 1:5)
```

```
##                   Mazda RX4 Mazda RX4 Wag Datsun 710
## Mazda RX4 Wag        0.6153
## Datsun 710          54.9086       54.8915
## Hornet 4 Drive      98.1125       98.0959   150.9935
## Hornet Sportabout  210.3374      210.3359   265.0832
##                   Hornet 4 Drive
## Mazda RX4 Wag
## Datsun 710
## Hornet 4 Drive
## Hornet Sportabout    121.0298
```

```r
rownames(mtcars)[1:5]
```

```
## [1] "Mazda RX4"         "Mazda RX4 Wag"
```

```
## [3] "Datsun 710"          "Hornet 4 Drive"
## [5] "Hornet Sportabout"
```

```r
# args() 函數返回距離計算函數 dist() 的引數及其預設值
args(dist)
```

```
## function (x, y = NULL, method = NULL, ..., diag
## = FALSE, upper = FALSE,
## pairwise = FALSE, by_rows = TRUE,
## convert_similarities = TRUE,
## auto_convert_data_frames = TRUE)
## NULL
```

最後，dist() 函數中尚有其它距離計算方式，maximum, manhattan, canberra, binary 與 minkowski 等，以及階層式集群函數 hclust() 傳回的模型結果物件 hc，都是值得進一步學習的資料科學知識。其中物件 hc 下的 merge 與 height 屬性說明了聚合法運作的過程，merge 的橫列數與 height 的長度相同，均為樣本數減 1，因為要花費 $n-1$ 個步驟方能將 n 個樣本/群體兩兩聚合完成。對照下方兩屬性內容可以瞭解，第一次聚合發生在編號 1 的 Mazda RX4 與編號 2 的 Mazda RX4 Wag，兩者的距離為 0.6153251(請對照距離物件 d 中內容，確認此兩車距離數值是否正確)；第四次聚合是編號 14 的 Merc 450SLC 與前面第二群編號 12 的 Merc 450SE 及編號 13 的 Merc 450SL 合併成一較大的群，兩者的距離為 2.1383405，我們也可對照圖4.8中的內容確認上述說明。

```r
# 階層式集群模型物件 hc 的內容
names(hc)
```

```
## [1] "merge"      "height"     "order"
## [4] "labels"     "method"     "call"
## [7] "dist.method"
```

```r
# 第一橫列-1 與-2 表示第一次聚合 (merge) 編號 1 和 2 的樣本
hc$merge
```

```
##         [,1]  [,2]
##  [1,]    -1    -2
##  [2,]   -12   -13
##  [3,]   -10   -11
##  [4,]   -14     2
##  [5,]   -18   -26
##  [6,]   -21   -27
##  [7,]    -7   -24
##  [8,]   -20     5
##  [9,]    -3     6
## [10,]   -22   -23
## [11,]   -19     8
## [12,]   -15   -16
## [13,]     1     3
## [14,]   -32     9
## [15,]   -29     7
## [16,]    -9    14
## [17,]    -4    -6
## [18,]    -5   -25
## [19,]   -17    12
## [20,]   -28    16
## [21,]     4    10
## [22,]    -8    13
## [23,]    20    22
## [24,]    15    18
## [25,]    17    21
## [26,]   -30    23
## [27,]    19    24
## [28,]    11    26
## [29,]   -31    27
## [30,]    25    28
## [31,]    29    30
```

```r
rownames(mtcars)[1:2]
```

```
## [1] "Mazda RX4"     "Mazda RX4 Wag"
```

```r
# 第四次聚合是編號 14 的樣本與前面第二群中編號 12 與 13 的樣本
rownames(mtcars)[14]
```

```
## [1] "Merc 450SLC"
```

```r
rownames(mtcars)[12:13]
```

```
## [1] "Merc 450SE" "Merc 450SL"
```

```r
# 每次聚合對象間的距離值，總共聚合 31 次
hc$height
```

```
##  [1]   0.6153   0.9826   1.5232   2.1383   5.1473
##  [6]   8.6536  10.0761  10.3923  13.1357  14.0155
## [11]  14.7807  15.6224  15.6725  20.6939  21.2656
## [16]  33.1804  33.5509  40.0052  40.8400  50.1094
## [21]  51.8243  64.8899  74.3824 101.7390 103.4311
## [26] 113.3023 134.8119 141.7044 214.9367 261.8499
## [31] 425.3447
```

4.3.3 密度集群

DBSCAN 算法可對數值變數進行密度集群，其基本的想法是將密集分佈之區域中的樣本點聚集成群，算法的兩個重要參數是：

- **eps**: 可到達距離 (reachability distance)，此距離決定了鄰域 (neighbor) 的球形大小；
- **min_samples**: 可到達範圍的最小點數。

如果某樣本點 a 其鄰域中的樣本數大於或等於 **min_samples**,

則稱 α 為稠密點（dense point），樣本 α 其鄰域中密度可達 (density-reachable) 的所有點都會聚集為相同的群。關於較佳 **eps** 的決定方法，讀者請自行參考http://www.sthda.com/english/wiki/print.php?id=246，而 Python 中其它的集群方法可以參考 http://hdbscan.readthedocs.io/en/latest/comparing_clustering_algorithms.html。

4.3.3.1 密度集群案例

本案例以加州大學爾灣分校機器學習資料庫中的批發客戶資料集 (https://archive.ics.uci.edu/ml/datasets/Wholesale+customers) 為例，說明運用 Python 的 DBSCAN 實作過程。各變數為客戶每年在生鮮 Fresh、牛奶 Milk、雜貨 Grocery、冷凍品 Frozen、清潔劑與紙 Detergents-Paper、熟食 Delicassen 等的花費，以及採購的通路 (旅館/餐廳/咖啡廳、公司零售通路)Channel 和地區 Region。DBSCAN() 類別在 scikit-learn 的 sklearn.cluster 模組中，首先移除名目尺度類別變數 Channel 與 Region，因為 DBSCAN 演算法只能處理數值變數。

```python
# 載入 Python 密度集群類別 DBSCAN()
from sklearn.cluster import DBSCAN
import numpy as np
import pandas as pd
# 讀取批發客戶資料集
data = pd.read_csv("./_data/wholesale_customers_data.csv")
```

```python
# 注意各變數實際意義，而非只看表面上的數字
print(data.head())
```

```
##    Channel  Region  Fresh  Milk  Grocery  Frozen
## 0        2       3  12669  9656     7561     214
## 1        2       3   7057  9810     9568    1762
## 2        2       3   6353  8808     7684    2405
## 3        1       3  13265  1196     4221    6404
## 4        2       3  22615  5410     7198    3915
```

```
##    Detergents_Paper    Delicassen
## 0              2674          1338
## 1              3293          1776
## 2              3516          7844
## 3               507          1788
## 4              1777          5185
```

```python
print(data.dtypes)
```

```
## Channel              int64
## Region               int64
## Fresh                int64
## Milk                 int64
## Grocery              int64
## Frozen               int64
## Detergents_Paper     int64
## Delicassen           int64
## dtype: object
```

```python
# 移除名目尺度類別變數
data.drop(["Channel", "Region"], axis = 1, inplace = True)
```

為了方便結果的視覺化，取出 Grocery 和 Milk 兩變數，並進行集群前的標準化轉換，讓各變數在量綱 (參見2.3.1節屬性轉換與移除) 均一化的情況下計算距離，避免某些變數凌駕 (dominate) 其它變數的狀況發生。

```python
# 二維空間可視覺化集群結果
data = data[["Grocery", "Milk"]]
# 集群前資料須標準化
data = data.values.astype("float32", copy = False)
from sklearn.preprocessing import StandardScaler
stscaler = StandardScaler().fit(data)
data = stscaler.transform(data)
```

進行 DBSCAN 密度集群前，我們先繪製標準化後的樣本散佈圖 (圖4.9)：

```
ax = pd.DataFrame(data, columns=["Grocery", "Milk"])
    .plot.scatter("Grocery", "Milk")
```

```
fig = ax.get_figure()
# fig.savefig('./_img/normalized_scatter.png')
```

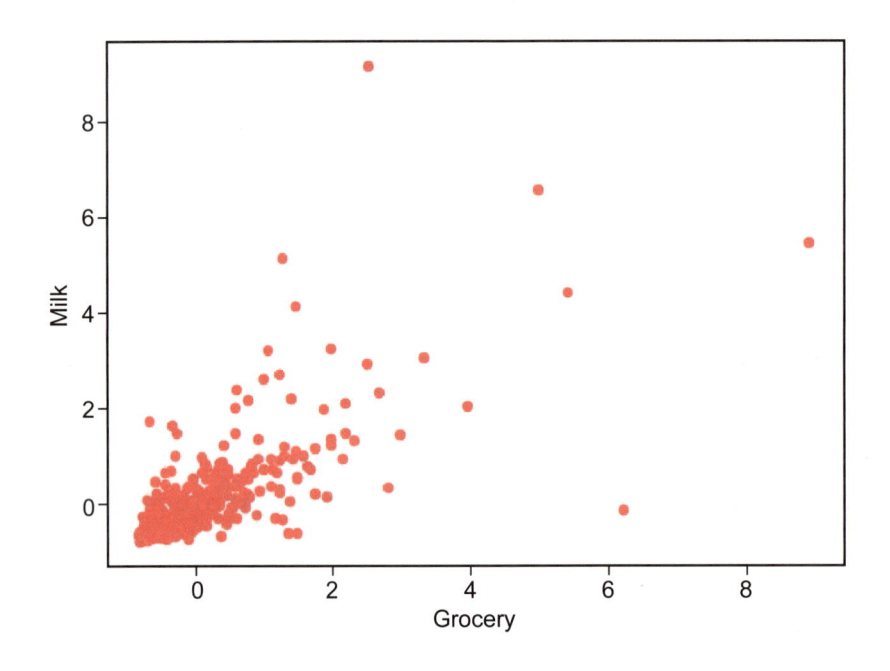

圖 4.9: 標準化後的樣本散佈圖

在 eps 和 min_samples 分別為 0.5 與 15 的參數值下配適模型 dsbc，模型物件的 label_ 屬性顯示歸群的結果，可以 np.unique() 函數統計各群的樣本數量，其中雜訊樣本的群標籤為 −1。

```
# 以標準化資料配適 DBSCAN 集群模型
dbsc = DBSCAN(eps = .5, min_samples = 15).fit(data)
# 歸群結果存出
labels = dbsc.labels_
```

```
# 雜訊樣本的群標籤為-1(numpy 產製次數分佈表的方式)
print(np.unique(labels, return_counts=True))
```

```
## (array([-1,  0]), array([ 36, 404]))
```

最後，我們以紫(黑)色標出散佈圖中的外圍雜訊樣本點，可以看出這些樣本的確多是離群值 (outliers)。

```
# 設定繪圖顏色值陣列
colors = np.array(['purple', 'blue'])
```

```
# 利用 labels+1 給定各樣本描點顏色
ax = pd.DataFrame(data, columns=["Grocery", "Milk"]).plot
    .scatter("Grocery", "Milk", c=colors[labels+1])
```

```
fig = ax.get_figure()
# fig.savefig('./_img/dbscan_scatter.png')
```

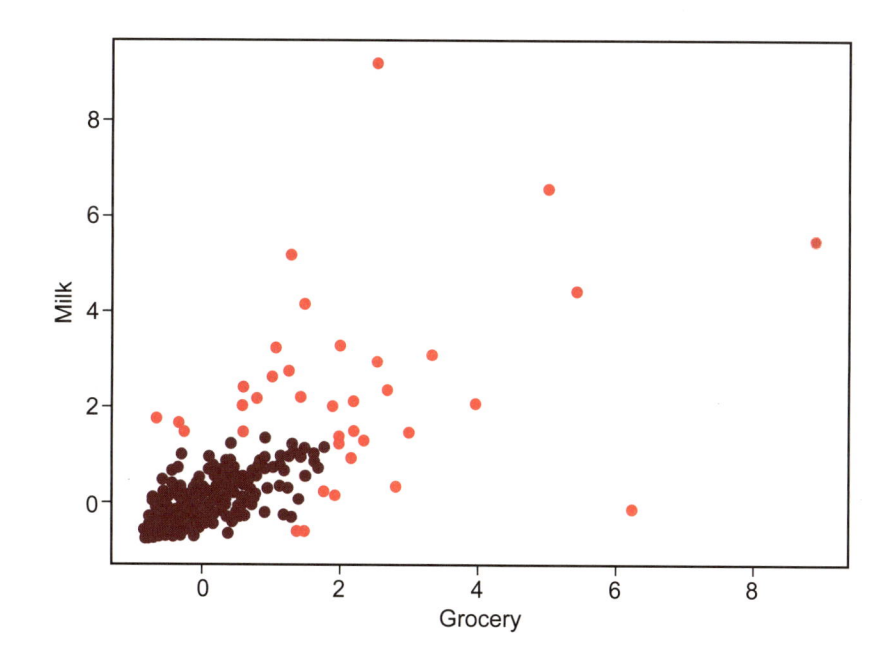

圖 4.10: DBSCAN 集群後的樣本散佈圖

4.3.4 集群結果評估

本章開頭曾提到集群結果的評估，通常較監督式學習的迴歸及分類模型評估更為困難，因為集群是以非監督的方式定義其欲解決的問題，所以不存在任何可用來評估結果的外部核驗準則 (external validation criteria)，例如：類別標籤。而內部 (internal) 核驗的標準經常是運用集群算法欲最佳化的模型目標函數，進一步發展準則來評估集群演算法所獲得的結果品質。常用的內部核驗準則有：

- 各群樣本點到中心距離的平方和 (Sum of SQuares distances, SSQ)：此法顯然較適合以中心為基礎的 k 平均數法，而不適合密度為基礎的集群法，例如：DBSCAN。

- 群內 (intracluster) 距離相對於群間 (intercluster) 距離的比值：此衡量越小顯示集群結果越佳，例如：以群內平方和對群間平方和的比值來決定 k 平均數法較好的分群數。

- 側影係數 (silhouette coefficient)：側影係數結合內聚力和分散力，以評估各個樣本點歸群結果的優劣。

集群分析有時會將樣本中的類別標籤 y 先視而不見，在這種情況下集群分析完成後，我們可參照類別標籤與集群結果，發展外部核驗準則，**scikit-learn** 的 **sklearn.metrics** 模組有下列評核集群結果品質的外部指標 (http://madhukaudantha.blogspot.com/2015/04/density-based-clustering-algorithm.html)：

- 齊質性 (homogeneity)：集群的結果滿足齊質性，如果所有的集群都只包括單一類別成員的樣本點。

- 完備性 (completeness)：集群的結果滿足完備性，如果單一類別成員的所有樣本點都隸屬於同一集群。

- v 衡量 (v-measure)：v 衡量是齊質性與完備性的調和平均數 (harmonic mean)。

- **Rand 指數 (Rand Index)**：Rand 指數是考慮集群結果與樣本標籤的所有可能配對情況下，計算兩者的相似性分數。

- 以相互熵為基礎的分數 (mutual information-based scores)：**相互熵 (Mutual Information, MI)** 是在不考慮排列的情況下，衡量兩種集群指派的相似性分數。Python 提供兩種 MI 的正規化版本，**正規化相互熵 (Normalized Mutual Information, NMI)** 與**校準相互熵 (Adjusted Mutual Information, AMI)**，NMI 常見於文獻中，而 AMI 同 Rand 指數一樣，是考慮機遇性後的**相互熵 (Mutual Information, MI)** 正規化分數。

4.3.5 結語

雖然 k 平均數法容易理解，且在實務上應用廣泛，但算法卻沒有離群值的概念，造成分群結果易受離群值的影響，使得 k 平均數法不夠穩健 (或稱欠缺魯棒性)。即便樣本中有離群值，所有的樣本點還是必須歸屬到某一群中，在異常值偵測時，這樣的方法令人有疑義，因為異常點無論如何都會與正常點歸到集群中。再者，群中心會因異常點的存在而朝向其偏移，這使得異常值更難被偵測出來。

k 平均數法屬於**中心集群法 (centroid-based clustering)**，是以各樣本與各群中心的遠近為歸群依據；密度集群法試圖找出樣本稠密的區域，以形成集群，這使得算法可學習任意形狀的聚落，並辨識資料中的離群值。總結來說，密度集群法的優點是可形成形狀各異和大小不同的集群，且不容易受到雜訊的影響，相較之下 k 平均數法形成的群多為圓球狀且大小相近。

前述 k 平均數法有多種變形，其中 k-medoids 解決資料中可能有離群值，以及類別屬性的問題；ISODATA(Iterative Self-Organizing DATA analysis) 可處理群數與初始集群中心決定的問題。對於階層式集群，資料中如有離群值，則其群間距離的計算建議使用質心法 (centroid)、平均法 (average)、或完全連結法 (complete linkage)；若有先驗知識已知各群大小與形狀差異不小，群間距離計算可使用單一連結法 (single linkage)；也就是說從質心到單一連接法，形成階層式集群的結果光譜 (spectrum)。CURE(Clustering Using REpresentatives) 是另一種運用多個代表點的集群方法，它比 k 平均數法更為穩健，較不受離群值影響，且可以形成非圓球形與大小有差異的集群，其結果多介於使用質心法和單一連結法 (single linkage) 計算群間距離的階層式集群結果。BIRCH (Balanced Iterative Reducing and Clustering using Hierarchies) 集群法改進了階層式集群方法效率不彰的問題，它和 DBSCAN 都能處理雜訊數據下的集群問題，不過 CURE 與 BIRCH 算法更適合大型資料集的問題。

第五章　監督式學習

　　統計機器學習訓練模型時需要投入適當的資料，例如：語音辨識工作要蒐集不同人的聲音檔案；圖片分類工作需要各類不同的圖檔；市場區隔時需要特定區隔客戶的人口統計變數，及其與公司往來的記錄。監督式學習還要有學習過程期望獲得的輸出值，例如：聲音檔案對應的文字 (transcripts)；各圖片是屬於貓或狗的類別標籤；客戶過去的語音服務用量。衡量監督式學習結果是否良好的方式，通常是計算預測結果與真實結果之間的距離，根據距離大小來調整算法的具體運作，各種調整的變化就是不同的監督式學習方法了。

　　迴歸問題與分類問題都是在反應變數 y 引導下的監督式學習，模型又可依預測變數與反應變數之關係型態，分為線性與非線性模型。本章第一節內容主要以線性模型為主，包含多元線性迴歸、**偏最小平方法 (Partial Least Squares, PLS)**、**脊迴歸 (ridge regression)** 與**套索迴歸 (LASSO regression)**(以上為迴歸模型)、**羅吉斯迴歸 (logistic regression)** 分類與**線性判別分析 (Linear Discriminant Analysis, LDA)** 等。第二節進入非線性分類與迴歸，我們大多介紹分類模型，內容則有**天真貝氏分類模型 (naive Bayes classifier)**、**k 近鄰法 (k-Nearest Neighbors, kNN) 分類**、**支援向量機 (Support Vector Machines, SVM) 分類** (以上為分類模型)、**分類與迴歸樹 (Classification and Regression Trees, CART)**(兼談分類與迴歸樹狀模型) 等，**類神經網路 (artificial neural networks)** 迴歸與分類則在下一章介紹。

5.1 線性迴歸與分類

3.1 節中的隨機誤差模型 $E(y \mid x_1, x_2, ..., x_m) = f(x_1, x_2, ..., x_m)$，當反應變數 y 是數值且 $f(\cdot)$ 為線性函數時，我們要建立的模型就是線性迴歸模型。R 語言 {stats} 套件中 `lm()` 函數，可根據**普通最小平方法 (Ordinary Least Squares, OLS)** 估計迴歸方程式的各項係數，OLS 以誤差平方和 SSE(式 (3.5))，或殘差平方和 RSS(式 (3.14)) 為最小化目標，`lm.fit()` 背後以矩陣代數的 QR 分解 C 語言代碼，完成參數估計的計算工作。許多統計或機器學習書籍對於 OLS 都有很好的介紹，本節主要介紹 OLS 失靈時的大數據線性迴歸技術。

除了可以運用 OLS 或其它估計方法求得的方程式，明確表達 y 與 $x_1, x_2, ..., x_m$ 的關係，我們也可以藉由較不明顯的算法結構，總結因變數與自變數兩者的互動，例如：5.2.4 節的迴歸樹、k 近鄰法迴歸、支援向量機迴歸、第六章的類神經網路、運用鍵結函數 (splines) 的廣義可加模型 (Generalized Additive Model, GAM) 等就屬於這類技術，它們大多對數值反應變數 y 進行局域估計 (Huang et al., 2008)。

另一種情況為反應變數 y 呈現兩種或兩種以上的形式或類別，英文常稱之為 types, classes, groups, categories 等，此時我們所要建立的模型就是分類模型。分類問題是事前已經知道樣本歸屬於哪一類，建模的假設是各類特徵可由該類樣本的多變量資料結構所刻畫，最佳化的準則是儘可能減少誤歸類個數。不同分類技術也是運用不同的途徑最小化誤歸類個數，如同迴歸模型一樣，有些分類模型採用數學的方式，不過分類問題因為反應變數 y，並非連續數值型，通常無法像迴歸模型一樣直接對 y 建模，因為涉及類別 y 值的編碼問題，尤其在多類別的問題上，符合現實意義的編碼更加難求。所以線性判別分析、羅吉斯迴歸分類與非線性的天真貝式分類等，以條件機率 $Pr[y \mid \mathbf{x} = (x_1, ... x_m)]$ 為建模對象。前述數學的方式畢竟限制較多，晚近提出的方法許多以演算法的方式解決分類問題，例如：5.2 節非線性分類的 k 近鄰法分類、支援向量機分類與分類樹等。本節將討論線性判別分析，以及羅吉斯迴歸分類等線性分類模型。

5.1.1 多元線性迴歸

多元線性迴歸模型，可以表示成下面的線性方程式：

$$y_i = \hat{y}_i + e_i = b_0 + b_1 x_{i1} + b_2 x_{i2} + ... + b_m x_{im} + e_i \qquad (5.1)$$

其中 y_i 與 $\hat{y}_i$ 分別是第 i 個樣本的反應變數真實值與預測值，b_0(或 $\hat{\beta}_0$) 是截距估計值，b_1(或 $\hat{\beta}_1$) 到 b_m(或 $\hat{\beta}_m$) 是迴歸係數，x_{ij} 是第 i 個樣本其第 j 個預測變數值，m 是預測變數個數，e_i 是樣本殘差 (或誤差) 項，也就是模型無法解釋的隨機誤差。

以下以 R 語言套件 {AppliedPredictiveModeling} 的溶解度資料 solubility 為例，說明各種線性迴歸模型。

```r
library(AppliedPredictiveModeling)
# 載入溶解度資料的數個資料物件
data(solubility)
# 資料物件名都是以 solT 開頭的名稱
ls(pattern = "^solT")
```

```
## [1] "solTestX"      "solTestXtrans"  "solTestY"
## [4] "solTrainX"     "solTrainXtrans" "solTrainY"
```

溶解度資料 solubility 包括訓練集預測變數矩陣 solTrainX 與類別標籤向量 solTrainY，測試集預測變數矩陣 solTestX 與類別標籤向量 solTestY，以及經過標準化與偏態轉換後的兩子集屬性矩陣 solTrainXtrans 和 solTestXtrans，後續建模多以轉換後的訓練集屬性矩陣 solTrainXtrans 進行。

```r
# 計算樣本總數
nrow(solTrainXtrans) + nrow(solTestXtrans)
```

```
## [1] 1267
```

```r
# 預測變數個數
ncol(solTrainXtrans)
```

```
## [1] 228
```

溶解度資料總共有 1267 種化合物，228 個預測變數分為下列三種：

- 208 個二元結構描述子，常稱為指紋變數 (fingerprints)，從 FP001 到 FP208，代表化合物是否存在某種特殊的化學結構。
- 16 個計數屬性 (count descriptors)，例如：化學鍵數、溴原子個數等。
- 四個連續屬性，分子重量 (MolWeight)、親水性因子 (HydrophilicFactor) 與表面積 (SurfaceArea1, SurfaceArea2) 等。

為了運用 R 語言的模型公式符號 (參見表5.1)，首先將訓練集屬性矩陣 solTrainXtrans 與類別標籤向量 solTrainY，組合在同一個資料框 trainingData。接著以全部 228 個預測變數，配適 solubility 的多元線性迴歸模型 lmFitAllPredictors。擬合完成後再以泛型函數 summary() 生成 lm 類模型物件的摘要報表，內容包括迴歸模型殘差的摘要統計值、各參數估計值及其標準誤、以及各個迴歸係數是否異於零的統計檢定 p 值。最後是殘差標準誤、模型整體顯著性檢定 (F 檢定) 結果、與調整前後的 R^2 值。報表最下方說明 R 語言統計檢定的顯著水準符號，p 值比 0.001 小時記為 ***；p 值比 0.01 小但大於等於 0.001 時記為 **；p 值比 0.05 小但大於等於 0.01 時記為 *；p 值比 0.1 小但大於等於 0.05 時記為 .；其餘留空白。

```r
# 合併屬性矩陣 X 與類別標籤向量 y，產生統計人群慣用的資料表
trainingData <- solTrainXtrans
trainingData$Solubility <- solTrainY
# R 語言線性迴歸建模的主要函數 lm()
lmFitAllPredictors <- lm(Solubility ~ ., data = trainingData)
# 配適好的模型其類別與建模函數同名
class(lmFitAllPredictors)
```

```
## [1] "lm"
```

表 5.1: 模型公式語法運用的符號 (Kabacoff, 2015)

符號	用法說明
~	區隔反應變數與預測變數，y ~x + z + w
+	添加預測變數，y ~x + z + w
:	表達交互作用 x:z，y ~x + z + x:z
*	表示所有可能的交互作用，y ~x * z * w 會展開成 y ~x + z + w + x:z + x:w + z:w + x:z:w
^	表示至多為特定冪次的所有可能交互作用，y ~(x + z + w) ^2 展開為 y ~x + z + w + x:z + x:w + z:w
.	表示資料表中除了反應變數以外的所有其它變數，如果資料框有變數 x, y, z, 和 w，則 y ~. 代表 y ~x + z + w
-	移除模型項，y ~(x + z + w) ^2 -x:w 表示是 y ~x + z + w + x:z + z:w
-1	移除截距項，y ~x - 1 擬合通過原點的 y 對 x 迴歸直線
I( )	逃脫函數，y ~x + I((z + w) ^2) 代表 y ~x + h，其中 h 是 z 與 w 之和的平方，I( ) 可讓其內的運算回歸原始的算術意義
function	數學函數亦可用於模型公式中，log(y) ~x + z + w 表示從 x, z, 與 w 預測 log(y)

```
# summary.lm() 產生 R 語言線性迴歸摘要報表 lmAllRpt
lmAllRpt <- summary(lmFitAllPredictors)
# 229 個迴歸係數報表很長，僅挑出其 t 檢定顯著水準低於 5% 者
sigVars <- lmAllRpt$coefficients[,"Pr(>|t|)"] < .05
# 54 個係數的顯著水準低於 5%(至少一星 *)
sum(sigVars)
```

```
## [1] 54
```

```
# 邏輯值索引只檢視 54 個顯著的迴歸係數
# 更新原 229 項龐大的迴歸係數報表
lmAllRpt$coefficients <- lmAllRpt$coefficients[sigVars, ]
lmAllRpt
```

```
## 
## Call:
## lm(formula = Solubility ~ ., data = trainingData)
## 
## Residuals:
##     Min      1Q  Median      3Q     Max
## -1.7562 -0.2830  0.0117  0.3003  1.5489
## 
## Coefficients:
##              Estimate Std. Error t value Pr(>|t|)
## FP004         -0.3049     0.1371   -2.22  0.02652
## FP005          2.8367     0.9598    2.96  0.00322
## FP040          0.5477     0.1890    2.90  0.00387
## FP061         -0.6365     0.1440   -4.42  1.1e-05
## FP064          0.2549     0.1221    2.09  0.03721
## FP065         -0.2844     0.1197   -2.38  0.01771
## FP068          0.4964     0.2028    2.45  0.01463
## FP072         -0.9773     0.2763   -3.54  0.00043
## FP073         -0.4671     0.2072   -2.25  0.02447
## FP076          0.5166     0.1704    3.03  0.00253
## FP078         -0.3715     0.1588   -2.34  0.01961
## FP079          0.4254     0.1881    2.26  0.02399
## FP080          0.3101     0.1554    2.00  0.04634
## FP081         -0.3208     0.1117   -2.87  0.00419
## FP083         -0.6916     0.2134   -3.24  0.00125
## FP085         -0.3310     0.1428   -2.32  0.02078
## FP088          0.2416     0.0996    2.43  0.01553
## FP089          0.5999     0.2320    2.59  0.00992
## FP096         -0.5024     0.1459   -3.44  0.00061
```

```
## FP107                2.7780     0.8247    3.37  0.00080
## FP109                0.8200     0.2267    3.62  0.00032
## FP111               -0.5565     0.1420   -3.92  9.8e-05
## FP119                0.7515     0.2630    2.86  0.00440
## FP126               -0.2782     0.1177   -2.36  0.01837
## FP127               -0.6123     0.1739   -3.52  0.00046
## FP128               -0.5424     0.1932   -2.81  0.00514
## FP130               -1.0340     0.4106   -2.52  0.01201
## FP134                2.4960     1.1964    2.09  0.03731
## FP142                0.6272     0.1488    4.21  2.8e-05
## FP143                0.9981     0.2929    3.41  0.00069
## FP154               -1.0272     0.2033   -5.05  5.5e-07
## FP164                0.5096     0.1899    2.68  0.00745
## FP165                0.5793     0.2146    2.70  0.00710
## FP167               -0.6044     0.2515   -2.40  0.01650
## FP169               -0.1705     0.0831   -2.05  0.04065
## FP171                0.4651     0.1186    3.92  9.6e-05
## FP173                0.4243     0.1657    2.56  0.01063
## FP176                0.9736     0.2644    3.68  0.00025
## FP184                0.4876     0.1580    3.09  0.00210
## FP201               -0.4838     0.1980   -2.44  0.01477
## FP202                0.5664     0.1869    3.03  0.00253
## MolWeight           -1.2318     0.2296   -5.36  1.1e-07
## NumAtoms           -14.7847     3.4732   -4.26  2.3e-05
## NumNonHAtoms       17.9488     3.1658    5.67  2.1e-08
## NumBonds            9.8434     2.6815    3.67  0.00026
## NumNonHBonds      -10.3007     1.7927   -5.75  1.3e-08
## NumRotBonds        -0.5213     0.1334   -3.91  0.00010
## NumDblBonds        -0.7492     0.3163   -2.37  0.01811
## NumAromaticBonds   -2.3644     0.6232   -3.79  0.00016
## NumHydrogen         0.8347     0.1880    4.44  1.0e-05
## NumNitrogen         6.1254     3.0452    2.01  0.04464
## NumOxygen           2.3894     0.4523    5.28  1.7e-07
## NumSulfer          -8.5084     3.6191   -2.35  0.01899
## NumChlorine        -7.4487     1.9893   -3.74  0.00020
```

```
## 
## FP004              *
## FP005              **
## FP040              **
## FP061              ***
## FP064              *
## FP065              *
## FP068              *
## FP072              ***
## FP073              *
## FP076              **
## FP078              *
## FP079              *
## FP080              *
## FP081              **
## FP083              **
## FP085              *
## FP088              *
## FP089              **
## FP096              ***
## FP107              ***
## FP109              ***
## FP111              ***
## FP119              **
## FP126              *
## FP127              ***
## FP128              **
## FP130              *
## FP134              *
## FP142              ***
## FP143              ***
## FP154              ***
## FP164              **
## FP165              **
## FP167              *
```

```
## FP169              *
## FP171              ***
## FP173              *
## FP176              ***
## FP184              **
## FP201              *
## FP202              **
## MolWeight          ***
## NumAtoms           ***
## NumNonHAtoms       ***
## NumBonds           ***
## NumNonHBonds       ***
## NumRotBonds        ***
## NumDblBonds        *
## NumAromaticBonds   ***
## NumHydrogen        ***
## NumNitrogen        *
## NumOxygen          ***
## NumSulfer          *
## NumChlorine        ***
## ---
## Signif. codes:
## 0 '***' 0.001 '**' 0.01 '*' 0.05 '.' 0.1 ' ' 1
##
## Residual standard error: 0.552 on 722 degrees of freedom
## Multiple R-squared:  0.945,  Adjusted R-squared:  0.927
## F-statistic:    54 on 228 and 722 DF,  p-value: <2e-16
```

摘要報表最下方顯示迴歸模型整體擬合結果，殘差標準誤 (即均方根誤差 $RMSE$) 與調整後的迴歸判定係數 R_{adj}^2 的估計值分別為 0.5524 與 0.9271，請注意這些估計值可能過於樂觀，因為它們是由訓練集資料計算出來的。比較客觀的模型評估方式，是以泛型函數 predict() 預測測試樣本的溶解度，再與其實際的溶解度進行比較評估。

```r
# predict.lm() 預測測試樣本溶解度
lmPred1 <- predict(lmFitAllPredictors, solTestXtrans)
head(lmPred1)
```

```
##       20      21      23      25      28      31
##  0.99371  0.06835 -0.69878  0.84796 -0.16578  1.40815
```

我們先將測試集的實際溶解度與預測溶解度組成資料框 lmValues1，將之傳入套件 {caret} 中的函數 defaultSummary() 估計測試集績效。

```r
# 測試集實際值與預測值組成資料框
lmValues1 <- data.frame(obs = solTestY, pred = lmPred1)
library(caret)
# R 語言 {caret} 套件績效評量計算函數
defaultSummary(lmValues1)
```

```
##    RMSE Rsquared    MAE
##  0.7456   0.8722 0.5498
```

從測試集的 $RMSE = 0.7456$ 與 $R^2 = 0.8722$，的確可看出訓練集的績效估計值過於樂觀。由於溶解度資料集變數較多，接下來分別以後向式和前向式兩種啟發式 (heuristic) 逐步迴歸方法 (stepwise regression) 選擇重要的變數進行建模。整個逐步迴歸嘗試錯誤的建模時間較長，因此將模型物件儲存為二進位格式的 R 語言工作空間檔案 reducedSolMdl.RData，後續僅需用 load() 函數將之載入環境中即可檢視模型細節。

```r
# 後向式逐步迴歸 step() 須傳入完整模型，再逐次剔除不重要變數
# 建模時間長，system.time() 衡量程式碼執行時間 (1.9 節)
# 逐步迴歸建模過程 AIC 或 BIC 值越小，模型配適的越好 (3.2.1 節)
# system.time(reducedSolMdl <- step(lmFitAllPredictors,
# direction='backward'))
# 儲存執行耗時的配適結果
# save(reducedSolMdl, file = "reducedSolMdl.RData")
```

```r
# 因模型建立耗時, 載入預先跑好的模型物件
load("./_data/reducedSolMdl.RData")
# 原始報表過長, 請讀者自行執行程式碼
# summary(reducedSolMdl)
```

```r
# 129 個模型項代表原 228 個變數, 後向式逐步迴歸挑選了 128 個入模
str(coef(reducedSolMdl))
```

```
## Named num [1:129] 3.257 -0.281 2.815 -0.325
## 0.425 ...
## - attr(*, "names")= chr [1:129] "(Intercept)"
## "FP004" "FP005" "FP009" ...
```

```r
# 後向式逐步迴歸摘要報表 lmBackRpt
lmBackRpt <- summary(reducedSolMdl)
# 因迴歸報表很長, 挑出 t 檢定顯著水準低於 5% 的模型項
sigVars <- lmBackRpt$coefficients[,"Pr(>|t|)"] < .05
# 96 個入模變數的係數顯著水準低於 5%(至少一星 *)
sum(sigVars)
```

```
## [1] 96
```

```r
# 更新原 129 項的後向式逐步迴歸係數報表
lmBackRpt$coefficients <- lmBackRpt$coefficients[sigVars, ]
```

```r
# 更新後的迴歸報表仍然相當長
lmBackRpt
```

```
## 
## Call:
## lm(formula = Solubility ~ FP004 + FP005 + FP009
## + FP010 + FP016 +
```

```
## FP017 + FP018 + FP019 + FP023 + FP024 + FP025 +
## FP026 + FP027 +
## FP032 + FP033 + FP035 + FP038 + FP040 + FP041 +
## FP042 + FP044 +
## FP045 + FP048 + FP049 + FP052 + FP055 + FP056 +
## FP059 + FP060 +
## FP061 + FP062 + FP063 + FP064 + FP065 + FP066 +
## FP068 + FP069 +
## FP071 + FP072 + FP073 + FP074 + FP076 + FP077 +
## FP078 + FP079 +
## FP080 + FP081 + FP083 + FP084 + FP085 + FP088 +
## FP089 + FP092 +
## FP093 + FP094 + FP096 + FP097 + FP098 + FP102 +
## FP103 + FP104 +
## FP107 + FP109 + FP111 + FP113 + FP115 + FP117 +
## FP118 + FP119 +
## FP124 + FP126 + FP127 + FP128 + FP130 + FP131 +
## FP133 + FP134 +
## FP135 + FP140 + FP142 + FP143 + FP145 + FP148 +
## FP150 + FP151 +
## FP153 + FP154 + FP155 + FP157 + FP159 + FP161 +
## FP163 + FP164 +
## FP165 + FP167 + FP169 + FP171 + FP172 + FP173 +
## FP176 + FP180 +
## FP181 + FP184 + FP185 + FP186 + FP187 + FP188 +
## FP190 + FP191 +
## FP192 + FP201 + FP202 + MolWeight + NumAtoms +
## NumNonHAtoms +
## NumBonds + NumNonHBonds + NumMultBonds +
## NumRotBonds + NumDblBonds +
## NumAromaticBonds + NumHydrogen + NumNitrogen +
## NumOxygen +
## NumSulfer + NumChlorine + NumRings +
## SurfaceArea2, data = trainingData)
##
```

```
## Residuals:
## Min 1Q Median 3Q Max
## -1.6974 -0.2849 -0.0049 0.3013 1.5382
##
## Coefficients:
## Estimate Std. Error t value Pr(>|t|)
## FP004 -0.2807 0.1068 -2.63 0.00875
## FP005 2.8145 0.6675 4.22 2.8e-05
## FP009 -0.3245 0.1648 -1.97 0.04923
## FP016 -0.2864 0.0925 -3.10 0.00202
## FP018 -0.4171 0.1174 -3.55 0.00040
## FP023 -0.3064 0.1272 -2.41 0.01623
## FP026 0.2264 0.0980 2.31 0.02108
## FP027 0.3917 0.1096 3.57 0.00037
## FP032 -0.9987 0.3811 -2.62 0.00895
## FP040 0.6076 0.1446 4.20 2.9e-05
## FP049 0.2400 0.1125 2.13 0.03313
## FP052 -0.3405 0.1335 -2.55 0.01096
## FP055 -0.4170 0.1708 -2.44 0.01485
## FP056 -0.2773 0.1342 -2.07 0.03912
## FP061 -0.6453 0.1192 -5.41 8.1e-08
## FP064 0.3413 0.0920 3.71 0.00022
## FP065 -0.2935 0.0901 -3.26 0.00117
## FP068 0.4034 0.1458 2.77 0.00579
## FP069 0.1559 0.0715 2.18 0.02957
## FP071 0.2534 0.0944 2.69 0.00739
## FP072 -1.0596 0.2001 -5.30 1.5e-07
## FP073 -0.3681 0.1236 -2.98 0.00298
## FP074 0.2089 0.0854 2.45 0.01465
## FP076 0.5405 0.1223 4.42 1.1e-05
## FP077 0.1702 0.0851 2.00 0.04584
## FP078 -0.3621 0.1125 -3.22 0.00134
## FP079 0.4007 0.1461 2.74 0.00622
## FP080 0.2371 0.0852 2.78 0.00553
## FP081 -0.3839 0.0840 -4.57 5.7e-06
```

```
## FP083 -0.7086 0.1148 -6.17 1.1e-09
## FP084  0.3043 0.1228  2.48 0.01344
## FP085 -0.4038 0.0978 -4.13 4.0e-05
## FP088  0.2031 0.0775  2.62 0.00894
## FP089  0.6019 0.1828  3.29 0.00104
## FP093  0.1896 0.0833  2.28 0.02313
## FP094 -0.2169 0.1008 -2.15 0.03169
## FP096 -0.4963 0.1165 -4.26 2.3e-05
## FP097 -0.2187 0.1073 -2.04 0.04191
## FP098 -0.3598 0.1124 -3.20 0.00142
## FP102  0.3304 0.1616  2.04 0.04122
## FP103 -0.1725 0.0737 -2.34 0.01943
## FP107  2.5607 0.5777  4.43 1.1e-05
## FP109  0.8500 0.1284  6.62 6.5e-11
## FP111 -0.5451 0.0964 -5.66 2.1e-08
## FP113  0.1786 0.0747  2.39 0.01703
## FP115 -0.2175 0.1037 -2.10 0.03621
## FP119  0.7563 0.1689  4.48 8.7e-06
## FP124  0.3148 0.1005  3.13 0.00180
## FP126 -0.2995 0.0915 -3.27 0.00111
## FP127 -0.5716 0.1232 -4.64 4.1e-06
## FP128 -0.5650 0.1016 -5.56 3.6e-08
## FP130 -0.7030 0.1688 -4.16 3.5e-05
## FP131  0.2851 0.1150  2.48 0.01337
## FP133 -0.1883 0.0912 -2.06 0.03936
## FP134  3.7856 0.7697  4.92 1.1e-06
## FP142  0.6763 0.1124  6.01 2.7e-09
## FP143  0.9282 0.2168  4.28 2.1e-05
## FP148 -0.2250 0.0992 -2.27 0.02362
## FP153 -0.3903 0.1554 -2.51 0.01223
## FP154 -0.8823 0.1403 -6.29 5.2e-10
## FP157 -0.3288 0.1362 -2.41 0.01599
## FP161 -0.2441 0.1170 -2.09 0.03722
## FP163  0.5326 0.1805  2.95 0.00326
## FP164  0.5592 0.1344  4.16 3.5e-05
```

```
## FP165        0.5160     0.1699   3.04  0.00247
## FP167       -0.4834     0.1823  -2.65  0.00815
## FP169       -0.1503     0.0676  -2.22  0.02654
## FP171        0.4439     0.0789   5.63  2.5e-08
## FP172       -0.6432     0.1540  -4.18  3.3e-05
## FP173        0.4641     0.1300   3.57  0.00038
## FP176        1.0157     0.1723   5.89  5.5e-09
## FP180       -0.9069     0.3431  -2.64  0.00837
## FP181        0.6819     0.1397   4.88  1.3e-06
## FP184        0.4844     0.1309   3.70  0.00023
## FP185       -0.3387     0.1513  -2.24  0.02549
## FP186       -0.2803     0.1213  -2.31  0.02113
## FP187        0.6509     0.1008   6.46  1.8e-10
## FP188        0.2050     0.1011   2.03  0.04287
## FP190        0.5815     0.1168   4.98  7.8e-07
## FP191        0.3202     0.1125   2.85  0.00455
## FP201       -0.5666     0.1465  -3.87  0.00012
## FP202        0.4395     0.0685   6.42  2.4e-10
## MolWeight   -1.2574     0.1896  -6.63  6.1e-11
## NumAtoms  -16.6790     2.4476  -6.81  1.8e-11
## NumNonHAtoms 17.5932   2.4516   7.18  1.6e-12
## NumBonds   11.2910     1.9218   5.88  6.1e-09
## NumNonHBonds -9.7391   1.3427  -7.25  9.4e-13
## NumRotBonds -0.5381    0.1055  -5.10  4.3e-07
## NumDblBonds -0.8252    0.2272  -3.63  0.00030
## NumAromaticBonds -2.1913 0.4480 -4.89 1.2e-06
## NumHydrogen  0.8643    0.1533   5.64  2.4e-08
## NumNitrogen  3.1805    0.9844   3.23  0.00128
## NumOxygen    2.6087    0.3071   8.49  < 2e-16
## NumSulfer  -12.0673    2.1129  -5.71  1.6e-08
## NumChlorine -7.0865    1.3873  -5.11  4.1e-07
## SurfaceArea2 0.1665    0.0235   7.10  2.7e-12
## 
## FP004 **
## FP005 ***
```

```
## FP009  *
## FP016  **
## FP018  ***
## FP023  *
## FP026  *
## FP027  ***
## FP032  **
## FP040  ***
## FP049  *
## FP052  *
## FP055  *
## FP056  *
## FP061  ***
## FP064  ***
## FP065  **
## FP068  **
## FP069  *
## FP071  **
## FP072  ***
## FP073  **
## FP074  *
## FP076  ***
## FP077  *
## FP078  **
## FP079  **
## FP080  **
## FP081  ***
## FP083  ***
## FP084  *
## FP085  ***
## FP088  **
## FP089  **
## FP093  *
## FP094  *
## FP096  ***
```

```
## FP097  *
## FP098  **
## FP102  *
## FP103  *
## FP107  ***
## FP109  ***
## FP111  ***
## FP113  *
## FP115  *
## FP119  ***
## FP124  **
## FP126  **
## FP127  ***
## FP128  ***
## FP130  ***
## FP131  *
## FP133  *
## FP134  ***
## FP142  ***
## FP143  ***
## FP148  *
## FP153  *
## FP154  ***
## FP157  *
## FP161  *
## FP163  **
## FP164  ***
## FP165  **
## FP167  **
## FP169  *
## FP171  ***
## FP172  ***
## FP173  ***
## FP176  ***
## FP180  **
```

```
## FP181 ***
## FP184 ***
## FP185 *
## FP186 *
## FP187 ***
## FP188 *
## FP190 ***
## FP191 **
## FP201 ***
## FP202 ***
## MolWeight ***
## NumAtoms ***
## NumNonHAtoms ***
## NumBonds ***
## NumNonHBonds ***
## NumRotBonds ***
## NumDblBonds ***
## NumAromaticBonds ***
## NumHydrogen ***
## NumNitrogen **
## NumOxygen ***
## NumSulfer ***
## NumChlorine ***
## SurfaceArea2 ***
## ---
## Signif. codes:
## 0 '***' 0.001 '**' 0.01 '*' 0.05 '.' 0.1 ' ' 1
##
## Residual standard error: 0.532 on 822 degrees of
## freedom
## Multiple R-squared: 0.942, Adjusted R-squared:
## 0.933
## F-statistic: 104 on 128 and 822 DF, p-value:
## <2e-16
```

後向式逐步迴歸以所有預測變數建立的完整模型 lmFitAllPredictors 為起點，逐步剔除不重要的變數，最終留下了 128 個變數；而前向式則從只有截距項的最簡單模型 (minimum model, mean model 或稱 null model) minSolMdl 開始出發，逐步加入變數，當模型不再有顯著改善時選取了 114 個變數，前向式逐步迴歸程式碼與配適結果如下。

```r
# 先建立只有截距項的最簡模型
minSolMdl <- lm(Solubility ~ 1, data = trainingData)
# 前向式逐步迴歸 step() 須傳入最簡模型，再逐次增加變數入模
# as.formula() 設定 scope 引數的最複雜模型公式
# system.time(fwdSolMdl <-step(minSolMdl, direction='forward'
# , scope = as.formula(paste("~", paste(names(solTrainXtrans)
# , collapse = "+"))), trace=0))
# 儲存執行耗時的配適結果
# save(fwdSolMdl, file = "fwdSolMdl.RData")
# 因模型建立耗時，載入預先跑好的模型物件
load("./_data/fwdSolMdl.RData")
# 原始報表過長，請讀者自行執行程式碼
# summary(fwdSolMdl)
```

```r
# 115 個模型項代表原 228 個變數，前向式逐步迴歸挑選了 114 個入模
str(coef(fwdSolMdl))
```

```
## Named num [1:115] 7.6456 -1.3411 0.0784 12.2132
## 0.639 ...
## - attr(*, "names")= chr [1:115] "(Intercept)"
## "MolWeight" "SurfaceArea1" "NumNonHAtoms" ...
```

```r
# 前向式逐步迴歸摘要報表 lmFwdRpt
lmFwdRpt <- summary(fwdSolMdl)
# 因迴歸報表很長，以 t 檢定顯著水準低於 5% 的標準縮減報表
sigVars <- lmFwdRpt$coefficients[,"Pr(>|t|)"] < .05
# 76 個入模變數的係數顯著水準低於 5%(至少一星 *)
```

```r
sum(sigVars)
```

```
## [1] 76
```

```r
# 更新原 115 項的前向式逐步迴歸係數報表
lmFwdRpt$coefficients <- lmFwdRpt$coefficients[sigVars, ]
```

```r
# 更新後的報表仍然相當長
lmFwdRpt
```

```
## 
## Call:
## lm(formula = Solubility ~ MolWeight +
## SurfaceArea1 + NumNonHAtoms +
## FP142 + FP074 + FP206 + FP137 + FP172 + FP173 +
## FP002 + NumMultBonds +
## FP116 + FP049 + FP083 + FP085 + FP135 + FP164 +
## FP202 + FP188 +
## FP124 + FP004 + FP026 + FP059 + FP040 + FP127 +
## NumCarbon +
## FP039 + FP190 + FP037 + FP154 + FP111 + FP075 +
## FP129 + FP056 +
## FP204 + NumHydrogen + NumSulfer + FP084 +
## NumAtoms + FP078 +
## FP027 + FP022 + FP071 + FP061 + FP099 + NumBonds
## + NumNonHBonds +
## FP076 + FP044 + FP122 + FP079 + FP147 + FP176 +
## FP163 + FP064 +
## FP081 + FP093 + NumRotBonds + FP171 +
## NumChlorine + FP128 +
## FP109 + NumOxygen + NumNitrogen + FP201 + FP096
## + FP072 +
## FP065 + FP119 + FP184 + FP107 + FP077 + FP126 +
```

```
## FP131 + FP054 +
## FP069 + FP098 + FP140 + FP103 + FP113 + FP169 +
## FP174 + FP167 +
## FP165 + NumDblBonds + FP066 + FP134 + FP019 +
## FP018 + FP055 +
## FP150 + NumAromaticBonds + FP005 + FP089 + FP068
## + FP145 +
## FP157 + FP067 + FP088 + FP104 + FP051 + FP118 +
## FP052 + SurfaceArea2 +
## FP143 + FP130 + FP159 + FP032 + FP033 + FP017 +
## FP156 + FP045 +
## FP048 + FP094, data = trainingData)
##
## Residuals:
## Min 1Q Median 3Q Max
## -1.8721 -0.3030 0.0026 0.3107 1.8928
##
## Coefficients:
## Estimate Std. Error t value Pr(>|t|)
## (Intercept) 7.6456 1.1214 6.82 1.8e-11
## MolWeight -1.3411 0.1609 -8.34 3.1e-16
## NumNonHAtoms 12.2132 1.6882 7.23 1.1e-12
## FP142 0.6390 0.1120 5.71 1.6e-08
## FP172 -0.6014 0.1518 -3.96 8.1e-05
## FP173 0.3736 0.1118 3.34 0.00087
## FP083 -0.6112 0.1159 -5.27 1.7e-07
## FP085 -0.5207 0.0881 -5.91 4.9e-09
## FP202 0.4232 0.0700 6.05 2.2e-09
## FP188 0.2134 0.0948 2.25 0.02469
## FP124 0.2584 0.0779 3.32 0.00095
## FP004 -0.2965 0.1049 -2.83 0.00483
## FP026 0.2870 0.0959 2.99 0.00284
## FP040 0.5470 0.1521 3.60 0.00034
## FP127 -0.4490 0.1156 -3.88 0.00011
## FP190 0.5638 0.1172 4.81 1.8e-06
```

```
## FP154       -0.8215  0.1413 -5.81 8.7e-09
## FP111       -0.5282  0.1053 -5.02 6.4e-07
## NumHydrogen  0.9214  0.1526  6.04 2.3e-09
## NumSulfer   -8.1026  2.6847 -3.02 0.00262
## NumAtoms   -17.6293  2.4886 -7.08 3.0e-12
## FP078       -0.4368  0.1214 -3.60 0.00034
## FP027        0.4519  0.1044  4.33 1.7e-05
## FP071        0.3159  0.0812  3.89 0.00011
## FP061       -0.6437  0.1115 -5.77 1.1e-08
## FP099        0.6306  0.1456  4.33 1.7e-05
## NumBonds    11.8519  1.8816  6.30 4.8e-10
## NumNonHBonds -6.3842 0.8653 -7.38 3.9e-13
## FP076        0.4692  0.1116  4.20 2.9e-05
## FP079        0.3574  0.1287  2.78 0.00561
## FP176        0.8925  0.1763  5.06 5.1e-07
## FP163        0.4782  0.1323  3.61 0.00032
## FP064        0.3690  0.0810  4.55 6.0e-06
## FP081       -0.4061  0.0853 -4.76 2.3e-06
## FP093        0.1683  0.0799  2.11 0.03541
## NumRotBonds -0.4699  0.1018 -4.61 4.6e-06
## FP171        0.3966  0.0792  5.01 6.7e-07
## NumChlorine -5.9072  1.3625 -4.34 1.6e-05
## FP128       -0.4094  0.1011 -4.05 5.6e-05
## FP109        0.7527  0.1419  5.30 1.5e-07
## NumOxygen    2.0844  0.2925  7.13 2.2e-12
## NumNitrogen  1.6024  0.3851  4.16 3.5e-05
## FP201       -0.3932  0.1591 -2.47 0.01369
## FP096       -0.5268  0.1120 -4.70 3.0e-06
## FP072       -0.8086  0.1793 -4.51 7.5e-06
## FP065       -0.2824  0.0889 -3.18 0.00155
## FP119        0.8814  0.1661  5.31 1.4e-07
## FP184        0.5260  0.1287  4.09 4.8e-05
## FP107        2.0340  0.5479  3.71 0.00022
## FP126       -0.3433  0.0938 -3.66 0.00027
## FP131        0.3282  0.1086  3.02 0.00258
```

```
## FP140 0.4339 0.1420 3.06 0.00232
## FP103 -0.2080 0.0763 -2.72 0.00658
## FP113 0.1825 0.0797 2.29 0.02229
## FP169 -0.1610 0.0674 -2.39 0.01718
## FP174 -0.2981 0.1401 -2.13 0.03368
## FP167 -0.6866 0.1749 -3.93 9.4e-05
## FP165 0.4942 0.1613 3.06 0.00225
## NumDblBonds -0.4857 0.1922 -2.53 0.01171
## FP134 2.4438 0.9259 2.64 0.00846
## FP019 -0.6536 0.1993 -3.28 0.00108
## FP018 -0.4633 0.1812 -2.56 0.01072
## FP150 0.2844 0.1064 2.67 0.00770
## NumAromaticBonds -1.7608 0.4152 -4.24 2.5e-05
## FP005 2.5176 0.6421 3.92 9.5e-05
## FP089 0.6073 0.1800 3.37 0.00078
## FP068 0.3818 0.1384 2.76 0.00594
## FP145 -0.2092 0.0899 -2.33 0.02019
## FP067 -0.2633 0.1225 -2.15 0.03193
## FP088 0.2239 0.0782 2.86 0.00431
## FP118 -0.2145 0.0919 -2.33 0.01987
## SurfaceArea2 0.0974 0.0377 2.58 0.00997
## FP143 0.7127 0.2168 3.29 0.00106
## FP130 -0.3326 0.1564 -2.13 0.03377
## FP159 0.2953 0.1400 2.11 0.03523
## FP032 -0.8756 0.3353 -2.61 0.00918
##
## (Intercept) ***
## MolWeight ***
## NumNonHAtoms ***
## FP142 ***
## FP172 ***
## FP173 ***
## FP083 ***
## FP085 ***
## FP202 ***
```

```
## FP188    *
## FP124    ***
## FP004    **
## FP026    **
## FP040    ***
## FP127    ***
## FP190    ***
## FP154    ***
## FP111    ***
## NumHydrogen    ***
## NumSulfer    **
## NumAtoms    ***
## FP078    ***
## FP027    ***
## FP071    ***
## FP061    ***
## FP099    ***
## NumBonds    ***
## NumNonHBonds    ***
## FP076    ***
## FP079    **
## FP176    ***
## FP163    ***
## FP064    ***
## FP081    ***
## FP093    *
## NumRotBonds    ***
## FP171    ***
## NumChlorine    ***
## FP128    ***
## FP109    ***
## NumOxygen    ***
## NumNitrogen    ***
## FP201    *
## FP096    ***
```

```
## FP072 ***
## FP065 **
## FP119 ***
## FP184 ***
## FP107 ***
## FP126 ***
## FP131 **
## FP140 **
## FP103 **
## FP113 *
## FP169 *
## FP174 *
## FP167 ***
## FP165 **
## NumDblBonds *
## FP134 **
## FP019 **
## FP018 *
## FP150 **
## NumAromaticBonds ***
## FP005 ***
## FP089 ***
## FP068 **
## FP145 *
## FP067 *
## FP088 **
## FP118 *
## SurfaceArea2 **
## FP143 **
## FP130 *
## FP159 *
## FP032 **
## ---
## Signif. codes:
## 0 '***' 0.001 '**' 0.01 '*' 0.05 '.' 0.1 ' ' 1
```

```
## 
## Residual standard error: 0.541 on 836 degrees of
## freedom
## Multiple R-squared: 0.938,	Adjusted R-squared:
## 0.93
## F-statistic: 112 on 114 and 836 DF,  p-value:
## <2e-16
```

建模工作至此已完成全部變數入模的 lmFitAllPredictors(228 個變數)、後向式逐步迴歸結果 reducedSolMdl(128 個變數) 與前向式逐步迴歸結果 fwdSolMdl(114 個變數)，接下來以 anova() 函數比較後向式與前向式逐步迴歸模型，因為傳入的模型是 lm 類物件，所以實際上呼叫 anova.lm() 函數進行 F 檢定 (test 引數值預設為"F")。此外，引數 scale 預設為 0，代表以傳入最大的模型 reducedSolMdl 之殘差，估計模型的雜訊變異數 σ^2。F 檢定的對立假設是較複雜的模型比簡單模型好，檢定的結果是顯著的 (p 值為 6.95e-05)，因此我們傾向選擇較複雜的後向式逐步迴歸為較佳模型。

```
# 前向式與後向式 (較大) 逐步迴歸模型 ANOVA 比較 (結果顯著)
# ANOVA 報表中 1: fwdSolMdl, 2: reducedSolMdl
anova(fwdSolMdl, reducedSolMdl)
# 請自行檢視實際呼叫之檢定函數的說明文件
# ?anova.lm()
```

```
##   Res.Df    RSS Df Sum of Sq      F    Pr(>F)
## 1    836  244.8 NA        NA     NA        NA
## 2    822  232.3 14     12.55  3.172  6.95e-05
```

最後再確認 reducedSolMdl 與 lmFitAllPredictors 孰優孰劣，因為 F 檢定結果不顯著，所以三個模型中 reducedSolMdl 最終勝出。

```
# 後向式與完整 (較大) 逐步迴歸模型 ANOVA 比較 (結果不顯著)
# ANOVA 報表中 1: reducedSolMdl, 2: lmFitAllPredictors
anova(reducedSolMdl, lmFitAllPredictors)
```

```
##   Res.Df   RSS   Df Sum of Sq      F Pr(>F)
## 1    822 232.3   NA        NA     NA     NA
## 2    722 220.3  100     11.95 0.3917      1
```

5.1.2 偏最小平方法迴歸

大數據時代下，各種自動化資料收集設備便利，許多資料集其變數經常量測相近的特徵，因而包含相似的訊息，所以大多相關。如果預測變數之間的相關很高，則 OLS 對多元線性迴歸模型的估計結果相對不穩定，亦即迴歸係數的標準誤較高。另外，當預測變數的個數 m 大於觀測值個數 n 時，OLS 無法找到可使誤差平方和 (式 (3.5)) 最小化的唯一迴歸係數解，亦即 OLS 的迴歸係數有多重解。

上述問題的解決方法是對預測變數進行前處理，移除高度相關的預測變數是常見的處理方式 (2.3.3 節)，或是以主成份分析 (Principal Component Analysis, PCA) 對預測變數進行降維 (2.3.2 節)。前者保證預測變數間的成對相關係數值低於預先設定的門檻值，但是無法保證預測變數的線性組合與其它預測變數均無相關。因此，移除高相關變數後的 OLS 結果仍有可能不穩定。而後者以 PCA 的前處理能保證主成份之間無關，但是因為新的主成份是原始變數的線性組合，使得新預測變數的實際意義不易瞭解，降低了模型的可解釋性。

前述在進行迴歸建模前，先透過 PCA 對預測變數做前處理，也就是在降維後主成份各自獨立的空間中配適與反應變數 y 的迴歸模型，這種方法稱為**主成份迴歸 (Principal Components Regression, PCR)**(Massy, 1965)。PCR 經常運用來處理高相關預測變數，或是變數個數大於觀測值數量的問題。不過 PCR 兩階段迴歸的作法雖然可以成功地建立預測模型，但是結果不一定是理想的。原因在於 PCA 是**非監督式**的維度縮減，其降維後的潛在變數空間不見得會與反應變數有共鳴互動，換句話說，無法保證主成份與目標變數之間是線性相關的。

偏最小平方法 (Partial Least Squares, PLS) 是一種**監督式**的降維方法，也就是說除了最大化降維空間的變異之外，模型還尋求各主成份與反應變數 y 高度相關，因此 PLS 配適迴歸模型的主成份通常比 PCR 更少，能得到更精簡的模型。R 語言中的 {pls} 套件 (Mevik et al., 2016) 有進行主成份迴歸與 PLS 的函數 `pcr()` 與 `plsr()`。我們運用 `plsr()`

對溶解度資料進行 PLS 模型配適後，以泛型函數 summary() 檢視配適結果，摘要報表顯示配適方法為 kernelpls(Dayal and MacGregor, 1997)，並報導每個主成份下詮釋的預測變數 X 空間之累積變異百分比 (第一橫列)，以及與反應變數 Solubility 的累積共變百分比 (第二橫列)。

```r
# 載入 R 語言偏最小平方法估計套件
library(pls)
# 模型公式語法擬合模型
plsFit <- plsr(Solubility ~ ., data = trainingData)
# 凡事總有例外，mvr 類別物件
class(plsFit)
```

```
## [1] "mvr"
```

```r
# 擬合結果摘要報表
summary(plsFit)
```

```
## Data:      X dimension: 951 228
##   Y dimension: 951 1
## Fit method: kernelpls
## Number of components considered: 228
## TRAINING: % variance explained
##             1 comps   2 comps   3 comps   4 comps
## X             49.80     65.87     71.13     73.66
## Solubility    26.52     61.86     75.13     84.28
##             5 comps   6 comps   7 comps   8 comps
## X             74.86     76.08     77.37     78.58
## Solubility    87.79     89.44     90.20     90.81
##             9 comps  10 comps  11 comps  12 comps
## X             80.33     81.56     82.32     82.96
## Solubility    91.17     91.52     91.97     92.34
##            13 comps  14 comps  15 comps  16 comps
## X             83.64     84.14     85.13     85.77
## Solubility    92.56     92.77     92.90     93.06
```

```
##                17 comps   18 comps   19 comps   20 comps
## X                 86.37      86.81      87.47      87.78
## Solubility        93.14      93.26      93.33      93.43
##                21 comps   22 comps   23 comps   24 comps
## X                 88.28      88.63      88.89      89.14
## Solubility        93.48      93.53      93.59      93.64
##                25 comps   26 comps   27 comps   28 comps
## X                 89.51      89.84      90.06      90.32
## Solubility        93.68      93.71      93.74      93.77
##                29 comps   30 comps   31 comps   32 comps
## X                 90.53      90.72      90.90      91.18
## Solubility        93.80      93.82      93.84      93.86
##                33 comps   34 comps   35 comps   36 comps
## X                 91.38      91.59      91.84      92.03
## Solubility        93.87      93.89      93.90      93.91
##                37 comps   38 comps   39 comps   40 comps
## X                 92.21      92.35      92.51      92.69
## Solubility        93.92      93.94      93.95      93.95
##                41 comps   42 comps   43 comps   44 comps
## X                 92.83      93.00      93.22      93.38
## Solubility        93.96      93.97      93.97      93.98
##                45 comps   46 comps   47 comps   48 comps
## X                 93.52      93.69      93.85      93.97
## Solubility        93.99      93.99      94.00      94.01
##                49 comps   50 comps   51 comps   52 comps
## X                 94.12      94.25      94.40      94.53
## Solubility        94.02      94.03      94.04      94.05
##                53 comps   54 comps   55 comps   56 comps
## X                 94.64      94.73      94.85      94.96
## Solubility        94.06      94.08      94.09      94.10
##                57 comps   58 comps   59 comps   60 comps
## X                 95.09      95.21      95.31      95.42
## Solubility        94.11      94.12      94.13      94.14
##                61 comps   62 comps   63 comps   64 comps
## X                 95.50      95.59      95.67      95.77
```

```
## Solubility      94.15      94.15      94.16      94.17
##                65 comps   66 comps   67 comps   68 comps
## X              95.84      95.91      95.98      96.06
## Solubility      94.17      94.18      94.18      94.19
##                69 comps   70 comps   71 comps   72 comps
## X              96.12      96.21      96.28      96.34
## Solubility      94.20      94.20      94.21      94.21
##                73 comps   74 comps   75 comps   76 comps
## X              96.43      96.53      96.59      96.66
## Solubility      94.22      94.22      94.23      94.24
##                77 comps   78 comps   79 comps   80 comps
## X              96.71      96.77      96.82      96.87
## Solubility      94.26      94.27      94.28      94.30
##                81 comps   82 comps   83 comps   84 comps
## X              96.93      96.99      97.05      97.10
## Solubility      94.31      94.32      94.33      94.34
##                85 comps   86 comps   87 comps   88 comps
## X              97.15      97.21      97.27      97.32
## Solubility      94.35      94.35      94.36      94.37
##                89 comps   90 comps   91 comps   92 comps
## X              97.38      97.44      97.48      97.52
## Solubility      94.37      94.38      94.39      94.39
##                93 comps   94 comps   95 comps   96 comps
## X              97.56      97.61      97.66      97.71
## Solubility      94.40      94.40      94.41      94.41
##                97 comps   98 comps   99 comps  100 comps
## X              97.76      97.80      97.84      97.89
## Solubility      94.41      94.42      94.42      94.42
##               101 comps  102 comps  103 comps  104 comps
## X              97.93      97.98      98.01      98.05
## Solubility      94.42      94.43      94.43      94.43
##               105 comps  106 comps  107 comps  108 comps
## X              98.09      98.14      98.18      98.21
## Solubility      94.43      94.43      94.43      94.43
##               109 comps  110 comps  111 comps  112 comps
```

```
## X             98.25       98.29       98.33       98.36
## Solubility    94.43       94.43       94.43       94.44
##             113 comps   114 comps   115 comps   116 comps
## X             98.39       98.43       98.47       98.50
## Solubility    94.44       94.44       94.44       94.44
##             117 comps   118 comps   119 comps   120 comps
## X             98.53       98.56       98.60       98.63
## Solubility    94.44       94.44       94.44       94.44
##             121 comps   122 comps   123 comps   124 comps
## X             98.67       98.69       98.72       98.75
## Solubility    94.45       94.45       94.45       94.45
##             125 comps   126 comps   127 comps   128 comps
## X             98.78       98.80       98.83       98.86
## Solubility    94.45       94.45       94.45       94.45
##             129 comps   130 comps   131 comps   132 comps
## X             98.88       98.91       98.94       98.96
## Solubility    94.46       94.46       94.46       94.46
##             133 comps   134 comps   135 comps   136 comps
## X             98.98       99.00       99.03       99.05
## Solubility    94.46       94.46       94.46       94.46
##             137 comps   138 comps   139 comps   140 comps
## X             99.07       99.09       99.11       99.13
## Solubility    94.46       94.46       94.46       94.46
##             141 comps   142 comps   143 comps   144 comps
## X             99.15       99.17       99.19       99.21
## Solubility    94.46       94.46       94.46       94.46
##             145 comps   146 comps   147 comps   148 comps
## X             99.23       99.25       99.27       99.28
## Solubility    94.46       94.46       94.46       94.46
##             149 comps   150 comps   151 comps   152 comps
## X             99.30       99.32       99.33       99.35
## Solubility    94.46       94.46       94.46       94.46
##             153 comps   154 comps   155 comps   156 comps
## X             99.36       99.38       99.39       99.41
## Solubility    94.46       94.46       94.46       94.46
```

```
##              157 comps   158 comps   159 comps   160 comps
## X                99.42       99.43       99.45       99.46
## Solubility       94.46       94.46       94.46       94.46
##              161 comps   162 comps   163 comps   164 comps
## X                99.47       99.49       99.50       99.52
## Solubility       94.46       94.46       94.46       94.46
##              165 comps   166 comps   167 comps   168 comps
## X                99.53       99.54       99.56       99.57
## Solubility       94.46       94.46       94.46       94.46
##              169 comps   170 comps   171 comps   172 comps
## X                99.58       99.60       99.61       99.62
## Solubility       94.46       94.46       94.46       94.46
##              173 comps   174 comps   175 comps   176 comps
## X                99.63       99.64       99.65       99.66
## Solubility       94.46       94.46       94.46       94.46
##              177 comps   178 comps   179 comps   180 comps
## X                99.67       99.68       99.69       99.70
## Solubility       94.46       94.46       94.46       94.46
##              181 comps   182 comps   183 comps   184 comps
## X                99.71       99.72       99.73       99.74
## Solubility       94.46       94.46       94.46       94.46
##              185 comps   186 comps   187 comps   188 comps
## X                99.75       99.76       99.77       99.77
## Solubility       94.46       94.46       94.46       94.46
##              189 comps   190 comps   191 comps   192 comps
## X                99.78       99.79       99.80       99.81
## Solubility       94.46       94.46       94.46       94.46
##              193 comps   194 comps   195 comps   196 comps
## X                99.81       99.82       99.83       99.84
## Solubility       94.46       94.46       94.46       94.46
##              197 comps   198 comps   199 comps   200 comps
## X                99.85       99.85       99.86       99.86
## Solubility       94.46       94.46       94.46       94.46
##              201 comps   202 comps   203 comps   204 comps
## X                99.87       99.87       99.88       99.88
```

```
## Solubility          94.46       94.46       94.46       94.46
##                  205 comps   206 comps   207 comps   208 comps
## X                   99.89       99.90       99.90       99.91
## Solubility          94.46       94.46       94.46       94.46
##                  209 comps   210 comps   211 comps   212 comps
## X                   99.91       99.92       99.93       99.93
## Solubility          94.46       94.46       94.46       94.46
##                  213 comps   214 comps   215 comps   216 comps
## X                   99.94       99.94       99.95       99.95
## Solubility          94.46       94.46       94.46       94.46
##                  217 comps   218 comps   219 comps   220 comps
## X                   99.96       99.96       99.97       99.97
## Solubility          94.46       94.46       94.46       94.46
##                  221 comps   222 comps   223 comps   224 comps
## X                   99.98       99.98       99.98       99.99
## Solubility          94.46       94.46       94.46       94.46
##                  225 comps   226 comps   227 comps   228 comps
## X                   99.99       99.99      100.00      100.00
## Solubility          94.46       94.46       94.46       94.46
```

從圖5.1中預測值均方根誤差 (Root Mean Squared Error of Prediction, RMSEP) 對 PLS 主成份個數的陡坡圖，可看出迴歸建模需要的主成份數量不多，參照上面的報表結果，我們選定 9 個主成份的模型，繪製訓練集實際值與預測值的散佈圖 (圖5.2)，兩者的相關係數高達 95.48%，而測試集實際值與預測值的相關係數也有 93.54%。

```
# 繪製 PLS 決定主成份個數的陡坡圖
# plottype 引數決定繪製不同主成份下的核驗統計值 (預設為 RMSEP)
plot(plsFit, plottype = "validation")


# 繪製 9 個 PLS 主成份下，訓練集之預測值對實際值的散佈圖
plot(plsFit, ncomp = 9)
# 9 個 PLS 主成份下，訓練集之預測值對實際值的相關係數
cor(plot(plsFit, ncomp = 9)[,"measured"], plot(plsFit,
```

Solubility

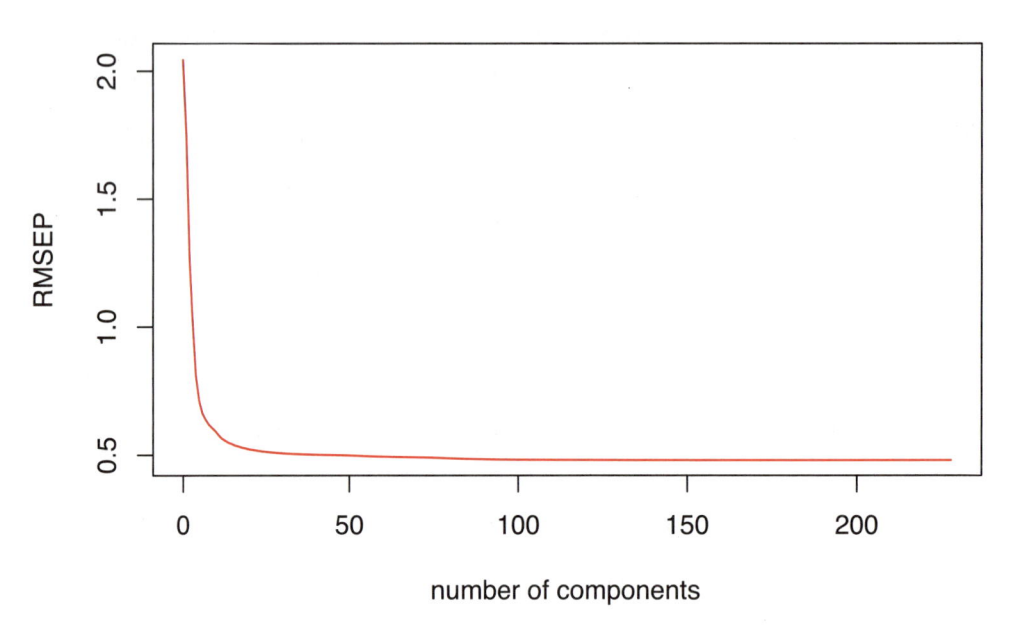

圖 5.1: RMSEP 對 PLS 主成份個數的陡坡圖

```
ncomp = 9)[,"predicted"])
```

Solubility, 9 comps, train

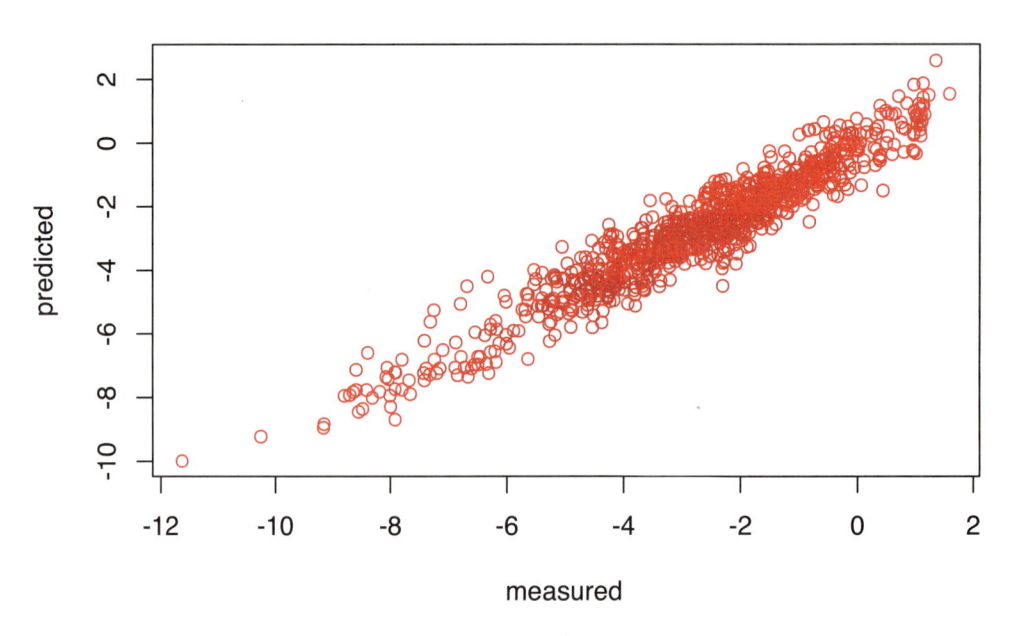

圖 5.2: PLS 在 9 個主成份下預測值對實際值的散佈圖

```
## [1] 0.9548
```

```
# 9 個 PLS 主成份下的模型，預測測試集樣本 solTestXtrans 溶解度
pre <- predict(plsFit, solTestXtrans, ncomp = 9)
# 測試集預測值與實際值的相關係數
cor(pre[, 1, 1], solTestY) # 請自行檢視 str(pre)
```

```
## [1] 0.9354
```

5.1.3 脊迴歸、LASSO 迴歸與彈性網罩懲罰模型

在適當的假設下，OLS 所估計的線性迴歸模型係數，是所有迴歸係數不偏估計式中變異數最小的，也就是說這些迴歸係數估計式，是數理統計學中定義的**最小變異不偏點估計式 (Minimum Variance Unbiased Estimators, MVUE)**。然而如前所述，OLS 並非永遠可以正常運作的。當預測變數個數大於樣本個數 ($m > n$)，或是預測變數間相關性高，亦即存在著共線性的問題時，OLS 的估計解因為變異大而不穩定，甚至根本無法進行計算。此時我們返回到 (3.10) 式 MSE 來思考如何解決這個實務上常碰到的估計問題，因為 MSE 的期望值可以分解為不可縮減的噪訊項、模型偏誤的平方項以及模型變異等三項，此即為 (3.12) 式，其中模型偏誤與模型變異兩者存有抵換關係 (trade-off)。所以如果我們適度地增加模型的偏誤，而能大幅降低模型的變異，則總體目標 MSE 就會相當有競爭力。

OLS 是最小化 3.2.1 節的 (3.5) 式 SSE，當模型**過度配適**訓練資料，或是有前述的兩種情形 (共線性或 $m > n$) 時，OLS 的係數估計值就會**膨脹**。因此，我們想要透過估計 (或參數優化) 過程控制係數估計值的大小，以降低 SSE，這種過程稱為**係數正規化 (regularization)**。前述適當地增加估計式的偏誤，以降低其變異的具體做法，就是對 OLS 的目標函數 SSE，加上由各迴歸係數所產生的懲罰項 (penalized term)。其中，**脊迴歸 (ridge regression)** 是加上 m 個迴歸係數的平方和，也就是迴歸係數與原點之 L_2 範數 (3.4 節) 的平方：

$$SSE_{L_2} = \sum_{i=1}^{n}(y_i - \hat{y}_i)^2 + \lambda \sum_{j=1}^{m} \beta_j^2 \qquad (5.2)$$

懲罰項的效果是如果該迴歸係數可讓 SSE 明顯地降低，則其係數估計值方被容許增大。因此，當上式中的懲罰係數 λ 逐漸增大時，此法會將相對不重要之變數的估計值依序縮減到零，所以這種配適技術又被稱為**係數縮減法 (shrinkage methods)**。

另一種懲罰方式是俗稱**套索迴歸 (LASSO regression)** 的**最小絕對值縮減與屬性選擇運算子 (Least Absolute Shrinkage and Selection Operator, LASSO)**，它對 SSE 加上 m 個迴歸係數絕對值和，也就是迴歸係數與原點之 L_1 範數 (3.4節)：

$$SSE_{L_1} = \sum_{i=1}^{n}(y_i - \hat{y}_i)^2 + \lambda \sum_{j=1}^{m}|\beta_j| \tag{5.3}$$

看似小小的修改，但實際的意義卻非常重要。雖然迴歸係數仍然是朝著零的方向縮減，但絕對值的懲罰項會使得某些迴歸係數值，在適當的 λ 值下精確地降到零。也就是說，脊迴歸傾向於將迴歸係數值平均地分散在相關的預測變數之間，而套索迴歸則是挑出最重要的一個，並忽略剩下的相關預測變數 (Friedman et al., 2010)。

R 語言 {caret} 套件中的 `train()` 函數可以用十摺交叉驗證的方式，訓練從 0 到 0.1 共 15 個 λ 值的脊迴歸模型。因為每個 λ 參數要訓練十次，模型訓練時間耗時，因此利用 {doMC} 套件中的 `registerDoMC()` 函數啟動 CPU 的多個核心，以加快脊迴歸建模的運算速度。同屬於第四代動態程式設計語言的 Python 和 R，預設都是以 CPU 的單一核心進行運算，多核運算通常是邁向叢集平行運算的開始。

```
# 設定待調懲罰係數值
ridgeGrid <- expand.grid(lambda = seq(0, .1, length = 15))
# 十摺交叉驗證參數調校訓練與測試
ctrl <- trainControl(method = "cv", number = 10)
set.seed(100)
# Windows 作業系統多核運算
# library(doParallel) # for Windows
# library(snow) # for Windows
# workers <- makeCluster(4, type="sock") # for Windows
# registerParallel(workers) # for Windows
```

```
# MacOS 或 Linux 作業系統多核運算
# library(doMC) # for Mac & Linux
# registerDoMC(cores = 4) # for Mac & Linux
# 請注意本節 train() 函數並未使用模型公式語法，與第三章不同
# system.time(ridgeTune <- train(
# x = solTrainXtrans, # 校驗集屬性矩陣
# y = solTrainY, # 類別標籤向量
# method = "ridge", # 訓練方法
# tuneGrid = ridgeGrid, # 待調參數網格
# trControl = ctrl, # 訓練測試機制
# preProc=c("center","scale"))) # 前處理方式
# 儲存耗時參數校驗結果
# save(ridgeTune, file = "ridgeTune.RData")
```

從脊迴歸的訓練報表可以看出總共投入 951 個校驗樣本，樣本中有 228 個預測變數。因為迴歸模型涉及各預測變數與迴歸係數的乘積和，所以進行建模前先將各變數標準化。接著再以十摺交叉驗證的重抽樣方法 (3.3.1節)，進行各參數的調校訓練，其訓練樣本大小介於 855 到 857 之間，剩餘的校驗集樣本即為計算迴歸績效指標 (RMSE, Rsquared 與 MAE) 的測試集，預設以 RMSE 最小值選擇最佳參數，最佳的 λ 為 0.028571429(參見報表 ridgeTune 與圖5.3)。

```
# 因模型建立與調校耗時，載入預先跑好的模型物件
load("./_data/ridgeTune.RData")
ridgeTune
```

```
## Ridge Regression
## 
## 951 samples
## 228 predictors
## 
## Pre-processing: centered (228), scaled (228)
## Resampling: Cross-Validated (10 fold)
## Summary of sample sizes: 856, 856, 855, 855, 857, 856, ...
```

```
## Resampling results across tuning parameters:
##
##    lambda    RMSE     Rsquared  MAE
##    0.000000  0.6924   0.8873    0.5195
##    0.007143  0.6842   0.8902    0.5180
##    0.014286  0.6783   0.8924    0.5135
##    0.021429  0.6763   0.8933    0.5130
##    0.028571  0.6762   0.8937    0.5138
##    0.035714  0.6770   0.8937    0.5150
##    0.042857  0.6786   0.8935    0.5170
##    0.050000  0.6806   0.8932    0.5190
##    0.057143  0.6829   0.8929    0.5214
##    0.064286  0.6856   0.8924    0.5238
##    0.071429  0.6885   0.8920    0.5264
##    0.078571  0.6916   0.8915    0.5291
##    0.085714  0.6949   0.8910    0.5319
##    0.092857  0.6983   0.8905    0.5347
##    0.100000  0.7019   0.8900    0.5376
##
## RMSE was used to select the optimal model using
##  the smallest value.
## The final value used for the model was lambda
##  = 0.02857.
```

```
# 不同懲罰係數下，十摺交叉驗證平均 RMSE 折線圖
plot(ridgeTune, xlab = 'Penalty')
```

其實脊迴歸與套索迴歸均為下列**彈性網罩模型 (elastic nets)** 的特例，此模型引進參數 α 調節 L_1 與 L_2 兩懲罰項的權重百分比，α 等於 1 時為前述套索迴歸，而 α 為 0 時則是脊迴歸。

$$SSE_{enet} = \sum_{i=1}^{n}(y_i - \hat{y}_i)^2 + \lambda[(1-\alpha)\sum_{j=1}^{m}\beta_j^2 + \alpha\sum_{j=1}^{m}|\beta_j|] \qquad (5.4)$$

再次運用 R 語言 {caret} 套件中的 train() 函數進行十摺交叉驗

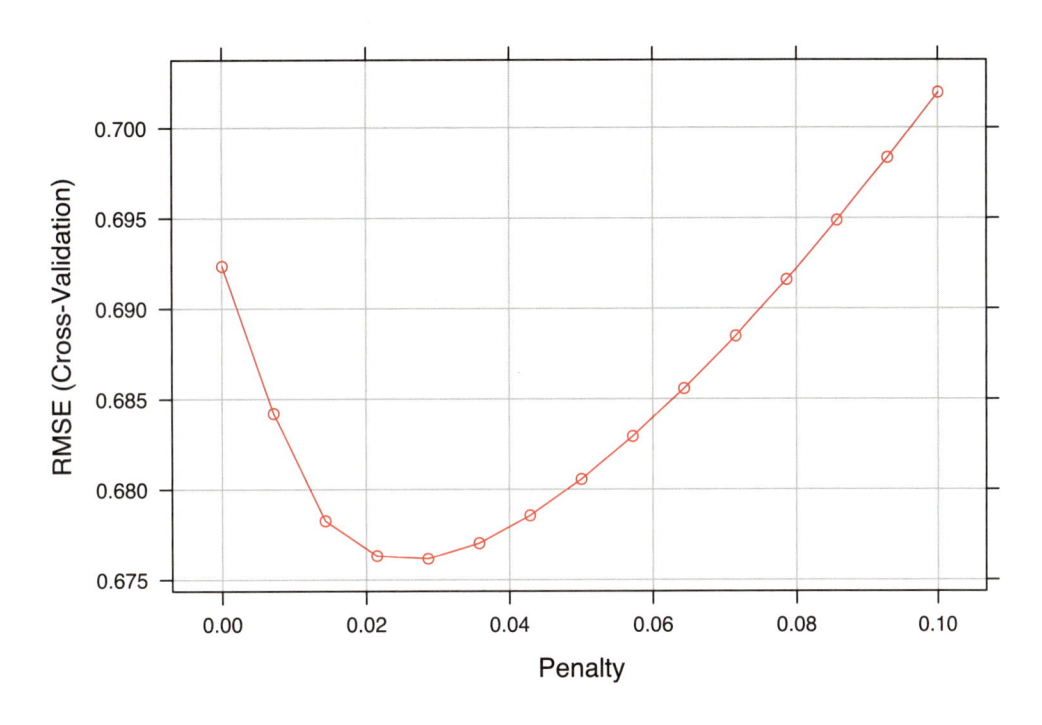

圖 5.3: 脊迴歸不同懲罰係數下的模型績效概況圖

證，訓練 3 個 λ 值與 20 個 α 的彈性網罩模型。

```
# 兩個待調參數形成的 3*20 網格
enetGrid <- expand.grid(lambda = c(0, 0.01, .1), fratcion
= seq(.05, 1, length = 20))
set.seed(100)
# 引數訓練方法 method 改為 enet
# system.time(enetTune <- train(x = solTrainXtrans,
#           y = solTrainY,
#           method = "enet",
#           tuneGrid = enetGrid,
#           trControl = ctrl,
#           preProc = c("center", "scale")))
# 儲存耗時參數校驗結果
# save(enetTune, file = "enetTune.RData")
```

以 RMSE 最小值所獲得的最佳 λ 為 0.01, α 為 0.60，其 RMSE 為 0.666520。模型 enetTune 為 train 類別的物件，其繪圖方法

ggplot.train() 可以 ?plot.train 查閱其說明文件。圖5.4的橫軸為彈性網罩模型的不同 α 值，不同顏色的線代表三種懲罰權重 λ 值。從不同參數組合下的 RMSE 折線圖形，亦可獲得前述最佳參數組合。

```
# 因模型建立與調校耗時，載入預先跑好的模型物件
load("./_data/enetTune.RData")
enetTune
```

```
## Elasticnet
##
## 951 samples
## 228 predictors
##
## Pre-processing: centered (228), scaled (228)
## Resampling: Cross-Validated (10 fold)
## Summary of sample sizes: 856, 856, 855, 855, 857, 856, ...
## Resampling results across tuning parameters:
##
##    lambda  fraction  RMSE    Rsquared  MAE
##    0.00    0.05      0.8756  0.8356    0.6621
##    0.00    0.10      0.6899  0.8891    0.5261
##    0.00    0.15      0.6714  0.8943    0.5121
##    0.00    0.20      0.6674  0.8955    0.5083
##    0.00    0.25      0.6732  0.8935    0.5110
##    0.00    0.30      0.6769  0.8921    0.5129
##    0.00    0.35      0.6818  0.8904    0.5172
##    0.00    0.40      0.6879  0.8884    0.5220
##    0.00    0.45      0.6903  0.8876    0.5234
##    0.00    0.50      0.6894  0.8879    0.5227
##    0.00    0.55      0.6892  0.8880    0.5221
##    0.00    0.60      0.6888  0.8881    0.5210
##    0.00    0.65      0.6885  0.8883    0.5201
##    0.00    0.70      0.6883  0.8884    0.5194
##    0.00    0.75      0.6886  0.8883    0.5193
##    0.00    0.80      0.6890  0.8882    0.5192
```

```
## 0.00   0.85   0.6895   0.8881   0.5192
## 0.00   0.90   0.6902   0.8879   0.5192
## 0.00   0.95   0.6911   0.8876   0.5192
## 0.00   1.00   0.6924   0.8873   0.5195
## 0.01   0.05   1.5165   0.6427   1.1640
## 0.01   0.10   1.1336   0.7694   0.8689
## 0.01   0.15   0.9083   0.8266   0.6888
## 0.01   0.20   0.7912   0.8586   0.6025
## 0.01   0.25   0.7323   0.8764   0.5573
## 0.01   0.30   0.7012   0.8858   0.5343
## 0.01   0.35   0.6869   0.8899   0.5253
## 0.01   0.40   0.6805   0.8917   0.5208
## 0.01   0.45   0.6752   0.8933   0.5169
## 0.01   0.50   0.6714   0.8944   0.5136
## 0.01   0.55   0.6679   0.8955   0.5106
## 0.01   0.60   0.6665   0.8959   0.5091
## 0.01   0.65   0.6667   0.8958   0.5085
## 0.01   0.70   0.6680   0.8954   0.5088
## 0.01   0.75   0.6694   0.8950   0.5087
## 0.01   0.80   0.6708   0.8946   0.5088
## 0.01   0.85   0.6726   0.8940   0.5093
## 0.01   0.90   0.6749   0.8933   0.5110
## 0.01   0.95   0.6779   0.8923   0.5131
## 0.01   1.00   0.6810   0.8913   0.5155
## 0.10   0.05   1.6869   0.5082   1.2945
## 0.10   0.10   1.4054   0.6954   1.0763
## 0.10   0.15   1.1689   0.7611   0.8948
## 0.10   0.20   1.0077   0.7896   0.7677
## 0.10   0.25   0.8951   0.8237   0.6785
## 0.10   0.30   0.8214   0.8454   0.6244
## 0.10   0.35   0.7789   0.8584   0.5970
## 0.10   0.40   0.7543   0.8672   0.5789
## 0.10   0.45   0.7370   0.8737   0.5665
## 0.10   0.50   0.7272   0.8777   0.5596
## 0.10   0.55   0.7197   0.8808   0.5541
```

```
##    0.10    0.60       0.7143   0.8831    0.5502
##    0.10    0.65       0.7099   0.8851    0.5467
##    0.10    0.70       0.7077   0.8862    0.5446
##    0.10    0.75       0.7063   0.8871    0.5427
##    0.10    0.80       0.7049   0.8878    0.5409
##    0.10    0.85       0.7038   0.8885    0.5396
##    0.10    0.90       0.7030   0.8891    0.5385
##    0.10    0.95       0.7023   0.8896    0.5377
##    0.10    1.00       0.7019   0.8900    0.5376
##
## RMSE was used to select the optimal model using
##  the smallest value.
## The final values used for the model were fraction
##  = 0.6 and lambda = 0.01.
```

```
# 參數調校模型物件的類別為 train
class(enetTune)
```

```
## [1] "train"
```

```
# 不同參數組合下，交叉驗證績效概況
plot(enetTune)
```

最後，Python 語言將本節討論的線性迴歸懲罰模型，實現在 **sklearn** 套件中 **linear_model** 模組下的 `Lasso()` 類別，限於篇幅請讀者自行運用。

5.1.4 線性判別分析

線性判別分析 (Linear Discriminant Analysis, LDA) 是本節開頭提及採用數學方式分類樣本的方法，所以接下來的討論數學符號比較多。假設預測變數矩陣為 $\mathbf{X}_{n \times m}$，線性分類模型的共同想法是找到一個或多個由 $x_j, j = 1, 2, ..., m$ 所形成的線性函數 (i.e. m 維空間中的超平面，hyperplane)，或稱為線性潛在變數，將 n 個樣本投影到該平面後儘

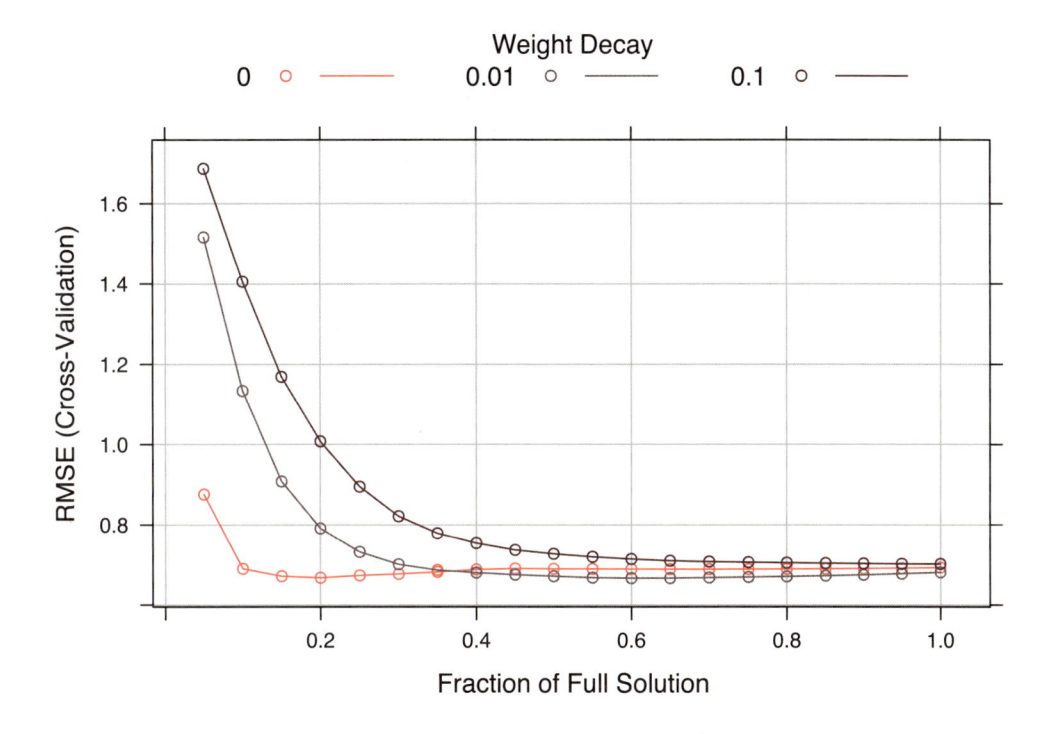

圖 5.4: 彈性網罩模型不同參數組合下的模型績效概況圖

可能正確地切分為 k 類 (參見圖5.5的二維空間兩類樣本之一維投影示例)，各類分別有 $n_1, n_2, ..., n_k$ 個樣本，其中 $n_1 + ... + n_k = n$。下節的羅吉斯迴歸也是常用的古典統計分類方法，對於有許多 x_j 的高維資料集，如果變數間高度相關，或者樣本數小於變數個數時 (請注意！是 $\exists n_i < m, i = 1, 2, ..., k$ 時)，此時古典統計的線性分類運算，如同多元線性迴歸模型的 OLS 一樣，可能會有反矩陣不存在的矩陣奇異性 (matrix singularity) 問題發生。解決之道與5.1.2節所述相同，$\mathbf{X}_{n \times m}$ 中的資訊可以先用 a 個潛在變數摘要其重要資訊 (即維度縮減)，例如主成份分析法 (2.3.2節)，或者偏最小平方法迴歸 (5.1.2節)，接著再以兩法 (PCA 與 PLS) 產生的分數矩陣 $\mathbf{X}_{n \times a}$，進行線性判別分析或羅吉斯迴歸，其中 a 為降維後的預測空間維度，即 $a < m$。

本節的線性判別分析，有兩種方式推導出類別間的線性判別函數 - **Welch 的貝氏法 (Bayesian approach)** 與**Fisher 的費雪法 (Fisher approach)**，所得之判別函數像判官一樣，將樣本的預測變數代入函數後，即依計算所得之正負值判定樣本屬於何類 (Varmuza and Filzmoser, 2009)。

5.1.4.1 貝氏法

為了瞭解 Welch 的貝氏法，我們首先說明貝氏定理：

$$Pr[y=l \mid \mathbf{x}] = \frac{Pr[y=l \cap \mathbf{x}]}{Pr[\mathbf{x}]} = \frac{Pr[\mathbf{x} \mid y=l]Pr[y=l]}{\sum_{l=1}^{k} Pr[\mathbf{x} \mid y=l])Pr[y=l]}, l=1,...,k, \tag{5.5}$$

從右往左計算的邏輯來看，$Pr[y=l]$ 是樣本來自各類別的**先驗機率 (prior probability)**，滿足 $\sum_{l=1}^{k} Pr[y=l] = \sum_{l=1}^{k} p_l = p_1 + ... + p_k = 1$；$Pr[\mathbf{x} \mid y=l]$ 是已知資料來自於類別 l 下，觀察到預測變數 $\mathbf{x} = (x_1,...,x_m)$ 的條件機率分佈；$Pr[y=l \mid \mathbf{x}]$ 是貝氏定理欲求的**後驗機率 (posterior probability)**(亦稱事後機率，本書交替使用之)。

當 $k=2$ 時，分類的規則為 $\mathbf{x}$ 歸為第 1 類，如果後驗機率的大小關係為 $Pr[y=1 \mid \mathbf{x}] > Pr[y=2 \mid \mathbf{x}]$；$\mathbf{x}$ 歸為第 2 類，如果 $Pr[y=2 \mid \mathbf{x}] > Pr[y=1 \mid \mathbf{x}]$。代入式 (5.5)，消掉相同的分母後 $\mathbf{x}$ 歸為第 1 類，如果

$$Pr[\mathbf{x} \mid y=1]Pr[y=1] > Pr[\mathbf{x} \mid y=2]Pr[y=2]; \tag{5.6}$$

反之則 $\mathbf{x}$ 歸為第 2 類。

假設資料來自於多元常態分佈，具 m 維平均值向量 μ_l，與 m 階的共變異數方陣 $\boldsymbol{\Sigma}_l$，且各類的共變異數方陣完全相同 (i.e. $\boldsymbol{\Sigma}_1 = ... = \boldsymbol{\Sigma}_k = \boldsymbol{\Sigma}$)，求解 (5.6) 式的等號方程式，或 k 類情況下的對應方程式，可得到第 l 類的判別函數：

$$\mathbf{x}^T \boldsymbol{\Sigma}^{-1} \mu_l - 0.5 \mu_l^T \boldsymbol{\Sigma}^{-1} \mu_l + log(Pr[y=l]), l=1,2,...,k. \tag{5.7}$$

上式為預測變數 $\mathbf{x}$ 的線性函數，式中的 μ_l、$\boldsymbol{\Sigma}$、$Pr[y=l]$ 等母體參數需要先估計，方能求得貝氏法下的判別函數。如果 $n_l, l=1,...,k$ 足以代表母體各類的大小，則先驗機率 p_l 可以 n_l/n 來估計，或假設各類機會均等為 $\frac{1}{k}$；第 l 類的母體平均數向量 μ_l 與共變異數矩陣 $\boldsymbol{\Sigma}_l$，分別可以該類樣本數據計算 m 維算術平均數向量 $\bar{\mathbf{x}}_l$，以及 m 階方陣 $\mathbf{S}_l, l=1,...,k$ 估計之。因為我們假設各類共變異數方陣均相等，所以下面**合併變異數**

矩陣 (pooled covariance matrix)$\mathbf{S}_P$ 的估計方式適合推算 $\mathbf{\Sigma}$，其實就是各類樣本共變異數方陣 $\mathbf{S}_l, l = 1, ..., k$ 的加權平均：

$$\mathbf{S}_P = \frac{(n_1 - 1)\mathbf{S}_1 + ... + (n_k - 1)\mathbf{S}_k}{n_1 + ... + n_k - k} \tag{5.8}$$

各類母體平均數向量與共變異數矩陣也可以用穩健的方式估計之，如此所得到的判別規則較不受離群樣本的影響，因而推估的類別值更為穩健可靠。如前所述，貝式判別分析當預測變數高度相關，或預測變數個數多於樣本數時並不適用，因為式 (5.7) 需要合併變異數方陣的反矩陣代入計算，不過實務上仍有方法可以解決此一議題。最後，如果各類的共變異數矩陣不相等時，所得到的各類決策邊界就不是線性函數，屬於非線性判別分析中的**二次判別分析 (Quadratic Discriminant Analysis, QDA)** 了 (Ledolter, 2013)。

5.1.4.2 費雪法

費雪法也是推導線性分類函數的方法，此法無需貝氏法的多變量常態分佈、以及各類共變異數矩陣相同的假設。然而如果這些假設都不滿足的話，則費雪法所導出的規則，也不會是前節最小化誤歸類機率的最佳判別規則。

同樣以二元分類問題為例，費雪法先將多變量資料轉換為一線性潛在變量 $z = b_1 x_1 + b_2 x_2 + ... + b_m x_m$，$z$ 也被稱為判別變量。圖5.5說明轉換的目的是使得轉換後各類樣本儘可能分隔得越開越好，也就是說，以各類樣本分隔度 (separation) 極大化為最佳化目標函數，估計由 $b_j, j = 1, 2, ..., m$ 係數所形成的分類決策向量 $\mathbf{b}$，又稱為負荷向量 (loading vector)。

假設第一群樣本投影到負荷向量 $\mathbf{b}$，得到的判別分數為 $y_{1u}, u = 1, ..., n_1$；同理，第二群樣本的投影判別分數為 $y_{2v}, v = 1, ..., n_2$。令 $\bar{y}_1$ 與 $\bar{y}_2$ 分別代表兩類樣本判別分數的算術平均數，則前述費雪法的目標函數為最大化下式：

$$\frac{|\bar{y}_1 - \bar{y}_2|}{s_y}, \tag{5.9}$$

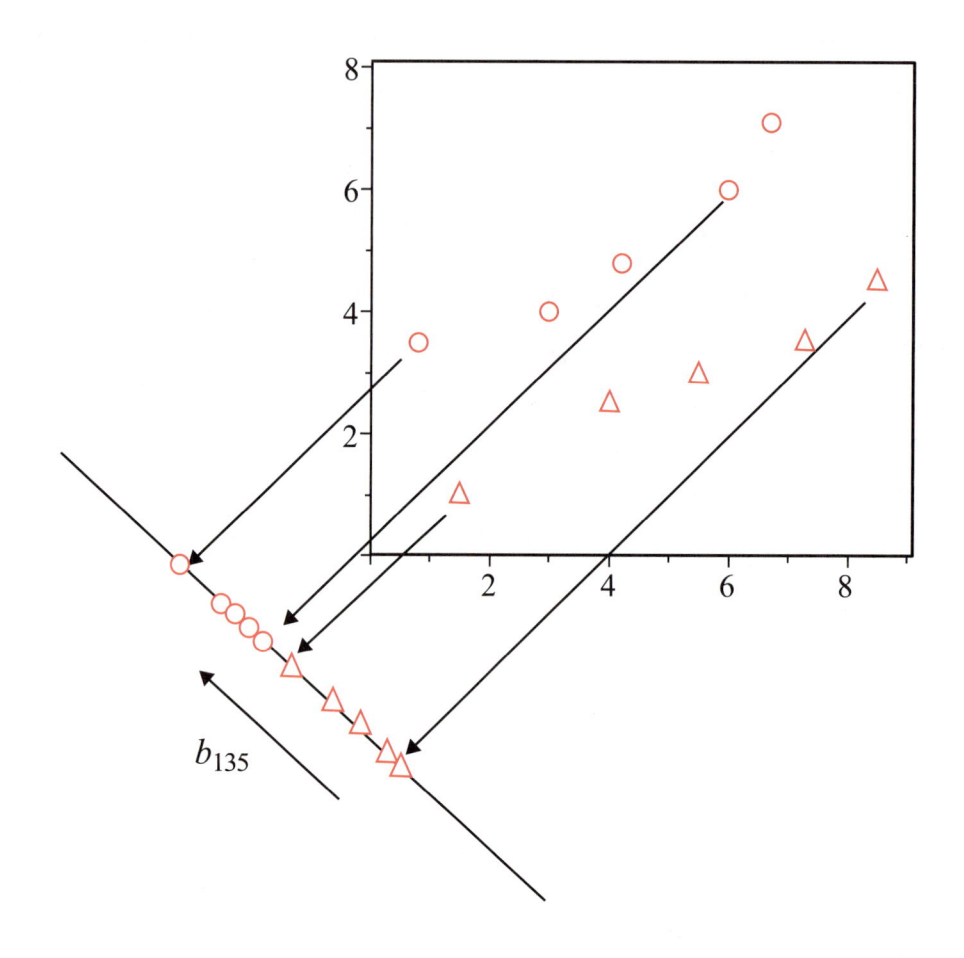

圖 5.5: 二維空間線性判別函數示意圖 (Varmuza and Filzmoser, 2009)

上式須計算各類樣本投影分數之平均數與標準差，其中 s_y 為下面合併變異數的正方根值，s_y^2 是兩類樣本判別分數之變異數 s_1^2 與 s_2^2 的加權平均，依兩類樣本大小加權，意義和 (5.8) 式相同。

$$s_y^2 = \frac{(n_1-1)s_1^2 + (n_2-1)s_2^2}{n_1+n_2-2}. \tag{5.10}$$

回過頭來看 (5.9) 式，其意義如同雙樣本 t 檢定一樣，分母表示考慮判別分數標準差的狀況下，檢視兩類樣本判別分數平均值是否有顯著的差異。換句話說，費雪定義下的判別函數係數，是能讓兩群樣本之判別分數的 t 檢定統計值 (訊噪比 signal-to-noise ratio)，達到最高的係數向量 $\mathbf{b}_{Fisher}$，經求解 (5.9) 式最佳化問題後，可得下式最佳二元分類線性判別函數的負荷向量：

$$\mathbf{b}_{Fisher} = \mathbf{S}_P^{-1}(\bar{\mathbf{x}}_1 - \bar{\mathbf{x}}_2) \tag{5.11}$$

其中 $\bar{\mathbf{x}}_1$ 與 $\bar{\mathbf{x}}_2$ 分別是第 1 類與第 2 類之 m 維預測變數的平均值向量 (也就是兩類樣本原空間下的平均值向量), $\mathbf{S}_P$ 是式 (5.8) 的合併共變異數矩陣。新樣本 $\mathbf{x}_i$ 欲分類時, 先計算其在 $\mathbf{b}_{Fisher}$ 投影的分數 y_i:

$$y_i = \mathbf{b}_{Fisher}^T \mathbf{x}_i, \tag{5.12}$$

再將判別分數與下面臨界值 y_c 比較:

$$y_c = \frac{\mathbf{b}_{Fisher}^T \bar{\mathbf{x}}_1 + \mathbf{b}_{Fisher}^T \bar{\mathbf{x}}_2}{2}, \tag{5.13}$$

如果 $y_i \leq y_c$, 則樣本 i 被歸為第 1 類; 否則被歸為第 2 類。式 (5.13) 代表兩類樣本的 m 維預測變數平均值向量 $\bar{\mathbf{x}}_1$ 和 $\bar{\mathbf{x}}_2$, 在判別函數方向 $\mathbf{b}_{Fisher}^T$ 的投影分數平均值。當問題是二元分類時, 如果兩類的先驗機率相等, 則貝氏法則的線性判別函數 (5.7) 式與費雪法則完全相同。此外, 費雪法也可以推廣到多個類別的分類問題, 有興趣的讀者請參考Venables and Ripley (2002)。

R 語言中的 {MASS} 套件有實現了費雪法的線性判別分析函數 `lda()`, 首先假設第 1 類的二維平均值向量 $\mu_1 = (1,1)$, 第 2 類的二維平均值向量 $\mu_2 = (3.5, 2)$, 基於共同變異數的假設, 兩類樣本的變異數共變異數矩陣均為:

$$\sigma = \begin{bmatrix} 1 & 0.85 \\ 0.85 & 2 \end{bmatrix} \tag{5.14}$$

```
# 第 1 類樣本母體平均值向量
(mu1 <- c(1,1))
```

```
## [1] 1 1
```

```
# 第 2 類樣本母體平均值向量
(mu2 <- c(3.5,2))
```

[1] 3.5 2.0

```r
# 兩類樣本共同的母體共變異數矩陣
(sig <- matrix(c(1,0.85,0.85,2), ncol = 2))
```

[,1] [,2]
[1,] 1.00 0.85
[2,] 0.85 2.00

如果兩類樣本總數為 1000，依先驗機率 $p_1 = 0.9$ 與 $p_2 = 0.1$ 生成服從多元常態分佈的訓練樣本 dtrain 與測試樣本 dtest，rmvnorm() 為 R 語言套件 {mvtnorm} 產生多元常態分佈的隨機抽樣函數。

```r
# 載入 R 語言多元常態分佈隨機抽樣函數
library(mvtnorm)
n1 <- 1000*0.9
n2 <- 1000*0.1
# 定義 0-1 類別標籤向量，0 與 1 各重複 n1 與 n2 次
group <- c(rep(0,n1), rep(1,n2))
set.seed(130)
# 模擬抽出第 1 類的二維訓練樣本
X1train <- rmvnorm(n1, mu1, sig)
# 模擬抽出第 2 類的二維訓練樣本
X2train <- rmvnorm(n2, mu2, sig)
# 合併兩類訓練樣本為屬性矩陣
Xtrain <- rbind(X1train, X2train)
# 屬性矩陣與類別標籤組織為訓練資料集
dtrain <- data.frame(X = Xtrain, group = group)
dtrain[898:903,]
```

X.1   X.2 group
898 3.0962 1.0136   0
899 1.9055 2.1808   0
900 -0.2579 1.9464   0
901 2.4973 2.4516   1

```
## 902   3.5231 0.4409       1
## 903   4.5462 1.3121       1
```

```r
set.seed(131)
# 測試資料集同前模擬與處理
X1test <- rmvnorm(n1,mu1,sig)
X2test <- rmvnorm(n2,mu2,sig)
Xtest <- rbind(X1test,X2test)
dtest <- data.frame(X = Xtest,group = group)
dtest[898:903,]
```

```
##         X.1      X.2 group
## 898  1.3345  1.89888     0
## 899  2.2174  1.51947     0
## 900  0.3513 -0.43571     0
## 901  3.2547  2.28534     1
## 902  1.5572  2.29006     1
## 903  3.0728  0.01891     1
```

建模前先繪製圖5.6訓練與測試兩類樣本散佈圖:

```r
# 觀察兩類樣本在各子集散佈狀況是否相似
op <- par(mfrow = c(1,2))
plot(dtrain$X.1, dtrain$X.2, pch = dtrain$group + 1, main =
"Training data", xlab = expression(x[1]),
ylab = expression(x[2]))
legend("bottomright", c("Cl1","Cl2"), pch = 1:2)
plot(dtest$X.1, dtest$X.2, pch = dtest$group + 1, main =
"Test data",xlab = expression(x[1]),ylab = expression(x[2]))
legend("bottomright", c("Cl1","Cl2"), pch = 1:2)
```

```r
par(op)
```

　　以 lda() 函數對訓練資料集建模，並對測試集預測其類別標籤，從混淆矩陣可看出測試集歸類錯誤率為 3.7%。

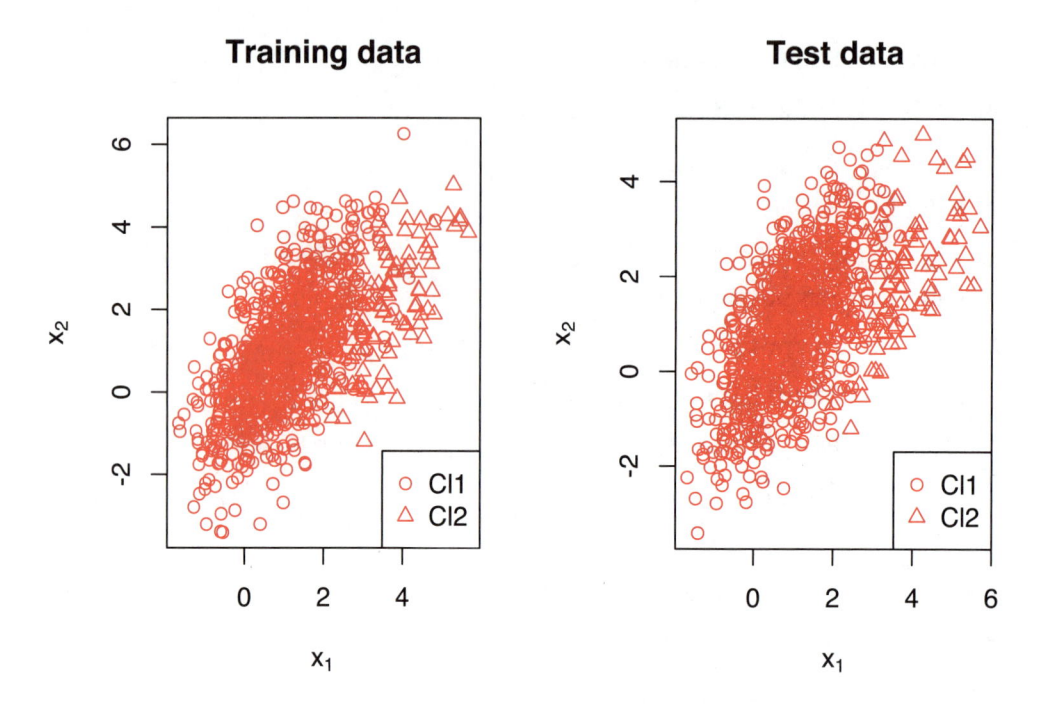

圖 5.6: 訓練與測試兩類樣本的散佈圖

```r
# 擬取用套件 {MASS} 下的 lda()
library(MASS)
# 訓練模型
resLDA <- lda(group~., data = dtrain)
# 預測測試資料的類別隸屬度
predLDA <- predict(resLDA, newdata = dtest)$class
# 混淆矩陣
table(dtest$group, predLDA)
```

```
##    predLDA
##       0   1
##   0 887  13
##   1  24  76
```

```r
# 正確率計算
mean(dtest$group == predLDA)
```

```
## [1] 0.963
```

5.1.5 羅吉斯迴歸分類與廣義線性模型

羅吉斯迴歸經常被人誤解成數值迴歸技術，其實它是建立二元類別機率值之成功勝率 (odds ratio) 對數值的線性分類模型。羅吉斯迴歸模型假設二元反應變數 y 為二項式隨機變數 (Binomial random variable)(註：另一種說法是 (3.1) 式隨機誤差模型的誤差 ϵ 服從二項式隨機變數)：

$$y = \begin{cases} 1, & \text{if the outcome is Success (S) with probability } p. \\ 0, & \text{if the outcome is Failure (F) with probability } 1-p. \end{cases} \quad (5.15)$$

但我們並非直接對 y 直接建模，而是將其進行一連串轉換後，再將轉換後的反應變數關聯到預測變數的線性函數。

首先定義觀察到 $\mathbf{x}=(x_1,...,x_m)$ 後，所關心的事件 S 發生的機率為 p，亦即 $p = Pr[y=1 \mid \mathbf{x}]$，而 $1-p = Pr[y=0 \mid \mathbf{x}]$。通常所關心的事件為醫學檢驗中的陽性反應、垃圾郵件與簡訊、貸款違約事件等，接著對勝率 (定義為關心事件發生與不發生機率的比值，參見3.5.2節的成功勝率) 的對數值建立下面模型：

$$logit(p) = log(\frac{p}{1-p}) = \hat{f}(\mathbf{x}) = b_0 + b_1 x_1 + ... + b_m x_m = z, \quad (5.16)$$

其中 $\frac{p}{1-p}$ 為所關心事件的勝率，勝率的對數值也就是對機率值 p 做 logit 轉換，此種轉換常用於計量化學中，將比例值數據轉為接近常態分佈的數據；m 為預測變數個數，上式右邊明顯為預測變數 $\mathbf{x}=(x_1,...,x_m)$ 的線性函數，又可稱為線性預測子 (linear predictor) z。因為機率值介於 0 和 1 之間 (含)，所以勝率恆非負，因此其對數值為整個實數域 $(-\inf, \inf)$，剛好可以搭配右方線性預測子的無界值域。

式 (5.16) 經過指數函數轉換和移項過程後，吾人可以得到所關心事件的機率：

$$p = \frac{1}{1+e^{-z}} = \frac{1}{1+e^{-(b_0+b_1x_1+...+b_mx_m)}}, \quad (5.17)$$

式 (5.17) 實際上是為線性預測子 z 的 S 型函數 (Sigmoid function)，又稱羅吉斯函數 (logistic function)，常作為6.2.1節類神經網路的**活化函數**

(activation function)，它將傳入的線性組合值限縮在 0 和 1 之間 (含)，用以估計陽性事件的機率，6.2.1節中 (6.5) 式也說明了羅吉斯迴歸與類神經網路的**感知機 (perceptron)** 是等值的 (equivalent)。此外，除非模型項有包含預測變數的非線性函數，例如：x_j 的二次項 x_j^2，否則羅吉斯迴歸是以線性的類別邊界線 (class boundary line) 進行二元分類。

至此我們已將預測變數的線性方程式 $\hat{f}(\mathbf{x})$ 與反應變數 y 之二項式分佈的參數 p 產生關聯了，接著依觀測到的數據 $\mathbf{X}_{n \times m}$，尋找一組使得概似函數值最大化的迴歸係數 b_j's，這組係數就是**最大概似估計 (Maximum Likelihood Estimation, MLE)** 解。有了這些模型係數後，我們即可對樣本結果進行陽性事件機率預測。

羅吉斯迴歸分類與 OLS 的多元線性迴歸都屬於**廣義線性模型 (Generalized Linear Models, GLM)** 中的建模技術，GLM 還包括許多反應變數 y 為不同機率分佈的模型 (Dobson and Barnett, 2008)。GLM 表面上看來像是反應變數的某種函數形式，被建立為預測變數 $\mathbf{x} = (x_1, ..., x_m)$ 的線性函數，例如：(5.16) 式中陽性事件機率 p 的 logit 值等於 $b_0 + b_1 x_1 + ... + b_m x_m$，但實際上它們的關係為非線性的，logit 函數被稱為連結函數 (link function)。雖然如此，值得注意的是即便與 p 的關係為非線性，但 GLM 仍是以線性分類邊界線完成分類工作，所以 GLM 廣義一詞的涵意正是如此。相較於晚近發展的**廣義可加模型 (Generalized Additive Model, GAM)**，GAM 是以預測變數空間中不同區段，也就是即子空間中的非線性轉換為基礎，進行本質上為非線性關係的線性建模工作，限於篇幅本書略過此部分的介紹。

接下來以 R 核心開發團隊維護的統計套件 {stats} 當中的 `glm()` 函數進行羅吉斯迴歸分類建模，沿用前節資料集 `dtrain` 與 `dtest` 進行建模與測試，並以 0.5 作為分類門檻值，可得羅吉斯迴歸分類的錯誤率為 3.5%。

```
# 誤差分佈為二項式時，連結函數預設為 logit
resLR <- glm(group~., data = dtrain, family =
binomial(link = "logit"))
# 羅吉斯迴歸的預測值是關心事件發生機率的 logit 值
predLogit <- predict(resLR, newdata = dtest)
head(predLogit)
```

```
##       1      2      3      4       5      6
## -8.195 -3.248 -7.232 -3.023 -10.967 -8.238
```

```r
# 套件 {boot} 的 inv.logit() 函數，將預測值逆轉換回機率值
library(boot)
predProb <- inv.logit(predLogit)
head(predProb)
```

```
##         1         2         3         4         5
## 2.761e-04 3.740e-02 7.226e-04 4.640e-02 1.727e-05
##         6
## 2.643e-04
```

```r
# 以 0.5 為門檻值，機率再轉成類別標籤預測值
predLabel <- predProb > 0.5
head(predLabel)
```

```
##     1     2     3     4     5     6
## FALSE FALSE FALSE FALSE FALSE FALSE
```

```r
# 混淆矩陣
table(dtest$group, predLabel)
```

```
##    predLabel
##     FALSE TRUE
##   0   889   11
##   1    25   75
```

```r
# 正確率計算
mean(dtest$group == predLabel)
```

```
## [1] 0.964
```

二元分類的羅吉斯迴歸可以輕易的推廣到多分類問題，其反應變數 y 此時則假設服從多項式機率分佈 (Multinomial distribution)，R 語言中可以運用 {mlogit} 套件進行多項式羅吉斯迴歸分類建模，Python 則同樣以 **sklearn.linear_model** 模組中的 LogisticRegression() 完成二項式與多項式羅吉斯迴歸分類模型。

從線性判別分析與羅吉斯迴歸這兩節的討論，我們可發現分類建模的重點是反應變數 y 在給定 **x** 的條件機率 $Pr[y = l \mid \mathbf{x}]$，羅吉斯迴歸是直接對此後驗機率 $Pr[y = l \mid \mathbf{x}]$ 建模；而線性判別分析之貝氏法，並不直接處理後驗機率，反過來先估計先驗機率 $Pr[\mathbf{x} \mid y = l]$ 與 $Pr[y = l]$，再取得後驗機率的訊息。羅吉斯迴歸適合二元分類的問題，而當有多類樣本需要分類時，線性判別分析是常用的方法。此外，當兩類樣本分散良好，或 **x** 近似常態且小樣本時，線性判別分析的估計較為穩定，所以兩種方法沒有孰優孰劣的結論，而是應該注意其適用時機 (讀者可以想想 No Free Lunch 定理的涵義，`https://en.wikipedia.org/wiki/No_free_lunch_theorem`)。

5.2　非線性分類與迴歸

除非人工加入預測變數的非線性函數到模型中，例如：x_i^2，否則5.1節介紹的迴歸與分類模型本質上是線性的。線性模型容易說明與實現，優點還有模型可推理與解釋性高，但是預測能力畢竟有限，因為線性關係總讓人懷疑是對現實狀況的簡化假設。本節介紹非線性分類與迴歸建模，這類模型是本質上 (intrinsic) 為非線性的模型，其與前述人為添加預測變數高次項的作法不同，區別是在模型訓練前，本質非線性模型不需要事先知曉反應變數 y 與預測變數 x_j 之間的非線性關係，算法會自動刻劃出非線性的決策 (或分類) 邊界。

5.2.1　天真貝式分類

天真貝氏 (naive Bayes) 分類法是以機率或概似表估計新案例屬於不同類別的可能性 (likelihood)，它是基於貝式定理發展出來的分類方法。無適當假設時天真貝氏的計算比較耗時，但在屬性之間滿足條件獨立性

的天真假設 (即 naive 一詞的由來) 下，能處理非常大的資料集，常用於文本分類，例如：郵件與簡訊分類。

以下以垃圾郵件分類的例子說明天真貝氏分類法的運作原理，首先垃圾郵件分類是 $l=2$ 的二元分類問題，參照貝氏定理公式 (5.5) 式，$\mathbf{x}$ 是某封電子郵件中觀察到的詞彙，y 是該封郵件為垃圾 (spam, $y=1$) 或正常 (ham, $y=0$) 郵件的類別標籤。貝氏定理在此處的意義是依郵件中詞彙觀察結果 (例如：有/無看到 `Viagra`) 後，推斷其為垃圾或正常郵件的事後機率 $Pr[y \mid \mathbf{x}]$。(5.5) 式從右計算到左表示可依蒐集到的郵件語料庫，估算等號右邊的事前機率與條件機率，$Pr[y=1]$、$Pr[y=0]$、$Pr[\mathbf{x} \mid y=1]$ 與 $Pr[\mathbf{x} \mid y=0]$ 等，最後計算出重要的事後機率 (Lantz, 2015)。由此計算過程可看出重點仍是 $Pr[y \mid \mathbf{x}]$，但貝氏法反過來先估計 $Pr[\mathbf{x} \mid y]$ 與 $Pr[y]$，並非對後驗機率直接建模。

先考慮單詞的情況，以 `Viagra` 該字為例，下式 (5.18) 依貝氏定理計算在郵件中觀察到 `Viagra`，而該封信為垃圾郵件的事後機率。

$$Pr[spam \mid Viagra] = \frac{Pr[Viagra \mid spam]Pr[spam]}{Pr[Viagra \mid spam]Pr[spam] + Pr[Viagra \mid ham]Pr[ham]} \quad (5.18)$$

其中，各事前機率的計算方法如下：

$$Pr[ham] \approx \frac{freq_{ham}}{freq_{total}}, \quad (5.19)$$

$$Pr[spam] \approx \frac{freq_{spam}}{freq_{total}}, \quad (5.20)$$

$$Pr[Viagra \mid ham] \approx \frac{freq_{Viagra \cap ham}}{freq_{ham}}, \quad (5.21)$$

$$Pr[Viagra \mid spam] \approx \frac{freq_{Viagra \cap spam}}{freq_{spam}}, \quad (5.22)$$

而 $freq_{ham}$, $freq_{spam}$ 和 $freq_{total}$ 分別為樣本中正常郵件數量、垃圾郵件數量與樣本總數，$freq_{Viagra \cap ham}$ 與 $freq_{Viagra \cap spam}$ 分別為樣本中正常郵件與垃圾郵件中含有 `Viagra` 該字的數量。

式 (5.19) 到 (5.22) 之事前機率與條件機率的實際估計工作非常簡單，以下方的二維次數分佈表為例，表中各元素除以橫列總和轉為相對頻率表 (即前述的機率或概似表) 後，一一把對應的機率值代入式 (5.18) 計算即可，結果是此封郵件為垃圾信的可能性是正常信件的四倍。

次數	Viagra	無 Viagra	小計
spam	4	16	20
ham	1	79	80
小計	5	95	100

相對次數	Viagra	無 Viagra	小計
spam	4/20	16/20	20
ham	1/80	79/80	80
小計	5/100	95/100	100

$$Pr[spam \mid Viagra] = \frac{Pr[Viagra \mid spam]Pr[spam]}{Pr[Viagra]} =$$
$$\frac{(4/20) \cdot (20/100)}{(5/100)} = 0.8, \quad (5.23)$$

$$Pr[ham \mid Viagra] = \frac{Pr[Viagra \mid ham]Pr[ham]}{Pr[Viagra]} =$$
$$\frac{(1/80) \cdot (80/100)}{(5/100)} = 0.2. \quad (5.24)$$

接著考慮多字詞的情況 Viagra(W_1)、Credit(W_2) 與 Internet(W_3)，其概似表如下：

相對次數	W_1	$\sim W_1$	W_2	W_1	W_3	$\sim W_3$	小計
spam	$\frac{4}{20}$	$\frac{16}{20}$	$\frac{10}{20}$	$\frac{10}{20}$	$\frac{0}{20}$	$\frac{20}{20}$	20
ham	$\frac{1}{80}$	$\frac{79}{80}$	$\frac{14}{80}$	$\frac{66}{80}$	$\frac{9}{80}$	$\frac{71}{80}$	80
小計	$\frac{5}{100}$	$\frac{95}{100}$	$\frac{24}{100}$	$\frac{76}{100}$	$\frac{9}{100}$	$\frac{91}{100}$	100

假設一封郵件中出現 Viagra，但 Credit 與 Internet 沒有出現，根據貝式定理 (5.5) 式，此封郵件為垃圾信的機率為

$$Pr[spam \mid W_1 \cap \sim W_2 \cap \sim W_3] = \frac{Pr[W_1 \cap \sim W_2 \cap \sim W_3 \mid spam] \cdot Pr[spam]}{Pr[W_1 \cap \sim W_2 \cap \sim W_3]}, \quad (5.25)$$

顯然上式需要計算多個字詞的聯合機率分佈 (joint probability distribution) $Pr[W_1 \cap \sim W_2 \cap \sim W_3 \mid spam]$ 與 $Pr[W_1 \cap \sim W_2 \cap \sim W_3]$，其估計較前面 Viagra 單一字詞機率分佈的問題更為困難。不過在**條件獨立 (conditional independence)** 的假設下，因為聯合機率分佈等於各字詞邊際機率分佈 (marginal probability distributions) 的乘積，所以式 (5.25) 可整理為下式 (5.26)：

$$\frac{Pr[W_1 \mid spam]Pr[\sim W_2 \mid spam]Pr[\sim W_3 \mid spam] \cdot Pr[spam]}{Pr[W_1]Pr[\sim W_2]Pr[\sim W_3]}, \quad (5.26)$$

而該封郵件為正常信之機率為

$$\frac{Pr[W_1 \mid ham]Pr[\sim W_2 \mid ham]Pr[\sim W_3 \mid ham] \cdot Pr[ham]}{Pr[W_1]Pr[\sim W_2]Pr[\sim W_3]}. \quad (5.27)$$

忽略 (5.26) 與 (5.27) 式中相同的分母，我們僅須做下面的計算：

$$Pr[spam \mid W_1 \cap \sim W_2 \cap \sim W_3] =$$
$$(4/20) \cdot (10/20) \cdot (20/20) \cdot (20/100) = 0.020 \quad (5.28)$$

$$Pr[ham \mid W_1 \cap \sim W_2 \cap \sim W_3] =$$
$$(1/80) \cdot (66/80) \cdot (71/80) \cdot (80/100) = 0.007 \quad (5.29)$$

因為 $0.020/0.007 \approx 2.86$，所以此封郵件是垃圾信的可能性為正常信件近三倍！亦即是垃圾信的機率高達 $\frac{0.020}{(0.020+0.007)} = 0.741$。

最後，天真貝式算法的優缺點如下：

- 簡單、快速且有效。
- 可以處理帶雜訊與有遺缺值的資料。
- 容易獲得3.2.2.1節中類別機率值的預測值。(以上為優點)
- 屬性同等重要且互相獨立的假設通常不符合現實的狀況。
- 不適合有大量數值屬性的資料集。
- 類別機率值須轉為類別標籤預測值方能做出具體決策。

5.2.1.1 手機簡訊過濾案例

sms_spam.csv 是 5559 封手機英文簡訊的資料集，text 欄位包含簡訊內容，type 欄位的次數分佈顯示其中有 4812 則 (約 87%) 為正常簡訊，747 則 (約 13%) 是垃圾簡訊 (Lantz, 2015)。

```
import pandas as pd
# 讀入手機簡訊資料集
sms_raw = pd.read_csv("./_data/sms_spam.csv")
# type: 垃圾或正常簡訊，text: 簡訊文字內容
print(sms_raw.dtypes)
```

```
## type     object
## text     object
## dtype: object
```

```
# type 次數分佈，ham 佔多數，但未過度不平衡
print(sms_raw['type'].value_counts()/len(sms_raw['type']))
```

```
## ham     0.865623
## spam    0.134377
## Name: type, dtype: float64
```

text 欄位的英語文字內容可透過 Python 語言的自然語言處理工具集套件 nltk，進行分詞與語料庫的清理。Python 人群喜以**串列推導 (list comprehension)**，或稱表推導完成重複性的迴圈工作，其實串列推導可視為單行的迴圈寫法，從關鍵字 for 開始向右看，把 sms_raw['text'] 序列中的元素 (即各封簡訊) 一一取出代表為 txt，

再往 for 關鍵字的左邊瞭解取出之各元素 txt 做了何種處理 (此處為英語分詞 nltk.word_tokenize(txt))，最後將處理結果封裝成串列 (即最外圈的串列生成中括弧對 [])。

```
# Python 自然語言處理工具集 (Natural Language ToolKit)
import nltk
# 串列推導完成分詞
token_list0 = [nltk.word_tokenize(txt) for txt in sms_raw['text']]
print(token_list0[3][1:7])
```

['4', 'STAR', 'Ibiza', 'Holiday', 'or', '£10,000']

一般而言，語料庫清理的工作包括：

- 轉小寫
- 移除停用字詞 (stop words)
- 移除標點符號
- 移除數字
- 移除可能的空白字詞
- 詞形還原 (lemmatization)(參見2.4.1節)

巢狀的表推導也是常用的雙層式迴圈簡記指令，此處外層迴圈將分詞後的一篇篇簡訊內容取出，內層把各簡訊內容的一個個字詞抓出轉成小寫後再組織起來。其它語料庫清理工作會在適當位置加上邏輯判斷條件，例如：是否在英語停用字詞庫中 (if word not in stopwords.words('english')) 等條件，完成語料庫不同的清理工作。

```
# 串列推導完成轉小寫 (Ibiza 變成 ibiza)
token_list1 = [[word.lower() for word in doc]
for doc in token_list0]
print(token_list1[3][1:7])
```

['4', 'star', 'ibiza', 'holiday', 'or', '£10,000']

```python
# 串列推導移除停用詞
from nltk.corpus import stopwords
# 153 個英語停用字詞
print(len(stopwords.words('english')))
```

```
## 153
```

```python
# 停用字 or 已被移除
token_list2 = [[word for word in doc if word not in
stopwords.words('english')] for doc in token_list1]
print(token_list2[3][1:7])
```

```
## ['4', 'star', 'ibiza', 'holiday', '£10,000', 'cash']
```

```python
# 串列推導移除標點符號
import string
token_list3 = [[word for word in doc if word not in
string.punctuation] for doc in token_list2]
print(token_list3[3][1:7])
```

```
## ['4', 'star', 'ibiza', 'holiday', '£10,000', 'cash']
```

```python
# 串列推導移除所有數字 (4 不見了)
token_list4 = [[word for word in doc if not word.isdigit()]
for doc in token_list3]
print(token_list4[3][1:7])
```

```
## ['star', 'ibiza', 'holiday', '£10,000', 'cash', 'needs']
```

```python
# 三層巢狀串列推導移除字符中夾雜數字或標點符號的情形
token_list5 = [[''.join([i for i in word if not i.isdigit()
and i not in string.punctuation]) for word in doc]
for doc in token_list4]
```

```
# £10,000 變成 £
print(token_list5[3][1:7])
```

```
## ['star', 'ibiza', 'holiday', '£', 'cash', 'needs']
```

最後，list(filter(None, doc)) 過濾掉全為空的 token，再以 **nltk.stem** 模組中 WordNetLemmatizer() 進行詞形還原。

```
# 串列推導移除空元素
token_list6 =[list(filter(None, doc)) for doc in token_list5]
print(token_list6[3][1:7])
```

```
## ['star', 'ibiza', 'holiday', '£', 'cash', 'needs']
```

```
# 載入 nltk.stem 的 WordNet 詞形還原庫
from nltk.stem import WordNetLemmatizer
# 宣告詞形還原器
lemma = WordNetLemmatizer()
# 串列推導完成詞形還原 (needs 變成 need)
token_list6 = [[lemma.lemmatize(word) for word in doc]
for doc in token_list6]
print(token_list6[3][1:7])
```

```
## ['star', 'ibiza', 'holiday', '£', 'cash', 'need']
```

語料庫清理完成後，將各篇簡訊的 tokens 利用空白字符的 join() 方法重新組合成短文，以利 **sklearn.feature_extraction.text** 子模組下的類別 CountVectorizer()，產生語料庫對應的**文件詞項矩陣 (Document-Term Matrix, DTM)**。CountVectorizer() 傳回名稱為 X 的 DTM 預設是**稀疏矩陣 (sparse matrix)** 類別，因此先將其轉為稠密矩陣後 (X.toarray() 方法)，再建立 **pandas** 二維資料結構 sms_dtm。從 sms_dtm 的 shape 屬性得知 DTM 維度與維數，5559 則簡訊斷詞與清理完成後總計有 7612 個詞項，是一個 $m > n$ 且大多為 0 值的矩陣，難怪 **sklearn.feature_extraction.text** 子模組預設用稀疏矩陣來儲存 DTM 了 (註：R 語言文字資料處理與探勘套件 {tm} 也是如此)。

```
# 串列推導完成各則字詞的串接
# join() 方法將各則簡訊 doc 中分開的字符又連接起來
token_list7 = [' '.join(doc) for doc in token_list6]
print(token_list7[:2])
```

['hope good week checking', 'kgive back thanks']

```
import pandas as pd
# 從 feature_extraction 模組載入詞頻計算與 DTM 建構類別
from sklearn.feature_extraction.text import CountVectorizer
# 宣告空模
vec = CountVectorizer()
# 傳入簡訊配適實模並轉換為 DTM 稀疏矩陣 X
X = vec.fit_transform(token_list7)
# scipy 套件稀疏矩陣類別
print(type(X))
```

<class 'scipy.sparse.csr.csr_matrix'>

```
# 稀疏矩陣儲存詞頻的方式：(橫列，縱行) 詞頻
print(X[:2])
```

```
##   (0, 1073)    1
##   (0, 7217)    1
##   (0, 2604)    1
##   (0, 2945)    1
##   (1, 6516)    1
##   (1, 487)     1
##   (1, 3426)    1
```

```python
# X 轉為常規矩陣 (X.toarray()), 並組織為 pandas 資料框
sms_dtm = pd.DataFrame(X.toarray(),
columns=vec.get_feature_names())
# 5559 列 (則) 7612 行 (字) 的結構
print(sms_dtm.shape)
```

(5559, 7612)

```python
# 模型 vec 取出 DTM 各字詞的 get_feature_names() 方法
print(len(vec.get_feature_names())) # 共有 7612 個字詞
```

7612

```python
print(vec.get_feature_names()[300:305])
```

['apology', 'app', 'apparently', 'appeal', 'appear']

我們嘗試檢視部分的 DTM，以前段五個字為例，首先用類似 R 語言 which() 的 np.argwhere() 搜尋 app 詞頻大於零的短文位置，擇取第 4460 到第 4470 十篇短文的部分 DTM 列印其結果，可發現多數細格值為零。

```python
# 5559 則簡訊中 app 此字只有 6 則正詞頻，的確稀疏
print(np.argwhere(sms_dtm['app'] > 0))
```

[[1527]
[2212]
[2277]
[3738]
[4460]
[5447]]

```python
# DTM 部分內容
print(sms_dtm.iloc[4460:4470, 300:305])
```

```
##         apology   app   apparently   appeal   appear
## 4460          0     1            0        0        0
## 4461          0     0            0        0        0
## 4462          0     0            0        0        0
## 4463          0     0            0        0        0
## 4464          0     0            0        0        0
## 4465          0     0            0        0        0
## 4466          0     0            0        0        0
## 4467          0     0            0        0        0
## 4468          0     0            0        0        0
## 4469          1     0            0        0        0
```

訓練模型前先建立訓練與測試資料集，切分對象包括原始資料框、DTM 矩陣、與清理後的語料庫等，切分後並確認兩子集之標籤類別分佈與原資料集的分佈相仿。

```
# 訓練與測試集切分 (sms_raw, sms_dtm, token_list6)
sms_raw_train = sms_raw.iloc[:4170, :]
sms_raw_test  = sms_raw.iloc[4170:, :]
sms_dtm_train = sms_dtm.iloc[:4170, :]
sms_dtm_test  = sms_dtm.iloc[4170:, :]
token_list6_train = token_list6[:4170]
token_list6_test = token_list6[4170:]
# 查核各子集類別分佈
print(sms_raw_train['type'].value_counts()/
len(sms_raw_train['type']))
```

```
## ham     0.864748
## spam    0.135252
## Name: type, dtype: float64
```

```
print(sms_raw_test['type'].value_counts()/
len(sms_raw_test['type']))
```

```
## ham     0.868251
## spam    0.131749
## Name: type, dtype: float64
```

文字雲 (word cloud) 是常用的文字資料視覺化模型，我們先對整體訓練語料庫繪製文字雲，再分別對訓練集中垃圾和正常簡訊字集做文字雲。Python 套件 wordcloud 的類別 WordCloud()，在繪製文字雲前須將各篇訓練簡訊的 tokens 組成一長串的詞項串列 tokens_train，其總長為 38104 個詞項。接著活用 zip() 綑綁函數，將訓練集中的垃圾與正常簡訊區分開來，成為 tokens_train_spam 與 tokens_train_ham，繪製前再將三個詞項串列以逗號串接起來。

```
# WordCloud() 統計詞頻須跨篇組合所有詞項
tokens_train = [token for doc in token_list6_train
for token in doc]
print(len(tokens_train))
```

```
## 38104
```

```
# 邏輯值索引結合 zip() 綑綁函數，再加判斷句與串列推導
tokens_train_spam = [token for is_spam, doc in
zip(sms_raw_train['type'] == 'spam' , token_list6_train)
if is_spam for token in doc]
# 取出正常簡訊
tokens_train_ham = [token for is_ham, doc in
zip(sms_raw_train['type'] == 'ham' , token_list6_train)
if is_ham for token in doc]
# 逗號接合訓練與 spam 和 ham 兩子集 tokens
str_train = ','.join(tokens_train)
str_train_spam = ','.join(tokens_train_spam)
str_train_ham = ','.join(tokens_train_ham)
```

文字雲繪製方式仍然不脫 Python 語言慣用的運行方式，先載入套件，接著設定繪圖規範，然後將資料 (`str_train`, `str_train_spam`, `str_train_ham`) 傳入 `generate()` 方法產製文字雲物件。最後 **matplotlib.pyplot** 模組可將圖5.7、5.8與5.9文字雲繪出與儲存，完成視覺化工作。從文字雲的結果可看出，訓練語料庫中垃圾簡訊出現的字詞，的確與整體訓練集和正常簡訊出現的字詞不相同。

```python
# Python 文字雲套件
from wordcloud import WordCloud
# 宣告文字雲物件 (最大字數 max_words 預設為 200)
wc_train = WordCloud(background_color="white",
prefer_horizontal=0.5)
# 傳入資料統計，並產製文字雲物件
wc_train.generate(str_train)
# 呼叫 matplotlib.pyplot 模組下的 imshow() 方法繪圖
import matplotlib.pyplot as plt
plt.imshow(wc_train)
plt.axis("off")
# plt.show()
# plt.savefig('wc_train.png')
# 限於篇幅，str_train_spam 和 str_train_ham 文字雲繪製代碼省略
```

本案例的 DTM 有眾多詞項，適用 **sklearn.naive_bayes** 模組下的多項式天真貝式建模類別 `MultinomialNB()`。**scikit-learn** 使用者指引 (https://scikit-learn.org/stable/user_guide.html) 中提及，多項式天真貝式分類模型適合離散屬性的資料，例如本案例以**各詞項的詞頻分佈**來分類手機簡訊。簡易的**保留法 (holdout)** 訓練測試結果可以發現，天真貝式法表現不俗，且配適狀況良好，也就是說測試誤差低，且稍高於訓練誤差 (參見3.1.2節過度配適)。

```python
# 載入多項式天真貝氏模型類別
from sklearn.naive_bayes import MultinomialNB
# 模型定義、配適與預測
clf = MultinomialNB()
```

圖 5.7: 手機簡訊訓練語料庫文字雲

圖 5.8: 訓練語料庫中垃圾簡訊文字雲

圖 5.9: 訓練語料庫中正常簡訊文字雲

```
clf.fit(sms_dtm_train, sms_raw_train['type'])
train = clf.predict(sms_dtm_train)
print(" 訓練集正確率為{}".format(sum(sms_raw_train['type'] ==
train)/len(train)))
```

訓練集正確率為0.9887290167865708

```
pred = clf.predict(sms_dtm_test)
print(" 測試集正確率為{}".format(sum(sms_raw_test['type'] ==
pred)/len(pred)))
```

測試集正確率為0.9690424766018718

天真貝式分類法計算結果如下:

```
# 訓練所用的各類樣本數
print(clf.class_count_)
```

```
## [3606.  564.]
```

```python
# 兩類與 7612 個屬性的交叉列表
print(clf.feature_count_)
```

```
## [[1. 2. 1. ... 1. 0. 0.]
##  [0. 0. 0. ... 0. 0. 1.]]
```

```python
print(clf.feature_count_.shape)
```

```
## (2, 7612)
```

```python
# 已知類別下，各屬性之條件機率 Pr[x_i|y] 的對數值
print(clf.feature_log_prob_[:, :4])
```

```
## [[ -9.77004187  -9.36457676  -9.77004187 -10.46318905]
##  [ -9.64212279  -9.64212279  -9.64212279  -9.64212279]]
```

```python
print(clf.feature_log_prob_.shape)
```

```
## (2, 7612)
```

最後以五摺交叉驗證收尾，自訂函數 evaluate_cross_validation() 中依序做 k 摺數據切分、呼叫 cross_val_score() 計算各次交叉驗證模型配適的績效分數，最後印出各次訓練的正確率及**標準誤 (Standard Error, SE)**。所謂標準誤是指某一統計量 (通常是參數的估計值) 之標準誤，它代表該統計量抽樣分佈 (sampling distribution) 的標準差，當統計量是平均值時，就稱為**平均值的標準誤 (Standard Error of the Mean, SEM)**。Python 統計模組 **scipy.stats** 中 sem() 函數計算 SE 的公式如下：

$$SE = \frac{s}{\sqrt{n-1}}, \tag{5.30}$$

其中 s 是標準差 (standard deviation)，也就是變異數的正方根值，n 則

是樣本大小。標準誤與標準差的區別在於 SE 估計樣本間的變異性，而 s 則是衡量單一樣本內的變異。

```python
# 載入 sklearn 交叉驗證模型選擇的重要函數
from sklearn.model_selection import cross_val_score, KFold
from scipy.stats import sem
# 自定義 k 摺交叉驗證模型績效計算函數
def evaluate_cross_validation(clf, X, y, K):
    # 創建 k 摺交叉驗證迭代器 (iterator)，用於 X 與 y 的切分
    cv = KFold(n_splits=K, shuffle=True, random_state=0)
    scores = cross_val_score(clf, X, y, cv=cv)
    print("{}摺交叉驗證結果如下: \n{}".format(K, scores))
    tmp = " 平均正確率: {0:.3f}(+/-標準誤{1:.3f})"
    print(tmp.format(np.mean(scores), sem(scores)))

evaluate_cross_validation(clf, sms_dtm, sms_raw['type'], 5)
```

```
## 5摺交叉驗證結果如下:
## [0.9721223  0.96223022 0.96942446 0.96852518 0.97029703]
## 平均正確率: 0.969(+/-標準誤0.002)
```

5.2.2　k 近鄰法分類

k 近鄰法顧名思義是在預測變數空間中，決定新樣本最近的 k 位訓練集鄰居，以其目標變數值 $\{y_1, ..., y_k\}$ 的多數決 (majority vote) 結果 (當 y_i 為類別標籤時)，或者是中位數、算術平均數等計算結果 (當 y_i 為數值變數時)，進行新樣本的分類或迴歸預測。

前述 k 近鄰法的基本運作方式，說明樣本間的距離定義是此法的運作核心。3.4節的 L_1 與 L_2 範數，即曼哈頓距離與歐幾里德直角距離，是最常見到的近鄰距離定義。而3.4節中的 Tanimoto 距離、Hamming 距離與 cosine 相似度等，可能更加適合某些特定的領域，例如：計量化學。

k 近鄰法運用時要留意預測變數的尺度 (i.e. 必須做尺度均一化)，和遺缺值的影響 (i.e. 需要刪除不完整的觀測值，或是填補遺缺值)。近鄰

個數 k 是待調參數，k 小容易過度配適，k 大則可能配適不足，參見圖5.10。此外，k 近鄰法計算耗時，計算時須將數據載入記憶體中，當資料量大時通常用節省記憶體的資料結構，以加快計算，例如：**k 維樹 (k-dimensional tree, k-d tree)**。k 維樹利用樹狀結構將預測變數空間做正交切割，新樣本只針對樹中接近的訓練樣本計算距離後尋找近鄰。這樣的方法明顯改善計算效率，尤其是訓練樣本數遠高於預測變數個數時。

相對於其它機器學習方法，k 近鄰法其實並未配適任何模型，它只是把訓練樣本儲存起來，進行**死記應背的學習 (rote learning)**，或稱**記憶基礎理解 (Memory-Based Reasoning, MBR)**，所以 k 近鄰法又有一個有趣的名稱叫**懶惰學習 (lazy learning)**。

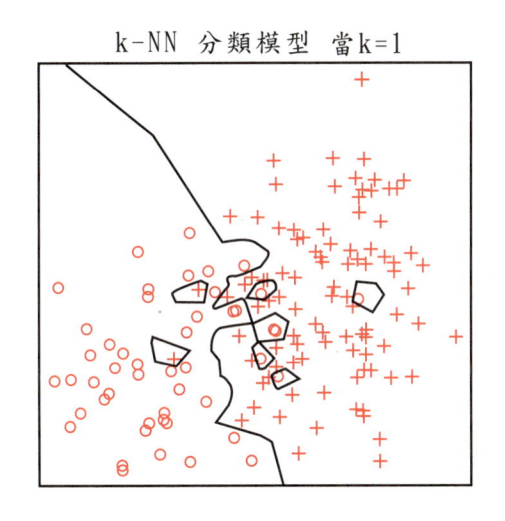

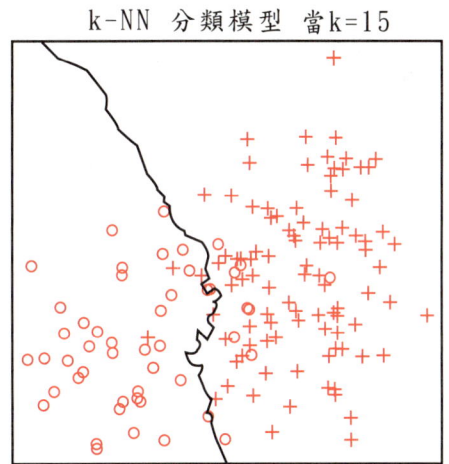

圖 5.10: k 近鄰法過度配適與配適不足示意圖 (Varmuza and Filzmoser, 2009)

整體而言，近鄰學習法有以下特點：

- 原理簡單但有效；
- 不需要對資料有任何分佈上的假設；
- 訓練過程快速，其實應該是沒有訓練過程，或者可說訓練與測試一次完成；
- 因為沒有模型，所以限制了我們瞭解預測變數與目標變數之間關係的能力；
- 需要選擇合適的 k；
- 資料量大時，計算可能耗時緩慢；

- 尺度量綱不一的屬性、名目屬性與遺缺數據需要額外處理 (參見第二章資料前處理)。

5.2.2.1 電離層無線電訊號案例

大氣層離地表最近的一層是對流層 (troposphere)，它從地面延伸到約 10 公里的高處。10 公里以上為平流層 (stratosphere)，再向上為中間層 (mesosphere)。約 80 公里以上的增溫層 (thermosphere) 中大氣已經非常稀薄，在這裡陽光中的紫外線和 X 射線可以使得空氣分子電離，自由的電子在與正電荷的離子合併前可以短暫地自由活動，因此在這個高度形成一個電漿體，此處自由電子的數量足以影響電波的傳播，所謂的電離層由此處開始向外延伸，包括增溫層及更高的外逸層 (exosphere)。(https://en.wikipedia.org/wiki/Ionosphere)

本案例雷達資料在加拿大東北沿海拉布拉多 (Labrador) 地區所收集的，由 16 個高頻天線形成的相位陣列 (phased array, https://en.wikipedia.org/wiki/Phased_array)，總傳輸功率呈 6.4 千瓦的量綱 (參見3.2.1節關於量綱的說明)。目標變數值 Good 表示電離層的自由電子呈現某種結構，而 Bad 則無此結構。接收到的訊號 (預測變數) 經由自我相關函數 (autocorrelation function) 的處理，函數的引數為脈衝編號及其時間。17 個脈衝編號各自有兩個屬性，分別是電磁訊號的兩個複數值，因此屬性矩陣共有 34 個預測變數 (Layton, 2015)。

讀入資料後按機器學習人群的習慣，將資料存為屬性矩陣與類別標籤向量，並分別檢視其維度與維數。切分為 75% 和 25% 的訓練集與測試集之前，先檢查預測變數有無名目屬性，以及可能的遺缺值，結果發現此資料集非常適合 k 近鄰法分類學習。資料切分完成後，我們也細心地檢視原資料集、訓練子集與測試子集的類別分佈是否相似。

```
import numpy as np
import pandas as pd
iono = pd.read_csv("./_data/ionosphere.data", header=None)
# 切分屬性矩陣與目標向量
X = iono.iloc[:, :-1]
y = iono.iloc[:, -1]
```

```
print(X.shape)
```

```
## (351, 34)
```

```
print(y.shape)
```

```
## (351,)
```

```
# 無名目屬性，適合 k 近鄰學習
print(X.dtypes)
```

```
## 0      int64
## 1      int64
## 2      float64
## 3      float64
## 4      float64
## 5      float64
## 6      float64
## 7      float64
## 8      float64
## 9      float64
## 10     float64
## 11     float64
## 12     float64
## 13     float64
## 14     float64
## 15     float64
## 16     float64
## 17     float64
## 18     float64
## 19     float64
## 20     float64
## 21     float64
## 22     float64
```

```
## 23     float64
## 24     float64
## 25     float64
## 26     float64
## 27     float64
## 28     float64
## 29     float64
## 30     float64
## 31     float64
## 32     float64
## 33     float64
## dtype: object
```

```python
# 資料無遺缺，可直接進行 k 近鄰學習
print("遺缺{}個數值".format(X.isnull().sum().sum()))
```

```
## 遺缺0個數值
```

```python
# 訓練集與測試集切分
from sklearn.model_selection import train_test_split
X_train, X_test, y_train, y_test = train_test_split(X, y, random_state=14)
print("訓練集有{}樣本".format(X_train.shape[0]))
```

```
## 訓練集有263樣本
```

```python
print("測試集有{}樣本".format(X_test.shape[0]))
```

```
## 測試集有88樣本
```

```python
print("每個樣本有{}屬性".format(X_train.shape[1]))
```

```
## 每個樣本有34屬性
```

```python
print(" 資料集類別分佈為: \n{}.".format(y.value_counts()/len(y)))
```

```
## 資料集類別分佈為:
## g    0.641026
## b    0.358974
## Name: 34, dtype: float64.
```

```python
print(" 訓練集類別分佈為: \n{}."
.format(y_train.value_counts()/len(y_train)))
```

```
## 訓練集類別分佈為:
## g    0.638783
## b    0.361217
## Name: 34, dtype: float64.
```

```python
print(" 測試集類別分佈為: \n{}."
.format(y_test.value_counts()/len(y_test)))
```

```
## 測試集類別分佈為:
## g    0.647727
## b    0.352273
## Name: 34, dtype: float64.
```

如前所述，預測變數是否標準化對近鄰學習的距離運算有影響，因此先將訓練集標準化後，再依訓練集各變數的平均數與標準差，把測試集做同樣的轉換 (Why?)。為了後續的交叉驗證參數調校，整個資料集最後再一起標準化。

```python
# 載入 sklearn 前處理模組的標準化轉換類別
from sklearn.preprocessing import StandardScaler
# 模型定義 (未更改預設設定)、配適與轉換
sc = StandardScaler()
# 配適與轉換接續執行函數 fit_transform()
```

```python
X_train_std = sc.fit_transform(X_train)
# 依訓練集擬合的模型，對測試集做轉換
X_test_std = sc.transform(X_test)
# 整個屬性矩陣標準化是為了交叉驗證調參 (注意！模型 sc 內容會變)
X_std = sc.fit_transform(X)
```

載入 sklearn.neighbors 模組中 KNeighborsClassifier() 類別，在預設的設定下以 75% 的訓練樣本配適模型，再分別對訓練與測試樣本進行預測，並計算其正確率，兩者結果相近顯示預設為 5 的近鄰學習參數 k 值可能不大適合。

```python
# 載入 sklearn 近鄰學習模組的 k 近鄰分類類別
from sklearn.neighbors import KNeighborsClassifier
# 模型定義 (未更改預設設定)、配適與轉換
estimator = KNeighborsClassifier()
estimator.fit(X_train_std, y_train)
# 模型 estimator 的 get_params() 方法取出模型參數:
# Minkowski 距離之 p 為 2(歐幾里德距離) 與鄰居數是 5
for name in ['metric','n_neighbors','p']:
    print(estimator.get_params()[name])
```

```
## minkowski
## 5
## 2
```

```python
# 對訓練集進行預測
train_pred = estimator.predict(X_train_std)
# 訓練集前五筆預測值
print(train_pred[:5])
```

```
## ['b' 'g' 'b' 'g' 'b']
```

```python
# 訓練集前五筆實際值
print(y_train[:5])
```

```
## 51     b
## 24     g
## 168    b
## 136    b
## 71     b
## Name: 34, dtype: object
```

```python
train_acc = np.mean(y_train == train_pred) * 100
print(" 訓練集正確率為{0:.1f}%".format(train_acc))
```

```
## 訓練集正確率為87.1%
```

```python
# 對測試集進行預測
y_pred = estimator.predict(X_test_std)
# 測試集前五筆預測值
print(y_pred[:5])
```

```
## ['g' 'g' 'g' 'g' 'g']
```

```python
# 測試集前五筆實際值
print(y_test[:5])
```

```
## 14     g
## 1      b
## 44     g
## 245    g
## 288    g
## Name: 34, dtype: object
```

```python
test_acc = np.mean(y_test == y_pred) * 100
print(" 測試集正確率為{0:.1f}%".format(test_acc))
```

```
## 測試集正確率為87.5%
```

接著嘗試交叉驗證，載入 **sklearn.model_selection** 模組中的函數 `cross_val_score()`，此函數顧名思義是計算各次交叉驗證配適之模型的績效分數 (參見圖3.10與3.11)。使用時依序傳入欲配適的模型 estimator、用以配適模型的資料 (此處為標準化後的屬性矩陣 X_std 與類別標籤向量 y)、以及評估各次配適結果優劣的績效指標 accuracy，運算完成函數傳回三次交叉驗證 (`cross_val_score()` 的引數 cv 預設為 3) 的正確率分數 scores，計算其算術平均數後再印出結果，請注意此次結果的近鄰數 k 仍為預設值 5。

```python
# sklearn 套件中模型選擇模組下交叉驗證訓練測試機制之績效計算函數
from sklearn.model_selection import cross_val_score
# 預設為三摺交叉驗證運行一次
scores = cross_val_score(estimator, X_std, y,
                         scoring='accuracy')
print(scores.shape)
```

```
## (3,)
```

```python
average_accuracy = np.mean(scores) * 100
print(" 三次的平均正確率為{0:.1f}%".format(average_accuracy))
```

```
## 三次的平均正確率為82.3%
```

交叉驗證常用來調校統計機器學習模型中的參數 (參見3.3.2節 R 語言 k 近鄰分類參數調校案例)，串列 parameter_values 存放近鄰數 k 從 1 到 20 的整數測試值，for 迴圈針對每一個可能的 k 值反覆執行下列運算，先設定 k 近鄰分類模型的規格 (即空模的近鄰數)，接著呼叫 `cross_val_score()` 函數，取得三次交叉驗證的正確率分數 sc，並在計算正確率平均值 np.mean(sc) 後，將結果添加到不同 k 值下的平均正

確率分數串列 `avg_scores`，與各 k 值下三次交叉驗證的正確率分數串列 `all_scores` 中。

```python
# 逐步收納結果用
avg_scores = []
all_scores = []
# 定義待調參數候選集
parameter_values = list(range(1, 21))
# 對每一參數候選值，執行下方內縮敘述
for n_neighbors in parameter_values:
    # 宣告模型規格 n_neighbors
    estimator = KNeighborsClassifier(n_neighbors=n_neighbors)
    # cross_val_score() 依模型規格與資料集進行交叉驗證訓練和測試
    sc=cross_val_score(estimator,X_std,y,scoring='accuracy')
    # 績效分數 (accuracy) 平均值計算與添加
    avg_scores.append(np.mean(sc))
    all_scores.append(sc)
```

```python
# 近鄰數從 1 到 20 的平均正確率
print(len(avg_scores))
```

```
## 20
```

```python
print(avg_scores)
```

```
## [0.8262108262108262, 0.8632478632478632]

## [0.8262108262108262, 0.8461538461538461]

## [0.8233618233618234, 0.8319088319088319]

## [0.7948717948717948, 0.8233618233618234]

## [0.792022792022792, 0.8176638176638177]

## [0.7806267806267807, 0.8005698005698005]
```

```
## [0.7806267806267807, 0.792022792022792]

## [0.7806267806267807, 0.7834757834757835]

## [0.774928774928775, 0.7834757834757835]

## [0.7635327635327637, 0.774928774928775]
```

```python
# 近鄰數從 1 到 20 的三摺交叉驗證結果
print(len(all_scores))
```

```
## 20
```

```python
# 不同近鄰數 k 值下，三次交叉驗證的正確率
print(all_scores[:4])
```

```
## [array([0.81196581, 0.79487179, 0.87179487])]

## [array([0.85470085, 0.82051282, 0.91452991])]

## [array([0.79487179, 0.77777778, 0.90598291])]

## [array([0.82905983, 0.78632479, 0.92307692])]
```

所謂文不如表，表不如圖。我們將 20 次不同近鄰數對應的三摺交叉驗證正確率平均值繪成圖5.11的折線圖，可看出平均正確率從 $k = 1$ 升高到 $k = 2$ 後就漸次震盪遞減而下，最高的平均正確率為 0.8632478632478632 發生在 $k = 2$ 的兩個近鄰數。

```python
# 不同近鄰數下平均正確率折線圖
from matplotlib import pyplot as plt
fig = plt.figure()
ax = fig.add_subplot(111)
plt.xticks(np.arange(0, 21))
ax.plot(parameter_values, avg_scores, '-o')
# fig.savefig('./_img/iono_tuning_avg_scores.png')
```

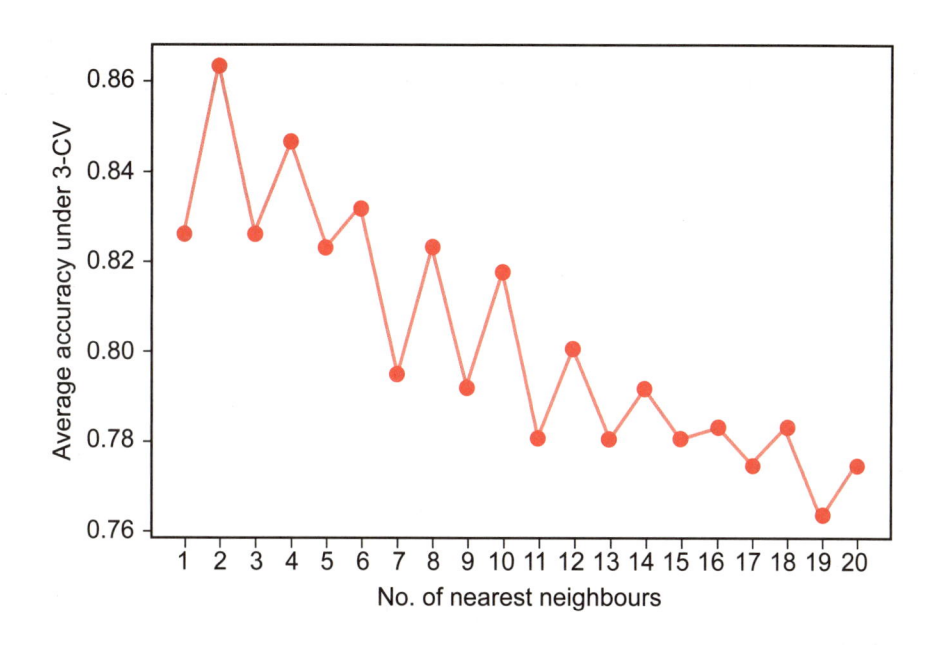

圖 5.11: 電離層無線電訊號案例 k 近鄰分類參數調校結果

sklearn.pipeline 模組的 Pipeline() 類別可將資料分析步驟流程化，整個流程名稱為 pipe，其下包括 scale 與 predict 兩個步驟，分別調用 MinMaxScaler() 和 KNeighborsClassifier() 函數，進行屬性矩陣標準化與 k 近鄰分類建模。然後將定義好的流程 pipe、原始預測變數資料框 X、類別標籤序列 y 與評估方法 accuracy 等傳入交叉驗證運算執行函數 cross_val_score()，完成整個分析流程的運行。

```
# 載入 sklearn 前處理模組正規化轉換類別
from sklearn.preprocessing import MinMaxScaler
# 載入統計機器學習流程化模組
from sklearn.pipeline import Pipeline
# 流程定義
pipe = Pipeline([('scale', MinMaxScaler()), ('predict',
KNeighborsClassifier())])
# 流程與資料傳入 cross_val_score() 函數
scores = cross_val_score(pipe, X, y, scoring='accuracy')
# 三摺交叉驗證結果
print(" 三次正確率結果為{}%".format(scores*100))
```

三次正確率結果為[82.90598291 77.77777778 86.32478632]%

```
print(" 平均正確率為{0:.1f}%".format(np.mean(scores) * 100))
```

平均正確率為82.3%

5.2.3 支援向量機分類

支援向量機 (Support Vector Machines, SVM) 是分類、異常偵測與迴歸的優秀工具，SVM 最早是 Vladimir Vapnik 在 1960 年代中期發展出來的一系列統計模型，其分類模型起源於**最大邊界分類器 (maximal margin classifiers)**，藉由最大化分類超平面與資料之間的邊界幅度，決定出分割不同類樣本的最佳決策邊界 (Vapnik, 2000)。最大邊界分類器是簡單且容易理解的的線性分類模型，其概念如下圖5.12所示。圖5.12是線性可分的 (linearly separabale) 分類問題，左邊顯示有多條 (事實上是無限多條) 線性函數可完美切割兩類樣本。因此，如何選擇合宜的類別分界線是個重要的問題，然而許多績效衡量，例如：正確率，都不足以回答這個問題，因為各條線性分界線其正確率都是等值的。Vapnik (2000) 定義邊界 (margin) 指標來解決分類邊界線不唯一的問題，簡單來說邊界是分類邊界線與兩類訓練樣本的最近距離，以右圖為例，黑色實線與兩側虛線的距離即為邊界，透過最大化邊界為參數估計的目標函數，求解後可唯一決定最大邊界分類模型的決策邊界。

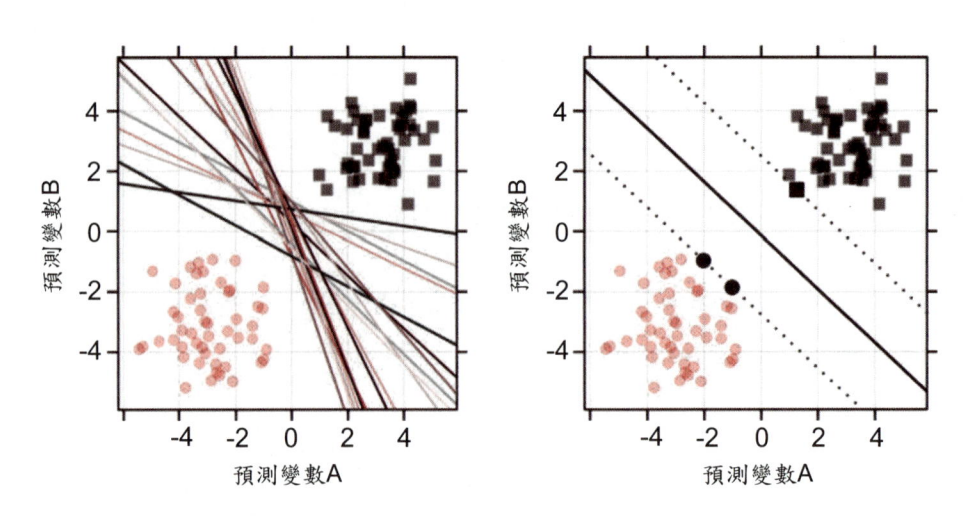

圖 5.12: 最大邊界分類器概念圖 (Kuhn and Johnson, 2013)

最大邊界分類器可讓我們瞭解 SVM 的數學機理，假設圖5.12中右圖粗黑的線性分類決策函數為 $D(\mathbf{x})$，其中 $\mathbf{x}$ 為預測變數所形成的向量，例如：$\mathbf{x}_i$ 是訓練樣本 i 的預測變數向量。如果圖5.12中兩類樣本類別標籤的編碼方式為左下-1、右上 1，則下式為類別標籤預測方程式：

$$\hat{y}_i = \begin{cases} -1, D(\mathbf{x}_i) < 0 \\ 1, D(\mathbf{x}_i) > 0 \end{cases} \quad (5.31)$$

今有一未知類別標籤樣本 $\mathbf{u} = (u_1, u_2, ..., u_m)$，代入線性分類函數的具體形式為：

$$D(\mathbf{u}) = \beta_0 + \sum_{j=1}^{m} \beta_j u_j. \quad (5.32)$$

將 $\beta_j = \sum_{i=1}^{n} y_i \alpha_i x_{ij}$ 代入式 (5.33) 中，使之從預測變數的觀點轉為觀測樣本的觀點：

$$D(\mathbf{u}) = \beta_0 + \sum_{i=1}^{n} y_i \alpha_i \left(\sum_{j=1}^{m} x_{ij} u_j \right) = \beta_0 + \left(\sum_{i=1}^{n} y_i \alpha_i \mathbf{x}_i^T \mathbf{u} \right), \quad (5.33)$$

其中 y_i 是前述各樣本的類別標籤編碼值 (-1 或 1)，每個樣本待估計的未知參數 $\alpha_i, i = 1, 2, ..., n$ 值均大於或等於零。在兩類樣本完全可分的情況下，只有位在決策邊界上的樣本其估計的 α_i 值才會大於零，其餘樣本的 α_i 參數全部都是零。正因如此，決策函數式 (5.33) 是部份 α_i 為正之訓練樣本所形成的函數，因此這些 α_i 大於零的樣本被稱為**支援向量 (support vectors)**，此法因而被稱為支援向量機了。

SVM 多才多藝，也可以用來建立迴歸模型，其參數估計最佳化問題的目標函數如下：

$$C \cdot \sum_{i=1}^{n} L_\epsilon (y_i - \hat{y}_i) + \sum_{j=1}^{m} \beta_j^2, \quad (5.34)$$

其中 C 是使用者設定的懲罰成本參數，此處因為是懲罰較大的殘差而非較大的係數 (請與 (5.2) 與 (5.3) 兩式比較)，所以 C 值越高時模型越易過度配適，因而以較少的支援向量支撐起狹窄的邊界；反之，C 值越低時模型可能配適不足，較多的支援向量會支撐起較寬的邊界。$L_\epsilon(\cdot)$ 是 ϵ 限度不敏感損失函數 (ϵ-insensitive loss)，常見的損失函數有 (3.5) 式的殘差平方和或是 (3.6) 式的絕對值和，所謂 ϵ 限度不敏感代表殘差的絕對值要大於 ϵ 的門檻，才會計入損失函數中：

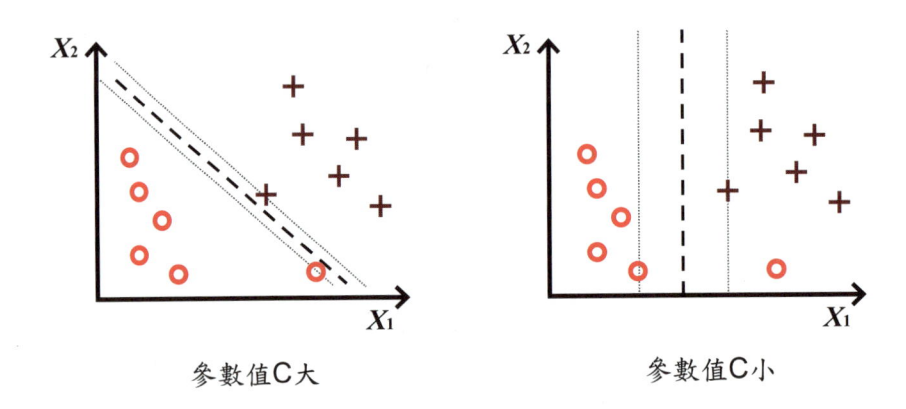

參數值C大   參數值C小

圖 5.13: 懲罰成本參數 C 與邊界寬窄示意圖 (Raschka, 2015)

$$L_\epsilon(y_i - \hat{y}_i) = \sum_{i=1}^{n} |I_\epsilon(y_i - \hat{y}_i)|, \qquad (5.35)$$

而

$$I_\epsilon(y_i - \hat{y}_i) = \begin{cases} 0, |y_i - \hat{y}_i| \leq \epsilon \\ y_i - \hat{y}_i, |y_i - \hat{y}_i| > \epsilon. \end{cases} \qquad (5.36)$$

(5.34) 式中的線性支援向量迴歸方程式 $\hat{y}_i$ 與 (5.33) 式非常相像：

$$\hat{y}_i = f(\mathbf{u}) = \beta_0 + \left(\sum_{i=1}^{n} \alpha_i \mathbf{x}_i^T \mathbf{u}\right) = \beta_0 + \sum_{i=1}^{n} \alpha_i K(\mathbf{x}_i, \mathbf{u}). \qquad (5.37)$$

(5.37) 式中最後一項的 $K(\mathbf{x}_i, \mathbf{u})$ 正是兩向量的核函數 (kernel funtion) 運算。在線性運算的情況下，就是兩向量的內積運算 $\mathbf{x}_i^T \mathbf{u}$。其它常用的非線性核函數還有**多項式核函數 (polynomial kernel)**、**徑向基底核函數 (radial basis kernel)** 及**雙曲正切核函數 (hyperbolic tangent kernel)** 等，各核函數使用時機請參閱 R 語言套件 {kernlab} 的說明短文 (vignettes)(Karatzoglou et al., 2004)。其公式分別如下：

$$Poly(\mathbf{x}, \mathbf{u}) = \left(scale \cdot \mathbf{x}^T \mathbf{u} + offset\right)^{degree}, \tag{5.38}$$

$$RB(\mathbf{x}, \mathbf{u}) = exp\left(-\sigma \left|\left|\mathbf{x} - \mathbf{u}\right|\right|^2\right), \tag{5.39}$$

$$HyperTan(\mathbf{x}, \mathbf{u}) = tanh\left(scale\left(\mathbf{x}^T \mathbf{u}\right) + 1\right). \tag{5.40}$$

支援向量機廣義來說屬於**核函數方法 (kernel method)** 的一員，這類方法透過核函數，將問題的輸入變數空間，轉換到一更高維的空間中，在此高維空間運用分析算法建立模型，通常是較簡單的模型。然而轉換到高維空間後計算量會增大，有幸核函數的隱式轉換解決了這個問題。以二維空間中的向量 $\mathbf{x} = (x_1, x_2)$ 為例，經函數 ϕ 轉換到三維空間 $\phi(\mathbf{x}) = \left(x_1^2, \sqrt{2}x_1 x_2, x_2^2\right)$，尋求較簡單的建模方法，以規避**複雜度的詛咒 (curse of complexity)**。新空間中的內積運算可表達為 $\phi(\mathbf{u})^T \cdot \phi(\mathbf{v}) = (u_1^2 v_1^2 + 2u_1 u_2 v_1 v_2 + u_2^2 v_2^2) = (u_1 v_1 + u_2 v_2)^2 = \left(\mathbf{u}^T \cdot \mathbf{v}\right)^2$，這個式子最後化簡結果的意義是新空間中的內積運算 $\phi(\mathbf{u})^T \cdot \phi(\mathbf{v})$，僅須在原資料低維的內積空間做平方運算即可 $\left(\mathbf{u}^T \cdot \mathbf{v}\right)^2$，具備此種性質的轉換函數 ϕ 就稱為核函數了。

總結來說，SVM 有以下的特點：

- 背後的最佳化問題為凸性的 (convex)，因此只有一個最佳解存在；
- 可用於分類或迴歸問題，且其績效通常十分卓著；
- 核函數攸關資料的映射，也就是說核函數的統計機器學習方法是分析前先做資料映射的建模方法，資料內隱地映射到一高維的屬性空間，然後嘗試運用較簡單的線性分類模型解決低維下困難的問題；
- 學習發生在轉換後的屬性空間中，但我們僅須以原始資料的內積來表達算法，因此避免掉計算高維屬性空間的繁複運算過程，這種技巧被稱為核函數謀略 (kernel trick)；
- 不容易受雜訊資料過度的影響，也較不易過度配適 (參見 (5.34) 式)；
- 屬於灰盒模型，結果不易詮釋。

5.2.3.1 光學手寫字元案例

本節案例以支援向量機進行光學字元影像辨識，載入資料集 letterdata.csv，檢視變數型別與摘要統計表後發現學習目標 letter 為字串類別變數，其餘均為整數值型別的屬性。目標變數 letter 的分佈仍然是吾人應該關心的，結果顯示樣本在 26 個英語字母間散佈相當平均。

```python
import pandas as pd
letters = pd.read_csv("./_data/letterdata.csv")
# 檢視變數型別
print(letters.dtypes)
```

```
## letter     object
## xbox       int64
## ybox       int64
## width      int64
## height     int64
## onpix      int64
## xbar       int64
## ybar       int64
## x2bar      int64
## y2bar      int64
## xybar      int64
## x2ybar     int64
## xy2bar     int64
## xedge      int64
## xedgey     int64
## yedge      int64
## yedgex     int64
## dtype: object
```

```python
# 各整數值變數介於 0 到 15 之間 (4 bits 像素值)
print(letters.describe(include = 'all'))
```

```
##            letter          xbox          ybox
## count       20000  20000.000000  20000.000000
## unique         26           NaN           NaN
## top            U            NaN           NaN
## freq          813           NaN           NaN
## mean          NaN      4.023550      7.035500
## std           NaN      1.913212      3.304555
## min           NaN      0.000000      0.000000
## 25%           NaN      3.000000      5.000000
## 50%           NaN      4.000000      7.000000
## 75%           NaN      5.000000      9.000000
## max           NaN     15.000000     15.000000
##                width       height         onpix
## count   20000.000000  20000.00000  20000.000000
## unique           NaN          NaN           NaN
## top              NaN          NaN           NaN
## freq             NaN          NaN           NaN
## mean        5.121850      5.37245      3.505850
## std         2.014573      2.26139      2.190458
## min         0.000000      0.00000      0.000000
## 25%         4.000000      4.00000      2.000000
## 50%         5.000000      6.00000      3.000000
## 75%         6.000000      7.00000      5.000000
## max        15.000000     15.00000     15.000000
##                 xbar          ybar         x2bar
## count   20000.000000  20000.000000  20000.000000
## unique           NaN           NaN           NaN
## top              NaN           NaN           NaN
## freq             NaN           NaN           NaN
## mean        6.897600      7.500450      4.628600
## std         2.026035      2.325354      2.699968
## min         0.000000      0.000000      0.000000
## 25%         6.000000      6.000000      3.000000
## 50%         7.000000      7.000000      4.000000
```

```
## 75%            8.000000        9.000000        6.000000
## max           15.000000       15.000000       15.000000
##                    y2bar           xybar          x2ybar
## count      20000.000000    20000.000000     20000.00000
## unique              NaN             NaN             NaN
## top                 NaN             NaN             NaN
## freq                NaN             NaN             NaN
## mean            5.178650        8.282050         6.45400
## std             2.380823        2.488475         2.63107
## min             0.000000        0.000000         0.00000
## 25%             4.000000        7.000000         5.00000
## 50%             5.000000        8.000000         6.00000
## 75%             7.000000       10.000000         8.00000
## max            15.000000       15.000000        15.00000
##                   xy2bar           xedge          xedgey
## count      20000.000000    20000.000000    20000.000000
## unique              NaN             NaN             NaN
## top                 NaN             NaN             NaN
## freq                NaN             NaN             NaN
## mean            7.929000        3.046100        8.338850
## std             2.080619        2.332541        1.546722
## min             0.000000        0.000000        0.000000
## 25%             7.000000        1.000000        8.000000
## 50%             8.000000        3.000000        8.000000
## 75%             9.000000        4.000000        9.000000
## max            15.000000       15.000000       15.000000
##                    yedge           yedgex
## count      20000.000000     20000.00000
## unique              NaN             NaN
## top                 NaN             NaN
## freq                NaN             NaN
## mean            3.691750         7.80120
## std             2.567073         1.61747
```

```
## min           0.000000        0.00000
## 25%           2.000000        7.00000
## 50%           3.000000        8.00000
## 75%           5.000000        9.00000
## max          15.000000       15.00000
```

```
# 目標變數各類別分佈平均 (預設依各類頻次降冪排序)
print(letters['letter'].value_counts())
```

```
## U    813
## D    805
## P    803
## T    796
## M    792
## A    789
## X    787
## Y    786
## Q    783
## N    783
## F    775
## G    773
## E    768
## B    766
## V    764
## L    761
## R    758
## I    755
## O    753
## W    752
## S    748
## J    747
## K    739
## C    736
## H    734
```

```
## Z       734
## Name: letter, dtype: int64
```

預測變數的部份我們先檢查是否有低變異預測變數需要移除 (R 語言作法請參見2.3.1節屬性轉換與移除)，**sklearn.feature_selection** 模組的 `VarianceThreshold()` 類別，可依變異數門檻值過濾變異過低的預測變數，將門檻值設為 0 再傳入屬性矩陣 `letters.iloc[:,1:]` 進行配適，配適的過程其實就是計算各預測變數的變異數值，查核其是否 (**True/False**) 超過變異數門檻值，再傳回過濾後的預測變數矩陣。從回傳矩陣的維度與維數 (`shape` 屬性) 可以發現此例並無零變異的變數，後續讀者如果需要知曉何變數被過濾掉，可以從屬性挑選模型 `vt` 的 `get_support()` 方法傳回的 `False` 位置得知。

```
# 載入 sklearn 屬性挑選模組的變異數過濾類別
from sklearn.feature_selection import VarianceThreshold
# 模型定義、配適與轉換 (i.e. 刪除零變異屬性)
vt = VarianceThreshold(threshold=0)
# 並無發現零變異屬性
print(vt.fit_transform(letters.iloc[:,1:]).shape)
```

```
## (20000, 16)
```

```
# 沒有超過 (低於或等於) 變異數門檻值 0 的屬性是 0 個
print(np.sum(vt.get_support() == False))
```

```
## 0
```

預測變數之間的相關程度可以運用 **pandas** 資料框的 `corr()` 方法計算相關係數方陣，唯方陣內數字眾多，肉眼觀察不易，實務上多以視覺化圖形 (參見圖2.20相關係數矩陣視覺化圖形)，或是下面的布林值索引方式抓出高相關變數對。由於要運用 **numpy** 的 `fill_diagonal()` 與 `argwhere()` 方法，故將相關係數方陣轉為 **numpy** 陣列後，`fill_diagonal()` 變更對角線元素值為 0，運用邏輯值索引 (logical indexing) 結合 `argwhere()` 函數取出超標的高相關變數對位置，唯須注意目標類別變數 `letters` 在原變數表的位置，細心仍是掌握大局之資料科學家不可或缺的特質。

預測變數 width、height、x.box 以及 y.box 等之間似乎高度相關 (> 0.8)，對於有母數的建模方法可能造成不良後果，但對支援向量機來說卻不是個問題。

```
# 計算相關係數方陣後轉 numpy ndarray
cor = letters.iloc[:,1:].corr().values
print(cor[:5,:5])
```

```
## [[1.         0.7577928  0.851514   0.67276367 0.61909688]
##  [0.7577928  1.         0.67191188 0.82320706 0.55506655]
##  [0.851514   0.67191188 1.         0.66021536 0.76571612]
##  [0.67276367 0.82320706 0.66021536 1.         0.64436627]
##  [0.61909688 0.55506655 0.76571612 0.64436627 1.        ]]
```

```
# 相關係數超標 (+-0.8) 真假值方陣
import numpy as np
np.fill_diagonal(cor, 0) # 變更對角線元素值為 0
threTF = abs(cor) > 0.8
print(threTF[:5,:5])
```

```
## [[False False  True False False]
##  [False False False  True False]
##  [ True False False False False]
##  [False  True False False False]
##  [False False False False False]]
```

```
# 類似 R 語言的 which(真假值矩陣, arr.ind=TRUE)
print(np.argwhere(threTF == True))
```

```
## [[0 2]
##  [1 3]
##  [2 0]
##  [3 1]]
```

540　第五章　監督式學習

```
# 核對變數名稱，注意相關係數計算時已排除掉第 1 個變數 letter
print(letters.columns[1:5])
```

Index(['xbox', 'ybox', 'width', 'height'], dtype='object')

圖5.14顯示變數 x.box(盒子的水平位置) 僅影響字母 A、I、J、L、M 和 W 的辨認，而圖5.15中變數 y-bar(盒中像素 y 值的平均值) 可能是全域區辨英文字母非常有用的預測變數。

```
# pandas 資料框 boxplot() 方法繪製並排盒鬚圖
ax1 = letters[['xbox', 'letter']].boxplot(by = 'letter')
fig1 = ax1.get_figure()
# fig1.savefig('./_img/xbox_boxplot.png')
ax2 = letters[['ybar', 'letter']].boxplot(by = 'letter')
fig2 = ax2.get_figure()
# fig2.savefig('./_img/ybar_boxplot.png')
```

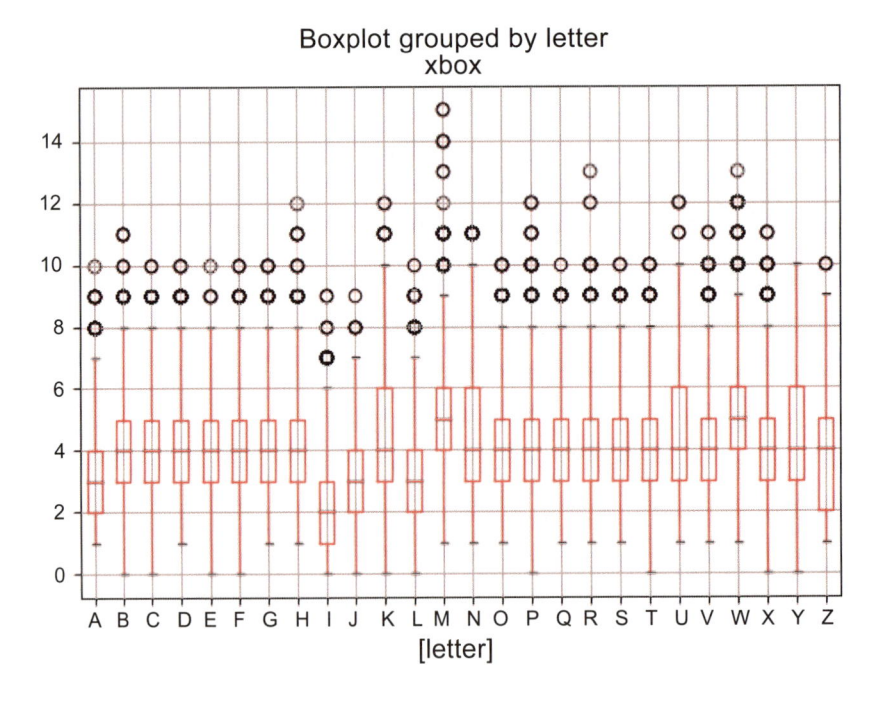

圖 5.14: 不同字母下，預測變數 xbox 數值分佈的並排盒鬚圖

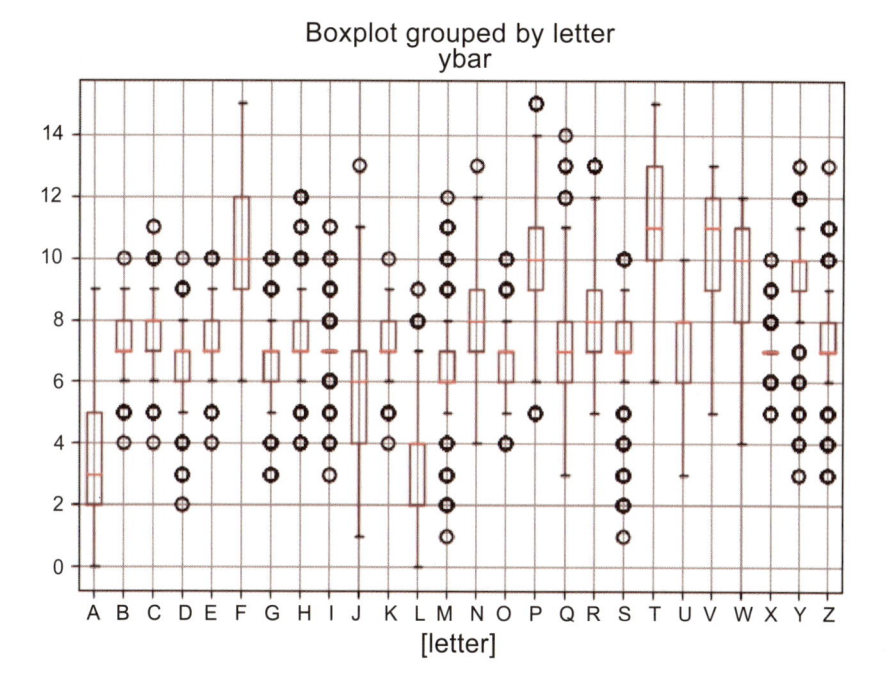

圖 5.15: 不同字母下，預測變數 ybar 數值分佈的並排盒鬚圖

接下來建立訓練與測試資料集，SVM 建模涉及向量點積運算，需要對數據進行標準化方能建模。

```
# 訓練與測試集切分
from sklearn.model_selection import train_test_split
X_train, X_test, y_train, y_test = train_test_split(
letters.iloc[:, 1:], letters['letter'], test_size=0.2,
random_state=0)
# 數據標準化
from sklearn.preprocessing import StandardScaler
sc = StandardScaler()
# 計算 X_train 各變數的 mu 和 sigma
sc.fit(X_train)
# 真正做轉換
X_train_std = sc.transform(X_train)
# 以 X_train 各變數的 mu 和 sigma 對 X_test 做轉換
X_test_std = sc.transform(X_test)
```

載入 **sklearn.svm** 模組下的 SVC() 類別，按照 SVC() 的預設設定進行初建模 (核函數預設為線性)，模型配適完成後傳入標準化的訓練與測試屬性矩陣，獲得訓練與測試集類別標籤的預測值。分別計算兩者的錯誤率後，發現模型配適良好，並無過度配適的現象，且其錯誤率表現不俗。

```
# SVC: 支援向量分類 (Support Vector Classification)
# SVR: 支援向量迴歸 (Support Vector Regression)
# OneClassSVM: 非監督式離群偵測 (Outlier Detection)
from sklearn.svm import SVC
# 模型定義 (未更改預設設定)、配適與轉換
svm = SVC()
svm.fit(X_train_std, y_train)
tr_pred = svm.predict(X_train_std)
y_pred = svm.predict(X_test_std)
# 訓練集前 5 筆預測值
print(tr_pred[:5])
```

```
## ['I' 'M' 'Z' 'D' 'G']
```

```
# 訓練集前 5 筆實際值
print(y_train[:5])
```

```
## 17815    I
## 18370    M
## 1379     Z
## 14763    D
## 7346     L
## Name: letter, dtype: object
```

```
# 測試集前 5 筆預測值
print(y_pred[:5])
```

```
## ['Y' 'B' 'K' 'X' 'Q']
```

```python
# 測試集前 5 筆實際值
print(y_test[:5].tolist())
```

```
## ['Y', 'B', 'K', 'Y', 'Q']
```

```python
# 注意 Python 另一種輸出格式化語法 (% 符號)
err_tr = (y_train != tr_pred).sum()/len(y_train)
print(' 訓練集錯誤率為: %.5f' % err_tr)
```

```
## 訓練集錯誤率為: 0.04119
```

```python
# 測試集錯誤率稍高於訓練集的錯誤率
err = (y_test != y_pred).sum()/len(y_test)
print(' 測試集錯誤率為: %.5f' % err)
```

```
## 測試集錯誤率為: 0.05100
```

徑向基底核函數是廣泛運用的支援向量機核函數，模型擬合完成後配適狀況良好，且測試集錯誤率又有改善。

```python
# 核函數變更為徑向基底函數
# 此函數之參數 gamma 設為 0.2, (5.34) 式的 C 為 1.0
svm = SVC(kernel='rbf', random_state=0, gamma=0.2, C=1.0)
svm.fit(X_train_std, y_train)
tr_pred = svm.predict(X_train_std)
y_pred = svm.predict(X_test_std)
# 訓練集前 5 筆預測值
print(tr_pred[:5])
```

```
## ['I' 'M' 'Z' 'D' 'L']
```

```python
# 訓練集前 5 筆實際值
print(y_train[:5])
```

```
## 17815     I
## 18370     M
## 1379      Z
## 14763     D
## 7346      L
## Name: letter, dtype: object
```

```python
# 測試集前 5 筆預測值
print(y_pred[:5])
```

```
## ['Y' 'B' 'K' 'X' 'Q']
```

```python
# 測試集前 5 筆實際值
print(y_test[:5].tolist())
```

```
## ['Y', 'B', 'K', 'Y', 'Q']
```

```python
err_tr = (y_train.values != tr_pred).sum()/len(y_train)
print(' 訓練集錯誤率為: %.5f' % err_tr)
```

```
## 訓練集錯誤率為: 0.01175
```

```python
# 測試集錯誤率也是稍高於訓練集的錯誤率
err = (y_test != y_pred).sum()/len(y_test)
print(' 測試集錯誤率為: %.5f' % err)
```

```
## 測試集錯誤率為: 0.02750
```

Python 語言 pandas_ml 套件的 ConfusionMatrix()，在傳入真實與預測標籤向量 y_test.values 及 y_pred 後，可產生混淆矩陣，再以 print_stats() 方法完成為數眾多的分類模型績效衡量值計算。讀者當搭配3.2.2節的分類模型績效指標內容，仔細審視報表中各項指標數據，掌握模型可再改善的空間。最後，pandas_ml 亦提供混淆矩陣視覺化方法，螢幕呈現效果較佳，請讀者自行嘗試。

```python
# 載入整合 pandas, scikit-learn 與 xgboost 的套件 pandas_ml
import pandas_ml as pdml
# 注意！須傳入 numpy ndarray 物件，以生成正確的混淆矩陣
cm = pdml.ConfusionMatrix(y_test.values, y_pred)
# 混淆矩陣轉成 pandas 資料框，方便書中結果呈現
cm_df = cm.to_dataframe(normalized=False, calc_sum=True,
sum_label='all')
# 混淆矩陣部分結果
print(cm_df.iloc[:12, :12])
```

```
## Predicted   A    B    C    D    E    F    G    H    I    J    K    L
## Actual
## A          147   0    0    0    0    0    0    0    0    0    0    0
## B           0   153   0    0    0    0    0    0    0    0    0    0
## C           0    0   152   0    0    0    3    0    0    0    0    0
## D           1    1    0   166   0    0    0    2    0    0    0    0
## E           0    1    0    0   141   0    1    0    0    0    0    1
## F           0    1    0    1    0   163   0    0    0    0    0    0
## G           0    1    0    2    0    0   175   0    0    0    0    1
## H           0    1    0    2    0    0    0   111   0    0    2    0
## I           0    0    0    0    0    1    0    0   118   8    0    0
## J           0    0    0    0    0    1    0    0    1   156   0    0
## K           0    0    0    0    0    0    3    0    0    0   136   0
## L           0    0    1    0    1    0    0    0    0    0    1   156
```

```python
# stats() 方法生成整體 (3.2.2.3 節) 與類別相關指標 (3.2.2.4 節)
perf_indx = cm.stats()
# 儲存為 collections 套件的有序字典結構 (OrderedDict)
print(type(perf_indx))
```

```
## <class 'collections.OrderedDict'>
```

```python
# 有序字典結構的鍵，其中 cm 為相同的混淆矩陣
print(perf_indx.keys())
```

```
## odict_keys(['cm', 'overall', 'class'])
```

```python
# overall 鍵下也是有序字典結構
print(type(perf_indx['overall']))
```

```
## <class 'collections.OrderedDict'>
```

```python
# 整體指標內容如下:
print(" 分類模型正確率為: {}".format(perf_indx['overall']
['Accuracy']))
```

```
## 分類模型正確率為: 0.9725
```

```python
print(" 正確率 95% 信賴區間為: \n{}".format(perf_indx
['overall']['95% CI']))
```

```
## 正確率95%信賴區間為:
## (0.9669490685534711, 0.9773453558266993)
```

```python
print("Kappa 統計量為: \n{}".format(perf_indx['overall']
['Kappa']))
```

```
## Kappa統計量為:
## 0.9713890027910028
```

```python
# class 鍵下是 pandas 資料框結構
print(type(perf_indx['class']))
```

```
## <class 'pandas.core.frame.DataFrame'>
```

```
# 26 個字母（縱向）各有 26 個類別（橫向）相關指標
print(perf_indx['class'].shape)
```

```
## (26, 26)
```

```
print(perf_indx['class'])
```

```
## Classes                                        A           B
## Population                                  4000        4000
## P: Condition positive                        147         158
## N: Condition negative                       3853        3842
## Test outcome positive                        148         165
## Test outcome negative                       3852        3835
## TP: True Positive                            147         153
## TN: True Negative                           3852        3830
## FP: False Positive                             1          12
## FN: False Negative                             0           5
## TPR: (Sensitivity, hit rate, recall)           1    0.968354
## TNR=SPC: (Specificity)                   0.99974    0.996877
## PPV: Pos Pred Value (Precision)         0.993243    0.927273
## NPV: Neg Pred Value                            1    0.998696
## FPR: False-out                       0.000259538  0.00312337
## FDR: False Discovery Rate             0.00675676   0.0727273
## FNR: Miss Rate                                 0   0.0316456
## ACC: Accuracy                            0.99975     0.99575
## F1 score                                 0.99661    0.947368
## Matthews correlation coefficient        0.996487    0.945396
## Informedness                             0.99974    0.965231
## Markedness                              0.993243    0.925969
## Prevalence                               0.03675      0.0395
## LR+: Positive likelihood ratio              3853     310.035
## LR-: Negative likelihood ratio                 0   0.0317447
## DOR: Diagnostic odds ratio                   inf      9766.5
## FOR: False omission rate                       0  0.00130378
```

```
## Classes                                    C          D
## Population                              4000       4000
## P: Condition positive                    156        171
## N: Condition negative                   3844       3829
## Test outcome positive                    154        173
## Test outcome negative                   3846       3827
## TP: True Positive                        152        166
## TN: True Negative                       3842       3822
## FP: False Positive                         2          7
## FN: False Negative                         4          5
## TPR: (Sensitivity, hit rate, recall)  0.974359   0.97076
## TNR=SPC: (Specificity)                 0.99948   0.998172
## PPV: Pos Pred Value (Precision)       0.987013   0.959538
## NPV: Neg Pred Value                    0.99896   0.998693
## FPR: False-out                      0.000520291 0.00182815
## FDR: False Discovery Rate             0.012987   0.0404624
## FNR: Miss Rate                        0.025641   0.0292398
## ACC: Accuracy                           0.9985     0.997
## F1 score                              0.980645   0.965116
## Matthews correlation coefficient      0.979887   0.963567
## Informedness                          0.973839   0.968932
## Markedness                            0.985973   0.958231
## Prevalence                               0.039    0.04275
## LR+: Positive likelihood ratio         1872.72    531.006
## LR-: Negative likelihood ratio        0.0256544  0.0292933
## DOR: Diagnostic odds ratio              72998     18127.2
## FOR: False omission rate            0.00104004  0.00130651

## Classes                                    E          F
## Population                              4000       4000
## P: Condition positive                    145        167
## N: Condition negative                   3855       3833
## Test outcome positive                    143        173
## Test outcome negative                   3857       3827
## TP: True Positive                        141        163
```

```
## TN: True Negative                          3853       3823
## FP: False Positive                            2         10
## FN: False Negative                            4          4
## TPR: (Sensitivity, hit rate, recall)    0.972414   0.976048
## TNR=SPC: (Specificity)                  0.999481   0.997391
## PPV: Pos Pred Value (Precision)         0.986014   0.942197
## NPV: Neg Pred Value                     0.998963   0.998955
## FPR: False-out                       0.000518807 0.00260892
## FDR: False Discovery Rate                0.013986  0.0578035
## FNR: Miss Rate                          0.0275862  0.0239521
## ACC: Accuracy                              0.9985     0.9965
## F1 score                                 0.979167   0.958824
## Matthews correlation coefficient         0.978414   0.957159
## Informedness                             0.971895   0.973439
## Markedness                               0.984977   0.941151
## Prevalence                                0.03625    0.04175
## LR+: Positive likelihood ratio            1874.33    374.119
## LR-: Negative likelihood ratio          0.0276005  0.0240147
## DOR: Diagnostic odds ratio                67909.1    15578.7
## FOR: False omission rate              0.00103708 0.00104521

## Classes                                         G          H
## Population                                   4000       4000
## P: Condition positive                         182        123
## N: Condition negative                        3818       3877
## Test outcome positive                         179        118
## Test outcome negative                        3821       3882
## TP: True Positive                             175        111
## TN: True Negative                            3814       3870
## FP: False Positive                              4          7
## FN: False Negative                              7         12
## TPR: (Sensitivity, hit rate, recall)    0.961538   0.902439
## TNR=SPC: (Specificity)                  0.998952   0.998194
## PPV: Pos Pred Value (Precision)         0.977654   0.940678
## NPV: Neg Pred Value                     0.998168   0.996909
```

```
## FPR: False-out                             0.00104767  0.00180552
## FDR: False Discovery Rate                  0.0223464   0.059322
## FNR: Miss Rate                             0.0384615   0.097561
## ACC: Accuracy                              0.99725     0.99525
## F1 score                                   0.969529    0.921162
## Matthews correlation coefficient           0.968126    0.918924
## Informedness                               0.960491    0.900634
## Markedness                                 0.975822    0.937587
## Prevalence                                 0.0455      0.03075
## LR+: Positive likelihood ratio             917.788     499.822
## LR-: Negative likelihood ratio             0.0385019   0.0977374
## DOR: Diagnostic odds ratio                 23837.5     5113.93
## FOR: False omission rate                   0.00183198  0.00309119

## Classes                                            I           J
## Population                                      4000        4000
## P: Condition positive                            127         159
## N: Condition negative                           3873        3841
## Test outcome positive                            119         164
## Test outcome negative                           3881        3836
## TP: True Positive                                118         156
## TN: True Negative                               3872        3833
## FP: False Positive                                 1           8
## FN: False Negative                                 9           3
## TPR: (Sensitivity, hit rate, recall)       0.929134    0.981132
## TNR=SPC: (Specificity)                     0.999742    0.997917
## PPV: Pos Pred Value (Precision)            0.991597    0.95122
## NPV: Neg Pred Value                        0.997681    0.999218
## FPR: False-out                             0.000258198 0.00208279
## FDR: False Discovery Rate                  0.00840336  0.0487805
## FNR: Miss Rate                             0.0708661   0.0188679
## ACC: Accuracy                              0.9975      0.99725
## F1 score                                   0.95935     0.965944
## Matthews correlation coefficient           0.958601    0.964637
## Informedness                               0.928876    0.979049
```

```
## Markedness                              0.989278    0.950437
## Prevalence                               0.03175     0.03975
## LR+: Positive likelihood ratio           3598.54     471.066
## LR-: Negative likelihood ratio          0.0708844   0.0189073
## DOR: Diagnostic odds ratio               50766.2     24914.5
## FOR: False omission rate               0.00231899  0.000782065

## Classes                                       K           L
## Population                                 4000        4000
## P: Condition positive                       143         159
## N: Condition negative                      3857        3841
## Test outcome positive                       140         158
## Test outcome negative                      3860        3842
## TP: True Positive                           136         156
## TN: True Negative                          3853        3839
## FP: False Positive                            4           2
## FN: False Negative                            7           3
## TPR: (Sensitivity, hit rate, recall)    0.951049    0.981132
## TNR=SPC: (Specificity)                  0.998963    0.999479
## PPV: Pos Pred Value (Precision)         0.971429    0.987342
## NPV: Neg Pred Value                     0.998187    0.999219
## FPR: False-out                         0.00103708  0.000520698
## FDR: False Discovery Rate              0.0285714    0.0126582
## FNR: Miss Rate                          0.048951    0.0188679
## ACC: Accuracy                            0.99725     0.99875
## F1 score                                0.961131    0.984227
## Matthews correlation coefficient        0.959763    0.983582
## Informedness                            0.950012    0.980611
## Markedness                              0.969615    0.986561
## Prevalence                               0.03575     0.03975
## LR+: Positive likelihood ratio           917.049    1884.26
## LR-: Negative likelihood ratio          0.0490019  0.0188778
## DOR: Diagnostic odds ratio               18714.6       99814
## FOR: False omission rate               0.00181347  0.000780843

## Classes                                       M           N
```

```
## Population                                        4000          4000
## P: Condition positive                              173           134
## N: Condition negative                             3827          3866
## Test outcome positive                              173           136
## Test outcome negative                             3827          3864
## TP: True Positive                                  169           133
## TN: True Negative                                 3823          3863
## FP: False Positive                                   4             3
## FN: False Negative                                   4             1
## TPR: (Sensitivity, hit rate, recall)          0.976879      0.992537
## TNR=SPC: (Specificity)                        0.998955      0.999224
## PPV: Pos Pred Value (Precision)               0.976879      0.977941
## NPV: Neg Pred Value                           0.998955      0.999741
## FPR: False-out                              0.00104521   0.000775996
## FDR: False Discovery Rate                    0.0231214     0.0220588
## FNR: Miss Rate                               0.0231214    0.00746269
## ACC: Accuracy                                    0.998         0.999
## F1 score                                      0.976879      0.985185
## Matthews correlation coefficient              0.975833      0.984697
## Informedness                                  0.975833      0.991761
## Markedness                                    0.975833      0.977682
## Prevalence                                     0.04325        0.0335
## LR+: Positive likelihood ratio                 934.629       1279.05
## LR-: Negative likelihood ratio                0.0231456    0.00746848
## DOR: Diagnostic odds ratio                     40380.4        171260
## FOR: False omission rate                    0.00104521   0.000258799

## Classes                                             O             P
## Population                                        4000          4000
## P: Condition positive                              142           165
## N: Condition negative                             3858          3835
## Test outcome positive                              143           162
## Test outcome negative                             3857          3838
## TP: True Positive                                  139           159
## TN: True Negative                                 3854          3832
```

```
## FP: False Positive                              4           3
## FN: False Negative                              3           6
## TPR: (Sensitivity, hit rate, recall)     0.978873    0.963636
## TNR=SPC: (Specificity)                   0.998963    0.999218
## PPV: Pos Pred Value (Precision)          0.972028    0.981481
## NPV: Neg Pred Value                      0.999222    0.998437
## FPR: False-out                          0.00103681  0.000782269
## FDR: False Discovery Rate                0.027972    0.0185185
## FNR: Miss Rate                           0.0211268   0.0363636
## ACC: Accuracy                            0.99825     0.99775
## F1 score                                 0.975439    0.972477
## Matthews correlation coefficient         0.974538    0.971349
## Informedness                             0.977836    0.962854
## Markedness                               0.97125     0.979918
## Prevalence                               0.0355      0.04125
## LR+: Positive likelihood ratio           944.123     1231.85
## LR-: Negative likelihood ratio           0.0211487   0.0363921
## DOR: Diagnostic odds ratio               44642.2     33849.3
## FOR: False omission rate                0.000777807 0.00156331

## Classes                                      Q           R
## Population                                 4000        4000
## P: Condition positive                      145         149
## N: Condition negative                      3855        3851
## Test outcome positive                      147         157
## Test outcome negative                      3853        3843
## TP: True Positive                          144         142
## TN: True Negative                          3852        3836
## FP: False Positive                         3           15
## FN: False Negative                         1           7
## TPR: (Sensitivity, hit rate, recall)   0.993103    0.95302
## TNR=SPC: (Specificity)                 0.999222    0.996105
## PPV: Pos Pred Value (Precision)        0.979592    0.904459
## NPV: Neg Pred Value                    0.99974     0.998179
## FPR: False-out                        0.00077821  0.00389509
```

```
## FDR: False Discovery Rate                    0.0204082   0.0955414
## FNR: Miss Rate                               0.00689655  0.0469799
## ACC: Accuracy                                    0.999      0.9945
## F1 score                                      0.986301    0.928105
## Matthews correlation coefficient              0.985807    0.925589
## Informedness                                  0.992325    0.949125
## Markedness                                    0.979332    0.902637
## Prevalence                                     0.03625     0.03725
## LR+: Positive likelihood ratio                 1276.14     244.672
## LR-: Negative likelihood ratio               0.00690192   0.0471636
## DOR: Diagnostic odds ratio                      184896     5187.73
## FOR: False omission rate                   0.000259538  0.00182149

## Classes                                             S           T
## Population                                       4000        4000
## P: Condition positive                             154         177
## N: Condition negative                            3846        3823
## Test outcome positive                             156         174
## Test outcome negative                            3844        3826
## TP: True Positive                                 154         173
## TN: True Negative                                3844        3822
## FP: False Positive                                  2           1
## FN: False Negative                                  0           4
## TPR: (Sensitivity, hit rate, recall)                1    0.977401
## TNR=SPC: (Specificity)                        0.99948    0.999738
## PPV: Pos Pred Value (Precision)              0.987179    0.994253
## NPV: Neg Pred Value                                 1    0.998955
## FPR: False-out                             0.000520021 0.000261575
## FDR: False Discovery Rate                    0.0128205  0.00574713
## FNR: Miss Rate                                      0   0.0225989
## ACC: Accuracy                                  0.9995     0.99875
## F1 score                                     0.993548    0.985755
## Matthews correlation coefficient             0.993311    0.985141
## Informedness                                  0.99948     0.97714
## Markedness                                   0.987179    0.993207
```

```
## Prevalence                                0.0385      0.04425
## LR+: Positive likelihood ratio            1923        3736.6
## LR-: Negative likelihood ratio            0           0.0226048
## DOR: Diagnostic odds ratio                inf         165302
## FOR: False omission rate                  0           0.00104548
##
## Classes                                   U           V
## Population                                4000        4000
## P: Condition positive                     160         153
## N: Condition negative                     3840        3847
## Test outcome positive                     160         153
## Test outcome negative                     3840        3847
## TP: True Positive                         157         147
## TN: True Negative                         3837        3841
## FP: False Positive                        3           6
## FN: False Negative                        3           6
## TPR: (Sensitivity, hit rate, recall)      0.98125     0.960784
## TNR=SPC: (Specificity)                    0.999219    0.99844
## PPV: Pos Pred Value (Precision)           0.98125     0.960784
## NPV: Neg Pred Value                       0.999219    0.99844
## FPR: False-out                            0.00078125  0.00155966
## FDR: False Discovery Rate                 0.01875     0.0392157
## FNR: Miss Rate                            0.01875     0.0392157
## ACC: Accuracy                             0.9985      0.997
## F1 score                                  0.98125     0.960784
## Matthews correlation coefficient          0.980469    0.959225
## Informedness                              0.980469    0.959225
## Markedness                                0.980469    0.959225
## Prevalence                                0.04        0.03825
## LR+: Positive likelihood ratio            1256        616.023
## LR-: Negative likelihood ratio            0.0187647   0.0392769
## DOR: Diagnostic odds ratio                66934.3     15684.1
## FOR: False omission rate                  0.00078125  0.00155966
##
## Classes                                   W           X
## Population                                4000        4000
```

```
## P: Condition positive                              141          173
## N: Condition negative                             3859         3827
## Test outcome positive                              139          173
## Test outcome negative                             3861         3827
## TP: True Positive                                  137          170
## TN: True Negative                                 3857         3824
## FP: False Positive                                   2            3
## FN: False Negative                                   4            3
## TPR: (Sensitivity, hit rate, recall)          0.971631     0.982659
## TNR=SPC: (Specificity)                        0.999482     0.999216
## PPV: Pos Pred Value (Precision)               0.985612     0.982659
## NPV: Neg Pred Value                           0.998964     0.999216
## FPR: False-out                             0.000518269  0.000783904
## FDR: False Discovery Rate                     0.0143885     0.017341
## FNR: Miss Rate                                0.0283688     0.017341
## ACC: Accuracy                                    0.9985       0.9985
## F1 score                                       0.978571     0.982659
## Matthews correlation coefficient              0.977821     0.981875
## Informedness                                  0.971113     0.981875
## Markedness                                    0.984576     0.981875
## Prevalence                                     0.03525      0.04325
## LR+: Positive likelihood ratio                 1874.76      1253.55
## LR-: Negative likelihood ratio               0.0283835    0.0173546
## DOR: Diagnostic odds ratio                     66051.1      72231.1
## FOR: False omission rate                      0.001036  0.000783904
##
## Classes                                             Y            Z
## Population                                        4000         4000
## P: Condition positive                              154          143
## N: Condition negative                             3846         3857
## Test outcome positive                              151          142
## Test outcome negative                             3849         3858
## TP: True Positive                                  150          142
## TN: True Negative                                 3845         3857
## FP: False Positive                                   1            0
```

```
## FN: False Negative                              4          1
## TPR: (Sensitivity, hit rate, recall)     0.974026   0.993007
## TNR=SPC: (Specificity)                    0.99974          1
## PPV: Pos Pred Value (Precision)          0.993377          1
## NPV: Neg Pred Value                      0.998961   0.999741
## FPR: False-out                          0.00026001          0
## FDR: False Discovery Rate               0.00662252          0
## FNR: Miss Rate                           0.025974   0.00699301
## ACC: Accuracy                             0.99875    0.99975
## F1 score                                 0.983607   0.996491
## Matthews correlation coefficient         0.983008   0.996368
## Informedness                             0.973766   0.993007
## Markedness                               0.992338   0.999741
## Prevalence                                 0.0385    0.03575
## LR+: Positive likelihood ratio             3746.1        inf
## LR-: Negative likelihood ratio          0.0259808   0.00699301
## DOR: Diagnostic odds ratio                 144187        inf
## FOR: False omission rate                0.00103923  0.000259202
```

```
# 混淆矩陣熱圖視覺化，請讀者自行嘗試
import matplotlib.pyplot as plt
ax = cm.plot()
fig = ax.get_figure()
# fig.savefig('./_img/svc_rbf.png')
```

5.2.4 分類與迴歸樹

　　樹狀模型可分為預測類別變數的**分類樹 (classification trees)**，與預測數值變數的**迴歸樹 (regression trees)**，兩者建模邏輯大體相同，都是以**遞迴分割 (recursive partition)** 的程序，根據預測變數與反應變數的共同分佈，持續將大小為 n 的訓練樣本切分為**同質群組**，使得每群反應變數的數值分佈較為簡單，或是類別變數異質程度 (2.2.1節) 達到最小 (i.e. 純度衡量達到最大)，再對各子群進行預測建模。這種將複雜的建模或求解問題，拆解為較為簡單之子問題的解決手法，常見於**作業研究**

(Operations Research, OR) 與**演算法** (algorithms) 學科中，稱為**分解法** (decomposition) 或**各個擊破** (divide and conquer) 演算法。

鳶尾花資料集樣本雖小，但數值與類別變項都有，適合解說模型的機理。R 語言套件 {rpart} 與樹狀模型算法**分類與迴歸樹** (Classification and Regression Trees, CART)(Breiman et al., 1983) 大體相同 (註：{rpart} 套件實現了 CART 算法的諸多概念)，建模完成後分類樹模型報表與樹狀視覺化圖形都可輕易獲得。

```
# R 語言 Recursive PARTitioning 遞迴分割建樹套件
library(rpart)
head(iris)
```

```
##   Sepal.Length Sepal.Width Petal.Length Petal.Width
## 1          5.1         3.5          1.4         0.2
## 2          4.9         3.0          1.4         0.2
## 3          4.7         3.2          1.3         0.2
## 4          4.6         3.1          1.5         0.2
## 5          5.0         3.6          1.4         0.2
## 6          5.4         3.9          1.7         0.4
##   Species
## 1  setosa
## 2  setosa
## 3  setosa
## 4  setosa
## 5  setosa
## 6  setosa
```

```
# 以鳶尾花花瓣花萼長寬預測花種
iristree <- rpart(Species ~ ., data = iris)
```

```
# 分類樹模型報表，報表解讀請參考後面樹狀圖的說明
iristree
```

```
## n= 150
```

```
## 
## node), split, n, loss, yval, (yprob)
##       * denotes terminal node
## 
## 1) root 150 100 setosa (0.33333 0.33333 0.33333)
## 2) Petal.Length< 2.45 50 0 setosa (1.00000
## 0.00000 0.00000) *
## 3) Petal.Length>=2.45 100 50 versicolor (0.00000
## 0.50000 0.50000)
## 6) Petal.Width< 1.75 54 5 versicolor (0.00000
## 0.90741 0.09259) *
## 7) Petal.Width>=1.75 46 1 virginica (0.00000
## 0.02174 0.97826) *
```

```r
# 載入 R 語言樹狀模型繪圖套件 {rpart.plot}，輕鬆視覺化分類樹模型
library(rpart.plot)
rpart.plot(iristree, digits = 3)
```

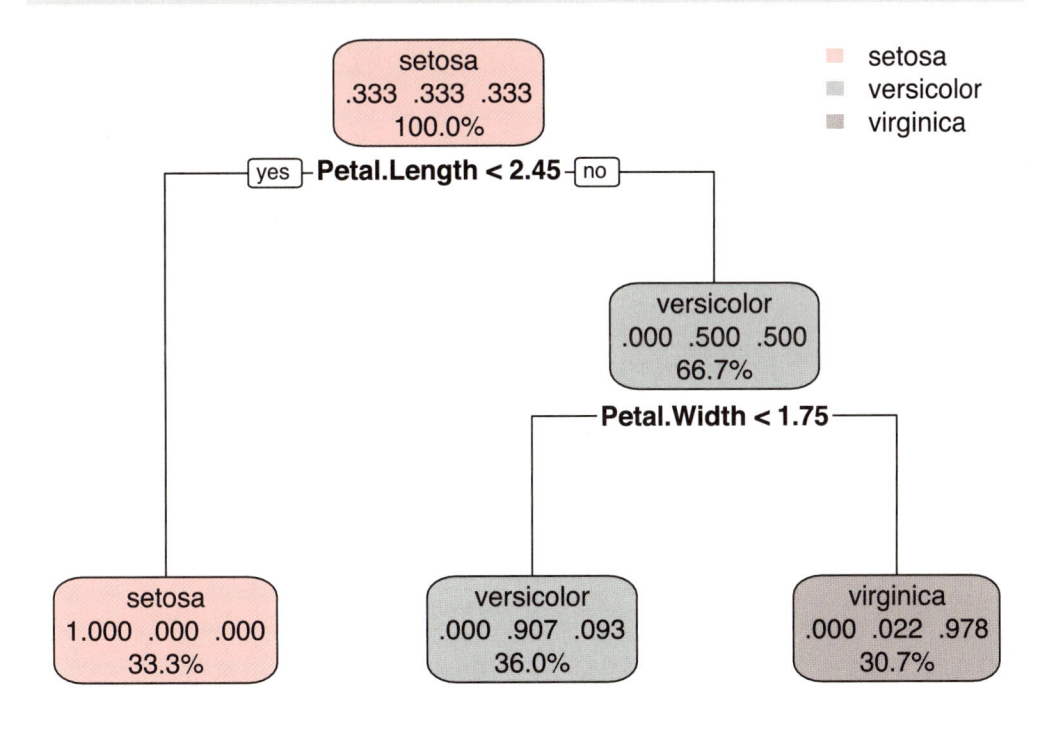

圖 5.16: 鳶尾花資料集分類樹

圖5.16是鳶尾花分類樹，共有五個節點，弧角方框內由下往上的資訊

分別是：落入此節點的樣本比例、三類樣本的比例、以及比例最高的類別標籤。各節點的類別比例若有平手狀況，則優先取排在前面的類別標籤。從包括全部樣本 (100%) 的根節點開始，三種鳶尾花比例相等，分別為 (.333, .333, .333)。第一次切分條件為 $Petal.Length < 2.45$，滿足的樣本子集有左邊的 50 株 (33.3%)，此子集中全為 setosa，因此三類樣本比例分別是 (1.000, .000, .000)；$Petal.Length \geq 2.45$ 為右方分支，共有 100 株樣本 (66.7%)，versicolor 與 virginica 各半，所以三類樣本的比例為 (.000, .500, .500)；再次以 $Petal.Width < 1.75$ 切分樣本，滿足的樣本子集有左邊的 54 株 (36.0%)，三類樣本比例向量是 (.000, .907, .093)，葉節點標籤為最高比例的 versicolor；$Petal.Width \geq 1.75$ 為右方分支，有 46 株鳶尾花 (30.7%)，三類樣本比例向量是 (.000, .022, .978)，葉節點標籤為最高比例者 virginica。

圖5.16鳶尾花分類樹的樹深為 2，利用兩個分支屬性運行了兩次的樣本切分，得到三個終端 (terminal) 或葉子 (leaf) 節點。經上述遞迴式分割訓練集 (`iris` 全部樣本) 後，分類樹的三個葉節點純度均提高，再根據葉節點樣本子集的類別值次數分佈，依最高比例的類別取得模型的預測值，或是各類比例的類別機率值。

樹狀模型的建構過程牽涉下面三項重要的決定 (Kuhn and Johnson, 2013)：

1. 分割資料集的預測變數與其分割值；
2. 樹的深度或複雜度；
3. 葉節點的預測方程或方式。

首先分類樹會依據各預測變數及其可能的分割值，衡量目標類別變數分割前後的異質程度改善幅度，例如：用於**ID3(Iterative Dichotomiser 3** 算法的**訊息增益 (information gain)** 衡量：

$$Gain_{split} = E(p) - \sum_{i=1}^{k} \frac{n_i}{n} E(i), \tag{5.41}$$

其中父節點 p 分支成 k 個子集，n_i 是第 i 個子集內的樣本數，而 $E(\cdot)$ 為2.2.1節中 (2.3) 式的熵係數，也可以是 (2.1) 式的吉尼不純度 (用於 IBM 的 Intelligent Miner)。

式 (5.41) 衡量此分割得到多少訊息，亦即熵值降低了多少。等號右

邊的第二項 (負項) 又稱為 splitINFO，是分割後的平均訊息量，算法分割的準則是選擇訊息量提升最多的分割方式，最好是切分後的樣本子集大多屬於同一類別，但是訊息增益有可能產生父到子的分割過細 (例如：偏好各樣本獨一無二的身份辨識屬性)，導致過度配適的問題。因此，另一種衡量分割前後改善幅度的方式是根據分割屬性的**本質訊息 (intrinsic information)**，進一步調整 (5.41) 式的訊息增益：

$$GainRatio_{split} = \frac{Gain_{split}}{intrinsicINFO}, \tag{5.42}$$

調整後的**訊息增益比值 (gain ratio)** 用於 C4.5(Quinlan, 1993) 與 C5.0 算法中，其中分割屬性的本質訊息 $intrinsicINFO$ 是忽略分類目標變數的訊息，單純檢視分割屬性的訊息量，以懲罰為數眾多的小分枝，例如前述分支數量眾多的身份辨識屬性。

各預測變數最佳分割值的計算，取決於變數的類型。連續變數其值可以排序，待評估的切割點自然形成，一一評估後可得最佳分割值；二元變數也很簡單，因為只有一個切割點；多元變數的最佳分割尋找就比較費工，原則上要考慮類別值的各種可能組合情形。

迴歸樹方面，二元遞迴分割樹試圖最小化下面的整體誤差平方和 $SSE_{TwoGrps}$，來尋找較佳的預測變數及其分割值，原則上也是尋找能讓誤差平方和降低最多的分割屬性與分割值：

$$SSE_{TwoGrps} = \sum_{i \in S_1}(y_i - \bar{y}_1)^2 + \sum_{i \in S_2}(y_i - \bar{y}_2)^2, \tag{5.43}$$

其中 $\bar{y}_1$ 和 $\bar{y}_2$ 分別是子集 S_1 與 S_2 的數值反應變數平均值。

樹狀模型容易過度配適，因此模型複雜度的控制相當重要。建模前可增減樹深和落入節點 (中間節點或葉節點) 的最小樣本數，來控制樹的大小，樹越大代表模型越複雜，過度配適的風險自然增高。也可以在樹完全長成後，利用不同複雜度下的錯誤率對樹進行事後修剪 (post-pruning)，希望降低樹的大小後，對未知資料能作出較佳的預測。R 語言中 CART 演算法 {rpart} 提供下面的**成本-複雜度修剪 (cost-complexity pruning)** 所需要的 cptable，

```r
# 匯入報稅稽核資料集，納稅義務人人口統計變數與稽核結果
audit <- read.csv('./_data/audit.csv')
head(audit)
```

```
##         ID Age Employment Education    Marital
## 1 1004641  38    Private   College  Unmarried
## 2 1010229  35    Private Associate     Absent
## 3 1024587  32    Private    HSgrad   Divorced
## 4 1038288  45    Private  Bachelor    Married
## 5 1044221  60    Private   College    Married
## 6 1047095  74    Private    HSgrad    Married
##   Occupation Income Gender Deductions Hours
## 1    Service  81838 Female          0    72
## 2  Transport  72099   Male          0    30
## 3   Clerical 154677   Male          0    40
## 4     Repair  27744   Male          0    55
## 5  Executive   7568   Male          0    40
## 6    Service  33144   Male          0    30
##   IGNORE_Accounts RISK_Adjustment TARGET_Adjusted
## 1    UnitedStates               0               0
## 2         Jamaica               0               0
## 3    UnitedStates               0               0
## 4    UnitedStates            7298               1
## 5    UnitedStates           15024               1
## 6    UnitedStates               0               0
```

```r
# 目標變數稽核後是否有修正的 (0: 無, 1: 有) 次數分佈
table(audit$TARGET_Adjusted)
```

```
## 
##    0    1
## 1537  463
```

```r
# 載入模型物件 ct.audit
load("./_data/ct.audit.RData")
```

```r
# 分類樹模型報表 (Too wide to show here. 參見圖 5.17)
ct.audit
```

```r
# 修剪前分類樹模型視覺化
library(rpart.plot)
rpart.plot(ct.audit, roundint = FALSE)
```

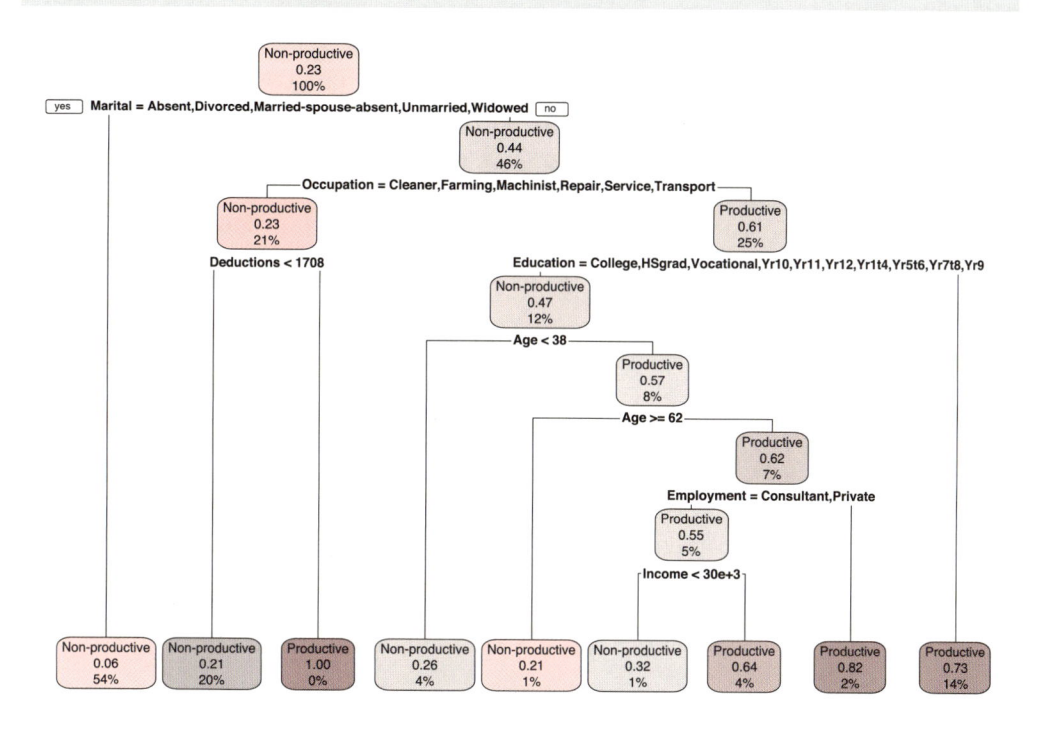

圖 5.17: 修剪前的分類樹

成本-複雜度修剪是Breiman et al. (1983) 提出的，其目標是找到錯誤率或誤差平方和最小，而且大小又適中的樹，以迴歸樹為例將 (5.43) 式的整體誤差平方和加上懲罰項後修改如下：

$$SSE_{CP} = SSE + CP \times \text{(number of leaf nodes)}, \qquad (5.44)$$

其中 CP 是複雜度參數。

表 5.5: 分類樹複雜度參數表

CP	nsplit	rel error	xerror	xstd
0.1188	0	1.0000	1.0000	0.0407
0.0410	2	0.7624	0.7840	0.0372
0.0238	4	0.6803	0.7516	0.0366
0.0173	5	0.6566	0.7149	0.0359
0.0108	6	0.6393	0.7041	0.0357
0.0100	8	0.6177	0.6890	0.0354

在特定 CP 值下，Breiman et al. (1983) 建立了求得懲罰錯誤率最低之最簡修整樹 (pruned trees) 的理論與算法。與5.1.3節中其他係數正規化方法的 λ 一樣 (式 (5.2)、(5.3) 和 (5.4))，CP 越小，產生越複雜的樹 (樹大招風！)，較大的 CP 可能產生只有一個分支單層樹深的**決策樹樁 (decision stump)**，甚至是沒有任何分支的**樹根 (root)**。後者顯示在給定的複雜度參數下，沒有一個預測變數可以解釋目標變數的變動。

為了找到最佳的修整樹，表5.5傳回了一系列 CP 值的數據，欄位 `nsplit` 是特定複雜度參數 CP 下樹的分支數；`rel error` 是各複雜度參數下，對應的分類樹相對於根節點錯誤率 (root node error) $\frac{\text{Errors at root}}{\text{Sample Size}} = \frac{463}{2000} = 0.23$ 的百分比。此表最下方是最複雜的分類樹，表格往上評估了其各可能子樹 (sub-trees) 的績效。因為使用不同樣本計算所得的錯誤率會不同，為了獲得每個 CP 值下更可靠的錯誤率值，Breiman et al. (1983) 建議以交叉驗證的方式進行估算 `xerror` 與 `xstd`。

```
# 取出複雜度參數表 (表 5.5 cptable)
knitr::kable(
  ct.audit$cptable, caption = '分類樹複雜度參數表',
  booktabs = TRUE
)
```

```
## 
## Classification tree:
## rpart(formula = as.factor(TARGET_Adjusted) ~ .,
```

```
## data = audit[,
## -c(1, 11:12)])
##
## Variables actually used in tree construction:
## [1] Age       Deductions Education  Employment
## [5] Income    Marital    Occupation
##
## Root node error: 463/2000 = 0.23
##
## n= 2000
##
##      CP nsplit rel error xerror xstd
## 1 0.119  0     1.00      1.00   0.041
## 2 0.041  2     0.76      0.78   0.037
## 3 0.024  4     0.68      0.75   0.037
## 4 0.017  5     0.66      0.71   0.036
## 5 0.011  6     0.64      0.70   0.036
## 6 0.010  8     0.62      0.69   0.035
```

運用表5.5中相對錯誤率 `rel error` 小於交叉驗證錯誤率 `xerror` 與一倍標準誤 `xstd` 之和的樹修剪方法，將完全長成的分類樹 `ct.audit` 進行修剪，此即為3.3.2.2節客製化參數調校中圖3.19的一倍標準誤擇優法則。另外一種擇優的方法是挑選交叉驗證錯誤率最小的 CP 值後，代入 `prune()` 函數中進行修剪 (請自行練習)。

```
# 從 cptable 定位交叉驗證錯誤率的最小值
(opt <- which.min(ct.audit$cptable[,"xerror"]))
```

```
## 6
## 6
```

```
# 從 cptable 定位相對錯誤率小於交叉驗證的最小錯誤率，
# 加上其對應的一倍標準誤
(oneSe <- which(ct.audit$cptable[, "rel error"] <
```

```
ct.audit$cptable[opt, "xerror"] +
ct.audit$cptable[opt, "xstd"])[1])
```

```
## 3
## 3
```

```
# 取得 one-SE 準則下的最佳 CP 值
(cpOneSe <- ct.audit$cptable[oneSe, "CP"])
```

```
## [1] 0.02376
```

```
# cpOneSe 輸入 prune() 函數，完成 one-SE 事後修剪
ct.audit_pruneOneSe <- prune(ct.audit, cp = cpOneSe)
```

```
# 繪製修剪後的分類樹圖形 (圖 5.18)
rpart.plot(ct.audit_pruneOneSe, roundint = FALSE)
```

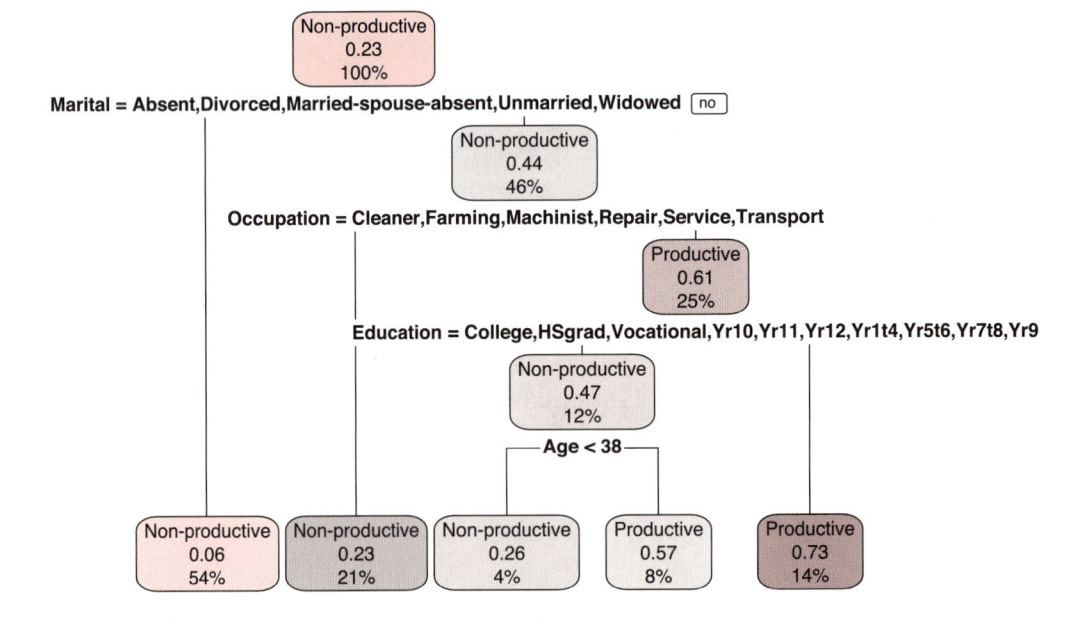

圖 5.18: 修剪後的分類樹

分類樹與迴歸樹分別是以落入葉節點的資料子集，進行投票多數決 (majority voting)，或是反應變數的算術平均數作為最終預測值。最後，

樹狀模型可以轉成巢狀的 if-then 規則敘述，以鳶尾花分類樹為例，對應的分類規則如下：

If Petal.Length $\geq$ 2.45 then

    If Petal.Width $<$ 1.75 then Class = versicolor

    else Class = virginica

else Class = setosa

上面的巢狀 if-then 規則，對於任何樣本都有一條到達分類樹葉節點的路徑。將巢狀規則拆解為一條條獨立的規則，即為統計機器學習的規則模型 (rule-based models)：

If Petal.Length $\geq$ 2.45 and Petal.Width $<$ 1.75 then Class = versicolor

If Petal.Length $\geq$ 2.45 and Petal.Width $\geq$ 1.75 then Class = virginica

If Petal.Length $<$ 2.45 then Class = setosa

值得注意的是規則模型可由樹狀模型產生，也可從機器學習的**規則歸納 (rule induction)** 算法中得出，限於篇幅，有興趣的讀者請參考 (Witten et al., 2016)。

5.2.4.1 銀行貸款風險管理案例

2007 到 2008 年全球金融危機凸顯出金融實務之透明化與嚴謹性的重要，因為信用縮減，銀行希望借助機器學習，以求更準確地找出高風險的貸款。機器學習模型必須能解釋此案為何被拒絕，而彼案卻可獲得授信的理由。因此，銀行貸款風險管理的可解釋性 (interpretability)，是選擇模型時必須考量的因素，解釋的資訊對於想要瞭解為何其信用評等不良的消費者而言是有用的，智能化信用評分模型未來可能用於電話語音或網路服務的小額放款立即申貸服務中。除了可解釋性，機器學習模型的目標是最小化金融機構的誤判情況 (minimize misclassifications)，若以二元分類模型為例，圖3.4中的假陰 (FN) 為模型判為遵守約定的客戶，但實為奧客的誤判情況，此時金融機構會產生壞帳成本 (bad debt)；而假陽 (FP) 為模型判定為奧客，但客人實際上會按時還款，所以銀行會有機會成本 (opportunity cost) 的損失 (Lantz, 2015)。

預測出各案例的違約機率後 (例如：運用5.1.5節羅吉斯迴歸分類與廣義線性模型)，建模者再決定合宜的機率門檻值，以將違約機率轉為類別標籤。此時分析的重點在於理解違約機率與各誤歸類期望成本之間的關係，以降低導致前述財務損失的誤歸類成本。假設銀行貸款給違約者所付出的壞帳代價五倍於未借款給信用良好者的機會損失，因違約機率的估計值假定為 p，則銀行放貸的期望成本為 $5 \times p$(放貸違約壞帳)；另一方面，銀行拒絕貸款的期望成本為 $1 \times (1-p)$(機會損失成本)。如果銀行希望 $5p < 1-p$，亦即放貸的期望壞帳成本小於拒絕貸款的期望機會成本，則決策法則為放貸給客戶，如果 $p < \frac{1}{6}$；與預測客戶違約 (即不放貸給客戶)，如果 $p >= \frac{1}{6}$。

本節實作案例以 Python 語言對申貸數據進行決策樹建模，直接預測各樣本的類別標籤值 (No 或 Yes)。首先讀入資料集並檢視維度維數、各欄位型別及目標變數 Default 的分佈特性，其中 0 表按時還款的客戶，1 則是違約的客戶。

```python
import numpy as np
import pandas as pd
# 讀入 UCI 授信客戶資料集
credit = pd.read_csv("./_data/germancredit.csv")
print(credit.shape)
```

```
## (1000, 21)
```

```python
# 檢視變數型別
print(credit.dtypes)
```

```
## Default            int64
## checkingstatus1   object
## duration           int64
## history           object
## purpose           object
## amount             int64
## savings           object
## employ            object
```

```
## installment           int64
## status                object
## others                object
## residence             int64
## property              object
## age                   int64
## otherplans            object
## housing               object
## cards                 int64
## job                   object
## liable                int64
## tele                  object
## foreign               object
## dtype: object
```

```python
# 目標變數 Default(已為 0-1 值) 次數分佈
print(credit.Default.value_counts())
```

```
## 0    700
## 1    300
## Name: Default, dtype: int64
```

由於後續探索與分析會對目標變數做交叉列表，因此先將目標變數的 0 與 1 轉為字串 Not Default 與 Default，待建模前再將之轉回數值。

```python
# 變數轉換字典 target
target = {0: "Not Default", 1: "Default"}
credit.Default = credit.Default.map(target)
```

接著製作其它類別變項的次數分佈表，我們可發現資料表中各類別變數的可能值為代號 (例如：A11、A12 與 A13...等)，造成數據理解上的困擾，因此在查閱資料字典後，將各類別變數之各代號，重新設定為易瞭解的名稱。

```python
# 成批產製類別變數 (dtype 為 object) 的次數分佈表 (存為字典結構)
# 先以邏輯值索引取出 object 欄位名稱
col_cat = credit.columns[credit.dtypes == "object"]
# 逐步收納各類別變數次數統計結果用
counts_dict = {}
# 取出各欄類別值統計頻次
for col in col_cat:
    counts_dict[col] = credit[col].value_counts()
# 印出各類別變數次數分佈表
print(counts_dict)
```

```
## {'Default': Not Default    700
## Default        300
## Name: Default, dtype: int64, 'checkingstatus1': A14    394
## A11    274
## A12    269
## A13     63
## Name: checkingstatus1, dtype: int64, 'history': A32    530
## A34    293
## A33     88
## A31     49
## A30     40
## Name: history, dtype: int64, 'purpose': A43    280
## A40    234
## A42    181
## A41    103
## A49     97
## A46     50
## A45     22
## A410    12
## A44     12
## A48      9
## Name: purpose, dtype: int64, 'savings': A61    603
## A65    183
```

```
## A62       103
## A63        63
## A64        48
## Name: savings, dtype: int64, 'employ': A73         339
## A75       253
## A74       174
## A72       172
## A71        62
## Name: employ, dtype: int64, 'status': A93         548
## A92       310
## A94        92
## A91        50
## Name: status, dtype: int64, 'others': A101        907
## A103       52
## A102       41
## Name: others, dtype: int64, 'property': A123        332
## A121      282
## A122      232
## A124      154
## Name: property, dtype: int64, 'otherplans': A143        814
## A141      139
## A142       47
## Name: otherplans, dtype: int64, 'housing': A152        713
## A151      179
## A153      108
## Name: housing, dtype: int64, 'job': A173         630
## A172      200
## A174      148
## A171       22
## Name: job, dtype: int64, 'tele': A191         596
## A192      404
## Name: tele, dtype: int64, 'foreign': A201         963
## A202       37
## Name: foreign, dtype: int64}
```

水準名重設的具體作法是將資料表中各欄位類別值以句點語法取出，將各變數 unique 後的原代號與其後的易瞭解名稱對應綑綁為字典物件，再運用 map 方法根據代號與易瞭解名稱關係對照字典，逐一轉換為有意義的名稱。

```
# 代號與易瞭解名稱對照字典
print(dict(zip(credit.checkingstatus1.unique(),["< 0 DM",
"0-200 DM","> 200 DM","no account"])))
```

```
## {'A11': '< 0 DM', 'A12': '0-200 DM', 'A13': 'no account'}

## {'A14': '> 200 DM'}
```

```
# 逐欄轉換易瞭解的類別名稱
credit.checkingstatus1 = credit.checkingstatus1.map(dict(zip
(credit.checkingstatus1.unique(),["< 0 DM","0-200 DM",
"> 200 DM","no account"])))
credit.history = credit.history.map(dict(zip(credit.history.
unique(),["good","good","poor","poor","terrible"])))
credit.purpose = credit.purpose.map(dict(zip(credit.purpose.
unique(),["newcar","usedcar","goods/repair","goods/repair",
"goods/repair","goods/repair","edu","edu","biz","biz"])))
credit.savings = credit.savings.map(dict(zip(credit.savings.
unique(),["< 100 DM","100-500 DM","500-1000 DM","> 1000 DM",
"unknown/no account"])))
credit.employ = credit.employ.map(dict(zip(credit.employ.
unique(),["unemployed","< 1 year","1-4 years","4-7 years",
"> 7 years"])))
```

基於篇幅考量，上面只顯示前五變數的轉換代碼。整理完成後我們檢視重新給定各類別名稱的資料表，及其摘要統計表。

```
# 資料表內容較容易瞭解
print(credit.head())
```

```
##        Default checkingstatus1 duration history       purpose
## 0  Not Default           < 0 DM        6    good        newcar
## 1      Default         0-200 DM       48    good        newcar
## 2  Not Default         > 200 DM       12    good       usedcar
## 3  Not Default           < 0 DM       42    good  goods/repair
## 4      Default           < 0 DM       24    poor  goods/repair

##    amount    savings       employ  installment       status
## 0    1169    < 100 DM   unemployed            4    M/Div/Sep
## 1    5951  100-500 DM     < 1 year            2  F/Div/Sep/Mar
## 2    2096  100-500 DM    1-4 years            2    M/Div/Sep
## 3    7882  100-500 DM    1-4 years            2    M/Div/Sep
## 4    4870  100-500 DM     < 1 year            3    M/Div/Sep

##         others  residence      property  age  otherplans
## 0         none          4          none   67        bank
## 1         none          2          none   22        bank
## 2         none          3          none   49        bank
## 3  co-applicant          4  co_applicant   45        bank
## 4         none          4      guarantor   53        bank

##    housing  cards         job  liable  tele
## 0     A152      2  unemployed       1  none
## 1     A152      1  unemployed       1   yes
## 2     A152      1   unskilled       2   yes
## 3     A153      1  unemployed       2   yes
## 4     A153      2  unemployed       2   yes

##    foreign
## 0  foreign
## 1  foreign
## 2  foreign
## 3  foreign
## 4  foreign
```

```
# 授信客戶資料摘要統計表
print(credit.describe(include='all'))
```

```
##           Default  checkingstatus1     duration  history
## count        1000             1000  1000.000000     1000
## unique          2                4          NaN        3
## top     Not Default         > 200 DM          NaN     good
## freq          700              394          NaN      823
## mean          NaN              NaN    20.903000      NaN
## std           NaN              NaN    12.058814      NaN
## min           NaN              NaN     4.000000      NaN
## 25%           NaN              NaN    12.000000      NaN
## 50%           NaN              NaN    18.000000      NaN
## 75%           NaN              NaN    24.000000      NaN
## max           NaN              NaN    72.000000      NaN

##            purpose         amount     savings    employ
## count         1000    1000.000000        1000      1000
## unique           5            NaN           5         5
## top     goods/repair         NaN   100-500 DM   < 1 year
## freq           615            NaN         603       339
## mean           NaN    3271.258000         NaN       NaN
## std            NaN    2822.736876         NaN       NaN
## min            NaN     250.000000         NaN       NaN
## 25%            NaN    1365.500000         NaN       NaN
## 50%            NaN    2319.500000         NaN       NaN
## 75%            NaN    3972.250000         NaN       NaN
## max            NaN   18424.000000         NaN       NaN

##         installment       status    others    residence
## count   1000.000000         1000      1000  1000.000000
## unique          NaN            4         3          NaN
## top             NaN    M/Div/Sep      none          NaN
## freq            NaN          548       907          NaN
## mean       2.973000          NaN       NaN     2.845000
```

```
## std         1.118715         NaN          NaN      1.103718
## min         1.000000         NaN          NaN      1.000000
## 25%         2.000000         NaN          NaN      2.000000
## 50%         3.000000         NaN          NaN      3.000000
## 75%         4.000000         NaN          NaN      4.000000
## max         4.000000         NaN          NaN      4.000000
##           property         age   otherplans  housing
## count          668   1000.000000        1000     1000
## unique           3         NaN           3        3
## top           none         NaN        bank     A152
## freq           282         NaN         814      713
## mean           NaN    35.546000         NaN      NaN
## std            NaN    11.375469         NaN      NaN
## min            NaN    19.000000         NaN      NaN
## 25%            NaN    27.000000         NaN      NaN
## 50%            NaN    33.000000         NaN      NaN
## 75%            NaN    42.000000         NaN      NaN
## max            NaN    75.000000         NaN      NaN
##             cards          job       liable     tele
## count    1000.000000       1000   1000.000000    1000
## unique          NaN          4          NaN        2
## top             NaN   unemployed       NaN      yes
## freq            NaN         630         NaN      596
## mean       1.407000        NaN      1.155000    NaN
## std        0.577654        NaN      0.362086    NaN
## min        1.000000        NaN      1.000000    NaN
## 25%        1.000000        NaN      1.000000    NaN
## 50%        1.000000        NaN      1.000000    NaN
## 75%        2.000000        NaN      1.000000    NaN
## max        4.000000        NaN      2.000000    NaN
##            foreign
## count         1000
## unique           2
```

```
## top       foreign
## freq         963
## mean        NaN
## std         NaN
## min         NaN
## 25%         NaN
## 50%         NaN
## 75%         NaN
## max         NaN
```

建模前我們檢視某些直覺上與貸款違約相關的類別屬性，二維 (two-way) 列聯表適合兩個變數均為類別的情況，結果顯示似乎支票與儲蓄存款帳戶餘額較高者，貸款違約機率較低。

```python
# crosstab() 函數建支票存款帳戶狀況，與是否違約的二維列聯表
ck_f = pd.crosstab(credit['checkingstatus1'],
credit['Default'], margins=True)
# 計算相對次數
ck_f.Default = ck_f.Default/ck_f.All
ck_f['Not Default'] = ck_f['Not Default']/ck_f.All
print(ck_f)
```

```
## Default          Default   Not Default    All
## checkingstatus1
## 0-200 DM         0.390335   0.609665      269
## < 0 DM           0.492701   0.507299      274
## > 200 DM         0.116751   0.883249      394
## no account       0.222222   0.777778       63
## All              0.300000   0.700000     1000
```

```python
# 儲蓄存款帳戶餘額狀況，與是否違約的二維列聯表
sv_f = pd.crosstab(credit['savings'],
credit['Default'], margins=True)
sv_f.Default = sv_f.Default/sv_f.All
```

```
sv_f['Not Default'] = sv_f['Not Default']/sv_f.All
print(sv_f)
```

```
## Default              Default    Not Default    All
## savings
## 100-500 DM           0.359867   0.640133       603
## 500-1000 DM          0.174603   0.825397        63
## < 100 DM             0.174863   0.825137       183
## > 1000 DM            0.125000   0.875000        48
## unknown/no account   0.330097   0.669903       103
## All                  0.300000   0.700000      1000
```

金額與期間是貸款的兩個重要特質，貸款金額從 250 德國馬克到 18,420 德國馬克，貸款期間從 4 個月到 72 個月，中位數分別為 2,319.5 德國馬克與 18 個月。

```
# 與 R 語言 summary() 輸出相比，多了樣本數 count 與標準差 std
print(credit['duration'].describe())
```

```
## count    1000.000000
## mean       20.903000
## std        12.058814
## min         4.000000
## 25%        12.000000
## 50%        18.000000
## 75%        24.000000
## max        72.000000
## Name: duration, dtype: float64
```

```
print(credit['amount'].describe())
```

```
## count    1000.000000
## mean     3271.258000
## std      2822.736876
```

```
## min            250.000000
## 25%           1365.500000
## 50%           2319.500000
## 75%           3972.250000
## max          18424.000000
## Name: amount, dtype: float64
```

建模前須將目標變數再轉回數值，與 R 語言相比，因為 R 的因子變數外表為字串，但模型運算時會自動取用標籤編碼的數值，所以是較為方便的類別變數處理機制。

```python
# 字串轉回 0-1 整數值
inv_target = {"Not Default": 0, "Default": 1}
credit.Default = credit.Default.map(inv_target)
```

除了目標變數外，其餘類別型預測變數亦須完成編碼。迴圈設計可完成所有類別型預測變數的編碼工作，讀者當留意從資料表 credit 中取出各欄位後，先將其型別轉為字串 (astype(str)) 再進行標籤編碼 (參見1.4.3節 Python 語言類別變數編碼)。

```python
# 成批完成類別預測變數標籤編碼
from sklearn.preprocessing import LabelEncoder
# 先以邏輯值索引取出類別欄位名稱
col_cat = credit.columns[credit.dtypes == "object"]
# 宣告空模
le = LabelEncoder()
# 逐欄取出類別變數值後進行標籤編碼
for col in col_cat:
    credit[col] = le.fit_transform(credit[col].astype(str))
```

機器學習人群將資料集分開為類別標籤向量 y 與屬性矩陣 X，可以保留法對 X 與 y 做 90% 和 10% 的訓練集及測試集切分，再確認兩集合的類別標籤分佈與原樣本集合大致相仿。

```python
# 切分類別標籤向量 y 與屬性矩陣 X
y = credit['Default']
X = credit.drop(['Default'], axis=1)
# 切分訓練集及測試集，random_state 引數設定亂數種子
from sklearn.model_selection import train_test_split
X_train, X_test, y_train, y_test = train_test_split(X, y,
test_size=0.1, random_state=33)
```

```python
# 訓練集類別標籤次數分佈表
Default_train = pd.DataFrame(y_train.value_counts(sort =
True))
```

```python
# 計算與建立累積和欄位 'cum_sum'
Default_train['cum_sum'] = Default_train['Default'].cumsum()
```

```python
# 計算與建立相對次數欄位 'perc'
tot = len(y_train)
Default_train['perc']=100*Default_train['Default']/tot
```

```python
# 計算與建立累積相對次數欄位 'cum_perc'
Default_train['cum_perc']=100*Default_train['cum_sum']/tot
```

```python
# 比較訓練集與測試集類別標籤分佈
print(Default_train)
```

```
##     Default  cum_sum       perc     cum_perc
## 0       635      635  70.555556    70.555556
## 1       265      900  29.444444   100.000000
```

```
print(Default_test)
```

```
##    Default  cum_sum  perc  cum_perc
## 0       65       65  65.0      65.0
## 1       35      100  35.0     100.0
```

　　sklearn.tree 模組在 Python 專門建立分類與迴歸問題的樹狀模型，背後的演算法為優化後的分類與迴歸樹 CART 算法。使用方式同前所述：先載入模組或類別；接著宣告模型及其規格 (空模規格)；再傳入訓練樣本估計模型參數 (配適實模)；最後則是運用模型，也就是對訓練或測試樣本集進行預測或轉換。從預測結果可以發現訓練集與測試集的預測誤差差距很大 (參見圖3.3)，因此可以判定模型為過度配適的。

```
# 載入 sklearn 套件的樹狀模型模組 tree
from sklearn import tree
# 宣告 DecisionTreeClassifier() 類別空模 clf (未更改預設設定)
clf = tree.DecisionTreeClassifier()
# 傳入訓練資料擬合實模 clf
clf = clf.fit(X_train,y_train)
# 預測訓練集標籤 train_pred
train_pred = clf.predict(X_train)
print(' 訓練集錯誤率為{0}.'.format(np.mean(y_train != train_pred)))
```

```
## 訓練集錯誤率為0.0.
```

```
# 預測測試集標籤 test_pred
test_pred = clf.predict(X_test)
# 訓練集錯誤率遠低於測試集，過度配適的癥兆
print(' 測試集錯誤率為{0}.'.format(np.mean(y_test != test_pred)))
```

```
## 測試集錯誤率為0.35.
```

　　資料科學家須設法改善模型過度配適的狀況，首先以 get_params()

方法瞭解目前分類樹模型的參數，最大樹深 max_depth 與葉節點最大數量 max_leaf_nodes 均無預設值 (None)，且葉節點最小樣本數 min_samples_leaf 預設為 1。相較之下前述 R 語言實現 CART 算法之諸多想法的套件 rpart(Recursive PARTition)，其最大樹深 maxdepth 預設為 30，但是同樣沒有控制葉節點的最大數量 (rpart.control() 沒有這個引數)；且其葉節點最大樣本數 minbucket 設定為 round(minsplit/3)，其中分支節點最小樣本數 minsplit 預設為 20，所以葉節點最大數量預設值約略為 7，這些較佳的預設值似乎是 R 語言受資料科學家喜愛的原因之一。

```
# print(clf.get_params())
keys = ['max_depth', 'max_leaf_nodes', 'min_samples_leaf']
print([clf.get_params().get(key) for key in keys])
```

[None, None, 1]

將 Python 最大樹深與葉節點最大樣本數分別設為 30 與 7，並將葉節點的最大數量控制在 10，結果可發現過度配適的現象改善很多。

```
# 再次宣告空模 clf(更改上述三參數設定)、配適與預測
clf = tree.DecisionTreeClassifier(max_leaf_nodes = 10,
min_samples_leaf = 7, max_depth= 30)
clf = clf.fit(X_train,y_train)
train_pred = clf.predict(X_train)
print(' 訓練集錯誤率為{0}.'.format(np.mean(y_train !=
train_pred)))
```

訓練集錯誤率為0.22666666666666666.

```
# 過度配適情況已經改善
test_pred = clf.predict(X_test)
print(' 測試集錯誤率為{0}.'.format(np.mean(y_test !=
test_pred)))
```

測試集錯誤率為0.24.

Python 語言產製樹狀模型報表[1]與圖形較為繁瑣，不過也可藉此磨練程式撰寫技巧。模型將相關訊息存放在類別為 sklearn.tree._tree.Tree 的 clf.tree_ 下之各個屬性，包括二元分類樹共有 19 個節點 node_count、各個節點的左右子節點編號 children_left 和 children_right、對應的分支屬性與屬性切分值 feature 及 threshold。

```
n_nodes = clf.tree_.node_count
print(' 分類樹有 {0} 個節點.'.format(n_nodes))
```

```
## 分類樹有 19 個節點.
```

```
children_left = clf.tree_.children_left
s1 = ' 各節點的左子節點分別是 {0}'
s2 = '\n{1}(-1 表葉子節點沒有子節點)。'
print(''.join([s1, s2]).format(children_left[:9],
children_left[9:]))
```

```
## 各節點的左子節點分別是 [ 1  3 -1  9  5  7 -1 -1 -1]
## [11 -1 13 -1 15 17 -1 -1 -1 -1](-1表葉子節點沒有子節點)。
```

```
children_right = clf.tree_.children_right
s1 = ' 各節點的右子節點分別是 {0}'
s2 = '\n{1}(-1 表葉子節點沒有子節點)。'
print(''.join([s1, s2]).format(children_right[:9],
children_right[9:]))
```

```
## 各節點的右子節點分別是 [ 2  4 -1 10  6  8 -1 -1 -1]
## [12 -1 14 -1 16 18 -1 -1 -1 -1](-1表葉子節點沒有子節點)。
```

```
feature = clf.tree_.feature
s1 = ' 各節點分支屬性索引為 (-2 表無分支屬性)'
s2 = '\n{0}。'
print(''.join([s1, s2]).format(feature))
```

```
## 各節點分支屬性索引為(-2表無分支屬性)
```

---

[1]https://scikit-learn.org/stable/auto_examples/tree/plot_unveil_tree_structure.html

```
## [ 0  1 -2 11  5  1 -2 -2 -2  2 -2  4 -2  1  6 -2 -2 -2 -2]。
```

```python
threshold = clf.tree_.threshold
s1 = ' 各節點分支屬性門檻值為 (-2 表無分支屬性門檻值)'
s2 = '\n{0}\n{1}\n{2}\n{3}。'
print(''.join([s1, s2]).format(threshold[:6],
threshold[6:12], threshold[12:18], threshold[18:]))
```

```
## 各節點分支屬性門檻值為(-2表無分支屬性門檻值)
## [  1.5 22.5 -2.   2.5  0.5 47.5]
## [ -2.  -2.  -2.   1.5 -2.  967. ]
## [-2.   7.5  0.5 -2.  -2.  -2. ]
## [-2.]。
```

瞭解上述訊息意義後，以 while 迴圈逐一建立其在樹結構的深度 node_depth，及是否為葉節點的布林值串列 is_leaves，最後運用 for 迴圈從根節點逐一內縮產出分類樹報表。

```python
# 各節點樹深串列 node_depth
node_depth = np.zeros(shape=n_nodes, dtype=np.int64)
# 各節點是否為葉節點的真假值串列
is_leaves = np.zeros(shape=n_nodes, dtype=bool)
# 值組 (節點編號, 父節點深度) 形成的堆疊串列，初始化時只有根節點
stack = [(0, -1)]
# 從堆疊逐一取出資訊產生報表，堆疊最終會變空
while len(stack) > 0:
    node_i, parent_depth = stack.pop()
    # 自己的深度為父節點深度加 1
    node_depth[node_i] = parent_depth + 1
    # 如果是測試節點 (i.e. 左子節點不等於右子節點)，而非葉節點
    if (children_left[node_i] != children_right[node_i]):
    # 加左分枝節點，分枝節點的父節點深度正是自己的深度
        stack.append((children_left[node_i],parent_depth+1))
    # 加右分枝節點，分枝節點的父節點深度正是自己的深度
        stack.append((children_right[node_i],parent_depth+1))
```

```python
    else:
        # is_leaves 原預設全為 False, 最後有 True 有 False
        is_leaves[node_i] = True
```

```python
print(" 各節點的深度分別為: {0}".format(node_depth))
```

```
## 各節點的深度分別為: [0 1 1 2 2 3 3 4 4 3 3 4 4 5 5 6 6 6 6]
```

```python
print(" 各節點是否為終端節點的真假值分別為: \n{0}\n{1}"
.format(is_leaves[:10], is_leaves[10:]))
```

```
## 各節點是否為終端節點的真假值分別為:
## [False False  True False False False  True  True  True False]
## [ True False  True False False  True  True  True  True]
```

```python
print("%s 個節點的二元樹結構如下: " % n_nodes)
# 迴圈控制敘述逐一印出分類樹模型報表
```

```
## 19 個節點的二元樹結構如下:
```

```python
for i in range(n_nodes):
    if is_leaves[i]:
        print("%snd=%s leaf nd."%(node_depth[i]*" ", i))
    else:
        s1 = "%snd=%s test nd: go to nd %s"
        s2 = " if X[:, %s] <= %s else to nd %s."
        print(''.join([s1, s2])
            % (node_depth[i] * " ",
               i,
               children_left[i],
               feature[i],
               threshold[i],
```

```
                    children_right[i],
                    ))

## nd=0 test nd: go to nd 1 if X[:, 0] <= 1.5 else to nd 2.
##  nd=1 test nd: go to nd 3 if X[:, 1] <= 22.5 else to nd 4.
##   nd=2 leaf nd.
##   nd=3 test nd: go to nd 9 if X[:, 11] <= 2.5 else to nd 10.
##   nd=4 test nd: go to nd 5 if X[:, 5] <= 0.5 else to nd 6.
##    nd=5 test nd: go to nd 7 if X[:, 1] <= 47.5 else to nd 8.
##     nd=6 leaf nd.
##     nd=7 leaf nd.
##     nd=8 leaf nd.
##    nd=9 test nd: go to nd 11 if X[:, 2] <= 1.5 else to nd 12.
##     nd=10 leaf nd.
##    nd=11 test nd: go to nd 13 if X[:, 4] <= 967.0 else to nd 14.
##     nd=12 leaf nd.
##    nd=13 test nd: go to nd 15 if X[:, 1] <= 7.5 else to nd 16.
##    nd=14 test nd: go to nd 17 if X[:, 6] <= 0.5 else to nd 18.
##     nd=15 leaf nd.
##     nd=16 leaf nd.
##     nd=17 leaf nd.
##     nd=18 leaf nd.

print()
```

接著說明樹狀模型的視覺化輸出圖[2]，首先載入所需套件與模組，然後呼叫 `tree.export_graphviz()` 函數將模型 `clf` 寫入記憶體中，命名為 `dot_data`。

```
# 載入 Python 語言字串讀寫套件
from io import StringIO
import pydot
import pydotplus
```

---

[2]https://scikit-learn.org/stable/modules/tree.html

```
# 將樹 tree 輸出為 StringIO 套件的 dot_data
dot_data = StringIO()
tree.export_graphviz(clf, out_file=dot_data, feature_names=
['checkingstatus1', 'duration', 'history', 'purpose',
'amount', 'savings', 'employ', 'installment', 'status',
'others', 'residence', 'property', 'age', 'otherplans',
'housing', 'cards', 'job', 'liable', 'tele', 'foreign',
'rent'],
class_names = ['Not Default', 'Default'])
```

最後使用 **pydotplus** 套件將 dot_data 轉為 graph 物件，輸出為 png 檔後顯示分類樹視覺化圖形。

```
# dot_data 轉為 graph 物件
graph = pydotplus.graph_from_dot_data(dot_data.getvalue())
# graph 寫出 pdf
# graph.write_pdf("credit.pdf")
print(graph)
# graph 寫出 png
# graph.write_png('credit.png')
# 載入 IPython 的圖片呈現工具類別 Image(還有 Audio 與 Video)
# from IPython.core.display import Image
# Image(filename='credit.png')
```

```
## <pydotplus.graphviz.Dot object at 0xad8b33400>
```

上面圖形輸出需要安裝同樣是開放源碼的網路圖形視覺化軟體 **Graphviz**，網路圖形 (graph 或 network) 在網路工程、生物資訊、軟體工程、資料庫與網頁設計、機器學習等領域有重要應用。讀者請至官網http://www.graphviz.org/下載相應作業系統的安裝檔後進行安裝，Windows 作業系統使用者記得將安裝路徑加入控制台的環境變數中，確保 **Graphviz** 的正常運行。

圖5.19中有些分支是無謂的，例如：duration <= 47.5 與 employ <= 0.5，因為它們下方的兩個葉節點的 class 都是相同的，我們可以手

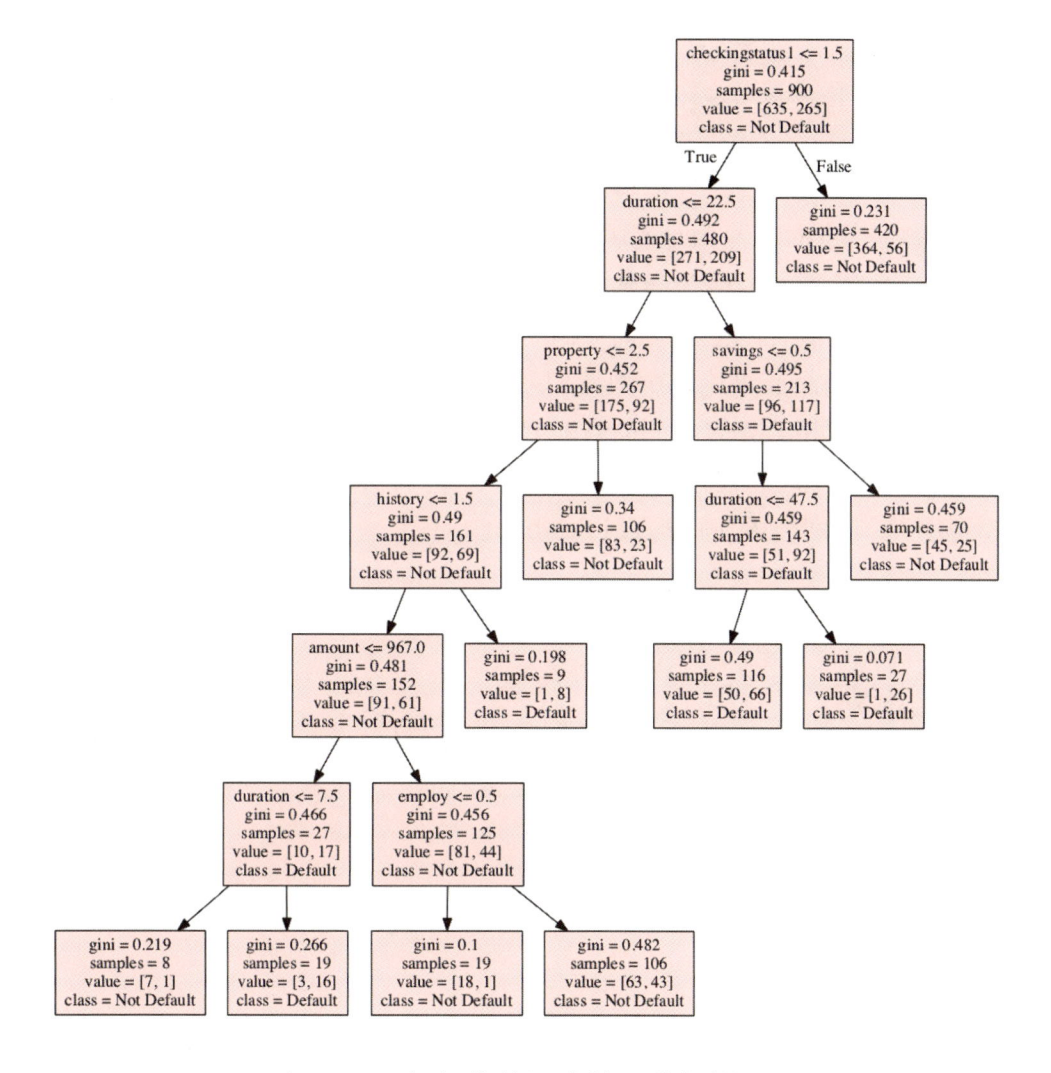

圖 5.19: 銀行貸款風險管理分類樹圖

工剪枝 (manual pruning) 將之去除，取得較為簡單的模型，避免樹狀模型容易過度配適的缺點。此外，分類樹報表或圖形中類別分支屬性之門檻值閱讀不易，例如：根節點的 `checkingstatus1<=1.5`，這些都是樹狀建模算法多的 R 語言所沒有的缺點。

5.2.4.2 酒品評點迴歸樹預測

釀酒業是競爭且挑戰性高的事業，但也具有龐大的潛在商機。影響酒廠利潤的因素很多，例如：氣候、生長環境、裝瓶與製造過程、酒瓶及包裝的設計、以及定價等。這些有形與無形的因素，影響了顧客品嚐酒類產品的認知。案例背後運用輔助製酒決策的資料收集機制，結合機器學習方法，打造模仿品酒專家評比酒類品質之電腦輔助酒品評測系統，希望找出葡萄酒產品評比高之關鍵因素 (Lantz, 2015)。

載入加州大學爾灣分校 (University of California at Irvine, UCI) 機器學習資料庫中的葡萄牙青酒資料集，或稱綠酒資料，共有 4898 筆 Vinho Verde 青酒。檢視變數型別與摘要統計表，資料共有 12 個數值或整數型別的屬性，並繪製葡萄酒評點分數 quality 的分佈。圖5.20顯示大多數的酒品質平均，少數特別差或特別好，分佈呈現常態分佈，適合建立迴歸模型。如果酒間品質變異很小，或者呈現雙峰分配 (bimodal distributions，較好或較差的酒各自呈單峰分佈)，此時數據建模可能會遭遇困難 (層別後再建模？Think about it !)。

```
# Python 基本套件與資料集載入
import numpy as np
import pandas as pd
wine = pd.read_csv("./_data/whitewines.csv")
```

```
# 檢視變數型別
print(wine.dtypes)
```

```
## fixed acidity            float64
## volatile acidity         float64
## citric acid              float64
## residual sugar           float64
## chlorides                float64
## free sulfur dioxide      float64
## total sulfur dioxide     float64
## density                  float64
## pH                       float64
## sulphates                float64
## alcohol                  float64
## quality                    int64
## dtype: object
```

```
# 葡萄酒資料摘要統計表
print(wine.describe(include='all'))
```

```
##        fixed acidity  volatile acidity  citric acid
## count    4898.000000       4898.000000  4898.000000
## mean        6.854788          0.278241     0.334192
## std         0.843868          0.100795     0.121020
## min         3.800000          0.080000     0.000000
## 25%         6.300000          0.210000     0.270000
## 50%         6.800000          0.260000     0.320000
## 75%         7.300000          0.320000     0.390000
## max        14.200000          1.100000     1.660000

##        residual sugar   chlorides  free sulfur dioxide
## count     4898.000000  4898.000000          4898.000000
## mean         6.391415     0.045772            35.308085
## std          5.072058     0.021848            17.007137
## min          0.600000     0.009000             2.000000
## 25%          1.700000     0.036000            23.000000
## 50%          5.200000     0.043000            34.000000
## 75%          9.900000     0.050000            46.000000
## max         65.800000     0.346000           289.000000

##        total sulfur dioxide     density           pH
## count           4898.000000  4898.000000  4898.000000
## mean             138.360657     0.994027     3.188267
## std               42.498065     0.002991     0.151001
## min                9.000000     0.987110     2.720000
## 25%              108.000000     0.991723     3.090000
## 50%              134.000000     0.993740     3.180000
## 75%              167.000000     0.996100     3.280000
## max              440.000000     1.038980     3.820000

##          sulphates      alcohol      quality
## count   4898.000000  4898.000000  4898.000000
```

```
## mean      0.489847    10.514267    5.877909
## std       0.114126     1.230621    0.885639
## min       0.220000     8.000000    3.000000
## 25%       0.410000     9.500000    5.000000
## 50%       0.470000    10.400000    6.000000
## 75%       0.550000    11.400000    6.000000
## max       1.080000    14.200000    9.000000
```

```
# 葡萄酒評點分數分佈
ax = wine.quality.hist()
ax.set_xlabel('quality')
ax.set_ylabel('frequency')
fig = ax.get_figure()
# fig.savefig("./_img/quality_hist.png")
```

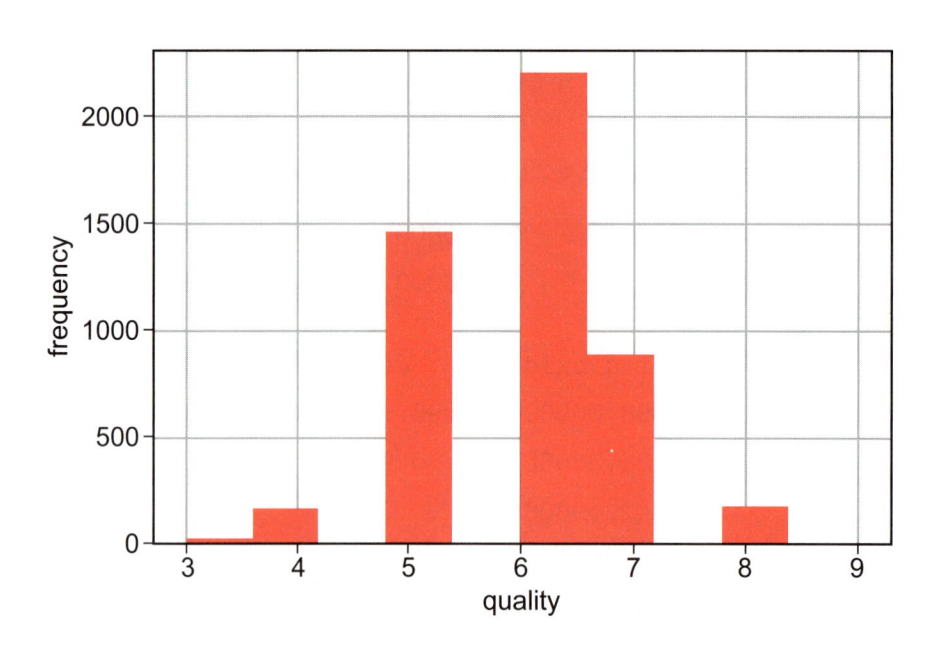

圖 5.20: 葡萄酒評點分數直方圖

將屬性矩陣與類別標籤獨立後，切分兩者為訓練與測試集 (註: 確認 wine 資料集內的觀測值順序是隨機時，可以採用這種方式切分資料)。

```
# 切分屬性矩陣 X 與類別標籤向量 y
X = wine.drop(['quality'], axis=1)
y = wine['quality']
# 切分訓練集與測試集
X_train = X[:3750]
X_test = X[3750:]
y_train = y[:3750]
y_test = y[3750:]
```

首先以 **sklearn.tree** 模組迴歸樹建立類別 DecisionTreeRegressor() 的預設設定配適模型，結果發現是一株節點非常多（兩千多個節點！）的過度配適迴歸樹。

```
from sklearn import tree
# 模型定義 (未更改預設設定) 與配適
clf = tree.DecisionTreeRegressor()
# 儲存模型 clf 參數值字典 (因為直接印出會超出邊界)
dicp = clf.get_params()
# 取出字典的鍵，並轉為串列
dic = list(dicp.keys())
# 以字典推導分六次印出模型 clf 的參數值
print({key:dicp.get(key) for key in dic[0:int(len(dic)/6)]})

## {'criterion': 'mse', 'max_depth': None}

# 第二次列印模型 clf 參數值
print({key:dicp.get(key) for key in
dic[int(len(dic)/6):int(2*len(dic)/6)]})

## {'max_features': None, 'max_leaf_nodes': None}

# 第三次列印模型 clf 參數值
print({key:dicp.get(key) for key in
```

```
dic[int(2*len(dic)/6):int(3*len(dic)/6)]})

## {'min_impurity_decrease': 0.0, 'min_impurity_split': None}

# 第四次列印模型 clf 參數值
print({key:dicp.get(key) for key in
dic[int(3*len(dic)/6):int(4*len(dic)/6)]})

## {'min_samples_leaf': 1, 'min_samples_split': 2}

# 第五次列印模型 clf 參數值
print({key:dicp.get(key) for key in
dic[int(4*len(dic)/6):int(5*len(dic)/6)]})

## {'min_weight_fraction_leaf': 0.0, 'presort': False}

# 第六次列印模型 clf 參數值
print({key:dicp.get(key) for key in
dic[int(5*len(dic)/6):int(6*len(dic)/6)]})

## {'random_state': None, 'splitter': 'best'}

# 迴歸樹模型配適
clf = clf.fit(X_train,y_train)
# 節點數過多 (2123 個)，顯示節點過度配適
n_nodes = clf.tree_.node_count
print(' 迴歸樹有 {0} 節點。'.format(n_nodes))
```

迴歸樹有 2129 節點。

接著套用接近 R 語言迴歸樹套件 {rpart} 的預設設定值，結果呈現過度配適的現象已大幅改善。進一步檢視訓練與測試績效，可發現準確度衡量 MSE 表現不俗，測試集相關性衡量 R^2 略低於訓練集的合理狀況。

```python
# 再次宣告空模 clf(同上小節更改為 R 語言套件 {rpart} 的預設值)
clf = tree.DecisionTreeRegressor(max_leaf_nodes = 10,
min_samples_leaf = 7, max_depth= 30)
clf = clf.fit(X_train,y_train)
```

```python
# 節點數 19 個，顯示配適結果改善
n_nodes = clf.tree_.node_count
print(' 迴歸樹有 {0} 節點。'.format(n_nodes))
```

```
## 迴歸樹有 19 節點。
```

```python
# 預測訓練集酒質分數 y_train_pred
y_train_pred = clf.predict(X_train)
# 檢視訓練集酒質分數的實際值分佈與預測值分佈
print(y_train.describe())
```

```
## count    3750.000000
## mean        5.870933
## std         0.886389
## min         3.000000
## 25%         5.000000
## 50%         6.000000
## 75%         6.000000
## max         9.000000
## Name: quality, dtype: float64
```

```python
# 訓練集酒質預測分佈內縮
print(pd.Series(y_train_pred).describe())
```

```
## count    3750.000000
## mean        5.870933
## std         0.483282
## min         4.545455
```

```
## 25%           5.460245
## 50%           6.063140
## 75%           6.202265
## max           6.596992
## dtype: float64
```

```python
# 預測測試集酒質分數 y_test_pred
y_test_pred = clf.predict(X_test)
print(y_test.describe())
```

```
## count    1148.000000
## mean        5.900697
## std         0.883186
## min         3.000000
## 25%         5.000000
## 50%         6.000000
## 75%         6.000000
## max         9.000000
## Name: quality, dtype: float64
```

```python
# 測試集酒質預測分佈內縮
print(pd.Series(y_test_pred).describe())
```

```
## count    1148.000000
## mean        5.888550
## std         0.484564
## min         4.545455
## 25%         5.460245
## 50%         6.063140
## 75%         6.202265
## max         6.596992
## dtype: float64
```

```
# 計算模型績效
from sklearn.metrics import r2_score
from sklearn.metrics import mean_squared_error
print(' 訓練集 MSE: %.3f, 測試集: %.3f' % (
        mean_squared_error(y_train, y_train_pred),
        mean_squared_error(y_test, y_test_pred)))
```

訓練集MSE: 0.552, 測試集: 0.560

```
print(' 訓練集 R^2: %.3f, 測試集 R^2: %.3f' % (
        r2_score(y_train, y_train_pred),
        r2_score(y_test, y_test_pred)))
```

訓練集R^2: 0.297, 測試集R^2: 0.282

迴歸樹模型報表與樹狀圖產製方式與前節5.2.4.1所述相同，從樹狀圖5.21中我們發現三個屬性 alcohol、voltality acidity 與 free sulfur dioxide 等進入迴歸樹中成為分支屬性，且都多次成為樹中的分支屬性，尤其是 alcohol 和 voltality acidity 較為重要，因為根節點或接近根節點的屬性通常是資料表中影響預測的關鍵因素。

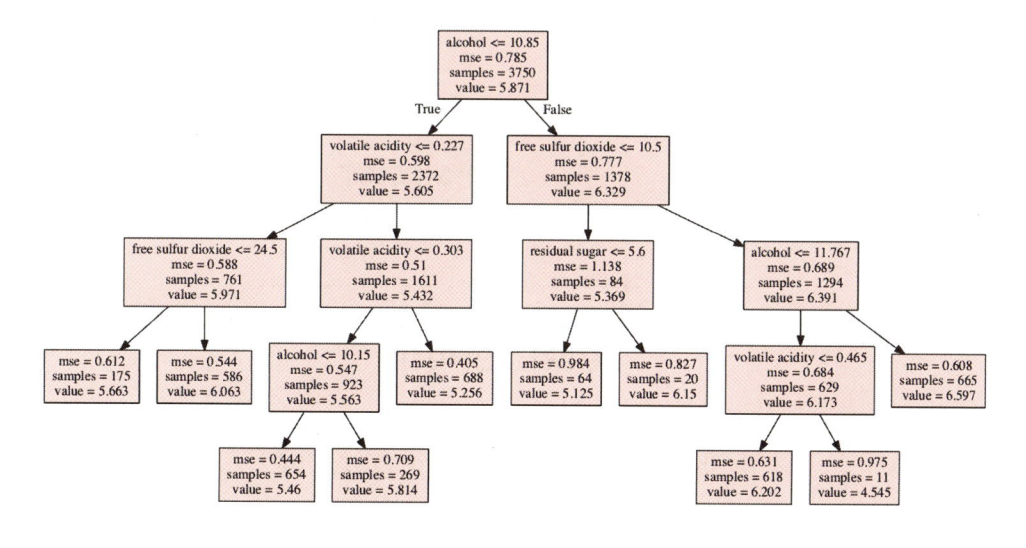

圖 5.21: 酒品評點迴歸樹樹狀圖

圖5.21也顯示各屬性與量化反應變數 quality 的變化方向如下：酒精與二氧化硫數值越高 (http://www.my5y.com/Wine-Health/201211/456.html，適當的二氧化硫可以滅菌)，酒質分數越高；而葡萄酒香氣主要來源揮發酸低時，酒質分數通常較高。最後，無論何種模型的詮釋，建議讀者最好就教於領域專家以免失焦。

5.2.4.3　小結

樹狀模型的優點為模型結果容易解釋，因為可以轉成 if-then 的規則；適合處理多種類型的預測變數，亦即資料表可以混合各種形式的變數，而且稀疏與偏斜的狀況無需特別處理；具遺缺值的變量也可以順利建模；內建變數挑選機制會排除不重要的屬性，也就是說較不易受無關屬性的影響。

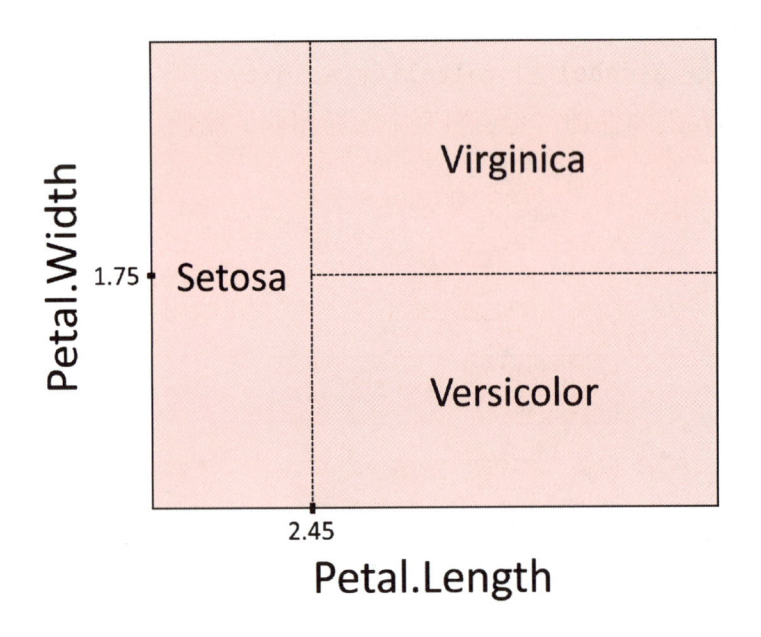

圖 5.22: 鳶尾花分類樹軸平行分割圖

樹狀模型的缺點是模型不穩定，訓練資料集中些許的變動，可能導致不同的樹狀模型決策邏輯；算法參數如未適當調校，容易過度配適，或產生配適不足的模型；另外，一株過度配適的大樹，其結構難以解釋，且容易造成決策違反吾人直覺的狀況；再者，因為樹狀模型的知識表達形式為軸平行分割 (axis-parallel splits) 的方式 (參見圖5.22鳶尾花分類樹的預測變數空間分割圖，此圖來自圖5.16)，所以當問題不適合此種知識表達形式時，樹狀模型的績效就不會是最佳的了。最後，樹建構算法要避免選擇偏誤 (selection bias)，留意是否傾向於挑選類別值較多的屬性，GUIDE(Generalized, Unbiased, Interaction Detection and Estimation) 與條件推論樹 (conditional inference trees) 是減緩上述偏誤的不偏樹狀模型建構算法 (Loh, 2002; Hothorn et al., 2006)。

本書撰寫時 **sklearn** 套件尚無法在各誤歸類成本不同的情況下訓練分類樹模型 (https://stackoverflow.com/questions/37616410/unequal-misclassification-costs-in-python-sklearn)，有此需求的讀者可以參考 R 語言中 {C50} 套件。另外，R 語言樹狀模型建構套件除了前述 {rpart} 之外，還有 {tree}、{C50}、{party} 等值得讀者嘗試運用，其中 {party} 有前述條件迴歸樹算法。最後，Java 開源機器學習函式庫 Weka，有許多分類/迴歸樹、以及**模型樹 (model trees)** 算法，模型樹是迴歸樹的延伸，其在葉節點是以同質樣本子集所建立的迴歸方程進行預測，讀者也可以透過 {RWeka} 套件在 R 語言中取用之。

第六章 其它學習方式

前面兩章分別介紹非監督式與監督式學習，前者屬於問題定義尚未十分清楚時探索與知識發現的方法，其目的仍是為了建立更好的監督式學習模型。大數據時代下我們面臨的問題益形複雜，專家學者們在非監督式與監督式學習的基礎上，延伸了更多解決複雜問題的統計機器學習方式，本章將介紹薈萃式學習、深度學習與強化式學習等三種常用的其它學習方式。

6.1 薈萃式學習

薈萃式學習 (ensemble learning) 著眼於不同分類模型的特質，及其對訓練資料中隨機噪訊的不同敏感程度，集合多個同類或不同類模型的預測結果，期望總結出來的預測值能準確命中標的。ensemble 一字來自音樂領域 (請留意其讀音)，原意為合奏之意，我們可以試想編制數十人的管弦樂團或交響樂團，樂手們各司其職交奏出優美的樂章，呈現出與獨奏截然不同的風貌。統計機器學習人群借鑑其義，運用投票、平均或建模等機制，集合各分類或迴歸模型的預測結果，發揮團結力量大的優勢，以解決更複雜難理的問題。因為薈萃式學習以拔靴重抽樣方法，產製多個**基本模型** (base learner)，成為共同決策的一系列模型，因此也有人稱此種學習方式為**委員會式學習** (committee learning)。從另一個角度來看，薈萃式學習根據基本模型的預測結果，再將最終預測結果學習出來，因此也可稱之為**後設學習** (meta-learning)。

簡而言之，薈萃式學習匯集模型為群組，以團隊合作的方式解決富挑戰性的問題。接下來我們分節探討**拔靴集成法** (Bootstrap AGGregatING, BAGGING)、多模激發法 (boosting) 與隨機森林 (random forest) 等三種常用的集成模型 (ensembles)。

6.1.1 拔靴集成法

拔靴集成法是最早提出的薈萃式學習技術之一，其算法如下：

for i = 1 to m **do**

從原資料集中產生一組拔靴樣本 (參見3.3.1節)

依抽出的拔靴樣本訓練一株無修剪的樹狀模型

end

產生集成模型中的 m 株樹後，各自對新樣本進行預測，再將 m 個預測值，進行投票多數決的最終分類預測，或是計算反應變數平均值的最後數值預測，完成 BAGGING 的預測任務。BAGGING 是一種相對簡單的集成模型，用於集成不穩定的學習模型時效果很好，例如樹狀模型。為何要挑選不穩定的學習算法來集成呢？答案是為了確保集成模型的多樣性 (diversity)。

在預測結果評估方面，如同3.3.1節所述，拔靴抽樣法採行多次置回抽樣的方式，因此總有一些樣本從未被用來配適模型，這些樣本被稱為袋外樣本 (out-of-bag samples)，是估計模型效能的最佳子集。

6.1.2 多模激發法

多模激發法 (boosting) 或譯為效能提升法，是經常在 Kaggle 競賽中揚名立萬的統計機器學習算法之一，效能提升之意是建立多個互補的弱模型 (weak learner)，將之集成後發揮團結力量大的綜效。所謂弱模型指的是其模型績效只比隨機猜測 (random model)，或是空無模型 (null model) 稍好的模型稱之。隨機猜測是依訓練樣本的類別標籤分佈，隨機產生預測結果；而空無模型則是以訓練樣本之數值反應變數的平均值進行預測，兩者其實都沒有用到任何預測變數的訊息。

多模激發法類似 BAGGING，以重新抽樣的資料訓練集成模型，並投票多數決，或是計算平均決定最終預測結果。與 BAGGING 的關鍵差異在於關注經常誤歸類的樣本，以訓練互補的模型，並且在最終預測時依各模型的績效表現，決定投票或計算平均的權重。

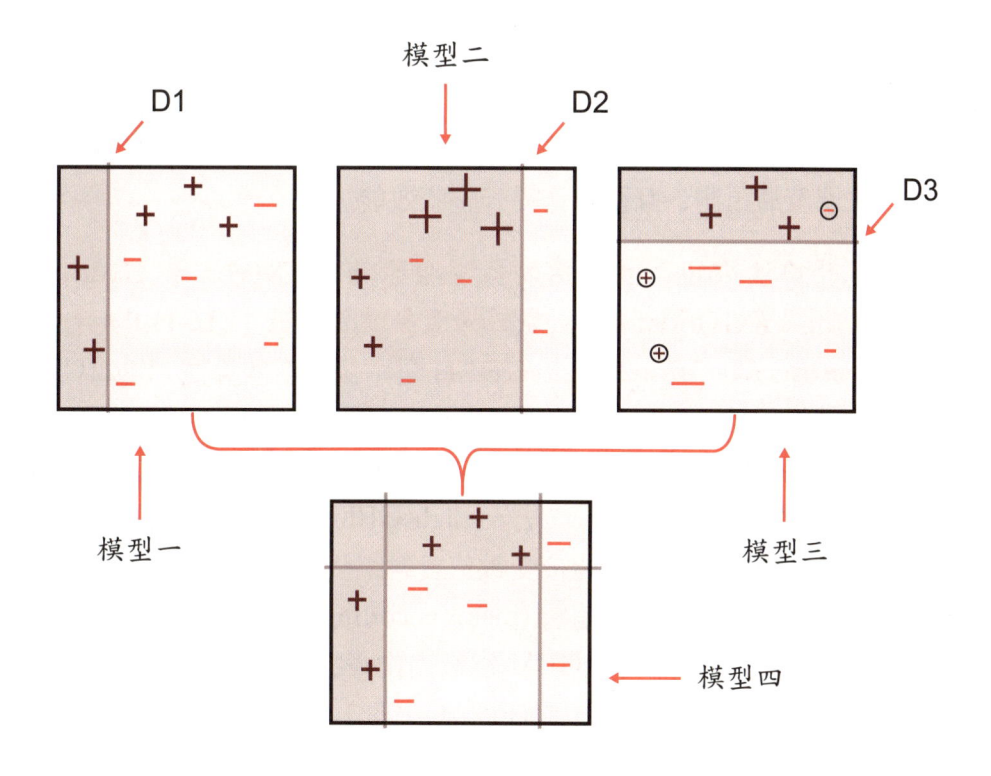

圖 6.1: 多模激發法算法說明圖

圖6.1說明多模激發法的運作原理，四個方形代表依序產生的分類模型，模型試圖將十個 + 與-的兩類樣本儘可能分開 (https://www.datacamp.com/community/tutorials/xgboost-in-python)。

1. 模型 1: 第一個模型以一條垂直線 D1 將訓練樣本切割，這種單層樹深只有一個分支的樹狀模型被稱為**決策樹樁 (decision stump)**，對困難的問題而言，這種模型通常績效不佳。其決策邊界是僅依單一屬性建立的 D1，其左方分類為 +，右邊為-，模型誤歸類了右方三個 +。

2. 模型 2: 第二個模型給予三個誤歸類的 + 較大的權重 (圖中 + 較大)，產生第二個模型的垂直線 D2，左方為 +，右邊為-，模型仍然誤歸類了左方的三個-。

3. 模型 3：同理，第三棵樹給予上述三個模型 2 誤歸類的-號樣本較大的權重，產生 D3 水平線，上方為 +，下方為-，模型 3 仍然誤歸類了某些樣本點 (以圓圈表示)。

4. 模型 4：集成模型將上面三個弱模型組合起來後，可以將所有樣本點正確歸類。

上面的簡例說明多模激發算法背後基本的想法，利用先前弱模型的誤歸類結果，嘗試強化後面的模型以降低錯誤率。此法因為前面模型預測不準的樣本，後續被抽出的機率增大，使得後面的模型加強對這些樣本作出更準確的預測，互補合作提升整體效能。

就具體算法來說，**極端梯度多模激發法 (eXtreme Gradient BOOSTing, XGBoost)** 與**輕量級梯度多模激發機 (LIGHT Gradient Boosting Machines, lightGBM)** 是兩個較新的算法，LightGBM 以新奇的抽樣方法 Gradient-based One-Side Sampling (GOSS) 找出建樹時的切割屬性值，而 XGBoost 結合排序算法與直方圖計算最佳的屬性分割值[1]。此外，XGBoost 無法像 LightGBM 直接處理類別屬性，與隨機森林一樣 XGBoost 只能接受數值資料，因此類別資料必須先進行標籤編碼、單熱編碼或均值編碼 (mean encoding) 等[2]。LightGBM 則可以接受類別屬性，而且 LightGBM 以最大化齊質性 (或最小化群內變異) 的算法尋找類別屬性的群組方式 (Fisher, 1958)，下面我們以實際數據說明 XGBoost 的建模過程。

6.1.2.1 房價中位數預測案例

載入 `sklearn.datasets` 模組內建的波士頓房產中位數均價資料集，儲存為物件 `boston`，其為 `sklearn.utils.Bunch` 類別。此類別類似 Python 原生字典結構，取值的鍵有 `data`、`target`、`feature_names` 與 `DESCR`，其中 `DESCR` 是該資料集的詳細說明與參考文獻，`data` 為 506 筆 13 個屬性的資料集，`target` 是 506 筆房產座落該區的房價中位數值 (以 $1,000 為單位)，`feature_names` 是前述 13 個屬性的名稱，意義分別如下：

1. `CRIM`: 按人口計算的犯罪率。

---

[1] https://towardsdatascience.com/catboost-vs-light-gbm-vs-xgboost-5f93620723db

[2] https://towardsdatascience.com/why-you-should-try-mean-encoding-17057262cd0

2. `ZN`：住宅區超過 25,000 平方英呎的比例。
3. `INDUS`：該鎮非零售商業區面積 (畝) 比例。
4. `CHAS`：是否臨近 Charles 河。
5. `NOX`：一氧化氮濃度。
6. `RM`：每個寓所平均房間數。
7. `AGE`：1940 年以前建造的比例。
8. `DIS`：距 Boston 五個就業中心的加權距離。
9. `RAD`：高速公路交流道接近性指數。
10. `TAX`：每 $10,000 的全值財產稅率。
11. `PTRATIO`：該鎮生師比。
12. `B`：該鎮黑人比例。
13. `LSTAT`：低社經地位人口比例。

```python
# 載入 Boston 房價資料匯入方法 load_boston()
from sklearn.datasets import load_boston
boston = load_boston()
print(type(boston))
```

```
## <class 'sklearn.utils.Bunch'>
```

```python
# Bunch 物件的鍵
print(boston.keys())
# print(boston.DESCR)
```

```
## dict_keys(['data', 'target', 'feature_names', 'DESCR'])
```

```python
# Python 句點語法檢視屬性矩陣 data 與目標變數 target 維度與維數
print(boston.data.shape)
```

```
## (506, 13)
```

```python
print(boston.target.shape)
```

```
## (506,)
```

```python
# 13 個屬性名稱
print(boston.feature_names[:9])
```

```
## ['CRIM' 'ZN' 'INDUS' 'CHAS' 'NOX' 'RM' 'AGE' 'DIS' 'RAD']
```

```python
print(boston.feature_names[9:])
```

```
## ['TAX' 'PTRATIO' 'B' 'LSTAT']
```

接著載入 **pandas** 套件，將屬性矩陣 boston.data 轉為 DataFrame 類型物件 data，並在屬性矩陣其後新增 PRICE 欄位，存放 506 筆房產該區的房價中位數值 (以 $1,000 為單位)。

```python
# Bunch 物件轉為 DataFrame
import pandas as pd
data = pd.DataFrame(boston.data)
data.columns = boston.feature_names
```

```python
print(data.head())
```

```
##       CRIM    ZN  INDUS  CHAS    NOX     RM   AGE     DIS  RAD
## 0  0.00632  18.0   2.31   0.0  0.538  6.575  65.2  4.0900  1.0
## 1  0.02731   0.0   7.07   0.0  0.469  6.421  78.9  4.9671  2.0
## 2  0.02729   0.0   7.07   0.0  0.469  7.185  61.1  4.9671  2.0
## 3  0.03237   0.0   2.18   0.0  0.458  6.998  45.8  6.0622  3.0
## 4  0.06905   0.0   2.18   0.0  0.458  7.147  54.2  6.0622  3.0

##      TAX  PTRATIO       B  LSTAT
## 0  296.0     15.3  396.90   4.98
## 1  242.0     17.8  396.90   9.14
## 2  242.0     17.8  392.83   4.03
## 3  222.0     18.7  394.63   2.94
## 4  222.0     18.7  396.90   5.33
```

```python
# 添加目標變數於後
data['PRICE'] = boston.target
```

以 **pandas** 資料框的 info() 方法檢視索引、各欄位筆數、遺缺狀況、資料型別與佔用記憶體大小等，describe(include='all') 方法產生摘要統計值表。

```python
# DataFrame 的 info() 方法
print(data.info())
```

```
## <class 'pandas.core.frame.DataFrame'>
## RangeIndex: 506 entries, 0 to 505
## Data columns (total 14 columns):
## CRIM       506 non-null float64
## ZN         506 non-null float64
## INDUS      506 non-null float64
## CHAS       506 non-null float64
## NOX        506 non-null float64
## RM         506 non-null float64
## AGE        506 non-null float64
## DIS        506 non-null float64
## RAD        506 non-null float64
## TAX        506 non-null float64
## PTRATIO    506 non-null float64
## B          506 non-null float64
## LSTAT      506 non-null float64
## PRICE      506 non-null float64
## dtypes: float64(14)
## memory usage: 55.4 KB
## None
```

```python
# 摘要統計表
print(data.describe(include='all'))
```

```
##              CRIM          ZN       INDUS        CHAS
## count  506.000000  506.000000  506.000000  506.000000
## mean     3.593761   11.363636   11.136779    0.069170
## std      8.596783   23.322453    6.860353    0.253994
## min      0.006320    0.000000    0.460000    0.000000
## 25%      0.082045    0.000000    5.190000    0.000000
## 50%      0.256510    0.000000    9.690000    0.000000
## 75%      3.647423   12.500000   18.100000    0.000000
## max     88.976200  100.000000   27.740000    1.000000

##               NOX          RM         AGE         DIS
## count  506.000000  506.000000  506.000000  506.000000
## mean     0.554695    6.284634   68.574901    3.795043
## std      0.115878    0.702617   28.148861    2.105710
## min      0.385000    3.561000    2.900000    1.129600
## 25%      0.449000    5.885500   45.025000    2.100175
## 50%      0.538000    6.208500   77.500000    3.207450
## 75%      0.624000    6.623500   94.075000    5.188425
## max      0.871000    8.780000  100.000000   12.126500

##               RAD         TAX     PTRATIO           B
## count  506.000000  506.000000  506.000000  506.000000
## mean     9.549407  408.237154   18.455534  356.674032
## std      8.707259  168.537116    2.164946   91.294864
## min      1.000000  187.000000   12.600000    0.320000
## 25%      4.000000  279.000000   17.400000  375.377500
## 50%      5.000000  330.000000   19.050000  391.440000
## 75%     24.000000  666.000000   20.200000  396.225000
## max     24.000000  711.000000   22.000000  396.900000

##             LSTAT       PRICE
## count  506.000000  506.000000
## mean    12.653063   22.532806
## std      7.141062    9.197104
## min      1.730000    5.000000
## 25%      6.950000   17.025000
```

```
## 50%         11.360000      21.200000
## 75%         16.955000      25.000000
## max         37.970000      50.000000
```

載入 XGBoost Python 套件 **xgboost** 與類別 `mean_squared_error()`，後者計算迴歸績效評估指標的均方誤差。

```python
# 載入建模套件與績效評估類別
import xgboost as xgb
from sklearn.metrics import mean_squared_error
import pandas as pd
import numpy as np
```

將屬性矩陣與目標變數分開，並將兩者轉為 XGBoost 支援的最佳化資料結構 `DMatrix`，以獲得較高的運算效率。

```python
# 切分屬性矩陣與目標變數
X, y = data.iloc[:,:-1],data.iloc[:,-1]
# xgboost 套件的資料結構 DMatrix
data_dmatrix = xgb.DMatrix(data=X,label=y)
# xgboost.core.DMatrix
print(type(data_dmatrix))
```

```
## <class 'xgboost.core.DMatrix'>
```

切分資料集後設定極端梯度多模激發迴歸樹的參數，因為預測房價中位數是迴歸問題，所以目標函數為 `reg:linear`；接下來的引數 `colsample_bytree` 是每株樹運用的屬性百分比，其值過高時容易過度配適；引數 `learning_rate` 被稱為學習率，它是防止過度配適的步距縮減值 (step size shrinkage)，其值的範圍在閉區間 $[0,1]$ 中；`max_depth` 決定在任何效能提升的迭代中，每一株樹允許成長的深度；`alpha` 是葉子節點權重的 L_1 正規化 (regularize) 懲罰參數 (參見5.1.3節)，值越大，正規化程度越高；`n_estimators` 是欲訓練的多模激發樹株數。

```python
# 切分訓練集 (80%) 與測試集 (20%)
from sklearn.model_selection import train_test_split
X_train, X_test, y_train, y_test = train_test_split(X, y,
test_size=0.2, random_state=123)
# 宣告 xgboost 迴歸模型規格
xg_reg = xgb.XGBRegressor(objective ='reg:linear',
colsample_bytree = 0.3, learning_rate = 0.1, max_depth = 5,
alpha = 10, n_estimators = 10)
```

傳入資料配適模型後,將擬合好的模型對預測資料進行預測,並計算其均方根誤差值。

```python
# 傳入資料擬合模型
xg_reg.fit(X_train,y_train)
# 預測測試集資料
preds = xg_reg.predict(X_test)
# 傳入實際值與預測值向量計算均方根誤差 (一萬元左右)
rmse = np.sqrt(mean_squared_error(y_test, preds))
print("RMSE 為 %f" % (rmse))
```

```
## RMSE為 10.569356
```

交叉驗證可以獲得更穩健的模型,`xgb.cv()` 函數中 `nfold=3` 設定三摺交叉驗證;`num_boost_round=50` 執行 50 回合的 XGBoost 訓練與測試;`early_stopping_rounds=10` 啟動算法提早停止的機制,交叉驗證的錯誤率至少每隔 10 回合要有降低 (與截至目前為止最好的結果相比),方能繼續訓練與測試。

```python
# 訓練參數同前
params = {"objective":"reg:linear",'colsample_bytree': 0.3,
'learning_rate': 0.1, 'max_depth': 5, 'alpha': 10,
'silent': 1}
# k 摺交叉驗證訓練 XGBoost
cv_results = xgb.cv(dtrain=data_dmatrix, params=params,
```

```
nfold=3, num_boost_round=50, early_stopping_rounds=10,
metrics="rmse", as_pandas=True, seed=123, verbose_eval=False)
```

```
# 三次交叉驗證計算訓練集與測試集 RMSE 的平均數和標準差
print(cv_results.head(15))
```

```
##      test-rmse-mean    test-rmse-std    train-rmse-mean
## 0        21.667104         0.071389         21.652973
## 1        19.772359         0.027169         19.743088
## 2        18.073048         0.076570         17.990501
## 3        16.593016         0.106891         16.491336
## 4        15.168027         0.114311         15.014008
## 5        13.888565         0.103325         13.719764
## 6        12.748360         0.122159         12.568206
## 7        11.787017         0.138790         11.589175
## 8        10.899607         0.133871         10.690314
## 9        10.075945         0.094154          9.835144
## 10        9.343788         0.065721          9.059593
## 11        8.704072         0.063967          8.380668
## 12        8.205617         0.077748          7.855371
## 13        7.756289         0.084424          7.368627
## 14        7.337788         0.048047          6.911522

##      train-rmse-std
## 0        0.038276
## 1        0.092474
## 2        0.113422
## 3        0.112586
## 4        0.102990
## 5        0.084732
## 6        0.102255
## 7        0.091193
## 8        0.098094
## 9        0.068089
```

```
## 10           0.065325
## 11           0.089215
## 12           0.100106
## 13           0.109648
## 14           0.110984
```

```
# 50 回合（橫列編號）的 XGBoost 訓練與測試，RMSE 平均值逐回降低
print(cv_results.tail())
```

```
##      test-rmse-mean   test-rmse-std   train-rmse-mean
## 45      3.924475         0.365969         2.582572
## 46      3.909616         0.362467         2.546029
## 47      3.883913         0.371544         2.500467
## 48      3.869090         0.383030         2.480140
## 49      3.848362         0.380253         2.450802

##      train-rmse-std
## 45      0.083704
## 46      0.094523
## 47      0.093830
## 48      0.084262
## 49      0.084025
```

　　從最後一回合 XGBoost 測試集的三次 RMSE 平均值可看出，均方根誤差平均值最後下降到四千元左右。

```
# 最後一回合 XGBoost 測試集 RMSE 的平均值
print(cv_results["test-rmse-mean"].tail(1))
```

```
## 49    3.848362
## Name: test-rmse-mean, dtype: float64
```

　　最後，XGBoost 也可以做為屬性挑選的工具，從圖6.2的屬性重要度繪圖，我們發現 NOX 是所有屬性中影響該區房價中位數最重要的一個預測變數。雖然深度學習近來大放異彩，讓多模激發等薈萃式學習似乎有點褪色，不過在訓練資料有限的情境下，多模激發法仍然是非常強大的

建模技術。

```
# 訓練與預測回合數訂為 10
xg_reg = xgb.train(params=params, dtrain=data_dmatrix,
num_boost_round=10)
# XGBoost 變數重要度繪圖
import matplotlib.pyplot as plt
ax = xgb.plot_importance(xg_reg)
plt.rcParams['figure.figsize'] = [5, 5]
# plt.show()
fig = ax.get_figure()
# fig.savefig('./_img/importance.png')
```

6.1.3 隨機森林

6.1.1節 BAGGING 產生的裝袋樹 (bagged trees) 集成模型，可改善高變異低偏誤之單株樹的預測績效，因為在各裝袋樹建構過程中納入拔靴抽樣的隨機性，每個新樣本透過集成模型中各株樹的不同預測值形成一個分佈，有效降低了預測變數間相關性對模型績效的不良影響。可惜的是這些裝袋樹亦非完全獨立，因為每株裝袋樹都使用相同的 (全部的) 屬性集合建樹，所以各裝袋樹雖然使用不盡相同的拔靴樣本，但在拔靴樣本數夠大的情況下，卻因為考慮的屬性均相同，導致各裝袋樹的結構相似，尤其是越接近根節點的結構越相似，如此因為集成模型中各樹的相關性，使得6.1.1節 BAGGING 無法進一步降低預測值的變異。

隨機森林 (random forest) 將屬性隨機挑選的機制，融入 BAGGING 的基本原理中，以提升決策樹模型的多樣性。它從原訓練樣本屬性集合中隨機挑選各裝袋樹建樹的屬性子集，有效降低裝袋樹間的相關性。不過隨機森林必須調校隨機挑選的屬性個數 $k(k \leq m)$，調校的範圍通常設為 2 到 m。此外，隨機森林已被證明不會因增加樹的數量而過度配適，也就是說森林中包括大量的樹將不會有不良的影響，但是樹越多，計算的負擔越重。原則上 1,000 株樹是不錯的起始點，當交叉驗證的模型績效輪廓在 1,000 株樹附近仍然有改善時，再來考慮於隨機森林中增加更多的樹 (Kuhn and Johnson, 2013)。

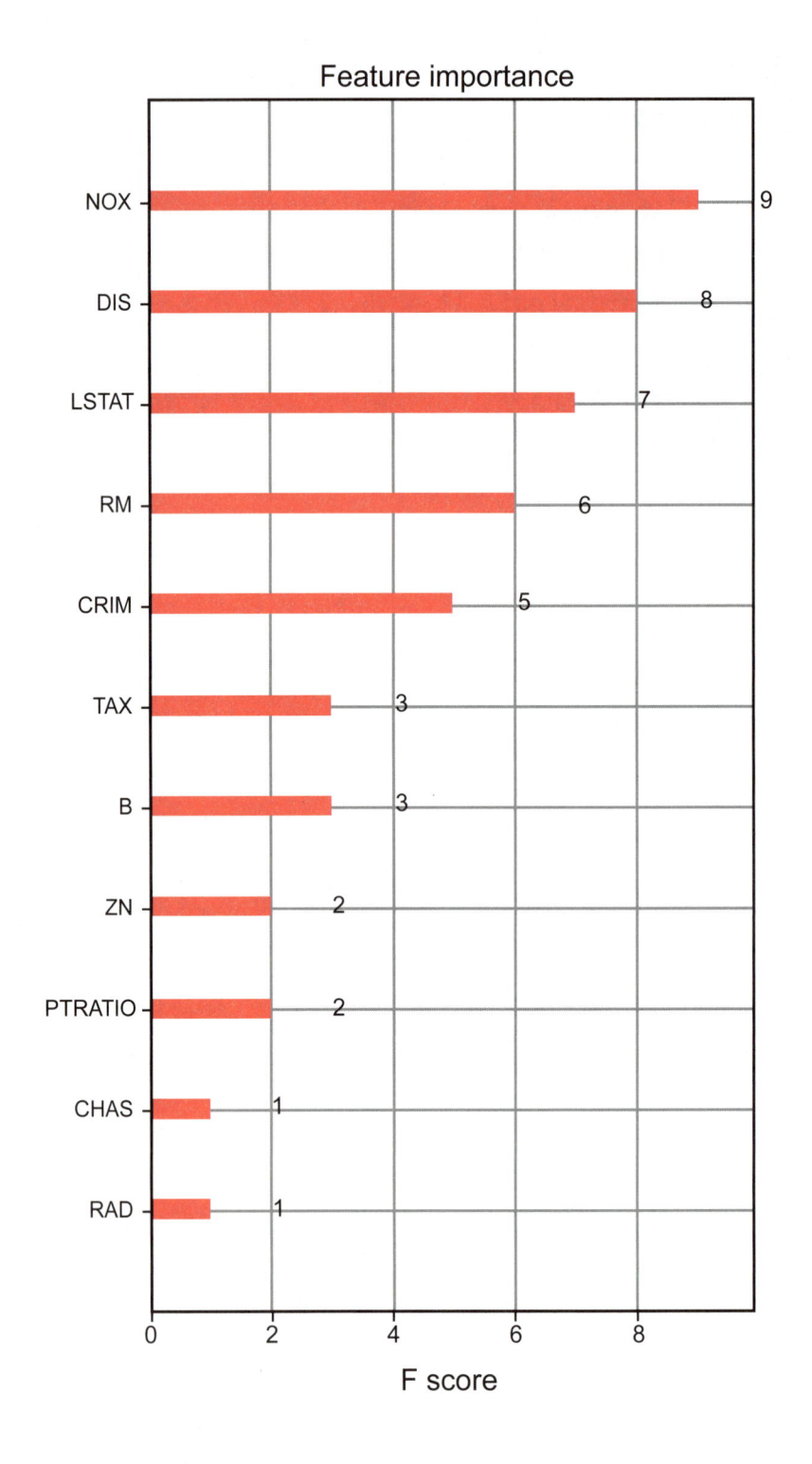

圖 6.2: 波士頓房價資料集 XGBoost 屬性重要度圖

6.1.4 小結

薈萃式學習的解題思路，就像追求奧運金牌的球隊教練，思索著該如何訓練其隊員，方能克敵制勝；或像參加機器學習競賽的帶隊老師，該如何引領團隊成員，才能贏得殊榮。假想你參加電視節目 call-out 秀，為了百萬獎金，你會如何組織後援團隊呢？答案很可能是結合各領域專家 (文學、科學、歷史、藝術與流行文化等跨領域專家)，讓團隊成員是互補 (i.e. 多模激發法) 而非較為重疊相似的 (i.e. 裝袋樹) 的，果真有如此強大的後盾，應該很難有問題可以考倒這個多元專家團隊了。

從本節介紹的三種薈萃式學習，可以看出改善模型績效的基本觀念。BAGGING 解決模型變異過高的手段，正是以其人之道還其人之身，添加建模過程的隨機噪訊，反而能有效降低變異。多模激發法則是逐漸提高訓練難度與變換不同面向，避免建構重蹈覆轍的模型，以最大化委員會中弱模型的每一分潛力。隨機森林除了以上下交火的方式 (i.e. 拔靴抽樣) 降低變異，更以左右開弓 (i.e. 隨機屬性集) 的方式來去除集成模型中基本模型之間的相關性。雙向改善後的隨機森林不愧是最受歡迎的機器學習方法之一，除了前述增加樹的數量不易過度配適外，它還適合處理非常大的資料集。

最後，無論何種薈萃式學習方式，都要結合不同的訓練測試技術來探求基本模型之間可能的團隊合作技巧，以達成所設定的目標；更需要在可能的參數集合中，搜尋最佳的訓練條件集，調校機器學習模型的預測績效。**層積法 (stacking)** 或稱層積一般化 (stacked generalization) 於集成模型產生各自的預測值後，再運用簡單的建模方法，學習出各個預測值更好的組合方式 (除了常用的投票多數決與加權投票等)。層積之意是在集成模型之上，架構一個扮演最終仲裁者 (arbiter) 的模型，將投票過程取代為後設學習模型 (metal-learner)，瞭解那些基本模型是值得信賴的，雖然層積法理論上分析困難，不過其應用情境仍十分廣泛 (Witten et al., 2016)。

6.2 深度學習

深度學習 (deep learing) 是具備多層隱藏層的各式類神經網路 (請參見圖6.5及其相關說明，瞭解何謂隱藏層)，透過各隱藏層中的神經元，對前層傳遞來的預測變數或潛在屬性，進行深層的特徵萃取、知識發現與型態辨識等的挖掘，讓機器具備跟人一樣的感知能力，看圖辨物、聆聽樂音、自然語言理解、品嚐美味、呼吸新鮮空氣等，或發展與環境及其他代理人交流溝通的能力，最終期望能達到機器自我行動的目標。

前面介紹的傳統機器學習技術，諸如：決策樹、隨機森林與支援向量機等雖然強大，但它們並非深度學習技術。決策樹與隨機森林僅對原始投入資料進行建模，沒有作轉換或產生新的屬性。支援向量機也是淺建模的技術，因為它只運用核函數與線性轉換。傳統的線性迴歸模型亦非深度技術，因為並未對資料 (輸入變數) 進行多層的非線性轉換。稍後在6.2.1節與6.2.2.1節的類神經網路也不是深度技術，因為它們至多只包含單一一層隱藏層。

6.2.1 類神經網路簡介

最簡單的**類神經網路 (artificial neural networks)** 是圖6.3的**感知機 (perceptron)**，它是一種線性分類模型，左右兩圖的差別在於有無偏差項 (bias term)，或稱截距項 (intercept term)。感知機只有單一輸入層與一個輸出節點 (或稱神經元 neuron)，兩者中間並無隱藏層，每個訓練樣本為 $(\mathbf{x}, y)$，其中 $\mathbf{x}$ 包括 m 個屬性 $(x_1, ... x_m)$，而 $y \in \{-1, +1\}$ 是二元類別的目標變數 (Aggarwal, 2018)。

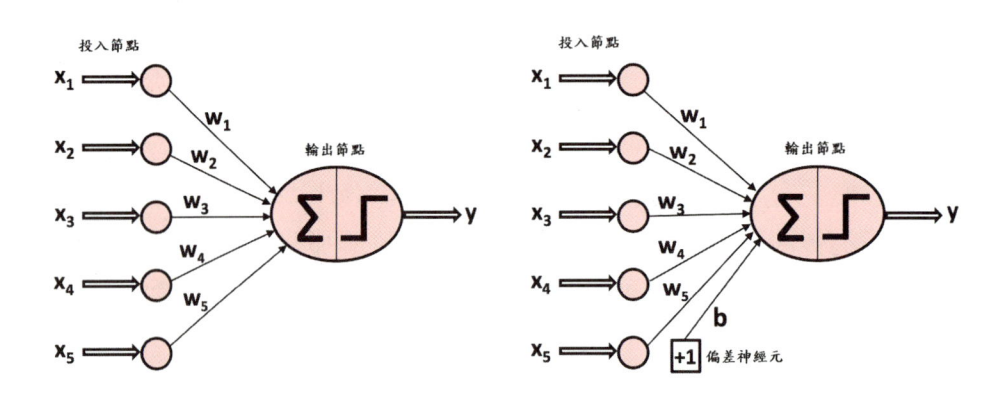

圖 6.3: 感知機神經網路示意圖 (Aggarwal, 2018)

圖6.3中輸入層有 m 個節點 ($m = 5$)，將 m 個輸入屬性沿著權重邊線 $\mathbf{w} = (w_1, ... w_m)$ 傳到輸出節點，輸入層未做任何計算。輸出神經元先做線性組合計算 $\mathbf{w} \cdot \mathbf{x} = \sum_{j=1}^{m} w_j x_j$，再將整合計算的結果

投入值域為 $\{-1, +1\}$ 的 $step(\cdot)$ 二元階梯 (binary step) 函數 (活化函數請參見圖6.4，資料來源: `https://towardsdatascience.com/activation-functions-neural-networks-1cbd9f8d91d6`) 中，依正負號預測 $\mathbf{x}$ 的依變數 $\hat{y}$，這樣的邏輯可用來解決二元分類問題。

$$\hat{y} = step\{\mathbf{w} \cdot \mathbf{x}\} = step\left\{\sum_{j=1}^{m} w_j x_j\right\}. \tag{6.1}$$

神經元是神經網路中基本但重要的單元，圖6.3顯示其結構包括三個部分：權重係數、線性函數與**活化函數 (activation function)**。權重係數搭配線性函數對上層傳來的訊息做線性加權，活化函數最後決定傳送到下一層神經元的訊號，此處感知機的輸出神經元運用 $\{-1, +1\}$ 二元階梯活化函數進行預測。

圖6.3的右圖為有偏誤項的感知機，當預測變數均已均值中心化 (mean-centered)，而二元類別變數 $\{1, +1\}$ 之各樣本預測值的平均不為 0 時，此時模型需要納入偏差項 b 以校正預測值，這種情況在二元類別值分佈高度不平衡時經常發生，其數學模型修正如下：

$$\hat{y} = step\{\mathbf{w} \cdot \mathbf{x} + b\} = step\left\{\sum_{j=1}^{m} w_j x_j + b\right\}, \tag{6.2}$$

右圖多出的偏差神經元 (bias neuron) 其輸入值固定為 +1，邊線的權重係數為 b，藉此將 (6.2) 式中的偏差項引入模型中。解決單層架構 $\hat{y}$ 校正問題的另一種方式是在 (6.1) 式中增加值永遠為 1 的屬性，而其估計所得的係數扮演偏差項的角色，因此我們還是可以用 (6.1) 式進行後續的討論。

當 y 為數值變數時，感知機參數學習的目標仍然是最小化預測誤差；如果是 y 為類別的分類問題，則其參數最佳化目標就是最小化誤歸類的情況。以前述二元分類為例，感知機參數最佳化的目標如下：

$$\underset{\mathbf{w}=(w_1,\ldots,w_m)}{Minimize} \sum_{i=1}^{n}(y_i - \hat{y}_i)^2 = \sum_{i=1}^{n}\left(y_i - step\left\{\sum_{j=1}^{m} w_j x_{ij}\right\}\right)^2. \tag{6.3}$$

(6.3) 式欲最小化的函數，貌似 (3.5) 式的誤差平方和，許多領域 (含類神經網路) 稱之為損失函數 (loss function)，然而兩者有是否可微分的些微差異，(3.5) 式是連續平滑的函數，而 (6.3) 式中 $step(\cdot)$ 是具階梯跳躍點的整體不可微函數，其可微點的梯度值為零 (圖6.4)，不適合1.6.2節梯度陡降的解法。因此分類問題感知機算法，通常會另覓平滑函數近似 (6.3) 式目標函數的精確梯度函數。

函數名稱	圖形	方程式	導函數
恆等函數	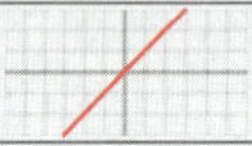	$f(x) = x$	$f'(x) = 1$
二元階梯函數	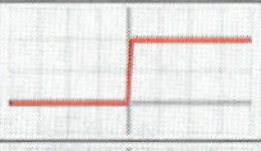	$f(x) = \begin{cases} 0 & \text{for } x < 0 \\ 1 & \text{for } x \geq 0 \end{cases}$	$f'(x) = \begin{cases} 0 & \text{for } x \neq 0 \\ ? & \text{for } x = 0 \end{cases}$
S型函數	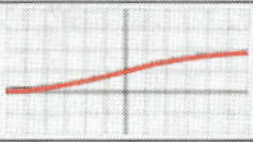	$f(x) = \dfrac{1}{1+e^{-x}}$	$f'(x) = f(x)(1 - f(x))$
雙曲正切函數	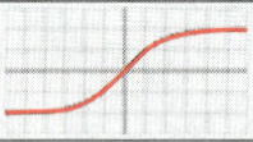	$f(x) = \tanh(x) = \dfrac{2}{1+e^{-2x}} - 1$	$f'(x) = 1 - f(x)^2$
反正切函數	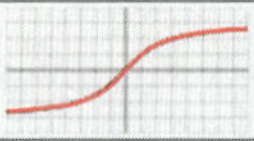	$f(x) = \tan^{-1}(x)$	$f'(x) = \dfrac{1}{x^2+1}$
整流線性單元	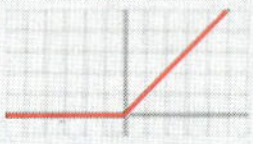	$f(x) = \begin{cases} 0 & \text{for } x < 0 \\ x & \text{for } x \geq 0 \end{cases}$	$f'(x) = \begin{cases} 0 & \text{for } x < 0 \\ 1 & \text{for } x \geq 0 \end{cases}$
參數式整流線性單元	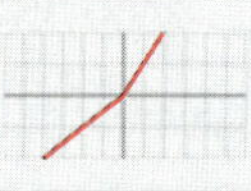	$f(x) = \begin{cases} \alpha x & \text{for } x < 0 \\ x & \text{for } x \geq 0 \end{cases}$	$f'(x) = \begin{cases} \alpha & \text{for } x < 0 \\ 1 & \text{for } x \geq 0 \end{cases}$
指數線性單元	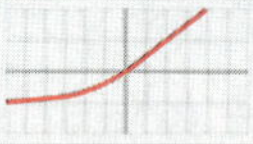	$f(x) = \begin{cases} \alpha(e^x - 1) & \text{for } x < 0 \\ x & \text{for } x \geq 0 \end{cases}$	$f'(x) = \begin{cases} f(x) + \alpha & \text{for } x < 0 \\ 1 & \text{for } x \geq 0 \end{cases}$
softPlus函數	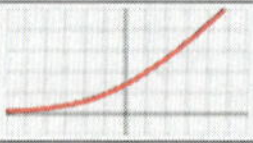	$f(x) = \log_e(1+e^x)$	$f'(x) = \dfrac{1}{1+e^{-x}}$

圖 6.4: 常見的類神經網路活化函數

類神經網路的活化函數眾多，至少有恆等函數 (identity function，也稱為線性活化函數)、$\{0,1\}$ 二元階梯函數、線性函數、飽和線性 (saturated linear)、整流線性單元 (Rectified Linear Unit, ReLU)、S 型函數 (Sigmoid function)、雙曲正切函數 (hyperbolic tangent function)、硬式 (hard) 雙曲正切函數、高斯函數 (Gaussian function)、Softmax 函數等 (https://www.jiqizhixin.com/articles/2017-10-10-3)。圖6.4中雙曲正切函數與 S 型函數形狀接近，都可稱之為擠壓 (squashing) 函數 (Why?)，不過前者的縱軸範圍是 $[-1,1]$，後者為 $[0,1]$，且雙曲正切函數的曲線更為陡峭。因為活化值域的關係，當計算結果需要有正有負時，雙曲正切函數較 S 型函數更為適合。此外，因為雙曲正切函數轉換出來的值為均值中心化且梯度較大，使得使用它的神經網路更容易訓練，不過兩者都是類神經網路走向非線性建模不可或缺的選項。

近年來一些分段線性活化函數漸受歡迎，整流線性單元和硬式雙曲正切函數大範圍地取代了 S 型函數與雙曲正切函數，因為兩者更適合訓練本節以後的多層神經網路。值得注意的是圖6.4中所有活化函數均為單調 (monotonic) 非遞減函數，而且大部分的活化函數，當投入值超過一定的界線後，輸出值即呈現飽和，不再增加其活化值了。

不同活化函數的選擇，讓感知機模擬出機器學習裡不同類型的模型，例如：如果目標變數為實數，選用恆等活化函數的感知機等同於最小平方數值迴歸，因為 (6.1) 式變成形如5.1.1節多元線性迴歸的 (5.1) 式。

$$\hat{y} = identity\{\mathbf{w} \cdot \mathbf{x}\} = \sum_{j=1}^{m} w_j x_j, \tag{6.4}$$

如果目標變數為二元類別值，除了前述的 $\{-1, +1\}$ 二元階梯活化函數外，也可結合 S 型函數，輸出如下的 $\hat{y}$：

$$\hat{y} = sigmoid\{\mathbf{w} \cdot \mathbf{x}\} = \frac{1}{1 + e^{-(\sum_{j=1}^{m} w_j x_j)}}, \tag{6.5}$$

根據 (5.17) 式，上式代表 $y = +1$ 的陽性事件機率，此時感知機模擬出**廣義線性模型 (Generalized Linear Models, GLM)** 中的羅吉斯迴歸分類模型 (5.1.5節)。上述模擬讓我們瞭解深度學習如何將傳統機器學習推廣到更困難的問題解決領域，雖然本節介紹的感知機是最簡單的單一輸出層類神經網路。

6.2.2 多層感知機

如果在上節感知機的輸入層與輸出層間，至少再架構一層的運算層，就成為圖6.5的**多層感知機 (Multi-Layer Perceptron, MLP)** 了。介於輸入與輸出層之間進行運算的中間層被稱為隱藏層 (hidden layers)，一來因為一般使用者只關心頭尾可見的輸入層與輸出層；二來從仿生訊息系統 (bio-inspired information systems) 的角度來看 MLP，中間層的神經元既非輸入層中的可觀測變數 (manifest variables)，亦非直接對外在世界有所行動的輸出神經元，它們只與其它神經元進行訊息溝通，因此稱之為隱藏神經元。

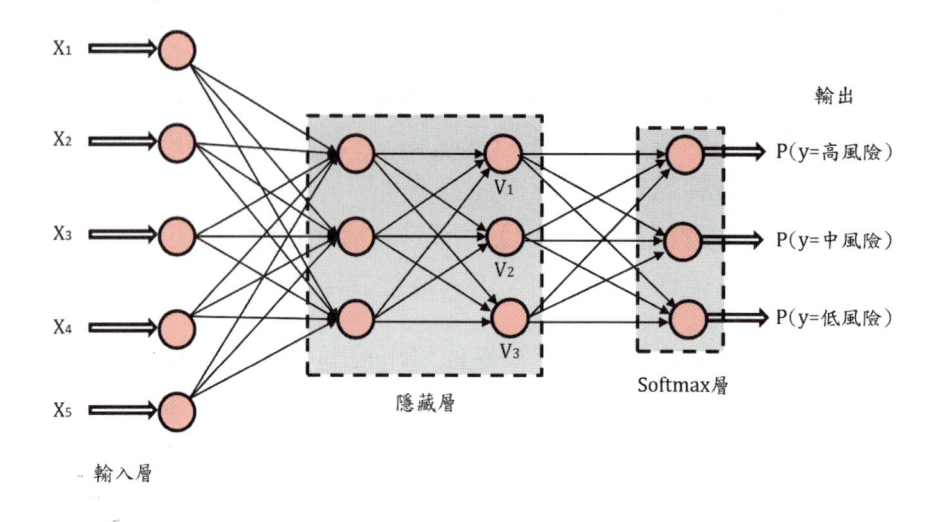

圖 6.5: 多層感知機神經網路 (類別型 y)(Aggarwal, 2018)

MLP 因為訊息接續地從前端輸入層往後傳遞到輸出層，因此它是前向式網路 (feed-forward networks)。前向式網路預設的結構假設各層的所有節點，會連接下一層的所有節點，滿足這個條件者被稱為完全連通層 (fully connected layer，或稱稠密層 dense layer)。因此，一旦定義好層數與各層神經元的個數後，MLP 的架構幾乎就完全確定，只剩下與最佳化損失函數有關的輸出層神經元了，而層數與神經元個數這兩者都取決於神經網路要解決的問題。以二元分類問題來說，除了 (6.3) 式的損失函數外，常用的還有與 Sigmoid 輸出神經元搭配的**二元交叉熵 (binary cross-entropy)** 損失函數：

$$BCE = -\sum_{i=1}^{n}\left(y_i \log \hat{y}_i + (1-y_i)\log(1-\hat{y}_i)\right), \tag{6.6}$$

其中 $\hat{y}_i$ 是 (6.5) 式的樣本 i 陽性事件發生可能性；多元分類問題 (假設 k 類) 則是根據神經網路的 k 個輸出節點，估計 k 個類別的可能性 $\mathbf{v} = (\hat{v}_1,...,\hat{v}_k)$，下面的 Softmax 活化函數再將 $\mathbf{v}$ 正規化為 $\Phi(\mathbf{v})_1,...,\Phi(\mathbf{v})_k$，也就是讓 $\Phi(\mathbf{v})_i$ 的總和為 1。

$$\Phi(\mathbf{v})_l = \frac{e^{\hat{v}_l}}{\sum_{j=1}^{k} e^{\hat{v}_j}}, l=1,...,k, \tag{6.7}$$

進一步計算各樣本 i 真實類別 l 下的**交叉熵 (cross-entropy)** 損失函數：

$$CE = -\sum_{i=1}^{n} y_{il} \log \Phi(\mathbf{v})_{il}, l = \underset{j \in \{1,\ldots,k\}}{argmax}\{y_{ij}\}, \tag{6.8}$$

上式可視為 (6.6) 式推廣到 k 類情況下的對應式。

最後，當問題的 y 是數值時，神經網路只有一個輸出神經元 (參見圖6.6、6.8與6.10)，其活化函數是恆等函數，因此依前層傳來的值，原封不動再計算誤差平方和 (3.5) 式或誤差絕對值和 (3.6) 式的損失函數。SSE 損失函數因平方項的原因，較易受極端值的影響，然而其可微分性可能是最佳化過程中的優點，雖然損失函數不可微的問題，如前所述有時也可以用近似方式予以解決。

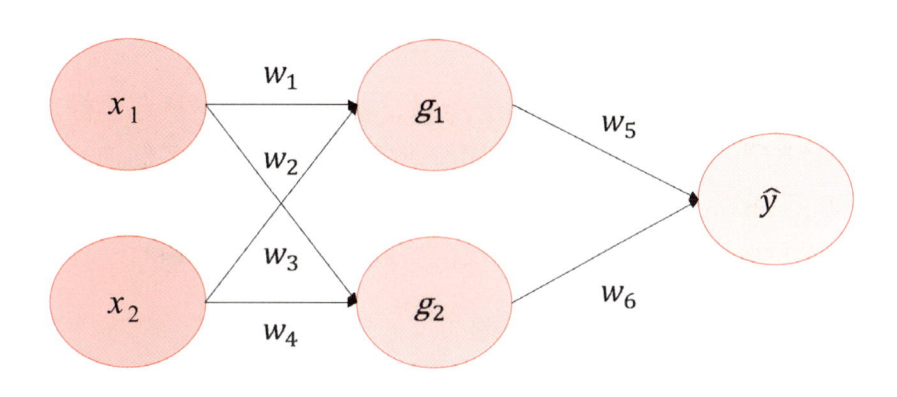

圖 6.6: 倒傳遞演算法圖示簡例 (Pal and Prakash, 2017)

確定損失函數後，多層感知機常以**倒傳遞算法 (backpropagation)** 訓練權重參數，以下以目標變數 y 是數值的神經網路為例進行說明：

1. 設定人工神經網路的基本結構和初始參數值：

- 隱藏層層數和各層神經元數，
- 初始化隱藏層和輸出層內所有神經元的權重係數和偏差係數，
- 所有神經元使用的活化函數。

2. 將樣本 1 的自變數輸入類神經網路進行 $\hat{y}_1$ 的計算，此步驟稱為前向傳遞 (forward pass)；

3. 根據樣本 1 前向傳遞的結果 $\hat{y}_1$，計算其與實際目標變數值 y_1 的誤

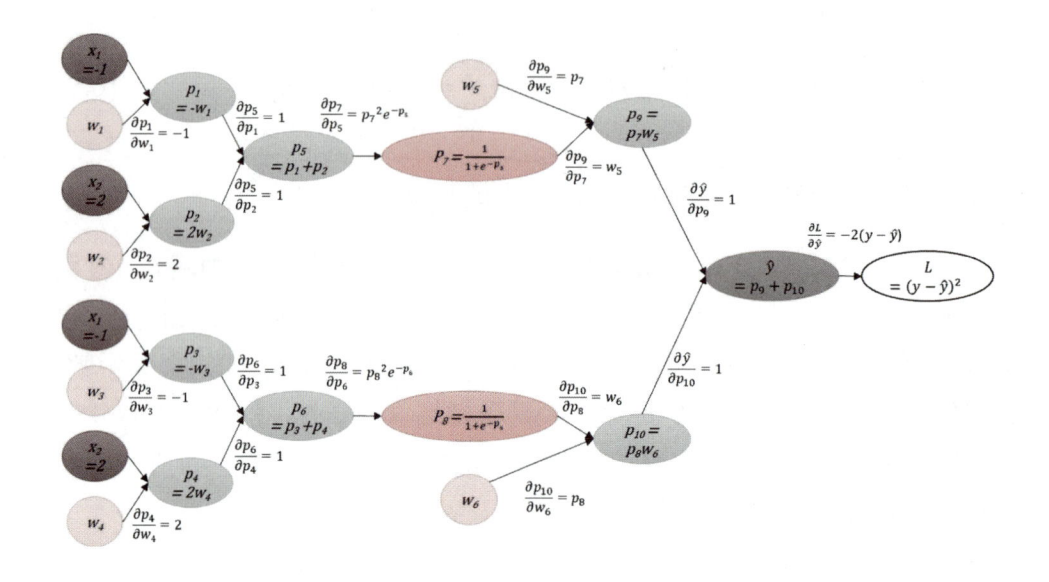

圖 6.7: 倒傳遞演算法計算圖形 (Pal and Prakash, 2017)

差 $y_1 - \hat{y}_1$ 及損失函數值 $(y_1 - \hat{y}_1)^2$，根據損失函數與各個權重的偏導函數關係，從輸出層反向往前傳播，不斷地調整各個神經元的權重係數和偏差量，最後得到修正後的權重係數和偏差係數，此步驟中計算偏導函數的過程稱為反向傳遞 (backward pass)；

4. 重複上述 2 與 3 的前向傳遞與反向傳遞兩個步驟，依序使用訓練集中的樣本數據，參照下式修正人工神經網路中的參數：

$$w_{t+1} = w_t - \alpha \left(\frac{\partial L}{\partial w} \right), \tag{6.9}$$

最後根據預先設定的終止條件 (例如：迭代次數上限，或相鄰兩次解的變化程度) 停止學習，輸出最終的人工神經網路模型。對於複雜的網路模型，訓練資料集可以重複地使用，不因訓練集資料被用盡而停止學習。訓練集每完整遍歷一次，即完成一個世代 (epoch) 的訓練。

圖6.6倒傳遞算法簡例的神經網路有兩個投入節點 x_1 與 x_2，單一隱藏層內有兩個隱藏神經元 g_1 與 g_2，輸出層為前層投入的線性組合 $g_1 w_5 + g_2 w_6$。圖6.7將樣本 $(x_1, x_2) = (-1, 2)$ 從左依序計算到右是步驟 2 的前向傳遞 (上半部為隱藏神經元 g_1，下半部為 g_2)，而從右反向到左則是步驟 3 的反向傳遞，遍歷整個神經網路圖形的過程，其中各弧線上方涉及以連鎖律 (chain rule) 計算相鄰兩節點偏導函數的連乘過程 (Pal and Prakash, 2017)。最後，圖6.5的 MLP 有兩層隱藏層，因此是深度學

習神經網路，而下面案例建構的 MLP 卻非深度網路，因為只有一層隱藏層，不過模型仍然表現不俗！

6.2.2.1 混凝土強度估計案例

為了正確估計建築材料的效能，以發展安全的營建實務，混凝土強度一直是建物品質的關鍵，`concrete.csv` 是 1030 筆混凝土配方與強度的資料集 (Yeh, 1998)。

```r
# R 語言讀入混凝土配方與強度資料
concrete <- read.csv("./_data/concrete.csv")
# 水泥、爐渣、煤灰、水、超塑料、粗石、細砂、歷時與強度等變數
str(concrete)
```

```
## 'data.frame':    1030 obs. of  9 variables:
##  $ cement       : num  141 169 250 266 155 ...
##  $ slag         : num  212 42.2 0 114 183.4 ...
##  $ ash          : num  0 124.3 95.7 0 0 ...
##  $ water        : num  204 158 187 228 193 ...
##  $ superplastic : num  0 10.8 5.5 0 9.1 0 0 6.4 0 9 ...
##  $ coarseagg    : num  972 1081 957 932 1047 ...
##  $ fineagg      : num  748 796 861 670 697 ...
##  $ age          : int  28 14 28 28 28 90 7 56 28 28 ...
##  $ strength     : num  29.9 23.5 29.2 45.9 18.3 ...
```

類神經網路模型對於資料相對敏感，數據輸入網路訓練前，須正規化到 0 與 1 之間 (2.3.1 節屬性轉換與移除的 (2.12) 式)。

```r
# 定義 0-1 正規化函數 normalize
normalize <- function(x) {
  return((x - min(x)) / (max(x) - min(x)))
}
# 運用隱式迴圈函數逐欄 (含 y) 正規化後再將等長串列轉為資料框
concrete_norm <- as.data.frame(lapply(concrete, normalize))
```

印出數據轉換前後的最小值、最大值及摘要統計值，確認調整後的反應變數範圍介於 0 到 1 之間，再分割訓練與測試資料集。

```
# 轉換前後的摘要統計值
summary(concrete$strength)
```

```
##    Min. 1st Qu.  Median    Mean 3rd Qu.    Max.
##    2.33   23.71   34.45   35.82   46.14   82.60
```

```
summary(concrete_norm$strength)
```

```
##    Min. 1st Qu.  Median    Mean 3rd Qu.    Max.
##   0.000   0.266   0.400   0.417   0.546   1.000
```

```
# 訓練與測試資料切分 (確認樣本順序已為隨機)
concrete_train <- concrete_norm[1:750, ]
concrete_test <- concrete_norm[751:1030, ]
```

以 R 語言套件 {neuralnet} 訓練單一隱藏層類神經網路 (非深度學習網路)，與套件同名的函數 `neuralnet()` 有許多引數可設定類神經網路結構與訓練方式。

- hidden 是各隱藏層神經元個數所形成的整數值向量，預設值為 1，代表單一隱藏層且只有一個隱藏神經元；
- threshold 是停止學習的誤差函數之偏導函數門檻值，預設為 0.01；
- stepmax 是停止學習的最大迭代次數，預設值為 100,000；
- rep 為類神經網路訓練重複次數，或稱世代 (epoch) 數，預設為 1；
- startweights 權重向量初始值，預設為 NULL，也就是隨機產生初始的權重向量值；
- learningrate.limit 最低與最高學習率形成的向量或串列，用於彈性倒傳遞算法 (Resilient backPROPagation, RPROP) 與修正全域收斂倒傳遞算法 (modified Globally convergent veRsion backPROPagation, GRPROP)；

- learningrate.factor 學習率上下界的乘數因子向量或串列，用於 RPROP 與 GRPROP)，預設值為 list(minus = 0.5, plus = 1.2)；
- learningrate 用於傳統倒傳遞算法 (backpropagation) 的學習率，預設值為 NULL；
- lifesign 訓練期間訊息回報量，預設為"none"；
- lifesign.step 當 lifesign 為"full" 時，訊息回報的間隔步數，預設為 1000；
- algorithm 類神經網路訓練算法，預設為"rprop+"，另有"backprop"、"rprop-"、"sag" 與"slr"，算法說明請參見使用說明；
- err.fct 計算誤差的可微分函數，預設為"sse"，另一個誤差計算損失函數是"ce"**交叉熵 (cross-entropy)** 函數；
- act.fct 活化函數，預設為"logistic"，另一個活化函數是"tanh"；
- linear.output 當 act.fct 活化函數不應用於輸出神經元時 (i.e. 數值預測時)，則設定為 TRUE(預設值)；否則應設定為 FALSE；
- constant.weights 訓練過程視為固定的權重值，預設為 NULL；
- likelihood 誤差函數是否為負的對數概似函數，如是 (TRUE) 則計算 AIC 與 BIC(參見式 (3.17) 與 (3.18))，且信賴區間是有意義的，其預設值為 FALSE。

```r
# 載入 R 語言類神經網路簡易套件 {neuralnet}
library(neuralnet)
concrete_model <- neuralnet(formula = strength ~ cement +
slag + ash + water + superplastic + coarseagg + fineagg +
age, data = concrete_train)
```

{neuralnet} 套件可將網路拓樸視覺化，圖6.8顯示所有權重、偏差神經元、訓練步數 (Steps) 與誤差平方和 (Error)。

```r
# 網路拓樸視覺化
plot(concrete_model, rep = "best")
```

將 280 筆測試資料的屬性矩陣傳入 compute() 函數，以評估模型績效：

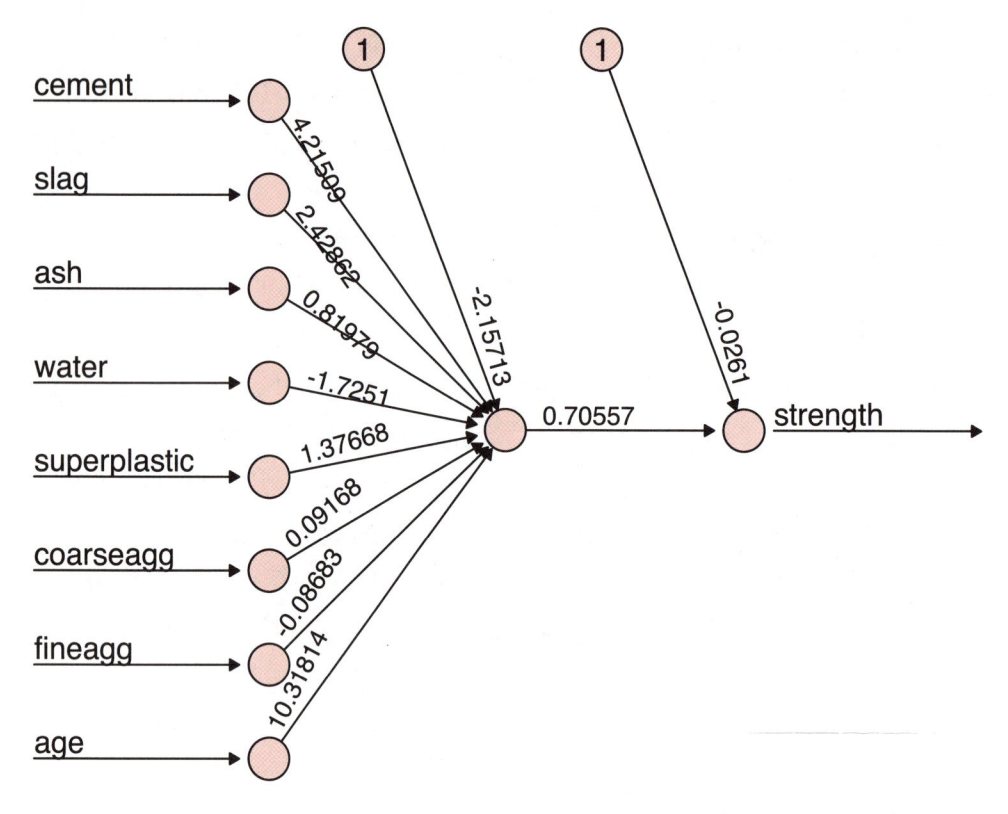

圖 6.8: 單一隱藏層單一隱藏神經元類神經網路圖

```
# 以測試集評估模型績效
model_results <- compute(concrete_model, concrete_test[1:8])
predicted_strength <- model_results$net.result
# 預測集前六筆強度預測值
head(predicted_strength)
```

```
##              [,1]
## 751 0.5793163476
## 752 0.3121095602
## 753 0.4476160606
## 754 0.5767721376
## 755 0.6793413876
## 756 0.6794209909
```

檢視混凝土強度預測值與真實值的相關係數：

```
cor(predicted_strength, concrete_test$strength)
```

```
##                 [,1]
## [1,] 0.7937489384
```

以圖6.9實際值對預測值的散佈圖檢視模型績效：

```
# 強度預測值與實際值的最小最大值
(axisRange <- extendrange(c(concrete_test$strength,
predicted_strength)))
```

```
## [1] -0.0179519123   1.0484739006
```

```
# 在預測值與實際值散佈範圍中繪製散佈圖
plot(concrete_test$strength ~ predicted_strength, ylim =
axisRange, xlim = axisRange, xlab = "Predicted", ylab =
"Observed")
# 加 45 度角斜直線
abline(0, 1, col = 'darkgrey', lty = 2)
```

為了改善模型績效，我們將隱藏層神經元增加為 5 個 (圖6.10)，結果顯現預測值與真實值的相關係數的確提高，而且預測值對實際值的散佈狀況更往 $y = \hat{y}$ 的 45 度角斜直線靠攏了 (圖6.11)。

```
# hidden=5 增加單一隱藏層內的神經元
concrete_model2 <- neuralnet(strength ~ cement + slag + ash +
water + superplastic + coarseagg + fineagg + age, data =
concrete_train, hidden = 5)
```

```
# 多個隱藏神經元的網路拓樸視覺化
plot(concrete_model2, rep = "best")
```

626　第六章　其它學習方式

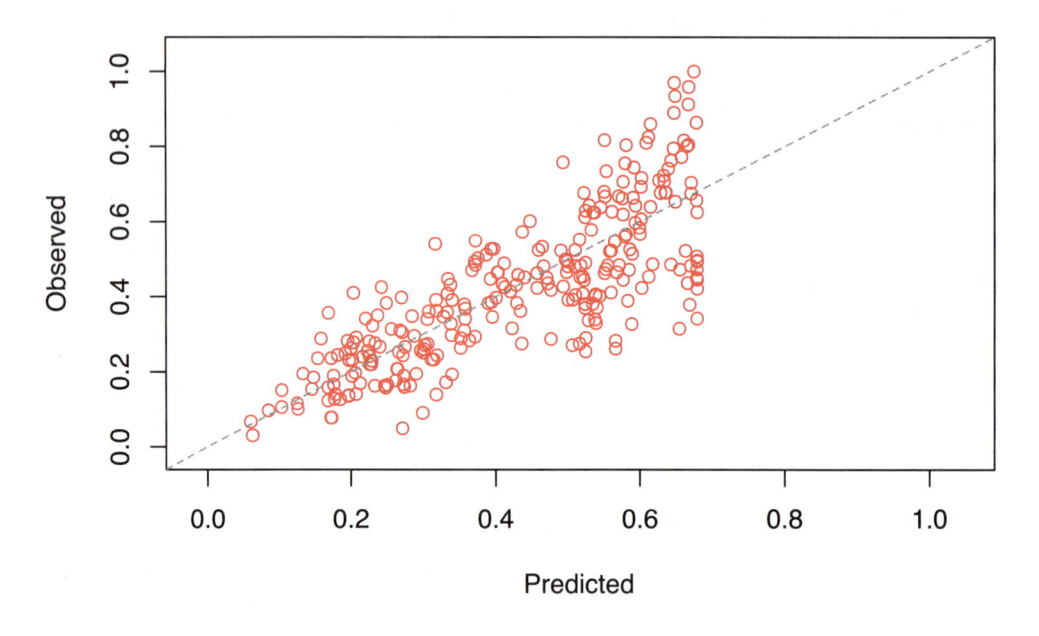

圖 6.9: 單層單隱藏神經元下，混凝土強度實際值對預測值的散佈圖

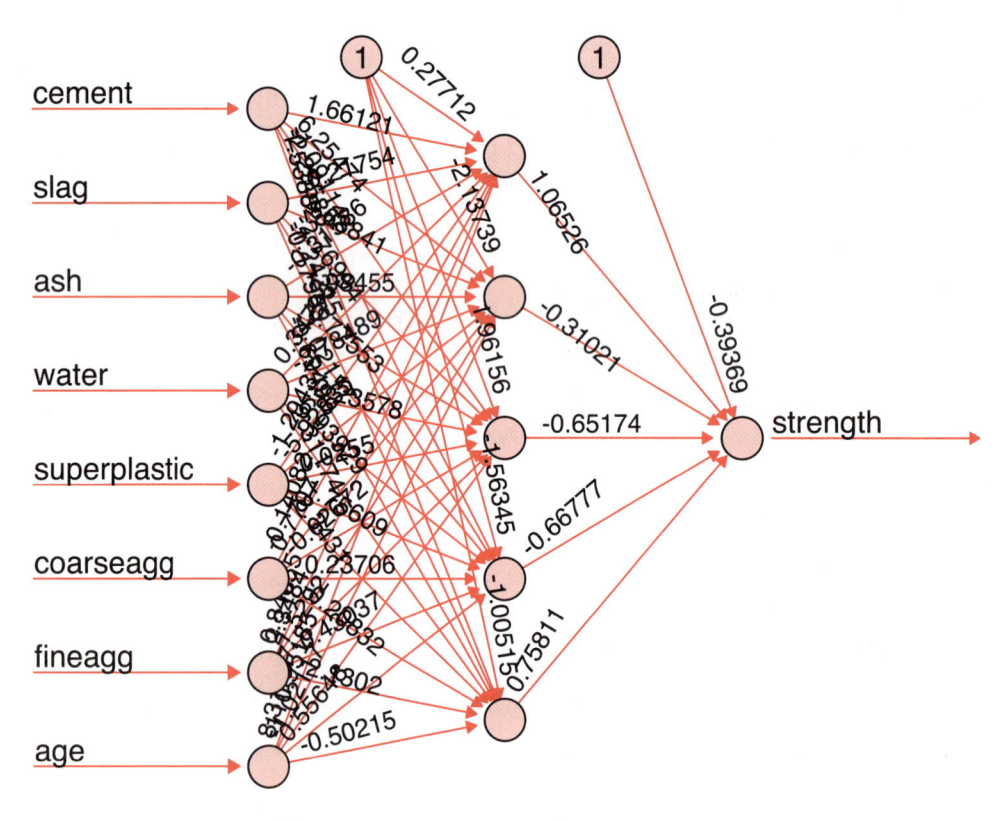

Error: 1.715737　　Steps: 6844

圖 6.10: 單一隱藏層多個隱藏神經元類神經網路圖

最後，圖6.8與6.10的神經網路參數個數計算公式為：

$$\text{No. of parameters} = h \times (m + 1) + h + 1, \tag{6.10}$$

其中 h 為隱藏層神經元數，m 是輸入層預測變數個數。以圖6.10為例，總共要估計的權重參數個數為 $5 \times (8 + 1) + 5 + 1 = 51$，(6.10) 式當 m 或 h 增大時，待估計的權重參數會快速增加，此時應留意樣本是否足夠及神經網路模型是否過度配適等問題。

```
# 以測試集評估新模型績效
model_results2 <- compute(concrete_model2,concrete_test[1:8])
predicted_strength2 <- model_results2$net.result
# 預測值與實際值相關程度提高
cor(predicted_strength2, concrete_test$strength)
```

```
##                [,1]
## [1,] 0.9261750079
```

```
# 實際值對預測值散佈圖
axisRange <- extendrange(c(concrete_test$strength,
predicted_strength2))
plot(concrete_test$strength ~ predicted_strength2, ylim =
axisRange, xlim = axisRange, xlab = "Predicted", ylab =
"Observed")
abline(0, 1, col = 'darkgrey', lty = 2)
```

基於類神經網路的深度學習技術，除了本節說明的多隱藏層感知機外，還有擅長影像辨識的卷積神經網路 (convolutional neural networks)、適合處理序列相關資料的遞歸神經網路 (Recurrent Neural Networks, RNN)、非監督式屬性萃取的自動編碼器 (autoencoders)，以及建構樣本生成機率分佈的受限波茲曼機 (Restricted Boltzmann Machine, RBM) 與深度信念網路 (Deep Belief Network, DBN) 等，下面將分節簡述這些深度學習模型。

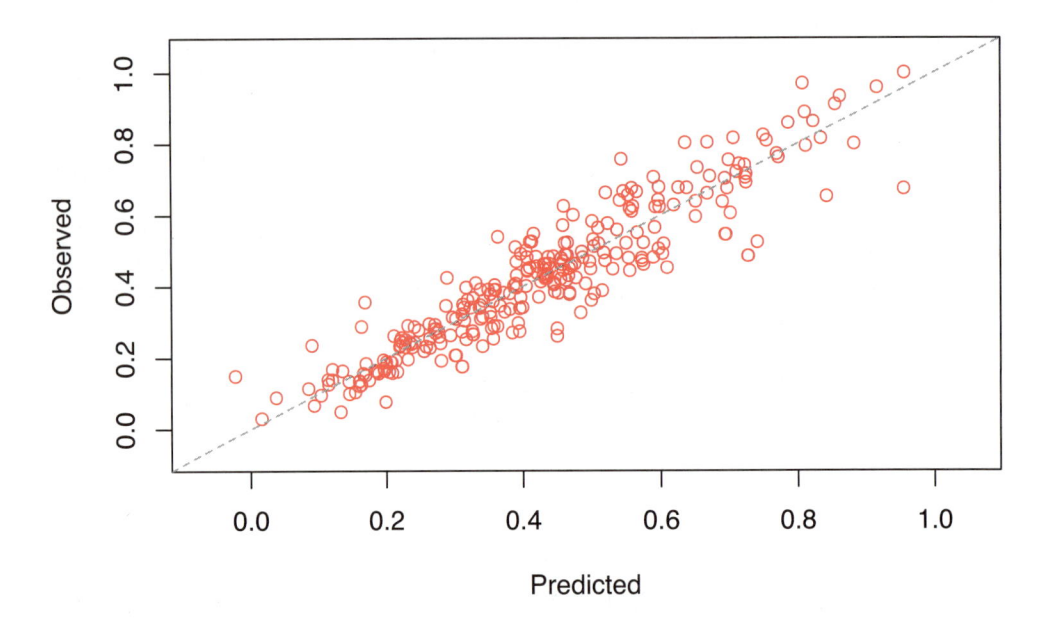

圖 6.11: 單層多隱藏神經元下，混凝土強度實際值對預測值的散佈圖

6.2.3 卷積神經網路

卷積神經網路 (convolutional neural networks) 是在多個維數較小的過濾器 (filter) 層層堆疊下，對欲辨識的二維圖形由左而右從上至下，辨認圖形中是否有某些屬性，例如：水平線、垂直線、曲線、明暗度...等。下一層再運用更抽象的過濾器，從這些前層辨識出的屬性組合，或稱**屬性圖 (feature maps)**，找出其中可能存在的更抽象複雜的屬性。例如：前述的曲線屬性組合起來可能形成圓圈；而在下一層的過濾器可能又從圓圈與一些直線偵測出圖中有腳踏車。

屬性過濾 (filtering) 是電腦視覺中圖像增強或強化的核心任務，強化一詞的意思是透過**空間域 (spatial)** 與**頻域 (frequency)** 來完成圖像屬性的提取。前述過濾器 (也稱核函數 kernel) 即是空間域的圖像增強，其處理對象是圖像中所有像素 (pixel 或 voxel) 及其間的距離；對圖像進行**傅立葉轉換 (Fourier transformation)** 則是頻域空間的屬性提取。過濾器有移除圖像中不需要的雜訊或不純雜質的功用，線性和非線性是兩種類型的過濾器，前者有平均值、拉普拉斯 (Laplacian)、高斯拉普拉斯 (Laplacian of Gaussian)；後者包括中位數、最大值、最小值與 Canny 等其它過濾器。圖像處理與辨識的訊號過濾工作已超出本書的範圍，有興趣的讀者請參考 (Chityala and Pudipeddi, 2014) 與 (Joshi, 2015)。

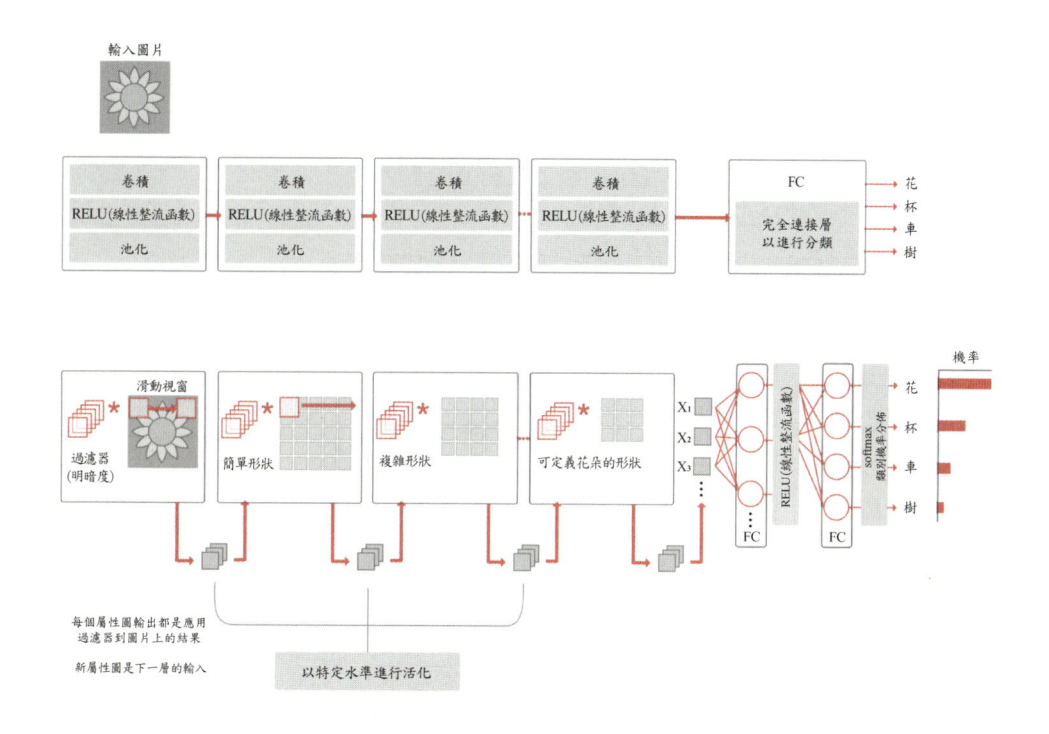

圖 6.12: 卷積神經網路示意圖 (圖片來源：MATLAB© 官方網站)

卷積神經網路的輸入是由像素值所形成的三維陣列，依據圖像大小與解析度，像素值陣列可能為 $32 \times 32 \times 3$、$480 \times 480 \times 3$、或是其它的寬高深值，其中 480×480 是圖像的寬與高，3 是色彩的 RGB 頻道。陣列中的數值與圖像的位元數 (bit depth) 有關，如果是 8 位元的圖像，則像素值範圍從 0 到 $2^8 - 1 = 255$。電腦根據這些輸入，計算圖像是貓、狗、或是鳥等的機率。

輸入層後接卷積層與輸入圖像進行圖6.13的**卷積運算 (convolution operation)**，此運算以前述的過濾器與圖像局部的 (local) 像素值 (請注意是所有色彩頻道的寬高像素值，參見`http://machinelearninguru.com/computer_vision/basics/convolution/convolution_layer.html`) 進行點積運算 (例如：圖6.13左上角的 $1\times1+1\times2+2\times2-1\times1 = 6$，餘以此類推，此圖只計算一個色彩頻道)，整張圖像卷積運算的結果再組織為二維的屬性圖。

卷積運算受兩大關鍵參數影響，**過濾器大小 (kernel size)** 與輸出的**屬性圖深度**，前者通常選擇 3×3 或 5×5 或 7×7，後者就是過濾器的個數。也就是說，卷積運算實際上是在三維的陣列上計算，兩個空間軸 (高與寬) 和深度軸 (亦稱為頻道軸)，透過層層堆疊的網路結構學習資

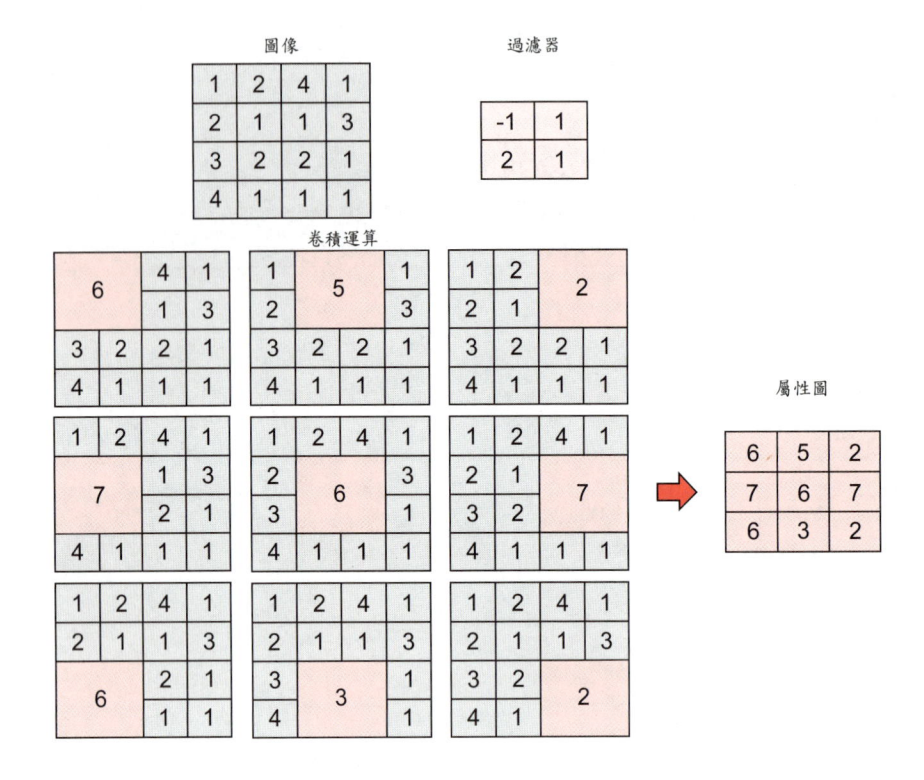

圖 6.13: 二維卷積運算示意圖 (Pal and Prakash, 2017)

料中特定的抽象概念，例如：是否存在人臉？或貓狗？

除了前述兩個參數外，過濾器每次滑動的格數稱為**跨度 (stride)**，預設的跨度為 1。如圖6.13所示，無論跨度為何大小，卷積運算的輸入輸出並不同調，也就是說輸出的寬高與輸入的寬高不同。為使卷積層運算出來的結果與原圖像寬高一樣，**補綴層 (padding layer)** 在上下左右填補適當的 0 值。下圖中投入圖片原為 $32 \times 32 \times 3$，為了讓 $5 \times 5 \times 3$ 卷積計算後的結果與原投入維數相同，因此在四邊補上大小為 2 的一串 0，形成 $36 \times 36 \times 3$ 的圖6.14。

卷積層輸出的屬性圖尺寸計算公式如下：

$$O = \frac{W - 2K + P}{S} + 1 \tag{6.11}$$

其中 O 是輸出的寬/高，W 是輸入的寬/高，K 是過濾器大小，P 是補綴大小，S 則是跨度。

深度學習神經網路超參數眾多，許多人會問卷積層數、過濾器大小、

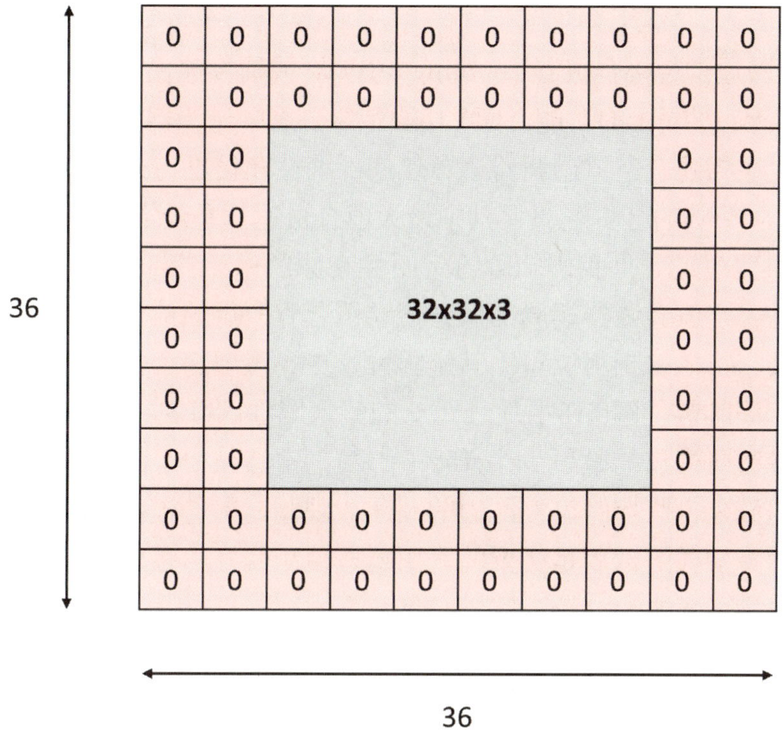

圖 6.14: 補綴處理示意圖

跨度和補綴值等該如何設定？這些都沒有一套既定的標準可以遵循，因為網路的結構與運作很大程度取決於手上的資料，圖像數據可能有不同的大小、複雜度、打算處理的任務 (圖像分類、物件框出與偵測、物件輪廓描繪) 等，都會影響到各種超參數如何組合，方能以適當的尺度捕捉到圖像的抽象概念。

前面所說明的卷積相關運算仍屬於線性運算，線性整流活化函數為網路引入了非線性元素，ReLU 比 tanh 和 Sigmoid 好的原因是在正確率差不多的情況下，前者訓練得更加快速。而且採用 ReLU 可以減緩**梯度爆炸與消失 (gradient explosion and vanishing)** 的現象，此問題是因為神經網路逐層更新權重時，會運用微分連鎖律求取相鄰兩層的梯度 (偏導函數)，再由後往前做連乘積 (參見圖6.7倒傳遞演算法計算圖形)，此時前層的梯度值可能降到非常小的數值，或是竄升到非常大的值，導致神經網路層數越多時，其參數最終不可訓練 (untrainable)。解決之道是選用性質良好的活化函數，或是當梯度值過大或過小時，將其修剪到適當的值 (gradient clipping)。ReLU 活化函數將負值輸入轉為 0，正值輸入部分的梯度值為固定，且線性部分不改變卷積層傳入的值，這些都是 ReLU 的優點。

ReLU 層通常後接合併層 (pooling layer)，或稱為池化層，它扮演降抽樣 (downsampling) 的功能。圖6.15顯示合併層的過濾器大小是 2×2，且跨度與大小相同。空值過濾器遮罩住底部屬性圖後進行最大值、平均值、或是 L_2 範數的合併運算，其中最大值合併運算是最常見的合併層。此層直覺的理解是一旦我們知曉特定屬性在原圖像 (或屬性圖) 是存在的，也就是說空值過濾器與局部像素值卷積運算所得的值相當高，則此特徵之於其它特徵的相對位置比其絕對位置更為重要。合併層大幅降低了寬高兩空間維數，圖6.15中從 4×4 的輸入屬性圖降到 2×2 的輸出屬性圖，參數或權重的數量少了 $75\%(\frac{16-4}{16})$，當然減少了計算成本。再者，參數的減少也將控制過度配適的問題，因此，對於複雜的卷積神經網路，這種降抽樣的機制是必要的，而這些機制偏好的順序為最大合併優先，再來是跨度加大，最後是平均合併。

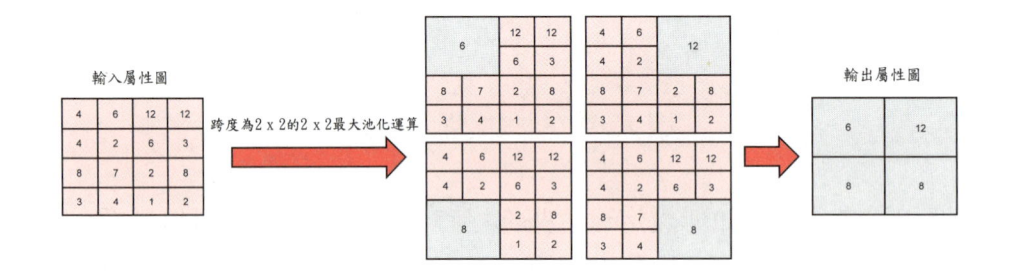

圖 6.15: 最大合併運算示意圖 (Pal and Prakash, 2017)

前述過度配適的問題還可以透過丟棄層 (drop-out layer) 有效地改善，所謂丟棄之意是在訓練階段的某次更新權重步驟，以某個比例隨機丟棄某些神經元 (投入層、隱藏層等) 的所有連結，而非整個訓練期間都丟棄。這樣的做法類似以拔靴抽樣法 (3.3.1節) 進行模型訓練，強化模型抗雜訊的能力，使得模型更加穩健。

透過前面各層的運算我們可以偵測圖像中高層次的屬性，例如：貓、狗、或是鳥等 (參見圖6.16)，網路結構的最後一層會是完全連通層，將上層傳來的高階屬性活化圖，與某個圖像類別產生關聯。例如：如果要預測

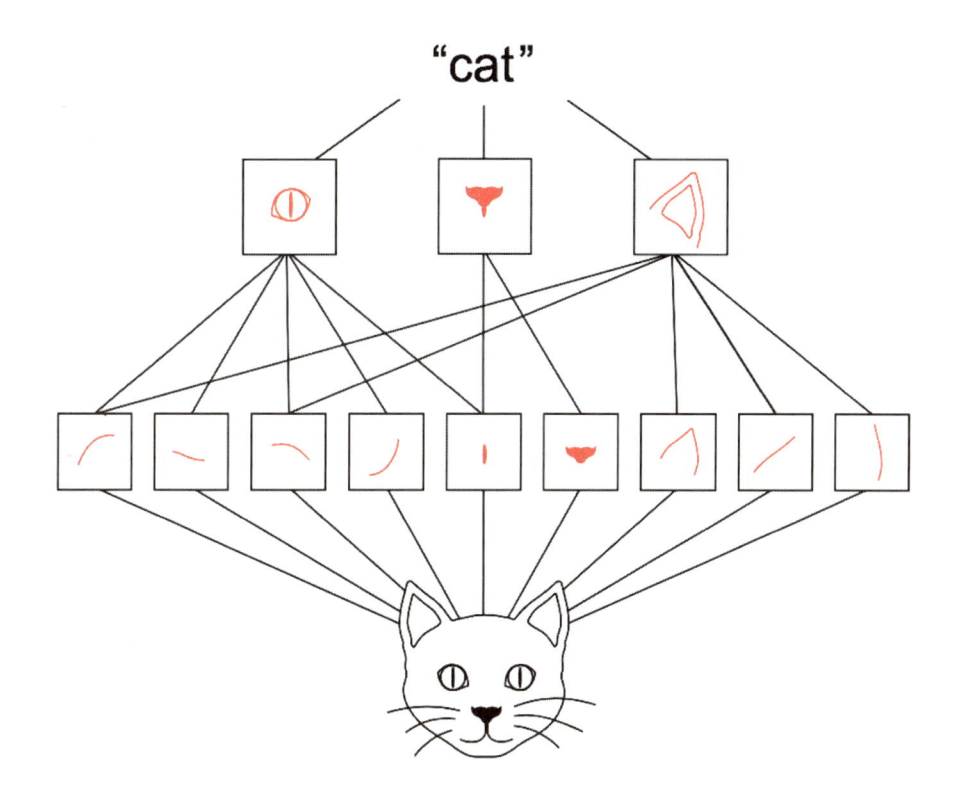

圖 6.16: 圖像辨識的空間階層 (Chollet, 2018)

某些圖像是否為狗，則四條腿與爪子等高階屬性圖的值應該要高。最後，**過濾器、卷積運算**與**合併運算**可說是卷積神經網路運作三個基礎，後者在二維空間施行降抽樣，以提高計算效率與避免過度配適；前兩者構成卷積層這種局域小範圍的屬性學習特性，類似人眼辨識不受位置變換影響 (translation-invariant) 的能力，層層堆疊後更能以空間的型態階層，學習更複雜抽象的視覺概念，有別於 MLP 稠密層的全域學習方式 (Chollet, 2018)。

6.2.4 遞歸神經網路

Elman 神經網路 (Elman neural networks) 是一種**遞歸神經網路 (Recurrent Neural Networks, RNN)**，所謂遞歸神經網路是網路中的神經元，**向後連結**到其前層的神經元，因而使得神經網路中的訊息流呈現迴路 (loop) 的現象。圖6.17中 Elman 神經網路在隱藏層與輸出層之間多了**脈絡層 (context layer)**，脈絡層中引入**延遲神經元 (delay neuron)**，此類神經元將前一步 $t-1$ 時間下的輸出值傳入隱藏層神經元中，使得遞歸神經網路具有記憶力。

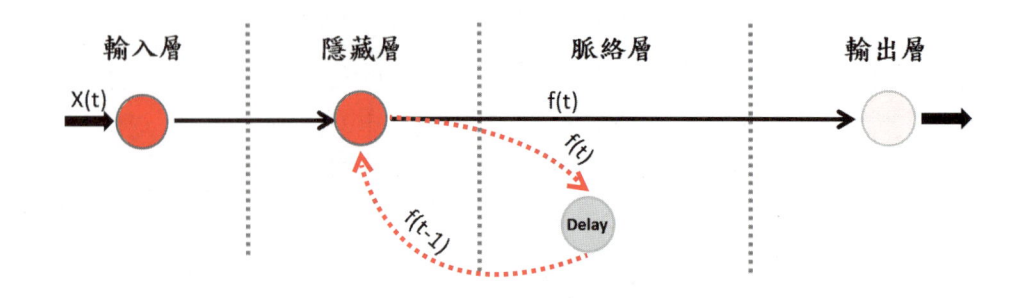

圖 6.17: 脈絡層與簡單遞歸神經網路 (Lewis, 2016)

遞歸神經網路因有時間觀念，且能記住先前網路的狀態 (states)，使得它能學習序列資料沿著時間或先後順序的變化型態，用以執行分類任務或預測未來的狀態。圖6.18為預測每小時太陽輻射的 Elman 遞歸神經網路，網路有三層，輸入層有 8 個輸入屬性：經度、緯度、溫度、日照比率、濕度、月、日與時等。隱藏層有五個神經元，Lewis (2016) 提及如果隱藏神經元有多個，則脈絡層神經元的個數會與隱藏層神經元個數一樣。因此脈絡層也有五個神經元，而且脈絡層神經元與所有隱藏層的神經元完全連通。最後，輸出層的兩個神經元分別預測全天空太陽輻射 (global solar radiation) 與太陽漫輻射 (diffused solar radiation)。

Jordan 神經網路與 Elman 神經網路結構類似，唯一不同的是其脈絡層神經元訊息來自輸出層，而非隱藏層 (參見圖6.19)。Jordan 神經網路可以說是把整個網路最終的輸出 (i.e. 輸出層的輸出)，經過延遲回饋到網路的輸入層，所以 Jordan 神經網路的所有層都是遞歸的。

Elman 與 Jordan 神經網路是遞歸神經網路的濫觴，都是基於不算深的三層網路結構定義的，兩者其實就是現在一般說的簡單 RNN(simple RNN)。Elman 神經網路中相對獨立的遞歸層運用起來比較靈活，比如說可以與其它不同類型的層堆疊組合起來；而 Jordan 神經網路在網絡的輸出層維度很大的時候，可能需要降維處理以方便輸入層接受前一時刻輸出層的輸出。

圖6.20是遞歸神經網路捲包與展開的示意圖，等號左方以迴圈代表節點 A 的輸出經延遲反饋給自己，此處已經將圖6.17中的脈絡層省略了，簡化地表達成**遞歸層 (recurrent layer)**，也就是說遞歸層的輸出經過延遲後作為下一時刻這一層的輸入的一部分，然後遞歸層的輸出同時送

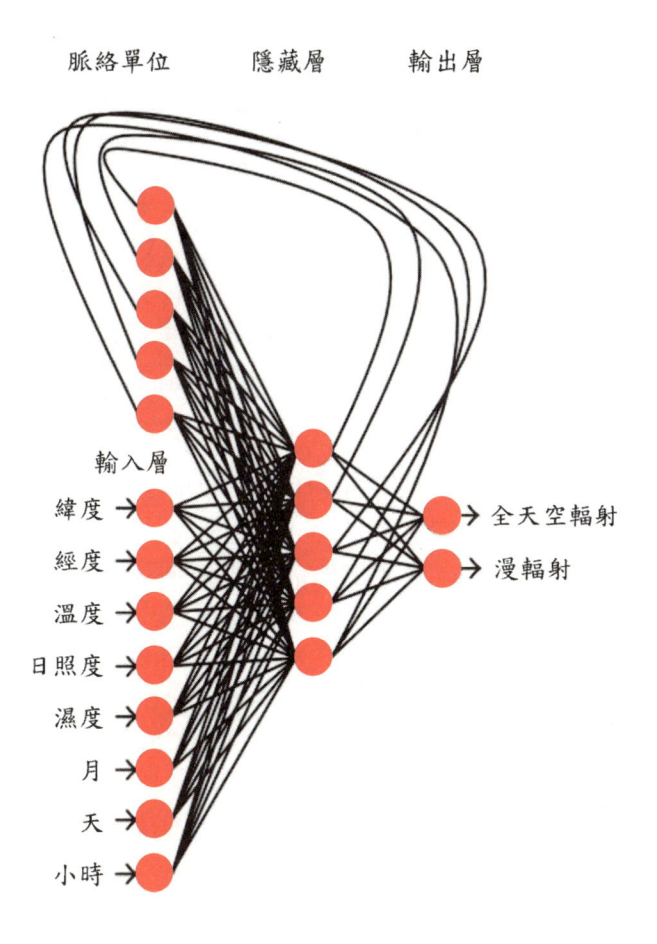

圖 6.18: 預測每小時太陽輻射的 Elman 遞歸神經網路 (Lewis, 2016)

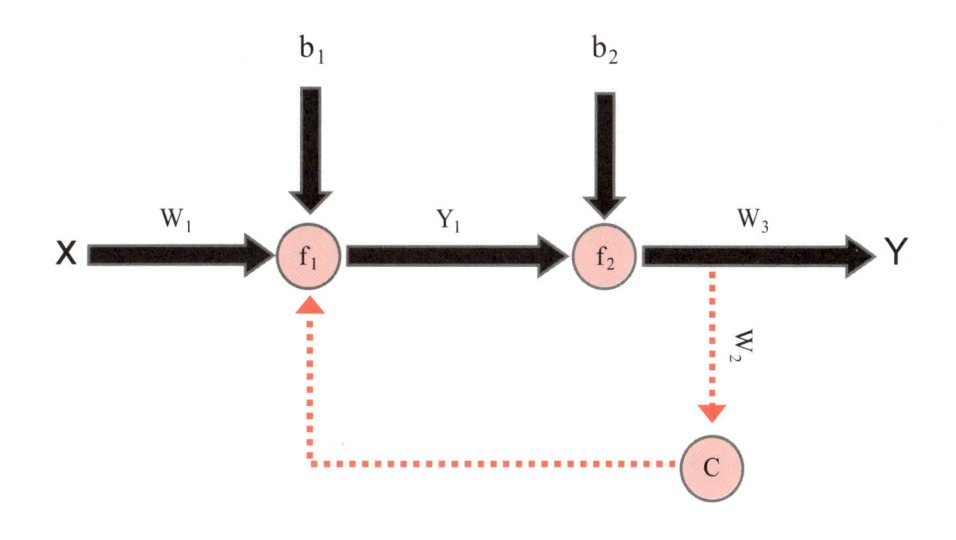

圖 6.19: Jordan 神經網路 (Lewis, 2016)

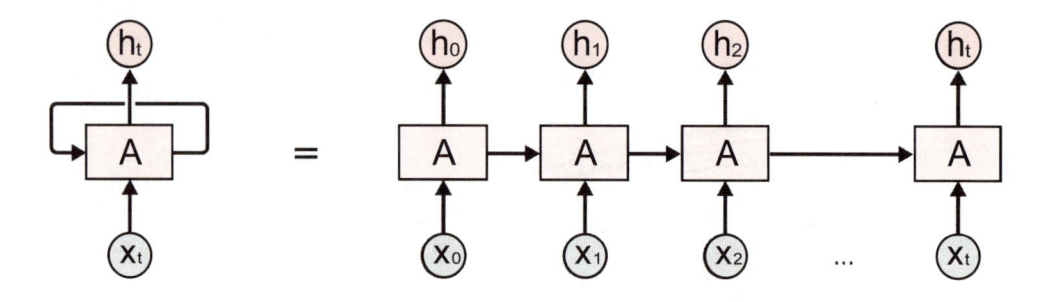

圖 6.20: 遞歸神經網路捲包與展開示意圖 (圖片來源: http://colah.github.io/posts/2015-08-Understanding-LSTMs/)

到網路後續的層。右方沿著時間軸將各時點的輸入輸出展開來，節點 A 在各時點結合當下的輸入 $x^{(t)}$(或記為 x_t)，與前一時刻的狀態 $h^{(t-1)}$(或記為 h_{t-1})，輸出狀態 $h^{(t)}$，形成下面的計算模型：

$$h^{(t)} = ReLU\left(\mathbf{u}x^{(t)} + \mathbf{w}h^{(t-1)} + b\right) \qquad (6.12)$$

接著再根據狀態 $h^{(t)}$ 計算輸出 $\hat{y}^{(t)}$：

$$\hat{y}^{(t)} = softmax\left(\mathbf{v}h^{(t)} + c\right) \qquad (6.13)$$

其中 **u**、**w**、**v**、b 和 c 分別是與輸入、前期狀態、當期狀態相關的權重和偏差項等，(6.12) 與 (6.13) 兩式的活化函數只是舉例說明，使用者可以自行變換 (Ketkar, 2017)。

許多問題我們不只需要網路從最近期的記憶中學習，還需要更久遠的資訊回饋至節點中以利預測。**自然語言處理 (natural language processing)** 有許多近鄰的上下文無法提供有用的預測線索，反而是長距離 (long-distance) 或是長期 (long-term) 的相依性方能進行正確的預測。舉例來說：

1. 文法上的相依性 (syntactic dependencies)：

The *man* next to the large oak tree near the grocery store on the corner *is* tall.

The *men* next to the large oak tree near the grocery store on the corner *are* tall.

2. 語義上的相依性 (semantic dependencies)

The *bird* next to the large oak tree near the grocery store on the corner *flies* rapidly.

The *man* next to the large oak tree near the grocery store on the corner *talks* rapidly.

很明顯地，我們想要預測的目標，與輔助預測的資訊所在位置有一段不小的落差，複雜的語言模型需要處理這些相依性。簡單 RNN 雖然能夠考慮前面字詞，來預測當前的字詞，但是距離當前位置越遠的字詞其影響力會遞減，這點可以從 (6.12) 式中觀察出來，因為不斷將 $h^{(t-1)}, h^{(t-2)}$ ... 代入等號右式可以發現 **w** 的次方會持續增加，導致越前面的字詞對 $h^{(t)}$ 影響越小，也就是說越遠越被遺忘了。這樣的模型忽略了人們有時對久遠但特有的事物，是有強烈記憶能力的。**長短期記憶網路 (Long Short Term Memory Networks, LSTM)** 透過記憶功能來解決長期相依性的問題，利用**遺忘閘 (forget gate)** 和**輸入閘 (input gate)** 來決定更新記憶的程度，**輸出閘 (output gate)** 則決定當前狀態影響輸出的程度。**閘式遞歸單元 (Gated Recurrent Unit, GRU)** 層也是一種遞歸神經網路，其原理與 LSTM 相同，不過結構相對精簡，因此訓練成本較低。但是 GRU 的知識表達能力會略遜於 LSTM，這種計算代價與表達能力的權衡取捨，在統計機器學習領域中隨處可見 (Chollet, 2018)。

最後，**雙向遞歸神經網路 (bidirectional RNN)** 聰明地運用序列中未來的資訊，協助預測當前的狀況，打破只用過往訊息預測未來的慣例。雙向 RNN 擷取遞歸神經網路對於數據先後順序的敏銳度，它包括兩個常規的遞歸神經網路，例如：GRU 或 LSTM，各自處理**順時序 (chronological)** 和**逆時序 (antichronological)** 的輸入序列資料，再合併兩者學習到的知識表達，藉此捕捉可能被單向 RNN 忽略的型態，使得雙向 RNN 在許多情況下獲得更好的預測準確性 (Ketkar, 2017)。

6.2.5 自動編碼器

自動編碼器 (autoencoders) 是一種用於屬性萃取的非監督式前向式三層類神經網路，其結構如圖6.21所示，類似**多層感知機 (Multi-Layer Perceptron, MLP)**，有輸入層、隱藏層與輸出層 (Lewis, 2016)。

輸入層的神經元數量與輸出層的神經元數量相同，因此自動編碼器並非意圖以輸入的 **X** 來預測目標變數 **y** 值，而是透過隱藏層將輸入資料壓縮表達後，再解碼重構其輸入的預測變數 **X**。三層結構中前段輸入層到隱藏層的映射可視為**編碼器 (encoder)**，而隱藏層到輸出層則是**解碼器 (decoder)**，參見圖6.22(Chollet, 2018)。

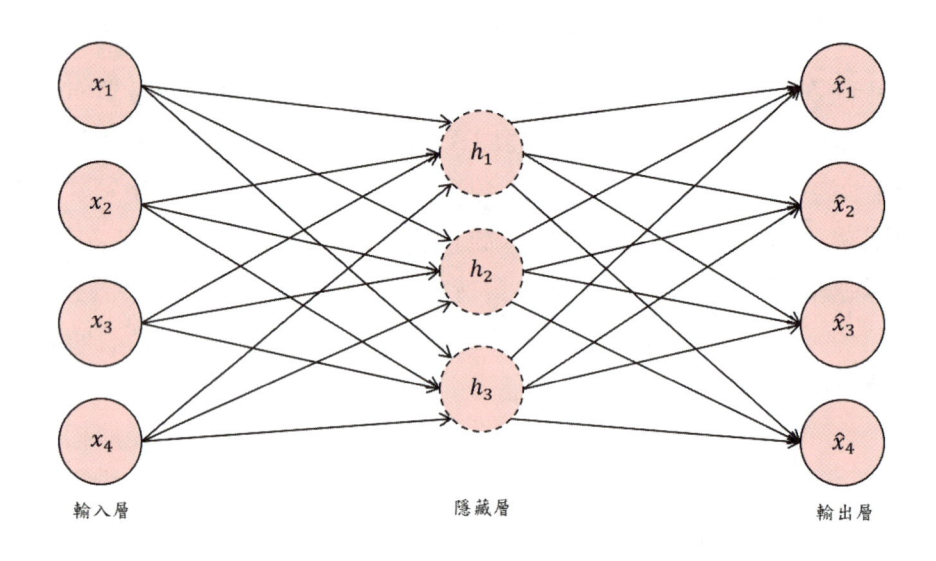

圖 6.21: 自動編碼器神經網路結構圖 (Lewis, 2016)

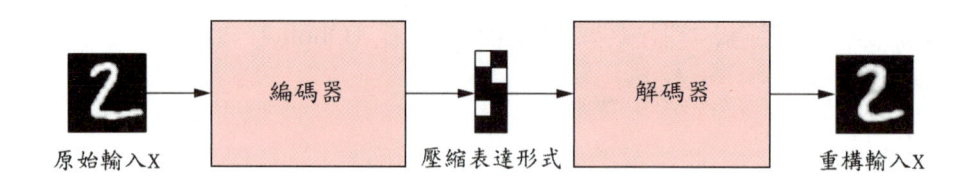

圖 6.22: 編碼器與解碼器示意圖 (Chollet, 2017)

6.2.6 受限波茲曼機

受限波茲曼機 (Restricted Boltzmann Machine, RBM) 也是一種非監督式學習模型，用來近似生成 (generate) 樣本數據的機率密度函數，因此被稱為**生成式模型 (generative model)** 或**生成式學習**。生成式學習嘗試估計輸入資料的機率分佈，目的是為了重新建構輸入的資料，以對其配適更適合的模型。這對資料分析與建模是件非常重要的工作，因為找到資料生成的機制 (i.e. 上帝之手)，可能比直接對**後驗機率 (posterior probability)**$P(y \mid \mathbf{x})$ 進行建模的**判別式模型 (discriminant model)**(例如：5.1.5節羅吉斯迴歸分類與廣義線性模型)來的更好。

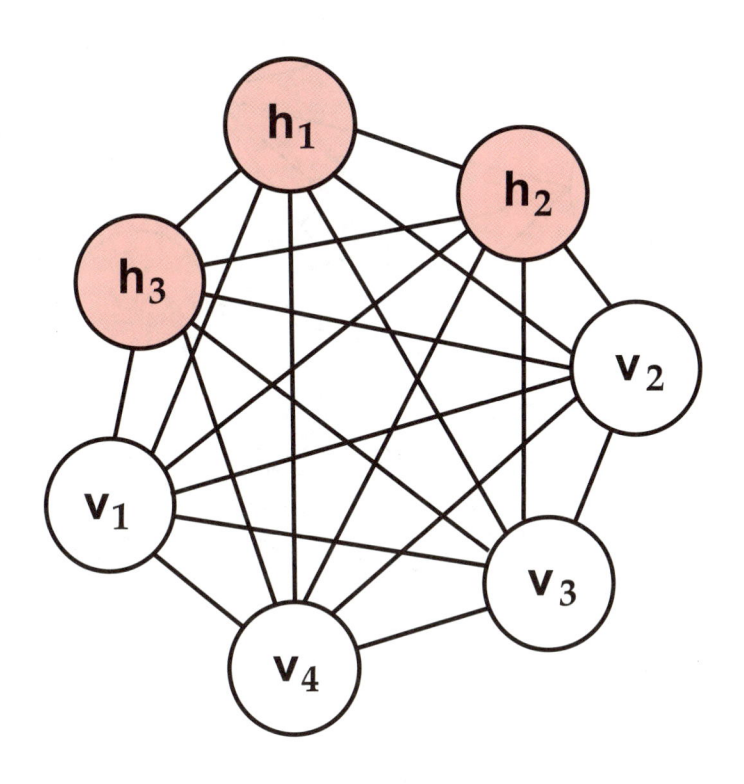

圖 6.23: 波茲曼機神經網路

RBM 是**波茲曼機 (Boltzmann Machine, BM)** 的特例，而 BM 又源自於統計力學 (statistical mechanics) 中的**波茲曼分佈 (Boltzmann distribution)**，此分佈描述系統在某一狀態下的機率，取決於該狀態的能量，以及波茲曼常數和熱力溫度的乘積。圖6.23的 BM 又稱具隱藏層之**隨機霍普菲爾德網路 (stochastic Hopfield networks with hidden units)**，有三個隱藏層單元和四個可見層單元，是神經網路中能學習內部知識表達的濫觴，但因節點間的連通不受限制，在機器學習或知識推論的實際問題中用處不大 (https://en.wikipedia.org/wiki/Boltzmann_machine)。RBM 限制每一個可見層節點必須連結到每一個隱藏層節點，而且沒有任何的其它連結，這使得 RBM 是一個如圖6.24的**二分圖 (bipartite graph)**。

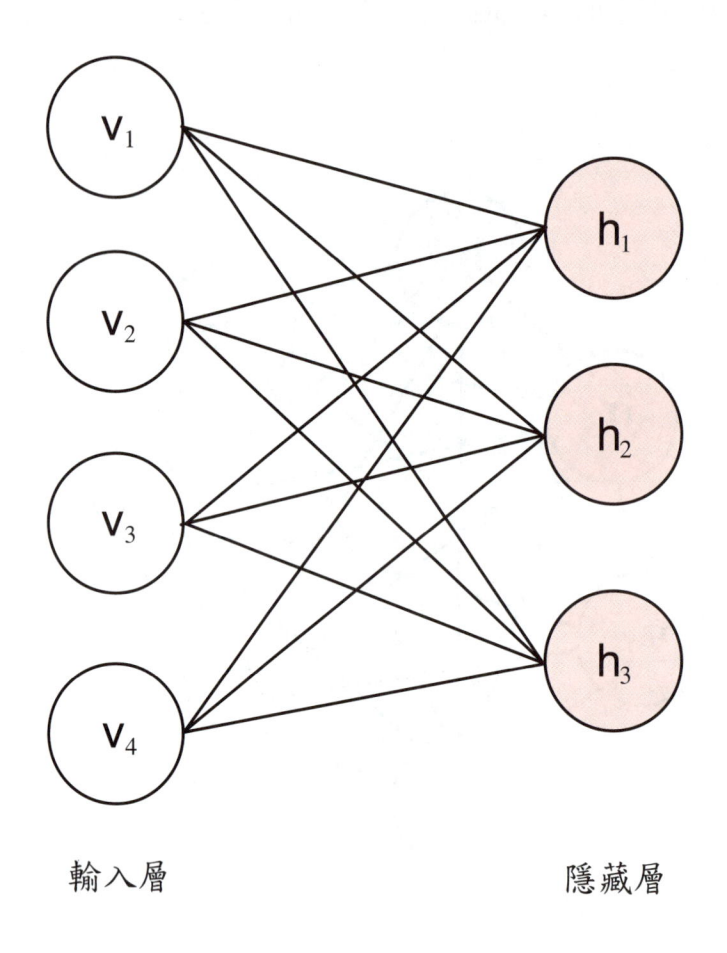

圖 6.24: 受限波茲曼機神經網路 (Lewis, 2016)

RBM 名稱中受限的意思是同一層的神經元彼此並沒有連通，機率統計上的意義正是5.2.1節中天真貝式法的**條件獨立 (conditional independence)** 假設，在此假設下 RBM 模型參數較容易由最大化樣本的**概似函數 (likelihood function)** 估計而得。而 RBM 網路中各層間的連結是**對稱的**，使得訊息以**雙向的**方式傳遞。圖6.24左邊可見層 (visible layer) 包括四個節點，右方隱藏層中有三個節點，可見層的節點數與資料表中輸入屬性個數相同，此即為可見層為何是可觀測的原因 (Lewis, 2016)。

一般說來，RBM 可看成是可見變數與隱藏變數之聯合機率分佈的參數估計模型 (parametric model)，因此它也可說是一種自動編碼器 (參見6.2.5節),以聯合機率分佈的形式,針對一組資料學習其潛在的表達(或編碼)方式。RBM 本質上是二元版本的**因素分析 (factor analysis)**(註:因素分析是多變量統計中,用來萃取隱藏於外顯變數其後之潛在構面的重要方法),以電影評分為例,假設使用者以連續的尺度對一組電影評分,嘗試告訴妳他是否喜歡(二元值)該部影片,在這種情況下 RBM 試圖找出使用者電影偏好的二元潛在因子。

技術上來說,RBM 是一種**隨機神經網路 (stochastic neural network)**,神經網路意指模型包括類似神經元的單元,根據它們鄰近連結之神經元,決定其二元活化值;隨機是指這些神經元(可見單元、隱藏單元與偏差單元)活化函數值的計算涉及到機率的運算。

RBM 的訓練理論比較複雜,基本上是以**Gibbs 抽樣 (Gibbs sampling)**,以及最小化**Kullback–Leibler 距離 (Kullback–Leibler distance)** 的**對比收斂 (contrastive divergence)** 技術為基礎,從而發展出來的不同訓練手法。本書不對此作介紹,有興趣的讀者可參閱 (Lewis, 2016) 第七章內容。

6.2.7 深度信念網路

深度信念網路 (Deep Belief Network, DBN) 是一種機率生成式的多層類神經網路,包含多個堆疊起來的受限波茲曼機 RBM(6.2.6節)。也就是說,在 DBM 中循序的兩個隱藏層,可視為一個 RBM 的結構,其輸入實際上是上一組 RBM 的輸出。每一組 RBM 模型對輸入進行非線性轉換,產生輸出後再投入 DBN 序列結構的下一個模型,堆疊中的每一個 RBM 合起來組成 DBN,將圖6.25最下方可觀測的輸入資料進行深層的轉換表達。

如同 RBM 的訓練理論一樣,DBN 的訓練也比較艱澀難懂。預先訓練 (pre-training) 接續著精細調校 (fine tuning) 是深度信念網路強大而有效的訓練機制,預先訓練有助於學習所得之型態的一般化 (generalization),它採用逐層貪婪式的學習策略,也就是說從底層開始每個 RBM 個別地運用**對比收斂 (contrastive divergence)** 算法進行訓練,然後再將結果一個個堆疊起來形成 DBN(Lewis, 2016)。

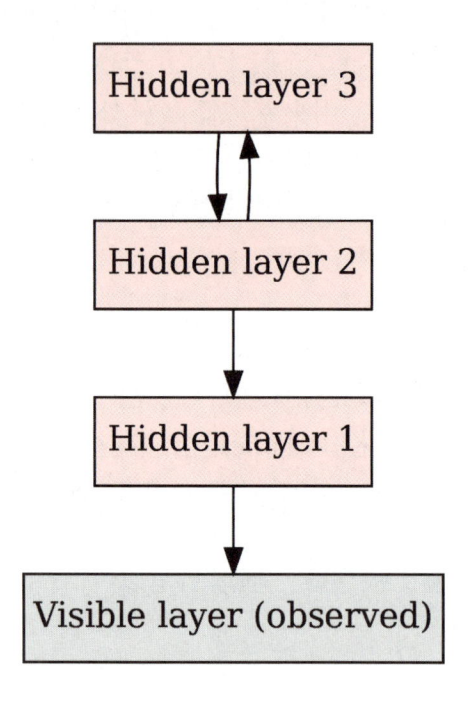

圖 6.25: 三層學習下的深度信念網路 (https://en.wikipedia.org/wiki/Deep_belief_network)

6.2.8 深度學習參數調校

經常有人問起深度學習神經網路如何在眾多的參數可能組合下決定最佳的模型，**Keras** 可以結合 **scikit-learn** 進行深度學習的參數調校工作，下面的案例我們以 **scikit-learn** 裡的交叉驗證網格搜尋功能 **GridSearchCV** 來調校訓練批量大小 (batch size) 與訓練代數 (epochs)。首先載入必要的模組，其中 **KerasClassifier** 是在 **Keras** 中呼叫 **scikit-learn** 的 API 封裝程式 (wrapper)。

```
import sys # 系統相關參數與函式模組，是一個強大的 Python 標準函式庫
print (sys.version) # 直譯器版本號與所使用的編譯器
```

```
## 3.6.8 |Anaconda, Inc.| (default, Dec 29 2018, 19:07:09)
## [GCC 4.2.1 Compatible Clang 4.0.1 (tags/RELEASE_401/final)]
```

6.2 深度學習

```python
import numpy
# 載入模型選擇模組中重要的交叉驗證網格調參類別
from sklearn.model_selection import GridSearchCV
# Python 深度學習友善 API Keras
from keras.models import Sequential
```

```
## Using TensorFlow backend.
```

```python
from keras.layers import Dense # 載入神經網路稠密連通層
from keras.wrappers.scikit_learn import KerasClassifier
```

接著定義創建 **Keras** 模型的函數 create_model():

```python
def create_model():
    # 建立單層隱藏層神經網路模型
    model = Sequential()
    model.add(Dense(12, input_dim=8, activation='relu'))
    model.add(Dense(1, activation='sigmoid'))
    # 設定損失函數、優化算法與績效衡量
    model.compile(loss='binary_crossentropy', optimizer=
    'adam', metrics=['accuracy'])
    return model
```

然後我們以 **numpy** 的 loadtxt() 函數載入糖尿病檢測資料集，並將資料切分為屬性矩陣 (X) 與類別標籤向量 (y)，再以 **KerasClassifier**API 建立深度學習模型，請留意 build_fn 引數指向前述的自定義函數 create_model()。

```python
# 讀入資料檔與建立多層感知機模型
path = '/Users/Vince/cstsouMac/Python/Examples/DeepLearning/'
fname = 'py_codes/data/pima-indians-diabetes.csv'
dataset =numpy.loadtxt(''.join([path, fname]), delimiter=",")
X = dataset[:,0:8]
```

```
y = dataset[:,8]
model = KerasClassifier(build_fn=create_model, verbose=0)
```

參數調校是在待調參數的各種可能值組合下,進行交叉驗證的反覆訓練,本例有六種批量大小與三種訓練代數,以原生字典結構結合兩串列後,再建立交叉驗證網格參數搜尋物件 `grid`。

```
# 建立待調參數網格字典
batch_size = [10, 20, 40, 60, 80, 100]
epochs = [10, 50, 100]
param_grid = dict(batch_size=batch_size, epochs=epochs)
# 宣告交叉驗證網格調參模型物件
grid = GridSearchCV(estimator=model, param_grid=param_grid,
n_jobs=4)
```

為了讓訓練結果可重製 (reproducible),將亂數種子設為固定,並計算其所耗的時間。

```
seed = 7
numpy.random.seed(seed)
import time
start = time.time()
# 傳入資料進行調參配適
grid_result = grid.fit(X, y)
end = time.time()
print(end - start)
```

```
## 42.24583101272583
```

模型配適的結果儲存為 `grid_result`,讀者當留意其類型,及其所具有的屬性和方法。

```
print(type(grid_result))
# print(dir(grid_result)) # 請自行執行
```

```
## <class 'sklearn.model_selection._search.GridSearchCV'>
```

從 grid_result 的屬性中擷取最佳參數 best_params_ 下，三次（預設值）交叉驗證績效結果的平均值 best_score_。

```
# 檢視參數調校的最佳結果
print("Best: %f using %s" % (grid_result.best_score_,
grid_result.best_params_))
```

```
## Best: 0.692708 using {'batch_size': 20, 'epochs': 100}
```

最後從屬性 cv_results_ 中，取出所有參數組合下的交叉驗證之測試集績效平均值與標準差。

```
# 以迴圈印出所有調參結果
means = grid_result.cv_results_['mean_test_score']
stds = grid_result.cv_results_['std_test_score']
params = grid_result.cv_results_['params']
for mean, stdev, param in zip(means, stds, params):
    print("%f (%f) with: %r" % (mean, stdev, param))
```

```
## 0.583333 (0.033502) with: {'batch_size': 10, 'epochs': 10}
## 0.449219 (0.165851) with: {'batch_size': 10, 'epochs': 50}
## 0.470052 (0.166534) with: {'batch_size': 10, 'epochs': 100}
## 0.468750 (0.088100) with: {'batch_size': 20, 'epochs': 10}
## 0.545573 (0.157040) with: {'batch_size': 20, 'epochs': 50}
## 0.692708 (0.016367) with: {'batch_size': 20, 'epochs': 100}
## 0.618490 (0.070264) with: {'batch_size': 40, 'epochs': 10}
## 0.602865 (0.158523) with: {'batch_size': 40, 'epochs': 50}
## 0.684896 (0.013279) with: {'batch_size': 40, 'epochs': 100}
## 0.520833 (0.083435) with: {'batch_size': 60, 'epochs': 10}
## 0.529948 (0.138927) with: {'batch_size': 60, 'epochs': 50}
## 0.677083 (0.030145) with: {'batch_size': 60, 'epochs': 100}
## 0.644531 (0.026107) with: {'batch_size': 80, 'epochs': 10}
## 0.634115 (0.019488) with: {'batch_size': 80, 'epochs': 50}
```

```
## 0.677083 (0.021710) with: {'batch_size': 80, 'epochs': 100}
## 0.468750 (0.148882) with: {'batch_size': 100, 'epochs': 10}
## 0.600260 (0.014731) with: {'batch_size': 100, 'epochs': 50}
## 0.527344 (0.132736) with: {'batch_size': 100, 'epochs': 100}
```

6.3　強化式學習

　　近年來**強化式學習 (reinforcement learning)** 是人工智慧領域相當走紅的技術，強化式學習處理的問題涉及序列相關的決策，解決這類問題的目標在於尋找長期或跨期規劃下的最佳決策 (optimal long-term planning)，**作業研究 (Operations Research, OR)**，或稱**運籌學**中的確定性模型與隨機模型均有觸及此類問題，**馬可夫決策過程 (Markov Decision Process, MDP)**、**動態規劃 (dynamic programming)**、**馬可夫鏈 (markov chain)**、**隨機過程 (stochastic processes)**、**賽局理論 (game theory)** 等，都是可能的解決方法。循序決策背後的基本思想非常簡單，給定一個問題的範圍後，我們僅須解其不同部分但相關的子問題，也就是說首先要將問題拆分為多個子問題 (decompose into subproblems)，並在考慮其相關性的狀況下求解子問題，最後再合併子問題的解即可得出原問題的解，這種解題邏輯即是5.2.4節提及之作業研究或最佳化問題的分解法。

　　典型的機器學習或統計模型只考慮當前狀態 (current state) 的最佳解 (稱為短期解)，但是如果在時間先後的多個步驟上運用短期解，可能導致**次優解 (suboptimal solutions)**，因為觀測值間存多有依存關係 (dependency)。然而許多統計模型假設各筆觀測值間彼此獨立，不過這個假設無法永遠成立。AI 領域經常以 MDP 解決西洋棋或象棋中，對弈方的最佳序列決策，以及機器人依環境自主學習的動態決策問題，前述對弈方或機器人也稱為參與者 (agent)，他/它們須在不同時間點採取行動，結合各階段行動成為長期的最佳解，所謂動態指的是環境條件會因自身決策，或對手的行動而持續改變，循序且依存是許多決策的真實狀況，因此，強化式學習在 AI 年代益形重要。

　　接下來我們以方格導航遊戲 (gridworld) 說明強化式學習中的馬可夫決策過程 MDP，圖6.26參加者從起始點 (Start) 出發，目標是到達出口 (Exit) 而且不跌入坑中 (Pit) 或撞牆 (Wall)。就每個時點而言，遊戲的**狀**

態定義為參加者所在的格位 (共有 9 種狀態)，參加者的**行動集** (actions set) 有 Left、Right、Up 和 Down 等四個方向可以航行，一般人可以輕易判斷出最佳行動集為 Up -> Up -> Right -> Right。

MDP 評估由行動集所展開的諸多**政策 (policies)**，但對於不可行的行動會有規則 (rules) 加以限制，例如：撞牆或跌坑。此外，我們需要律定**報酬矩陣 (reward matrix)**，每多走一步會有**小懲罰**，因為**時間**是強化式學習優劣的重要評估因素。跌坑或撞牆會**嚴厲懲罰**，而到達出口則有**獎勵**，如此我們便可能從經驗中學習到成功的政策。

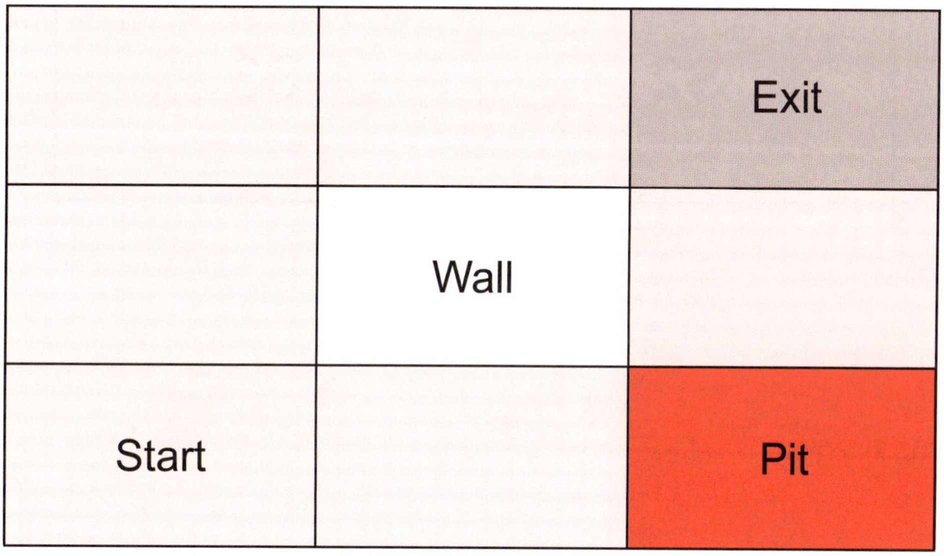

圖 6.26: 3 × 3 方格導航遊戲

總結來說，強化式學習或 MDP 依下列五種元素進行學習：

1. 可能的狀態所形成的集合 s；
2. 可能的行動所形成的集合 A；
3. 懲罰與獎勵所形成的報酬矩陣 R；
4. 可能的行動形成之各種政策 π；
5. 政策沿著時間折現後的價值 (value) v。

強化式學習嘗試以各種行動 A 探索可能的狀態 s，根據懲罰與獎勵 R 的計算，期望獲得價值 v 最大的最佳政策 π^*。

我們以下圖簡化的方格導航遊戲來實作強化學習，首先載入 R 語言 MDP 工具箱，然後定義四種行動下的**狀態轉移機率矩陣 (state tran-**

sation probabilities matrix)，因為圖6.27中有四個狀態 S1、S2、S3、S4，所以四種行動下都是 4×4 的方陣，各機率矩陣的橫列總和均為 1。

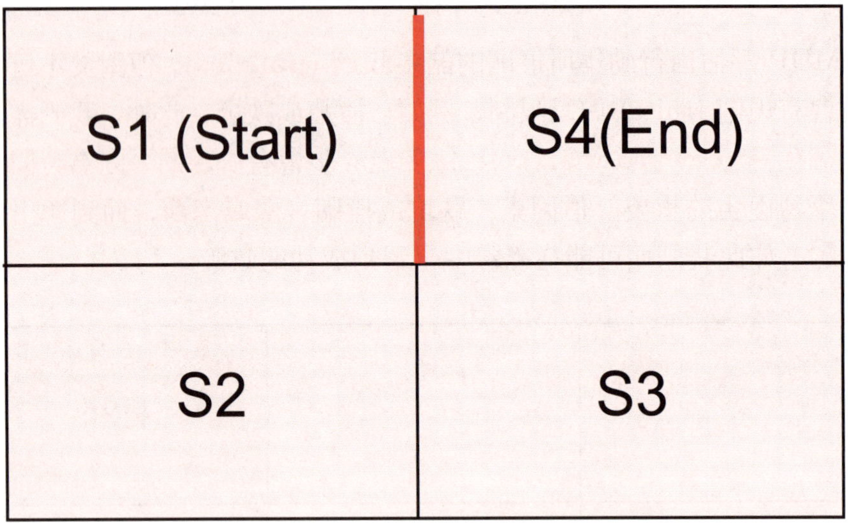

S1 (Start)	S4(End)
S2	S3

圖 6.27: 2×2 簡化版方格導航遊戲

```
# 載入 R 語言馬可夫決策過程套件
library(MDPtoolbox)
# 上行行動的狀態轉移機率矩陣
(up = matrix(c( 1, 0, 0, 0,
        0.7, 0.2, 0.1, 0,
        0, 0.1, 0.2, 0.7,
        0, 0, 0, 1),
      nrow = 4, ncol = 4, byrow = TRUE))
```

```
##      [,1] [,2] [,3] [,4]
## [1,]  1.0  0.0  0.0  0.0
## [2,]  0.7  0.2  0.1  0.0
## [3,]  0.0  0.1  0.2  0.7
## [4,]  0.0  0.0  0.0  1.0
```

```
# 下行行動的狀態轉移機率矩陣
(down = matrix(c(0.3, 0.7, 0, 0,
```

```
                    0, 0.9, 0.1, 0,
                    0, 0.1, 0.9, 0,
                    0, 0, 0.7, 0.3),
              nrow = 4, ncol = 4, byrow = TRUE))
```

```
##      [,1] [,2] [,3] [,4]
## [1,]  0.3  0.7  0.0  0.0
## [2,]  0.0  0.9  0.1  0.0
## [3,]  0.0  0.1  0.9  0.0
## [4,]  0.0  0.0  0.7  0.3
```

```
# 左行行動的狀態轉移機率矩陣
(left = matrix(c( 0.9, 0.1, 0, 0,
                  0.1, 0.9, 0, 0,
                  0, 0.7, 0.2, 0.1,
                  0, 0, 0.1, 0.9),
              nrow = 4, ncol = 4, byrow = TRUE))
```

```
##      [,1] [,2] [,3] [,4]
## [1,]  0.9  0.1  0.0  0.0
## [2,]  0.1  0.9  0.0  0.0
## [3,]  0.0  0.7  0.2  0.1
## [4,]  0.0  0.0  0.1  0.9
```

```
# 右行行動的狀態轉移機率矩陣
(right = matrix(c( 0.9, 0.1, 0, 0,
                   0.1, 0.2, 0.7, 0,
                   0, 0, 0.9, 0.1,
                   0, 0, 0.1, 0.9),
              nrow = 4, ncol = 4, byrow = TRUE))
```

```
##      [,1] [,2] [,3] [,4]
## [1,]  0.9  0.1  0.0  0.0
## [2,]  0.1  0.2  0.7  0.0
```

```
## [3,]   0.0   0.0   0.9   0.1
## [4,]   0.0   0.0   0.1   0.9
```

```r
# 結合為行動集矩陣
Actions = list(up=up, down=down, left=left, right=right)
```

接著定義報酬矩陣，並呼叫 `mdp_policy_iteration()` 函數以 MDP 求解轉移機率為 Actions，報酬矩陣為 Rewards，折現因子 discount 為 0.1 的循序決策問題，因為是多期最佳化問題，所以必須考慮折現因子。

```r
# 定義報酬矩陣 (負值表懲罰，正值是獎勵)
(Rewards = matrix(c( -1, -1, -1, -1,
                     -1, -1, -1, -1,
                     -1, -1, -1, -1,
                     10, 10, 10, 10),
                   nrow = 4, ncol = 4, byrow = TRUE))
```

```
##      [,1] [,2] [,3] [,4]
## [1,]  -1   -1   -1   -1
## [2,]  -1   -1   -1   -1
## [3,]  -1   -1   -1   -1
## [4,]  10   10   10   10
```

```r
# 迭代式評估各種可能的政策
solver = mdp_policy_iteration(P = Actions, R = Rewards,
discount = 0.1)
```

最後我們可以從結果 solver 中取出最佳政策為 Down -> Right -> Up -> Up，以及算法迭代次數與演算時間。

```r
# 最佳政策：2(下)4(右)1(上)1(上)
solver$policy
```

```
## [1] 2 4 1 1
```

```r
names(Actions)[solver$policy]
```

```
## [1] "down"  "right" "up"    "up"
```

```r
# 迭代次數
solver$iter
```

```
## [1] 2
```

```r
# 求解時間
solver$time
```

```
## Time difference of 0.06945705414 secs
```

參考文獻

Adler, J. (2012). *R in a Nutshell: A Desktop Quick Reference.* O'Reilly Media, Sebastopol, California, 2nd edition. ISBN 978-1-449-31208-4.

Aggarwal, C. C. (2018). *Neural Networks and Deep Learning: A Textbook.* Springer, New York. ISBN 978-3-319-94463-0.

Breiman, L., Friedman, J. H., Olshen, R. A., and Stone, C. J. (1983). *Classification and Regression Trees.* Wadsworth Publishing. ISBN 978-0534980542.

Chambers, J. M. (1998). *Programming with Data: A Guide to the S Language.* Lucent Technologies, New York. ISBN 0-387-98503-4.

Chityala, R. and Pudipeddi, S. (2014). *Image Processing and Acquisition using Python.* CRC Press, Florida. ISBN 978-1-4665-8376-4.

Chollet, F. (2018). *Deep Learning with Python.* Manning, Shelter Island, New York. ISBN 978-1617294433.

Cichosz, P. (2015). *Data Mining Algorithms: Explained Using R.* John Wiley and Sons, Padstow, Cornwall. ISBN 978-1-118-33258-0.

Dayal, B. S. and MacGregor, J. F. (1997). Improved pls algorithms. *Journal of Chemometrics*, 11:73–85.

Dobson, A. J. and Barnett, A. G. (2008). *An Introduction to Generalized Linear Models.* Chapman and Hall/CRC, Florida, 3rd edition. ISBN 978-1-58488-950-2.

Fisher, W. D. (1958). On grouping for maximum homogeneity. *Journal of the American Statistical Association*, 53:789–798.

Friedman, J., Hastie, T., and Tibshirani, R. (2010). Regularization paths for generalized linear models via coordinate descent. *Journal of Statistical Software*, 33:73–85.

Giudici, P. and Figini, S. (2009). *Applied Data Mining for Business and Industry.* John Wiley and Sons, Padstow, Cornwall, 2nd edition. ISBN 978-0-470-05886-2.

Hastie, T., Tibshirani, R., and Friedman, J. (2009). *The Elements of Statistical Learning: Data Mining, Inference, and Prediction.* Springer, New York, 2nd edition. ISBN 978-0-387-84857-0.

Hothorn, T., Hornik, K., and Zeileis, A. (2006). Unbiased recursive partitioning: A conditional inference framework. *Journal of Computational and Graphical Statistics*, 15:651–674.

Huang, K., Yang, H., King, I., and Lyu, M. (2008). *Machine Learning: Modeling Data Locally and Globally.* Springer, Berlin. ISBN 978-3-540-79452-3.

Joshi, P. (2015). *OpenCV with Python by Example: Build real-World Computer Vision Applications and Develop Cool Demos using OpenCV for Python.* Packt Publishing, Birmingham. ISBN 978-1-78528-393-2.

Kabacoff, R. I. (2015). *R in Action: Data Analysis and Graphics with R.* Manning, Shelter Island, New York, 2nd edition. ISBN 978-1617291388.

Karatzoglou, A., Smola, A., Hornik, K., and Zeileis, A. (2004). kernlab – an S4 package for kernel methods in R. *Journal of Statistical Software*, 11(9):1–20.

Ketkar, N. (2017). *Deep Learning with Python: A Hands-on Introduction.* Apress, California. ISBN 978-1-4842-2766-4.

Kuhn, M. and Johnson, K. (2013). *Applied Predictive Modeling.* Springer, New York. ISBN 978-1-4614-6848-6.

Lantz, B. (2015). *Machine Learning with R.* Packt Publishing, Birmingham, 2nd edition. ISBN 978-1-78439-390-8.

Layton, R. (2015). *Learning Data Mining with Python: Harness the Power of Python to Analyze Data and Create Insightful Predictive Models.* Packt Publishing, Birmingham. ISBN 978-1-78439-605-3.

Ledolter, J. (2013). *Data Mining and Business Analytics with R.* John Wiley and Sons, Hoboken, New Jersey. ISBN 978-1-118-44714-7.

Lewis, N. D. (2016). *Deep Learning Made Easy with R: A Gentle Introduction for Data Science.* N.D. Lewis. ISBN 978-1519514219.

Loh, W.-Y. (2002). Regression trees with unbiased variable selection and interaction detection. *Statistica Sinica*, 12:361–386.

Massy, W. F. (1965). Principal components regression in exploratory statistical research. *Journal of the American Statistical Association*, 60:234–256.

Matloff, N. (2011). *The Art of R Programming: A Tour of Statistical Software Design.* No Starch Press, San Francisco. ISBN 978-1-59327-384-2.

Mevik, B.-H., Wehrens, R., and Liland, K. H. (2016). *pls: Partial Least Squares and Principal Component Regression.* R package version 2.6-0.

Pal, A. and Prakash, P. (2017). *Practical Time Series Analysis: Master Time Series Data Processing, Visualization, and Modeling using Python.* Packt Publishing, Birmingham. ISBN 978-1-78829-022-7.

Quinlan, J. R. (1993). *C4.5: Programs for Machine Learning.* Morgan Kaufmann, California. ISBN 1-55860-238-0.

Raschka, S. (2015). *Python Machine Learning: Unlock Deeper Insights into Machine Learning with This Vital Guide to Cutting-Edge Predictive Analytics.* Packt Publishing, Birmingham. ISBN 978-1-78355-513-0.

Sarkar, D. (2016). *Text Analytics with Python: A Practical Real-World Approach to Gaining Actionable Insights from your Data.* Apress, California. ISBN 978-1-4842-2388-8.

Torgo, L. (2011). *Data Mining with R: Learning with Case Studies.* Chapman and Hall/CRC, Florida. ISBN 978-1-4398-1018-7.

Tukey, J. W. (1977). *Exploratory Data Analysis.* Addison-Wesley, Massachusetts.

Vapnik, V. (2000). *The Nature of Statistical Learning Theory.* Springer, New York, 2nd edition. ISBN 978-1-4419-3160-3.

Varmuza, K. and Filzmoser, P. (2009). *Introduction to Multivariate Statistical Analysis in Chemometrics.* CRC Press, Florida. ISBN 978-1-4200-5947-2.

Venables, W. N. and Ripley, B. D. (2002). *Modern Applied Statistics with S.* Springer, New York, 4th edition. ISBN 978-0-387-21706-2.

Verzani, J. (2014). *Using R for Introductory Statistics.* CRC Press, Florida, 2nd edition. ISBN 978-1-4665-9074-8.

White, T. (2015). *Hadoop: The Definitive Guide.* O'Reilly Media, Sebastopol, California, 4th edition. ISBN 978-1491901687.

Witten, I. H., Frank, E., and Hall, M. A. (2016). *Data Mining: Practical Machine Learning Tools and Techniques.* Morgan Kaufmann, Massachusetts, 4th edition. ISBN 978-0128042915.

Wold, S. (1976). Pattern recognition by means of disjoint principal component models. *Pattern Recognition*, 8:127–139.

Yeh, I.-C. (1998). Modeling of strength of high performance concrete using artificial neural networks. *Cement and Concrete Research*, 28:1797–1808.

索引

Box-Cox 轉換 (Box-Cox transformation), 248
Cramer 指數 (Cramer index), 385
Elman 神經網路 (Elman neural networks), 633
Fisher 的費雪法 (Fisher approach), 491
F 衡量 (F-measure), 324
Gibbs 抽樣 (Gibbs sampling), 640
Hadoop 分散式檔案系統 (Hadoop Distributed File System, HDFS), 292
Hamming 距離 (Hamming distance), 368
ID3 (Iterative Dichotomiser 3), 560
Jaccard 相似性 (Jaccard similarity), 367
k 平均數法 (k-means), 421
k 近鄰法 (k-Nearest Neighbors, kNN), 449
k 近鄰填補法 (k nearest neighbours imputation), 185
k 摺交叉驗證 (k fold cross validation), 332
k 維樹 (k-dimensional tree, k-d tree), 519
Kappa 統計量 (Kappa statistics), 321
Kullback-Leibler 距離 (Kullback-Leibler distance), 640
L_p 範數 (L_p norm), 366
Minkowski 距離 (Minkowski distance), 366
N 元字組 (N-gram), 273
one-SE 法則, 362
Rand 指數 (Rand Index), 447
ROC 曲線下方的面積 (area under curve, AUC), 204, 330
Tanimoto 距離 (Tanimoto distance), 367
v 衡量 (v-measure), 446
Welch 的貝氏法 (Bayesian approach), 491
ϵ 限度不敏感損失函數 (ϵ-insensitive loss), 532

一劃

一致性 (consistency), 327

二劃

二元交叉熵 (binary crossentropy), 618
二分圖 (bipartite graph), 638
二次判別分析 (Quadratic Discriminant Analysis, QDA), 493

四劃

不平衡學習 (imbalanced learning), 326
不確定性係數 (uncertainty coefficient), 386
中心集群法 (centroid-based clustering), 447
中位數 (median), 196
中位數絕對離差 (median absolute deviation), 200
內嵌法 (embedded), 272
分散程度 (variability), 195

分詞 (tokenization), 265
分數矩陣 (score matrix), 251
分類與迴歸樹 (Classification and Regression Trees, CART), 449, 558
分類樹 (classification trees), 557
天真貝氏分類模型 (naive Bayes classifier), 449
支持度 (support), 408
支援向量 (support vectors), 531
支援向量機 (Support Vector Machines, SVM), 273, 449, 530
文件詞項矩陣 (Document-Term Matrix, DTM), 265, 430, 509
文字雲 (word cloud), 513
比例尺度 (ratio sacle), 194

五劃

主成份分析 (Principal Components Analysis, PCA), 250, 266
主成份迴歸 (Principal Components Regression, PCR), 273, 475
半監督式學習 (semi-supervised learning), 306
召回率 (recall), 323
可重製研究 (reproducible research), 67
史皮爾曼相關係數 (Spearman correlation coefficient), 372
四分位距 (interquartile range, IQR), 199
四分位數 (quartiles), 198
四重圖 (fourfold display), 390
平均列聯係數 (mean contingency), 385

平均值的標準誤 (Standard Error of the Mean, SEM), 517
平均數 (mean), 196
平衡正確率 (balanced accuracy), 326
本質訊息 (intrinsic information), 561
正則表示式 (Regular Expression, RE), 124, 290
正規化 (normalization), 231
正規化相互熵 (Normalized Mutual Information, NMI), 447
正確率 (accuracy rate), 320
生成式模型 (generative model), 638
皮爾森相關係數 (Pearson correlation coefficient), 372

六劃

交叉熵 (cross-entropy), 618, 622
交叉驗證 (cross-validation), 253
先驗機率 (prior probability), 492
全距 (range), 198
共線性 (collinearity), 314, 371
共變異數 (covariance), 371
列聯表 (contingency table), 31
各個擊破 (divide and conquer), 558
吉尼不純度 (Gini impurity), 201, 386
吉尼集中度 (Gini concentration), 203
名目尺度 (nominal sacle), 194
向量化 (vectorization), 1, 98
因素分析 (factor analysis), 641
多型 (polymorphism), 101
多重共線性 (multicollinearity), 369, 371

多層感知機 (Multi-Layer Perceptron, MLP), 617, 637

多模激發法 (boosting), 600

多變量適應性雲形迴歸 (Multivariate Adaptive Regression Splines, MARS), 272

成功勝率 (odds of success), 387

成本-複雜度修剪 (cost-complexity pruning), 561

次數分佈 (frequency distribution), 31, 46, 196

次優解 (suboptimal solutions), 646

死記應背的學習 (rote learning), 519

百分位數 (percentiles), 197

自我訓練 (self-training), 307

自動編碼器 (autoencoders), 627, 637

自然語言處理 (natural language processing), 265, 282, 636

七劃

串列推導 (list comprehension), 129, 506

位置量數 (measures of location), 195

低結構化資料 (highly unstructured data), 194, 274

作業研究 (Operations Research, OR), 557, 645

判別式模型 (discriminant model), 639

判定係數 R^2 (coefficient of determination), 314

均方根預測誤差 (Root Mean Squared Error, RMSE), 313

均方預測誤差 (Mean Squared Error, MSE), 313

完備性 (completeness), 327, 446

決策樹樁 (decision stump), 564, 601

赤池弘次訊息準則 (Akaike's Information Criterion, AIC), 316

辛普森悖論 (Simpson's paradox), 396

八劃

卷積神經網路 (convolutional neural networks), 627, 628

卷積運算 (convolution operation), 629

受限波茲曼機 (Restricted Boltzman Machine, RBM), 627, 638

奇異值分解 (Singular-Value Decomposition, SVD), 260

委員會式學習 (committee learning), 599

拔靴抽樣 (bootstrapping), 253, 332

拔靴集成法 (Bootstrap AGGregatING, BAGGING), 599

泛函式編程 (functional programming), 1, 96

波茲曼分佈 (Boltzmann distribution), 639

波茲曼機 (Boltzmann Machine, BM), 639

物件導向編程 (object-oriented programming), 1, 96

狀態轉移機率矩陣 (state transation probabilities matrix), 647

知識發現 (Knowledge Discovery in Database, KDD), 420

近鄰圖 (neighborhood graph), 421

長短期記憶網路 (Long Short Term Memory Networks, LSTM), 637

非監督式學習 (unsupervised learning), 306

非頻繁型態 (infrequent patterns), 419

九劃

係數正規化 (regularization), 483

係數縮減法 (shrinkage methods), 484

保留法 (holdout), 339, 514

信心度 (confidence), 408

信服力 (conviction), 409

封裝法 (wrapper), 270

後設學習 (meta-learning), 599

後驗機率 (posterior probability), 492, 639

政策 (policies), 647

活化函數 (activation function), 499, 615

相互熵 (Mutual Information, MI), 447

相似性 (similarity), 420

相關係數 (correlation coefficient), 371

計數變數 (count variable), 194

負向關聯 (negative association), 419

負荷矩陣 (loading matrix), 251

重抽樣方法 (resampling methods), 332

重複的 k 摺交叉驗證 (repeated k-fold cross-validation), 338

降低抽樣 (down-sampling), 326

十劃

倒傳遞算法 (backpropagation), 618

套索迴歸 (LASSO regression), 272, 449, 484

弱模型 (weak learner), 600

效能提升樹 (boosted trees), 345, 356, 360

校準相互熵 (Adjusted Mutual Information, AMI), 447

核函數方法 (kernel method), 533

特異性 (specificity), 323

留一交叉驗證 (Leave-One-Out Cross Validation, LOOCV), 338

真陰率 (True Negative Rate, TNR), 323

真陰數 (True Negative, TN), 317

真陽率 (True Positive Rate, TPR), 323

真陽數 (TruePositive, TP), 317

脊迴歸 (ridge regression), 272, 449, 483

訊息增益 (information gain), 560

訊息增益比值 (gain ratio), 561

記憶基礎的理解 (Memory-Based Reasoning, MBR), 519

馬氏距離 (Mahalanobis distance), 369

馬可夫決策過程 (Markov Decision Process, MDP), 307, 646

馬可夫鏈 (markov chain), 646

馬賽克圖 (mosaic plot), 389

迴歸樹 (regression trees), 557

陡坡圖 (scree plot), 253

十一劃

假陰率 (False Negative Rate, FNR), 323

假陰數 (False Negative, FN), 317

假陽率 (False Positive Rate, FPR), 324

假陽數 (False Positive, FP), 317

偏斜程度 (asymmetry), 195

偏最小平方法 (Partial Least Squares,

PLS), 272, 449, 475
偏誤 (bias), 314
側影係數 (silhouette coefficient), 446
偵測率 (detection rate), 324
偵測普遍率 (detection prevalence), 324
動態規劃 (dynamic programming), 646
動態程式設計語言 (dynamic programming languages), 1, 110
匿名函數 (anonymous function), 94, 98, 115
區間尺度 (interval sacle), 194
基本模型 (base learner), 599
強化式學習 (reinforcement learning), 646
敏感度 (sensitivity), 323
旋轉矩陣 (rotation matrix), 251
曼哈頓市街直角距離 (Manhattan distance), 366
條件獨立 (conditional independence), 505, 640
梯度爆炸與消失 (gradient explosion and vanishing), 631
袋外樣本 (out-of-bag samples), 333, 600
規則歸納 (rule induction), 567
散佈圖矩陣 (scatterplot matrix), 370

十二劃

接收者操作特性曲線 (Receiver Operating Characteristic curve, ROC), 203, 327
接近性函數 (proximity function), 366
深度信念網路 (Deep Belief Network, DBN), 627, 641
深度學習 (deep learing), 613
混淆矩陣 (confusion matrix), 317
異質程度 (heterogeneity), 195, 386
眾數 (mode), 196
統計訊息網格法 (STatistical INformation Grid-based method, STING), 421
統計獨立 (statistical independence), 376, 383
陰例預測價值 (Negative Predictive Value, NPV), 325
傅立葉轉換 (Fourier transformation), 628
勝率比 (odds ratio), 387
單熱編碼 (onehot encoding), 48
報酬矩陣 (reward matrix), 647
普通最小平方法 (Ordinary Least Squares, OLS), 105, 450
普遍率 (prevalence), 324
最大概似估計 (Maximum Likelihood Estimation, MLE), 500
最大邊界分類器 (maximal margin classifiers), 530
最小共變異數判別式法 (Minimum Covariance Determinant), 374
最小絕對值縮減與屬性選擇運算子 (Least Absolute Shrinkage and Selection Operator, LASSO), 484
最小變異不偏點估計式 (Minimum Variance Unbiased Estimators, MVUE), 483
期望值最大化 (Expectation Maximization, EM), 430
殘差平方和 (Residual Sum of Squares,

RSS), 314

無法減少的必然誤差 (irreducible error), 314

無訊息率 (no-information rate), 321

稀疏矩陣 (sparse matrix), 509

程序式編程 (procedural programming), 97

舒瓦茲貝氏訊息準則 (Schwarz's Bayesian Information Criterion, BIC), 316

虛擬編碼 (dummy encoding), 48

詞形還原 (lemmatization), 507

詞性標註 (part of speech, POS), 275

詞組提取 (chunk extraction), 273

詞袋模型 (bag of words), 266

詞頻-逆文件頻率 (term frequency-inverse document frequency, tf-idf), 273

超參數 (hyperparameters), 345

距離函數 (distance function), 366

量綱 (order of magnitude), 315

陽例預測價值 (Positive Predictive Value, PPV), 325

階層式集群法 (hierarchical clustering), 421

集中度係數 (concentration coefficient), 202, 386

集成模型 (ensembles), 600

集結程度 (concentration), 195

集群分析 (cluster analysis), 420

順序尺度 (order sacle), 194

十三劃

感知機 (perceptron), 500, 614

損失函數 (loss function), 105

極端梯度多模激發法 (eXtreme Gradient BOOSTing, XGBoost), 602

概似函數 (likelihood function), 640

資料前處理 (data preprocessing), 141

資料視覺化 (data visualization), 398

資料彙總 (data aggregation), 194

資料摘要 (data summarization), 194

資料導向程式設計 (data-driven programming), 1

過度抽樣 (over-sampling), 326

過濾法 (filter), 269

閘式遞歸單元 (Gated Recurrent Unit, GRU), 637

預測誤差的標準差 (Standard Error of Prediction, SEP), 313

十四劃

圖形文法 (grammar of graphics), 141

對比收斂 (contrastive divergence), 641

截尾平均數 (trimmed mean), 196

槓桿度 (leverage), 409

監督式學習 (supervised learning), 306

精確度 (precision), 324

維度詛咒 (curse of dimensionality), 367

維度縮減 (dimensionality reduction), 263

誤差比例降低指數 (Error Proportional Reduction index, EPR), 385

誤差平方和 (Sum of Squared Error, SSE), 312

誤差絕對值和 (Sum of Absolute Error, SAE), 312

遞迴分割 (recursive partition), 557

遞歸神經網路 (Recurrent Neural Networks, RNN), 627, 633

齊質性 (homogeneity), 446

十五劃

增益率 (lift), 408

寬狹程度 (kurtosis), 195

層積法 (stacking), 613

廣義 L_p 距離函數 (generalized L_p distance), 366

廣義可加模型 (Generalized Additive Model, GAM), 500

廣義線性模型 (Generalized Linear Models, GLM), 500, 617

彈性分散式資料集 (Resilient Distributed Datasets, RDD), 295

彈性網罩模型 (elastic nets), 272, 486

標準化 (standardization), 231

標準差 (standard deviation), 199

標籤編碼 (label encoding), 48

模型評定 (model assessment), 331

模型樹 (model trees), 597

模型選擇 (model selection), 331

歐幾里德直線距離 (Euclidean distance), 366

潛在語義分析 (Latent Semantic Analysis, LSA), 266

潛在變數 (latent variable), 231, 251

熵係數 (entropy coefficient), 201, 386

線性判別分析 (Linear Discriminant Analysis, LDA), 449, 490

複雜度的詛咒 (curse of complexity), 533

調整後的判定係數 R^2_{adj} (adjusted coefficient of determination), 314

十六劃

餘弦相似度 (cosine similarity), 367

噪訊偵測之空密度集群算法 (Density-Based Spatial Clustering of Applications with Noise, DBSCAN), 421

學習率 (learning rate), 105

遺缺值 (missing values), 7, 160

錯誤率 (error rate), 320

隨機神經網路 (stochastic neural network), 641

隨機森林 (random forest), 345, 600, 611

隨機過程 (stochastic processes), 646

隨機霍普菲爾德網路 (stochastic Hopfield networks with hidden units), 639

頻繁品項集 (frequent itemsets), 408

十七劃

應用程式介面 (Applications Programming Interfaces, API), 294

總平方和 (Total Sum of Squares, TSS), 315

薈萃式學習 (ensemble learning), 599

購物籃分析 (market basket analysis), 407, 411

賽局理論 (game theory), 646

隱式迴圈 (implicit looping), 1, 98

十八劃

濾網圖 (sieve diagrams), 389

濾向遞歸神經網路 (bidirectional RNN), 637

雙重重抽樣法 (double resampling), 340

十九劃

懲罰法 (penalized methods), 314

懶惰學習 (lazy learning), 519

羅吉斯迴歸 (logistic regression), 449

關聯指標 (association indexes), 377

關聯規則 (association rules), 407, 408

類別機率值 (class probability), 317

類別類比軟性獨立建模法 (Soft Independent Modeling of Class Analogy, SIMCA), 369

類神經網路 (artificial neural networks), 272, 449, 614

二十一劃

屬性工程 (feature engineering), 231

屬性圖 (feature maps), 628

變異係數 (Coefficient of Variation, CV), 199

變異-偏差權衡取捨 (variance-bias trade-off), 314

變異數 (variance), 199

二十二劃

邏輯值索引 (logical indexing), 53, 121, 146, 192, 214, 538